DICTIONNAIRE

DES

SCIENCES NATURELLES.

TOME IX.

CHL = COF.

DICTIONNAIRE

DES

SCIENCES NATURELLES,

DANS LEQUEL

On traite méthodiquement des différens êtres de la nature, considérés soit en eux-mêmes, d'après l'état actuel de nos connoissances, soit relativement a l'utilité qu'en peuvent retirer la médecine, l'agriculture, le commerce et les arts.

SUIVI D'UNE BIOGRAPHIE DES PLUS CÉLÈBRES NATURALISTES.

Ouvrage destiné aux médecins, aux agriculteurs, aux commerçans, aux artistes, aux manufacturiers, et à tous ceux qui ont intérêt à connoître les productions de la nature, leurs caractères génériques et spécifiques, leur lieu natal, leurs propriétés et leurs usages.

PAR

Plusieurs Professeurs du Jardin du Roi, et des principales Écoles de Paris.

TOME NEUVIÈME.

STRASBOURG, F. G. Levrault, Éditeur.

PARIS, Le Normant, rue de Seine, N.º 8.

1817.

Liste des Auteurs par ordre de Matières.

Physique générale.

M. LACROIX, membre de l'Académie des Sciences et professeur au Collége de France. (L.)

Chimie.

M. CHEVREUL, professeur au Collége royal de Charlemagne. (CH.)

Minéralogie et Géologie.

M. BRONGNIART, membre de l'Académie des Sciences, professeur à la Faculté des Sciences. (B.)

M. DEFRANCE, membre de plusieurs Sociétés savantes. (D. F.)

Botanique.

M. DE JUSSIEU, membre de l'Académie des Sciences, professeur au Jardin du Roi. (J.)

M. MIRBEL, membre de l'Académie des Sciences, professeur à la faculté des Sciences. (B. M.)

M. HENRI CASSINI, membre de la Société philomatique de Paris. (H. Cass.)

M. LEMAN, membre de la Société philomatique de Paris. (Lem.)

M. LOISELEUR DESLONGCHAMPS, Docteur en médecine, membre de plusieurs Sociétés savantes. (L. D.)

M. MASSEY. (Mass.)

M. POIRET, membre de plusieurs Sociétés savantes et littéraires, continuateur de l'Encyclopédie botanique. (Poir.)

M. DE TUSSAC, membre de plusieurs Sociétés savantes, auteur de la Flore des Antilles. (De T.)

Zoologie générale, Anatomie et Physiologie.

M. G. CUVIER, membre et secrétaire perpétuel de l'Académie des Sciences, prof. au Jardin du Roi, etc. (G. C. ou CV. ou C.)

Mammifères.

M. GEOFFROI, membre de l'Académie des Sciences, professeur au Jardin du Roi. (G.)

Oiseaux.

M. DUMONT, membre de plusieurs Sociétés savantes. (Ch. D.)

Reptiles et Poissons.

M. DE LACÉPÈDE, membre de l'Académie des Sciences, professeur au Jardin du Roi. (L. L.)

M. DUMERIL, membre de l'Académie des Sciences, professeur à l'École de médecine. (C. D.)

M. CLOQUET, Docteur en médecine. (H. C.)

Insectes.

M. DUMERIL, membre de l'Académie des Sciences, professeur à l'École de médecine. (C. D.)

Mollusques, Vers et Zoophytes.

M. DE BLAINVILLE, professeur à la faculté des Sciences. (De B.)

M. TURPIN, naturaliste, est chargé de l'exécution des dessins et de la direction de la gravure.

MM. DE HUMBOLDT et RAMOND donneront quelques articles sur les objets nouveaux qu'ils ont observés dans leurs voyages, ou sur les sujets dont ils se sont plus particulièrement occupés.

M. F. CUVIER est chargé de la direction générale de l'ouvrage, et il coopérera aux articles généraux de zoologie et à l'histoire des mammifères. (F. C.)

DICTIONNAIRE

DES

SCIENCES NATURELLES.

___

CHL

CHLAEN. (*Ornith.*) On donne ce nom, en Suisse, à la sittelle ou torchepot, *sitta europæa*, Linn. (Ch. D.)

CHLAMISPORUM. (*Bot.*) Voyez Thysanote. (Poir.)

CHLAMYDE. (*Entom.*) Knoch a désigné sous ce nom de genre des espèces de coléoptères phytophages, voisines des clythres et des gribouris, dont les antennes sont reçues dans des rainures le long de la poitrine. La plupart des espèces sont étrangères : telles sont les clythres, nommées par Fabricius *gibber*, *plicata*, *monstrosa*, qui ont été rapportées de l'Amérique. (C. D.)

CHLAMYDIA. (*Bot.*) Gærtner décrit sous ce nom le *phormium* de Forster, genre de plante de la famille des asphodelées, qui est le lin de la Nouvelle-Hollande. (J.)

CHLÉDIPOLE (*Bot.*), *Chledipola*, corps gélatineux de formes diverses, offrant à sa surface des rides ou sillons fructifères épars. Tel est le caractère que Rafinesque Schmaltz donne à un genre dans lequel il rapporte diverses plantes marines de la Sicile, qui se rapprochent de celles qu'on avoit nommées tremelles marines. Voici les deux espèces qu'il indique :

Chlédipole tubuleux; *Chledipola tubulosa*, Rafin. Schm., car. pl. Sicil., p. 95, tab. 20, fig. 10. Diaphane, alongé, tubuleux, transparent, évasé et lobé à l'extrémité; découpures planes, inégales et obtuses. On le trouve sur les écueils et sur les corps marins en Sicile.

Chlédipole lobé; *Chledipola lobata*, Rafin., l. c. Fauve, plane, alongé, lobé et comme ondulé vers l'extrémité; sillons fructifères épars sur les deux côtés.

Ce genre, par sa consistance gélatineuse, paroît voisin de l'alcionidium, et appartiendroit à la quatrième section de la famille des Algues. Voyez ce mot. (Lem.)

CHLÉNACÉES. (*Bot.*) Voyez Clénacées. (J.)

CHLOANTHE (*Bot.*), *Chloanthes*, genre de la famille des verbenacées, de la *didynamie angiospermie* de Linnæus, qui offre pour caractère un calice campanulé, à cinq découpures égales ; une corolle labiée, tubulée ; l'orifice élargi ; la lèvre supérieure bifide, l'inférieure à trois découpures, celle du milieu plus alongée ; quatre étamines didynames et saillantes ; un stigmate bifide, aigu ; un drupe sec, à deux noyaux : chaque noyau a trois loges monospermes ; celle du milieu est stérile.

Ce genre ne renferme que deux espèces ; ce sont des arbustes pubescens, à feuilles simples, linéaires, décurrentes, en bulles. Les fleurs sont jaunes, pédonculées, solitaires, axillaires, accompagnées de deux bractées. Elles ont été découvertes dans la Nouvelle-Hollande, au port Jackson, par M. Rob. Brown. La première, *chloanthes stœchadis*, Brown, *Nov.-Holl.*, pag. 514, a ses feuilles et ses calices couverts en-dessous d'un duvet tomenteux, d'un blanc de neige; les bractées situées vers le milieu des pédoncules. La seconde, *chloanthes glandulosa*, Brown, l. c., se distingue par ses feuilles glanduleuses, bien moins tomenteuses, ainsi que les calices ; les bractées placées à la base des pédoncules. (Poir.)

CHLOÉNIE. (*Entom.*) M. Bonelli a décrit, dans les Mémoires de l'Académie des Sciences de Turin, un genre d'insectes tiré de celui des carabes, tels que le *festivus*, le *zonatus*, etc., d'après la disposition des palpes maxillaires et labiaux. Voyez Créophages. (C. D.)

CHLORANTHE A PETITES FEUILLES (*Bot.*), *Chloranthus inconspicuus*, Lhérit., Sert. Angl., 35, tab. 2 ; *Nigrina spicata*, Thunb., *Fl. Jap.* Ce genre, dont la famille naturelle n'est pas encore connue, paroît se rapprocher des rubiacées : il appartient à la *tétrandrie monogynie* de Linnæus. Son caractère essentiel consiste dans un calice à demi supérieur, entier à son bord, à une seule dent, une bractée à sa base ; un pétale très-petit, concave, à trois lobes, celui du milieu plus alongé, portant deux étamines ; les deux latéraux chargés chacun d'une étamine ; ce pétale est attaché d'une part vers le milieu de l'ovaire, et porté de l'autre par la dent du calice ; quatre anthères sessiles, à deux valves ; un ovaire à demi inférieur ; point de style ; un stigmate en tête, presque à deux lobes. Le fruit est une petite baie sèche, ovale, à une seule semence, conservant vers son sommet les restes de la corolle et de la bractée tombés.

Cette plante, la seule de ce genre, est un petit arbuste rampant, glabre, un peu cylindrique, divisé en rameaux nombreux, stolonifères, noueux, opposés ; les feuilles pétiolées, opposées, glabres, ovales, obtuses, dentées ; les pétioles courts, embrassant la tige, réunis en gaîne à leur base ; deux stipules en écaille de chaque côté. Les fleurs sont terminales, disposées en une panicule composée d'épis opposés : ces fleurs sont sessiles, fort petites, rangées deux à deux, munies à leur base d'une petite bractée, aiguë, persistante. Il paroît très-probable que le genre *Créodus* de Loureiro est le même que celui-ci. Cette plante croît au Japon et à la Chine. (Poir.)

CHLORATES. (*Chim.*) Combinaisons de l'acide chlorique avec les bases salifiables. Ce genre de sels a été établi par M. Berthollet, sous le nom de *muriates oxigénés*. Cet illustre chimiste étudia principalement le chlorate de potasse, en 1788. M. Chenevix, en 1802, fit connoître les chlorates d'argent, de soude, de baryte, de strontiane, de chaux, de magnésie, et un procédé pour séparer les quatre derniers des chlorures ou des hydrochlorates, qui se forment en même temps qu'eux, lorsqu'on les prépare. En 1814, M. Gay-Lussac, ayant obtenu l'acide chlorique à l'état de pureté, donna le moyen de produire tous les chlorates, en unissant directement cet acide avec les bases salifiables. En 1815, M. Vauquelin publia un travail dans lequel il fit connoître l'action de l'acide chlorique sur plusieurs métaux, ainsi que les propriétés de plusieurs espèces de chlorates qui jusque-là n'avoient pas été, ou que très-peu, examinés. Malgré les travaux que nous venons de citer, l'état de nos connoissances ne nous permet pas d'établir des généralités nombreuses et détaillées sur les chlorates ; nous nous bornerons à dire, avant de parler de leur préparation et de chacune de leurs espèces en particulier, que tous les chlorates, celui de protoxide de mercure excepté, sont assez solubles dans l'eau ; que leurs dissolutions ne précipitent point le nitrate d'argent; que les chlorates qui sont formés d'une base fixe, donnent en général, à la distillation, de l'oxigène qui est quelquefois mêlé de chlore, et un résidu de chlorure, ou d'oxide, ou de métal ; que la facilité avec laquelle l'oxigène se sépare des chlorates par la chaleur, explique la forte action qu'ils exercent sur les corps combustibles, et que la volatilité de l'acide chlorique, et le peu d'affinité de ses élémens, rendent compte de la facilité avec laquelle la plupart des acides altèrent les chlorates.

Préparation des chlorates. Tous les chlorates peuvent être préparés directement avec l'acide chlorique et les bases salifiables, soit pures lorsqu'elles n'ont pas une cohésion trop forte, soit hydratées, soit sous-carbonatées. Cependant on ne suit jamais ce procédé pour les chlorates de potasse, de baryte, de strontiane, de chaux et de magnésie. On obtient le chlorate de potasse de la manière suivante: à un ballon contenant un mélange de 3 de chlorure de sodium, de 1 de peroxide de manganèse, de 2 d'acide sulfurique à 66 degrés, étendu dans 2 d'eau, on fait communiquer trois flacons de Woulf : celui qui vient immédiatement après le ballon doit contenir un volume d'eau égal au tiers de sa capacité ; les deux autres doivent être remplis, aux deux tiers, d'une solution composée de 3 parties d'eau et de 1 partie de potasse sous-carbonatée, ou 1 de potasse rendue caustique par la chaux. On fait partir du dernier flacon un tube qui va porter le gaz dans un bocal où l'on a mis des fragmens de chaux caustique ; cette base est destinée à arrêter la petite quantité de chlore qui pourroit échapper à l'action de la potasse. On met le feu sous le ballon pour dégager le chlore ; celui-ci sature l'eau du premier flacon, puis l'alcali des deux suivans. On observe, lorsqu'on s'est servi d'alcali carbonaté, que l'acide carbonique ne se dégage pas au moment où la liqueur commence à absorber le chlore, mais quelque temps après. Dans cette opération, le chlore et la potasse se divisent en deux portions ; une portion de chlore s'unit au potassium d'une portion de potasse, tandis que l'autre portion de chlore s'empare de l'oxigène de cette potasse pour former de l'acide chlorique qui neutralise l'alcali qui n'a point été désoxigéné ; d'où il résulte du chlorure de potassium et du chlorate de potasse. Comme ce sel est peu soluble, il se dépose pour la plus grande partie de l'eau où il s'est produit, et le chlorure reste en dissolution. Pour séparer ces deux sels, on agite la liqueur et on la verse dans un filtre, on passe de l'eau froide sur le chlorate, puis on le fait sécher ; pour l'obtenir aussi pur qu'il est possible, il faut le traiter par quatre ou cinq fois son poids d'eau bouillante, et filtrer. Ordinairement il reste sur le filtre un peu de silice, laquelle a été séparée de la potasse qui la tenoit en dissolution, lors de la neutralisation de cet alcali par le chlore ; la liqueur filtrée dépose la plus grande partie de son chlorate par le refroidissement, et retient du chlorure de potassium en dissolution.

Nous avons admis que dans l'opération précédente l'acide chlorique se produisoit aux dépens de l'oxigène d'une portion de potasse ; mais l'on peut supposer qu'il se produit aux dépens de l'oxigène de l'eau : dans ce cas, ce n'est plus du chlorure qui se forme avec le chlorate, mais bien de l'hydrochlorate.

En faisant passer du chlore dans de l'eau où l'on a dissous ou délayé de la baryte, de la strontiane, de la chaux et de la magnésie, on obtient absolument les mêmes résultats que quand on a employé la potasse, c'est-à-dire, un chlorate et un chlorure ou un hydrochlorate. Il n'y a pas assez de différence de solubilité entre ces produits pour qu'on puisse les séparer par la cristallisation ; de là, la nécessité de suivre le procédé de M. Chenevix, qui consiste à faire bouillir leur dissolution avec du phosphate d'argent, jusqu'à ce qu'elle ne précipite plus le nitrate de ce métal. Quand on est arrivé à ce point, on peut être certain que l'eau ne contient plus que du chlorate. Ce procédé est fondé sur ce que le phosphate d'argent n'a aucune action sur les chlorates de baryte, de strontiane, de chaux et de magnésie, tandis qu'il forme avec les chlorures de barium, de strontium, de calcium et de magnésium, du chlorure d'argent, et des phosphates de baryte, de strontiane, de chaux et de magnésie, qui sont insolubles dans l'eau.

On peut préparer le chlorate d'argent en faisant passer du chlore dans de l'eau où l'on a délayé de l'oxide d'argent ; il se produit alors du chlorate qui reste dans la liqueur, et un chlorure insoluble ; mais il ne faudroit pas faire passer un excès de chlore, parce qu'alors on réduiroit le chlorate en chlorure, en oxigène et en acide chlorique.

Chlorate d'alumine. Il n'a point encore été obtenu à l'état de pureté.

Chlorate d'ammoniaque. Il est inodore ; il a une saveur très-piquante ; il cristallise en aiguilles fines. Lorsqu'on le place sur un corps chaud, il se décompose en détonant et en répandant une lumière rouge, à une température moins élevée que celle qui est nécessaire pour faire détoner le nitrate d'ammoniaque.

Le chlorate d'ammoniaque distillé se réduit en chlore, en azote, en un peu de protoxide d'azote, en hydrochlorate d'ammoniaque, en acide hydrochlorique et en eau. Il est vraisemblable qu'à la température la plus basse où le chlorate d'ammoniaque peut se décomposer, c'est l'affinité de l'hydrogène de l'ammoniaque, pour l'oxigène de l'acide, qui est la cause de la décomposition, et qu'à une température très-élevée, c'est au contraire celle du chlore pour l'hydrogène.

Le chlorate d'ammoniaque est très-soluble dans l'eau. M. Vauquelin pense qu'il peut se volatiliser de sa dissolution aqueuse, lorsqu'on fait évaporer celle-ci sur un bain de sable.

On le prépare en neutralisant l'acide chlorique avec le sous-carbonate d'ammoniaque.

Chlorate d'antimoine. Inconnu.

Chlorate d'argent. L'acide chlorique dissout avec facilité l'oxide d'argent récemment précipité ; il se dégage de la chaleur, et il se produit une solution neutre et incolore, qui, étant évaporée, donne des prismes carrés, terminés par une section oblique, dans le sens de deux angles opposés du prisme.

Ce sel a la saveur du nitrate d'argent : il tache le papier en jaune brunâtre ; il se dissout dans 10 à 12 parties d'eau au plus, à la température de 15 degrés.

Lorsqu'on le distille, on obtient de l'oxigène et du chlorure d'argent.

Projeté sur les charbons, il les fait fuser avec rapidité ; trituré avec le soufre, il produit une vive inflammation, ainsi que M. Chenevix l'a observé.

Le chlorate d'argent, dissous dans l'eau, est réduit par le

chlore en chlorure d'argent qui se précipite, en oxigène qui se dégage, et en acide chlorique qui reste dans l'eau. Ce résultat explique pourquoi on n'obtient pas de chlorate d'argent lorsqu'on fait passer du chlore en excès dans de l'eau où l'on a délayé de l'oxide d'argent.

Chlorate d'arsenic. Inconnu.

Chlorate de baryte. Il a une saveur piquante et austère ; il cristallise en prismes carrés tronqués obliquement ou perpendiculairement à l'axe des cristaux ; il se dissout dans 4 parties d'eau à 10.^{d} ; il est insoluble dans l'alcool.

Lorsqu'on distille 100 de chlorate de baryte bien sec, on obtient, suivant M. Vauquelin, 39 d'oxigène, et un résidu de 61 de chlorure de baryte légèrement alcalin.

M. Chenevix dit que le chlorate de baryte cristallisé contient 10,8 d'eau pour 100.

Chlorate de bismuth. Inconnu.

Chlorate de cérium. Inconnu.

Chlorate de chaux. Il a une saveur âpre et amère ; il est extrêmement déliquescent, aussi est-il difficile de l'obtenir cristallisé ; il est très-soluble dans l'alcool.

Chlorate de chrome. Inconnu.

Chlorate de cobalt. Inconnu.

Chlorate de colombium. Inconnu.

Chlorate de cuivre. Le peroxide de cuivre se dissout dans l'acide chlorique, la liqueur est d'un bleu verdâtre et toujours acide : quand on la fait concentrer, elle devient verte ; elle ne cristallise que difficilement, parce que le chlorate de cuivre est déliquescent.

Le chlorate de cuivre fait fuser les charbons allumés en dégageant une lumière verte. Le papier imprégné de dissolution concentrée de ce chlorate, approché d'un fourneau, prend feu et répand une belle lumière verte.

Le chlorate de cuivre a été décrit par M. Vauquelin.

Chlorate d'étain. Inconnu.

Chlorate de fer. Les combinaisons de l'acide chlorique avec le protoxide et le peroxide de fer, n'ont point été assez étudiées pour que nous croyions devoir en parler.

Chlorate de glucine. Inconnu.

Chlorate d'iridium. Inconnu.

Chlorate de magnésie. Il a une saveur âpre et amère ; il cristallise difficilement ; il est très-déliquescent ; la chaux le décompose en totalité, l'ammoniaque en partie seulement, parce qu'il se forme un sel double.

Chlorate de manganèse. Inconnu.

Chlorates de mercure.

Chlorate de protoxide de mercure. M. Vauquelin dit que l'acide chlorique, versé sur le précipité que l'on obtient en mettant de la potasse dans du nitrate de protoxide de mercure, en opère d'abord la dissolution ; mais que bientôt après il se précipite un chlorate jaune verdâtre, grenu ; et que si l'acide n'est pas en excès, il ne reste presque rien dans la liqueur.

Le chlorate de protoxide de mercure a une saveur mercurielle : il est un peu soluble dans l'eau bouillante.

Jeté dans une cuiller de platine légèrement chauffée, il détone en répandant une lumière rouge et une fumée blanche, il laisse un résidu de peroxide pur ; la fumée blanche est du perchlorure de mercure. Si la décomposition se faisoit à une température assez élevée pour décomposer le peroxide de mercure, on obtiendroit de l'oxigène et du protochlorure de mercure au lieu de perchlorure.

Chlorate de peroxide de mercure. L'acide chlorique dissout le peroxide de mercure avec facilité : il en résulte un sel assez soluble dans l'eau, qui rougit le papier de tournesol, qui cristallise en petites aiguilles. Ce sel a la même saveur que le sublimé corrosif.

Lorsqu'on le chauffe doucement dans un tube de verre, on obtient, suivant M. Vauquelin, 1.° du gaz oxigène ; 2.° un résidu jaune formé de peroxide et de perchlorure de mercure ; en exposant ce résidu à une température plus élevée que celle où il a été produit, il se forme du protochlorure de mercure et de l'oxigène.

Chlorate de molybdène. Inconnu.

Chlorate de nickel. Inconnu.

Chlorate d'or. Inconnu.

Chlorate d'osmium. Inconnu.

Chlorate de palladium. Inconnu.

Chlorate de platine. Inconnu.

CHLORATE DE PLOMB. M. Vauquelin a vu que l'acide chlorique dissolvoit la litharge avec facilité ; en employant 100 d'oxide de plomb, on obtient 148 de chlorate sec.

Le chlorate de plomb est neutre ; il a une saveur sucrée et astringente ; il cristallise en lames brillantes quand on le fait évaporer spontanément.

A la distillation, $0.^{gr},700$ de ce sel donnent 111 centimètres cubes d'oxigène mêlé d'un peu de chlore : le résidu est du chlorure de plomb.

CHLORATE DE POTASSE. Il a une saveur d'abord fraîche, ensuite amère et douceâtre quand il a été dissous dans la salive. Il cristallise en lames rhomboïdales ; il n'éprouve aucun changement de la part de l'air ; 18 parties d'eau à $15.^d$ et 25 d'eau bouillante, en dissolvent 1 de ce sel ; l'alcool n'en dissout qu'une très-petite quantité : il se fond à une température inférieure à la chaleur rouge, et peut perdre alors 2,5 d'eau pour 100.

Lorsqu'on distille 100 parties de ce sel desséché, dans une petite cornue de verre, munie d'un tube à gaz, on obtient 38,88 d'oxigène, et 61,12 de chlorure de potassium qui est formé de $\left\{ \begin{array}{l} 28,924 \text{ de chlore.} \\ 32,196 \text{ de potassium.} \end{array} \right\}$ La quantité d'oxigène se compose de 6,576 qui appartenoient au métal, et de 32,304 qui appartenoient à l'acide chlorique.

Action des acides sur le chlorate de potasse. Si l'on verse de l'acide sulfurique concentré sur le chlorate de potasse, le sel décrépite violemment ; et si l'on fait le mélange dans l'obscurité, on aperçoit quelquefois un éclair brillant : la liqueur devient d'une couleur rouge orangée ; il se dégage une fumée blanche et un gaz orangé verdâtre. Si l'on emploie 35 d'acide contre 1 de chlorate, il ne se produit qu'une très-foible effervescence. La substance qui colore la liqueur peut être obtenue à l'état de pureté au moyen de la distillation ; mais pour cela il y a des précautions à prendre, car si l'on se contentoit d'exposer à la chaleur un mélange quelconque d'acide sulfurique et de chlorate, il y a tout à croire qu'il se produiroit une violente détonation, par la raison que la substance colorante, qui est un chlorure d'oxigène, détone avec la plus grande facilité ; c'est ce qui explique le dégagement de lumière que l'on observe quelquefois lorsqu'on verse l'acide sur le chlorate à la température ordinaire. On conçoit que cet effet doit avoir lieu si l'action est assez subite pour produire la température nécessaire à la décomposition du chlorure d'oxigène. Au reste, voici le procédé au moyen duquel M. H. Davy est parvenu à recueillir le chlorure d'oxigène. On met sur 2 à 3 grammes de chlorate de potasse, réduit en poudre fine, un peu d'acide sulfurique concentré ; on mélange les matières avec une spatule de platine, jusqu'à ce qu'elles forment une masse solide, d'une couleur orangée. Au moment où les corps sont en contact, il se dégage des fumées blanches et un peu d'oxigène, ensuite un peu de chlorure d'oxigène; mais la plus grande partie de ce dernier reste en combinaison avec l'acide sulfurique qui ne s'est pas uni à la potasse. Pour l'en séparer, on introduit la masse solide orangée dans une petite cornue de verre; on place celle-ci au milieu d'un bain d'eau et d'alcool que l'on chauffe doucement. On recueille le chlorure gazeux dans une cloche pleine de mercure. (Pour les propriétés de cette substance, voyez au mot Oxigène, chlorure d'oxigène.) Dans cette opération, l'acide sulfurique s'unit à la potasse, et l'acide chlorique se réduit en $\frac{1}{2}$ volume d'oxigène, qui se dégage, et en 2 volumes de chlorure d'oxigène, qui reste pour la plus grande partie uni à l'acide sulfurique libre. Il paroît que la cause principale de cette décomposition de l'acide chlorique est le peu d'affinité de ses élémens, et la nécessité de la présence d'une certaine proportion d'eau pour l'existence de cet acide dans le cas où il n'est pas uni à une base salifiable.

Suivant M. H. Davy, l'acide nitrique exerce sur le chlorate de potasse la même action que l'acide sulfurique ; mais le chlorure d'oxigène est toujours mêlé avec $\frac{1}{5}$ d'oxigène environ.

Lorsqu'on fait chauffer légèrement dans une fiole munie d'un tube à gaz, 60 grammes de chlorate de potasse, et 40 grammes d'acide hydrochlorique à 15.[d], on peut recueillir sur le mercure un gaz auquel M. H. Davy a donné le nom d'*euchlorine*. Il a d'abord considéré ce gaz comme étant formé de 4 volumes de chlore et de 2 d'oxigène, condensés en 5 volumes; et ensuite il a pensé que l'euchlorine pouvoit être un mélange ou plutôt une sorte de combinaison de 2 volumes de chlorure d'oxigène

et de 3 de chlore (1), par la raison que si 5 volumes d'euchlorine donnent 4 de chlore et 2 d'oxigène, l'on devra obtenir
le même résultat d'un mélange de 2 volumes de chlorure et
de 3 de chlore, puisque 2 volumes de chlorure représentent
2 volumes d'oxigène et un volume de chlore.

Action des combustibles sur le chlorate de potasse. Pour connoître
cette action, il faut peser séparément 3 parties de chlorate de
potasse et 1 partie du corps combustible que l'on veut sou-
mettre à l'expérience. Les deux matières doivent avoir été
préalablement réduites en poudre extrêmement fine. On fait
ensuite le mélange du chlorate et du combustible sur une feuille
de papier avec une spatule de bois. En opérant de cette manière, on évite le danger des détonations qui pourroient arriver
si l'on trituroit le mélange dans des mortiers. Nous remarque-
rons cependant que le bore et le charbon peuvent être triturés
avec le chlorate dans un mortier, sans produire de détonation,
parce qu'ils exigent, pour brûler, une température plus élevée
que la plupart des autres combustibles. Quant au phosphore,
que l'on ne peut diviser par trituration, on le réduit en poudre
en le fondant dans de l'eau chaude à 48.^{d}, et en agitant ensuite
l'eau jusqu'à ce que le phosphore soit figé. Quand les corps sont
en équilibre de température avec l'air, on sépare le phosphore,
on le met égoutter sur du papier, on le recouvre d'une légère couche d'huile de térébenthine, et on le mêle ensuite
avec le chlorate de potasse.

Le mélange de bore projeté dans un creuset rouge de feu,

---

(1) Le motif qui a conduit M. H. Davy à considérer l'euchlorine comme
une sorte de combinaison, c'est l'observation qu'il a faite qu'en mêlant
2 volumes d'air avec 1 volume de chlore, on n'ôte pas à ce dernier gaz la
propriété de brûler le clinquant, tandis qu'un seul volume de chlorure
d'oxigène prive le chlore de cette propriété, ce qui, selon lui, sembleroit
indiquer une action chimique entre ces deux derniers gaz ; mais il suivroit de cette manière de voir que quand on mêle différens gaz avec le gaz
tonant, formé de 1 volume d'oxigène et de 2 volumes d'hydrogène, il y
auroit aussi action chimique et combinaison, puisqu'il faut, pour empêcher la détonation, des proportions très-diverses de ces différens gaz. Cette
conséquence ne nous paroît guère admissible, et c'est ce qui nous porte
à croire que l'euchlorine est un simple mélange de chlore et de chlorure
d'oxigène.

s'enflamme : il se produit du chlorure de potassium et de l'acide borique.

Le mélange de charbon s'enflamme par la chaleur, et lorsqu'on le percute fortement sur une enclume, il y a dégagement de lumière rouge, formation d'acide carbonique, d'oxide de carbone et de chlorure de potassium; en employant un mélange de 1 partie de chlorate et de 2 parties de charbon, on obtient une quantité remarquable d'oxide de carbone.

Le mélange de soufre détone fortement par la trituration et la percussion; il se produit une belle lumière purpurine, de l'acide sulfureux et du chlorure de potassium. Si l'on projette le mélange sur un corps chaud, il s'enflamme sans faire entendre un bruit aussi fort que celui qui a lieu par suite de la trituration ou de la percussion; enfin, si, après en avoir mis une couche un peu épaisse dans une capsule, on fait couler sur la paroi de celle-ci de l'acide sulfurique concentré, il prendra feu, brûlera sans bruit avec une belle flamme blanche. Ici les produits sont différens de ceux qui se forment dans les décompositions précédentes, ainsi que nous le dirons plus bas. En triturant fortement dans un mortier de bronze 3 parties de chlorate et 1 de soufre, qui n'ont point été préalablement mélangés, il se produit une suite de détonations extrêmement fortes.

Le mélange de 3 parties de chlorate de potasse, de $\frac{1}{2}$ partie de charbon et $\frac{1}{2}$ partie de soufre, produit une sorte de poudre à canon qui est beaucoup plus forte que la poudre ordinaire. Elle prend feu dans les mêmes circonstances que la précédente, et une observation de M. Vauquelin conduit à penser qu'elle peut détoner spontanément.

Le mélange de phosphore détone souvent spontanément : on ne doit donc le préparer qu'avec beaucoup de précaution.

Le mélange d'arsenic détone par le choc, s'enflamme par la chaleur et par l'acide sulfurique; il en est de même du mélange d'antimoine; mais il produit peu de lumière en comparaison de celui d'arsenic.

Les mélanges de sulfures d'antimoine et de mercure détonent par le choc, et ne sont point enflammés par l'acide sulfurique.

Les mélanges de sucre, d'amidon, d'acide benzoïque, de résines et de la plupart des composés organiques, détonent fortement, lorsqu'après les avoir renfermés dans du papier on les percute sur une enclume ; il se produit une belle flamme, de l'eau, de l'acide carbonique, ou de l'oxide de carbone et du chlorure de potassium. Ces mélanges s'enflamment par l'acide sulfurique.

L'étincelle électrique produit le même effet que le choc sur les poudres de chlorate et de combustibles.

Théorie de ces détonations. Puisque le chlorate de potasse se réduit par la chaleur en chlorure et en oxigène, et puisque l'oxigène a de l'action sur les corps que nous avons mélangés avec les chlorates, on conçoit facilement l'embrasement des mélanges par l'action de la chaleur. Lorsqu'on percute les mélanges sur une enclume, l'inflammation est aussi produite par l'élévation de température qui résulte du choc des particules frappées ; mais ici il y a une circonstance qui tend à rendre les phénomènes de la décomposition plus intenses, qu'ils ne le sont dans le cas où l'on expose à la chaleur un gramme ou quelques grammes de l'un de ces mélanges. Cette circonstance tient à ce que la compression s'exerce instantanément sur toutes les parties frappées, et à ce que cette compression apporte une certaine résistance au développement des gaz. Dans tous les cas, la détonation est produite par la force avec laquelle l'air qui environne le mélange est mis en vibration par le dégagement des gaz, et cette force dépend du volume des gaz et de la rapidité avec laquelle ils se dégagent. S'il n'y a pas de détonation proprement dite, lorsqu'on échauffe librement sous la pression de l'atmosphère une petite quantité de mélange, cela vient de ce que l'action de la chaleur sur les corps ne s'exerce que successivement et sur des particules qui sont déjà dans un certain état d'expansion, et qui ont par conséquent moins de force de ressort que quand elles sont comprimées. Pour de plus grands détails, voyez Détonation.

Dans les détonations produites par la chaleur et par la percussion sur la plupart des mélanges, si ce n'est sur tous, il n'y a que l'oxigène qui réagisse sur le corps combustible ; le chlore reste en totalité combiné avec le potassium. Il ne nous paroit pas en être de même dans le cas où l'inflammation est produite par l'acide sulfurique sur les mélanges qui contiennent des corps susceptibles de s'unir au chlore en même temps qu'ils le sont de s'unir à l'oxigène. L'acide sulfurique, en agissant sur le chlorate, tend à s'unir à la potasse, et à réduire l'acide chlorique en oxigène et en chlorure d'oxigène, et il est vraisemblable que le corps combustible forme à la fois des composés et avec l'oxigène et avec le chlore, lorsqu'il y en a une quantité suffisante pour donner naissance à ces deux espèces de composés. Il est évident que si le combustible avoit des affinités électives différentes pour le chlore et pour l'oxigène, et qu'il ne fût pas dans une proportion supérieure à celle que pourroit saturer celui de ces deux gaz pour lequel il a le plus d'affinité, il ne se combineroit qu'avec lui.

Usages. Le chlorate de potasse est employé dans les laboratoires de chimie, pour préparer de l'oxigène à l'état de pureté, et du chlorure d'oxigène ; il est employé dans les arts, pour fabriquer les *briquets dits oxigénés* ; pour cela on fait un mélange de 3 parties de chlorate de potasse et 1 partie de soufre, on le réduit en pâte un peu liquide avec de l'eau gommée ; on plonge ensuite, dans cette pâte, l'extrémité soufrée d'une allumette, on fait sécher celle-ci à l'air : lorsqu'on veut l'enflammer, on met, pendant un instant, l'extrémité de l'allumette qui a été imprégnée de mélange en contact avec l'acide sulfurique concentré ; celui-ci embrase le mélange, le mélange enflamme le soufre de l'allumette, et le soufre enflamme ensuite l'allumette elle-même. Pour l'usage, il est bon de mettre l'acide sulfurique dans un petit flacon fermé à l'émeri, dans lequel on a introduit d'avance de l'amiante flexible ; l'amiante, en s'imprégnant d'acide, empêche que celui-ci ne s'écoule si le flacon vient à se renverser, et s'oppose aussi à ce que l'allumette ne soit plongée trop profondément dans l'acide sulfurique.

CHLORATE DE RHODIUM. Inconnu.

CHLORATE DE SILICE. Inconnu.

CHLORATE DE SOUDE. Ce sel cristallise en lames carrées, semblables aux lames de chlorate de potasse ; il est très-soluble dans l'eau, c'est pour cette raison qu'on ne peut le séparer par la cristallisation d'une eau qui le tient en dissolution avec du chlorure, et qu'en conséquence on est forcé, pour l'obtenir à l'état de pureté, de neutraliser l'acide chlorique par du sous-carbonate de soude pur. Il est soluble dans l'alcool ; à la distillation, il

donne de l'oxigene, un peu de chlore et un chlorure légèrement alcalin. Il fuse rapidement sur les charbons ardens, en
répandant une lumière jaunâtre.

CHLORATE DE STRONTIANE. Il a une saveur piquante. Sa solution
ne cristallise que quand elle est très-concentrée ; il est déliquescent ; il fuse sur les charbons, en répandant une belle
lumière pourpre.

CHLORATE DE TELLURE. Inconnu.

CHLORATE DE TITANE. Inconnu.

CHLORATE DE TUNGSTÈNE. Inconnu.

CHLORATE D'URANE. Inconnu.

CHLORATE DE ZINC. M. Vauquelin a préparé ce sel en traitant le
sous-carbonate de zinc par l'acide chlorique ; il a obtenu une
dissolution astringente, qui, ayant été concentrée jusqu'à la
consistance de sirop, a donné des octaèdres surbaissés.

Il fuse sur les charbons ardens, en répandant une lumière
jaune, et sans produire de détonation.

CHLORATE DE ZIRCONE. Inconnu.

CHLORATE D'YTTRIA. Inconnu. (CH.)

CHLORE (*Chim.*), nom donné par M. Ampère au corps qui
avoit été appelé successivement *acide marin déphlogistiqué*, et
acide muriatique oxigéné. Nous exposerons d'abord les propriétés du chlore, et la manière de le préparer ; ensuite les diverses manières dont on en a envisagé la nature.

§. I.er *Propriétés du chlore.*

Le chlore est gazeux, coloré en jaune verdâtre ; de là son
nom, qui est dérivé de χλωρός. Il a une odeur forte et désagréable, une densité de 2,47. C'est le seul gaz simple, qui,
avec l'oxigène, dégage de la lumière par une compression
forte et rapide. Mais quelque forte que soit cette compression,
le gaz conserve son état aériforme.

Quand il est sec, il n'a pas d'action sur le tournesol desséché ;
mais s'il est humide, il le décolore en le détruisant. Il éteint
la bougie, et est impropre à la respiration. Lorsqu'on le res-
pire, il irrite la gorge, fait éprouver une sensation d'astriction,
provoque la toux, et produit un rhume de cerveau, dont la
durée est plus ou moins longue, suivant la quantité qui a pé-
nétré dans le poumon, et la sensibilité de la personne qui l'a

respiré. L'action du chlore n'est pas bornée à ces effets ; elle peut encore produire des crachemens de sang , et même la mort ; on ne sauroit donc prendre trop de précautions pour éviter de le respirer, lorsqu'on le prépare pour des recherches chimiques, ou pour les besoins des arts.

Le chlore n'a point encore été solidifié, ni même liquéfié par le froid.

La chaleur, la lumière, l'électricité, ne lui font éprouver aucun changement de nature. Il paroît être électro-négatif dans toutes les combinaisons connues ; au moins observe-t-on que, dans les décompositions électriques des corps où il entre comme élément, il se porte vers les surfaces électrisées positivement.

A la température ordinaire , 100 mesures d'eau dissolvent 200 mesures de chlore. Cette solution a une densité de 1,003 ; elle est jaune verdâtre ; son odeur est celle du chlore : elle a une saveur astringente ; aussi précipite-t-elle la gélatine, et beaucoup de matières animales dissoutes dans l'eau. (Voyez SUBSTANCES ASTRINGENTES.) Quand on reçoit le chlore dans de l'eau refroidie à 2.^{d} o, il se forme des cristaux lamelleux d'hydrate de chlore. Cette solution ne rougit pas le tournesol, mais elle le fait passer au jaune , en en altérant la couleur.

Chlore et corps simples.

Le chlore n'est pas susceptible de se combiner au bore ni au carbone ; il n'a aucune action sur l'oxigène gazeux, mais il est susceptible de s'y unir en deux proportions, lorsqu'il le trouve à l'état naissant. Il en résulte l'*euchlorine*, ou oxide de chlore, et l'*acide chlorique*. Voyez au mot OXIGÈNE, OXIDE DE CHLORE, et CHLORIQUE (*Acide*).

Le chlore s'unit à l'iode avec la plus grande facilité.

Il n'a pas d'action sur le gaz azote ; cependant il s'y unit lorsqu'on fait passer un courant de chlore dans une solution d'hydrochlorate d'ammoniaque, ou de tout autre sel ammoniacal. Voyez, au mot AZOTE, CHLORURE D'AZOTE (Suppl.).

Le chlore se combine facilement avec le soufre ; il suffit de le mettre avec le soufre fondu ou le soufre en poudre, pour que l'union ait lieu. Il y a dégagement de chaleur obscure, et production d'un chlorure liquide orangé.

Le chlore peut former deux combinaisons avec le phosphore, un chlorure, et un acide appelé *chlorophosphorique.* Lorsqu'on plonge le phosphore dans un flacon de chlore, le phosphore se fond, et brûle, d'abord en scintillant, puis en produisant une flamme blanche alongée ; la combinaison se condense en liquide ou en une matière concrète blanche, suivant qu'il s'est formé du chlorure ou de l'acide chlorophosphorique.

Quand on garde dans l'obscurité un mélange de volumes égaux de chlore et de gaz hydrogène, il n'y a aucune action ; mais si on y fait passer une étincelle électrique, si on y plonge une bougie allumée, ou même une brique chauffée à 200.^{d}, il y a sur-le-champ détonation, dégagement de lumière, et production d'acide hydrochlorique. Si la combinaison s'opéroit dans un vaisseau assez fort pour résister à l'expansion subite des gaz, on trouveroit, après la détonation et l'entier refroidissement des corps mis en expérience, 2 volumes d'acide hydrochlorique. L'électricité et la chaleur ne sont pas les seuls agens qui puissent déterminer l'union du chlore et de l'hydrogène, car MM. Gay-Lussac et Thénard ont fait l'importante observation que la lumière du soleil jouissoit de la même faculté, quand bien même elle étoit diffuse ; mais alors l'union des gaz se fait lentement et sans inflammation, tandis que, dans le cas où la lumière est directe et vive, il y a inflammation subite et détonation.

Le chlore enflamme à la température ordinaire le potassium, l'arsenic, l'antimoine et le bismuth ; il enflamme à chaud le sodium, le zinc, le tellure, le mercure ; il embrase à chaud le manganèse, le fer, l'étain, le tungstène, le cobalt, le cuivre ; le chlore se combine à chaud, sans produire de lumière, au nickel, au plomb, à l'argent, au palladium et à l'or. Parmi ces métaux, il en est qui forment deux chlorures : tels sont l'étain, le cuivre, le mercure, et peut-être le manganèse, le fer, l'or.

On ignore quelle est l'action du chlore sur les autres métaux, mais on sait qu'il est susceptible de former des combinaisons avec le magnésium, le calcium, le strontium, le barium, le rhodium, le platine et l'iridium.

Action du chlore sur les corps oxigénés, l'eau exceptée.

Le chlore n'a aucune action sur les acides nitrique, sulfurique, phosphorique, carbonique et borique. Il n'en a point sur
les acides nitreux et sulfureux, ainsi que sur le protoxide et
le deutoxide d'azote, lorsque ces composés sont privés d'humidité.

Si on expose au soleil pendant une demi-heure un mélange
de 1 volume de chlore et 1 volume d'oxide de carbone, on
obtiendra 1 volume d'acide Chloroxicarbonique. Voyez ce mot.

Le chlore n'a pas d'action sur la silice, l'alumine, la zircone, la glucine et l'yttria. A chaud, il expulse l'oxigène de la
magnésie (d'une partie au moins), de la chaux, de la strontiane, de la baryte, de la soude et de la potasse. Dans ce cas,
il se forme des chlorures, et le volume de l'oxigène expulsé
est la moitié du chlore absorbé.

Action du chlore sur les composés d'hydrogène non organiques.

Nous réunissons ici tous les composés hydrogénés, parce qu'à
l'exception d'un très-petit nombre de ces composés, sur lesquels le chlore est sans action, et à l'exception de quelques
autres auxquels il peut s'unir à la température ordinaire, sans
les décomposer, il agit sur les autres composés hydrogénés, par
son affinité pour l'hydrogène : c'est ce qui imprime un caractère commun à tous les mixtes qui peuvent lui céder cet élément.

Chlore et Eau. Le chlore ne décompose pas l'eau dans l'obscurité, ni à la température ordinaire ; et il est vraisemblable
que si l'on introduisoit de l'oxigène, en le comprimant fortement dans l'acide hydrochlorique concentré, et qu'on exposât
ensuite cette solution au froid, il en résulteroit de l'eau et du
chlore. A une chaleur rouge, l'affinité du chlore pour l'hydrogène est au contraire plus forte que celle de l'oxigène ; car si
l'on fait passer dans un tube de porcelaine rouge de feu un
courant de chlore et de vapeur d'eau, on obtient de l'acide
hydrochlorique et de l'oxigène ; en supposant qu'il se décompose 2 volumes de vapeur d'eau, on obtient 4 volumes de
gaz hydrochlorique et 1 d'oxigène. Si la température n'étoit
pas très-élevée, on obtiendroit un peu d'acide chlorique. Le
chlore, dissous dans l'eau et exposé à la lumière du soleil,

produit à la longue le même résultat: il y a décomposition d'eau, dégagement d'oxigène, formation d'acide hydrochlorique et d'un peu d'acide chlorique, qui restent dans l'eau non décomposée. Si l'eau contient un corps qui soit susceptible de s'unir à l'oxigène, sa décomposition par le chlore peut être instantanée : c'est ce dont on peut s'assurer en faisant passer dans une dissolution de chlore du gaz protoxide d'azote, du gaz deutoxide d'azote, ou de l'acide nitreux; il se produit alors de l'acide hydrochlorique et de l'acide nitrique. Les acides sulfureux, hypophosphoreux et phosphoreux sont changés en acides sulfurique et phosphorique par le chlore humide, et les sulfites, les nitrites, les hypophosphites et les phosphites le sont par les mêmes agens en sulfates, nitrates et phosphates.

Chlore et hydrogène carboné. Si l'on mêle sur le mercure ou sur l'eau, ou si l'on fait arriver dans un ballon, des volumes égaux de chlore et d'hydrogène percarboné, les deux gaz se condensent en un composé liquide que nous examinerons à l'article de l'éther hydrochlorique. Si 2 volumes de chlore rencontroient 1 volume de gaz hydrogène percarboné à une température rouge, il se produiroit 4 volumes d'acide hydrochlorique, et il se déposeroit beaucoup de charbon. On obtient encore un résultat semblable, en employant de l'hydrogène carboné au lieu d'hydrogène percarboné, et ce résultat mérite d'autant plus d'être observé, qu'à la température ordinaire le chlore et l'hydrogène carboné ne se combinent pas, au moins dans l'obscurité. Le chlore enlève l'hydrogène au charbon végétal qui est chauffé au rouge dans un tube de porcelaine.

Chlore et hydrogène phosphoré. 3 volumes du premier, mêlés à 1 volume du second, sur la cuve à eau, dégagent de la lumière, et produisent 2 volumes d'acide hydrochlorique et un perchlorure de phosphore, qui se dissout dans l'eau, en passant à l'état d'acide hydrochlorique et d'acide phosphorique.

Chlore et acide hydrosulfurique. Ces gaz, mêlés à volumes égaux, donnent 2 volumes d'acide hydrochlorique, et du soufre. Si l'on employoit plus de chlore, le soufre se convertiroit en chlorure liquide.

Chlore et gaz ammoniaque. Si l'on fait arriver 3 volumes de chlore dans un flacon contenant 8 volumes de gaz ammoniaque, il y a inflammation, dégagement de chaleur, et production d'hydrochlorate d'ammoniaque, qui apparoît d'abord sous la forme d'une fumée blanche, qui ensuite se solidifie et se dépose sur les parois du flacon. Il reste 1 volume de gaz azote. Dans cette expérience, 2 volumes de gaz ammoniaque ont été décomposés en 1 volume de gaz azote, et 3 volumes d'hydrogène qui, en s'unissant aux 3 volumes de chlore, ont produit 6 volumes d'acide hydrochlorique, lesquels ont solidifié les 6 volumes d'ammoniaque indécomposés.

Le chlore gazeux, et celui même qui est dissous dans l'eau, décomposent pareillement l'ammoniaque liquide, mais sans dégagement de lumière. Dans le premier cas, on obtient un volume de gaz azote, qui est le tiers du volume du chlore. Ce résultat peut servir à démontrer que l'acide hydrochlorique est formé de volumes égaux de chlore et d'hydrogène, lorsqu'on admet que le chlore en réagissant sur l'ammoniaque, se combine en totalité à de l'hydrogène, et que 2 volumes d'ammoniaque sont formés de 3 d'hydrogène et de 1 d'azote. Pour faire cette expérience, on prend un flacon à l'émeri, divisé en trois parties égales; on le remplit de chlore, on le ferme; on met ensuite dans une capsule profonde une couche de mercure suffisante pour qu'on puisse y déboucher le flacon; on verse sur le mercure de l'ammoniaque liquide, étendu de trois fois son volume d'eau : on enfonce le col du flacon dans le mercure, on l'y débouche, puis, en le soulevant un peu, on y laisse entrer un peu d'ammoniaque, et on l'enfonce de nouveau dans le mercure. Lorsque l'action entre le chlore et l'ammoniaque a cessé, on répète la même manipulation, et cela jusqu'à ce que tout le chlore ait été absorbé. On trouve alors que le gaz azote occupe le tiers de la capacité du flacon.

Chlore et acide hydrophtorique. Il n'y a pas de décomposition.

Chlore et acide hydriodique. En mêlant 1 volume de chlore avec 2 d'acide hydriodique, il se forme 2 volumes de gaz hydrochlorique, et l'iode, mis en liberté, paroît sous la forme d'une belle fumée pourpre, qui se condense en petits cristaux.

Chlore et gaz hydrogène arseniqué. Suivant M. Davy, ces gaz ne sont pas plus tôt en contact qu'il y a inflammation et production de chlorure d'arsenic et d'acide hydrochlorique.

Chlore et gaz hydrotellurique. Il est probable que le tellure est expulsé de sa combinaison avec l'hydrogène par le chlore, qui en prend la place.

L'action du chlore sur les sulfures est encore peu connue.

Action du chlore sur plusieurs oxides dissous ou contenus dans l'eau.

Lorsqu'on fait passer du chlore sur une base salifiable sèche, il ne se produit, dans aucun cas, de combinaison entre ces deux corps ; s'il y a action, l'oxigène est chassé, et il se forme en chlorure, ainsi que nous l'avons dit plus haut. Le chlore n'a donc pas une disposition marquée à neutraliser l'alcalinité, et, sous ce rapport, il se rapproche plutôt de l'oxigène que des acides ; mais si l'on fait passer un courant de chlore dans de l'eau qui tient de l'oxide d'argent, de la potasse, de la soude, de la baryte, de la strontiane, de la chaux, ou de la magnésie en dissolution ou suspension, il se produit des effets remarquables, dont nous allons nous occuper. Commençons par l'oxide d'argent. Celui-ci se divise en deux parties : l'une abandonne son oxigène, et forme, avec du chlore, un chlorure insoluble ; et l'autre partie, se combinant avec l'acide chlorique, qui est produit par du chlore et par l'oxigène séparé de l'argent, donne naissance à un chlorate soluble. Si, au lieu d'oxide d'argent, on opère sur la potasse, on obtient un chlorate de cette base, qui cristallise, si la dissolution de potasse n'est pas trop étendue d'eau ; et si on fait évaporer la liqueur séparée du chlorate, on obtient du chlorure de potassium. Si l'on admet que ce chlorure étoit tout formé dans la liqueur d'où il a été extrait, la théorie de l'opération sera la même que la précédente ; mais si l'on suppose que cette liqueur est une dissolution d'hydrochlorate de potasse, il faut admettre que quand le chlore arrive dans le liquide alcalin, une portion d'eau, en se décomposant, fournit au chlore de l'oxigène et de l'hydrogène, qui le convertissent en acide chlorique et en acide hydrochlorique, lesquels acides neutralisent séparément deux quantités de potasse. Ce que nous venons de dire est applicable à la soude, à la baryte, à la strontiane, à la chaux, à la magnésie et à l'oxide de zinc.

Le chlore, mis en contact avec la litharge et l'eau, expulse l'oxigène d'une portion de l'oxide métallique, pour former un chlorure ; et l'oxigène expulsé s'unit au reste de l'oxide pour former un peroxide brun. Il paroît que l'oxide vert de manganèse, les protoxides de nickel et de cobalt, humides, donnent, avec le chlore, des peroxides et des hydrochlorates solubles. Dans ce cas, l'oxide qui passe au maximum, le fait en absorbant l'oxigène d'une portion d'eau qui est décomposée.

Action de quelques chlorures sur plusieurs oxides.

Nous avons vu que le chlore, en se combinant à l'hydrogène et plusieurs autres corps, formoit des acides, c'est-à-dire des corps susceptibles de s'unir aux bases salifiables ; cela prouve que le chlore a de grandes analogies avec l'oxigène : il est donc tout naturel que le chlorure d'un métal puisse se combiner avec l'oxide de ce même métal, et former une espèce de sel dans lequel le chlorure fait fonction d'acide, et l'oxide fonction de base ; c'est ce qu'on observe en chauffant du chlorure de plomb avec du massicot, etc.

Action du chlore sur les matières organiques en général.

L'action du chlore sur les composés organiques privés d'humidité, n'a point encore été examinée avec l'attention qu'elle mérite ; mais elle doit être bornée, au moins pour les corps qui ne contiennent pas une grande quantité d'hydrogène : car d'une part on ne connoît qu'un très-petit nombre de cas où le chlore se combine avec une matière organique ; et d'une autre part, le chlore n'ayant pas d'affinité pour le carbone, et n'en ayant qu'une très-foible pour l'oxigène et l'azote, il s'ensuit qu'en général il ne peut altérer une matière organique qu'en se combinant avec son hydrogène et peut-être avec une portion de cette matière plus ou moins altérée.

Si le chlore ne paroît pas avoir une grande énergie sur les matières organiques sèches, il n'en est pas de même lorsque ces matières sont humides ; dans ce cas il en est peu qui résistent à son contact, et la décoloration de l'indigo, du tournesol et de la plupart des principes colorans rouges, et la destruction de plusieurs sortes de miasmes, sont des exemples bien remarquables de la grande influence que le chlore humide peut exercer sur des composés organiques ; mais l'action chimique, cause de ces phénomènes, n'est pas seulement produite par le chlore, elle l'est encore par l'oxigène de l'eau qui est décomposée; il paroît même que c'est ce principe qui, en se portant sur les composés organiques, les dénature immédiatement au point d'en détruire la couleur ou les propriétés délétères, tandis que le chlore forme de l'acide hydrochlorique avec l'hydrogène de l'eau décomposée. C'est sur cette action du chlore humide qu'est fondée la méthode bertholienne de blanchiment, et sur l'action qu'a l'acide hydrochlorique de corroder les étoffes que l'on veut blanchir, qu'est fondée l'addition de la craie, et mieux encore celle de la magnésie dans le bain de chlore où l'on fait tremper ces étoffes.

A ce qui précède, nous ajouterons que le chlore ou l'acide hydrochlorique auquel il donne naissance, peuvent quelquefois se combiner avec une portion de la matière organique plus ou moins altérée; c'est ce qui semble particulièrement avoir lieu dans la précipitation de plusieurs liquides animaux par le chlore.

Préparation du chlore.

On met dans un ballon qui repose sur la grille d'un fourneau, 1 partie de peroxide de manganèse réduit en poudre fine, et 5 parties d'acide hydrochlorique concentré. Le mélange doit remplir les deux tiers environ du ballon; on ferme celui-ci avec un bouchon garni d'un petit tube courbé à angle droit, dont la branche horizontale s'engage dans un tube d'un mètre de longueur plein de petits morceaux de chlorure de calcium. L'extrémité de ce tube est garnie d'un second tube courbé à angle droit, dont la branche la plus longue va plonger au fond d'un flacon de verre bien sec, que l'on veut remplir de chlore; le flacon, au moyen d'un tube courbé en Π, communique à un second flacon; celui-ci à un troisième, etc.; le dernier flacon doit contenir de la chaux caustique destinée à absorber le chlore qui pourroit se répandre dans le laboratoire. Avant d'adapter les tubes aux flacons, il faut, avec un soufflet, diriger un courant d'air dans l'intérieur de ces vaisseaux, afin de les dessécher, puis y introduire un morceau de chlorure de calcium. Quand l'appareil est disposé, que les luts des bouchons sont secs, on met le feu sous le ballon; le chlore se dégage et chasse l'air du ballon, puis celui du tube rempli de chlorure de calcium; il arrive ainsi dans le fond du premier flacon où il s'accumule à mesure qu'il en chasse l'air, à raison de sa plus grande pesanteur spécifique, et il remplit de la même manière les flacons suivans. Dans cette opération, une portion d'acide hydrochlorique est réduite à ses élémens; le chlore se dégage, et l'hydrogène produit de l'eau en transformant le peroxide de manganèse en oxide vert, qui se dissout dans la portion d'acide hydrochlorique non décomposée.

Si l'on veut se procurer du chlore humide, on adapte au ballon qui contient de l'acide hydrochlorique et du peroxide de manganèse, un tube recourbé, dont on fait plonger l'extrémité libre sous un vaisseau plein d'eau, placé dans une petite cuve pneumato-chimique. L'eau dans laquelle on recueille le gaz doit être au moins à 12.^{d}; autrement il y en auroit beaucoup d'absorbé.

Lorsqu'on se propose de faire une solution de chlore dans l'eau, on met le ballon qui contient le mélange propre à le développer, en communication avec des flacons Woulf, remplis d'eau aux cinq sixièmes de leur capacité. Le premier flacon, ou celui qui est le plus près du ballon, porte trois tubes: 1.° un tube recourbé ⊓ qui communique avec ce dernier; 2.° un tube vertical, qui plonge de deux lignes dans l'eau qu'on veut saturer de gaz; 3.° un tube recourbé ⊓ qui communique avec le second flacon, lequel est pareillement garni de trois tubes. Quand l'eau est au-dessous de 4.^{d}o, il se forme de l'hydrate de chlore solide.

Au lieu de peroxide de manganèse et d'acide hydrochlorique, on peut employer un mélange de 1 de peroxide de manganèse, 2 d'eau, 2 d'acide sulfurique et 3 de chlorure de sodium. Dans ce cas, l'eau est décomposée : il se produit de la soude et de l'acide hydrochlorique qui reste en dissolution dans l'eau, la soude s'unit à l'acide sulfurique; et l'acide hydrochlorique, en ramenant le peroxide de manganèse à l'état d'oxide vert qui s'unit à de l'acide sulfurique, se réduit en chlore qui se dégage.

§. III. *Des diverses manières dont on a envisagé la nature du chlore.*

Scheele découvrit le chlore en 1774, en faisant réagir l'acide hydrochlorique sur le peroxide de manganèse. Pour avoir une idée nette de la manière dont il envisagea la nature de ce corps, il faut se rappeler qu'il considéroit le peroxide de manganèse comme une substance déphlogistiquée très-disposée à se combiner au phlogistique pour former la *manganèse phlogistiquée*, ou l'oxide de ce métal qui a le plus d'énergie pour neutraliser l'acidité. Suivant lui, la manganèse déphlogistiquée coloroit ses dissolvans en rouge ou en bleu; et la manganèse phlogistiquée ne les coloroit pas: lorsque l'acide muriatique dissolvoit la première sans l'intermède de la chaleur, il se coloroit d'abord en rouge brun; mais la dissolution étant exposée à l'air, elle se décoloroit peu à peu, à mesure que le manganèse se phlogistiquoit aux dépens d'une portion d'acide muriatique, laquelle se trouvoit par là réduite en chlore ou acide muriatique déphlogistiqué, que l'on pouvoit obtenir à l'état gazeux, en exposant les matières à l'action d'une douce chaleur. Si l'on se rappelle maintenant que dans son Traité de l'Air et du Feu, Scheele considéra l'hydrogène comme étant le phlogistique, on voit que l'illustre Suédois avoit sur la nature du chlore et de l'acide hydrochlorique des idées analogues à celles qui sont généralement adoptées aujourd'hui. Scheele reconnut au chlore la propriété de blanchir plusieurs matières colorées végétales, celles d'épaissir les huiles, d'attaquer tous les métaux connus alors.

Quelques années après la découverte du chlore, Lavoisier, qui venoit de répandre un si grand jour sur la combustion du soufre, du charbon, du phosphore, et sur la nature des acides produits par ces combustions, soupçonna que le chlore étoit un composé d'oxigène et d'acide muriatique; en un mot, de l'acide muriatique oxigéné. L'analogie de propriétés des acides, du soufre, du carbone et du phosphore avec l'acide hydrochlorique, lui faisoit penser que ce dernier étoit formé d'un radical muriatique combustible uni à de l'oxigène.

M. Berthollet, en 1785 et 1788, publia des recherches extrêmement importantes sur le chlore : il prouva que le chlore n'avoit qu'une acidité très-équivoque, puisqu'il ne pouvoit neutraliser les alcalis qu'en éprouvant un changement de nature, et en s'appuyant de nombreuses observations qui lui étoient propres, il chercha à démontrer la justesse de l'opinion de Lavoisier. Suivant cet illustre chimiste, quand l'acide muriatique réagissoit sur le peroxide de manganèse, une portion d'acide muriatique s'oxigénoit aux dépens d'une partie de l'oxi-

gène du manganèse, pour former l'acide muriatique oxigéné,
tandis que la manganèse qui avoit perdu de l'oxigène, s'unissoit
à la portion de l'acide muriatique qui ne s'étoit point oxigénée.
Cette théorie expliquoit très-bien pourquoi le peroxide de
manganèse qui avoit été fortement chauffé, donnoit beaucoup
moins d'acide oxigéné que le peroxide pur. M. Berthollet attribuoit l'énergie de l'acide muriatique oxigéné sur les métaux
et les combustibles en général, à la tendance qu'avoit l'oxigène
pour s'en séparer ; et il trouvoit dans le peu d'acidité du chlore
la raison pour laquelle l'acide muriatique oxigéné étoit converti par la présence d'une solution alcaline en acide muriatique d'une part, et en acide muriatique suroxigéné d'une autre
part, qui neutralisoient chacun de leur côté l'alcali avec lequel
le chlore avoit été en contact. Cette théorie, développée avec
habileté, et appuyée sur de belles découvertes, sembloit un
complément si naturel de la théorie de Lavoisier sur l'oxigé-
nation, qu'elle fut généralement adoptée.

Depuis cette époque jusqu'en 1809, l'on découvrit que plusieurs métaux, le phosphore et le gaz ammoniaque étoient
enflammés par le chlore ; l'on produisit le chlorure de soufre ;
l'on trouva le moyen d'isoler les chlorates d'avec les chlorures
ou les hydrochlorates qui se forment en même temps qu'eux ;
l'on reconnut l'hydrogène dans le gaz hydrochlorique, etc.;
mais aucun de ces faits dont l'histoire du chlore s'enrichissoit
ne portoit atteinte à la théorie de M. Berthollet; tous au contraire sembloient la consolider par la facilité avec laquelle on
les coordonnoit à ceux précédemment observés.

Le 12 janvier 1809, M. H. Davy lut un Mémoire à la société
royale de Londres, dans lequel il faisoit voir que les acides phosphorique et borique privés d'eau n'avoient aucune action sur
les muriates secs; que le charbon ne décomposoit pas le sublimé
corrosif, ce qu'il expliqua en cherchant à démontrer que le
gaz hydrochlorique étoit un hydrate d'acide muriatique. Le 23
janvier 1809 et le 27 février de la même année, MM. Gay-Lussac
et Thénard, qui n'avoient aucune connoissance du travail de
M. H. Davy, présentèrent à l'Institut un Mémoire aussi remarquable par la précision des expériences que par les conclusions qu'ils
en déduisirent. En effet, après avoir établi d'une manière positive que le gaz hydrochlorique contenoit toujours de l'hydrogène

dans une seule proportion, laquelle étoit de volumes égaux d'acide muriatique oxigéné et d'hydrogène sans contraction apparente, ils conclurent que les corps qui ne pouvoient pas fournir de l'hydrogène à l'acide muriatique oxigéné, et qui d'ailleurs n'étoient pas susceptibles de s'y combiner, n'avoient aucune action sur l'oxigène que l'on avoit toujours considéré depuis M. Berthollet comme un des élémens de l'acide muriatique oxigéné : c'étoit encore à la présence de l'hydrogène dans le gaz muriatique, qu'ils attribuoient l'impossibilité de décomposer les muriates secs par des acides dépouillés d'eau. MM. Gay-Lussac et Thénard, en faisant observer que tous les faits connus pouvoient s'expliquer dans une théorie où l'on considéroit l'acide muriatique oxigéné comme un corps simple, et l'acide muriatique comme un composé de ce corps simple et d'hydrogène, donnèrent la première idée de la nouvelle théorie du chlore ; mais ces illustres savans ne crurent pas devoir l'adopter à l'exclusion de celle qui avoit à cette époque l'assentiment universel. Cependant elle fut admise par MM. Ampère et Dulong ; et M. Ampère, à qui la chimie doit des vues aussi profondes qu'originales, proposa de remplacer le nom d'acide muriatique oxigéné, par celui de chlore : la nouvelle théorie lui parut si satisfaisante, qu'il n'hésita point à l'étendre aux faits que MM. Gay-Lussac et Thénard venoient de découvrir sur l'acide fluorique. Tel étoit en France l'état de nos connoissances sur le chlore, lorsque M. H. Davy, en Angleterre, publia le premier écrit dans lequel on ait considéré l'acide muriatique oxigéné comme un élément, et dans lequel on ait voulu prouver l'inconséquence de l'ancienne théorie par de nouvelles observations. M. H. Davy, en reproduisant les faits déjà connus, y ajouta les suivans : 1.° le gaz ammoniaque, en agissant sur la liqueur fumante de Libavius, donne lieu à une matière solide, volatile, dont on ne peut séparer d'oxide d'étain par aucun corps non oxigéné ; 2.° on ne peut point séparer d'acide phosphorique de la combinaison du phosphore saturé de chlore, lors même que cette combinaison a été neutralisée par le gaz ammoniaque, puis soumise à l'action de la chaleur ; 3.° la réaction du chlore sur le gaz ammoniaque ne produit pas sensiblement d'eau.

De tous ces faits, M. H. Davy conclut que si l'on vouloit être conséquent aux principes que l'on avoit pris pour guide lors de la substitution du système de Lavoisier à l'hypothèse de Stahl, on étoit obligé de considérer le chlore comme un corps simple, puisqu'on ne pouvoit en séparer d'oxigène qu'en le mettant en contact avec des corps dans lesquels la présence de l'oxigène étoit prouvée. M. Murray fit des objections à cette théorie; il prétendit qu'en mêlant 2 volumes de chlore avec 1 volume d'oxide de carbone et 1 volume d'hydrogène, il se produisoit de l'acide muriatique et de l'acide carbonique; mais M. H. Davy observa que dans le cas où l'on opéroit avec volumes égaux de chlore et d'oxide de carbone, exactement desséchés, on obtenoit un nouvel acide tout-à-fait distinct des gaz muriatique et carbonique, car cet acide absorboit quatre fois son volume de gaz ammoniaque, et le sel qui en résultoit pouvoit être dissous, sans effervescence, par l'acide acétique, et volatilisé dans le gaz acide sulfureux, sans éprouver d'altération. L'objection de M. Murray, loin de renverser la nouvelle théorie, lui donna au contraire une nouvelle consistance; mais tout en reconnoissant la nécessité d'admettre cette théorie, cependant nous ne voulons pas dissimuler qu'il n'y a pas un seul fait dans l'histoire du chlore, qui ne soit susceptible de s'expliquer par l'autre théorie, à la vérité à l'aide de suppositions peu conformes à l'analogie.

En résumant ce que nous venons de dire dans ce paragraphe, il est visible que l'histoire du chlore compte quatre époques principales : la première est celle de sa découverte par Scheele; la seconde est celle de la théorie où il fut considéré comme un corps composé d'acide muriatique et d'oxigène; la troisième, celle où MM. Gay-Lussac et Thénard firent voir que tous les faits qu'il présentoit étoient susceptibles d'être expliqués, non-seulement par cette théorie, mais encore par celle où l'on considéreroit l'acide muriatique oxigéné comme un corps simple; enfin, la quatrième est celle où M. H. Davy fit sentir la nécessité d'adopter cette dernière, à l'exclusion de la première. (Cʜ.)

CHLORE (*Bot.*), *Chlora*, Linn., genre de plantes dicotylédones, monopétales, hypogynes, de la famille des gentianées, et de l'*octandrie monogynie*, Linn., dont les principaux caractères sont d'avoir un calice à huit divisions persistantes; une corolle en forme de soucoupe, à tube court, à limbe partagé en huit découpures; huit étamines non saillantes, insérées sur le tube de la corolle; un ovaire supérieur, surmonté d'un style court, terminé par un stigmate à quatre lobes; une capsule à une loge contenant plusieurs graines.

Les chlores sont des plantes herbacées, à feuilles simples, opposées ou perfoliées; à fleurs disposées en cime terminale. Le nombre des espèces connues aujourd'hui est de sept, dont quatre croissent naturellement en Europe; les deux suivantes se trouvent en France.

CHLORE PERFOLIÉE : *Chlora perfoliata*, Linn., *Mant.* 10; *Centaurium parvum flavo flore*, Clus., Hist. CLXXX. Sa tige est cylindrique, droite, souvent rameuse et dichotome en sa partie supérieure, haute d'un pied; ses feuilles sont ovales, pointues, opposées, connées, glabres et glauques; ses fleurs sont jaunes et terminales. Cette plante est annuelle et croît dans les pâturages secs et sur les collines; elle est très-amère, tonique et fébrifuge.

CHLORE A FEUILLES SESSILES ; *Chlora sessiliflora*, Desv., Mém. Soc. scien. phys., 1807, p. 74, t. 3, f. 2. Cette espèce diffère de la précédente par sa tige grêle, ne portant qu'un petit nombre de fleurs; par ses feuilles ovales lancéolées, sessiles, non connées, et par son calice à six ou sept divisions plus longues que la corolle. Elle croît dans les lieux sablonneux du midi de la France. (L. D.)

CHLORIDION (*Bot.*), *Chloridium*, genre de plante de la série des byssoïdées, famille des champignons, dans la méthode de Link. Une seule espèce le compose, c'est le *chloridion vert*; elle se présente en touffes ou gazons extrêmement petits, délicats, d'un beau vert, et qui, vus au microscope, sont composés de filamens simples ou peu rameux, droits, non cloisonnés, sur lesquels sont de nombreux conceptacles (*sporidia*) de même couleur, agglomérés, et qui se détachent et se dispersent aussitôt qu'on jette de l'eau sur la plante.

Ce champignon ressemble à du moisi : il a beaucoup de rapport avec le *botrytis lignifraga*, ou *mucor lignifragus* de Bulliard. On le trouve sur le bois pourri, les poutres, les solives, etc. Link en donne une figure, tab. 5, fig. 16; et la description, v. 3, p. 13 du Magasin de Berlin. Voyez BYSSOÏDÉES. (LEM.)

CHLORIODIQUE [Acide]. (*Chim.*) Lorsqu'on met de l'iode sec dans du chlore, celui-ci est absorbé avec rapidité ; il se dégage beaucoup de chaleur, et il se produit deux composés : l'un est jaune orangé clair, et l'autre rouge orangé. M. Gay-Lussac regarde le premier comme un chlorure, et le second comme un sous-chlorure : ces deux composés jouissant de l'acidité, et le second ne paroissant point être assujetti à une proportion définie, nous donnerons le nom d'*acide chloriodique* au premier, et nous considérerons le sous-chlorure de M. Gay-Lussac comme de l'acide chloriodique uni à de l'iode, c'est-à-dire comme de l'*acide chloriodique ioduré*. L'acide chloriodique est formé de 5 volumes de chlore et de 1 volume d'iode.

L'acide chloriodique exposé à l'air se liquéfie en en attirant l'humidité. La dissolution de cet acide est incolore quand elle ne contient point de chlore en excès. Elle rougit fortement le tournesol, et décolore le sulfate d'indigo. Exposée à la chaleur ou à la lumière, pendant un temps suffisant, elle perd du chlore et se colore en orangé, parce que l'iode devient dominant : lorsqu'on y verse de la potasse ou de la soude, il se forme de l'iodate et de l'hydrochlorate ou du chlorure : en effet, les 5 volumes de chlore, qui sont combinés à un volume d'iode dans l'acide chloriodique, doivent dégager 2,5 volumes d'oxigène, soit que le chlore décompose l'eau, soit qu'il décompose l'alcali, et cette quantité d'oxigène est précisément celle qui convient pour convertir en acide iodique 1 volume d'iode.

L'acide chloriodique, qui est coloré par de l'iode, se réduit aussi en liqueur par son exposition à l'air. Cette solution est orangée ; elle est acide, elle décolore l'indigo, elle se volatilise sans décomposition, elle est inaltérable à la lumière ; quand on y verse peu à peu de l'alcali, on en précipite l'iode en excès, et on produit un iodate et un hydrochlorate ou un chlorure. Lorsqu'on fait passer du chlore dans l'acide chloriodique ioduré un peu étendu d'eau, et qu'on l'expose ensuite au soleil jusqu'à ce que le chlore qui étoit en excès soit dégagé, on obtient de l'acide chloriodique incolore.

Nous avons considéré l'acide chloriodique, qui s'est liquéfié à l'air, comme simplement dissous par l'eau ; mais nous devons faire observer qu'il ne seroit pas impossible qu'il y eût une décomposition de cette substance, laquelle donneroit naissance alors à de l'acide iodique et à de l'acide hydrochlorique ; mais ce qui rend cette hypothèse moins probable que celle que nous avons adoptée, c'est que le sulfate d'indigo n'est décoloré ni par l'acide iodique, ni par l'acide hydrochlorique, et qu'il l'est par la dissolution de l'acide chloriodique dans l'eau. (Ch.)

CHLORION. (*Entom.*) C'est sous ce nom que M. Latreille a désigné quelques espèces de sphèges, ou hyménoptères fouisseurs, dont il a tiré le nom de la couleur qui est généralement verdâtre. Réaumur a consigné, dans le VIe volume de ses Mémoires sur les insectes, des observations curieuses de M. Cossigni, sur une espèce de ce genre qui nourrit ses larves avec des blattes nommées kakkerlacs en Amérique. Sonnerat a fait connoître les mœurs d'une autre espèce. Voyez l'article ORYCTÈRES. (C. D.)

CHLORION. (*Ornith.*) Aristote a parlé, en divers endroits, d'un oiseau nommé tantôt *chloreus*, et tantôt *chlorion*. On trouve à ce sujet dans Pline, Gesner, etc., des commentaires où l'on discute si ces deux noms appartiennent au même oiseau ou à des oiseaux différens. On se seroit peut-être mieux accordé sur ce point si l'on avoit considéré que la couleur dominante du loriot mâle est le jaune, et celle de la femelle le vert, circonstances qui font penser que l'oiseau unique dont il est ici question est l'*oriolus galbula*, Linn. (Ch. D.)

CHLORIQUE [ACIDE]. (*Chim.*) Suivant M. Gay-Lussac, c'est une combinaison de chlore et d'oxigène dans le rapport de 2 à 5 (en volume) et de 100 à 113,95 (en poids), qui forme, avec les bases salifiables, les sels qu'on a appelés muriates suroxigénés, et qu'on nomme aujourd'hui chlorates. M. Berthollet prouva que ces sels devoient contenir du chlore uni à l'oxigène, et non du chlore pur. En conséquence, il appelle l'acide des chlorates, *acide muriatique suroxigéné*, le chlore étant alors pour lui de l'acide muriatique oxigéné. En 1802, M. Chenevix fit des tentatives infructueuses pour isoler l'acide des chlorates ; en 1814, M. Gay-Lussac y parvint en versant de l'acide sulfurique étendu dans du chlorate de baryte dissous dans l'eau. (Voyez, pour la manière de préparer ce sel, l'article CHLORATES.) La baryte se sépare à l'état de sulfate insoluble. Pour réussir, il ne faut mettre que la quantité d'acide sulfurique nécessaire à la précipitation de la baryte ; au reste, si on en avoit mis un excès, on le précipiteroit en ajoutant à la liqueur un peu d'eau de baryte, ou mieux encore du chlorate de cette base : quand cela est fait, on filtre la liqueur, puis on la concentre dans une cornue, afin d'en chasser une partie de l'eau. L'acide chlorique concentré jusqu'au point où il commence à se décomposer, est, suivant M. Gay-Lussac, comme l'acide sulfurique d'une densité de 1,85, comme l'acide nitrique d'une densité de 1,53, un composé d'eau et d'acide, en un mot un véritable hydrate : c'est dans cet état que nous allons le décrire.

L'acide chlorique est liquide, incolore et inodore ; il a une fluidité un peu oléagineuse, une saveur acide très-prononcée ; il rougit la teinture de tournesol. M. Vauquelin dit qu'à la longue il la décompose : il n'altère pas la solution sulfurique d'indigo.

L'acide chlorique concentré, soumis à la distillation, se dissipe en entier : une partie est convertie en chlore et en oxigène, et l'autre se condense en hydrate d'acide chlorique.

La lumière ne le décompose pas.

Il convertit l'acide sulfureux en acide sulfurique, en lui cédant son oxigène ; le chlore mis à nu colore la liqueur en jaune.

L'acide nitrique ne le décompose point.

Il cède son oxigène à l'hydrogène des acides hydrochlorique et hydrosulfurique : avec le premier, on n'obtient que de l'eau et du chlore ; avec le second, de l'eau, du chlore et du soufre.

Il ne précipite aucune dissolution métallique.

L'acide chlorique dissout le zinc sans effervescence ; la dissolution précipite le nitrate d'argent ; ce qui prouve qu'elle contient du chlore ou de l'acide hydrochlorique, car l'acide chlorique pur et les chlorates ne le précipitent pas. D'un autre côté, elle paroît contenir de l'acide chlorique, car la liqueur évaporée laisse un résidu qui fait fuser le charbon à la manière des chlorates. Ce résidu distillé donne une assez grande quantité d'oxigène et de chlore, et une matière fixe formée de chlorure de zinc et d'oxide. Seroit-ce du chlorate de zinc, plus du chlorure ou de l'hydrochlorate, ou bien un mélange de chlorate d'oxide et de chlorate de chlorure ?

L'acide chlorique dissout promptement le fer, avec production de chaleur et sans dégagement d'hydrogène : la dissolution est d'abord verte, mais elle prend bientôt une couleur rouge ; la liqueur évaporée se prend en une gelée rouge ; le résidu ne fuse pas sur les charbons ; soumis à la distillation, il donne du chlore sans oxigène et un acide très-piquant, qu'a observé M. Vauquelin, mais dont il n'a pas déterminé la nature ; ce qui reste dans la cornue est du chlorure et du peroxide de fer. On peut faire sur la nature de la dissolution de fer dans l'acide chlorique les deux mêmes hypothèses que sur celle de la dissolution de zinc dans le même acide.

L'acide chlorique, en s'unissant aux bases salifiables, produit tous les chlorates.

M. H. Davy pense que l'acide chlorique est un composé triple de chlore, d'oxigène et d'hydrogène, et que les chlorates secs métalliques sont non pas de véritables sels, mais des combinaisons triples, dans lesquelles l'hydrogène est remplacé par une quantité correspondante de métal. On pourroit encore envisager l'acide chlorique comme un hydracide d'oxigène et de chlore, et les chlorates secs comme des oxichlorures métalliques ; mais l'analogie de l'iode avec le chlore, et l'existence de l'acide iodique sec, composé de $\left\{ \begin{array}{l} 1 \text{ volume d'iode} \\ 2 \text{ volumes } \frac{1}{2} \text{ d'oxigène} \end{array} \right\}$ rendent cette manière de voir moins probable que celle que nous avons adoptée d'après M. Gay-Lussac. (CH.)

CHLORIS (*Bot.*), *Chloris*, genre de plante à fleurs glumacées, de la famille des graminées, de la *triandrie digynie* de Linnæus, auquel plusieurs espèces de *cynosurus*, d'*agrostis* et d'*andropogon*, ont servi de type, dont le caractère essentiel consiste dans des fleurs souvent polygames, disposées en épis unilatéraux ; les épillets renferment, dans un calice à deux valves, deux à six fleurs ; l'une sessile, hermaphrodite ; une autre pédicellée, stérile ; souvent plusieurs autres imparfaites, mâles ou neutres ; la corolle à deux valves, l'extérieure ordinairement aristée dans les fleurs hermaphrodites, à une ou deux valves dans les fleurs stériles, avec ou sans arête.

En donnant moins extension au caractère essentiel de ce genre, quelques auteurs modernes en ont exclu plusieurs espèces pour lesquelles ont été établis les genres RÆDOCHLOA, DACTYLOCTENIUM, ELEUSINE, LEPTOCHLOA, EUSTACHYS, CAMPULOA,

Chondrosium, Dinebra, Botelua. (Voyez ces mots.) On auroit pu porter bien plus loin les réformes, et, pour trancher toute difficulté, établir autant de genres que d'espèces, et autant d'espèces que de variétés, ce qui, sans doute, seroit très-avantageux pour la science; cependant, comme je tiens encore aux principes admis par Linnæus, Jussieu, Desfontaines et autres botanistes qui ne sont pas tout-à-fait sans mérite, on me pardonnera de ne pas admettre indifféremment tous ces nouveaux genres. Les principales espèces de chloris sont :

Chloris en croix: *Chloris cruciata*, Swart.; *Agrostis cruciata*, Linn.; *Rabdochloa*, Beauv., *Agrost.*, 84. Ses tiges sont ramifiées; ses feuilles planes, très-étroites, barbues à l'orifice de leur gaîne; trois ou quatre épis sessiles en croix; les valves du calice acuminées, contenant deux fleurs, dont une pédicellée, stérile ; les valves de la corolle bidentées; l'inférieure munie d'une arête. Elle croît dans l'Amérique méridionale.

Chloris mucronée: *Chloris mucronata*, Mich., *Amer.*; *Eleusine cruciata*, Lam. *III.*, tab. 48, fig. 2; *Dactyloctenium*, Will., Enum.; *an Cynosurus ægyptius?* Var., Linn. Cette plante, originaire de l'Amérique septentrionale, a été également recueillie à Porto-Ricco, par M. Ledru. Ses feuilles sont linéaires, planes, acuminées; quatre épis ouverts en croix: leur rachis triangulaire, prolongé en une pointe mucronée; quatre fleurs dans chaque calice; sa valve extérieure munie d'une arête; celles de la corolle acuminées.

Chloris radiée : *Chloris radiata*, Sw.; *Agrostis radiata*, Linn. Ses tiges sont comprimées et rameuses; ses feuilles planes, rudes à leurs bords, ciliées à la base et sur leur gaîne; les épis nombreux, presque en ombelle, sessiles, linéaires; les calices biflores; leurs valves subulées; celles de la corolle bidentées; l'inférieure aristée; la fleur supérieure pédicellée, stérile. Elle croît dans l'Amérique méridionale. La *chloris virgata*, Swart., diffère peu de celle-ci : les valves de la corolle sont plus alongées ; les calices aristés.

Chloris élancée: *Chloris virgata*, Swart.; *Rabdochloa*, Beauv.; *Agrost.*, 84. Cette plante, découverte au Mexique et à la Jamaïque, s'élève à la hauteur de trois pieds sur une tige droite, rameuse; ses feuilles sont planes, striées, rudes à leurs bords; les gaînes glabres, pileuses à leur orifice; les épis, au nombre

de huit, en ombelle ouverte, sessile; les valves du calice lancéolées, aristées et biflores; les valves de la corolle bifides;
l'inférieure aristée, ciliée à ses bords; la fleur stérile munie
d'une arête.

CHLORIS PANIC; *Chloris panicea*, Willd., *Spec.* 4, p. 923. Elle
a le port du *panicum filiforme;* ses tiges sont ascendantes; ses
feuilles rudes, un peu pileuses sur leur gaîne; quatre ou cinq
épis filiformes; le calice biflore, à deux valves mucronées ;
celles de la corolle pourvues d'une arête. Elle croît dans les
Indes orientales.

CHLORIS A ÉPIS NOMBREUX : *Chloris polydactyla*, Swart. ; *Andropogon polydactylon*, Linn.; Sloan. , *Jam. Hist.*, 1, p. 111, tab. 65,
fig. 2. Ses tiges sont simples, hautes de quatre pieds; les feuilles
ru des; leur gaîne glabre; les épis grêles, velus, au nombre de
dix-huit ou vingt, réunis en un fascicule ombelliforme; les
valves du calice biflores, rudes, hispides; la valve inférieure de
la corolle longuement ciliée, aristée. Elle croît à la Jamaïque.

CHLORIS ÉLÉGANTE; *Chloris elegans*, Kunth, *in* Humb. et
Bonpl., *Nov. Gen.*, 1, pag. 166, tab. 49. Cette plante est très-
rapprochée du *chloris polydactyla :* elle est de moitié moins
longue; les épis, au nombre de huit à dix, une fois plus courts,
la valve inférieure de la corolle chargée de longues touffes de
poils blancs vers son sommet. Elle croît au Mexique.

CHLORIS DES ROCHERS : *Chloris petræa*, Sw.; *Cynosurus paspa-
loïdes*, Vahl., *Symb.*, 2, tab. 27; *Agrostis complanata*, Ait.; *Andropogon capense*, Houtt. , tab. 93, fig. 3. Ses épis sont glabres,
au nombre de quatre ou six, linéaires, longs d'un pouce et
demi; la valve extérieure du calice bifide, un peu aristée; la
fleur hermaphrodite presque glabre, mutique ; la stérile ovale,
mutique, univalve. Elle croît aux lieux maritimes sablonneux
et pierreux de la Floride, de la Nouvelle-Géorgie, à Porto-
Ricco, etc.

CHLORIS CILIÉE : *Chloris ciliata*, Swart. ; *Andropogon pubescens*, Ait. Ses tiges sont grêles, un peu comprimées; les feuilles
glabres ; cinq épis sessiles en ombelle, longs d'un pouce, d'un
blanc verdâtre; les valves du calice biflores, glabres, aiguës ;
celles de la corolle ciliées, munies d'une arête courte et fine;
la seconde fleur stérile. M. Swartz l'a découverte aux lieux
arides, à la Jamaïque et aux Antilles.

Chloris mutique; *Choris submutica*, Kunth, *in* Humb. et Bonpl., *Nov. Gen.*, t. 1, pag. 167, tab. 50. Cette espèce, du Mexique, diffère peu du *chloris petræa* : ses feuilles sont rudes, ciliées à l'orifice de leur gaîne ; les épis nombreux, sessiles, en ombelle ; les valves du calice acuminées ; celles de la corolle entières ; l'inférieure tronquée, mucronée, un peu ciliée.

Chloris a épis alongés ; *Chloris elongata*, Poir., Encycl., Supp. Espèce de l'île de Timor : ses tiges sont rameuses, géniculées ; ses feuilles glabres ; les gaînes pileuses à leur orifice ; six à huit épis glabres, ombellés, grêles, longs de cinq pouces ; la corolle aristée ; les valves du calice mutiques ; une seconde fleur stérile, pédicellée.

Chloris a pinceau ; *Chloris penicellata*, Vahl., *Symbol.*, t. 2, *sub cynosuro*. Cette plante, née dans les Indes orientales, a huit ou dix épis longs de deux pouces ; les calices renferment quatre fleurs ; les deux extérieures hermaphrodites, terminées à leur sommet par une touffe de poils en pinceau, surmontées d'une longue arête.

Chloris grêle ; *Chloris gracilis*, Kunth, *in* Humb. et Bonpl., *Nov. Gen.*, t. 1, p. 168. Ses feuilles sont glauques, pileuses en dessus ; les épis nombreux, alternes ou opposés ; les épillets à quatre ou six fleurs ; les valves de la corolle ciliées ; l'inférieure bidentée ; la supérieure acuminée ; une arête courte ; elle croit dans l'Amérique méridionale. La *chloris digitaria*, du même pays, diffère de la précédente par ses épis plus nombreux, filiformes, presque verticillés, une fois plus longs ; les épillets beaucoup plus petits ; l'arête plus courte.

Chloris douteuse ; *Chloris dubia*, Kunth, l. c. Cette espèce se rapproche beaucoup des paturins, *poa*. Ses feuilles sont rudes ; ses épis nombreux, opposés ou alternes ; les épillets presque à huit fleurs distantes ; les valves de la corolle un peu ciliées ; l'inférieure bifide, à trois nervures ; la supérieure un peu obtuse ; l'arête très-courte ; elle croit au Mexique.

Plusieurs autres espèces de *cynosurus* doivent trouver place dans ce genre : tels que le *cynosurus virgatus*, Linn. ; *monostachyus*, Vahl. ; *floccifolius*, Vahl. et Pursh. ; *scoparius*, etc.

M. Rob. Brown a découvert, dans la Nouvelle-Hollande, plusieurs autres espèces de chloris, telles que la *chloris ventricosa*, dont les valves calicinales sont ventrues, rudes, arrondies; la *chloris truncata*, les valves du calice glabres, tronquées, comprimées; la *chloris divaricata*, à six ou neuf épis digités, très-étalés; enfin, la *chloris pumilio*, les valves du calice ciliées, lancéolées, à trois arêtes. (Poir.)

CHLORIS. (*Ornith.*) Ce nom qui, dans Aristote, se rapporte à notre verdier, *loxia chloris*, Linn., a été donné par Brisson aux divers oiseaux qui, dans son Ornithologie, forment une section particulière des fringilles. Chez le P. Feuillée, le *chloris erithacoïdes* paroît se rapporter au figuier à tête rousse, *motacilla ruficapilla*, Linn. (Ch. D.)

CHLORITE. (*Min.*) [*Talc Chlorit*, Haüy; *Chlorite*, la Chlorite, Broch.]

La chlorite est une pierre ordinairement friable ou au moins facile à pulvériser, qui est composée d'une multitude de petites paillettes ou de petits grains luisans, s'égrenant avec facilité sous la pression des doigts, et donnant une poussière assez douce au toucher.

Sa couleur varie du vert bouteille foncé au vert jaunâtre; elle paroît être due à une grande quantité de fer qu'elle contient, et qui lui donne la propriété de se fondre au chalumeau, en une scorie noire bien plus attirable à l'aimant que ne l'étoit la chlorite dans son état naturel.

Elle répand l'odeur argileuse par l'insufflation.

1.re *Variété*. CHLORITE COMMUNE; *Gemeiner chlorit*, la chlorite commune; et *Chloriterde*, la Chlorite terreuse, Broch.

Elle est en masse, plus ou moins solide, souvent même terreuse et friable; elle est quelquefois composée d'un grand nombre de petits prismes hexaèdres, longs, grêles et même recourbés : ses couleurs sont le vert poireau, très-foncé, quelquefois même le brun, le vert d'herbe, le grisâtre, le jaune roussâtre. M. Vauquelin y a trouvé par l'analyse :

Silice.	26
Magnésie.	8
Alumine.	18,5
Oxide de fer.	43
Muriate de soude ou de potasse	2
Eau.	2
	99,5

M. Vauquelin a fait également l'analyse d'une autre variété de chlorite qui se trouve à l'Oïsans, département de l'Isère. Sa couleur est le blanc d'argent nacré ; elle se fond, au chalumeau, en un émail blanc verdàtre ; elle est composée de :

Silice	56
Alumine	18
Chaux.	2 à 3
Fer mêlé de manganèse	4
Eau.	6
Potasse.	8
Perte réelle	5
	100

La chlorite commune ne se rencontre jamais en masse considérable ; on la trouve dans les filons et les cavités des roches primitives, mêlée avec des cristaux de différentes natures, pénétrant et colorant même souvent ces cristaux, surtout ceux de quarz, d'azinite, de felspath, etc.

Quelquefois elle forme de petites couches assez homogènes, mais pénétrées de cristaux de quarz, de mica, d'amphibole ; elle peut être considérée alors comme la base d'une roche, et passe à la variété suivante.

La chlorite commune, pulvérulente ou compacte, se trouve dans presque toutes les chaînes de montagnes primitives ; on en cite à Altenberg et à Ehrenfriedersdorf en Saxe ; elle y est mélangée d'amphibole en masse, de fer et d'arsenic sulfurés. A Taberg, en Suède ; entre Lossosna et Sallourye, près des bords de la Memel, dans la Nouvelle-Prusse ; elle est pulvérulente, et contient, d'après Klaproth, oo,53 de silice, o,12 d'alumine, o,o3 $\frac{1}{2}$ de magnésie, o,2 $\frac{1}{2}$ de chaux, o,17 de fer oxidé, et o,11 d'eau ; dans les granites de la chaîne du Mont-Blanc, etc.

2.ᵉ *Variété.* Chlorite schisteuse ; *Chloritschiefer*, la chlorite schisteuse, Broch. On la trouve en masse assez solide ; sa structure est schisteuse, et ses feuillets sont courbes ; elle conserve dans cet état les paillettes brillantes et les autres caractères de la chlorite ; sa couleur ordinaire est le vert foncé, presque noir.

On doit regarder cette variété comme la base d'une roche ;

elle se trouve en effet en couches puissantes dans les montagnes de schistes argileux, et renferme des cristaux de quarz, du fer oxidulé octaèdre, des grenats, etc. Les pays où on l'a remarquée plus particulièrement, sont la Corse, Fahlun en Suède, la Norwége, etc.

M. d'Aubuisson a décrit une variété de chlorite schisteuse, que l'on rencontre à Saint-Marcel-de-Tenis en Piémont; elle est d'un vert assez clair, contient des grenats, et a assez de dureté pour être employée à la fabrication des meules de moulin. (Journal des Mines, 29.ᵉ volume.)

3.ᵉ *Variété.* CHLORITE BALDOGÉE; *Grunerde*, la terre verte, (Broch.); Talc zographique (Haüy); Baldogée (Saussure). Cette chlorite qui est d'un vert assez pur, quoique plus ou moins foncé, a la cassure terreuse, à grains fins, moins brillans que ceux des variétés précédentes; elle est facile à pulvériser et assez onctueuse au toucher. Si l'analyse de Meyer est exacte, cette pierre ne contiendroit que de l'alumine, de la silice, du fer et de la manganèse, sans magnésie ni potasse.

On la trouve ordinairement en rognons, dans les cavités des roches à pâtes, telles que les basaltes, les porphyres, les amygdaloïdes, et même dans certaines laves; tantôt elle remplit à elle seule ces cavités; tantôt elle enveloppe les noyaux de mésotype, de silex, de chaux carbonatée, etc., qui s'y rencontrent. Saussure l'a observée sur le chemin de Nice à Fréjus, dans une roche porphyritique rougeàtre. Celle que l'on trouve dans les montagnes d'Altenberg, en Saxe, est dans un porphyre. La roche des agathes d'Oberstein en renferme dans ses cavités. Enfin, on l'exploite à Bentonico, au nord du Montebaldo, près de Vérone. C'est la substance connue dans le commerce sous le nom de *terre de Vérone*, qui est employée comme matière colorante dans la peinture à l'huile et dans le stuc. Voyez TALC. (B.)

CHLOROCYANIQUE [ACIDE]. (*Chim.*) Cet acide, suivant M. Gay-Lussac, est formé de volumes égaux de chlore et de cyanogène, sans contraction apparente. M. Berthollet, à qui nous en devons la découverte, l'avoit appelé *acide prussique oxigéné.*

Préparation. On fait passer un courant de chlore dans une solution d'acide hydrocyanique, jusqu'à ce qu'elle décolore le sulfate d'indigo, puis on l'agite avec du mercure pour en absorber l'excès de chlore ; après ce traitement, la liqueur ne contient plus que de l'eau et des acides hydrochlorique et chlorocyanique. On la distille à une douce chaleur dans une cornue ; on recueille sur le mercure un mélange de gaz carbonique et d'acide chlorocyanique ; le résidu de la distillation est une solution d'acide hydrochlorique et d'hydrochlorate d'ammoniaque. Dans cette opération, une portion d'acide chlorocyanique est décomposée simultanément avec une portion d'eau.

Propriétés. L'acide chlorocyanique n'est gazeux à la pression et à la température ordinaire, qu'autant qu'il est mélangé avec un gaz permanent; c'est ce que M. Gay-Lussac a démontré de la manière suivante : il a mis du mercure dans un flacon jusqu'aux trois quarts de sa capacité ; il a rempli l'autre quart avec la solution des acides hydrochlorique et chlorocyanique, puis il a renversé le flacon dans un bain de mercure, et a exposé l'appareil dans un récipient où il a fait le vide ; alors une partie du liquide s'est réduite en gaz, et a expulsé non-seulement le mercure du flacon, mais encore le liquide qui ne s'étoit pas gazéifié ; en rétablissant la pression, tout le gaz produit s'est liquéfié.

Si l'on fait abstraction du gaz acide carbonique qui est mélangé à l'acide chlorocyanique obtenu par le procédé précédent, on trouve que cet acide, à l'état gazeux, est incolore, que son odeur est très-vive, qu'il irrite fortement la membrane pituitaire, qu'il rougit le tournesol, qu'il n'est pas inflammable, qu'il ne détone pas quand on le mélange avec le double de son volume d'oxigène ou d'hydrogène, qu'il s'enflamme quand on l'électrise après l'avoir mélangé avec de l'oxigène et un peu d'hydrogène.

Dans ce cas on observe, 1.° que le volume de gaz acide carbonique produit, est égal à celui de l'acide chlorocyanique ; 2.° que l'oxigène employé à la combustion, se retrouve en totalité dans l'acide carbonique, et l'eau qui a été formée par l'hydrogène ajouté ; 3.° que le volume d'azote est la moitié de celui de l'acide chlorocyanique; d'où il suit que le carbone et l'azote sont dans la proportion qui constitue le cyanogène.

La densité de l'acide chlorocyanique déterminée par le calcul est de 2,111.

La solution de l'acide chlorocyanique dans l'eau, ne précipite ni le nitrate d'argent, ni l'eau de baryte ; les alcalis s'y combinent avec rapidité ; mais un excès de base est nécessaire pour en faire disparoître l'odeur ; si on ajoute un acide au liquide alcalin, l'acide chlorocyanique se réduit alors en entier, au moyen d'une décomposition d'eau, en ammoniaque, en acide carbonique et en acide hydrochlorique. Puisque 1 volume d'acide chlorocyanique produit 1 volume d'acide carbonique en brûlant, l'eau décomposée doit représenter 2 volumes d'hydrogène ; or, 1 volume d'acide chlorocyanique contenant $\frac{1}{2}$ volume d'azote, ce $\frac{1}{2}$ volume doit absorber $1\frac{1}{2}$ volume d'hydrogène pour former 1 volume d'ammoniaque ; et le $\frac{1}{2}$ volume restant doit saturer $\frac{1}{2}$ volume de chlore et former 1 volume d'acide hydrochlorique ; par conséquent 1 volume d'acide chlorocyanique se réduit en 1 volume d'acide carbonique, 1 volume d'ammoniaque et 1 volume d'acide hydrochlorique.

Lorsqu'on fait chauffer de l'antimoine dans de l'acide chlorocyanique gazeux, on obtient du chlorure d'antimoine et un volume de cyanogène qui est la moitié du gaz chlorocyanique qui a été décomposé ; d'où il suit que cet acide est formé de $\frac{1}{2}$ volume de cyanogène et de $1\frac{1}{2}$ volume de chlore sans condensation apparente ; il est bien remarquable que le chlore suive la même loi que l'hydrogène dans sa combinaison avec le cyanogène, car 1 volume d'acide hydrocyanique est formé de $\frac{1}{2}$ volume de cyanogène et de $\frac{1}{2}$ d'hydrogène.

Tels sont les faits que nous devons à la sagacité de M. Gay-Lussac. (Ch.)

CHLOROMYRON VERTICILLÉ (*Bot.*), *Chloromyron verticillatum*, Ruiz. et Pav. *Prodr.*, *Fl. Per.*, tab. 15 ; et *Syst. Veg. Fl. Per.*, pag. 140. Grand arbre du Pérou, découvert dans les grandes forêts, aux environs de Pozuzo, par MM. Ruiz et Pavon : il constitue seul un genre très voisin de la famille des guttifères, de la *polyandrie monogynie* de Linnæus. Il offre pour caractère un calice coloré, à six folioles ; point de corolle ; un grand nombre d'étamines placées sur le réceptacle ; point de style ; un stigmate sessile, concave, à trois lobes ; une capsule à trois loges, à trois semences.

Son tronc, haut de soixante pieds et plus, est revêtu d'une écorce d'où découle une résine verdâtre très-abondante, principalement dans le temps des pluies, que les habitans recueillent avec soin, et qui est connue sous le nom d'huile, ou de baume de Sainte-Marie. Les rameaux sont disposés quatre par quatre en verticilles, garnis de feuilles oblongues, acuminées, très-entières. (Poir.)

CHLOROMYS (*Mamm.*), nom que j'ai cru devoir donner au genre composé des agoutis, à cause de leur belle couleur vert doré. Ces animaux ont été décrits au mot Cabiai. Voyez ce mot. (F.C.)

CHLOROPHANE (*Min.*), variété de chaux fluatée qui, chauffée, ne décrépite pas, mais donne une belle lumière verte. Voyez Chaux fluatée. (B.)

CHLOROPHOSPHORIQUE [Acide]. (*Chim.*) Acide formé par le phosphore saturé de chlore. On en doit la découverte à M. H. Davy, qui le considère comme étant formé, en poids, de $\begin{cases} 680\,\text{chlore.} \\ 100\,\text{phosp.} \end{cases}$

On le prépare par deux procédés : 1.° on met du phosphore parfaitement desséché dans une petite capsule de platine, suspendue à un fil de ce métal, lequel est fixé par son extrémité supérieure à un disque de cuivre. On plonge le phosphore dans un flacon de plusieurs litres, plein de chlore desséché ; le bord supérieur du flacon doit être usé à l'émeri, de manière qu'il puisse être fermé par le disque de cuivre. Le phosphore n'est pas plus tôt dans le gaz qu'il se fond, lance des étincelles, puis s'enflamme ; si le chlore est en excès, qu'il y ait au moins deux pouces cubiques de gaz pour un grain de phosphore, la combinaison se condense en une matière blanche solide, qui est l'acide chlorophosphorique : 2.° on met du chlorure de phosphore (voyez Phosphore pour la manière de préparer ce dernier) dans une petite cloche, laquelle, au moyen d'un long tube rempli de chlorure de calcium, communique à un ballon, d'où il se dégage du chlore, et au moyen d'un second tube, communique à un flacon rempli de petits morceaux de chaux vive, qui sont destinés à absorber le chlore qui ne se combine pas au chlorure de phosphore.

L'acide chlorophosphorique est sous la forme d'une poudre qui a l'aspect de la neige; un peu au-dessous de 100.^{d}, il se réduit en gaz; si on le chauffe dans une petite cloche de verre, et qu'on le comprime au moyen d'un cylindre de verre qui remplisse presque exactement la cavité du tube, il se fond, et en le laissant ensuite refroidir, il cristallise en prismes transparens ; il rougit le papier de tournesol desséché.

A la chaleur rouge, l'oxigène en expulse le chlore et donne naissance à de l'acide phosphorique.

Il se dissout avec rapidité dans l'eau ; mais alors il change de nature; son phosphore forme de l'acide phosphorique avec. l'oxigène d'une portion d'eau, tandis que son chlore forme de l'acide hydrochlorique avec l'hydrogène de cette même portion. Cette action de l'eau sur l'acide chlorophosphorique explique pourquoi on ne peut obtenir de chlorophosphates avec les bases salifiables dissoutes dans l'eau.

Chlorophosphate d'ammoniaque. Lorsqu'on fait passer du gaz ammoniaque dans une cloche remplie de mercure, et qui contient de l'acide chlorophosphorique, le gaz est solidifié, il se produit un chlorophosphate dont les propriétés sont extrêmement remarquables par les analogies qu'elles ont avec celles des terres.

En effet, ce sel est blanc; il n'a ni odeur ni saveur; il est fixe à la chaleur rouge, quoiqu'il soit formé d'élémens volatils ; il est insoluble dans l'eau bouillante, indécomposable par les acides sulfurique, nitrique et hydrochlorique, ainsi que par une forte solution de potasse.

Lorsqu'on le chauffe au rouge avec le contact de l'air, il se décompose en produisant un peu de lumière, et en laissant dégager du chlore et les élémens de l'ammoniaque; il est vraisemblable que l'hydrogène se change au moins en partie en eau et en gaz hydrochlorique; le résidu en de l'acide phosphorique.

Chauffé au rouge avec l'hydrate de potasse, il y a dégagement d'ammoniaque, et production de phosphate de potasse et de chlorure de potassium ; c'est probablement l'oxigène de la potasse qui convertit le phosphore en acide phosphorique; dans ce cas, l'eau de l'hydrate doit se volatiliser sans décomposition. (C**H**.)

CHLOROPHYTE (*Bot.*), *Chlorophytum*. Ce genre appartient à la famille des asphodélées et à l'*hexandrie monogynie* de Linn. Il diffère des *phalangium* par ses capsules à trois lobes et par sa corolle persistante. Son caractère essentiel consiste dans une corolle à six divisions égales. étalées, persistantes; six étamines; les filamens glabres, filiformes; un style; un stigmate; une capsule à trois lobes profonds, veinés, comprimés, à trois loges, à trois valves; quelques semences comprimées; l'ombilic nu. Il comprend deux espèces.

CHLOROPHYTE A GRAPPES; *Chlorophytum laxum*, Brow., *Nov. Holl.*, 277. Cette plante est herbacée, glabre sur toutes ses parties; ses racines composées de fibres charnues, fasciculées; les feuilles toutes radicales, linéaires, nerveuses; les hampes soutiennent une longue grappe simple ou bifide, garnie de fleurs blanches, lâches; les pédoncules solitaires ou géminés, articulés dans leur milieu. Elle croît à la Nouvelle-Hollande.

CHLOROPHYTE NÉGLIGÉ; *Chlorophytum inornatum*, Bot. Mag., tab. 1071. Ses tiges sont simples, ou à peine rameuses, rudes, velues; les feuilles lancéolées, acuminées, touffues, ondulées, nerveuses et striées en-dessous; les fleurs disposées en une panicule terminale, très-étroite, composée de petits fascicules d'une à quatre fleurs à peine pédicellées; la corolle d'un jaune verdâtre; ses découpures linéaires; la capsule en ovale renversé; les semences noires. On la soupçonne originaire de la Jamaïque.

Il faut, d'après M. Rob. Brown, rapporter à ce genre l'*anthericum elatum*, Ait., *Hort. Kew.*, 1, pag. 448, qui est l'*asphodelus foliis planis, caule ramoso, floribus sparsis*, Mill., *Icon.* 38, tab. 56. Ses tiges sont cylindriques, divisées vers leur sommet en rameaux alternes, très-étalés, soutenant des fleurs éparses, pédonculées; les pédoncules presque fasciculés; la corolle blanche; les pétales planes, ouverts; les filamens glabres, blanchâtres, cylindriques; les feuilles glabres, planes, alongées. Cette plante croît au cap de Bonne-Espérance. (POIR.)

CHLOROPTÈRE. (*Ichthyol.*) M. de Lacépède a donné ce nom à un poisson de son genre SPARE. Voyez ce mot. (H. C.)

CHLOROPUS. (*Ornith.*) Aldrovande, liv. 20, chap. 33, 34 et 35, a décrit trois poules d'eau sous ce nom, tiré de la

couleur verdâtre de leurs pieds, et dont Linnæus a particulièrement fait l'application à la plus grande, qui est la poule d'eau
proprement dite de Buffon, *fulica chloropus*, Linn. (Ch. D.)

CHLOROSAURA. (*Ichthyol.*) Χλωροσαῦ α est, suivant Gesner, le nom que les Grecs modernes donnent au lézard vert.
(H. C.)

CHLOROXICARBONIQUE [Acide]. (*Chim.*) Composé de
volumes égaux de chlore et de gaz oxide de carbone condensés
de moitié. M. J. Davy, qui en fit le premier connoître les propriétés, le nomma *phosgène* (*engendré par la lumière*), parce
qu'il ne put le produire qu'en exposant à la lumière du soleil
le mélange de 1 volume de chlore et de 1 volume d'oxide de
carbone. La combinaison est complète au bout d'une demi-
heure; on en est averti lorsque les 2 volumes sont réduits à
1 seul.

Cet acide est gazeux; il a une odeur analogue à celle d'un
mélange de chlore et d'ammoniaque. Il irrite fortement les
yeux. Sa densité est de 3,4269.

Il rougit fortement le tournesol; il est impropre à la combustion et à la respiration; le malaise qu'on éprouve en
respirant celui qui peut avoir été accidentellement mêlé à
l'air, lorsqu'on le prépare, fait penser qu'il doit être extrêmement délétère.

La chaleur, la lumière et l'électricité ne le décomposent
pas.

Il en est de même de l'oxigène et de l'hydrogène; mais si
on fait éclater une étincelle électrique dans un mélange
de 2 volumes d'acide chloroxicarbonique, de 2 de gaz hydrogène et de 1 d'oxigène, on obtient 4 volumes de gaz hydrochlorique, et 2 de gaz acide carbonique. Cette expérience
démontre la composition de cet acide.

Il est décomposé avec assez de rapidité par l'eau; comme
dans l'expérience précédente, il se produit des acides hydrochlorique et carbonique.

Le phosphore et le soufre peuvent être sublimés dans le
gaz chloroxicarbonique sans le décomposer. Le potassium le
décompose en totalité; il en résulte du chlorure de potassium,
de la potasse et du carbone. Le zinc, l'étain, l'arsenic et l'antimoine, chauffés dans ce gaz, le décomposent sans explo-

sion, et sans changement de volume ; les matières s'unissent au chlore, et l'oxide de carbone est mis en liberté.

L'oxide de zinc le décompose, le chlore s'unit au métal, et l'oxigène qui s'en sépare, convertit l'oxide de carbone en acide carbonique. Il n'y a pas de changement de volume.

Les acides sulfurique, nitrique foibles, le décomposent au moyen de leur eau de dissolution. Il n'a pas d'action sur les carbonates secs.

Le chlore paroît avoir une affinité égale pour le gaz hydrogène et le gaz oxide de carbone, car un mélange de volumes égaux de ces trois gaz, exposé à la lumière, donne 1 volume d'acide hydrochlorique, $\frac{1}{2}$ volume d'acide chloroxicarbonique, et il reste $\frac{1}{2}$ volume d'hydrogène et $\frac{1}{2}$ volume d'oxide de carbone.

Chloroxicarbonate d'ammoniaque. Le gaz chloroxicarbonique condense quatre fois son volume de gaz ammoniaque ; le sel qui en résulte est blanc, concret, neutre au tournesol et au curcuma ; il peut être sublimé dans les gaz hydrochlorique, sulfureux, et carbonique sans éprouver d'altération ; il est dissous sans effervescence par l'acide acétique. (Ch.)

CHLOROXYLON. (*Bot.*) Le genre fait sous ce nom par Brown, dans l'Histoire de la Jamaïque, est un laurier, *laurus chloroxylon* de Linnæus. (J.)

CHLORURES. (*Chim.*) Combinaisons non acides du chlore avec des corps simples ou composés. Nous ne donnerons pas ici l'histoire des diverses espèces de chlorures, parce que nous en traitons à l'article de la base de chaque chlorure. Nous nous bornerons à présenter quelques généralités.

Chlorures non métalliques.

Ils sont au nombre de quatre ; savoir : les chlorures d'oxigène, d'azote, de soufre et de phosphore.

Etat. A la température ordinaire, le chlorure d'oxigène est gazeux, et les trois autres sont liquides.

Action de la chaleur. Les chlorures d'azote et d'oxigène, ont une telle disposition à se réduire à leurs élémens, que le premier, exposé à une température de 3o.[d], et le second à une température de 4o.[d] environ (suivant M. H. Davy), se décomposent instantanément et avec bruit ; et ce qu'il y a de remarquable, c'est un dégagement de chaleur et de lumière, quoique les élémens occupent plus de volume après leur séparation, qu'ils n'en occupoient à l'état de combinaison. Les autres chlorures sont volatils sans décomposition.

Action de l'oxigène. L'oxigène gazeux n'a aucune action sur les chlorures d'oxigène et d'azote. A une température rouge, il chasse le chlore du chlorure de phosphore, et produit de l'acide phosphorique.

Action de l'eau. Le chlorure d'azote est insoluble dans l'eau; le chlorure d'oxigène s'y dissout sans éprouver d'altération; le chlorure de soufre ne s'y dissout pas; mais par l'agitation, le chlore détermine une décomposition d'eau; il se forme, en conséquence, de l'acide hydrochlorique, de l'acide sulfureux, un peu d'acide sulfurique, et beaucoup de soufre se sépare à l'état solide. Le chlorure de phosphore se dissout en totalité dans l'eau, en produisant des acides hydrochloriques et phosphoreux.

CHLORURES MÉTALLIQUES.

Nous les diviserons en autant de groupes que nous compterons de sections de métaux. Voyez au mot MÉTAUX, classification des métaux.

Chlorure des métaux de la première section.

Ils sont inconnus. Le chlore que l'on fait passer sur la silice, la zircone, l'alumine, la glucine et l'yttria, les seuls oxides connus de ces métaux, n'en sépare pas l'oxigène, et d'une autre part, les combinaisons de ces mêmes oxides avec l'acide hydrochlorique sont réduites, par l'action de la chaleur, à leur base et à leur acide.

Chlorures des métaux de la seconde section.

Tous les métaux de cette section, c'est-à-dire le magnesium, le calcium, le strontium, le barium, le sodium et le potassium, s'unissent au chlore : on peut former leurs chlorures, soit en unissant le métal au chlore, soit en faisant passer du chlore, ou de l'acide hydrochlorique, sur leurs oxides chauffés au rouge; on obtient de l'oxigène en employant le chlore, et de l'eau en employant l'acide hydrochlorique; dans ce dernier cas, l'oxigène de l'oxide s'unit à l'hydrogène de l'acide.

Etat et couleur. Tous sont solides à la température ordinaire, et absolument incolores.

Action de la chaleur. Tous sont fusibles ; les chlorures de potassium et de sodium sont un peu volatils quand on les expose à une température rouge avec le contact de l'air ; tous sont indécomposables par la chaleur.

Action de l'oxigène. Elle est absolument nulle.

Action de l'eau. Tous sont solubles dans l'eau ; mais doit-on considérer leurs solutions comme des chlorures ou des hydrochlorates ? C'est une question qui n'est pas résolue. Ce qu'il y a de certain, c'est que les cristaux que l'on obtient de la solution des chlorures de potassium et de sodium, sont de véritables chlorures ; mais ce n'est pas une preuve décisive que ces chlorures ne décomposent point l'eau en s'y dissolvant, puisque la force de cristallisation peut en général expliquer la conversion d'un hydrochlorate en eau et en chlorure. Ce qui paroît devoir faire penser que l'eau n'est point décomposée, c'est que le chlore a plus d'affinité pour le potassium et le sodium, que l'oxigène, au moins à une température rouge, et que l'hydrogène en a une plus forte pour l'oxigène que pour le chlore, à la température où les chlorures peuvent être dissous dans l'eau. Si ces considérations sont fondées, il seroit naturel de les étendre aux autres chlorures de la seconde section, et de regarder les cristaux que l'on obtient de leur solution, comme des chlorures hydratés ; car ces cristaux diffèrent de ceux de potassium et de sodium, en ce qu'ils donnent de l'eau lorsqu'on les distille.

Chlorures des métaux de la troisième section.

Ils sont au nombre de cinq ; savoir : un chlorure de manganèse, un chlorure de fer, un de zinc, deux d'étain. Il existe vraisemblablement un perchlorure de fer.

Etat et couleur. Tous sont solides à la température ordinaire, à l'exception du perchlorure d'étain qui est liquide. Tous sont incolores, à l'exception du chlorure de manganèse qui est verdâtre.

Action de la chaleur. Le perchlorure d'étain se volatilise à une température inférieure à 360^d ; le protochlorure d'étain et le chlorure de zinc sont moins volatils que le précédént; cependant ils se subliment au-dessous de la chaleur rouge. Quant aux chlorures de manganèse et de fer, ils peuvent être rougis sans se volatiliser; alors ils sont fondus; aucun d'eux n'est décomposable par l'action du calorique.

Action de l'eau. Le chlorure de fer décompose l'eau en s'y dissolvant, car cette dissolution est colorée en vert, et elle jouit de toutes les autres propriétés génériques qui caractérisent les sels de fer, dont la base est au *minimum* d'oxidation; et ce qui donne un nouveau poids à cette opinion, c'est qu'en neutralisant de l'acide hydrochlorique par du peroxide de fer, on obtient un véritable hydrochlorate, qui, étant étendu d'eau et abandonné à lui-même, laisse déposer un précipité rouge, qui contient certainement beaucoup de peroxide. Si l'existence d'un hydrochlorate de peroxide de fer est ainsi prouvée, on voit qu'il est naturel d'admettre l'existence d'un hydrochlorate de protoxide.

L'analogie qui existe entre le fer, le manganèse, le zinc et l'étain, dans leurs attractions pour l'oxigène et le chlore, peut faire soupçonner que leurs chlorures, en se dissolvant dans l'eau, décomposent ce liquide; c'est, au reste, ce qui nous paroît très-probable, au moins pour le perchlorure d'étain; car, outre l'énergie avec laquelle il s'unit à l'eau, la solution qui en résulte a la propriété de rougir le tournesol, propriété qui n'appartient point au perchlorure.

Chlorures de la quatrième section. On ne connoît d'une manière positive, parmi les chlorures des métaux de cette section, qu'un seul chlorure d'antimoine, d'arsenic, de tellure, de bismuth, de plomb, de cobalt, de nickel, et deux chlorures de cuivre.

État et couleur. Tous sont solides à la température ordinaire: les chlorures d'antimoine, d'arsenic, de tellure, de bismuth, de plomb, sont blancs; le chlorure de cobalt est gris de lin; le chlorure de nickel, d'un beau jaune d'or; le protochlorure de cuivre est d'un brun rougeàtre, et le perchlorure jaune-brun.

Action de la chaleur. Tous sont indécomposables par la chaleur, hors le perchlorure de cuivre qui est réduit en protochlorure. Les chlorures d'antimoine, d'arsenic, de tellure, de bismuth, peuvent être volatilisés dans une cornue de verre.

Les chlorures de nickel, de cobalt, exigent une température qui ramollit ou fond le verre : le chlorure de plomb et le perchlorure de cuivre paroissent se volatiliser au moyen d'un courant de gaz : le protochlorure de cuivre est le moins volatil de tous.

Action de l'eau. Les chlorures d'arsenic, d'antimoine, de tellure, de bismuth, décomposent l'eau ; car, dès qu'on les délaye dans ce liquide, il se dépose un précipité blanc : à l'exception du chlorure d'arsenic, qui laisse déposer de l'acide arsénieux, tous ceux que nous venons de nommer donnent un précipité qui est ou un sous-hydrochlorate, ou un composé de chlorure et d'oxide. Le chlorure de plomb paroît se dissoudre un peu dans l'eau, sans éprouver d'altération. Quant aux chlorures de cobalt, de nickel, au perchlorure de cuivre, ils se dissolvent dans l'eau en la teignant de la même couleur que le font les sels de ces métaux, qui contiennent bien évidemment une base oxidée; ainsi la dissolution du chlorure de cobalt est rose, celle du chlorure de nickel est verte, et celle du perchlorure de cuivre est bleue ou verte, suivant qu'il y a plus ou moins d'eau.

Quant au protochlorure de cuivre, il est insoluble dans l'eau ; mais il solidifie un peu de ce liquide, et produit un composé blanc cristallin que nous considérons comme un chlorure hydraté.

Il nous paroît que l'on n'a point encore obtenu des chlorures de titane, de cerium, d'urane ; quand on chauffe le résidu de l'évaporation des dissolutions de ces métaux dans l'acide hydrochlorique, on obtient de l'oxide. L'hydrochlorate de chrome, évaporé, donne un résidu lilas, susceptible de cristalliser, qui, à cause de sa couleur toute différente de celle des sels à base d'oxide de chrome, nous paroît un chlorure hydraté ; mais, lorsqu'on le chauffe fortement, on le réduit en oxide vert et en acide hydrochlorique.

Chlorures de la cinquième section. A l'exception des chlorures de mercure et du chlorure d'argent, les chlorures des métaux de cette section sont fort peu connus. Les deux chlorures de mercure sont solides, incolores et volatils au-dessous de la chaleur rouge ; le chlorure d'argent est solide, de couleur fauve, et fixe. Tous les trois sont indécomposables par le feu.

Le perchlorure de mercure se dissout dans l'eau ; mais cette solution paroît celle d'un chlorure, et non d'un hydrochlorate.

Il paroît que le palladium, le platine, l'or, l'iridium et le rhodium peuvent s'unir au chlore, qu'ils sont même susceptibles de former des protochlorures et des perchlorures, et que ces derniers, en se dissolvant dans l'eau, la colorent en jaune ou en rouge-brun. Toutes ces combinaisons sont décomposables par la chaleur. (Сн.)

CHNOUS (*Bot.*), nom égyptien du *scolymus*, suivant Adanson. (H. Cass.)

CHOA. (*Mamm.*) Kolb dit que ce nom est un de ceux que les Hottentots donnent à l'éléphant. (F.C.)

CHO~AA. (*Mamm.*) Ce nom hottentot, dont le circonflexe représente le glapissement particulier à la langue de ce peuple, est celui du chat domestique, suivant Kolb. (F.C.)

CHO~AKA~MMA. (*Mamm.*) Kolb écrit ainsi le nom que les Hottentots donnent à un babouin, vraisemblablement au babouin noir, *simia porcaria*. Les circonflexes représentent le coup de langue particulier au langage de cette nation. (F.C.)

CHOAGH. (*Ornith.*) Voyez Chough. (Ch. D.)

CHOASPITE. (*Min.*) Valmont de Bomare pense que cette pierre précieuse des anciens doit se rapporter au Chrysobéryl de Werner. Voyez ce mot. (B.)

CHOB (*Ichthyol.*), non spécifique d'un poisson qu'on pêche dans le fleuve Saint-Laurent, et qui a été observé par Castiglioni. Sa chair est très-savoureuse ; son corps est noir en dessus et blanc en dessous ; sa ligne latérale est noirâtre. Il paroît appartenir à la famille des Cyprins. Voyez ce mot. (H.C.)

CHOBA. (*Ornith.*) Voyez Chova. (Ch. D.)

CHOBÆS. (*Bot.*) Voyez Chobar. (J.)

CHOBAR, Chobaza (*Bot.*), noms arabes d'une espèce d'abutilon, *sida hirta*, ainsi nommée, suivant Rumph, vol. 4, pag. 29, parce que ses fruits ont un peu la forme d'un petit pain appelé *chobs* en langue arabe. L'*hibiscus purpureus*, espèce de ketmie qui fait, comme l'abutilon, partie de la famille des malvacées, est nommée *chobœs* par les Arabes, au rapport de Forskaël. (J.)

CHOBBEIZE. (*Bot.*) La mauve ordinaire, *malva rotundi-*

folia, est ainsi nommée en Arabie, au rapport de Forskaël. Daléchamps la nomme *chubèze*, ou *chubas*. (J.)

CHOBS-EL-OKEB (*Bot.*), nom arabe du *campanula edulis* de Forskaël, dont on mange la racine, qui est grosse. Ses fleurs sont violettes; les divisions du calice se renversent sur la capsule. (J.)

CHOCARD. (*Ornith.*) Ce nom, qu'ou écrit aussi *Choquart*, désignoit spécifiquement le choucas des Alpes, *corvus pyrrhocorax*, Linn. MM. Cuvier et Vieillot l'ont employé comme type d'un nouveau genre, caractérisé par un bec comprimé, arqué et échancré, ainsi qu'on le voit dans les merles, et par des narines couvertes de plumes courtes, dirigées en avant à la manière des corbeaux. Ils lui ont appliqué la dénomination de *pyrrocorax*, tirée du mot *korax*, qui indique l'analogie de la principale espèce avec le corbeau, et du mot *pyrrhos*, qui exprime la couleur rousse ou orangée de son bec et de ses pieds. Ce genre ne comprend, chez M. Cuvier (Règne animal), que l'espèce déja indiquée, et le sicrin de M. Levaillant.

Le Chocard des Alpes (*Pyrrhocorax Alpinus*, Vieill., pl. enl. de Buffon, n.° 531) est tout noir, avec des reflets d'un vert sombre; son bec est jaune, et ses pieds passent successivement du brun au jaune et au rouge, couleur qu'il conserve chez les vieux. Cet oiseau, d'une taille moyenne entre celle du choucas et de la corneille, habite en été les hautes montagnes; il fait, dans des fentes de rochers ou sur les arbres, un nid dans lequel il pond quatre ou cinq œufs. En hiver il descend en grandes bandes dans les vallées. Les fruits, les insectes et leurs larves, forment sa nourriture habituelle, et, comme il aime aussi les graines germées, il fait des dégâts dans les campagnes; il ne dédaigne même pas les charognes, et sa chair est très-peu estimée.

Le Chocard sicrin; *Pyrrhocorax crinitus*, Vieill. Cet oiseau a été décrit et figuré par M. Levaillant, pag. 92 et pl. 82 du 2.° vol. de son Ornithologie d'Afrique, et Daudin en a fait un crave, *corvus crinitus*. Presque entièrement semblable au chocard des Alpes, quoique son bec soit un peu plus pointu et plus épais à sa base, il n'en diffère ostensiblement que par une huppe fort ample, qui ombrage le derrière de sa tête, et qui est composé de plumes fines et noires, à l'exception d'une ligne roussâtre sur les bordures, et par six crins ou tiges de plumes sans barbes, dirigés en arrière, dont trois sont implantés de chaque côté, entre l'œil et l'oreille : le premier de ces crins, d'une couleur roussâtre dans presque toute son étendue, est long de sept pouces ; le second, noir depuis sa naissance jusqu'au-delà de la moitié, et roux dans le surplus, en a dix ; le troisième, le plus long de tous et roussâtre seulement à la pointe, excède la queue de sept pouces.

M. Levaillant pense que cet oiseau des Indes a la faculté de redresser ces filets et de les resserrer contre le corps dans l'action du vol ; mais il avoue que ses mœurs lui sont tout-à-fait inconnues, et qu'outre l'individu par lui acheté chez un marchand, il n'en a vu qu'un autre en Hollande dans la collection de M. Boers : circonstance propre, au moins, à détruire les soupçons formés par Sonnini sur la réalité de l'espèce, qui, selon lui, pouvoit être le fruit d'une supercherie de l'empailleur, et ne devoir son existence qu'au charlatanisme.

M. Vieillot a ajouté au genre Chocard une troisième espèce sous le nom de CHOCARD VIOLET, *Pyrrhocorax violaceus*, quoiqu'il ait reconnu que cet oiseau, de la taille du chocard des Alpes, en différoit par l'arête anguleuse de sa mandibule supérieure, et se rapprochoit ainsi des choucaris, parmi lesquels M. Cuvier l'a placé : il a le plumage d'un violet d'acier bruni, à reflets brillans, le bec d'un blanc jaunâtre et les pieds noirs. M. Vieillot pense que l'individu verdâtre qui est indiqué comme sa femelle, n'ayant pas les narines couvertes par les plumes de la base du bec, ne doit pas lui être associé. Voyez CHOUCARI. (CH. D.)

CHOCAS. (*Ornith.*) Le choucas, ou petite corneille des clochers, *corvus monedula*, Linn., est connu sous ce nom et sous celui de *chocotte* dans plusieurs départemens. (CH. D.)

CHOCH (*Bot.*), nom égyptien du pêcher, suivant Forskaël. Dans l'Arabie on le nomme aussi *fersik*. C'est le *chauch* des Arabes, selon Daléchamps, le *khoukh*, selon M. Delile. (J.)

CHOCHA. (*Ornith.*) Les Espagnols nomment ainsi la bécasse, *scolopax rusticola*, Linn., et *chochina*, la bécassine, *scolopax gallinago*, Linn. (CH. D.)

CHOCHA-PERDIZ-MARINA (*Ichthyol.*), nom espagnol de la bécasse de mer. Voyez CENTRISQUE. (H. C.)

CHOCHE-PIERRE (*Ornith.*), un des noms vulgaires du gros-bec, *loxia coccothraustes*, Linn. (Ch. D.)

CHOCHE-POULE. (*Ornith.*) En Champagne on donne ce nom au milan, *falco milvus*, Linn., parce qu'en s'abattant sur les poules il semble vouloir les chocher ou cocher, comme fait le coq. (Ch. D.)

CHOCHI. (*Ornith.*) L'oiseau du Paraguay auquel on a donné ce nom à cause de son cri, est rapporté par Sonnini au coucou brun varié de roux, de Buffon, pl. enl. n.º 812, *cuculus nævius*, Linn. C'est le coulicou chochi, *coccyzus chochi*, de M. Vieillot. (Ch. D.)

CHOCHO (*Bot.*), nom donné, suivant M. Swartz, au fruit du *sechium*, genre de plantes cucurbitacées, et sous lequel ce genre est désigné par Adanson. (J.)

CHOCHOPITLI. (*Ornith.*) Cet oiseau du Mexique, dont Fernandez parle au chap. 23, pag. 19, paroît se rapporter au grand courlis blanc et brun de Caïenne, qui est figuré dans les planches enluminées de Buffon sous le n.º 976. C'est l'ibis blanc et brun de M. Vieillot. (Ch. D.)

CHOCOTTE (*Ornith.*), un des noms vulgaires du choucas, *corvus monedula*, Linn. (Ch. D.)

CHOCOTUN. (*Ornith.*) On connoît sous ce nom, en Russie, la mouette rieuse, *larus ridibundus*, Linn. (Ch. D.)

CHODA (*Bot.*), nom arabe, cité par Forskaël, d'un mouron, *anagallis latifolia*. (J.)

CHODARA. (*Bot.*) Voyez Charad. (J.)

CHODARDAR (*Bot.*), nom arabe du *cotyledon orbiculata* de Forskaël. (J.)

CHODEIRA. (*Bot.*) Selon Forskaël, le *bunias orientalis* est ainsi nommé chez les Arabes, qui lui donnent aussi le nom de *doræma*. (J.)

CHODIE (*Bot.*), nom arabe d'une espèce de carmentine, *justitia triflora*, selon Forskaël. Son *justitia viridis*, que Wahl regarde comme le même que le *justitia ecbolium*, est nommé dans l'Arabie *chasser* ou *kossaif*. (J.)

CHODRAB (*Bot.*), un des noms arabes donnés à un seneçon, *senecio hadiensis*, trouvé dans l'Arabie, et décrit par Forskaël. (J.)

CHOELOPUS. (*Mamm.*) Illiger, ayant fait un genre particu-

lier de l'unau, *bradipus didactylus*, Linn., lui a donné ce nom.
Voyez PARESSEUX. (F. C.)

CHŒRORYNQUE (*Ichthyol.*), *Chærorynchus*, nom d'un poisson du Japon, voisin des SPARES. Voyez ce mot. (H. C.)

CHOFTI. (*Ornith.*) Belon prétend que les Lorrains donnoient, de son temps, ce nom au pouillot ou chantre, que, suivant Salerne, on appeloit de même dans la forêt d'Orléans. (CH. D.)

CHOIN (*Bot.*), *Schœnus*, Linn., genre de plantes monocotylédones, hypogynes, de la famille des cypéracées, Juss., et de la *triandrie monogynie*, Linn., dont les principaux caractères sont les suivans : Fleurs à glume univalve, attachées plusieurs ensemble à un axe commun, imbriquées les unes sur les autres, et formant des épillets groupés en tête ou en paquets serrés ; chaque fleur en particulier consiste en trois étamines et en un ovaire supérieur chargé d'un style à stigmate trifide ; une graine ronde ou ovoïde, nue, entre la glume et l'axe de l'épillet.

Les choins sont des plantes à tiges cylindriques ou triangulaires, roides ; à feuilles graminiformes ou jonciformes ; à fleurs écailleuses, sans éclat, disposées en tête ou par paquets. Linnæus avoit divisé ce genre en deux sections, dont l'une comprenoit les espèces à tige cylindrique, et l'autre, celles à tige triangulaire ; mais M. Wahl a établi une autre division, beaucoup plus naturelle, d'après la considération, 1.º des tiges dépourvues d'articulations, et munies seulement de feuilles radicales, dont la gaîne les embrasse à leur base ; 2.º des tiges articulées, garnies de feuilles distantes entre elles. Le genre Choin est très-nombreux en espèces ; on en compte aujourd'hui environ cent, ce qui a engagé les botanistes modernes, d'après l'observation de caractères particuliers dans la fructification de différentes espèces, à le diviser en plusieurs autres genres, tels que *Chætospora*, *Dichromena*, *Mariscus*, *Machærina*, *Melancranis*, *Rynchospora*. Les choins croissent en général dans les prairies humides et marécageuses ; on en trouve dans toutes les parties du monde : quelques-uns seulement viennent en Europe ; le plus grand nombre est exotique. Ces plantes, à cause de leur aridité, ne peuvent fournir de fourrage, et les bestiaux ne les mangent point ; on n'en fait la récolte que pour servir de litière, ou pour quelques autres usages peu importans. Aucune des espèces exotiques n'étant connue sous le rapport de son utilité ou de ses propriétés, nous ne parlerons que de celles qui croissent naturellement dans notre pays; elles ont toutes les racines vivaces.

* *Tiges garnies de feuilles.*

CHOIN MARISQUE; *Schœnus mariscus*, Linn., *Spec.* 62, Fl. Dan., t. 1202. Ses tiges sont redressées, cylindriques inférieurement, triangulaires et rameuses dans leur partie supérieure, garnies de feuilles linéaires, finement dentées en scie à leurs bords et sur leur dos; ses fleurs sont roussâtres, réunies en petites têtes, n'ayant le plus souvent que deux étamines, dont les filamens persistans paroissent, comme autant de soies, autour de la base de la graine. Cette plante croît en France et dans une grande partie de l'Europe, sur les bords des étangs et des eaux stagnantes. Elle fleurit en juin et juillet.

En Suède, les habitans des campagnes se servent de ses feuilles et de ses tiges pour couvrir leurs toits rustiques, et cette espèce de couverture dure plus long-temps que celle que l'on fait avec toute autre espèce de paille.

CHOIN BRUN : *Schœnus fuscus*, Linn., *Spec.* 1664; Moris., Hist. 3, p. 239, s. 8, t. 11, f. 40. Ses tiges sont redressées, grêles, triangulaires, hautes de trois à huit pouces, garnies de quelques feuilles sétacées, canaliculées; ses fleurs sont d'un brun ferrugineux, disposées en épillets, formant trois faisceaux, dont deux terminaux et le troisième latéral, les deux premiers étant trois fois plus courts que la feuille qui les accompagne; ses graines sont entourées de trois soies. Cette espèce se trouve en France et dans plusieurs parties de l'Europe, dans les pâturages humides et les marais tourbeux. Elle fleurit en mai et juin.

CHOIN BLANC; *Schœnus albus*, Linn., *Spec.* 65, Fl. Dan., t. 320. Cette espèce diffère de la précédente par sa tige un peu plus élevée, par la couleur blanchâtre de ses épillets qui ne sont jamais surpassés par la dernière feuille de la tige, mais surtout parce que ses graines sont blanchâtres et entourées à leur base par dix soies. Elle croît dans les mêmes lieux que le choin brun, et fleurit en juillet et août.

*** * *Tiges dépourvues de feuilles.***

Choin noiratre : *Schœnus nigricans*, Linn., *Spec.* 64 ; Lam., *Illustr.*, t. 38, f. 1. Ses tiges sont cylindriques, nues, très-simples, hautes de six à douze pouces ; ses feuilles sont toutes radicales, linéaires, semi-cylindriques ; ses fleurs, d'un brun-noirâtre, forment deux faisceaux de quatre à dix épillets l'un, et qui sont munis à leur base de deux bractées, dont l'extérieure plus longue que la tête de la fleur ; ses graines sont environnées de trois à quatre soies très-petites. Cette plante croît en France, en Allemagne, en Angleterre, etc., dans les marais et les prairies humides. Elle fleurit en mai et juin.

Choin ferrugineux : *Schœnus ferrugineus*, Linn., *Spec.* 64 ; Schrad., *Fl. Germ.*, 1, p. 115, t. 1, f. 4. Cette plante a beaucoup de rapports avec la précédente ; mais elle paroît en différer, en ce qu'elle s'élève toujours moins, parce que ses têtes de fleurs ne sont ordinairement composées que de deux épillets, et parce que la bractée extérieure est toujours plus courte que ceux-ci. Elle croît dans les prés marécageux des montagnes, en Allemagne, en Suisse, et dans les Alpes de la Provence et du Dauphiné. Elle fleurit en été.

Choin mucroné : *Schœnus mucronatus*, Linn., *Spec.* 63. ; *Juneus maritimus*, Lob., *Icon.* 87. Ses feuilles sont linéaires, canaliculées, toutes radicales ; sa tige est cylindrique, nue, haute de six à douze pouces, terminée par une tête arrondie, composée de trois à six paquets d'épillets d'un pourpre-brun, et munis, chacun à leur base, d'une longue bractée ; ses graines ne sont environnées d'aucune soie. Cette plante est commune sur les plages sablonneuses de la Méditerranée, en Languedoc, en Provence et dans le Midi de l'Europe. Elle fleurit en mai et juin. (L. D.)

CHOIN-JALMA. (*Mamm.*) Pallas dit que les Kalmouks donnent le nom de *jalma* à l'alactaga, *mus jaculus*, et qu'ils en distinguent une petite variété, en faisant précéder ce nom de celui de *choïn* (mouton), par opposition à celui de *morin* (cheval), qui leur sert à désigner une variété plus grande. (F. C.)

CHOLEOS. (*Ornith.*) Belon expose, pag. 289 de son Histoire de la nature des Oiseaux, les raisons qui lui font penser que ce mot désignoit anciennement le geai, *corvus glandarius*, Linn. (Cʜ. D.)

CHOLESTERINE et CÉTINE. (*Chim.*) J'ai donné le premier de ces noms à la *substance cristallisée des calculs biliaires humains*, et le second au *spermaceti* ou *blanc de baleine*. Cholesterine est dérivé de χολὴ, bile, et ϛερεὸς, solide; cétine, de κῆτος, baleine. Ces corps, et la substance grasse en laquelle se convertissent les cadavres enfouis dans la terre, avoient été considérés par Fourcroy comme une substance unique, à laquelle il avoit donné le nom d'*adipocire*. Après avoir établi les différences qui existent entre les deux premiers corps, et les propriétés qui les distinguent des autres principes immédiats animaux, j'ai démontré que la substance grasse des cadavres étoit un composé d'acide margarique, d'acide oléique, et d'un principe colorant rouge orangé.

Cʜᴏʟᴇsᴛᴇʀɪɴᴇ. On l'obtient à l'état de pureté en traitant par l'alcool bouillant des calculs biliaires humains cristallisés, filtrant et exposant l'alcool à une basse température. Les cristaux lamelleux qui se forment par le refroidissement, doivent être égouttés, lavés sur le filtre avec de l'alcool froid, puis égouttés de nouveau, et enfin être redissous par l'alcool bouillant. Les cristaux que l'on obtient alors, étant séparés de leur eau mère, sont de la cholesterine pure.

La cholesterine, obtenue de cette manière, est sous la forme de belles écailles blanches brillantes, n'ayant ni odeur ni saveur bien sensible. Elle se fond à 137; en se refroidissant, elle cristallise en lames rayonnées; elle est insoluble dans l'eau, soluble dans l'éther; 100 parties d'alcool bouillant d'une densité de 0,816, en dissolvent 18 parties. La solution n'a aucune action sur le tournesol et l'hématine; elle cristallise abondamment par le refroidissement. 1 partie de cholesterine, bouillie, sous la pression ordinaire de l'atmosphère, avec 5 parties de potasse, dissoutes dans 30 parties d'eau, ne se saponifie pas, ainsi que je m'en suis assuré. La cholesterine, traitée par l'acide nitrique, se convertit, suivant MM. Pelletier et Caventou, en un acide gras de couleur jaune, que ces chimistes ont appelé *cholesterique*.

La cholesterine distillée se fond, dégage un peu de vapeur aqueuse, bout, jaunit, puis brunit. Elle ne laisse qu'un atome

de résidu charbonneux. Presque tout le produit de la distillation est liquide et huileux; et, ce qu'il y a de remarquable,
c'est qu'il ne rougit pas le tournesol, quoiqu'il ne contienne
pas d'ammoniaque. Je suis porté à croire qu'il y a dans ce produit une portion de matière non décomposée, qui est unie à
une huile empyreumatique. Il est probable que tous les corps
gras n'éprouvent qu'une décomposition partielle, quand on
les distille.

Cétine. La cétine du commerce pouvant contenir une substance huileuse plus fluide que la cétine pure, et une matière
jaune qui me paroît être un résultat de l'action de l'air et de
la lumière sur la cétine, il faut traiter la cétine du commerce
par l'alcool bouillant, faire égoutter les cristaux qui se forment par le refroidissement de la liqueur, et la redissoudre
de nouveau dans l'alcool.

La cétine pure est en belles lames brillantes; elle n'a pas
de saveur ni d'odeur bien sensible. Un thermomètre qu'on
y plonge, après l'avoir fondue, marque 49.^{d}, quand la cétine
se congèle, tandis que la cétine du commerce se fige à 44.^{d}

La cétine est insoluble dans l'eau; elle se dissout dans les
huiles fixes et volatiles, dans l'éther et dans l'alcool. 100 d'alcool d'une densité de 0,816, bouillant, dissolvent 4 de cétine
fusible à 44.^{d} La solution n'est point acide; elle dépose de
belles lames cristallines par le refroidissement.

Suivant MM. Pelletier et Caventou, la cétine n'éprouve pas
d'altération de la part de l'acide nitrique.

La cétine est très-difficile à saponifier; c'est ce dont on peut
s'assurer en faisant digérer et même bouillir 100 parties de
cétine avec 400 parties d'eau, tenant de 50 à 100 parties de
potasse en dissolution. On finit par obtenir une masse gélatineuse et demi-transparente tant qu'elle est chaude, mais qui
devient opaque et plus consistante à mesure qu'elle se refroidit et qu'elle se sépare d'un liquide jaunâtre. Dans cette saponi-
fication, il ne se produit pas sensiblement de principe doux,
mais une matière jaune, amère, soluble dans l'eau et dans
l'alcool. J'avois cru d'abord que la masse savonneuse de cétine
étoit principalement formée d'un acide particulier, que j'avois
appelé *cétique*, et qui me sembloit être congénère de l'acide
margarique; mais j'ai reconnu depuis que ce prétendu acide

n'étoit que de l'acide margarique uni à de la cétine non saponifiée, ou à une portion de cétine qui avoit été altérée sans avoir éprouvé l'acidification. Je m'en suis convaincu en décomposant le savon de cétine par l'acide hydrochlorique, traitant la matière grasse par la baryte, ensuite l'espèce de savon qui en est résulté par l'alcool; celui-ci a dissous *le corps gras non acide*, et a laissé un composé de baryte d'acide margarique et d'un autre acide huileux, que je soupçonne être l'oléique.

100 grains de cétine fusible à 44.^{d}, distillés, se fondent, en exhalant une vapeur qui se condense en un liquide jaunâtre. Ce liquide finit par se figer en cristaux lamelleux qui pèsent 90 grains environ. Après ce produit, il passe une matière brune du poids de 4 grains; il se forme de plus de l'eau acide, une huile empyreumatique et du gaz. Le charbon pèse 1 grain. M. Thouvenel a considéré le produit cristallisé comme étant de la cétine; quoique cette opinion soit très-vraisemblable, cependant je ferai observer que ces cristaux se fondoient à 23.^{d} 5', tandis que la cétine se fondoit à 44.^{d}

J'ai extrait, de l'huile du *delphinus globiceps*, une grande quantité d'une substance cristallisée qui a les plus grands rapports avec la cétine; cependant elle en diffère, 1.° en ce qu'elle se fond de 43.^{d} 5' à 44.^{d}, au lieu de 49.^{d}; 2.° en ce qu'elle s'empâte moins facilement que la cétine avec la potasse, et en ce qu'une fois empâtée, elle se saponifie plus facilement que cette dernière. (Cн.)

CHOLÈVE. (*Entom.*) M. Latreille a désigné ainsi un genre de coléoptères que M. Illiger avoit nommé *ptomaphage*, et que nous avons indiqué, d'après Paykul et Fabricius, sous le nom de Catops. (C. D.)

CHOLIBA. (*Ornith.*) Cet oiseau de nuit du Paraguay, que M. d'Azara décrit sous le n.° 48, et que les Guaranis appellent *urucurea*, paroît avoir des rapports avec le talchicuatly de Nieremberg, *Hist. Nat.*, liv. 10, chap. 39. (Cн. D.)

CHOMÆSCH. (*Bot.*) Ce nom arabe est donné, suivant Forskaël, à la variété de l'oranger connue ailleurs sous celui de *cedro*. (J.)

CHOMAH (*Bot.*), nom arabe du *ruellia hispida* de Forskaël. (J.)

CHOMAK. (*Mamm.*) On trouve ce nom dans Erxleben,

comme étant celui que les Russes donnent au hamster, *mus cricetus*, Linn. (F. C.)

CHOMEITAH. (*Ornith.*) Suivant M. Savigny, les Egyptiens habitant les bords des lacs Menzaleh, Burlos, etc., appeloient ainsi l'orfraie ou aigle de mer, *falco ossifragus*, Linn.; mais le *chomeitah-el-kebir* des Arabes du Désert est le grand vautour barbu, *phene gigantea* du même auteur. (Ch. D.)

CHOMÈLE ÉPINEUSE (*Bot.*), *Chomelia spinosa*, Jacq., *Amer.*, 18, tab. 13. Ce genre a été réuni, avec beaucoup de raison, aux *ixora* par M. de Lamarck. En effet, la différence la plus essentielle ne paroît exister que dans l'expression de drupe pour le *chomelia*, de baie pour l'*ixora*; mais cette baie de l'*ixora* est un véritable drupe, quoique le noyau ait moins d'epaisseur. Ce genre appartient à la famille des rubiacées, à la *tétrandrie monogynie* de Linnæus : il offre un calice tubulé, fort petit, à quatre découpures inégales; une corolle tubulée, le tube long et grêle; le limbe étalé, à quatre lobes; quatre étamines saillantes, attachées à l'orifice du tube; uu style; le stigmate bifide; un drupe couronné par le calice, contenant un noyau à deux loges monospermes.

Cet arbrisseau est très-épineux, garni depuis sa base jusqu'à son sommet de rameaux glabres, cylindriques, très-ouverts; les épines fortes, opposées, axillaires; les feuilles opposées, très-rapprochées, ovales, entières, luisantes et ridées; les pédoncules souvent solitaires, axillaires, chargées ordinairement de trois fleurs blanchâtres, qui exhalent pendant la nuit une odeur très-suave. Le fruit est un drupe ovale, pulpeux, noirâtre dans sa maturité. Il croît aux environs de Carthagène, dans l'Amérique méridionale. (Poir.)

CHOMET. (*Erpétol.*) Quelques commentateurs des livres saints pensent que ce mot, qu'on trouve dans le Leviath., 30, étoit employé par les Hébreux pour désigner l'Orvet fragile. Voyez ce mot. (H. C.)

CHOMET. (*Ornith.*) Voyez Chaumet. (Ch. D.)

CHOMIK-SKR-ZECZEC. (*Mamm.*) Selon Rzaczynski, c'est le nom que les Polonois donnent au hamster, *mus cricetus*, Linn. (F. C.)

CHON. (*Ornith.*) Il paroît que chez les Kalmouks ce nom est appliqué au coucou. (Ch. D.

CHON-AMBASA (*Mamm.*) nom du caracal, *felis caracal*, en Abyssinie, suivant M. Salt. (F. C.)

CHONDODENDRUM. (*Bot.*) Le genre de ce nom existant dans la Flore du Pérou, appartient à la famille des ménispermées. Les auteurs de cette Flore lui attribuent un petit calice à trois feuilles, six pétales, dont trois plus intérieurs, un nectaire composé de six écailles, entourant six étamines insérées sur un réceptacle. Ils n'ont point aperçu d'ovaire, ce qui prouve que ce genre est dioïque, et qu'ils ont vu seulement l'individu mâle. De plus, en comparant ce genre à l'*epibaterium* de Forster, et en transformant la corolle en calice et le nectaire en corolle, on lui retrouve les mêmes caractères. Il en résulte que ce genre peut être supprimé et réuni à celui de Forster. (J.)

CHONDRACANTHE. Voyez Condracanthe. (De B.)

CHONDRACHNE. (*Bot.*) M. Rob. Brown a mentionné, dans son Prodrome des plantes de la Nouvelle-Hollande, cette plante comme devant former un genre particulier, très-voisin des *chrysitrix*, de la famille des cypéracées, de la *triandrie monogynie* de Linnæus. Il y rapporte avec doute le *restio articulatus*, Retz., *Obs.* 4, pag. 15. Les fleurs sont disposées en un épi terminal, composé d'écailles imbriquées, cartilagineuses ; de chaque écaille sort un épillet à plusieurs fleurs androgynes, composées de paillettes fasciculées, les extérieures ne renfermant qu'une seule étamine ; un pistil dans le milieu du paquet d'écailles ; le style bifide ; une semence dépourvue de poils. Cette plante croît à la Nouvelle-Hollande. (Poir.)

CHONDRE (*Bot.*), *Chondrus*, genre de plantes acotylédones de la famille des algues, qui comprend des espèces réunies autrefois aux *fucus*. Ses caractères consistent dans des tubercules séminifères, ou conceptacles hémisphériques et ovoïdes, situés à la surface ou dans la substance d'une fronde plane, rameuse, et quelquefois mamillaire. Roussel (Flore du Calvados) nommoit ce genre *Dendroïdes*.

Ces plantes ont une consistance un peu coriace, plus ferme et plus solide que celle des délesseries, dont elles se rapprochent. Leurs couleurs ordinaires sont le violet ou le pourpre, quelquefois nuancés de vert. Leur fronde n'est jamais partagée au milieu par une nervure. Les tubercules fructifères sont assez nombreux ; ils ont jusqu'à une ligne de diamètre. Les espèces s'élèvent à environ vingt-cinq. Les plus connues se

trouvent sur les côtes de l'Europe et en Amérique. M. Lamouroux fait observer qu'elles paroissent bisannuelles, qu'elles
périssent à la maturité des graines, et qu'elles se plaisent davantage sur les roches calcaires, argileuses ou schisteuses, que
sur les granites et les quarz.

CHONDRE POLYMORPHE; *Chondrus polymorphus*, Lamour., Ann.
Mus., vol. 20, Dissert.; *Fucus crispus*, Linn.; Stackh., *Ner.
Brit.*, 63, t. 12; *Fucus ceranoïdes*, Gmel., Fuc., p. 115, t. 7,
f. 1, 2, 3; *Ulva crispa*, Decand., Fl. Fr., n.° 30. Cartilagineux,
dichotome; tubercules logés dans la substance de la fronde.
Cette algue varie à l'infini, et se présente sous des aspects
tellement différens, qu'on seroit tenté d'en faire plusieurs
espèces. Elle est très-commune sur toutes les côtes de France;
elle naît par touffes de trois à sept pouces de longueur, composées d'un grand nombre de tiges partant d'un même empâ-
tement calleux. Ces tiges se développent en fronde ou feuilles
pourpres, rouges, vertes, brunes ou blanchâtres, et plusieurs
fois bifurquées; les subdivisions des tiges varient dans leur
longueur et largeur : elles sont quelquefois tellement multipliées et fines, que la plante paroît frisée. « Les fructifications,
dit M. Decandolle, commencent par être des taches rondes ou
ovales, d'un brun foncé, éparses dans la feuille, près de son
sommet; elles se renflent ensuite, et forment des tubercules
saillans, composés d'une foule de capsules ovoïdes, dans
lesquelles, à l'aide du microscope, on découvre les graines.
Après la sortie des graines, les tubercules se détruisent, et il se
forme souvent un trou dans la feuille; quelquefois, au contraire, les tubercules s'alongent et forment des mamelons
simples ou divisés, calleux et proéminens sur la surface de
la feuille. Quelquefois la plante est tellement chargée de ces
mamelons qu'elle n'est plus reconnoissable. »

CHONDRE NORWÉGIEN; *Chondrus norwegicus*, Lamour.; *Fucus
norwegicus*, Turn., Syn., 222; *Engl. Bot.*, t. 1080. Presque
coriace, plane, dichotome; dernières découpures obtuses;
tubercules séminifères, hémisphériques, proéminens, et épais
à la surface de la fronde. Cette plante est plus petite que l'espèce précédente, et d'une couleur rouge-foncée. Elle est beaucoup plus rare. Elle croît dans l'Océan, et se rencontre sur
les côtes de France, en Normandie et en Bretagne.

CHONDRE PYGMÉE : *Chondrus pygmœus*, Lamour. ; *Fucus pygmœus*, Turn., *Lightf. Scot.*, t. 32. *Engl. Bot.*, 1332 ; Decand., Fl. Fr. Fronde comprimée, dichotome, rameuse, à rameaux dilatés au sommet, et garnie de tubercules globuleux percés d'un trou. Cette jolie petite plante a un pouce au plus de hauteur, et pourroit être prise pour un lichen du genre des collema. Elle forme de nombreuses touffes d'un brun verdâtre (qui noircit par la sécheresse) sur les rochers baignés par l'Océan. On en trouve sur presque toute la côte occidentale de France.

CHONDRE AGATE ; *Chondrus agathoïcus*, Lamour., Ann. Mus., vol. 20, t. 9, fig. 3, 4 et 5. Presque plane, dichotome et trichotome ; les dernières divisions rameuses latéralement ; les tubercules séminifères sont presque proéminens et épars. Cette plante acquiert jusqu'à huit pouces de longueur. Elle a une transparence moelleuse qui rappelle celle des agates. On la trouve, quoique rarement, sur les côtes de Normandie. (LEM.)

CHONDRILLE (*Bot.*), *Chondrilla*. [*Chicoracées*, Juss. ; *Syngénésie polygamie égale*, Linn.] Ce genre de plantes, de la famille des synanthérées, fait partie de la tribu naturelle des lactucées.

La calathide est pauciflore, radiatiforme, fissiflore, androgyniflore ; le péricline est cylindracé, formé d'une dizaine de squames unisériées, apprimées, accompagnées à leur base externe de quelques courtes bractéoles ; le clinanthe est petit, nu, subfovéolé ; la cypsèle est prolongée supérieurement en un col grêle, qui supporte une aigrette de squamellules filiformes, peu barbellulées.

Les chondrilles diffèrent des prénanthes en ce que la cypsèle de ceux-ci n'est point collifère, et des laitues, en ce que celles-ci ont le péricline imbriqué. On n'en connoît que trois ou quatre espèces, dont deux sont communes en France, et notamment aux environs de Paris.

La CHONDRILLE JONCIFORME, *Chondrilla juncea*, Linn., est une plante vivace qui habite les lieux arides et sablonneux, le bord des champs et des vignes. La tige, haute de deux pieds et demi, est très-rameuse, et semble presque nue, de sorte que ses branches imitent les tiges du jonc ; les feuilles radicales sont longues, roncinées ; les autres sont linéaires, entières ; les calathides sont éparses, petites, composées de fleurs jaunes ;

la cypsèle est obovoïde, munie de cinq larges côtes triples, hérissées en bas de petites aspérités spinuliformes, plus haut de quelques grandes écailles transversales, arrondies, et terminées par cinq excroissances encore plus fortes, demi-lancéolées, imitant un calice, du milieu duquel s'élève le col.

La CHONDRILLE MURALE *Chondrilla muralis*, Lam., Gært.; *Prenanthes muralis*, Linn., est annuelle, et se trouve dans les lieux ombragés, ainsi que sur les vieux murs. Ses feuilles sont profondément pinnatifides, et leur lobe terminal est large, très-anguleux, comme palmé; les calathides, composées de fleurs jaunes, sont très-petites, disposées en panicule; le col de la cypsèle est court. (H. CASS.)

CHONDRIS. (*Bot.*) Pline désigne sous les noms de *pseudodictamnum* et de *chondris* la plante qui est aussi le *pseudodictamnum* de Matthiole et de Dodoens, le *pseudodictamnus* de C. Bauhin et de Tournefort, le *merrulium pseudodictamnus* de Linnæus. (J.)

CHONDROPETALUM. (*Bot.*) Voyez RESTIO. (POIR.)

CHONDROPTÉRYGIENS. (*Ichthyol.*) Voyez à l'article CARTILAGINEUX, la note de la pag. 167, ICHTHYOLOGIE, et POISSONS. (H. C.)

CHONDROSIUM, ou CHONDROSUM (*Bot.*), Pal. Beauv., Agr., pag. 41, tab. 9, fig. 7. Ce genre se rapproche tellement des *dinebra*, qu'on ne peut l'en séparer qu'en altérant un genre assez naturel. Willdenow, dans ses manuscrits, l'avoit nommé *actinochloa*. Il appartient à la famille des graminées, à la *triandrie digynie* de Linnæus. Il offre des épillets unilatéraux, à deux fleurs, l'une hermaphrodite, l'autre stérile et à trois arêtes; la valve inférieure de la corolle à cinq dents; les latérales et l'intermédiaire prolongées en arête; trois étamines, deux styles. Les principales espèces renfermées dans ce genre sont :

CHONDROSIUM FLUET : *Chondrosium tenue*, Kunth. *in* Humb. et Bonpl., *Nov. gen.* 1, pag. 176, tab. 57; *Chloris filiformis*, Poir., Enc. Suppl. Ses tiges sont simples, grêles, réunies en gazon, un peu rudes; les feuilles linéaires beaucoup plus courtes que les tiges, un peu pubescentes en dedans; les gaines glabres, ciliées à leur orifice; un épi solitaire, terminal, composé d'épillets alternes, sessiles; le rachis glabre; les valves du calice lancéolées, acuminées; l'inférieure une fois plus courte; la fleur hermaphrodite verdâtre ; la valve inférieure pileuse et ciliée sur le dos et à ses bords ; la fleur stérile pédicellée, à trois arêtes presque égales. Elle croît au Mexique.

CHONDROSIUM A TIGE BASSE ; *Chondrosium humile*, Kunth., l. c., tab. 56. On distingue cette espèce à ses tiges simples, droites, géniculées ; ses feuilles un peu roulées ; les gaînes glabres, plus courtes que les entre-nœuds ; les épis solitaires, unilatéraux ; les épillets fortement imbriqués ; les valves du calice inégales, purpurines, ciliées sur le dos ; les valves de la corolle blanchâtres ; la fleur stérile pédicellée, à trois arêtes. Cette plante croît dans le royaume de Quito.

CHONDROSIUM A TIGE GRÊLE ; *Chondrosium gracile*, Kunth., l. c., tab. 58. Ses tiges sont droites, longues de deux pieds ; ses feuilles planes, étroites, linéaires, rudes à leurs bords ; les épis solitaires, géniculés, munis à leur base d'une bractée ciliée, bifide, lancéolée ; les épillets sessiles, fortement imbriqués sur deux rangs ; le rachis pubescent ; les valves du calice linéaires-lancéolées, subulées ; l'inférieure blanchâtre, une fois plus courte ; la supérieure purpurine, parsemée de glandes pileuses ; la fleur stérile pileuse sur le pédicelle. Elle croît au Mexique.

CHONDROSIUM HÉRISSÉ ; *Chondrosium hirtum*, Kunth., l. c., tab. 59. Ses tiges sont ascendantes, pileuses, réunies en gazon, rameuses à leur base ; les nœuds pubescens ; les feuilles planes, rudes, ciliées vers leur base, et parsemées de poils glanduleux à ce point ; un, quelquefois deux épis géniculés ; les épillets sessiles, unilatéraux ; les valves du calice brunes ; la supérieure munie sur le dos de deux rangs de glandes pileuses, d'un pourpre noirâtre ; la corolle purpurine à son sommet. Cette plante croît au Mexique. (POIR.)

CHONDRUS. (*Bot.*) Ce nom qui, dans les livres anciens, est rapproché de celui d'*halica*, paroît être celui d'une préparation faite avec la farine de la plante céréale nommée *far* ou *zea* par les anciens, et par les modernes épeautre, *triticum spelta*, L. Dodoens entre dans de grands détails sur cette préparation, qu'il dit très-nutritive. Voyez CHOUDRE. (J.)

CHONGOR-GALU (*Ornith.*), nom mongol d'une espèce d'oie. (CH. D.)

CHON-KUI. (*Ornith.*) Suivant Petis de la Croix, dans son Histoire de Timur-Bec, le chon-kui est un oiseau de proie que, dans la Tartarie, on présente aux souverains, orné de pierres précieuses, et comme une marque d'hommage. On a conjecturé que ce pouvoit être le même que le CHUNGAR. Voyez ce mot. (CH. D.)

CHONIDETROS. (*Bot.*) Espéce de gomme qui, au rapport de Garcias cité par Daléchamps, est semblable à du succin, et que l'on mêle par fraude avec le camphre recueilli à Bornéo. (J.)

CHONTA (*Bot.*), nom péruvien d'un palmier, qui est une des espèces du genre *Martinezia* de la Flore du Pérou. Les auteurs de cette Flore le nomment *martinezia ciliata*, parce que ses feuilles pennées ont leurs folioles ciliées. Ils disent que ses jeunes sommités sont mangées, crues ou cuites, comme celles du chou palmiste, et qu'eux-mêmes, dans leurs excursions botaniques au milieu des bois déserts, ils s'en sont nourris. Le bois de ce palmier est noir, compacte, et cependant facile à fendre. On en fait des cannes, des flèches, des arcs, et des baguettes de fusil. (J.)

CHOOMPACO. (*Bot.*) A Sumatra on nomme ainsi, au rapport de Marsden, le *champaca* des Malabares, *michelia* des botanistes. (J.)

CHOOPADA. (*Bot.*) C'est ainsi que l'on appelle à Sumatra le jaka ou jaquier, dont on distingue, suivant Marsden, deux espèces: le *ootan*, plus estimé et plus rare, dont les feuilles sont pointues; le *nanko*, plus commun, distingué par ses feuilles arrondies au sommet. Le fruit de l'une et de l'autre sort du tronc, et pèse jusqu'à cinquante livres. Sous son enveloppe extérieure et raboteuse sont placées plusieurs graines, que l'on mange rôties comme des châtaignes; elles sont renfermées dans une substance charnue d'un goût exquis, mais d'une saveur forte pour ceux qui en mangent la première fois. L'arbre rend un suc blanc dont on fait de la glu, et l'on tire de ses racines coupées par tranches et bouillies dans l'eau une teinture jaune. Dans la même île, on trouve le *sookoon* et le *calavée*, qui sont du même genre. Le premier, dont les graines avortent, est un véritable arbre à pain, semblable à celui des îles de la mer du Sud, et multiplié pareillement par drageons. Les habitans mangent avec du sucre son fruit coupé par tranches, bouilli ou rôti, et ils l'aiment beaucoup. Ils emploient l'écorce du calavée pour leurs vêtemens. Ces deux espèces ont les feuilles alongées et profondément sinuées. Rumph décrit plusieurs espèces de ce genre, vol. 1, pag. 104 et suiv., sous le nom de *soccus*; et dans le recueil des noms particuliers donnés à ces espèces dans divers pays, tels que l'Inde, les Moluques et les Philippines, et qu'il a recueillis, on trouve ceux de *nanca*, *jaca*, *panas*, *ambi*, *champadaha*, *chambasal*, *towada*, etc. Rheede, dans l'*Hort. Malab.*, vol. 3, pag. 17 et 26, cite aussi plusieurs espèces sous les noms de Tsjaka et Ansjeli. Voyez ces mots, et surtout celui de Jaquier. (J.)

CHOPA. (*Ichthyol.*) Voyez Choupa. (H. C.)

CHOPART. (*Ornith.*) Ce nom, qui s'écrit aussi *choppard*, et celui de *grosse tête noire*, sont, d'après Salerne, donnés en Picardie au bouvreuil ordinaire, *loxia pyrrhula*, Linn. (Ch. D.)

CHOPI (*Ornith.*), espèce de troupiale du Paraguay, dont M. d'Azara a donné la description sous le n.° 62 de son Ornithologie de ce pays. (Ch. D.)

CHOQUARD. (*Ornith.*) Voyez Chocard. (Ch. D.)

CHORAM (*Ichthyol.*), nom arabe d'une variété du gambarur (*esox marginatus*, Linn.), dont parle Forskaël, et qu'on pêche dans la mer Rouge. Voyez Scombrésoce. (H. C.)

CHORAS. (*Mamm.*) Plusieurs auteurs allemands ont parlé, sous le nom de choras, du babouin mandrill, *simia maimon*, Linn. (F. C.)

CHORBA (*Ichthyol.*), nom kalmouk du grand esturgeon, suivant quelques lexicographes. Voyez Esturgeon. (H. C.)

CHORDA (*Bot.*), genre de plantes cryptogames, de la famille des algues, section des fucacées, qui a pour type le *fucus filum*, Linn.; il a été établi par Stackhouse, et adopté par Lamouroux, sous le même nom, par Link, sous celui de *chordaria*, et avant eux, par Roussel (*Fl. calv.*), sous celui de *tendinarius*. Ses caractères sont : tige simple, cylindrique, cloisonnée intérieurement; fructification, selon Stackhouse, formée par de petites granulosités situées dessus ou enfoncées dans la peau, presque orbiculaires, sessiles ou pédonculées; suivant Roth, consistant en une capsule glandiforme, isolée et située à l'extrémité de la plante. Si l'on presse entre les doigts un brin de la tige des chorda, il en sort de petits faisceaux de pédicelles qui soutiennent les granulosités dont parle Stackhouse.

M. Lamouroux présume que les excroissances qu'on observe quelquefois au bas de la tige, constituent la véritable fructification.

M. Stackhouse, dans la deuxième édition de sa Néréide Britannique, indique quatre espèces de ce genre, qu'il nomme *flagellaria*, en abandonnant le nom de *chorda*, qu'il lui avoit d'abord donné. Il change les caractères génériques, puisqu'il annonce que la fructification consiste en tubercules très-petits, situés dans la fronde, ou à son sommet, et nus. (Voyez Flagellaire.) Les espèces sont le *fucus filum*, le *fucus thrix*, qui n'est qu'une jeune variété de la première, et le *fucus flagelliformis*, qu'il faut renvoyer au genre *Gigartina*, ainsi que le *fucus longissimus*. Il ne resteroit donc, dans le genre *Chorda*, que le *fucus filum*, et les espèces nouvelles indiquées par M. Lamouroux.

Le Lacet, ou Boyau de mer : *Chorda filum*, Lamour.; *Fucus filum*, Linn.; Stackh., Ner. 40, t. 10, Fl. dan., tab. 821; *Ceramium filum*, Roth.; Decand., Fl. fr., n.° 3. Il ressemble à une ficelle verdâtre, de 5 à 6 mètres de longueur sur 3 à 4 millimètres de diamètre, très-simple, sans feuilles, se tordant en vieillissant, et prenant la couleur de la corne. Les cloisons qui divisent intérieurement cette tige, sont entières ou perforées dans le centre, et paroissent former une seule spirale, quand la plante se tord. Lorsqu'on regarde le jour à travers celle-ci, les cloisons sont visibles; elles sont très-sensibles lorsqu'on fait glisser la tige entre ses doigts. Cette plante offre des poils à une certaine époque de l'année. Elle adhère aux pierres et aux coquillages par un petit disque épais et arrondi. Elle est très-commune dans l'Océan, sur toute la côte de France; mais elle paroît plus abondante dans le Nord. Plusieurs auteurs l'ont confondue avec le *fucus tendo*, Linn., qui se trouve dans l'Inde, et qui en diffère beaucoup. Ce varec n'est employé à aucun usage particulier; on le ramasse sur la grève, après la marée. Voyez Algues, Thalassiophytes et Sphœrococcus. (Lem.)

CHORDARIA (*Bot.*), Link. Voyez Chorda. (Lem.)

CHORDOSTYLUM (*Bot.*), genre établi par Gmelin, dans

la famille des champignons, et qui comprend diverses espèces de clavaires, décrites par Tode et par Bulliard. Les plus remarquables sont les *clavaria filiformis* et *pennicillata*, Bull., Herb. pl. 448, fig. 1, 3. Les caractères de ce genre sont : Champignons droits ou rampans, tenaces, pédicellés, très-longs, simples ou rameux, terminés par un renflement globuleux, caduc, et contenant les graines. Ce genre n'a pas été adopté. (Lem.)

CHORÊTRE (*Bot.*), *Choretrum*, genre très-voisin de la famille des *éléagnées*, qui appartient à celle de *santalacées* de Brown, et à la *pentandrie monogynie* de Linnæus; il a de grands rapports avec le *leptomeria*. Le caractère essentiel consiste dans un calice extrêmement petit, à cinq dents très-courtes; une corolle à cinq découpures profondes, concaves, persistantes; cinq étamines placées dans la cavité des divisions de la corolle; les anthères à quatre loges, à quatre valves; un stigmate en étoile : le fruit, non observé en son état parfait, paroît devoir être un drupe.

Ce genre comprend des arbrisseaux de la Nouvelle-Hollande, dont les tiges sont souples, élancées, très-rameuses; les feuilles fort petites, éparses, distantes; les fleurs blanches, petites, axillaires ou terminales, solitaires ou agrégées. M. Rob. Brown, auteur de ce genre, en cite deux espèces : 1.° *Choretrum lateriflorum*, Brown, *Nov.-Holl.*, pag. 354, à fleurs axillaires, sessiles et solitaires; 2.° *Choretrum glomeratum*, Brown, l. c., deux ou trois fleurs réunies en paquets, situées latéralement à la partie supérieure des rameaux. (Poir.)

CHORI-BORI (*Bot.*), nom brame du *Mellamtoddali* des Malabares, que Linnæus croyoit être le *muntingia calabura*, et que M. Richard rapporte, avec plus de raison, au micocoulier du Levant, *celtis orientalis*. (J.)

CHORION (*Anat.*), nom de l'une des membranes qui enveloppent le fœtus. C'est elle qui contient l'amnios. (F. C.)

CHORISOLÉPIDE. (*Bot.*) Le péricline de plusieurs synanthérées est formé de squames entre-greffées; auquel cas les botanistes disent qu'il est *monophylle*, expression dont l'impropriété est évidente. C'est pourquoi, dans notre nouvelle Terminologie, relative aux synanthérées, nous avons proposé de désigner cette structure remarquable du péricline, par l'adjectif *plécolépide*, ou *connatisquame*; et, par opposition, nous nommons péricline *chorisolépide*, ou *libérisquame*, celui dont les squames sont libres. Le péricline plécolépide est ordinairement formé des quames unisériées, comme dans l'œillet d'Inde, ou *tagetes*; rarement de squames plurisériées, comme dans quelques arctotidées. Le *lagascœa* offre un exemple curieux de péricline plécolépide uniflore; car il faut, selon nous, considérer ce que les botanistes croient être le péricline, dans cette plante, comme un véritable *involucre*, et la prétendue calathide comme un *capitule* composé de plusieurs calathides uniflores, dont chacune est munie d'un court péricline plécolépide. (H. Cass.)

CHORISPERMUM (*Bot.*), Ait., *Hort. Kew.*, *edit. nov.* Cette plante a été placée tantôt parmi les radis, sous le nom de *raphanus tenellus*, Pall., Itin. 3, append., tab. L. fig. 3; tantôt parmi les juliennes, sous le nom d'*hesperis tenella*, Hort. *Paris*. Enfin Aiton, dans sa nouvelle édition de l'*Hort. Kew.*, l'a considérée comme formant un genre particulier, caractérisé par une silique à deux loges, sans valves, se déchirant en segmens monospermes; les cotylédons planes et couchés; le stigmate simple.

Il est évident que cette plante ne peut pas être placée parmi les juliennes, dont elle diffère par ses siliques; mais je doute qu'elle puisse être également séparée des *raphanus*, parmi lesquels M. Desfontaines l'a placée dans son Catalogue du Jardin du Roi. Ses tiges sont presque glabres, à peine longues de cinq à six pouces; les feuilles alternes, pétiolées; les radicales profondément découpées, presque ailées; les lobes oblongs, entiers, un peu obtus; les feuilles caulinaires, lancéolées, entières, munies à leur contour de dents écartées, glabres à leurs deux faces; les fleurs petites, d'un bleu tendre; les siliques toruleuses, articulées, raboteuses, terminées par une longue pointe subulée. Elle croît dans les déserts, sur les bords de la mer Caspienne. (Poir.)

CHORISTEA. (*Bot.*) Solander, voyageur botaniste, qui accompagnoit Cook et le chevalier Bank, a fait sous ce nom un genre, non publié, de la classe des composées ou synanthérées, que Gærtner a depuis nommé *Favonium*. M. Thunberg nommoit aussi *choristea* la plante qui est le Delta de l'Héritier. Voyez ce mot. (J.)

CHORIZANDRE (*Bot.*), *Chorizandra*. Ce genre, peu diffé-rent des *chrysitrix*, appartient à la famille des *cypéracées*, à la *triandrie monogynie* de Linnæus. Il offre pour caractère essentiel des épillets nus, à plusieurs fleurs, composés d'é-cailles fasciculées ; une étamine sous chaque écaille ; un pistil dans le centre de chaque fascicule , le style bifide, point de filets sétacés. Les tiges sont planes, simples, noueuses, feuillées à leur base , terminées par une tête de fleurs sessiles , com-posée d'épillets nombreux et agrégés.

Ce genre renferme deux espèces découvertes par M. Rob, Brown, aux environs du port Jackson, dans la Nouvelle-Hollande. 1.° *Chorizandra sphærocephala* , Brown , *Nov.-Holl.*, pag. 221. Ses fleurs sont réunies en une petite tête globu-leuse, saillante ; les écailles petites , acuminées, barbues, 2.° *Chorizandra cymbaria*, Brown, 1. c. La tête des fleurs est en ovale renversé, à demi enfoncée dans la tige creusée en nacelle ; les écailles obtuses, point barbues. (POIR.)

CHORIZEMA. (*Bot.*) Ce genre diffère peu des *pultenæa* ; il se rapproche davantage des *podalyria*, à cause de ses gousses polyspermes. M. de Jussieu pense qu'il doit y être réuni. Il appartient à la famille des *légumineuses*, à la *décandrie monogynie* de Linnæus, et se distingue par un calice à deux lèvres ; la supérieure plus longue et bifide ; l'inférieure trifide ; une corolle papillionacée ; l'étendard presque orbiculaire ; dix étamines libres ; un stigmate simple , aigu ; une gousse oblongue , ventrue, à une seule loge polysperme.

Les espèces dont ce genre est composé, sont des petits arbrisseaux fort élégans , originaires de la Nouvelle-Hollande , dont quelques-uns sont cultivés dans plusieurs jardins de l'Eu-rope.

CHORIZEMA A FEUILLES D'YEUSE ; *Chorizema ilicifolia*, Labill., *Nov.-Holl.*, 2 , pag. 120, et Itin., 1 , pag. 405, tab. 21. Arbris-seau dont les tiges cylindriques se divisent en rameaux nom-breux, presque filiformes, garnis de feuilles alternes, ovales-lancéolées , veinées , réticulées, munies à leur contour de longues dents en forme d'épines ; les stipules très-courtes, en épines ; les fleurs disposées en grappes axillaires et terminales, alongées, peu garnies ; la corolle jaune, d'une grandeur mé-diocre ; l'étendard échancré, redressé, presque orbiculaire, à peine de la longueur des ailes; celles-ci onguiculées, le stigmate aigu; les gousses oblongues, elliptiques, rétrécies vers leur base; les semences brunes, presque globuleuses.

CHORIZEMA NAINE : *Chorizema nana*, Ait. *Hort. Kew.*, ed, nov. Gen. Suppl., cent. 10 ; *Pultenæa nana*, Andr., *Bot. repos.* tab. 434. Cet arbrisseau ressemble beaucoup au précédent : il en diffère en ce qu'il est constamment beaucoup plus petit; ses feuilles plus courtes, les pédoncules moins alongés; le stigmate en tête et non aigu ; les bractées situées bien au-dessous du sommet des pédicelles.

M. Rob. Brown en a mentionné une troisième espèce dans l'*Hort. Kew.*, ed. nov., 3, pag. 9, sous le nom de *chorizema rhombea*, également originaire de la Nouvelle-Hollande. Ses feuilles sont planes, très-entières, mucronées; les inférieures rhomboïdales, presque orbiculaires; les supérieures elliptiques, lancéolées, les pédoncules peu chargés de fleurs. Le *chorizema trilobatum* de Smith , forme le genre PODOLOBIUM de Brown, *in* Ait. *Hort.*, *Kew.*, nov. ed. Voyez ce mot. (POIR.)

CHORLITE. (*Ornith.*) M. d'Azara a décrit sous le nom de *chorlitos*, et sous les n.°° 394 et suiv. de son Ornithologie du Paraguay, des oiseaux appartenant aux genres *Scolopax* et *Tringa*, dont la plupart ont été désignés dans ce Dictionnaire au mot CHEVALIER. M. Vieillot a employé le même terme pour en former le 213.° genre de sa Méthode, en latin *rostratula*. Les principales différences de ce genre et du 214.°, *Scolopax*, restreint aux bécassines proprement dites, consistent en ce que celles-ci ont le bec droit, à pointe dilatée, obtuse, et ridée chez l'oiseau mort, tandis que le bec des chorlites est lisse et courbé à la pointe. Ce dernier genre correspond aux rhinchées de M. Cuvier, qui, en faisant observer, dans son Règne animal, pag. 487, que les deux mandibules s'arquent légèrement à leur bout, ajoute que les sillons des narines se prolongent jusqu'à l'extrémité du bec supérieur, lequel n'a point de sillon impair. Les espèces données par M. Vieillot comme appartenant à cette division, sont : 1.° le *chorlite du cap de Bonne-Espérance*, figuré par Buffon, pl. enl. 270; 2.° le *chorlite de Madagascar*, pl. enl. 922 ; 3.° le *chorlite de la Chine*, pl. enl. 881 ; 4.° le *chorlite des Indes*, ou bécassine blanche de Sonnerat , t. 2 de son Voyage aux Indes, pag. 218; 5.° le *chorlite vert* (*rallus bengalensis*, Gmel.). Les quatre premières espèces sont décrites aux pages 203 et suiv. du t. 4 de ce Dictionnaire, parmi les bécassines; et l'on a fait mention, sous le mot CHEVALIER, de la cinquième espèce, qui a le cou et les côtés de la tête bruns, le sommet de la tête et la poitrine blancs, le dos verdâtre, ainsi que les ailes, dont les quatre premières pennes sont pourprées avec des taches orangées.

M. d'Azara avoit placé à la suite de ses *chorlitos*, un oiseau dont les tarses, extrêmement comprimés, offroient un caractère particulier : M. Vieillot en a fait le genre STÉGANOPE. Voyez ce mot. (CH. D.)

CHORO (*Mamm.*), singe hurleur d'Amérique, dont parle M. de Humboldt, dans son Recueil d'observations zoologiques, t. 1, pag. 343. Voyez SAPAJOUS. (F. C.)

CHOROI. (*Ornith.*) L'oiseau qui, suivant Molina, porte ce nom au Chili, est un perroquet vert sur le corps et gris en dessous, *psittacus choræus*, Gmel. (CH. D.)

CHOROIDE. (*Anat.*) La choroïde est une membrane vasculaire qui tapisse le fond de l'œil de tous les animaux, et dont la face interne est recouverte d'une mucosité, noirâtre dans l'homme, mais qui peut varier. Cette matière paroît destinée à empêcher que des rayons réfléchis par les parois internes de l'œil ne troublent la vision, qui se fait par les rayons directs. C'est ainsi qu'on noircit l'intérieur de tous les instrumens d'optique. Voyez ŒIL. (F. C.)

CHOROIDIENNE [GLANDE] (*Ichthyol.*), *Glandula choroïdea*. On appelle ainsi un corps d'une nature particulière, qui, chez les poissons, sépare l'une de l'autre les membranes ruyschienne et choroïdienne. Quelques anatomistes ont pris ce corps pour un muscle; mais le plus grand nombre le place parmi les glandes.

Sa couleur est ordinairement d'un rouge vif, sa substance molle, son tissu non fibreux; des vaisseaux sanguins rampent à sa surface parallèlement les uns aux autres; il ressemble à un cylindre mince, contourné en manière d'anneau autour du nerf optique, et dont on auroit enlevé un segment.

Quelquefois la glande choroïdienne est composée de deux pièces (*perca labrax*); d'autres fois elle est courbée irrégulièrement (*orthagoriscus mola*, *salmo salar*), ou presque circulaire (*cyprinus*).

Il en part de nombreux vaisseaux excréteurs, blancs, fins, très-tortueux, et qui paroissent traverser la ruyschienne. On les voit très-bien dans l'*orthagoriscus* et le *perca labrax*. Dans la morue, leur volume est considérable; ils s'anastomosent ensemble, et sont recouverts d'une mucosité blanche et opaque. Haller a considéré ces vaisseaux comme constituant une troisième lame intermédiaire de la choroïde, qu'il a nommée *vasculaire*.

La glande choroïdienne reçoit beaucoup de vaisseaux. Ses nerfs lui viennent de la première branche du trifacial ou de l'ophthalmique de Willis. Leur tronc, arrivé vers le nerf optique, abandonne sa propre gaíne pour s'engager dans la sienne.

Dans la famille des poissons plagiostomes, on ne rencontre point de glande choroïdienne. Voyez Cartilagineux et Plagiostomes. (H. C.)

CHOROK (*Mamm.*), nom russe de la marte de Sibérie, de Pallas, suivant Erxleben. (F. C.)

CHORORO. (*Ornith.*) M. d'Azara, qui n'a vu qu'un individu de cette espèce, tué dans les bois du Paraguay par son ami Noseda, en donne la description sous le n.° 333, à la suite de ses *ynambus* ou *tinamous* de Buffon, mais en avouant que cet oiseau lui paroît appartenir à une autre famille. Les raisons qu'il donne pour appuyer cette opinion, sont que le chororo a une queue dont les ynambus sont dépourvus; que son doigt postérieur et tous ses ongles sont plus longs; qu'il a une arête saillante derrière le tarse; que ses narines ne sont pas conformées comme celles des gallinacés; et que sa langue, ressemblant à une lancette, est légèrement velue à la pointe. L'oiseau a un peu plus de huit pouces de longueur; sa queue, deux pouces et demi; les ailes déployées, un pied : le bec, qui est presque droit, a neuf pouces d'épaisseur, et quatre de largeur. La tête est d'une couleur de café peu foncée, avec un trait blanc sur l'œil; le dos est d'un verdâtre plombé; les pennes de l'aile sont noirâtres; le bout de la queue est blanc, avec une bande noire au-dessus; les couvertures inférieures des ailes sont blanches et bordées de noir; les plumes qui couvrent le dessous du corps, également blanches et terminées de noir, ont une tache triangulaire de cette dernière couleur au centre; le bec est blanchâtre, et les tarses d'un blanc tirant sur le roux.

Cet oiseau a été tué sous le 26.ᵉ degré de latitude, dans une forêt épaisse et humide ; on ne parvient à l'approcher qu'au coucher du soleil, heure à laquelle il se promène solitairement dans les sentiers, en relevant sa queue. (CH. D.)

CHORRÆSCH (*Bot.*), nom arabe d'une variété de l'euphorbe des anciens, suivant Forskaël. (J.)

CHORS. (*Mamm.*) L'ours brun est ainsi nommé par les Persans, suivant Erxleben. (F. C.)

CHORTINON. (*Bot.*) Pline dit qu'on retire de la graine du raifort une huile nommée *chortinon*. (J.)

CHOSAR-ERROBAD. (*Bot.*) L'*ornithogalum flavum* de Forskaël est ainsi nommé en arabe. (J.)

CHOSJÆIN (*Bot.*), nom arabe d'un ciste que Forskaël croit être le *cistus thymefolius*; il le donne également à son *cistus stipitatus*, que Wahl rapporte au *cistus lippii* de Linnæus. Daléchamps parle d'un ciste, nommé en arabe *chasus*, qui paroît être le *cistus monspeliensis*, et sur lequel on recueille une espèce de ladanum. (J.)

CHOTUBRE (*Ichthyol.*), nom kalmouk de la Lote, *Gadus lota*. Voyez ce mot. (H. C.)

CHOU (*Bot.*), *Brassica*, Linn., genre de plantes dicotylédones, polypétales hypogynes, de la famille des crucifères, Juss., et de la *tétradynamie siliqueuse*, Linn., dont les principaux caractères sont d'avoir un calice de quatre folioles droites, conniventes, un peu bossues à leur base ; quatre pétales disposés en croix, à onglets presque aussi longs que le calice ; six étamines, dont deux opposées, plus courtes que les autres ; un ovaire supérieur, cylindriqué, entouré de quatre glandes à sa base ; une silique cylindrique, un peu comprimée, ou tétragone, partagée par une cloison longitudinale en deux loges qui contiennent chacune plusieurs graines globuleuses.

Les choux diffèrent des moutardes par leur calice connivent, et des radis par leurs siliques non articulées. On en connoît aujourd'hui environ trente espèces ; mais plusieurs de ces plantes présentent des caractères particuliers, qui les éloignent de celles qui doivent être regardées comme le type du genre. Il conviendroit sans doute de réformer toutes ces espèces hétérogènes, et

de les placer dans les genres avec lesquels elles ont le plus
d'affinité, comme dans les vélars et les tourettes ; mais ce travail
ne pouvant entrer dans les bornes de cet ouvrage , nous allons
seulement rapporter les espèces les plus connues.

CHOU POTAGER; *Brassica oleracea*, Linn., *Spec.* 932. Cette
espèce, qui est le chou proprement dit, est connue de tout le
monde, par l'usage général qu'on en fait comme aliment ;
mais, cultivée depuis un temps immémorial, elle a produit un
si grand nombre de variétés, qu'il est aujourd'hui fort difficile
de reconnoître, au milieu d'elles, le type principal. On ne
peut donc donner, d'une manière absolue, les caractères particuliers à cette espèce, mais seulement un certain nombre de
rapports généraux, sous lesquels les différens choux se conviennent entre eux : ainsi, toutes les variétés ont en général
une racine dont le collet s'élève hors de terre, en manière
de tige, et forme une souche droite, charnue et cylindrique ;
une véritable tige rameuse, glabre, feuillée et haute d'un à six
pieds; des feuilles alternes, glabres, d'un vert plus ou moins
glauque, quelquefois teintes de rouge ou de violet, et dont
les inférieures sont pétiolées, roncinées à leur base, plus ou
moins sinueuses, tandis que les supérieures sont plus simples,
plus petites, et le plus souvent amplexicaules ; des fleurs assez
grandes, jaunâtres ou presque blanches, disposées en grappes
droites, lâches et terminales, auxquelles succèdent des siliques
presque cylindriques.

Pour mettre de l'ordre dans ce que nous avons à dire sur les
différentes variétés de choux, nous suivrons les divisions établies par M. Duchesne de Versailles, dans un très-bon travail
qu'il a fait sur cette matière, et dans lequel il distribue toutes
les variétés de choux en six races principales ; savoir :

1.º Le CHOU COLSAT, qui semble s'éloigner le moins du type de
l'espèce naturelle.

2.º Les CHOUX VERTS, qui s'élèvent le plus et ne pomment jamais.

3.º Les CHOUX CABUS, ou POMMÉS, dont les feuilles larges et
épaisses se recouvrent les unes par les autres, et forment une
sorte de masse globuleuse ou ovoïde, plus ou moins solide.

4.º Les CHOUX-FLEURS, dont les rameaux et les fleurs naissantes
prennent un accroissement particulier, et forment une masse
plus ou moins charnue.

5.° Les Choux-raves, dont la partie inférieure de la tige se distend et s'épaissit de manière à présenter un renflement considérable, arrondi ou ovale, contenant une pulpe tendre.

6.° Les Choux-navets, dont la racine est tubéreuse et charnue comme dans le navet.

Le Chou colsat, ou vulgairement Colzat et Colza; *Brassica oleracea arvensis*, Linn. Ses feuilles radicales sont pétiolées, sinuées, ou légèrement découpées, ou même aïlées à leur base; celles de la tige sont sessiles et en cœur: les unes et les autres lisses, d'un vert glauque, et toujours plus petites que dans les autres variétés. Ses fleurs sont blanches ou jaunes, ce qui constitue deux sous-variétés : celle à fleurs jaunes a les feuilles plus grandes, plus épaisses, et supporte mieux les rigueurs de l'hiver; ce qui fait que pour la culture on lui donne la préférence.

Il y a deux manières de cultiver le colsat : on le sème, à la volée et en plein champ, dans une terre bien labourée et bien fumée, et on se contente de l'éclaircir lorsqu'on lui donne le premier binage; ou, plus communément, et l'expérience a prouvé que c'étoit la meilleure méthode, on le sème d'abord dans un terrain particulier, pour le déplanter quand il aura suffisamment de force et le repiquer en rayons.

C'est au mois de juillet qu'on commence à semer le colsat; lorsque la graine est levée, on arrose le plant pour le fortifier, s'il fait sec; on l'éclaircit s'il a levé trop serré, et on le débarrasse des mauvaises herbes.

Le temps le plus favorable pour transplanter le colsat, est le mois d'octobre: c'est presque toujours dans une terre sur laquelle on vient de récolter du blé que se fait cette plantation, après avoir préalablement bien préparé le sol, en le fumant légèrement, et en lui faisant donner deux labours. Les jeunes pieds de colsat doivent être arrachés, non à la main, mais à la pioche, afin de ménager leurs racines; et l'on doit choisir pour le moment de la transplantation un temps couvert et même pluvieux, afin que le plant reprenne mieux. C'est en quinconce, et à quinze ou dix-huit pouces les uns des autres, qu'on plante les pieds de colsat.

Les soins qui restent à donner à cette plantation, sont de remplacer, quelque temps après qu'elle est faite, les pieds qui n'ont pas repris, et à lui donner deux binages dans le courant du printemps, l'un à la fin de mars ou au commencement d'avril, et l'autre dans le courant de mai.

Dans la Flandre et dans les Pays-Bas, où le colsat est principalement cultivé pour l'huile qu'on retire de sa graine, celle-ci est mûre dans le courant de juillet; dans les pays plus méridionaux, elle peut l'être un mois plus tôt. Lorsque l'époque de sa maturité est arrivée, on coupe la plante avec une faucille, à peu de distance de terre, et on la transporte sous de vastes hangars, où les tiges sont amoncelées sans être pressées, de manière que l'air puisse, en circulant autour de chacune de leurs branches, en opérer la dessiccation. Quand les pieds de colsat sont bien secs, on peut les battre avec le fléau, pour faire sortir la graine des siliques; puis on vanne cette graine comme le blé.

L'époque la plus favorable pour s'occuper de l'extraction de l'huile contenue dans les graines du colsat, est le commencement de l'hiver, avant les fortes gelées. Cette huile est bonne à manger, propre à brûler, et on l'emploie pour la fabrication du savon noir, pour préparer les cuirs et pour fouler les étoffes de laine; elle est un grand objet de commerce dans la Flandre et dans la Belgique. Le résidu de la graine, après qu'on en a extrait l'huile, nommé *trouille* ou *pain de trouille*, se vend pour être donné aux bestiaux qu'il engraisse, surtout aux vaches et aux cochons qui en sont très-avides. On l'emploie aussi pour fumer les terres, et c'est un des meilleurs engrais.

Le CHOU VERT; *Brassica oleracea viridis*, Linn. Les variétés de cette race ne pomment jamais; elles se subdivisent en deux sections, dont la première renferme les choux verts qu'on cultive dans les jardins pour la nourriture de l'homme; et la seconde, les choux verts qu'on cultive dans les champs pour la nourriture des bestiaux.

Parmi les variétés de la première section, on distingue le *chou vert à larges côtes*, ou *chou de Beauvais* des Parisiens, dont la tige est basse, et dont les feuilles sont rondes, unies, épaisses, d'un vert foncé et traversées par une large côte blanche.

Le *chou pancalier*, ou *chou vert frisé*, dont les feuilles sont d'un vert foncé, et frisées sur les bords.

Le *chou frisé panaché*, ou *chou tricolore*, qui peut servir d'ornement dans les jardins.

Le *chou crépu d'Ecosse*, qui diffère du chou pancalier en ce que ses feuilles sont plus petites, plus frisées, et que sa tige s'élève jusqu'à quatre pieds.

Le *chou à feuilles prolifères*, dont les nervures, ou côtes principales des feuilles, donnent naissance à d'autres petites feuilles frisées et pétiolées.

Le *chou vivace de Daubenton*, dont les ramifications sont très-nombreuses, s'étendent beaucoup et s'alongent tellement, qu'enfin, ne pouvant plus se soutenir, elles s'abaissent insensiblement jusqu'à terre, où elles prennent racine.

Le *chou palmier*, qui s'élève à la hauteur de six pieds, et se dépouille de ses feuilles jusqu'à son sommet, où il en reste une douzaine, qui lui donnent l'aspect d'un palmier par leur divergence et leur longueur.

La culture de toutes ces variétés est la même : on les sème depuis le mois de février jusqu'en juillet, dans un terrain bien préparé, et à une bonne exposition; lorsque les jeunes choux ont de cinq à sept feuilles, on les arrache pour les replanter dans le sol qui leur est destiné, et à des distances qui diffèrent selon la grandeur à laquelle parvient chaque variété.

Les choux verts ne sont point communs dans les jardins de Paris; mais ils sont une ressource précieuse, pendant l'hiver, pour les habitans des campagnes dans plusieurs départemens.

Les variétés de choux verts qui appartiennent à la seconde section, ou celles qu'on cultive pour la nourriture des bestiaux, sont les suivantes :

Le *chou vert commun*, dont la tige s'élève à deux ou trois pieds ; dont les feuilles sont amples, ailées à leur base, ondulées en leurs bords, et munies de côtes saillantes.

Le *chou cavalier*, *chou en arbre*, *chou à vache*, *chou à chèvre*, ou *grand chou vert*, qui s'élève à la hauteur de six pieds, et pousse rarement des jets latéraux. Ses feuilles, grandes et peu épaisses, sont soutenues par de longs et larges pétioles. Cette variété est très-cultivée dans plusieurs de nos départemens de l'Ouest.

Le *chou branchu*, ou *chou mille-têtes*, est moins élevé que le cavalier; mais il peut être aussi productif. Il est garni, depuis le pied, de jets nombreux et forts qui en font une sorte de buisson. On le cultive en Flandre, en Normandie et en Poitou.

Dans les environs de Niort et de Cholet, on le préfère pour engraisser les bœufs.

Le *chou à faucher*, qui s'élève peu, dont les rejets sortent du collet de la racine, et dont les feuilles sont oblongues, dentelées et crépues sur les bords.

Le *chou frisé vert du Nord*, et le *chou frisé rouge du Nord*, qui sont très-cultivés dans le nord de l'Europe, diffèrent principalement des variétés précédentes par la découpure de leurs feuilles. Ils sont encore plus rustiques que les précédens, et résistent mieux aux grands froids des longs hivers.

Toutes ces différentes variétés de choux à fourrage se cultivent comme les autres choux verts : ils aiment, comme eux, une bonne terre, plutôt forte que légère, et bien fumée. Elles sont très-précieuses pour la nourriture de toute espèce de bestiaux, et principalement dans les pays froids où les hivers sont longs et rigoureux.

Le Chou cabus, ou Chou pommé ; *Brassica oleracea capitata,* Linn. Cette race de chou est remarquable, parce que, dans les individus qui lui appartiennent, les feuilles sont grandes, peu découpées, presque arrondies, concaves, et tellement rapprochées, qu'elles s'embrassent les unes les autres, se recouvrent comme les écailles d'une bulbe, se compriment fortement en s'enveloppant, et forment une grosse tête arrondie, massive, qui renferme pendant quelque temps la tige et les branches avant leur développement, qui n'a lieu que lorsque celles-ci rompent cette sorte de tête ou pomme monstrueuse. Les variétés de cette race se divisent en deux sections, dont la première comprend les *choux cabus* proprement dits, ayant les feuilles entières et les fleurs jaunes, tandis que la seconde renferme les *choux cabus frisés*, ou *choux de Milan*, qui ont les feuilles crépues, ridées, boursouflées, et les fleurs blanches.

Les variétés de la première section, le plus habituellement cultivées dans les environs de Paris, sont les suivantes :

Le *chou cabbage*, qui est très-petit et très-précoce. On le mange dès le milieu d'avril.

Le *chou hâtif d'Yorck*, qui est un peu plus gros, et se mange quinze jours plus tard.

Le *chou hâtif en pain de sucre*, nommé ainsi à cause de la

forme alongée de sa pomme; il est encore plus gros, et vient à peu près dans le même temps.

Le *chou cœur-de-bœuf* a la même forme que le précédent, mais il est plus gros.

Le *chou hâtif de Bonneuil.* Sa souche est basse, et sa tête ronde, assez grosse.

Le *chou pommé de Saint-Denis*, ou *d'Aubervilliers.* Sa tête est grosse, très-serrée, presque ronde, d'un vert foncé, et il a une forte odeur.

Le *petit chou rouge.* Sa tête est de la même grosseur que celle du précédent; mais sa couleur est d'un violet sale, et il n'a presque point d'odeur.

Le *chou pommé blanc d'Alsace.* Sa souche est courte, épaisse, et sa tête plate, très-serrée.

Le *chou pommé blanc de Hollande.* Sa souche est plus haute; sa tête est plus grosse.

Le *chou pommé rouge.* Sa tête est très-serrée, et ses feuilles sont grandes, d'un pourpre lie-de-vin, avec les côtes et les nervures rouges.

Le *chou pommé ordinaire.* Sa tête est large d'un pied, aplatie, ferme, d'un vert blanchâtre. Cette variété est très-répandue.

Le *chou d'Allemagne tardif*, ou *Chou quintal.* Aucun chou n'a une tête aussi grosse que celui-ci : on en cite qui pesoient quatre-vingts livres. Il est peu connu en France; mais on le cultive abondamment en Allemagne : c'est avec ce chou que les Allemands fabriquent la plus grande partie de leur chou-croûte.

Les variétés de la seconde section sont moins nombreuses; mais on les regarde comme les meilleures.

Le *petit chou de Milan hâtif.* Sa tête est d'un beau vert. On le mange en mai.

Le *chou frisé court.* Ses feuilles, d'un vert bleu et très-frisées, forment une tête plate, très-serrée.

Le *chou de Milan doré.* Sa tête est ovale, d'un vert jaunâtre.

Le *chou de Milan tardif.* Sa souche est haute, et sa tête grosse, ferme, d'un vert foncé.

On sème les différentes variétés de choux cabus à trois époques : au commencement de l'automne, en pleine terre, au nord; en février et mars, sur couche; en mars et avril, en pleine terre, au midi. Les choux hâtifs, qui ont été semés en automne, peuvent rester jusqu'au printemps sans être déplantés, en ayant le soin de les couvrir de paille ou de fougère pendant les grands froids; mais il vaut mieux les repiquer avant l'hiver, à une bonne exposition et à six pouces l'un de l'autre, jusqu'à ce qu'on les mette en place, au mois de mars. Les autres choux se replantent en avril et mai, selon les variétés.

Comme la plupart des choux pommés craignent les fortes gelées, il est bon d'arracher les plus beaux pieds pour les mettre à l'abri, en les plantant dans du sable renfermé dans une orangerie ou dans un cellier.

On consomme en France une grande quantité de choux : ces plantes fraîches font, pendant plus de la moitié de l'année, l'assaisonnement ou le principal ingrédient de la soupe des habitans des campagnes. En Allemagne, et dans le nord de l'Europe, la consommation des choux est encore plus considérable. On leur fait subir, pour les conserver tout l'hiver, un certain degré de fermentation acide, en les mettant dans un tonneau, après les avoir coupés et hachés en morceaux, et en les saupoudrant de sel marin et de quelque aromate, comme les graines de fenouil et de carvi, ou les baies de genièvre.

Cette préparation est connue en France sous le nom de choucroûte, par altération du mot allemand *sauer-kraut*, chou aigre. La chou-croute a un goût acide ; c'est un aliment salubre, plus facile à digérer que le chou dans son état naturel. On doit la considérer, principalement, comme un excellent antiscorbutique, et cette propriété la rend surtout précieuse pour les voyages de long cours : les Anglais en font des approvisionnemens immenses pour leur marine.

Les anciens attribuoient de grandes propriétés au chou. Hippocrate le donnoit, cuit avec du sel, dans la colique et la dyssenterie. Erasistrate prétendoit que rien n'étoit plus ami de l'estomac et des nerfs, et il le prescrivoit aux paralytiques. Pline nous apprend que Pythagore, Dieuchès, le médecin Chrysippe, et Caton l'ancien, avoient composé chacun un livre sur les vertus du chou. Selon ce dernier, il n'est aucun remède dont cette plante ne puisse tenir la place ; il prétend s'en être servi pour préserver sa famille de la peste, et que c'est à l'usage qu'en faisoient les Romains qu'ils durent de pouvoir se passer,

6.

pendant six cents ans, des médecins qu'ils avoient expulsés de leur territoire.

Le chou n'a point conservé, de nos jours, la grande réputation qu'il avoit chez les anciens, comme médicament. Quelques médecins ont préconisé le chou rouge dans le traitement de la phthisie pulmonaire ; mais l'insuffisance de ce moyen, comme de beaucoup d'autres, est bien démontrée dans cette cruelle maladie. Toutes les propriétés qu'on peut attribuer à cette plante, c'est que, participant à celles dont jouissent les végétaux de sa famille, elle est légèrement stimulante, incisive et antiscorbutique.

Le Chou-fleur ; *Brassica oleracea botrytis*, Linn. Dans cette race, la surabondance de nourriture ne se porte pas, comme dans la précédente, sur les feuilles, ou, comme dans les suivantes, sur la souche ou sur la racine ; mais elle abonde dans les rameaux naissans de la véritable tige, et y produit un gonflement si singulier, qu'il les transforme en une masse charnue, disposée en cime ou en tête mamelonnée, granulée, blanche, tendre et fort bonne à manger. Quand on laisse pousser cette tête, elle s'alonge, se divise, se ramifie, et porte des fleurs et des fruits, comme les autres choux. Les feuilles des choux-fleurs sont plus alongées que celles des choux cabus, et leur tête est d'un blanc éclatant dans les belles variétés.

On distingue, dans les plantes de cette race, les *choux-fleurs* proprement dits, et les *brocolis*. Les variétés qui appartiennent aux premiers sont :

Le *chou-fleur dur commun*, dont la tête est grosse, bien garnie, et qui devient verdâtre en cuisant.

Le *chou-fleur dur d'Angleterre*. Il a le grain plus serré, plus blanc, et la cuisson n'altère pas sa couleur.

Le *chou-fleur tendre*. Il est moins gros que les précédens, mais plus tendre et plus délicat.

Il y a encore les *choux-fleurs de Malte* et ceux *de Hollande, d'Italie, de Chypre, du Cap.*

Les *brocolis* diffèrent des *choux-fleurs*, en ce qu'au lieu de former une tête arrondie, leur souche donne naissance à un faisceau de rameaux longs de plusieurs pouces, et terminés par un groupe de boutons à fleurs. Ces rameaux sont tendres, succulens, et se mangent comme les choux-fleurs.

Les brocolis les plus connus sont le *brocoli commun*, dont les rameaux et les boutons sont verts ; le *brocoli de Malte*, dont les boutons sont plus petits, plus nombreux et d'un beau violet ; et le *brocoli blanc*, ne différant du précédent que par sa couleur blanche, qui le rapproche davantage des choux-fleurs.

Les brocolis et les choux-fleurs ont besoin d'une bonne terre et de beaucoup d'eau ; ils réussissent beaucoup mieux dans les pays méridionaux que dans le Nord, et plus ils avancent de ce côté, moins ils ont de qualité et plus ils sont sujets à dégénérer. On les sème à diverses époques ; mais, comme ils sont plus délicats que les autres choux, quand on répand leurs graines en mars et en avril, c'est sur couche et sous cloche. Pour retarder l'époque où ils montent en graine, et les maintenir dans leur état de plante potagère, on les repique deux fois. Quand on les plante en pleine terre, ce qu'on ne peut faire avant la mi-mai, dans le climat de Paris, si on a une certaine quantité de terreau, on en mêle dans la terre, et si on en a peu, on se contente d'en couvrir les places que doivent occuper les plants.

Les choux-fleurs durs passent l'hiver, en les mettant à l'exposition du midi, bien abritée, et en les couvrant avec de la litière lorsqu'il gèle. Dans les pays froids, on les transporte en motte dans des plate-bandes disposées dans des serres.

Les choux-fleurs et les brocolis sont un aliment sain et agréable. Dans les pays du nord, où l'on ne peut que très-difficilement les conserver pendant l'hiver en état de végétation, on les dessèche au four, on les confit au vinaigre, on en fait de la choucroûte.

Le Chou-rave; *Brassica oleracea gongyloïdes*, Linn. Dans cette race, la surabondance de nourriture se porte à la souche ou fausse tige de la plante, et y produit un gonflement remarquable, qui la transforme en une masse tubéreuse, succulente et bonne à manger. On en distingue deux variétés principales.

Le *Chou-rave commun*. Sa souche se garnit de feuilles médiocrement grandes, froncées, dentelées, et souvent découpées vers leur pétiole, qui est plus long que dans les autres variétés. Ces feuilles tombent les unes après les autres, lorsque la souche a acquis la longueur de six à huit pouces, et celle-ci s'enfle et devient une tubérosité arrondie, oblongue, charnue, assez ordinairement de quatre à cinq pouces de diamètre, dont la chair est blanche, plus ferme que celle du navet, et dont la saveur approche de celle du chou. Le sommet de cette tubérosité est couronné par un bouquet de feuilles moins grandes que celles que la souche avoit d'abord poussées; et, lorsque la plante monte en fleurs, c'est de leur centre que sort une tige rameuse, semblable à celle de plusieurs autres choux. La chair de la tubérosité du chou-rave est tendre, si on l'emploie quand elle est parvenue à peu près à moitié de sa grosseur, et c'est dans cet état qu'il faut en faire usage pour la cuisine. Crue ou cuite, elle peut aussi, ainsi que les feuilles, servir à la nourriture des bestiaux.

Le *chou-rave violet*. Il se distingue aisément du précédent par des traits de violet sur les pétioles et sur les nervures de ses feuilles, et par la peau de sa pomme, qui est presque partout de la même couleur. Il est d'ailleurs plus gros et plus tendre.

On sème les choux-raves à trois ou quatre époques différentes, depuis mars jusqu'en juin. Pour les obtenir de bonne qualité, il faut avoir soin de *les* arroser et de les biner fréquemment. Ceux qu'on sème à la fin de mai, et qu'on récolte avant les gelées, sont rarement durs, parce qu'ils sont attendris par les rosées, par la fraîcheur des nuits, et par les pluies assez ordinaires à la fin de l'été et en automne. Ceux qu'on cultive en grand, pour les donner aux bestiaux, se gardent pendant l'hiver dans un cellier, comme les navets et les carottes.

Le Chou-navet; *Brassica oleracea napo-brassica*. Cette race paroît participer de la nature du navet, espèce distincte dont il sera question un peu plus bas. Comme le navet proprement dit, le chou-navet produit au niveau de la terre des feuilles ailées, plus découpées que celles du chou-rave, mais plus douces au toucher, comme celles de tous les choux. Sa racine est renflée, tubéreuse, presque ronde, de trois à quatre pouces de diamètre; elle contient une chair bonne à manger, plus ferme que celle des navets, et couverte d'une peau dure et épaisse; du milieu des feuilles radicales s'élève une tige rameuse, haute de trois à quatre pieds, portant des fleurs et ensuite des graines, comme dans les autres choux, avec cette différence cependant, quant aux graines, qu'elles sont très-grosses dans cette race et dans les choux-raves, et qu'elles sont fort petites, au contraire, dans les choux-fleurs.

On cultive peu le chou-navet comme alimentaire; dans les pays où on le plante, c'est particulièrement pour la nourriture des bestiaux. La variété connue sous le nom de *chou-navet de Laponie* paroît avoir une supériorité marquée sur le *chou-navet commun*, et elle a encore, sur les choux-verts et les choux-pommés, l'avantage de croitre dans des terrains médiocrement fertiles, et de ne pas craindre les gelées les plus rigoureuses; elle peut fournir, pendant tout l'automne et une partie de l'hiver, une grande quantité de feuilles pour la nourriture des bestiaux, et lorsqu'au premier printemps on manque encore de fourrages verts, ces mêmes bestiaux trouvent dans les racines de cette plante un aliment très-succulent et très-sain.

Les choux-navets se cultivent à peu près de la même manière que les autres variétés dont il a déjà été question, particulièrement comme les moins délicates. On les sème en pépinière, au mois de septembre au levant, ou au mois de mars au midi. Les plants du premier semis se repiquent à dix-huit pouces ou deux pieds l'un de l'autre, à la fin de mai ou en juin, et ceux du second, en juillet ou en août.

Une grande quantité d'insectes vivent aux dépens des choux, et causent souvent beaucoup de dommages aux semis et aux plantations. Les espèces les plus communes et les plus dangereuses sont l'altise bleue et l'altise du chou, que les jardiniers appellent le puceron et le tiquet; et les chenilles produites par le papillon du chou, celui de la rave, et par la noctuelle du chou. Les limaces et les limaçons peuvent aussi faire de grands ravages sur les jeunes choux. Un semis entier peut être détruit en une nuit par quelques-uns de ces animaux.

Après avoir rapporté les principales variétés du chou potager, nous allons parler de deux autres espèces du même genre, le chou-navet et le chou-rave, qui, quoique portant des noms semblables à deux races du chou potager, en sont très-distinctes, et nous terminerons cet article par le chou-roquette.

Chou-navet; *Brassica napus*, Linn., *Spec.* 931. On distingue dans cette espèce deux variétés principales, la navette et le navet proprement dit.

La Navette; *Brassica asperifolia sylvestris*, Lam., Dict. enc., 1, pag. 746. Sa racine oblongue, fibreuse, peu charnue, donne naissance à une tige glabre, rameuse, haute de deux pieds,

garnie à sa base de feuilles en lyre, chargées en leurs bords
et sur leur pétiole de poils courts ; les feuilles supérieures sont
amplexicaules et très-glabres ; les fleurs sont petites, jaunes,
et ont leur calice à demi ouvert. Cette plante croît naturellement en France et dans d'autres parties de l'Europe. On la
cultive dans plusieurs endroits pour servir de fourrage, et le
plus souvent pour récolter sa graine dont on retire de l'huile.
Pour cet objet, on la sème depuis la fin de juillet jusqu'au
commencement de septembre, à la volée et en plein champ ; et
l'été suivant on fait la récolte de la graine, lorsque la plupart
des siliques sont jaunes, et sans attendre leur complète maturité, qui produiroit un égrènement et une perte considérables.
L'huile qu'on retire de la graine de navette, est employée aux
mêmes usages que celle fournie par le colsat. A Paris, c'est avec
un mélange de millet et de graine de navette qu'on nourrit les
petits oiseaux de volière.

Le Navet ; *Brassica asperifolia radice dulci*, Lam., Dict. enc.,
1, pag. 746. Sa racine est charnue, d'une saveur douce, un peu
piquante et agréable ; elle est différente de forme, de grosseur
et de couleur, selon les sous-variétés produites par la culture.
Ses feuilles radicales sont oblongues, en lyre, d'un vert foncé,
rudes au toucher, chargées de poils courts ; celles de la tige,
au contraire, sont oblongues, amplexicaules, en cœur à leur
base, très-glabres. Ses fleurs sont jaunes ou d'un blanc jaunâtre,
disposées en grappes lâches et terminales. Il leur succède des
siliques longues d'environ un pouce, contenant des graines
presque rondes, d'un rouge brun, ayant une saveur âcre et
piquante.

Les navets sont cultivés dans les jardins et dans les champs.
On en distingue plusieurs variétés, d'après la forme, la grosseur ou la couleur de leurs racines : celles-ci sont grosses ou
petites, rondes ou alongées, blanches ou grises, ou jaunâtres,
ou même noirâtres. Les petits navets sont les plus estimés et les
plus agréables au goût ; leur qualité dépend beaucoup de la
nature du sol dans lequel ils sont venus : ceux des terres sablonneuses et légères sont les meilleurs.

La saison ordinaire pour semer les navets en plein champ,
est depuis la fin de juin jusqu'au commencement d'août. La
graine se répand ordinairement à la volée ; mais il seroit pré-

férable de la semer en rayons, ce qui rend les opérations du binage et du sarclage beaucoup plus faciles. Dans les jardins, pour avoir des navets en toute saison, on en sème depuis le mois de mars jusqu'en septembre, et lorsque le temps est sec, on arrose le semis depuis le moment où les graines sont en terre, jusqu'à ce que les plantes aient plusieurs feuilles.

Les navets sont un aliment sain, quoiqu'un peu venteux ; on en fait beaucoup d'usage dans la cuisine. En médecine, ils passent pour pectoraux, incisifs et diurétiques. Les variétés à grosses racines sont d'une grande ressource pour la nourriture des bestiaux pendant l'hiver ; de temps immémorial, on les emploie dans plusieurs parties de la France pour engraisser les bœufs, et pour aider à nourrir les vaches, les moutons et les cochons.

CHOU-RAVE, vulg. RABIOULE, ou GROSSE RAVE ; *Brassica rapa*, Linn., *Spec.* 931. Cette espèce ressemble beaucoup au navet par son port et par la forme de ses parties. Sa racine est tubéreuse, charnue, arrondie ou ovoïde, quelquefois aussi grosse que la tête d'un enfant ; sa tige est droite, rameuse, feuillée, cylindrique, lisse ; ses feuilles radicales sont en lyre, inégalement dentelées, rudes, d'un vert foncé ; celles de la tige sont en cœur, lancéolées, amplexicaules, très-entières, lisses et glauques ; ses fleurs sont d'un jaune doré, et ses siliques cylindriques.

Cette plante est cultivée dans les jardins potagers et dans les champs. Les paysans du Limousin, de l'Auvergne, du Lyonnois, font un grand usage de sa racine comme aliment : ils la mangent dans leur soupe, cuite sous la cendre ou de différentes manières ; ils la donnent aussi à leurs bestiaux, pour les nourrir pendant l'hiver.

CHOU-ROQUETTE, vulgairement ROQUETTE ; *Brassica eruca*, Linn., *Spec.* 932. Sa tige est rameuse, un peu velue, haute d'un pied et demi, garnie de feuilles longues, pétiolées, ailées ou en lyre, vertes, lisses et presque glabres : ses fleurs, blanches ou d'un jaune pâle, striées par des veines d'un violet noirâtre, sont disposées en grappes au sommet de la tige et des rameaux : ses siliques ont à peine un pouce de longueur ; elles sont droites, un peu aplaties, terminées par un prolongement en forme de fer de lance, long de trois à quatre lignes.

La roquette croît naturellement en Espagne, en Autriche, en Suisse et dans les départemens méridionaux de la France : elle a une odeur forte et désagréable, et une saveur âcre et piquante ; ce qui n'empêche pas quelques personnes, et surtout les Italiens, de l'aimer beaucoup et d'en mettre dans leurs salades comme assaisonnement. En médecine on la regarde comme antiscorbutique et très-stimulante. (L. D.)

CHOU BATARD (*Bot.*), nom vulgaire de l'arabette tourette. (L. D.)

CHOU CARAÏBE. (*Bot.*) Dans diverses régions de l'Amérique méridionale, et principalement dans les Antilles, on donne ce nom à l'*arum esculentum* de Linnæus, faisant maintenant partie du genre *Caladium* de Willdenow. Dans les colonies on mange ses feuilles, comme en Europe celles du chou. Ses racines servent aussi d'aliment, et, suivant Nicolson, rendent le potage épais. La plante citée par Plumier, comme chou caraïbe, étoit l'*arum sagittæfolium* de Linnæus, rapporté également au *caladium*, avec ce dernier nom spécifique ; ce qui prouve que plusieurs espèces peuvent être substituées les unes aux autres, pour la nourriture des hommes. On mange de même les racines de la calle, *calla palustris*, qui croît dans le nord de l'Europe. C'est, pour les habitans des régions froides, une nourriture d'hiver, que l'on fait cuire avec d'autres mets. (J.)

CHOU DE CHIEN. (*Bot.*) Ce nom ancien et vulgaire est la traduction françoise du nom cynocrambe, qui étoit donné anciennement à la mercuriale des bois ou des montagnes, *mercurialis perennis*. (J.)

CHOU DE CHINE (*Bot.*) Voyez Bredes-Chou-de-Chine. (J.)

CHOU DE MER. (*Bot.*) On donne ce nom à un liseron du bord de la mer, *convolvulus soldanella*. (J.)

CHOU MARIN (*Bot.*), nom vulgaire du *crambe maritima*. (J.)

CHOU PALMISTE (*Bot.*), on donne ce nom au gros bourgeon qui termine la tige du palmier nommé *areca oleracea*, ou palmiste franc. Cette sommité, qui a deux ou trois pouces de diamètre, est composée de feuilles non encore développées et de rudimens de fleurs ; elle a un peu le goût d'artichaut. On la mange crue avec du poivre et du sel, ou frite avec du beurre. La sommité jeune des autres palmiers porte également le nom de chou, et peut servir de nourriture de la même manière. (J.)

CHOU-POIVRE (*Bot.*), nom vulgaire du gouet commun. (L. D.)

CHOUAN (*Bot.*), nom donné à une semence inconnue, apportée du Levant, et un peu semblable aux têtes du *semen contra*, ayant une couleur vert-jaunâtre et un goût un peu aigrelet. M. Bosc ajoute qu'on l'emploie quelquefois dans la teinture, et que c'est probablement la graine du fenugrec, *trigonella fœnum græcum*. (J.)

CHOUAN. (*Ichthyol.*) Dans quelques cantons de la France on appelle ainsi le *cyprinus cephalotès* de Linnæus. Voyez CYPRINUS. (H. C.)

CHOUANT (*Ornith.*), nom que porte en Bretagne le hibou commun ou moyen duc, *strix otus*, Linn. (Ch. D.)

CHOUART. (*Ornith.*) On appelle ainsi, dans le Vendômois, l'effraie, *strix flammea*, Linn. (Ch. D.)

CHOUC. (*Ornith.*) Ce nom est donné, dans l'Encyclopédie, au choucas noir, *monedula nigra*, de Brisson, variété du *corvus monedula*, Linn., qui est représentée sous le n.° 522 dans les pl. enl. de Buffon. (Ch. D.)

CHOUCA (*Ornith.*), un des noms vulgaires du choucas, *corvus monedula*, Linn., qu'on appelle aussi *chicas, chocas, chuca, chucas*. (Ch. D.)

CHOUCADOR. (*Ornith.*) M. Levaillant a décrit et figuré sous ce nom, dans son Ornithologie d'Afrique, tom. 2, pag. 105 et pl. 86, un oiseau que Daudin a placé dans la 3.ᵉ section de ses étourneaux, et nommé stourne choucador, *sturnus ornatus*. (Ch. D.)

CHOUCALLE. (*Bot.*) Voyez CALLE. (L. D.)

CHOUCARI. (*Ornith.*) Ce nom, que M. Daubenton le jeune n'avoit originairement donné qu'à un oiseau de la Nouvelle-Guinée, rapporté par Sonnerat, a été étendu par M. Cuvier, Règne animal, à d'autres espèces, dont ce naturaliste a formé le genre *Graucalus*, caractérisé par un bec échancré, moins comprimé que celui des pies-grièches, ayant l'arête supérieure aiguë, arquée également dans toute sa longueur, et sa commissure aussi un peu arquée, avec les narines quelquefois couvertes de plumes roides, comme aux corbeaux. Les espèces sont:

Le Choucari des Papous ; *Graucalus papuensis* (*Corvus papuensis*, Gmel.*), planch. enlum. de Buffon, 630. Cet oiseau, dont M. Vieillot a fait sa coracine choucari, est long d'environ onze pouces ; il a la base du bec entourée d'une bande noire qui se prolonge jusqu'aux yeux, et les grandes pennes des ailes noirâtres ; le reste de son corps est d'un gris cendré, plus foncé sur la partie supérieure, et plus clair en-dessous ; ses narines sont entièrement couvertes par des plumes soyeuses, comme celles des choucas ; ses ailes ne s'étendent pas au-delà de la moitié de la queue.

Il y a, au Muséum d'histoire naturelle, un individu étiqueté *Choucari de la Nouvelle-Calédonie*, qui a été apporté par M. de Labillardière, et qui offre beaucoup de rapports avec le précédent ; la tête et le dessus du cou sont noirs, et le reste du plumage d'une couleur d'ardoise foncée.

Le Choucari a ventre rayé ; *Graucalus fasciatus* (*Corvus Novæ-Guineæ*, Gmel.), pl. enl. n.° 629, sous le nom de Choucas de la Nouvelle-Guinée. Le front et les joues sont noirs ; le déssus de la tête, le dos, le cou et la gorge, d'un gris ardoisé : les plumes qui couvrent le ventre, l'anus, le croupion, présentent des raies transversales noires sur un fond blanc, comme aux pics variés ; les pennes des ailes et de la queue sont noirâtres, et les premières atteignent presque l'extrémité de la seconde. La femelle n'a point de noir sur la tête, et les rayures, qui commencent à la gorge, ne s'étendent pas sur le bas-ventre ni sur l'anus. Cet oiseau a environ un pied de long.

Le Choucari a masque noir, *Graucalus larvatus*, dont M. Levaillant a donné la description parmi les rolliers, dans ses Oiseaux de Paradis, pag. 86, pl. 30, a les narines entièrement couvertes ; ses ailes excèdent la moitié de la longueur de la queue, dont toutes les plumes sont étagées ; le front, jusque vers le milieu de la tête, les tempes, la gorge et une grande partie du cou, sont noirs ; tout le reste du plumage est d'un gris bleuâtre, nuancé d'une légère teinte purpurine et plus foncé sur le corps qu'au-dessous, à l'exception des pennes des ailes et de la queue, qui sont noires intérieurement ; celles-ci sont frangées de gris à leur extrémité. Le bec, d'un gris bleuâtre à sa base, est noir vers la pointe ; les ongles sont de cette dernière couleur, et les pieds d'un brun-roux. On eñ voit, au Cabinet d'Histoire naturelle, trois individus venant du port Jackson : l'un d'eux, qui paroît être la femelle, a le ventre rayé transversalement de noir sur un fond d'un gris pâle.

Le Choucari violet, *Graucalus violaceus.* Cet oiseau de la Nouvelle-Hollande, dont il a déjà été question sous le nom de chocard violet, que lui a donné M. Vieillot, a tout le plumage d'un violet d'acier brun, avec des reflets brillans, chez le mâle, tandis que la femelle est d'un vert pâle, avec des taches blanches en forme de larmes sur la tête, le cou et les parties inférieures, et que sa queue est terminée de blanc. Cette grande différence dans les couleurs, et surtout la circonstance que les plumes soyeuses de la base du bec ne recouvrent pas les narines, ont porté M. Vieillot à douter que cet individu fût réellement la femelle du choucari violet, et il l'a présenté comme une espèce distincte dans son genre Coracine ; mais, les narines du seul individu que l'on possède ayant pu être élargies et découvertes dans la préparation qu'on lui aura fait subir, il est prudent d'attendre d'autres objets de comparaison, pour prendre à cet égard un parti plus certain.

M. Cuvier a formé dans ses choucaris une section particulière d'un autre oiseau trouvé à Timor, et dont M. Vieillot a fait le genre *Sphécotère*, ayant pour attributs un bec épais, droit et glabre à la base, robuste, convexe en-dessus, fléchi vers la pointe de la mandibule supérieure ; les orbites nues, et les deux premières rémiges plus longues que les autres. Cet oiseau, de la taille d'un loriot, a le dessus de la tête et du cou et les joues noirs, les parties supérieures d'un vert-olive, dont la teinte est plus jaune sur la poitrine et le ventre, et le dessous de la queue gris. C'est le *choucari vert* de M. Cuvier, *graucalus viridis.* (Ch. D.)

CHOUCAS. (*Ornith.*) Quoique ce nom soit spécialement affecté à la petite corneille des clochers, *corvus monedula*, Linn., espèce appartenant au genre Corbeau, et à ses variétés, telles que les choucas à collier, le choucas blanc, le choucas noir, etc., on l'a appliqué à d'autres oiseaux de genres différens. Ainsi on appelle vulgairement *choucas des Alpes* le chocard des mêmes lieux ; *choucas chauve*, l'oiseau dont M. Geoffroy a fait son genre Gymnocéphale ; *choucas de la Nouvelle-Guinée*, le choucari à ventre rayé, de M. Cuvier ; *choucas de la mer du Sud*, la coracine à front blanc, de M. Vieillot ; *choucas de la Jamaïque*, des quiscales du même auteur ; *choucas d'Owihée* et *choucas des Philippines*, le cassican noir et le drongo balicasse. (Ch. D.)

CHOUCE. (*Ornith.*) La cresserelle, *falco tinnunculus*, Linn., ou une espèce très-voisine, porte ce nom dans l'Inde. (Ch. D.)

CHOUCHETTE (*Ornith.*), vieux nom françois du choucas proprement dit, *corvus monedula*, Linn., qu'on appeloit aussi *chocotte* et *chouette*. (Ch. D.)

CHOUCHOUÉ. (*Bot.*) Voyez Chouroucoulihué. (J.)

CHOUCHOURQU (*Bot.*), nom caraïbe de l'*hibiscus tiliaceus*, inscrit dans l'Herbier de Surian. (J.)

CHOUCOU. (*Ornith.*) M. Levaillant, Oiseaux d'Afrique, tom. 1, pag. 100, a donné ce nom à une chouette représentée planche 38 du même ouvrage, et celui de choucouhou à une autre espèce figurée pl. 39. Ce sont les *strix choucou* et *nisuella*, de Daudin et de Latham. Voyez Chouette. (Ch. D.)

CHQUDET (*Ornith.*), un des noms vulgaires du hibou ou moyen duc, *strix otus*, Linn. (Ch. D.)

CHQUE. (*Ornith.*) Ce mot par lequel, en Lorraine, on désigne les oiseaux de nuit, est appliqué, dans les environs de Niort, au choucas, *corvus monedula*, Linn. En Bourgogne, le hibou commun est connu sous le nom de *choue cornerolle*. (Ch. D.)

CHOUETTE. (*Ornith.*) Quoique ce nom ne s'applique vulgairement qu'à certaines espèces d'oiseaux de proie nocturnes, on le considérera ici comme une traduction du mot *strix*, dans le sens général que lui a donné Linnæus, et l'on se bornera à diviser la famille entière en deux sections, dont l'une embrassera les espèces qui ont sur la tête des plumes ordinairement relevées en aigrettes, et l'autre celles qui n'ont aucune plume proéminente. Il y a, en effet, tant de rapports entre les branches de ce grand genre, que, s'il est convenable d'y établir des coupures pour faciliter l'étude des espèces, ce n'est peut-être point encore le cas d'y former des genres particuliers, qui cessent d'être comparatifs lorsqu'on est forcé d'en tirer les caractères les plus saillans de parties différentes.

de celles où l'usage est de les prendre, et même de leur donner pour base les proportions respectives de ces parties.

Ceux qu'offrent les oiseaux de proie nocturnes, consistent dans un bec comprimé, court, crochu, et incliné dès la base, excepté chez l'effraie; la mandibule supérieure très-mobile, et l'inférieure à bassin uni ou garni d'une foible arête; une cire membraneuse sur le bord antérieur, où sont placées les narines que recouvrent des poils dirigés en avant; une tête grosse et très-emplumée; des yeux très-grands, dirigés en avant, et placés dans des orbites larges, concaves, entourés d'un disque de plumes roides et décomposées, qui, en devant, recouvrent la cire, et en arrière l'oreille; la pupille susceptible de se dilater et de se resserrer sans cesser d'être ronde; les paupières bordées de cils qui ressemblent à des plumules; la langue légèrement canaliculée, hérissée de papillés dans sa moitié postérieure, et échancrée à son extrémité; la bouche très-fendue; les tarses quelquefois nus, mais dans toutes les espèces européennes garnis jusqu'aux doigts, et même souvent jusque vers les ongles, de plumes courtes et laineuses; le doigt externe jouissant de la faculté de se tourner en arrière; les ongles très-rétractiles et à pointe acérée; les rémiges dentelées sur le bord extérieur, la première la plus courte et la troisième la plus longue; douze rectrices flexibles.

Tengmalm paroît avoir fait, sur la famille des accipitres nocturnes, un travail particulier et propre à jeter un grand jour sur la meilleure manière d'en distribuer les espèces; mais les Mémoires de l'Académie de Stockholm pour l'année 1793, où l'on trouve son traité, écrits en langue suédoise, n'ont pas été traduits, et l'on ne pourra présenter ici que l'analyse des divisions proposées par M. Savigny, dans ce qu'il a publié de son Système des Oiseaux d'Egypte et de Syrie, et par M. Cuvier, dans son Règne animal.

M. Savigny, en donnant à la famille entière des rapaces nocturnes la dénomination de chouettes, *ululæ*, a divisé les espèces qu'il a été à portée d'examiner, en cinq genres auxquels il a appliqué les noms de *noctua*, *scops*, *bubo*, *syrnium*, *strix*. Le bec, la cire, les narines, les oreilles, les aigrettes, les ongles, considérés dans chacun de ces genres, lui ont offert les résultats suivans :

Bec très-incliné dans les trois premiers, moins incliné dans le quatrième, alongé et presque droit à la base dans le cinquième.

Cire gibbeuse des deux côtés dans le premier, à peine convexe sur les côtés dans le second.

Narines petites dans les premier, deuxième et quatrième ; grandes dans les troisième et cinquième ; et, quant à leur forme, rondes et écartées dans le premier, ovales dans le deuxième, un peu obliques dans le troisième, transverses dans le quatrième, et longitudinales dans le cinquième.

Oreilles médiocres, dépourvues d'opercules dans les premier et deuxième ; oreilles externes grandes et operculées dans les trois autres.

Aigrettes mobiles dans les deuxième et troisième, et nulles dans les premier, quatrième et cinquième genres.

Ongles simples dans les quatre premiers ; l'ongle intermédiaire crénelé sur le bord interne dans le cinquième.

Les espèces que l'auteur a placées dans ses cinq genres sont, pour le premier, la chevêche, *noctua glaux* ; pour le deuxième, le petit duc, *scops ephialtes* ; pour le troisième, le hibou ou moyen duc, *bubo otus*, et le hibou d'Egypte, *bubo ascalaphus* ; pour le quatrième, le chat-huant, *syrnium ululans* ; et pour le cinquième, l'effraie, *strix flammea*.

M. Cuvier divise les oiseaux de proie nocturnes en huit sections ou sous-genres, d'après l'existence ou l'absence d'aigrettes, l'étendue des oreilles, la grandeur du cercle de plumes dont les yeux sont entourés, etc.

. La première section, composée de hibous, *otus*, renferme les espèces qui ont sur le front deux aigrettes, et dont l'oreille a une conque qui s'étend en demi-cercle depuis le bec jusque vers le sommet de la tête, et est garnie en avant d'un opercule membraneux. Les espèces que l'auteur y place, sont le grand hibou à huppes courtes, *strix ascalaphus*, Sav. ; le hibou commun ou moyen duc, *strix otus*, Linn. ; la chouette ou moyen duc à huppes courtes, *strix ulula*, et *brachyotos*, Gmel. ; et le grand hibou d'Amérique, *strix bubo* et *virginiana*, Gmel.

La deuxième section (les chouettes, *ulula*) comprend les espèces qui ont le bec et l'oreille des hibous, mais non leurs aigrettes, telles que la grande chouette grise de Suède, *strix liturata*, Retz., et la chouette du Canada, *strix nebulosa*, Gmel.

Les espèces de la troisième section, ou les effraies, *strix*, Sav., ont l'oreille aussi grande que les hiboux, un opercule encore plus considérable, et le bec courbé seulement vers le bout. Le *strix flammea*, Linn., est la seule que l'auteur cite.

La conque des oiseaux de la 4.ᵉ section ne consiste que dans une cavité ovale qui n'occupe pas la moitié de la hauteur du crâne ; ils n'ont point d'aigrettes, et leurs pieds sont emplumés jusqu'aux ongles : ce sont les chats-huans, *syrnium*, Sav., et pour espèce celui que l'on connoît en France tant sous ce nom que sous ceux de hulotte, chouette des bois, etc., *strix aluco* et *stridula*, Linn.

Les ducs, *bubo*, Cuv., qui ne diffèrent des chats-huans qu'en ce qu'ils possèdent des aigrettes, forment la 5.ᵉ section, dans laquelle se trouve le grand duc, *strix bubo*, Linn.

Les chouettes à aigrettes, dont M. Levaillant a publié une espèce, et qui ne sont que des ducs dont les aigrettes, plus écartées et placées plus en arrière, ne se relèvent que difficilement au-dessus de la ligne horizontale, constituent la 6.ᵉ section.

La 7.ᵉ est composée 1.° des chevêches, *noctua*, Sav., qui n'ont point d'aigrettes, et dont les oreilles n'ont pas l'ouverture plus grande que dans les autres oiseaux : ces espèces se sous-divisent 1.° en chouettes-éperviers, *surnia*, Dumér., dont la queue est étagée ; 2.° en chouettes à queue courte et à doigts emplumés, telles que le harfang, la chevêche commune, la chevêché rousse ; 3.° en chevêches qui ont la queue courte et les doigts nus, comme la chevêche fauve, la chevêche noire, la chevêche à collier ; 4.° en chevêches dont les tarses et les doigts sont nus, telles que la chevêche nudipède.

La 8.ᵉ et dernière section comprend les scops, *scops*, Sav., dont les oreilles sont à fleur de tête, les disques imparfaits, et qui ont des aigrettes analogues à celles des ducs et des hibous.

Les accipitres nocturnes offrent à l'observateur beaucoup d'autres particularités que celles qui constituent leurs caractères génériques. C'est parce que leur énorme pupille laisse entrer trop de rayons, qu'ils sont éblouis par le grand jour, et que la plupart des espèces ne voient bien qu'à l'aurore naissante ou au crépuscule tombant; mais s'ils n'ont que ces instans assez courts pour chasser quand les nuits sont très-obscures, il leur est plus facile alors de s'emparer des oiseaux et des petits mammifères, qui sont endormis ou prêts à l'être ; et le sens de l'ouïe, probablement renforcé par les grandes cavités de leur crâne en communication avec l'oreille, ajoute encore à ces moyens de découvrir leur proie. Le peu de force qu'a chez eux l'appareil du vol, et leurs plumes à barbes douces et finement duvetées, les mettent aussi à portée d'en approcher sans bruit, et de fondre sur elle à l'improviste. L'ampleur de leur gosier leur facilite également les moyens de tirer avantageusement parti du peu de temps qu'ils peuvent employer à la recherche de leur nourriture, tandis que les accipitres diurnes sont obligés de dépecer les animaux qu'ils ont capturés ; ceux-là, après leur avoir brisé le crâne, les avalent le plus souvent tout entiers, et rejettent, après la digestion des chairs, les os, les poils ou les plumes en pelotes arrondies. Ne se rassemblant que par paires, la manière dont ils chassent ne les met pas non plus dans le cas de perdre du temps à se disputer leur pâture qui, au défaut d'oiseaux et de petits mammifères, consiste en reptiles et en insectes.

Il y a des espèces, telles que les harfangs, les chouettes-éperviers, la petite chevêche, qui chassent même pendant le jour ; mais, en général, leur vue est offusquée par une lumière trop forte, et pendant que le soleil est sur l'horizon, ces oiseaux se retirent dans des trous d'arbres et de murailles. Quelquefois ils se tiennent blottis sur des branches, et alors les mésanges, les rouge-gorges, les pinsons, les geais, les merles, etc., viennent les assaillir ; c'est cette antipathie qui a donné naissance à la pipée, chasse qu'on ne peut faire avec succès qu'une heure avant la fin du jour, parce qu'au moment de sa chute les petits oiseaux, loin d'être attirés par l'imitation du cri de leur ennemi, s'efforcent de se soustraire à sa poursuite.

On a déjà vu que les accipitres nocturnes ont les deux mandibules mobiles comme celles des perroquets : cette conformation du bec les met à portée de menacer ceux qui les approchent, par un craquement qui résulte du froissement des mâchoires ; ils hérissent en même temps les plumes, étendent les ailes, et font divers mouvemens qui paroissent ridicules.

Il existe à leur égard des opinions populaires très-défavorables, et qui font méconnoître les services par eux rendus à l'agriculture, en détruisant les petits animaux rongeurs. Ces préjugés dérivent sans doute de l'impression que fait naître leur voix plaintive aux heures silencieuses où tous les êtres reposent; leurs cris lugubres, associés à l'idée des tombeaux, sont un sinistre présage pour le vulgaire lorsqu'ils se font entendre sur la maison d'un malade, à des parens attristés qui redoutent sa mort. Quoique cette superstition existe même chez des peuplades américaines, il paroît que dans la Floride et la Nouvelle-Géorgie, on regarde le hibou comme un signe de sagesse, puisque les prêtres s'en décorent; mais la faculté de pénétrer l'avenir peut également servir à l'explication de cet emblème pour un oiseau que les Grecs ont jadis consacré à Minerve.

Les fentes de rochers, les masures, les poutres des vieux édifices, sont les lieux où les oiseaux de nuit font le plus communément leurs nids, qu'on trouve aussi quelquefois dans des touffes d'herbes ou dans des trous que certaines espèces creusent elles-mêmes en terre. Les femelles y pondent de deux à quatre œufs, et les petits naissent couverts d'un duvet épais.

Si, comme on l'a déjà fait observer, l'état de la science ne permet pas de suivre, pour l'énumération des espèces nombreuses de la grande famille des chouettes, les méthodes qu'on a exposées plus haut, et où elles ne sont pas toutes rangées, cette circonstance fera éviter l'inconvénient d'étendre à des genres secondaires ou à des sous-genres, des dénominations spécifiques qui tirent leur origine d'idées fausses ou discordantes, telles que celle de *duc*, provenant de la supposition erronée que les cailles, au moment de leur départ, étoient conduites par des hiboux, et celle de *chat-huant*, qui associe des êtres de nature bien différente, par la raison qu'on a cru voir, dans la tête aplatie de l'oiseau et dans son regard, une sorte de ressemblance avec un mammifère.

§. Ier *Chouettes à aigrettes.*

Les espèces de cette section portent, en général, les noms de *hibous* ou de *ducs*. Nous possédons en France trois ducs, le grand, le moyen et le petit, auprès desquels on peut grouper les autres espèces ou variétés.

Grand Duc ; *Strix bubo*, Linn. Cet oiseau, qui est représenté en couleurs dans la planche 83.ᵉ de Frisch, dans la 435.ᵉ de Buffon, et la 23.ᵉ de Lewin, a, depuis l'extrémité du bec jusqu'à celle de la queue, vingt-deux pouces de longueur ; il a environ cinq pouces de vol, et ses ailes s'étendent jusqu'aux trois quarts de la queue, qui a dix pouces ; son bec, noir, est long de deux pouces ; sa prunelle est noire, l'iris d'un jaune de safran, et ses yeux sont entourés d'un cercle de plumes décomposées, dont la circonférence est d'un gris noirâtre. Sa grosse tête, les aigrettes qui la surmontent, et les parties supérieures de son corps sont ondées et variées de noir et d'un roux fauve ; sa gorge est blanchâtre ; la poitrine et le ventre présentent des taches longitudinales noires et des bandes transversales, brunes et fort étroites, en zigzags, sur un fond roussâtre ; les tarses sont couverts jusqu'aux ongles d'un duvet épais et de plumes jaunâtres ; la queue est composée de douze pennes égales. La femelle, dont la gorge n'est pas blanche, a les teintes plus claires.

Cette espèce, qui paroît susceptible de variations assez considérables pour la taille et pour les teintes, se trouve dans les différentes contrées de l'Europe, et on la rencontre dans plusieurs parties du globe ; mais, plus commune en Allemagne et en Russie, elle l'est moins en France et en Angleterre. Les rochers ou les vieilles tours abandonnées, les églises écartées, les vieux châteaux, les bois de montagnes, sont les lieux que recherche surtout le grand duc, qu'on ne voit guère dans les plaines, et qui se perche peu sur les arbres. Il supporte plus aisément la lumière que les autres oiseaux de nuit. Aussi part-il pour la chasse de meilleure heure, et rentre-t-il plus tard le matin. Les animaux qu'il cherche de préférence sont les souris, les mulots, les taupes, les lapins, les jeunes lièvres : on prétend même qu'il attaque les jeunes chevreuils. A défaut de cette proie, il se jette sur les chauve-souris, les serpens, les lézards, les crapauds, les gros insectes. Frisch, qui en a nourri en captivité, et qui leur donnoit à manger des poissons, a observé qu'avant de les avaler ils leur brisoient les arêtes, comme ils ont soin de rompre les os des mammifères, et qu'après quelques heures ils rejetoient par le bec, et en pelotons, les arêtes non digérées, ainsi que cela s'opère pour les os et les poils des animaux. Ces oiseaux refusoient constamment de boire ; mais il n'en faut pas conclure qu'en liberté ils ne boivent pas du tout, car on a vu plusieurs oiseaux de proie diurnes boire en se cachant, lorsqu'ils trouvent l'occasion de satisfaire un besoin que leur genre de vie rend d'ailleurs peu fréquent.

Il paroît que la grosse corpulence de ces oiseaux ne nuit pas à leur légèreté ni au développement de leurs forces; car à l'heure du crépuscule ils s'élèvent assez haut, et soutiennent avec avantage le choc de nombreuses troupes de corneilles, qu'ils dispersent, et parmi lesquelles ils font même des captures; il leur arrive aussi fort souvent de se battre avec les buses, et de leur enlever leur proie. Dans les autres heures du jour, le grand duc vole plus bas, et même à fleur de terre.

Cet oiseau servoit dans la fauconnerie pour faire la chasse au milan. Afin de rendre sa figure encore plus extraordinaire, on lui attachoit une queue de renard; et, lorsqu'il se posoit dans la campagne, le milan, qui l'avoit aperçu, venoit se poser auprès de lui pour satisfaire sa curiosité, et donnoit ainsi au chasseur le temps de s'approcher assez pour le tirer. Par un procédé de la même nature, les faisandiers, qui s'étoient procuré un grand duc, plaçoient sa cage sur des juchoirs, dans un lieu découvert où les corneilles se réunissoient, et où on les tiroit avec facilité; en employant la sarbacane au lieu du fusil, pour ne pas effrayer les faisans.

C'est, en général, dans les cavernes de rochers et dans les trous de vieilles murailles, que le grand duc fait son nid, composé de petites branches de bois sec, entrelacées de racines souples, et garni de feuilles en dedans. Ce nid, qui a environ trois pieds de diamètre, ne contient que deux à trois œufs arrondis, d'un blanc grisâtre, et plus gros que ceux de poule. Les petits sont très-voraces, et leur nid regorge de provisions.

Le cri du grand duc, qui exprime *huihou*, *houhou*, *pouhou*, est très-fort. Quand l'oiseau a faim, ce cri est assez lent; mais lorsqu'il est agité par la peur, il est plus précipité, et ressemble à celui des oiseaux de proie diurnes.

- Les espèces ou variétés qui paroissent se rapprocher du grand duc par leur taille et leur plumage, sont:

Le GRAND DUC D'ITALIE, de Brisson, ou GRAND DUC D'ATHÈNES, figuré dans Aldrovande, p. 510, dans les Glanures d'Edwards, pl. 227, et dans Seligmann, t. 7, pl. 6, lequel n'en diffère que par un plumage plus foncé et par ses pieds plus courts et plus effilés.

Le GRAND DUC DE LAPONIE, *Strix scandiaca*, Gmel. et Retz., dont le corps est blanc, avec des taches noires, et qui, semblable au harfang, à l'exception de ses aigrettes, est probablement une variété produite par le climat, laquelle, d'ailleurs, n'est connue que par une figure de Rudbeck.

Le GRAND DUC D'AFRIQUE, *Bubo capensis*, Daud., dont M. Levaillant a donné une excellente figure, pl. 40 de son Ornithologie, et dont le corps est seulement un peu plus petit et plus ramassé.

Le GRAND DUC DE VIRGINIE, *Strix virginiana*, Gmel.; Edw.; pl. 60; Seligmann, t. 3, pl. 15, et qu'Ellis appelle *hibou couronné*, dans son Voyage à la baie d'Hudson, tom. 1, pag. 55. M. Vieillot, qui a figuré ce hibou pl. 19 de son Histoire des Oiseaux de l'Amérique septentrionale, le donne comme une espèce particulière sous le nom de *hibou des pins*, et le décrit comme ayant dix-huit pouces de longueur, les plumes de la collerette noires et rousses à leur base, la cravate blanche, le cou varié de roux et de blanc; des raies transversales, étroites et noirâtres, sur les parties inférieures du corps, qui offrent, d'ailleurs, un mélange de roussâtre et de blanc; le dessus du corps parsemé de taches et de points noirâtres, et les pennes des ailes et de la queue rayées en-dessous de bandes noires, transversales.

Le GRAND HIBOU D'AMÉRIQUE, *Bubo magellanicus*, Gmel., *Var.*, et pl. enl. de Buffon, 385, sous le nom de hibou des terres magellaniques, qui paroît être le même que le *jacurutu* de Marcgrave, *Hist. Nat. Bras.*, et le *nacarutu* de M. d'Azara, n.° 42. Cet oiseau habite les grands bois, et se perche habituellement sur les branches du milieu des arbres les plus élevés et les plus touffus des forêts, sur la cime desquels il fait son nid. Ses petits, au nombre de deux, prennent la livrée des adultes aussitôt qu'ils ont perdu leur premier duvet. La longueur totale de cet oiseau est de dix-sept pouces; ses aigrettes, qu'il abaisse à volonté, ont trente lignes de hauteur; les parties supérieures de son corps ont des raies en zigzags, avec des points d'un roux clair, sur un fond brun, et les parties inférieures sont rayées transversalement de brun et de blanc.

Le Grand Duc de la Louisiane, *Bubo ludovicïanus*, Daud., que Mauduyt a décrit dans l'Encyclopédie méthodique, et dont le plumage est moins sombre que dans le nôtre, mais qui, d'ailleurs, n'en diffère que par une taille un peu inférieure.

Le Grand Duc de Ceylan, *Strix ceylonensis*, Gmel., représenté dans les *Illustr.* de Brown, pl. 4, sous le nom de grand hibou à aigrettes de Ceylan, a un pied onze pouces anglois de longueur; ses aigrettes sont courtes, droites et pointues; les parties supérieures d'un brun pâle, rougeàtre, et rayées de noir; les parties inférieures d'un blanc jaunâtre, avec des raies pareilles; les pennes des ailes et de la queue rayées de noir, de blanc et de rouge pâle. Ce qui sembleroit le plus éloigner cette espèce du grand duc, malgré sa taille élevée, c'est la circonstance que ses tarses sont nus jusqu'aux genoux, ainsi qu'à l'espèce, bien plus petite, qui est connue sous le nom de hibou nudipède.

Le Hibou a gros bec. M. Vieillot décrit sous ce nom, *strix crassirostris*, un hibou d'environ dix-huit pouces de longueur, qui existe au Muséum d'Histoire naturelle de Paris, et dont le bec, très-gros et très-fort, est d'un brun noirâtre. Ses aigrettes sont noires, sa collerette grisâtre, avec une bordure noire; son plumage blanchàtre est parsemé d'une grande quantité de raies transversales, brunes; les doigts sont velus. Le pays natal de cet oiseau n'est pas indiqué.

Hibou commun ou Moyen Duc; *Strix otus*, Linn.; Frisch, pl. 99; *Brit. zool.*, tab. B 4, f. 1. Cette espèce, assez commune en France, a treize à quatorze pouces de longueur depuis le sommet de la tête jusqu'au bout de la queue, dont les ailes excèdent un peu l'extrémité, et trois pieds d'envergure. Son bec est long de treize lignes; les plumes décomposées qui retombent dessus sont roides, blanches et terminées de noir. Les yeux, dont l'iris est d'un beau jaune, sont entourés d'un cercle de plumes frisées, blanchâtres, avec l'extrémité brune; celles qui forment le contour extérieur des oreilles sont noirâtres à leur origine, et leur bout est varié par de très-petites taches d'un brun roux et blanchâtre. Les aigrettes sont composées de six plumes droites, d'un brun noirâtre, fauves à la bordure extérieure, et plus pâles à leur frange intérieure, avec de petites taches noires. Il est probable que le nombre de ces plumes varie, car Lewin en a trouvé neuf, et M. Temminck dix. La tête, le cou et le dos sont variés de brun, de blanchâtre et de roussâtre; la poitrine et le ventre sont fauves, avec des taches longitudinales brunes, dont les inférieures forment des sortes de tiges branchues qui se détachent sur un fond blanc, et sont accompagnées de petites raies brunâtres en zigzags. D'autres raies transversales de la même couleur, mais régulières et plus larges sur les pennes des ailes que sur celles de la queue, en tranchent la couleur fauve. Les tarses et les doigts sont couverts d'un duvet roux; son bec et ses ongles sont noirâtres. Le plumage de la femelle a moins de roux que celui du mâle, et le fond en est d'un gris blanc; elle a sur la gorge une place entièrement blanche. Les jeunes sont d'un roux blanchâtre avant leur mue; la queue et les ailes sont grises, avec un grand nombre de points bruns, et sept ou huit bandes transversales d'un brun foncé; la face est d'un brun noirâtre. C'est vraisemblablement sur un individu encore dans cet état qu'a été faite la planche enluminée de Buffon, n.° 29, où les oreilles, à peine visibles, sont encore présentées d'une manière d'autant plus défectueuse qu'elles sont, dans cette espèce, longues comme la moitié de la tête.

Cet oiseau, fort commun en France, où il passe toute l'année, se trouve aussi en Angleterre, en Allemagne, en Suède: il habite ordinairement dans les forêts, dans les cavernes des rochers, dans les maisons ruinées, où il fait entendre pendant la nuit un gémissement plaintif *clow*, *cloud*, qu'il prononce lentement, et d'un ton grave. Sa nourriture consiste en mulots, souris, rats, taupes, et en insectes à élytres. Il fait son nid dans les creux d'arbres, et souvent il s'empare de ceux que les buses et les pies ont abandonnés; il y pond quatre ou cinq œufs blancs, presque ronds, et qui sont figurés par Lewin avec une teinte jaunâtre, planche 6.°, n.° 1 du premier volume de ses Oiseaux de la Grande-Bretagne. Les petits, blancs au moment de leur naissance, prennent des couleurs au bout de quinze jours: lorsqu'on veut les élever, il faut les retirer du nid encore jeunes, car plus tard ils refusent toute espèce de nourriture.

Les hiboux ont l'habitude de faire des gestes bizarres, que les anciens caractérisoient de satiriques, *motus satiricos*, et Buffon a relevé, à ce sujet, l'erreur des anatomistes de l'Académie des sciences, qui avoient attribué à la demoiselle de Numidie, *ardea virgo*, les noms de bateleur et de bouffon, qu'Aristote donnoit aux hiboux, et qui pouvoient appartenir également à d'autres oiseaux de nuit, vu que les gestes dont il s'agit se réduisent à une contenance étonnée, à de fréquens tournoiemens de cou, à des mouvemens de tête en haut et en bas, à des craquemens de bec, à des trépidations de jambes, et à des mouvemens de pieds dont ils portent un doigt tantôt en arrière, tantôt en avant.

Après le hibou à cravate blanche, *otus albicollis*, Daud., qui n'est véritablement qu'une variété de notre hibou, voici ceux qui, par la taille ou par d'autres considérations, se rapprochent plus ou moins de lui.

Le Hibou brachiote, *Strix brachyotos* et *Strix ulula*, Gmel.; duc à courtes oreilles, de Sonnini, et chouette ou moyen duc à huppes courtes, Cuv., représenté en couleurs dans Frisch, pl. 100; dans la Zoologie Britannique, tab. B, iv, f. 2, dans les pl. enl. de Buffon, n.° 438, et dans Lewin, n.° 25, sous le nom de hibou des bois. Cet oiseau, qui a treize pouces de longueur, ne porte pas d'aigrettes très-sensibles. Suivant Linnæus et Buffon, ces aigrettes ne consistent même qu'en une seule plume; et quoique, suivant Retzius et M. Temminck, il y en ait deux ou trois de chaque côté, on ne peut les remarquer quand l'animal est mort ou dans un état tranquille; la crainte seule le porte à les relever. Cette circonstance, jointe à la petitesse relative de sa tête, a déterminé plusieurs auteurs à ranger ce hibou parmi les chouettes dépourvues d'aigrettes, et elle a été la cause des doubles emplois, qui l'ont fait nommer tantôt *strix ulula*, tantôt *strix brachyotos*. Les plumes rayonnantes qui entourent ses yeux, sont noires à leur naissance, ensuite blanches, et marquées à la circonférence de petits points noirs, bruns et jaunes. La tête et les parties supérieures et inférieures du corps offrent des taches longitudinales noires sur un fond de jaune d'ocre. Les ailes, qui excèdent la queue, sont blanches en-dessous, avec trois ou quatres bandes brunes; la queue, d'un jaune plus pâle, a quatre ou cinq de ces bandes, et sa bordure est blanche. Les jambes sont emplumées jusqu'à l'origine des doigts; le bec et les ongles sont noirs. La femelle a des taches blanches sur les plumes scapulaires et les couvertures des ailes; leurs pennes secondaires sont terminées de blanc, et leur plumage est, en général, moins foncé : les jeunes ont la face noirâtre.

Cette espèce, très-rare en France, arrive, aux mois de septembre et d'octobre, en Hollande et en Angleterre, où elle est assez commune. Elle en part au printemps pour se rendre dans le nord de l'Europe, où, suivant M. Temminck, elle niche à terre, sur quelque éminence, et dans les marais, au milieu des hautes herbes. Pendant le jour elle reste cachée dans les bois, et le soir elle cherche sa proie, qui consiste en souris, petits oiseaux et insectes. Il paroit que cet oiseau se trouve en Amérique, et même aux îles Sandwich, dans la mer Pacifique.

Le Hibou a aigrettes couchées, *Strix griseata*, Lath. Cet oiseau de la Guiane, dont M. Levaillant a donné la description, pag. 114, et la figure, pl. 43 de son Ornithologie d'Afrique, sous le nom de chouette à aigrettes blanches, a paru à M. Cuvier ne différer des ducs qu'en ce que les aigrettes, longues et flexibles, sont placées plus en arrière, et se relèvent plus difficilement. Il est de la taille de notre moyen duc. Ses ailes en repos atteignent le milieu de la queue, dont le bout est arrondi. Les parties supérieures sont d'un brun roux, imperceptiblement rayé d'un brun plus sombre, avec des taches blanches répandues sur quelques-unes des couvertures des ailes, sur les scapulaires et sur les barbes extérieures des premières pennes des ailes et de la queue. Le dessous du corps est d'un blanc roussâtre, avec des raies brunes très-fines. Les tarses sont emplumés jusqu'aux premières articulations des doigts; les ongles sont bruns, et le bec jaune. Cette espèce est fort rare.

Le Hibou ascalaphe, ou Hibou d'Egypte, *Bubo ascalaphus*; Sav., Syst., pag. 50, et pl. 3, fig. 2 du grand ouvrage sur l'Egypte. Cette espèce, que l'on a trouvée en Ecosse, d'où elle a été envoyée à Pennant, et qui est figurée dans la Zoologie Britannique, tab. B, III, est plus grande d'un quart que le hibou commun. Ses aigrettes sont courtes et formées d'un grand nombre de plumes; les parties supérieures du corps sont fauves, avec des taches brunes et vermiculées; les parties inférieures sont rayées en travers de lignes étroites.

Le Hibou du Mexique : *Strix mexicana* et *americana*, Gmel.; *Asio mexicanus* et *americanus*, Briss.; hibou criard, Vieill.,

Histoire des Oiseaux de l'Am. septentr., pl. 20. Cet oiseau, qui est le *feliceps americanus* de Barrére, le *tecolotl* des Mexicains, l'*amiskoho* des habitans de la baie d'Hudson, le *canot* des Canadiens, le *houhou* des colons de Saint-Domingue, est de la taille de notre moyen duc; il a les aigrettes noirâtres, la face blanchâtre, avec les plumes de la collerette noires; un faisceau de plumes, dont la tige est noire, et qui sont mêlées de roux et de blanc sur la gorge; le dessus de la tête mélangé de brun et de noir; le cou et le dos rayés longitudinalement de noir sur un fond jaunâtre; des zigzags et des taches irrégulières sur les couvertures des ailes; des bandes noires transversales sur les pennes des ailes et de la queue, dont le fond est d'une couleur ferrugineuse; des crénelures sur une des pennes de l'aile et sur la moitié d'une autre; les parties inférieures mélangées de roux, de blanc et de noir; les tarses et les doigts couverts d'un duvet roussâtre; le bec et les ongles noirs. La femelle, qui est le hibou d'Amérique de Brisson, a les parties supérieures d'un brun cendré, et les inférieures ferrugineuses et tachetées.

Le Hibou taché, *Strix maculata*, Vieill. Cette espèce, dont M. d'Azara donne la description, n.° 44, sous le nom de *nacurutu taché*, a quatorze pouces de longueur, et plus de trois pieds de vol. Les aigrettes sont noires en dedans, et blanches en dehors; du bas de l'œil part de chaque côté une bandelette noire et large de deux lignes, qui, revenant par-dessus l'œil, và se joindre avec celle du côté opposé par une sorte de marbrure noire et rousse. Les plumes du dessus de la tête sont noires au milieu et fauves à leur bord; celles des parties supérieures sont noirâtres, avec le centre et les bordures d'un blanc jaunâtre, chargé de lignes et de points bruns; le menton est très blanc; la gorge, la poitrine et les côtés du corps sont variés de taches longues et noires, et d'un peu de jaune pâle sur un fond blanc; le ventre est de cette dernière couleur; les tarses sont roussâtres, et le bec noir.

Le Hibou moucheté, *Strix maculosa*, Vieill. Cette espèce, qui est au Muséum d'Histoire naturelle de Paris, où elle a été apportée du cap de Bonne-Espérance par M. Péron, est à peu près de la taille du chat-huant. Les parties supérieures du corps sont mouchetées de brun et de blanc; les aigrettes sont larges; les parties inférieures sont rayées transversalement d'un brun noir sur un fond blanc ; la queue est traversée de sept bandes alternativement brunes et blanches ; le bas-ventre, les couvertures inférieures de la queue et les tarses sont blancs. Ses œufs sont presque de la grosseur de ceux des poules, et ils sont entièrement blancs.

Le Hibou de la Chine, *Strix sinensis*, Daud. et Lath. Cet oiseau, différent du grand duc de Chine, variété de notre grand duc indiquée par Mauduyt, est de la taille du hibou commun. Sonnerat le décrit, pag. 185 du 2.e tome de son Voyage aux Indes orientales, comme ayant le dessus de la tête, le derrière du cou, le dos, le croupion, la queue et les couvertures des ailes d'un brun roussâtre, avec de petites lignes noires ondulées, quatre bandes transversales aux pennes moyennes, et des taches d'un blanc roussâtre aux plus grandes ; les plumes du front blanches, le devant de la tête et la gorge d'un roux clair ; une bande noire, longitudinale, et s'élargissant à son extrémité sur chacune des plumes de cette dernière partie ; la poitrine, le ventre et les cuisses d'un roux plus foncé, avec une bande noire longitudinale, qui est coupée transversalement par d'autres bandes blanches ; le bec et les pieds noirs.

Le Hibou de Coromandel, *Strix coromanda*, Daud. et Lath. Espèce d'un tiers moins forte que la précédente, dont on doit la connoissance au même voyageur, qui l'a appelée petit hibou de la côte de Coromandel, et dont les parties supérieures sont d'un gris fauve avec des taches d'un blanc roussâtre sur le bord extérieur de chaque plume ; des bandes transversales de cette dernière couleur sur les pennes moyennes des ailes, et des taches rondes sur le bord extérieur des grandes ; trois bandes transversales d'un blanc roussâtre sur les pennes de la queue ; les parties inférieures rougeâtres et coupées par des bandes transversales noires et demi-circulaires ; les pieds garnis de plumes de la même couleur, jusqu'au bout des doigts ; le bec et les ongles noirs.

Stedman parle, tom. 3, pag. 32 de son Voyage à Surinam, d'un oiseau de nuit, qu'on nomme à la Guiane *ourou-coucou*, d'après son cri ; mais ce qu'il en dit de particulier apprend seulement qu'il porte des aigrettes, et que son plumage est d'un brun clair, à l'exception de la gorge et du ventre, qui sont blancs et entremêlés de quelques taches grises. Il ajoute, sur les mœurs de l'oiseau, qu'il entre dans les maisons où il y a des malades, et où il est peut-être attiré par la lumière qu'on y conserve pendant la nuit ; mais ces détails sont insuffisans pour faire reconnoître l'espèce dont on ne fait ici mention qu'à raison de sa taille, que l'auteur compare à celle du pigeon.

Hibou scops ou Petit Duc, *Strix scops*, Linn., pl. enl. de Buff. 436. Cet oiseau, long d'environ sept pouces, a les ailes aussi étendues que la queue. Son plumage, qui a de la ressemblance avec celui du torcol, offre un mélange agréable de gris, de roux, de brun et de noirâtre, le brun dominant dans les parties supérieures, et le gris dans les parties inférieures. Des raies longitudinales noires y sont traversées par des lignes brunes, vermiculées, et l'on remarque une suite de taches blanchâtres aux scapulaires. Les pieds sont couverts jusqu'à l'origine des doigts de plumes d'un gris roussâtre, mêlées de taches brunes ; le bec et les doigts sont bruns. Quoique ses aigrettes soient composées de six à huit plumes, Linnæus et, d'après lui, Retzius, ne leur en ont supposé qu'une seule. Cette erreur assez singulière, et qui provient sans doute du mauvais état du sujet qui a servi à la première description, plutôt que de la brièveté de ces plumes, assez longues pour être distinguées même dans l'oiseau mort, a vraisemblablement occasioné des erreurs sur les désignations d'individus présentés comme espèces particulières, quoiqu'ils diffèrent trop peu du petit duc pour ne pas lui être associés. Tels sont le *strix carniolica* de Scopoli, le *strix pulchella*, ou hibou gentil, de Pallas, le *strix deminuta*, ou hibou nain du même auteur, le *strix zonca* de Cetti ; et ce dernier oiseau fournit l'occasion de remarquer avec quelle facilité les erreurs de nomenclature se propagent. Tous les auteurs qui font mention de ce scops citent, pour première et seule autorité, l'Histoire des Oiseaux de Sardaigne, par Cetti, pag. 60 ; et quoique, dans cette page et les trois suivantes, le *zonca* soit nommé au moins douze fois ; quoique l'auteur y avoue que la principale différence, par lui remarquée entre cet oiseau et le scops, consiste dans le nombre des plumes de ses aigrettes, non-seulement Gmelin, Latham, Daùdin, Sonnini, ont uniformément présenté l'oiseau de Sardaigne comme une espèce particulière ; mais ils l'ont tous appelé *zorca*, et le nom véritable et primitif a disparu.

Le scops se trouve dans presque toutes les contrées de l'Europe, et même de l'ancien continent, mais partout peu commun; il est très-rare en Hollande, et il paroît même ne pas exister en Angleterre. Les mulots, les souris, les scarabées, les phalènes sont sa principale nourriture. Il niche dans des trous d'arbres, et y pond deux ou quatre œufs blancs et arrondis. Il ne paroît pas avoir plus l'habitude des voyages que les autres espèces de la même famille; et, quoique l'abondance des petits quadrupèdes ait pu donner accidentellement lieu à des réunions dans certains endroits, il est même douteux que ce soit un oiseau erratique.

Les hiboux de taille plus petite que celle du moyen duc, et dont la description a paru devoir être plutôt rapprochée du scops, sont :

Le Hibou bakkamuna, *Strix indica*, Gmel., et *Strix bakkamuna*, Lath. Il se trouve à Ceylan, où il est peu commun, et Forster l'a décrit et figuré dans sa Zoologie indienne, pag. 13, et tab. 3 de l'édition de 1795. Cet oiseau, dont la longueur est de six à sept pouces, a les aigrettes très-fournies, et d'un roux rembruni; la face est d'un cendré pâle, et la collerette est bordée de noir; la tête et le dos sont d'un brun noirâtre, avec des points d'un roux clair; les couvertures des ailes grises, avec quelques lignes étroites, noires; les pennes ont des barres alternatives noires et blanches; la poitrine est rousse, avec des taches noires, sagittées; les tarses sont à demi-nus.

Le Hibou asio, *Strix asio*, Gmel. et Lath. Cette espèce, figurée tom. 1, planche 7, de l'Histoire naturelle de la Caroline, de Catesby; tom. 2, pl. 11, n.° 117, de la Zoologie arctique de Pennant, 1.ʳᵉ édit., et tom. 1, pl. 21, de l'Histoire des Oiseaux de l'Amérique septentrionale, par M. Vieillot, a huit à neuf pouces de longueur. C'est le scops de la Caroline, de Virey, dans l'édition de Buffon donnée par Sonnini. On le trouve dans les Etats-Unis et même dans le Groënland, où il est connu sous le nom de *sintitok*, ainsi qu'à la baie d'Hudson, où il est appelé *cob-a-dee-cooch*. La face de ce hibou offre un mélange de roux, de noir et de blanc; les parties supérieures sont variées de noir sur un fond roux; la poitrine est brune, avec des raies et des taches blanches, comme on en voit aussi sur les ailes; le haut de la gorge et le ventre sont blancs; les tarses et les doigts sont couverts de plumes rousses en-devant, et d'un blanc sale par-derrière ; le bec et les ongles sont de couleur de corne.

Ces hiboux, dont les forêts sont la demeure dans le printemps, fréquentent en hiver les maisons rurales de la Pensylvanie et de la Nouvelle-Yorck, et ils purgent les granges de rats et de souris ; leurs yeux sont tellement éblouis par la clarté du jour, qu'ils se laissent alors saisir avec la main. Le mâle et la femelle, qui restent appariés pendant toute l'année, font, dans les arbres creux, un nid où la femelle pond quatre œufs blancs.

Le HIBOU CHOLIBA. *Strix choliba*, Vieill. Cet oiseau, décrit par M. d'Azara sous le n.° 48 de son Ornithologie du Paraguay, a un peu plus de huit pouces de longueur. Ce qu'il offre de plus remarquable dans son plumage, c'est une grande tache noire, en forme de croissant, qui, s'étendant depuis la base des aigrettes jusqu'au bas de l'angle de l'ouverture du bec, couvre les oreilles ; et sur les scapulaires, une rangée de plumes blanches, terminées de noir. Les plumes des autres parties de son corps ont, en général, le centre noirâtre, et le reste pointillé de brun clair. Le bec, d'un bleu pâle, est jaunâtre à son extrémité. Au reste, M. d'Azara a observé peu de régularité dans le plumage des divers individus qu'il a eus en sa possession.

Ce hibou paroît avoir de grands rapports avec le précédent, soit par sa taille et son habitude de vivre dans les maisons, soit par l'extrême sensibilité de sa vue et la facilité avec laquelle on s'en empare le jour. Il pond deux ou trois œufs blancs et sphéroïdaux, dans des trous d'arbres, sans y faire de nid.

Le HIBOU RAYÉ, *Strix lineata*, Vieill., est presque aussi long que le hibou asio, mais moins gros. Ses aigrettes sont très-fournies de plumes ; la face est rousse, avec des points noirs ; le dessus de la tête et le manteau sont traversés de bandes étroites et serrées, jaunâtres, noires et d'un blanc terne ; les mêmes raies se retrouvent sur le devant du cou, la gorge et la poitrine, dont le fond est d'un blanc ferrugineux ; le ventre est d'un blanc sale, avec des taches oblongues, de couleur brune ; les ailes et la queue sont de cette dernière couleur, avec des ondulations d'un roux très-foible. Le duvet qui couvre les tarses et les pieds est fauve ; le bec est jaunâtre, et les pieds de couleur de corne.

Hibou cabure, *Strix brasiliensis*, Gmel., et Duc cabure, Buff. Marcgrave a décrit, pag. 212 de son Histoire naturelle du Brésil, ce hibou comme étant de la grosseur d'une litorne, *turdela*, et ayant les parties supérieures du corps brunes, avec de petites taches blanches sur la tête et le cou, et de plus grandes, de la même couleur, sur les ailes, qui n'atteignoient que l'origine de la queue ; la poitrine et le ventre d'un gris blanchâtre, avec des taches brunâtres ; enfin, des aigrettes mobiles aux deux côtés de la tête. Marcgrave ajoute que cet oiseau s'apprivoise aisément, qu'il fait des bouffonneries, des craquemens de bec, et qu'il vit de chair crue. D'après cette description, le cabure se rapprochoit évidemment du scops, ou petit duc d'Europe ; mais l'identité paroît encore plus positive avec l'espèce que M. d'Azara a décrite sous le n.º 49 de ses Oiseaux du Paraguay, et à laquelle les Guaranis donnent le même nom de *cabure*, avec la seule addition d'un accent aigu, qu'on n'a pas cru devoir mettre sur l'*e* dans l'ouvrage latin de Marcgrave, et que par suite on aura négligé dans la version française de cet article. Cependant, Sonnini, dans une note de sa traduction du livre espagnol de M. d'Azara, s'étaie, pour regarder l'oiseau comme une chouette d'espèce nouvelle, 1.º sur ce que le caburé seroit beaucoup plus grand que la litorne, tandis qu'il n'a qu'environ six pouces ; 2.º sur ce qu'il seroit privé des aigrettes dont l'oiseau de Marcgrave étoit pourvu, lorsque M. d'Azara dit lui-même qu'en relevant les plumes un peu hérissées de la tête du sien, il a clairement reconnu ces aigrettes, que d'abord il n'avoit pas distinguées ; 3.º sur ce que Marcgrave dépeint le caburé comme d'un naturel porté à la familiarité, tandis que ceux qui ont été élevés par M. d'Azara lui ont paru fort irascibles. On sent aisément la nullité ou la foiblesse de ces considérations, et le caburé ne pouvant être tout à la fois un hibou à aigrettes, et une chouette non aigrettée, tout porte à croire qu'il y a double emploi dans la désignation de la chouette caburé, *strix ferox*, Vieill., après l'admission du duc. Les particularités que M. d'Azara fait connoître sur l'oiseau vraisem-blablement unique dont il s'agit, sont toutefois assez intéres-santes pour les indiquer ici.

Les caburés habitent les grandes forêts ; ils se perchent vers le bas des arbres, et de préférence sur les branches cassées oupeu feuillées. Leur ponte, qui a lieu en novembre, est de deux œufs, qu'ils déposent dans de vieux arbres, sans apparence de nid. Les habitans du Paraguay affirment que les caburés ont le courage de se fourrer sous les ailes de tous les oiseaux, sans en excepter les yacus et les caracaras, de s'y attacher, de leur dévorer le côté, et de les mettre à mort. M. d'Azara regarde, en effet, le caburé comme un des oiseaux les plus vigoureux, en raison de sa taille.

Le HIBOU A FRONT BLANC, *Strix albifrons*, Lath. Cet oiseau, trouvé au Canada, et dont Schaw a donné une assez bonne figure, tom. 5, p. 171 de ses Mélanges d'histoire naturelle, est de la taille de notre petit duc ; outre le front qui est entièrement blanc, les plumes de la face sont frangées de la même couleur ; la tête et le dessus du corps sont bruns, et le dessous d'un jaune fauve, avec des bandes transversales brunes sur la poitrine, et des taches blanches sous les ailes, qui en-dessus sont rayées de noir et de blanc.

Le HIBOU NUDIPÈDE, *Strix psilopoda*, que M. Vieillot a représenté, pl. 22 de son Histoire naturelle des Oiseaux de l'Amérique septentrionale, sous la dénomination de *bubo nudipes*. Cette espèce, de huit pouces trois lignes de longueur, habite les grandes îles Antilles. Les parties supérieures sont brunes, avec des taches blanches et des raies noires. Les pennes alaires ont la bordure extérieure d'un roux clair, et l'on remarque des bandes d'un brun pâle sur les plumes caudales. La gorge et la poitrine sont d'un brun foncé, avec des lignes transversales et des points roux ; le ventre, d'un gris blanc, est rayé de noirâtre. Les pieds et les doigts, dénués de plumes, sont jaunâtres, ainsi que les ongles. Voyez CHOUETTE NUDIPÈDE.

§. II. *Chouettes sans aigrettes, à queue médiocre et égale,*
ou Chouettes proprement dites.

CHOUETTE HARFANG, *Strix nyctea*, Linn., pl. enl. de Buffon, n.° 458, et d'Edwards, Hist., n.° 61. M. Vieillot a représenté un jeune dans la planche 18 de son Hist. nat. des Oiseaux de l'Am. sept. Cet oiseau, de la taille du grand duc, mais dont la tête est bien plus petite, a environ deux pieds de longueur, et ses ailes, dont les quatre premières pennes sont crénelées en scie, n'excèdent pas la moitié de la queue. Les jeunes sont d'un plumage obscur, avec des raies sur la tête et le dos; les adultes offrent un blanc de neige plus ou moins bigarré de taches noires, et les vieux sont entièrement blancs; le bec, presque entièrement caché par les plumes décomposées qui l'environnent, est noir; les pieds sont emplumés jusqu'aux ongles.

Le harfang habite les contrées les plus septentrionales de l'Europe et de l'Amérique; on ne le trouve guère en-deçà de la Suède. A la baie d'Hudson, où il demeure pendant toute l'année, il chasse en plein jour les lagopèdes, qui, avec les tétras, les lièvres, les rats, les souris, forment sa nourriture habituelle. Il niche sur les rochers escarpés, ou sur les vieux pins des régions glaciales. Sa ponte consiste en deux œufs blancs, marqués de taches noires. Les Kalmouks tirent des présages du vol de ces oiseaux, dont ils protégent l'existence.

Quoique M. Levaillant présente la chouette blanche, figurée pl. 45 de son Ornithologie d'Afrique, comme une espèce particulière, et qu'il fasse observer que les ailes de cette chouette excèdent la queue, tandis que celle-ci est beaucoup plus longue dans le harfang, qui d'ailleurs a la tête plus petite et la taille plus élancée, MM. Temminck et Cuvier regardent cet oiseau comme un vieux harfang, mal empaillé. N'y auroit-il pas lieu au même rapprochement pour la chouette wapacuthu, *strix wapacuthu*, Gmel. et Lath., qui se trouve à la baie d'Hudson, et que M. Vieillot a décrite tom. 1, p. 47 de ses Oiseaux de l'Amérique septentrionale, comme ayant vingt-deux pouces environ de longueur, les joues et la gorge d'un beau blanc, l'extrémité des plumes de la tête noire; les scapulaires et les couvertures des ailes blanches, avec des lignes transversales et des taches rougeâtres; les pennes des ailes et de la queue marquées irrégulièrement de noir et de rouge pâle; les parties inférieures d'un blanc sale, avec des lignes pareilles à celles des scapulaires; les pieds et les doigts couverts d'un duvet blanc? Les seuls motifs sur lesquels M. Vieillot se fonde pour regarder le wapacuthu comme une espèce distincte du harfang, sont qu'il n'émigre point; qu'il place son nid à terre dans un tas de mousse; que, suivant Hutchins, la ponte de la femelle seroit de cinq à dix œufs, et que les petits portent une robe blanchâtre, tandis que ceux du harfang ont le plumage brun.

GRANDE CHOUETTE GRISE DE SUÈDE, *Strix liturata*, Retzius.

L'auteur suédois décrit cet oiseau comme étant de la taille du harfang, et ayant les plumes qui forment le cercle dont les yeux sont entourés, d'un blanc sale, avec les franges mélangées de blanc, de brun et de noir ; la tête d'un blanc brunâtre, avec une ligne brune partant de la base de la mandibule supérieure ; le dos et le manteau mouchetés de blanc, sur un fond gris ; les parties inférieures rayées longitudinalement de noir, sur un fond blanc ; les plumes anales et les jambes blanches ; la queue plus longue que les ailes, et tachetée de gris et de blanc. Cet oiseau habite les montagnes de la Suède.

Retzius indique la chouette nébuleuse, ou du Canada, *strix nebulosa* de Gmelin et de Latham, comme lui paroissant être la même espèce, et M. Temminck n'élève pas de doutes à cet égard ; mais M. Cuvier donne positivement la chouette du Canada comme espèce distincte, cette chouette, d'une taille un peu moindre que la précédente, ayant le cou et la poitrine barrés en travers, et non longitudinalement, de brun et de blanchâtre, le dos brun à taches blanchâtres, et le ventre blanchâtre à mèches brunes. C'est la même espèce que M. Vieillot a décrite et figurée, tom. 1, pag. 45, et pl. 17 de ses Oiseaux d'Amérique. La baie d'Hudson est son pays natal ; mais elle le quitte à l'automne pour se retirer dans la Pensylvanie, et sous un climat moins rigoureux, où elle fait la chasse aux lapins et aux perdrix. De retour à la baie d'Hudson, elle y construit sur les arbres, au mois de mars, un nid composé, en dehors, de tiges d'herbes et de petites branches sèches, et en dedans, de plumes et de substances duveteuses ; elle y pond deux à quatre œufs blancs.

Chouette cendrée, *Strix cinerea*, Gmel. M. Vieillot a décrit, sous le nom de chouette bariolée, dans ses Oiseaux d'Amérique, tom. 1, pag. 48, cet oiseau qui se trouve à la Terre de Labrador, où il est appelé par les naturels *omissew athinetou* ; il a dix-huit pouces de longueur. Les parties supérieures du corps offrent un mélange de cendré et de noirâtre ; la poitrine et le ventre présentent de grandes taches d'un brun sombre, dispersées sur un fond blanchâtre ; des bandes cendrées s'étendent en travers sur les ailes, et, d'après la manière dont les couleurs sont fondues ensemble, l'oiseau paroit, au premier aspect, totalement fuligineux. Latham, qui a trouvé sur l'un des deux

individus d'après lesquels il a fait sa description, une bande
étroite, dénuée de plumes, s'étendant depuis la poitrine jusqu'à
l'anus, a tiré de cette circonstance une induction pour désigner
les sexes; mais si elle n'étoit pas due à un accident, elle l'étoit
véritablement à la jeunesse, et Daudin a peut-être été fondé à
ne regarder la chouette cendrée que comme une simple différence d'âge avec la chouette nébuleuse, qui habite les mêmes
lieux, fait son nid dans les mêmes endroits, avec des matériaux
semblables, et y pond des œufs pareils.

CHOUETTE DE LAPONIE, *Strix lapponica*. Retzius a décrit cet
oiseau, tom. 1, page 79 de son édition de la Faune suédoise,
de Linnæus, d'après le manuscrit inédit du 5.ᵉ fascicule du
Museum carlscronianum de Sparmann; et il seroit à désirer
qu'on fût à portée de vérifier, sur plusieurs individus, si
c'est bien réellement une espèce nouvelle; la description
qu'il en a donnée ne paroît pas annoncer un plumage dans son
état parfait, on croit néanmoins la devoir traduire ici. Cette
chouette est à peu près de la taille du grand duc; mais elle n'a
pas d'aigrettes. Son bec est jaune; sa face et sa tête sont d'un
cendré brun, le dos est de cette dernière couleur; les couvertures des ailes ont des stries cendrées, sur un fond brun; les
pennes des ailes et de la queue présentent des taches et des
lignes brunes et cendrées; les parties inférieures, d'un cendré
pâle, offrent beaucoup de taches et des raies brunes, les unes
transversales, les autres longitudinales.

CHOUETTE JOUGOU. M. Vieillot a décrit sous ce nom une
chouette de la Chine, que Latham a désignée, dans le Supplément de son *Index ornithologicus*, pag. 16, n.° 13, sous la dénomination de *strix sinensis*, déjà appliquée à un hibou. Cet
oiseau a seize pouces de longueur; les parties supérieures sont
d'un roux rembruni très-foncé, avec des taches blanches nombreuses, et de diverses formes, sur la tête et le derrière du
cou; ces taches sont transversales sur le dos et les ailes; la face
est rousse, la gorge blanche, et les parties inférieures ont sur
chaque plume quatre raies transversales, noires et très-étroites; les tarses, et la moitié des doigts sont couverts d'un duvet
d'un roux clair; la partie nue des doigts est jaune, le bec et
les ongles noirs.

Cet oiseau se trouve aussi à Java, et l'on a donné le nom

de *strix javanica* a un accipitre nocturne du même pays, que
M. Wurmb a décrit trop succinctement pour mettre à portée
de reconnoître si c'est une espèce particulière. Cet auteur
s'est borné à dire que son corps est cendré, avec des nuances roussàtres, des taches blanches sur le dos, et des taches
noires sur les parties inférieures, dont le fond est d'un blanc
jaunàtre, plus foncé sur les côtés.

Chouette a collier, *Strix torquata*, Daud. Cet oiseau fournit
une occasion de remarquer combien les naturalistes doivent
apporter de discrétion dans l'établissement des espèces. Si
M. d'Azara, qui en a élevé plusieurs individus pris dans le nid,
n'avoit pas été à portée de les observer sous leurs diverses li-
vrées, on n'auroit pu soupçonner les changemens considérables
de leur plumage, et reconnoître que la chouette à masque noir
de M. Levaillant, Ornith, d'Af., pl. 44, *strix personata*, Daud.,
la chouette à lunettes, *strix perspicillata*, Lath., pl. 107 du
Synopsis de cet auteur, et la chouette à collier de Levaillant,
pl. 42, ne sont qu'une même espèce en différens âges. M. Levaillant avoit bien remarqué que l'individu peint dans sa 44.ᵉ
planche étoit un jeune; mais il étoit difficile de supposer que
toute la partie noire de la face dût successivement disparoître
pour faire place aux longues plumes blanches dont sont entourés les yeux de la chouette à collier; et cependant la description de cet auteur, qui annonce qu'à l'exception du masque,
l'oiseau avoit sur tout le devant du corps, le plumage *cotonneux
et d'un beau blanc*, s'accorde trop bien avec celle de M. d'Azara,
qui dit que les plumes des siens avoient les barbes si fines et
si déliées, qu'à *la vue et au toucher elles paroissoient comme du
coton blanc;* en même temps, les variations successives sont
si bien exposées par le dernier, que l'identité paroît hors de
doute entre le nacurutu sans aigrettes (Oiseaux du Paraguay,
n.° 43) et les *strix personata, perspicillata et torquata.*

L'oiseau adulte, qui, pour la taille, tient le milieu entre
le grand duc et la hulotte, est remarquable par ses deux larges
sourcils blancs, et par les plumes de la même couleur qui lui
forment une sorte de barbe sur laquelle tranchent le collier,
les joues et la tête, qui sont d'un brun chocolat, ainsi que le
dos. La queue est rayée en-dessous de bandes transversales
brunes sur un fond grisàtre; la poitrine et le ventre sont d'un

blanc roussâtre uniforme ; les plumes des tarses sont blanches et les ongles noirs.

CHOUETTE HULOTTE ou CHAT-HUANT, *Strix aluco*, Gmel.; pl. 94 et 95 de Frisch, et pl. enlum. de Buff., n.° 441 (le mâle); *strix stridula*, Gmel.; pl. 96 de Frisch, et pl. enlum. de Buff., n.° 437 (la femelle). Cet oiseau, dont Buffon a décrit le mâle sous le nom de hulotte, et la femelle sous celui de chat-huant, a été long-temps un objet d'incertitude parmi les naturalistes. Il est long de quatorze à quinze pouces, et a la tête forte. Les deux sexes sont partout couverts de taches longitudinales, brunes, déchirées sur les côtés en dentelures transverses, et ils ont en outre sur les plumes scapulaires, et vers le bord antérieur de l'aile, des taches blanches assez largés. Ce qui a contribué à faire regarder les mâles et les femelles comme des espèces différentes, c'est que le fond du plumage, d'un brun grisâtre dans le mâle, est roussâtre dans la femelle, à laquelle les jeunes de l'année ressemblent. L'iris est toujours brun.

La chouette hulotte étant fort sujette à varier dans les couleurs du plumage, Scopoli a décrit comme espèces nominales les *strix soloniensis*, *sylvestris*, *alba*, *noctua*, et *rufa*, qui ont été admises trop légèrement par Gmelin et par Latham, et qui sont passées dans des ouvrages françois sous les noms de chouette de Sologne, sylvestre ou aux yeux verts, blanche ou à ventre blanc, noctuelle, et rousse ou ferrugineuse, quoique probablement elles ne soient que des différences d'âge ou des variétés accidentelles.

Ces oiseaux se trouvent dans toute l'Europe, jusqu'aux contrées les plus septentrionales. Les bois sont leur demeure ordinaire, et ils passent la journée entière sur les branches des arbres les plus touffus, dans les buissons épais de houx, dans les ifs, ou dans de vieux troncs. Le soir, ils en sortent pour faire la chasse aux petits oiseaux, aux taupes, aux mulots, aux grenouilles, et même quelquefois aux insectes à élytres. L'hiver il y en a qui approchent des habitations, et pénètrent dans les granges ; mais ils retournent au bois de grand matin. Ils font un large nid dans des arbres creux ; mais assez souvent ils s'emparent de ceux que les cresserelles, les corneilles et les pies ont abandonnés, et la femelle y pond quatre ou cinq œufs blanchâtres et de forme arrondie, qui sont figurés pl. 6, n.º 3, du 1.er volume de Lewin.

CHOUETTE EFFRAIE, *Strix flammea*, Gmel. Cet oiseau, qu'on nomme aussi fresaie ou chouette des clochers, est représenté en couleurs dans la 97.e planche de Frisch, dans la pl. B de la Zoologie britannique, et dans la 440.e de Buffon, mais non dans la 474.e du même auteur, qui est, par erreur, citée dans plusieurs ouvrages, quoiquelle soit consacrée à la gelinotte mâle. Les effraies ont le bec droit jusque vers le bout, tandis qu'il est arqué vers la pointe dans les autres accipitres nocturnes ; et cette circonstance, qui a servi à l'établissement de sous-genres par MM. Savigny et Cuvier, est, en effet, d'une assez grande importance ; mais on a exposé, en tête de cet article, les causes qui ont empêché d'y avoir égard dans le placement des espèces décrites dans ce Dictionnaire.

L'effraie a treize à quatorze pouces de longueur. Ses yeux sont entourés d'un grand cercle de plumes blanches, effilées et soyeuses ; l'iris est jaune (M. Savigny l'a trouvé noir dans l'individu par lui décrit en Egypte) ; le bec, blanc à son origine, est brun à la pointe. Son dos est nué de fauve et de cendré, ou de brun, agréablement piqueté de points blancs, enfermés chacun entre deux points noirs, et son ventre est tantôt blanc, tantôt fauve, avec ou sans mouchetures brunes. Sa queue, blanche et plus courte que les ailes, a cinq bandes brunes ; ses pieds sont couverts d'un duvet très-court, qui est plus rare sur les doigts. La femelle a, en général, des teintes pius claires et plus prononcées.

Cette espèce, nombreuse et fort commune dans presque toute l'Europe, ne l'est pas moins au cap de Bonne-Espérance, où elle subit les mêmes variations que dans nos climats glacés. M. Levaillant l'y a vue avec la face et tout le dessous du corps d'une couleur roussâtre uniforme, qui est la livrée du mâle dans son jeune âge ; quelquefois le roux des parties inférieures se trouve parsemé de traits noirs, et telle est la femelle dans son enfance. Dans l'état adulte le mâle a le dessous du corps d'un beau blanc, et la femelle a sur les mêmes parties des taches longitudinales, noires et étroites. L'effraie se trouve aussi dans l'Amérique septentrionale, où elle a pu passer par le nord de l'Europe, et dans l'Amérique méridionale, où elle se sera étendue, et où elle a été reconnue par Marcgrave, suivant lequel les Brésiliens la nomment *tuidara*, et par M. d'Azara, qui nous apprend, d'une part, que le nom de *suinda*, par lui appliqué à une autre espèce, est proprement la dénomination de l'effraie au Paraguay, et d'une autre, que le mot espagnol *lechuza*, pris par Buffon pour synonyme de la chouette-chevêche ou petite chouette, appartient au même oiseau.

L'effraie se rapproche assez constamment des habitations, où elle rend de grands services en détruisant les souris, les rats, les musaraignes; elle mange aussi des chauve-souris et des scarabées. On prétend qu'en automne, les effraies vont visiter, pendant la nuit, les lacets tendus pour prendre des bécasses et des grives, qu'elles tuent les oiseaux qui y sont suspendus, avalent les plus petits tout entiers, et déplument les plus gros. En hiver, on en trouve souvent cinq ou six réunies dans des trous de vieilles murailles, dans des tours d'églises, et c'est là, ainsi que dans les arbres creux du voisinage, que ces oiseaux font, au mois d'avril, et quelquefois dès la fin de mars, un nid dans lequel il entre fort peu de matériaux, et où ils pondent deux à quatre œufs blancs, que Lewin a figurés pl. 6, n.º 2. Comme chez les autres espèces de la même famille, ces œufs sont arrondis, et n'ont pas la forme que Buffon leur attribue.

Les effraies, en sortant de leur trou, semblent plutôt faire des culbutes que voler, jusqu'à ce qu'elles aient pris un certain équilibre. Il peut se faire qu'on réussisse difficilement à élever les individus adultes qu'on s'est procurés au moyen de filets placés à l'orifice de leurs trous; mais cela est fort aisé lorsqu'ils sont jeunes, et l'auteur de cet article en a lui-même fait l'expérience, sans toutefois être parvenu à les apprivoiser, et à leur faire supprimer le soufflement *chei*, *chei*, et les signes démonstratifs de leur aversion pour la captivité.

Chouette de Géorgie; *Strix georgica*, Lath. Cet oiseau, de quinze pouces de longueur, qui se trouve à la Nouvelle-Géorgie, a le bec jaune, les parties supérieures brunes et variées de bandes jaunâtres; la gorge et la poitrine d'un brun pâle, avec des raies transversales blanchâtres; le ventre d'un jaune très-clair, et rayé longitudinalement de rouge brun; les pennes des ailes et de la queue brunes et croisées de quatre ou cinq bandes blanches ; le duvet des tarses d'un teint pâle. Cette description annonce un jeune oiseau, dont le plumage n'a pas encore acquis sa perfection, et les deux sortes de raies sur les parties inférieures indiquent des rapports avec la chouette nébuleuse.

CHOUETTE TOLCHIQUATLI ♀ *Strix tolchiquatli*, Gmel. Cette chouette de la Nouvelle-Espagne est tellement emplumée, qu'elle paroît aussi grosse qu'une poule, quoiqu'elle soit beaucoup plus petite. Son plumage est un mélange de fauve, de noir, de blanc, de brun, et ses pieds sont couverts de plumes d'un blanc fauve. Fernandez, qui parle de cet oiseau, ch. 107 de son Hist. nat. de la Nouvelle-Espagne, décrit, au chapitre 18 du même ouvrage, le chichictli, *strix chichictli*, Gmel., comme ayant dans la taille, la couleur et les habitudes, de grands rapports avec le précédent, et il y a d'autant plus lieu de penser que c'est en effet le même oiseau, que tous deux habitent les lacs, et se nourrissent de grenouilles et d'autres reptiles.

CHOUETTE BRUNE, *Strix fusca*. M. Vieillot a décrit sous ce nom une chouette qui se trouve à Saint-Domingue et à Porto-Ricco, et qui demande, comme la précédente, d'être mieux examinée avant de la reconnoître pour une espèce constante. Les deux individus qui ont servi à sa description avoient le plumage brun sur toutes les parties supérieures, avec des taches blanchâtres en forme de larmes sur les ailes, et blanc sur les parties inférieures, avec des taches brunes de différentes grandeurs ; la collerette, grise chez l'un, étoit blanchâtre chez l'autre ; les pennes de la queue étoient brunes, avec des taches blanches en-dehors sur les latérales, et blanches en-dedans, avec de larges bandes transversales brunes ; les doigts des pieds velus ; le bec et les ongles de couleur de corne.

CHOUETTE A AILES ET QUEUE FASCIÉES, *Strix fasciata*, Vieill. Cette chouette, apportée de la Martinique, a treize à quatorze pouces de longueur. Les parties supérieures, ainsi que la gorge et la poitrine, sont brunes, avec des zigzags d'un rouge jaunâtre ; quelques-unes des plumes scapulaires sont d'un brun roussâtre ; les pennes primaires sont rayées de brun et de blanc, et l'on voit des bandes transversales d'un brun pâle aux secondaires ; des bandes ternes sur la queue, et en-dessous d'autres bandes brunes et blanches ; des taches longitudinales brunes sur le ventre, dont le fond est roussâtre. Les doigts sont nus et jaunes.

Chouette de Cayenne, *Strix cayanensis*, Gmel. Cet oiseau, figuré dans les pl. enl. de Buffon, n.° 442, sous le nom de chat-huant de Cayenne, et dont la taille est à peu près la même que celle du chat-huant d'Europe, a tout le plumage roux et rayé transversalement de lignes brunes, ondées et très-étroites, sur les parties supérieures et inférieures; les plumes de la collerette sont d'un blanc sale; l'iris est jaune, le bec de couleur de chair, et les ongles noirs.

Chouette suinda, *Strix suinda*, Vieill. L'oiseau que M. d'Azara a décrit sous ce nom, d'après M. Noseda, n.° 45 de ses Oiseaux du Paraguay, a quatorze pouces et demi de longueur. Les plumes décomposées, qui lui entourent les yeux, sont brunes, avec des lignes noirâtres, et un peu de blanc à l'angle antérieur de l'œil. Les plumes qui couvrent la tête, le cou et la gorge, sont noirâtres au centre, et d'un brun roussâtre sur leurs bords; les parties supérieures du corps sont noirâtres et mouchetées de gris roussâtre, varié de brun. On voit sur la poitrine, dont la teinte est plus claire, des raies longitudinales très-déliées; le ventre est roussâtre, et il y a quelques taches longues et pointues sous l'aile. Les tarses, emplumés jusqu'aux doigts, sont d'un gris clair. Sonnini rapporte cet oiseau à la chouette ou grande chevêche de Saint-Domingue, de Buffon, *strix dominicensis*, Linn. Le suinda, rare au Paraguay, fréquente les campagnes découvertes, où il chasse en volant en ligne directe, à cinq ou six pieds au-dessus du sol, à la manière des buses. Il n'entre pas dans les bois, ne se perche pas sur les arbres, et se cache dans les terriers des tatous, sans en creuser lui-même; c'est là aussi qu'il fait sa ponte.

Chouette a terrier, *Strix cunicularia*, Gmel. Cet oiseau, qui est aussi connu sous les noms de chouette de Coquimbo, chouette-lapin, pequen, a neuf à dix pouces de longueur. On voit au-dessus de ses yeux une bande blanche assez large, et deux cercles, l'un blanchâtre et l'autre gris, sur la face; le dessus du corps et la poitrine sont d'un brun testacé et grisâtre, avec plusieurs petites taches blanches, qui s'agrandissent sur les ailes; la queue est traversée de bandes brunes; le ventre et les plumes anales sont de couleur blanche, grisâtre; les ailes atteignent l'extrémité de la queue ; l'iris est jaunâtre, le bec cendré ; les pattes sont garnies de tubercules qui donnent naissance à des poils courts ; les doigts sont crochus et noirs,

On trouve cet oiseau à Saint-Domingue, au Chili, et dans diverses contrées d'Amérique, où il habite les lieux découverts, et se nourrit de petits mammifères, de reptiles et d'insectes. On vient de voir que la chouette suinda vit dans les terriers qu'elle trouve pratiqués, et il n'y avoit là rien d'extraordinaire ; mais le P. Feuillée a le premier avancé que celle-ci se creuse elle-même ses terriers, que Molina appelle, d'après lui, de vastes tanières. Le même fait est assuré par M. Vieillot, qui dit, tom. 1 de son Hist. nat. des Oiseaux de l'Amérique septentr., pag. 49, avoir vu lui-même un de ces trous rond, semblable à celui d'un lapin, et profond de deux pieds. La fraîcheur de la terre répandue sur les bords lui ayant fait présumer qu'il étoit nouvellement percé, il l'a fait ouvrir, et a trouvé au fond un œuf fraîchement pondu sur un lit de mousse, de tiges d'herbes et de racines sèches. Il ajoute que la ponte de cette espèce est composée de deux œufs d'un blanc éclatant, presque sphéroïdes, de la grosseur de ceux d'une tourterelle, et que le propriétaire de l'habitation où cette chouette étoit fixée, a vu des petits, encore couverts d'un simple duvet, paroître à l'entrée du trou, où ils s'enfonçoient dès qu'on s'en approchoit. Sans se permettre de révoquer en doute aucun de ces faits, on peut ne pas être persuadé, pour cela, que le terrier, qui sert d'asile à la progéniture de l'oiseau, soit entièrement creusé par lui. La chouette dont il s'agit n'est pas le seul volatile qui niche dans des trous pratiqués en terre par des mammifères, et lorsqu'il a été reconnu que des espèces congénères, telles que le suinda, s'emparent de vieux terriers, comme un instinct de la même nature en porte d'autres à s'approprier les nids abandonnés de divers oiseaux, pourquoi leur supposer des habitudes qui, malgré la force de leurs pieds et la forme de leur bec, seroient très-difficiles à concevoir ? Qu'au moment où la chouette trouve un terrier dont elle veut faire sa demeure ou son nid, elle en agrandisse l'entrée, obstruée par des dégradations, des éboulemens, cette opération n'a rien que de fort simple et de fort naturel ; mais lorsqu'on a vu de ces terriers qui étoient assez grands pour être appelés tanières, et, par conséquent, beaucoup plus vastes que ne l'auroient exigé les besoins de l'oiseau, peut-on se figurer qu'ils soient uniquement son ouvrage ?

CHOUETTE BOOBOK, *Strix boobok*, Lath. L'oiseau qui porte ce nom à la Nouvelle-Hollande, a environ douze pouces de longueur; sa tête est rayée et le dos tacheté de jaune; la gorge, de cette dernière couleur, a des raies et des taches brunes; le ventre, de couleur ferrugineuse, a des taches irrégulières d'une teinte plus pâle; le duvet est jaunâtre, avec des mouchetures brunes.

CHOUETTE ONDULÉE, *Strix undulata*, Lath. Cette espèce, de la même taille que la précédente, et aussi peu connue, se trouve dans l'île de Norfolk : elle a de la ressemblance avec le hibou brachiote, surtout dans les parties supérieures; les couvertures des ailes ont des taches blanches à leur extrémité; la tête, la gorge et les parties inférieures sont ondulées de blanc; les plumes du tarse sont jaunes; les doigts nus et les ongles noirs; le bec est de couleur de plomb.

CHOUETTE DE LA NOUVELLE-ZÉLANDE, *Strix Novæ Zelandiæ*, Gmel.; *Str. fulva*, Lath. Cet oiseau, rapporté par Forster de la Nouvelle-Zélande, et que Daudin et M. Vieillot ont appelé *chouette fauve*, ne doit pas être confondu avec le *strix cayennensis*, auquel M. Cuvier a donné la même dénomination françoise; long de dix à onze pouces, il est entièrement brun sur le dos, et a le bord des plumes fauve sur le reste du corps : ses jambes sont brunes et pointillées de blanc; son bec, de couleur de corne, a la pointe noire.

CHOUETTE-CHEVÊCHE, OU CHEVÊCHE COMMUNE; *Strix passerina*, Gmel.; *Strix noctua*, Retz. Cet oiseau, figuré pl. enl. de Buff., n.° 439, a neuf pouces de longueur depuis le bout du bec jusqu'à l'extrémité des ongles. Il existe encore entre les divers auteurs, sur les petites chevêches d'Europe, des discordances bien difficiles à concilier. Le *strix passerina* de Gmelin et de Latham se rapporte au *strix noctua* de Retzius, et à la chevêche ou petite chouette de Buffon; mais le *strix passerina* de Retzius n'est plus le même oiseau; et tandis que chez celui-ci le *strix noctua* et le *strix tengmalmi* sont considérés comme synonymes, MM. Temminck et Meyer font une espèce particulière du *strix tengmalmi*, ou *dasypus*, et ils en forment une troisième du *strix acadica*, Linn. (que Retzius rapproche de son *strix passerina*), en associant à cette dernière espèce le *strix pygmœa* de Bechstein, et la chevêchette de M. Levaillant, oiseaux regardés par M. Cuvier comme appartenant à la chouette commune. Dans la nécessité de suivre ici l'une de ces distributions, on va successivement décrire les trois espèces admises par MM. Meyer et Temminck.

La première, celle qui est énoncée en tête de cet article, a les parties supérieures d'un gris brun, avec de grandes taches blanches de forme irrégulière; la poitrine d'un blanc pur, et les parties inférieures d'un blanc roussâtre, avec des taches d'un brun cendré; les doigts couverts de quelques poils blancs; le bec d'un brun blanchâtre; la cire d'un brun olivâtre; les narines rondes, l'iris très-petit et jaune. La femelle ne diffère du mâle que par des taches roussâtres sur le cou et par des teintes un peu moins vives. Cette chevêche, qui se trouve dans presque toutes les parties de l'Europe, n'y est pas aussi commune que l'effraie; elle se tient rarement dans les bois, excepté dans les contrées septentrionales, et préfère les lieux où il existe des masures et des tours abandonnées; elle voit, pendant le jour, beaucoup mieux que les autres oiseaux nocturnes, et elle s'exerce même quelquefois à la chasse des hirondelles et des autres petits oiseaux; elle plume, avant de les manger, ceux dont elle s'empare, et, ne pouvant avaler en entier les souris et les mulots, elle les déchire avec le bec et les ongles. Elle niche dans les vieilles murailles, sous les toits des tours et des églises, et elle y pond, presque à nu, deux ou quatre œufs blancs et de forme ronde.

La seconde espèce, la Chouette tengonalm, de Temminck, qui lui donne pour synonyme la chouette d'Uplande, de Sonnini, et le *strix dasypus* de Bechstein et de Meyer, a huit pouces et quelques lignes; la queue et les ailes sont plus longues en proportion que dans l'espèce précédente. Le mâle a les tarses et les doigts garnis jusqu'aux ongles d'un duvet très-abondant; les parties supérieures sont d'un roux brun, avec des nuances noirâtres; le haut de la tête et du cou offre des taches blanches arrondies; le bec est jaune, et l'iris d'un jaune brillant. La femelle, représentée pl. B 5 dans la Zoologie britannique de Pennant, a la taille un peu plus forte, les parties supérieures d'un brun grisâtre, avec des taches blanches, arrondies sur la tête et sur les pennes des ailes; une tache noire entre l'œil et le bec; les parties inférieures variées de blanc, et le duvet des pieds et des doigts de cette dernière couleur. Cette chouette, qui habite la Suède, la Norwége, la Russie, se trouve aussi en Allemagne, dans les bois de sapins, et on la voit quelquefois en France, dans les Vosges et dans le Jura; elle niche dans les trous des sapins, où elle pond deux œufs d'un blanc pur, et se nourrit de souris, de phalènes, de scarabées et quelquefois de petits oiseaux.

La troisième espèce, ou la CHOUETTE CHEVÊCHETTE, *Strix acadica*, Gmel.; *Strix passerina*, Retz.; *Strix pygmœa*, Bechst.; *Strix pusilla*, Daud., est la chevêchette de Levaillant, Ois. d'Afr., vol. 1, pl. 46. Elle n'a que six pouces de longueur, et ses ailes ne dépassent point l'origine de la queue, tandis qu'elles en atteignent le bout dans la première espèce. De longs poils, dirigés en avant, partent de la base du bec; les parties supérieures sont d'un brun sombre sur les ailes, la tête et la queue, avec un grand nombre de petites taches blanches sur le front et sur les joues; les parties inférieures sont blanches, avec des taches longitudinales brunes; la queue est rayée de quatre bandes blanches, fort étroites. La femelle se reconnoît à des teintes plus foncées, et aux nuances jaunes des taches blanches des parties supérieures. Cet oiseau, dont M. Levaillant a avoué ne pas connoître le pays natal, habite, suivant M. Temminck, les régions septentrionales de l'Europe, et se rencontre quelquefois dans les grandes forêts du Nord de l'Allemagne. Comme l'espèce précédente, il niche dans les forêts de sapins, ou dans les fentes des rochers, pond deux œufs blancs, et se nourrit des mêmes animaux. Cet oiseau paroît être le même que la chouette rouge-brune, décrite par M. Vieillot dans ses Oiseaux d'Amérique, pag. 49, et qui se trouve dans les contrées septentrionales de cette partie du monde.

CHOUETTE NUDIPÈDE, *Strix nudipes*, Daud. et Lath. Cette espèce, que M. Vieillot a figurée pl. 16 de ses Oiseaux d'Amér., a sept à huit pouces de longueur. Les parties supérieures sont d'une couleur tannée, très-obscure, avec des lignes noirâtres en-dessus, et des taches blanches sur le front et les ailes; sa gorge est grise; sa poitrine et son ventre sont d'un blanc sale avec des taches brunes et lyrées; les pieds et les ongles sont bruns. Il y a beaucoup d'analogie entre cet oiseau et le hibou nudipède, qui se trouvent tous deux à Saint-Domingue et à Porto-Ricco; et comme les aigrettes ne sont guère visibles dans les individus morts, il ne seroit pas impossible que la chouette nudipède, examinée de plus près, fût susceptible d'observations pareilles à celles qu'on a déjà faites sur le hibou cabure.

CHOUETTE PHALÉNOÏDE; *Strix phalænoïdes*, Daud. et Lath. Cette espèce, décrite sur un individu tué à l'île de la Trinité par le capitaine Baudin, n'a pas plus de six pouces de longueur; son plumage est fauve sur le corps, avec six taches blanches sur les couvertures des ailes; les parties inférieures sont variées de blanc et de roux; les ailes recouvrent la queue, qui est courte; les tarses et les doigts ont leur duvet roussàtre; le bec et les ongles sont noiràtres. M. Vieillot a donné la figure de cette chouette pl. 15 de ses Oiseaux d'Amérique.

§. III. *Chouettes sans aigrettes, à queue longue et étagée,* ou *Chouettes-Eperviers.*

Ces chouettes, auxquelles M. Duméril a appliqué le nom de surnies, *surnia,* sont encore très-mal connues. Celles qui ont reçu, de divers auteurs, les noms de *strix uralensis, funerea, hudsonia, accipitrina,* et qui existent dans les régions arctiques, ne forment probablement que deux espèces, et le principal motif qui fait même regarder ces deux espèces comme réelles, est la différence qui existe dans leur taille respective, l'une paroissant être plus grande que l'autre d'un tiers.

CHOUETTE DE L'OURAL, *Strix uralensis,* Pallas, Voy. et Appendix n.° 25; *Strix macroura,* Meyer. Suivant ce dernier auteur et M. Temminek, cette chouette a près de 22 pouces de longueur, depuis l'extrémité du bec jusqu'à celle de la queue; sa face est rayée de gris-clair et de brun, et tout le fond du plumage est de la première couleur; les parties supérieures sont irrégulièrement tachetées d'un brun cendré, et les parties inférieures ont des taches et des raies semblables; les ailes et la queue sont transversalement rayées de gris, et la queue, qui est très-étagée et longue de dix pouces et demie, a d'ailleurs sept bandes transversales, d'un cendré blanchâtre ; l'iris est brun ; le bec, caché sous les longs poils de la face, est jaune ; les tarses et les doigts sont garnis d'un duvet épais, et les ongles sont effilés et très-longs. Cette espèce, qui habite la Laponie et le Nord de la Suède et de la Russie, est rare partout ailleurs. Les souris, les mulots, les lagopèdes et de plus petits oiseaux forment sa nourriture.

Chouette caparacoch, *Strix funerea*, Gmel. et Lath., et *Strix nisoria*, Meyer. Cette espèce, à laquelle MM. Meyer et Temminck donnent pour synonymes la chouette à longue queue, de Sibérie, Buffon, pl. enl. 463 ; le *hawk-owl*, Edw., *Birds*, pl. 62 ; le *Strix hudsonia*, Gmel.; le chat-huant du Canada et celui de la baie d'Hudson, *strix canadensis* et *freti Hudsonis*, Briss., et le *strix accipitrina*, ou chouette de la mer Caspienne, de Pallas, Append, n.° 24, n'est longue que de quatorze pouces ; les parties supérieures sont marquées de taches brunes et blanches, de différentes formes ; de pareilles taches se remarquent sur le fond brun des pennes alaires ; la queue, longue de six pouces, est alternativement rayée de blanc et de brun ; la gorge, d'un brun noirâtre ; le bec, jaune depuis la base, a l'extrémité tant supérieure qu'inférieure noirâtre ; l'iris est d'un jaune clair ; les pieds sont emplumés jusqu'aux ongles. Cette espèce, qui niche sur les arbres, et chasse plus le jour que la nuit, vit de souris et d'insectes ; habitant ordinairement dans les régions arctiques, on ne la voit en Allemagne que dans des passages fort rares, et elle ne se montre jamais dans les pays plus méridionaux.

M. Levaillant a décrit, dans son Ornithologie d'Afrique, trois autres chouettes, qui paroissent se rapporter aux chouettes-éperviers.

La première est la Chouette choucou, *strix choucou*, Lath. Cet oiseau, que M. Levaillant a trouvé en Afrique, au pays d'Auteniquoi, et dont le mâle est représenté pl. 28 de son Ornithologie, se rapproche beaucoup, par sa forme alongée, de la chouette caparacoch, et, en ne voyant que les planches non coloriées, on pourroit les confondre. Ses ailes pliées s'étendent jusqu'au milieu de la queue, qui est étagée comme celle du coucou d'Europe, auquel le choucou ressemble encore par la brièveté de ses pieds, dont les doigts ont également la faculté de poser deux à deux, l'extérieur se tournant en arrière, et se rapprochant ainsi du pouce. Les yeux de cet oiseau sont d'une couleur orangée très-vive; le dessus de sa tête, le derrière du cou et le manteau, sont d'un gris brun roussâtre; les couvertures des ailes ont, en outre, des taches blanches, et les pennes sont lisérées de la même couleur : des douze pennes de la queue, les deux du milieu sont du même gris que les ailes; les autres ont les barbes intérieures blanches, et les barbes extérieures rayées de bandes transversales de cette couleur, sur le même fond : toutes les parties inférieures sont couvertes de plumes soyeuses d'un beau blanc, qui s'étendent jusqu'aux ongles.

Le choucou ne commence sa chasse qu'après le crépuscule; ce qui est bien contraire au caparacoch, qui vole et chasse même en plein jour. Celui-là ne cesse de répéter, en volant, les syllabes *cri-cri-cri*, qu'il prononce d'une manière plus précipitée lorsqu'il passe près de l'homme ou d'un animal quelconque. M. Levaillant ne sait pas où ces oiseaux se retirent pendant le jour; mais il juge, à leur odeur, que c'est dans des trous d'arbres. La femelle de cet oiseau ne diffère du mâle que par une taille un peu moins forte, et par un blanc moins pur sous le corps.

La deuxième est la CHOUETTE CHOUCOUHOU; *Strix nisuella*, Lath. et Daud., et pl. 39 de Levaillant. Cet oiseau, à peu près de la grosseur du moyen duc, est plus alongé, et ses pieds sont plus longs; ses ailes pliées s'étendent aux trois quarts de la queue; sa gorge est ornée d'une espèce de collier ou plaque blanche; les parties supérieures sont d'un gris plus ou moins varié de blanc, et les parties inférieures ont les distributions plus régulières; la queue est rayée en-dessous de brun noir et de blanc roussi; les plumes soyeuses des tarses sont d'un gris blanchâtre; les yeux sont d'un jaune de topaze foncé, et le bec est noir, ainsi que les ongles. La femelle, plus petite que le mâle dans l'espèce précédente, a paru à M. Levaillant plus forte dans celle-ci. Elle a moins de blanc dans le plumage. Ces oiseaux, qui vivent dans les bois, ne se montrent que pendant la nuit.

La troisième enfin est la CHOUETTE HUHUL; *Strix huhula*, Lath. Quoique cette espèce soit représentée pl. 41 de l'Ornithologie d'Afrique, M. Levaillant avoue qu'il l'a reçue de Cayenne avec une étiquette annonçant qu'elle vole et chasse en plein jour. Sa taille est celle du hibou brachyote ou à aigrettes courtes. Tout son corps est d'une couleur sombre et noirâtre, bigarrée de taches blanches, plus larges sous le corps et plus petites sur la tête; les pennes moyennes et les petites couvertures des ailes ont leur bordure blanche; l'aile, d'une couleur de café foncée, ne dépasse pas le milieu de la queue, qui est marbrée de trois lignes blanches irrégulières, terminées de blanc, et arrondie à l'extrémité; les tarses sont couverts de plumes noirâtres, tachetées de blanc; le bec et les doigts sont jaunes. (Ch. D.)

CHOUETTE. (*Entom.*) C'est le nom d'une phalène qu'on nomme aussi hibou, *noctua sponsa.* Goëdard a désigné sous ce nom la chenille de la noctuelle du seneçon. (C. D.)

CHOUETTE DE MER. (*Ichthyol.*) Dans certains cantons on appelle ainsi le Cycloptère Lump. Voyez ces deux mots. (H. C.)

CHOUETTE ROUGE (*Ornith.*), un des noms vulgaires que l'on donne en France au choquard, *corvus pyrrhocorax,* Gmel. (Ch. D.)

CHOUGH (*Ornith.*), nom anglois du coracias, *corvus graculus,* Linn. (Ch. D.)

CHOUHAK. (*Bot.*) Dans la Nubie, suivant M. Delile, on nomme ainsi le *spartium thebaicum,* espèce nouvelle, décrite et figurée par lui dans le grand ouvrage sur l'Egypte. (J.)

CHOUK. (*Bot.*) Ce nom égyptien, qui signifie épine, selon M. Delile, a été donné à l'espèce d'asperge dont les feuilles sont fermes et aiguës comme des épines, *asparagus horridus.* (J.)

CHOUK-EL-GEMEL. (*Bot.*) Voyez Chasjir. (J.)

CHOULAN ou Koulan (*Mamm.*), nom de l'âne à l'état sauvage, chez les Tartares, suivant Pallas. (F. C.)

CHOUPA (*Ichthyol.*), nom espagnol et portugais de l'oblade, *boops melanurus.* Voyez Bogue, dans le Suppl. du 5.ᵉ volume. (H. C.)

CHOUPO (*Bot.*), nom portugais du peuplier blanc, *populus alba.* (J.)

CHOUQUETTE (*Ornith.*), un des noms vulgaires du choucas, *corvus monedula,* Linn., que l'on nomme aussi *chaquette.* (Ch. D.)

CHOURLES, ou Churles (*Bot.*), ancien nom vulgaire de l'ornithogale pyramidal, *ornithogalum pyramidale*, Linn. (L. D.).

CHOUROUCOULIHUÉ, Chouchoué (*Bot.*), noms caraïbes du rocou, *bixa*, selon Surian, cité dans l'Herbier de Vaillant. (J.)

CHOVA (*Ornith.*), nom espagnol du choucas, *corvus monedula*, Linn. (Ch. D.)

CHOVANNA-MANDARU. (*Bot.*) Sur la côte Malabare, suivant Rheede, oh nomme ainsi le *bauhinia variegata* et le *bauhinia purpurea*, deux arbres de la famille des légumineuses. (J.)

CHOYNE. (*Bot.*) Jean Bauhin parle, après Thevet, d'un arbre qui croit dans l'Amérique, et que les habitans d'une région, *regionis morpionis*, nomment ainsi. Ses feuilles ressemblent à celles d'un laurier ; son fruit, de la grosseur d'une pastèque ou d'un œuf d'autruche, n'est pas bon à manger. Il a une écorce dure, dont on fait des vases pour boire et un instrument que ces habitans nomment maraca. Clusius comparoit ce fruit à celui d'un corossol ; il paroît plus probable que ce seroit celui d'un calebassier, *crescentia*, qui a de même la tige arborescente, et le fruit de même grosseur, employé aux mêmes usages, à cause de son écorce pareillement dure. (J.)

CHOZAM (*Bot.*), un des noms arabes du *cleome ornithopodioïdes*, suivant Forskaël. (J.)

CHRÆSI (*Bot.*), nom égyptien d'une fabagelle, *zygophyllum proliferum*, de Forskaël, ou *zygophyllum album*, de Linnæus. Forskaël attribue à la salicorne, *salicornia*, le même nom, et de plus celui de *hattab-hadade*. (J.)

CHRÉMIS. (*Ichthyol.*) Χρέμης est le nom grec d'un poisson que nous ne pouvons pas déterminer. (H. C.)

CHRISTE-MARINE. (*Bot.*) Trois plantes sont connues sous ce nom vulgaire, la salicorne herbacée, l'inule maritime, et la bacile maritime. (L. D.)

CHRISTIA (*Bot.*), nom générique, substitué par Mœnch à celui de *lourea* de Necker, pour désigner une plante placée d'abord parmi les sainfoins, sous le nom d'*hedysarum vespertilionis*, retirée de ce genre, ainsi que beaucoup d'autres, par les réformateurs de Linnæus, dont peut-être un jour il sera fait justice, lorsqu'on s'apercevra enfin qu'en s'écartant des principes établis pour les genres par ce génie créateur, on finira par jeter le désordre dans une science dont il a posé les vastes fondemens. Au reste, le genre dont il est ici question ne diffère des *hedysarum* que par son calice, qui, après la fécondation, se ferme, s'enfle, et renferme une gousse articulée, pliée à chacune des articulations; mais on y retrouve les autres caractères essentiels des sainfoins, très-variables dans la forme de leurs fruits.

Cette plante, figurée par Jacquin, *Icon. rar.*, 3, tab. 566, est facile à reconnoître par la forme singulière de ses feuilles simples, ou à trois folioles : l'impaire très-grande, étendue en deux lobes ouverts horizontalement. Ses tiges sont d'abord simples, presque ligneuses, légèrement hispides; les rameaux ne paroissent ordinairement que lorsque la tige principale a produit des fleurs : les feuilles sont alternes, pétiolées; la grande foliole, souvent seule, se partage en deux grands lobes, longs au moins de deux pouces, semblables à deux ailes de papillon; ces lobes sont très-ouverts, traversés de veines en réseau, et quelquefois nuancés par zones de brun, de blanc ou de jaune; une petite pointe dans le milieu de l'échancrure; les deux autres folioles sont petites, tronquées, cunéiformes; le pétiole est muni à sa base de stipules subulées.

Les fleurs sont terminales, disposées en un épi court, souvent réunies deux à deux, l'une sessile et l'autre pédicellée; d'autres fleurs sont solitaires et sessiles dans l'aisselle des feuilles supérieures, munies d'une bractée caduque, lancéolée : le calice est campanulé, très-velu, à cinq découpures lancéolées aiguës; la corolle petite, panachée de blanc et de violet; les ailes et la carène sont fortement réfléchies; la gousse est renfermée dans le calice agrandi. Cette plante croît dans les Indes orientales. (Poir.)

CHRISTMAS-FLOWER. (*Bot.*) Les Anglois donnent ce nom, qui signifie fleur de Noël, à l'ellébore noir. (J.)

CHRISTOPHORIANA. (*Bot.*) Ce nom, donné par Dodoens à l'herbe dite de Saint-Christophe, et adopté par Tournefort, a été rejeté par Linnæus, qui lui a substitué celui d'*actæa*, employé par Pline pour désigner la même herbe, selon Caspar Bauhin, qui annonce cependant cette opinion avec doute. On trouve encore quelques aralies citées par des anciens sous le même nom. (J.)

CHRISTOPHORON. (*Ichthyol.*) Les Grecs modernes appellent χρισοφόρον le poisson Saint-Pierre, *zeus faber*, Linn. Voyez Dorée et Zée. (H. C.)

CHRITHARI (*Bot.*), nom donné par les Candiots à l'orge, suivant Tabernæmontanus, cité par Mentzel. (J.)

CHROKIEL. (*Ornith.*) Buffon a décrit sous ce nom, à la suite de la caille ordinaire, l'oiseau que Rzaczynski a cité également, après avoir parlé de cette caille, p. 277 de son Histoire naturelle de Pologne, où ce mot est écrit *chrosciel*, avec deux accens sur l's et le *c*, qui donnent à ces lettres le son du *k*. Le jésuite polonois dit que les chasseurs appellent grande caille, *coturnix major*, cet oiseau, qui court avec une extrême vitesse à travers les blés et les prairies, et qui parvient ainsi fort souvent à se soustraire à leurs poursuites. Buffon, qui, à l'article *Chrokiel*, ne regarde l'oiseau que comme une variété de notre caille, place cependant le mot *chrosciel* parmi les synonymes du râle de genêt, *rallus crex*, et tout porte à croire qu'il y a ici un double emploi : le *coturnix major*, au lieu d'être une espèce de caille particulière à la Pologne, paroît être en effet le râle de terre, vulgairement connu sous la dénomination de roi des cailles, auquel d'ailleurs s'applique, d'une manière plus spéciale, ce qui est dit de sa course rapide, dans l'ouvrage cité, où il n'est fait aucune autre mention du râle, oiseau trop commun pour avoir été passé sous silence. (Ch. D.)

CHROMATES. (*Chim.*) *Combinaisons de l'acide chromique avec les bases salifiables.* Les chromates ne sont point assez connus pour que nous présentions des généralités sur leur histoire.

Nous devons à M. Vauquelin presque toutes les connoissances que nous avons sur ce genre de sels.

Chromate d'alumine. Inconnu.

Chromate d'ammoniaque. Il est jaune orangé, sous la forme de petites aiguilles ou de plaques minces, nacrées ; il est très-soluble dans l'eau ; la chaleur le décompose, lors même qu'il est dissous : il se produit alors de l'eau, du gaz azote et de l'oxide de chrome ; lorsque celui-ci se sépare de la solution du chromate d'ammoniaque, il est sous la forme de flocons bruns qui deviennent verts par la calcination. On prépare ce chromate en neutralisant l'acide chromique avec de l'ammoniaque ; on abandonne ensuite la liqueur à l'air libre.

CHROMATE D'ANTIMOINE. Inconnu.

CHROMATE D'ARGENT. Lorsqu'on mêle une dissolution neutre de chromate de potasse avec une dissolution neutre de nitrate d'argent, il se produit un chromate d'argent insoluble, qui est d'un rouge pourpre si le mélange a été fait à froid, et d'un rouge brun s'il a été fait à chaud. Lorsque les dissolutions, ou l'une d'elles, contiennent un excès d'acide, le précipité est moins abondant et plus lent à se former ; il est cristallisé en aiguilles d'un beau rouge pourpré.

Ce sel est soluble dans l'acide nitrique ; l'acide hydrochlorique en précipite l'argent.

CHROMATE D'ARSENIC. Il ne paroît pas exister.

CHROMATE DE BISMUTH. Il est jaune.

CHROMATE DE BARYTE. Ce sel, préparé avec le chromate de potasse et le nitrate de baryte, et séparé par l'eau bouillante de toute substance étrangère, est pulvérulent, jaune citrin, insipide, inodore, tout-à-fait insoluble dans l'eau, et soluble dans l'acide nitrique. Comme d'une part l'acide sulfurique précipite la baryte de cette solution, et, d'une autre part, qu'en ajoutant de l'ammoniaque à la liqueur séparée du sulfate de baryte on obtient du chromate d'ammoniaque et du sulfate (si l'on avoit mis plus d'acide sulfurique que la quantité nécessaire à la neutralisation de la baryte), et que le chromate d'ammoniaque calciné laisse de l'oxide de chrome, tandis que le sulfate d'ammoniaque se volatilise en totalité, il est très-facile de déterminer la proportion dans laquelle se trouvent la baryte et l'oxide de chrome dans le chromate de baryte, et de ces deux déterminations on peut déduire celle de la quantité d'oxigène qui est nécessaire pour acidifier l'oxide de chrome, si l'on a opéré sur un chromate de baryte parfaitement desséché. M. Vauquelin, en suivant cette manière d'opérer, a obtenu de 5 grammes de chromate sec dissous dans l'acide nitrique, $4^g,4$ de sulfate, qui représentent $2^g,904$ de baryte, et $1^g,56$ d'oxide de chrome. En soustrayant les poids de la baryte et de l'oxide de 5 grammes, on a $0^g,536$ pour la quantité de l'oxigène qui étoit uni à l'oxide de chrome. De là il suit que le chromate de baryte est formé de :

Acide. . . . 2,096. . . . . 41,92. 100
Baryte . . . 2,904. . . . . 58,08. 138,55

et que, dans ce chromate, 100 d'acide neutralisent 14,54 d'oxigène dans la base à laquelle ils sont unis.

Chromate de cerium. Inconnu.

Chromate de chaux. Il est très-soluble dans l'eau ; sa solution
cristallise par l'évaporation spontanée en petites aiguilles qui
se réunissent de manière à former des plaques soyeuses ; la
potasse, la soude, la baryte et la strontiane le décomposent.

Chromate de chrome. Inconnu.

Chromate de cobalt. Inconnu.

Chromate de colombium. Inconnu.

Chromate de cuivre. Celui que l'on prépare en mêlant du
chromate de potasse neutre avec du sulfate de cuivre, est
insoluble dans l'eau, d'un brun jaune quand il est humide,
mais d'un brun bistré quand il a été desséché.

Chromate d'étain. Le chromate de protoxide d'étain ne
paroît pas exister, car l'hydrochlorate de protoxide d'étain
réduit l'acide chromique du chromate de potasse en oxide vert.
Le chromate de peroxide est inconnu.

Chromate de fer. M. Vauquelin pense qu'il n'y a point de
chromate de protoxide de fer ; car, en mêlant le chromate de
potasse avec le sulfate de protoxide de fer dissous dans l'eau,
on obtient un précipité d'oxide de chrome et de peroxide de
fer, qui sont peut-être dans le même état de combinaison que
les éléments du *fer chromé natif.* Il est vraisemblable que l'acide
chromique se combine avec le peroxide de fer.

Chromate de glucine. Inconnu.

Chromate d'iridium. Inconnu.

Chromate de manganèse. Inconnu.

Chromate de magnésie. Ce sel est très-soluble dans l'eau ; il
cristallise en prismes à six pans, d'une transparence parfaite
et d'un beau jaune de topaze s'ils sont petits, ou d'un beau jaune
orangé s'ils sont volumineux.

Chromates de mercure. Il y en a deux : un chromate de protoxide, et un chromate de peroxide.

Chromate de protoxide de mercure. Quand il est parfaitement
pur, sa couleur est toujours le rouge de cinabre ; il est insoluble
dans l'eau ; il se dissout dans l'acide nitrique, sans qu'il y ait

dégagement de gaz nitreux : si l'on verse dans cette solution une quantité de potasse insuffisante pour neutraliser tout l'acide nitrique, on obtiendra un précipité rouge brun, qui est du chromate de peroxide de mercure, et une liqueur verte, qui est du nitrate de chrome, mêlé de nitrate de potasse. Il est évident que dans cette opération le protoxide de mercure s'est oxigéné aux dépens d'une portion d'acide chromique, laquelle, ramenée à l'état d'oxide vert, s'est unie à de l'acide nitrique. Le chromate de protoxide, traité par la potasse, devient noir, comme tous les sels qui ont ce protoxide pour base.

Ce chromate, exposé à l'action d'une chaleur rouge, se réduit en oxigène, en mercure, qui se dégagent, et en oxide de chrome qui reste fixe.

Pour obtenir le chromate de protoxïde à l'état de pureté, il faut prendre une dissolution de chromate de potasse cristallisé, marquant de 8 à 10 d à l'aréomètre de Baumé, et la verser peu à peu dans une dissolution de nitrate de protoxide de mercure, en observant de laisser un assez grand excès de ce dernier. Si l'on ne suivoit pas ce procédé, le chromate produit, au lieu d'avoir la couleur rouge de cinabre, qui caractérise le chromate de mercure pur, tireroit plus ou moins sur le jaune, parce qu'alors, suivant M. Dulong, il retiendroit en combinaison du nitrate de mercure ou du chromate de potasse. En faisant usage d'une dissolution mercurielle au minimum et aussi neutre que possible, la liqueur, séparée du précipité, est incolore, et ne contient que du nitrate de potasse et du nitrate de mercure ; mais il arrive souvent, dans la préparation en grand du chromate de mercure, que *la liqueur*, au lieu d'être sans couleur, est colorée en *améthyste*. M. Vauquelin a observé qu'en ajoutant de la potasse à cette liqueur, on en précipitoit une matière d'un vert pâle, laquelle, délayée dans l'eau, se divisoit en deux parties ; savoir : en chromate de peroxide de mercure qui étoit sous la forme de petits cristaux pesans, d'un brun violet, et en oxide de chrome, qui restoit en suspension sous la forme de flocons. Un fait remarquable que présente la liqueur améthyste, c'est que, quoique contenant du mercure en excès, elle donne cependant un précipité lorsqu'on y verse du nitrate de protoxide de mercure ; c'est qu'alors l'acide chromique abandonne le peroxide de mercure, avec lequel il formoit une combinaison très-soluble dans l'acide nitrique, pour se porter sur du protoxide, avec lequel il forme une combinaison beaucoup moins soluble que la première.

L'oxide de chrome, obtenu du chromate de mercure pur ou d'un chromate qui retenoit du nitrate de mercure, appliqué sur la porcelaine, ne donne, au grand feu, que des couleurs pâles, qui tirent sensiblement sur le jaune ; mais, si l'oxide de chrome a été préparé avec un chromate de mercure qui contenoit de la potasse et du peroxide de manganèse, comme est celui que l'on obtient en versant dans du nitrate de mercure peu acide un excès d'une solution de chromate de potasse contenant du peroxide de manganèse, il arrive alors que cette combinaison triple d'oxides de chrome, de mercure et de potassium donne à la porcelaine une couleur verte d'autant plus foncée qu'il y a plus de manganèse. En ajoutant à cette combinaison ternaire des quantités différentes d'oxide de chrome pur, on obtient des mélanges qui donnent à la porcelaine toutes les teintes comprises entre le vert jaune léger et le vert olive foncé. Ces observations, très-importantes pour la préparation de l'oxide de chrome, ont été faites par M. Dulong. Ce chimiste a vu que la couleur verte que présente quelquefois la lessive du fer chromé qui a été traité par la potasse, est due à du peroxide de manganèse, et non à de l'oxide de chrome, comme on l'avoit pensé; que cette liqueur verte, abandonnée à elle-même dans un flacon fermé, passe au jaune, en déposant du peroxide de manganèse qui est uni à de l'alumine; qu'en versant dans la liqueur filtrée un peu d'acide nitrique, pour neutraliser l'excès d'alcali, on précipite une nouvelle combinaison d'alumine et de manganèse, et que malgré cela la liqueur retient encore du manganèse. Au reste, on peut obtenir du chromate de mercure pur avec du chromate de potasse manganésifère, en se servant de nitrate de mercure très-acide, et en en versant un excès dans le chromate alcalin.

Le chromate de protoxide de mercure est formé, suivant M. Godon :

Acide	17	100
Protoxide	83	488,23

Chromate de peroxide de mercure. Ce sel peut être obtenu

sous la forme de petits cristaux d'un brun violet. Il est insoluble dans l'eau ; il se dissout facilement dans l'acide nitrique foible : cette dissolution est jaune. Si on l'a mêlé à du nitrate de protoxide de mercure, il produit un précipité de chromate de protoxide. La potasse lui enlève l'acide chromique, et le peroxide de mercure rouge reste à l'état solide.

Le chromate de peroxide de mercure, exposé rapidement à une température suffisante, se sublime sans décomposition, et se condense ensuite, sur les corps froids qu'il vient à toucher, en petites aiguilles pourprées ; chauffé lentement dans une cornue, il se convertit en oxigène, en mercure et en oxide de chrome.

Telles sont les propriétés que M. Vauquelin a reconnues au chromate de peroxide de mercure, obtenu d'*une liqueur améthyste* par un procédé décrit à l'article Chromate de protoxide de mercure. Le même chimiste dit qu'en mêlant du nitrate de peroxide de mercure avec du chromate de potasse, on obtient un précipité de chromate de peroxide, si la dissolution mercurielle n'est pas avec excès d'acide.

Chromate de molybdène. Inconnu.

Chromate de nickel. Il est déliquescent : sa dissolution ne cristallise pas ; elle est jaune quand elle est étendue, et d'un rouge fauve quand elle est concentrée.

Chromate d'osmium. Inconnu.

Chromate de palladium. Inconnu.

Chromate de platine. Inconnu.

Chromate de plomb. Les cristaux natifs de ce sel sont rouges ; leur poussière est jaune ; ils ont une densité de 5,75.

Le chromate de plomb est insoluble dans l'eau. L'acide nitrique le dissout à chaud ; mais, par le refroidissement, une partie s'en précipite. L'acide sulfurique en isole l'acide, parce qu'il produit, avec sa base, un sulfate insoluble. L'acide hydrochlorique, étendu de son poids d'eau, le décompose à froid : il se produit de l'eau, et du chlorure de plomb qui cristallise ; l'acide chromique qui a été isolé, se dissout dans l'acide hydrochlorique ; si l'on fait chauffer cette dissolution, il y a dégagement de chlore, formation d'eau et d'hydrochlorate de chrome.

La potasse dissout le chromate de plomb : le sous-carbonate de potasse le réduit en sous-carbonate de plomb.

Le chromate de plomb artificiel est employé aujourd'hui dans la peinture à l'huile, soit sur tableaux, soit pour peindre les caisses des voitures en jaune jonquille. On le prépare pour ces usages, en précipitant le chromate de potasse par le nitrate ou l'acétate de plomb. Quand le chromate alcalin est neutre, le précipité est jaune: quand il est avec excès d'alcali, le précipité tire sur le rouge orangé; mais alors il est plus susceptible de noircir par les émanations sulfureuses.

D'après M. Vauquelin, le chromate de plomb seroit formé :

$$\text{Acide.} \dots \quad 100$$
$$\text{Oxide.} \dots \quad 169$$

Chromate de potasse. Il est d'un jaune citrin; il cristallise facilement, mais il est rare d'obtenir des polyèdres bien réguliers. Lorsqu'on l'expose à une température voisine de la chaleur rouge, il paroît orangé; mais, en refroidissant, il reprend sa couleur citrine. Il est assez soluble dans l'eau, sans cependant être déliquescent : la solution est d'un beau jaune d'or; les acides, au moins ceux qui ont quelque énergie, la font passer au rouge orangé, parce qu'ils enlèvent une portion d'alcali au chromate. En faisant évaporer spontanément cette liqueur, on en obtient du surchromate de potasse sous forme de prismes d'un beau rouge orangé.

Le chromate de potasse n'est pas décomposé par une température très-élevée.

Nous avons décrit, à l'article Chrome, la manière de le préparer.

Chromate de rhodium. Inconnu.

Chromate de silice. M. Godon dit que l'acide chromique forme avec la silice un composé rosé, insoluble dans l'eau, qui ne change pas de propriétés lorsqu'on l'expose à la chaleur du four à porcelaine.

Chromate de soude. Ce chromate, ayant beaucoup d'analogie avec le chromate de potasse, a été peu étudié.

Chromate de strontiane. Il est d'un jaune citrin; il est insoluble dans l'eau, et a beaucoup d'analogie avec le chromate de baryte.

Chromate de tellure. On sait qu'il est jaune citrin.

Chromate de titane. Inconnu.

Chromate de tungstène. Inconnu.

Chromate d'urane. Inconnu.

Chromate de zinc. On sait qu'il est jaune.

Chromate de zircone. Inconnu.

Chromate d'yttria. Inconnu. (Ch.)

CHROME. (*Chim.*) Métal qui fut découvert, en 1797, par M. Vauquelin, dans le plomb rouge de Sibérie, où il se trouve à l'état de chromate de plomb. Le nom de chrome qui dérive de χρῶμα, *couleur*, lui a été donné à cause de la propriété dont jouissent, à l'état d'oxide ou d'acide, ses composés oxigénés, de former des combinaisons colorées avec presque tous les corps auxquels ils sont susceptibles de s'unir.

Le chrome est un métal d'un blanc grisâtre, très-fragile ; celui qu'on a obtenu par l'action de la chaleur appliquée à un mélange d'oxide de chrome et de charbon, étoit en masse poreuse, dont quelques parties présentoient des aiguilles qui se croisoient dans tous les sens.

Le chrome est extrêmement difficile à fondre ; lorsqu'il est fortement chauffé avec le contact de l'air, il se recouvre d'une croûte lilas qui devient verte par le refroidissement : tel est au moins le résultat obtenu par M. Vauquelin sur un fragment de chrome chauffé au chalumeau. La matière verte est un oxide.

L'action des autres corps simples sur le chrome est inconnue.

Parmi les acides il n'y a guère que le nitrique qui puisse l'attaquer d'une manière sensible ; en distillant cinq à six fois de suite 20 d'acide nitrique concentré sur 1 de chrome, on parvient à le convertir, en partie au moins, en acide chromique qui est jaune orangé et soluble dans l'eau.

L'eau n'a point d'action sur le chrome.

Combinaisons du chrome avec l'oxigène.

Il y en a deux : l'une est l'oxide vert, l'autre est l'acide chromique (1). Dans cet article nous ne traiterons que de la première : nous renvoyons la seconde au mot Chromique (*Acide*).

---

(1) M. Godon admet un oxide blanc moins oxidé que l'oxide vert ; et M. Vauquelin en admet un plus oxidé que ce dernier, voyez pag. 146, cinquième alinéa de ce volume.

L'oxide de chrome qui a été chauffé au rouge, est d'un vert-olive, infusible ; il peut être exposé aux températures les plus élevées, sans éprouver la moindre décomposition. Il est inaltérable à l'air. Le carbone le désoxigène avec difficulté ; l'hydrogène n'a sur lui aucune action. Le potassium, chauffé au rouge brun avec le double de son poids d'oxide de chrome, produit une matière brune qui, étant refroidie sans le contact de l'oxigène, prend feu lorsqu'on l'expose à l'air, et se transforme alors en chromate de potasse. MM. Gay-Lussac et Thénard, qui ont fait cette observation, regardent la matière brune comme étant formée de potasse et de chrome divisés, ou bien de potasse et d'un oxide de chrome moins oxigéné que l'oxide vert. Le sodium se comporte de la même manière que le potassium. L'oxide de chrome n'est pas ou qu'extrêmement peu attaqué par les acides, si ce n'est par l'acide nitrique bouillant qui finit par l'acidifier. La potasse, la soude, la baryte, la strontiane, et, à ce qu'il paroît, l'alumine même, convertissent l'oxide de chrome en acide, lorsqu'on expose ces corps au contact de l'air, après les avoir préalablement élevés à une certaine température.

L'oxide de chrome, préparé par la voie humide, et qui est peut-être un hydrate, a une couleur verte, mais moins agréable que celle de l'oxide calciné. Il est soluble dans les acides sulfurique, nitrique, hydrochlorique, phosphorique, oxalique : ces dissolutions sont vertes. Il est soluble dans la potasse et la soude : ces dissolutions sont vertes comme les précédentes, mais elles en diffèrent en ce qu'elles laissent précipiter tout leur oxide, si on les fait bouillir.

L'oxide de chrome est employé avec le plus grand succès pour faire des fonds vert-olive sur porcelaine. Dans le cas où l'on opère au *feu de moufle*, on peut faire usage de l'oxide de chrome pur ; mais. lorsqu'on opère au *grand feu*, il faut, suivant M. Dulong, pour avoir une belle couleur, employer un oxide qui contienne du peroxide de manganèse et de la potasse. Voyez Chromate de protoxide de mercure.

Des préparations de chrome.

Préparation du chromate de potasse. On remplit un creuset de terre, jusqu'aux $\frac{7}{8}$ environ, d'un mélange de 1 partie de fer chromé (improprement appelé fer chromaté), et de $\frac{1}{2}$ partie de nitrate de potasse; on le ferme avec un couvercle de terre : puis on l'expose à une chaleur rouge-cerise pendant une ou plusieurs heures, suivant que la quantité de matière est plus ou moins considérable. Dans cette opération, l'acide nitrique est décomposé : une portion de son oxigène acidifie le chrome qui étoit à l'état d'oxide, et l'acide chromique produit s'unit à la potasse. En lessivant la masse refroidie et détachée du creuset, on obtient une lessive de chromate de potasse, et un résidu formé, 1.° de silice, d'alumine, de magnésie, de per oxides de manganèse et de fer, principes constituans de la roche qui sert de gangue au fer chromé, et qui est toujours plus ou moins intimement mêlée au fer chromé de France; 2.° du peroxide de fer qui étoit uni à l'oxide de chrome ; 3.° d'une portion de fer chromé indécomposé. On traite à chaud ce résidu par l'acide hydrochlorique à 10 ; on décante promptement cet acide dès qu'il n'a plus d'action; on le remplace par de nouvel acide; puis on lave avec de l'eau la matière qui ne s'est pas dissoute : ce résidu est en grande partie du fer chromé. On le traite par le $\frac{1}{4}$ de son poids de nitre dans un creuset de terre; on lessive la masse à l'eau bouillante, et on réunit le chromate dissous à celui qui l'a été dans la première opération. On neutralise l'excès d'alcali de la liqueur par l'acide nitrique; on filtre, pour séparer de la silice de l'alumine et du manganèse qui se précipitent; puis on fait cristalliser le chromate de potasse, afin de le séparer de toute substance étrangère, notamment d'une portion de manganèse qui n'a point été précipitée dans l'opération précédente.

Le chromate de potasse sert ensuite à faire toutes les préparations de chrome.

Préparation des chromates insolubles. Pour les obtenir, il suffit de mêler la solution de chromate de potasse avec la solution d'un sel qui contient la base que l'on veut unir à l'acide chromique; on recueille le précipité sur un filtre, et on le lave jusqu'à ce que l'eau n'ait plus d'action sur le précipité. C'est par ce moyen qu'on prépare, 1.° le chromate de baryte, qui sert à préparer l'acide chromique; 2.° le chromate de mercure, qui sert à préparer l'oxide de chrome par la voie sèche; 3.° le chromate de plomb, qui est employé dans la peinture.

Préparation de l'acide chromique. On prend du chromate de baryte qui a été exactement lavé avec l'eau bouillante ; on le dissout dans l'acide nitrique foible, et on verse dans cette dissolution ce qu'il faut d'acide sulfurique pour en précipiter toute la baryte. Si l'on avoit mis une plus grande quantité d'acide, on précipiteroit celle-ci en ajoutant de la baryte, ou mieux encore du chromate de cette base dissous dans de l'acide nitrique. On filtre la dissolution dans du papier qui a été préalablement lavé avec de l'acide nitrique ; puis on la fait évaporer doucement à siccité pour en chasser tout l'acide nitrique : le résidu est de l'acide chromique retenant de l'eau. Si l'on craignoit qu'il ne fût mêlé d'acide nitrique, il faudroit le redissoudre dans l'eau, et faire évaporer de nouveau sa dissolution. L'acide chromique sert à préparer tous les chromates solubles.

Préparation de l'oxide de chrome. a) *Par la voie sèche.* On met du chromate de protoxide de mercure dans une cornue de grès lutée, à laquelle on a adapté une alonge et un ballon ; on chauffe la matière dans un fourneau de réverbère : le mercure et l'oxigène qui étoit uni à ce métal ainsi que celui qui l'étoit à l'oxide de chrome, se dégagent, tandis que ce dernier reste dans la cornue. Voyez CHROMATE DE MERCURE, à l'article CHROMATES.

b) *Par la voie humide.* On fait passer du gaz hydrosulfurique dans une solution de chromate de potasse : il se forme de l'eau par la combinaison de l'hydrogène du gaz acide avec une portion de l'oxigène de l'acide chromique, tandis que la potasse dissout, outre de l'acide hydrosulfurique indécomposé, le soufre qui a perdu son hydrogène, et l'oxide de chrome qui a été désacidifié. On ajoute à la liqueur assez d'acide hydrochlorique pour neutraliser la potasse : alors l'acide hydrosulfurique se dégage, et le soufre et l'oxide de chrome se précipitent. On jette le tout sur un filtre ; on lave le précipité à l'eau bouillante ; puis on le traite par l'acide hydrochlorique, qui ne touche point au soufre ; on filtre ; on précipite à chaud, par la potasse, l'hydrochlorate de chrome ; on filtre, on lave l'oxide précipité ; puis on le délaie dans l'eau, et on le renferme dans un flacon. Cet oxide peut servir à préparer tous les sels à base d'oxide de chrome.

Préparation du chrome à l'état métallique. Séparer l'oxigène du chrome, et obtenir le métal réduit en une masse cohérente, sont deux choses très-difficiles ; cependant M. Vauquelin y est arrivé, en exposant au feu d'une forte forge de l'acide chromique renfermé dans un creuset de charbon qu'il avoit placé au milieu d'un creuset de terre brasqué : 72 d'acide chromique lui ont donné 24 de métal. Il est vraisemblable que l'oxide de chrome, préparé par la voie humide, ainsi que l'hydrochlorate de chrome desséché, donneroient le même résultat, si on les chauffoit de la même manière, surtout après les avoir imprégnés d'un peu d'huile. (Cʜ.)

CHROME. (*Min.*) Ce métal, découvert par M. Vauquelin, et qui doit son nom à la propriété qu'il a de colorer plusieurs substances minérales, ne s'est point encore trouvé isolé dans la nature, ni à l'état d'oxide pur, ni à l'état de sulfure, ni dans aucune combinaison dont il fasse la base. Il a été reconnu dans un grand nombre de corps, où il n'est que comme principe accessoire ; il n'y a donc encore aucune espèce à placer dans ce genre : mais il est nécessaire de connoître les propriétés du métal lui-même, et de ses combinaisons avec une plus ou moins grande quantité d'oxigène, afin de pouvoir le reconnoître dans les minéraux où il se rencontre. Voyez Cʜʀome (*Chim.*).

On retrouve le chrome oxidé dans l'émeraude du Pérou, dans la diallage verte, dans quelques serpentines, dans un oxide de plomb qui accompagne souvent le plomb rouge, et dans les aérolithes.

M. Leschevin a découvert, il y a quelques années, l'oxide de chrome colorant le quarz. Les pierres qui renferment cet oxide, se trouvent dans le département de Saône et Loire, sur les pentes du nord et de l'est de la montagne des Ecouchets, entre le Creusot et Conches. Cette montagne est composée, ainsi que celles qui l'environnent, de psammite quarzeux, traversé dans diverses directions de veines de quarz coloré par de l'oxide de chrome ; elle est élevée d'environ six cents mètres au-dessus du niveau de la mer, et fait partie de la chaîne qui borde au nord-ouest la vallée de la d'Heune. Elle forme la transition du terrain primitif qui borde la même vallée au sud-est, au terrain secondaire. Elle repose immédiatement sur le primitif. Les roches qui composent cette montagne sont tantôt assez homogènes, et ont tous les caractères que nous attribuons aux véritables grès ; tantôt elles sont composées de mica, de fragmens de quarz et de felspath, et ressemblent, au premier aspect, à des roches primitives. Dans d'autres parties, les mêmes roches rougeâtres, décomposées et friables, encaissent des espèces de couches de brèches ou de poudingues, à ciment siliceux, qui ont des salbandes minces d'un quarz rougeâtre. Presque partout elles sont traversées dans tous les sens de veines de quarz coloré en vert pâle, et ces veines quarzeuses se continuent jusque dans la roche porphyroïde qui fait la base de cette montagne.

C'est dans ces psammites, sur les faces des fissures ; c'est surtout dans les couches de brèches et de poudingues qui les traversent ; c'est enfin dans les veines de quarz qui les parcourent dans tous les sens, que se voit l'oxide vert et siliceux de chrome. Il est plus abondant vers le sommet de la montagne, et devient plus rare à mesure qu'on s'enfonce.

Les morceaux colorés par l'oxide de chrome contiennent depuis 2,5 jusqu'à 13 pour 100 d'oxide ; mais ces derniers sont rares. Les parties constituantes essentielles de ces roches chromifères sont la silice et l'alumine.

On a trouvé dans le Tyrol du véritable chrome oxidé comme celui de M. Leschevin. L'oxide de chrome, très-pur, appliqué sur la porcelaine, sans fondant, mais fondu avec la couverte au grand feu, donne un vert foncé très-beau sur lequel on peut dorer. On s'en sert à Sèvres.

Le chrome, à l'état d'acide, se retrouve dans le Spinelle, dans le Plomb chromaté, dans le Fer chromaté, etc. (Voyez ces mots.)

Le chromate de plomb artificiel est employé avec avantage dans la peinture à l'huile. (B.)

CHROMIQUE (Acide). (*Chim.*) On l'obtient en décomposant par l'acide sulfurique le chromate de baryte dissous dans l'acide nitrique. (Voyez Chrome, *Préparation de l'acide chromique.*)

L'acide chromique desséché est rouge orangé ; il a une saveur très-acide, austère et métallique ; il attire l'humidité de l'atmosphère avec une grande force : c'est à cause de cette grande affinité pour l'eau, qu'il est très-difficile de le faire cristalliser ;

ce n'est qu'après avoir été fortement concentré, que sa dissolution donne des masses mamelonnées, dans lesquelles on démêle des cristaux grenus. Il est soluble dans l'alcool.

L'acide chromique, chauffé dans une petite cornue, se réduit en oxide de chrome et en oxigène : il n'a donc pas une grande affinité pour la proportion de cet élément qui le constitue acide ; mais, lorsqu'il est uni avec une base alcaline fixe au feu, il jouit d'une grande stabilité.

L'acide hydrosulfurique produit, avec l'acide chromique, de l'eau, de l'oxide de chrome et du soufre.

L'acide sulfurique concentré, chauffé avec cet acide, donne lieu à un dégagement d'oxigène et à une formation de sulfate de chrome.

L'acide sulfureux, en s'emparant d'une portion de son oxigène, produit du sulfate de chrome. M. Vauquelin a observé de plus, qu'en ne mettant dans l'acide chromique qu'une quantité d'acide sulfureux moindre que celle qui est nécessaire pour réduire l'acide en oxide vert, la liqueur devient d'un brun sale, et que, si l'on verse alors dans la liqueur de la potasse caustique, il se dépose une matière d'un brun rouge, qui peut être un oxide de chrome plus oxidé que l'oxide vert. Ce précipité est soluble dans les acides.

L'acide hydrochlorique décompose l'acide chromique ; de l'eau est formée, du chlore est mis à nu, et de l'oxide de chrome s'unit à une portion d'acide hydrochlorique non décomposée. Cette réaction de l'acide chromique sur l'acide hydrochlorique explique comment M. Vauquelin a dissous l'or dans un mélange de ces deux acides.

La solution alcoolique d'acide chromique se décompose assez promptement ; la couleur verte qu'elle acquiert annonce que la partie combustible du liquide désoxide l'acide. (CH.)

CHROMIS. (*Ichthyol.*) Χρόμις étoit, chez les Grecs, le nom d'un poisson que nous ne savons à quel genre rapporter. Linnæus l'a donné comme nom spécifique à un de ses LABRES, et M. de Lacépède l'a transporté à une SCIÈNE. (Voyez ces mots.) M. Cuvier vient de l'appliquer à un nouveau genre qu'il a formé aux dépens des spares et des labres de Linnæus.

Ce genre, qui appartient à la famille des léiopomes de M. Duméril, présente les caractères suivans :

*Lèvres et os intermaxillaires protractiles ; une seule nageoire dor-
sale, avec des filamens ; dents en velours, aux màchoires et au palais ; ligne latérale interrompue ; catopes souvent prolongés en filets ;
point de dents molaires.*

Les chromis ont le port des labres, dont ils se distinguent
parce que ceux-ci ont les dents maxillaires coniques et disposées sur un seul rang, et celles du pharynx cylindriques et
mousses, en pavé. On les sépare facilement des spares, qui
ont des dents molaires arrondies en pavé.

Leur estomac forme une sorte de cul-de-sac, sans cœcum.

Le Petit Castagneau : *Chromis mediterranea ; Labrus chromis*,
Linn. Son corps est entièrement d'une couleur noiràtre, ou
d'un chàtain foncé.

On pêche ce poisson, par milliers, dans la mer Méditerranée.
Rondelet, liv. V, pag. 152, nous apprend que le nom de *cas-
tagno* lui a été donné par les pêcheurs de la côte de Gènes, en
raison de sa couleur. Sa chair est peu estimée.

Le Bolti : *Chromis nilotica ; Labrus niloticus*, Hasselq., Linn.
Dents très-petites et échancrées ; couleur générale blanchàtre ;
nageoires dorsale, anale et caudale, nuageuses, à fond gris ;
des bandes noiràtres et transversales sur le dos ; màchoires
d'égale longueur ; iris de couleur d'or ; opercules écailleuses ;
pas de vessie natatoire.

On pêche ce poisson dans le Nil, dans les petits canaux qui
en dérivent, et dans les flaques d'eau qui subsistent après l'inon-
dation. Il se nourrit de plantes et de vers aquatiques ; sa chair
est délicate et d'une saveur agréable : aussi passe-t-il pour le
meilleur poisson du Nil.

Les Egyptiens l'appellent bolti ou bolty ; quelques auteurs
lui ont donné l'épithète de *nuageux*. Il atteint jusqu'à deux
pieds de longueur.

Le Chromis filamenteux : *Chromis filamentosa ;* Labre filamenteux, Lacép., III, XVIII. 2. Nageoire dorsale munie de quinze
rayons aiguillonnés, garnis chacun d'un filament ; ouverture
de la bouche en forme de demi-cercle vertical ; quatre ou cinq
bandes transversales sur le dos. Trouvé par Commerson dans
le grand golfe de l'Inde.

Le Chromis quinze épines : *Chromis quindecim aculeata ;* Labre
quinze-épines, Lacép., III, XXV, 1. Quinze rayons aiguil-

lonnés à la nageoire dorsale ; mâchoire supérieure plus avancée ; opercules anguleuses ; six bandes transversales sur le dos et la nuque. Il vient probablement, pense M. de Lacépède, de la mer du Sud, ou du grand golfe de l'Inde.

Le Chromis de Surinam : *Chromis surinamensis ; sparus suri-namensis*, Bloch, tab. 277, 2. Nageoire caudale en croissant ; teinte générale jaune ; des bandes transversales rouges ; trois taches grandes et noires de chaque côté ; ouverture de la bouche petite ; un orifice à chaque narine ; écailles lisses et minces ; des raies brunes sur les nageoires.

Le *labrus punctatus* et le *perca saxatilis*, de Bloch, se rapportent encore à ce genre. (H. C.)

CHROSCIEL. (*Ornith.*) Voyez Chrokiel. (Ch. D.)

CHRYSÆA. (*Bot.*) Daléchamps nomme ainsi une espèce de balsamine, *impatiens noli me tangere*, de Linnæus. (J.)

CHRYSAETOS (*Ornith.*), terme grec, qui signifie aigle doré, et que Buffon applique spécialement à son grand aigle, *falco chrysaetos*, Linn., quoiqu'il ne paroisse différer de l'aigle commun, *falco fulvus*, Linn., qu'en ce que le premier est un jeune, et le second un individu plus âgé. (Ch. D.)

CHRYSALIDE (*Entom.*), Aurélie, Pupe, et plus vulg. Fève. On nomme ainsi la nymphe de certains insectes dont toutes les parties sont resserrées et comme emmaillottées. Dans les papillons, les phalènes et autres lépidoptères, par exemple, toutes les parties de l'insecte parfait, au moment où il quitte la forme de chenille, se trouvent déjà indiquées au dehors, comme dessinées par des compartimens de lame de corne ; c'est ce que les auteurs ont désigné sous le nom de chrysalide *obtectée*. Dans les mouches, les syrphes et la plupart des autres diptères, la larve apode ou le ver, en devenant immobile, se trouve enfermé dans sa peau, qui se dessèche et qui ressemble aux tégumens d'une semence, soit sphérique, soit ovalaire, mais à la surface de laquelle on ne peut distinguer aucune des parties de l'insecte parfait qu'elle contient, comme le petit oiseau est contenu dans la coque calcaire de l'œuf qui le renferme : c'est ce que les naturalistes ont appelé une chrysalide *coarctée*.

Cependant, plus généralement, le nom de chrysalide a été affecté aux nymphes de lépidoptères ; ce nom même, comme

œlui d'*aurélie*, qui en est le synonyme, est emprunté de l'éclat
métallique, doré ou argenté, qui brille sur l'enveloppe de la
nymphe de quelques espèces de papillons de jour.

Le mot de *pupe* lui-même exprimoit, chez les Latins, ces
sortes d'images ou de représentations de petites figures hu-
maines, de bois, de carton ou de cire, que nous nommons des
poupées, dont les petites filles faisoient leur amusement, et
qu'elles consacroíent à Vénus, à l'époque où elles avoient
atteint l'âge de la puberté :

> Dicite, pontifices, in sacris quid facit aurum ?
> Nempe hoc quod Veneri donatæ à virgine pupæ.
>
> PERSE. Sat. II.

Et le nom de chrysalis est employé par Pline, lib. II, cap. 23,
pour indiquer cet état des lépidoptères.

Erucæ genus est..... quæ, rupto cortice cui includitur, fit papilio.

Sous cet état de chrysalide, l'insecte reste ordinairement
dans un parfait repos; il cesse de croître, ses parties prennent
plus de consistance; il éprouve une sorte d'incubation, qui
s'abrége proportionnellement à l'élévation de la température
des corps environnans.

Les chrysalides ne sont pas toujours exposées à l'air libre.
Les lépidoptères de chacun des genres et même des espèces
qui ont entre eux le plus d'analogie, ont les mêmes habitudes.
C'est ainsi, par exemple, que parmi les papillons de jour, un
grand nombre, tels que les espèces à chenilles épineuses, analogues au paon de jour, aux tortues, se métamorphosent en
s'accrochant, par l'extrémité du corps opposée à la tête, à quelques fils de soie, de manière que la chrysalide reste suspendue dans une position renversée et verticale : d'autres, comme
les chenilles de quelques chevaliers troyens, des danaïdes, tels
que le flambé, les papillons du chou, de l'aubépine, ont eu
la précaution de se passer en travers une sorte de sangle qui
les empêche d'être ballottées : quelques autres, comme celles
des sphinx, se creusent dans la terre une sorte de tombeau ou
de voûte dont elles affermissent les parois en y dégorgeant une
espèce de vernis imperméable à l'humidité; ou bien, comme
les chenilles de la plupart des bombyces, elles se filent un
cocon d'une soie plus ou moins serrée, qui les protége contre

la piqûre des insectirodes ou le bec des oiseaux ; ou bien enfin, comme celles des teignes, des lithosies, elles se métamorphosent dans l'espèce d'étui ou de fourreau qui leur servoit de refuge sous leur premier état.

Il est facile au zoologiste qui a étudié les métamorphoses des insectes, de reconnoître, même par la forme de la chrysalide, le genre et l'espèce de l'insecte qui en sortira, comme les ornithologistes classeroient peut-être les œufs des oiseaux par leur forme, leur couleur et les taches dont ils sont marqués.

C'est ainsi que les chrysalides de beaucoup de papillons de jour portent sur le dos du corselet une sorte de carène : que la partie correspondante à la tête se bifurque, et que le tout représente une sorte de masque : que les bombyces ont, en général, des chrysalides arrondies, velues dans l'apparent, le disparate ; lisses dans le ver à soie, la lunule, la plupart des phalènes, des teignes. Voyez les articles MÉTAMORPHOSE, LÉPI-DOPTÈRES, BOMBYCES, PAPILLONS, etc. (C. D.)

CHRYSALITE. (*Foss.*) C'est le nom donné par Mercatus à une espèce de *corne d'Ammon*, dont la surface ressemble à celle d'une chrysalide. Métall. pag. 311. Voyez CORNE D'AMMON. (D. F.)

CHRYSAMMONITÉS. (*Foss.*) On a appelé ainsi les *cornes d'Ammon* qui sont couvertes d'une teinture dorée. Voyez CORNES D'AMMON. (D. F.)

CHRYSANTHELLUM. (*Bot.*) [*Corymbifères*, Juss. ; *Syngénésie polygamie superflue*, Linn.] Ce genre de plantes, de la famille des synanthérées, appartient à notre tribu naturelle des hé-lianthées, et doit probablement être rangé dans la section des hélianthées-coréopsidées.

La calathide est radiée ; composée d'un disque pauciflore, équaliflore, régulariflore, androgyniflore, et d'une couronne multiflore, liguliflore, féminiflore. Le péricline, presque égal aux fleurs du disque, est cylindrique, et formé de squames subunisériées, accompagnées à leur base externe de quelques bractéoles. Le clinanthe est garni de squamelles planes : les cypsèles sont biformes, et sans aigrette ; les unes cylindracées, sillonnées ; les autres comprimées, non dentées sur les arêtes : les fleurs femelles ont la languette courte, linéaire, bidentée.

Le CHRYSANTHELLE COUCHÉ (*Chrysanthellum procumbens*, Pers., *verbesina mutica*, Linn.) est une plante herbacée, annuelle, qui habite en Amérique les pâturages un peu humides; sa tige est couchée, garnie de feuilles alternes, cunéiformes, partagées en deux ou trois divisions, et elle porte des pédoncules alongés, terminés par des calathides solitaires.

Ce genre, établi par M. Richard, ne nous est connu que par sa description, qui se trouve dans le *Synopsis* de M. Persoon. (H. Cass.)

CHRYSANTHÈME (*Bot.*), *Chrysanthemum.* [*Corymbifères*, Juss.; *Syngénésie polygamie superflue*, Linn.] Ce genre de plantes, de la famille des synanthérées, fait partie de notre tribu naturelle des anthémidées.

La calathide est radiée; composée d'un disque multiflore, équaliflore, régulariflore, androgyniflore, et d'une couronne unisériée, liguliflore, féminiflore. Le péricline est hémisphérique, et formé de squames imbriquées, apprimées, coriaces, scarieuses sur les bords; le clinanthe est nu et convexe; la cypsèle, munie de cinq ou dix côtes, est entièrement dépourvue d'aigrette; les fleurs radiantes ont la languette ovale-oblongue, étalée, le plus souvent tronquée au sommet.

Les botanistes confondoient sous le nom de chrysanthème les espèces à cypsèle non aigrettée, et les espèces à cypsèle surmontée d'une petite aigrette coroniforme. Gærtner n'admet dans le genre Chrysanthème que les espèces sans aigrette, et forme avec les autres le genre *Pyrethrum*, indiqué déjà par Haller. Cette distinction, quoique très-légère et purement artificielle, nous semble pouvoir être admise pour faciliter la recherche des espèces, qui sont nombreuses. On peut en outre diviser les vrais chrysanthèmes en deux sous-genres, d'après la couleur des fleurs, en nommant leucanthèmes les espèces à couronne blanche ou rouge, et chrysanthèmes proprement dits celles à couronne jaune comme le disque. On trouve en France cinq ou six espèces de ce genre qui y croissent naturellement: nous devons nous borner à en faire connoître deux qu'on rencontre fréquemment dans les environs de Paris.

Le CHRYSANTHÈME LEUCANTHÈME (*Chrysanthemum leucanthemum*, Linn.), vulgairement nommé grande marguerite, est une plante herbacée, à racine vivace, très-commune dans les prairies, où elle fleurit en été. Sa tige est dressée, un peu rameuse supérieurement, haute d'un à deux pieds, striée, hispidule inférieurement ; les feuilles inférieures sont obovales-spatulées, étrécies inférieurement en pétiole, crénelées ; les supérieures sont amplexicaules, oblongues, obtuses, dentées en scie supérieurement, subpinnatifides inférieurement ; la tige et ses branches sont terminées par de grandes et belles calathides solitaires, à disque jaune et à couronne blanche.

Le CHRYSANTHÈME SÉGÉTAL (*Chrysanthemum segetum*, Linn.), est annuel et beaucoup moins commun que le précédent : c'est une plante toute glabre et d'un vert glauque, haute d'un pied et demi, à tige dressée, rameuse, cannelée, garnie de feuilles amplexicaules, dont les inférieures sont presque pinnatifides, et les supérieures étroites, aiguës, dentées. Les calathides, solitaires à l'extrémité des rameaux, sont presque aussi grandes et aussi belles que dans l'espèce précédente ; mais leur couronne est jaune comme le disque : c'est pourquoi ce chrysanthème porte le nom vulgaire de marguerite dorée. Il peut fournir une teinture jaune. (H. CASS.)

CHRYSANTHÈME DES INDES. (*Bot.*) On nomme souvent ainsi, et peut-être avec raison, la superbe plante que M. Desfontaines appelle anthémis à grandes fleurs, *anthemis grandiflora*, et qu'il croit différente, spécifiquement et même génériquement, du vrai *chrysanthemum indicum*. Nous croyons au contraire, comme M. Persoon, que les deux plantes sont du même genre, peut-être de même espèce, et que les squamelles du clinanthe sont une variation produite par la culture. Nous avons observé cette sorte de monstruosité chez un grand nombre de synanthérées de tout genre. (H. CASS.)

CHRYSANTHÉMOÏDES. (*Bot.*) Commelin, dans son *Hort. amstelod.*, nommoit ainsi un genre de plante composée, auquel il ajoutoit pour épithète le nom d'*osteospermum*, à cause de ses fruits qui sont osseux. Tournefort et Dillenius avoient adopté ce genre et sa nomenclature ; Linnæus les a suivis, en changeant seulement l'épithète en nom générique. Voyez OSTÉOSPERME. (J.)

CHRYSANTHEMUM. (*Bot.*) Si on ouvre divers livres de botanique, on verra que ce nom, qui signifie fleur dorée, a été donné à beaucoup de plantes composées de trente genres différens, dont le plus grand nombre se range parmi les radiées.

Le genre auquel le nom a été conservé, est de cet ordre.
(Voyez Chrysanthème.) On sera plus surpris de retrouver le
même nom appliqué à des renoncules, à une protéacée et à
un *staavia*, dans les rhamnées. (J.)

CHRYSAORA (*Arachnod.*), nom latin du genre Chrysaore.
(De B.)

CHRYSAORE (*Arachnod.*), *Chrysaora*. MM. Péron et Lesueur
ont établi ce genre dans la famille des médusaires, pour un assez
grand nombre d'espèces qui ont un estomac composé avec plusieurs ouvertures ou bouches, un pédoncule perforé à son centre,
des bras parfaitement distincts, non chevelus ; une grande cavité aérienne et centrale. Parmi les onze espèces de ce genre
nous citerons celles qui ont été vues sur les côtes de la
Manche, et dont plusieurs pourroient bien n'être que des
variétés.

Chrysaore Lesueur, *Chrysaora Lesueur*. L'ombrelle, de quinze
à vingt centimètres de diamètre, est presque entièrement rousse,
avec un cercle blanc au centre, et trente-deux lignes blanches
très-étroites, formant seize angles aigus, dont le sommet est
dirigé vers l'anneau central. Des côtes du Havre.

Chrysaore aspilonote, *Chrysaora aspilonota*. L'ombrelle de
sept à huit centimètres, entièrement blanche, avec trente-deux
lignes rousses, très-étroites, formant seize angles aigus à son
pourtour. Des côtes du Havre.

Chrysaore spilhémigone, *Chrysaora spilhemigona*. L'ombrelle
de sept à huit centimètres, d'un gris léger, tout pointillé de
brun roux, avec une tache ronde de la même couleur à son
centre ; trente-deux lignes, également rousses, formant seize
angles aigus à la circonférence. Des côtes du Havre.

Chrysaore spilogone, *Chrysaora spilogona*. L'ombrelle de
quinze à vingt centimètres, d'un gris cendré, tout légèrement
pointillé de roux, avec une grande tache fauve au centre, et
seize autres triangulaires, de même couleur, à la circonférence. Des côtes du Havre. (De B.)

Chrysaore pleurophore, *Chrysaora pleurophora*. L'ombrelle
de cinq à six centimètres, entièrement blanche, offrant à l'intérieur trente-deux vaisseaux ou canaux qui, à chaque contraction, présentent l'apparence d'autant de côtes arquées et
tranchantes. Des côtes du Havre. (de B.)

CHRYSAORE (*Foss.*), *Chrysaor*. M. Denys de Montfort, *Conch. systém.*, tom. 1 , pag. 379, donne ce nom à une coquille libre, univalve, cloisonnée, cellulée dans toute sa longueur ; droite, conique ; à bouche arrondie, horizontale ; à siphon central et à cloisons unies. Il a donné la figure de cette coquille, pag. 378 de son ouvrage ; et l'on en trouve une autre dans celui de Knorr, tom. II, pl. G VII, fig. 4.

D'après les figures de ce fossile, qui a été trouvé à Hüttenrode et dans la montagne de Sainte - Catherine près de Rouen, il paroît qu'il a les plus grands rapports avec les *bélemnites.* Walch, rédacteur du texte qui accompagne les planches de Knorr, l'a regardé comme pouvant appartenir au genre des *entroques,* ou à celui des *astéries.* Quand on sera à portée de vérifier son organisation intérieure, il sera facile de distinguer s'il appartient au genre *Bélemnite* ou à celui des *Entroques.* Voyez Bélemnites et Encrines. (D. F.)

CHRYSEIS. (*Bot.*) [*Cinarocéphales,* Juss. ; *Syngénésie polygamie frustranée,* Linn.] Ce nouveau genre de plantes, que nous avons établi dans la famille des synanthérées (Bull. Soc. philom., février 1817), appartient à la tribu naturelle des centauriées.

La calathide est radiée ; composée d'un disque multiflore, équaliflore, régulariflore, androgyniflore, et d'une couronne unisériée, ampliatiflore, neutriflore. Le péricline, plus court que les fleurs du disque, et ovoïde, est formé de squames imbriquées, apprimées, coriaces : les extérieures courtes, larges, ovales, sphacélées au sommet ; les intérieures longues, étroites, surmontées d'un appendice lâche, scarieux, ovale-acuminé. Le clinanthe est hérissé de fimbrilles laminées, membraneuses, subulées ; la cypsèle est couverte de longs poils soyeux apprimés. L'aigrette, un peu plus longue que la cypsèle, est composée de squamellules imbriquées, multisériées, laminées-paléiformes, non barbellées, mais denticulées ou frangées sur les bords et au sommet : les squamellules extérieures courtes, étroites, linéaires ; les intérieures longues, larges, subspatulées. Il n'y a point de petite aigrette intérieure. La corolle des fleurs neutres est très-longue et très-large, à limbe amplifié, obconique, membraneux, multidenté.

La Chryséide odorante (*Chryseis odorata,* H. Cass. ; *Centaurea amberboi,* Lam.) a été décrite dans le septième volume de ce

Dictionnaire, sous le nom de CENTAURIUM SUAVEOLENS : nous y renvoyons nos lecteurs.

Nos quatre nouveaux genres *Chryseis*, *Cyanopsis*, *Goniocaulon* et *Volutaria*, forment, dans la tribu des centauriées, un petit groupe très-naturel, et bien distinct par l'aigrette, dont les squamellules sont paléiformes, non barbellées, et ne recèlent point au milieu d'elles une petite aigrette intérieure. Nous ne pensons pas cependant qu'il convienne de réunir ces quatre genres en un seul. Dans le *cyanopsis*, les squames du péricline sont surmontées d'un appendice spiniforme ; et l'ovaire, glabriuscule, est muni de dix à douze côtes régulières, séparées par des sillons ridés transversalement. Dans le *goniocaulon*, la calathide est composée de quatre à six fleurs hermaphrodites, sans fleurs neutres. Dans le *volutaria*, la corolle des fleurs hermaphrodites a ses lobes roulés en dedans, du haut en bas, en forme de volute, et celle des fleurs neutres a son limbe divisé jusqu'à la base en trois ou quatre longues lanières liguliformes. Si l'on se décidoit à réunir les quatre genres, il faudroit au moins les conserver comme sous-genres. (H. CASS.)

CHRYSELECTRE (*Min.*), *Chryselectrum*, Pline. Ce nom, qui signifie en grec électre doré, étoit donné par les anciens à une pierre jaune assez semblable à de l'ambre. Quelques auteurs présument que c'est l'hyacinthe. (B.)

CHRYSÈNE (*Bot.*), nom françois du *chrysanthemum*. (H. CASS.)

CHRYSEUS. (*Mamm.*) Oppien parle de cet animal comme d'une espèce de loup qui habite l'Asie mineure, et qui se distingue par un pelage doré. Il est plus grand que le loup commun. et sa force est extrême ; il se cache dans des terriers, etc. On a cru reconnoître le chacal, *canis aureus*, à ces divers traits. (F. C.)

CHRYSIDES (*Entom.*), nom d'une famille d'insectes hyménoptères, qui ne comprend, dans la Zoologie analytique, que le genre anomal des chrysides, lequel diffère en effet de tous les autres hyménoptères par des caractères très-tranchés que nous allons rappeler ici :

Des uroprestes, telles que les tenthrèdes, qui ont l'abdomen sessile, tandis que les chrysides l'ont pédiculé ; des mellites, qui ont la lèvre inférieure plus longue que les mandibules, et formant une sorte de langue ou de suçoir; et de tous les autres hyménoptères, tels que les guêpes, les sphex, les ichneumons, les crabrons, les cynips, les fourmis, etc., par la disposition singulière des anneaux de l'abdomen, qui sont concaves en-dessous, et qui peuvent se rouler en boule, comme le corps des tatous et des cloportes, que l'on a nommés aussi armadilles.

Deux genres forment cette famille, et le premier ne comprend encore qu'une seule espèce. C'est celui que M. Latreille a nommé *parnopès*, appelé auparavant chryside couleur de chair, dont les anneaux du ventre ne sont pas inégaux en grosseur, comme ceux du Chryside.

Chryside ou Guêpe dorée, *Chrysis*, genre d'insectes hyménoptères, formant à eux seuls une petite famille à laquelle nous avons conservé ce nom dans la Zoologie analytique : M. Latreille les a appelés chrysidides, et M. Pelletier Saint-Fargeau, les porte-tuyaux.

Il est facile de distinguer les chrysides de tous les autres hyménoptères dont l'abdomen est pédiculé, par la forme particulière des anneaux qui le composent. En effet, chacune des articulations est convexe, cornée, le plus souvent à reflets métalliques en-dessus, concave et molle en-dessous, et pouvant se rouler en une sorte de boule. En outre, ainsi que le fait remarquer M. Jurine, les antennes sont brisées, en fuseau, et les ailes supérieures ne sont jamais doublées sur leur longueur.

Le même auteur compare ces insectes aux colibris, à cause des riches couleurs dont la nature s'est plu à les embellir. On ne connoît pas encore leurs mœurs; cependant on présume que les larves vivent en parasites, soit de la nourriture que d'autres hyménoptères apportent et déposent auprès de leurs œufs, soit même des larves qui éclosent de ces œufs.

Sous l'état parfait, ces insectes sont d'une vivacité extrême : on les observe dans les lieux les plus exposés à l'ardeur du soleil, sur leurs troncs des vieux arbres, sur les murailles, dans les sablières et les terrains crayeux et argileux. Leurs antennes sont continuellement en mouvement, comme celles des sphéges et des ichneumons, quoique beaucoup plus courtes. Quand on les saisit, ils se roulent en boule, comme certains cloportes ou gloméndes, et ils restent immobiles.

Ce genre comprend plus de trente espèces, qui se trouvent aux environs de Paris. Il a été observé, bien décrit et figuré par M. Pelletier-Saint-Fargeau, dans le tome VII des Annales du Muséum d'Histoire naturelle. Les principales espèces sont les suivantes, dont nous allons transcrire les caractères, d'après l'ouvrage de Fabricius.

CHRYSIDE ENFLAMMÉE; *Chrysis ignita*, Geoff., tom. II, n.° 20, pag. 382. Tête, devant du corselet, dessous de l'abdomen, d'un vert doré; le dessus du ventre d'un rouge doré.

CHRYSIDE BRILLANTE; *Chrysis fulgida*. Verte; à corselet; premier anneau de l'abdomen bleu, les autres dorés.

CHRYSIDE DORÉE; *Chrysis aurata*. Corselet vert; abdomen doré.

CHRYSIDE ROYALE; *Chrysis regia*. Corselet bleu; abdomen doré. (C. D.)

CHRYSIPPEA. (*Bot.*) Daléchamps dit que plusieurs personnes regardent la plante nommée ainsi par Pline, comme la même que la grande scrophulaire. (J.)

CHRYSIS. (*Bot.*) Reneaulme, au commencement du dix-septième siècle, nommoit ainsi le grand soleil, *helianthus annuus*. (J.)

CHRYSITE (*Min.*), nom que les anciens donnoient à la *pierre de touche*, à cause de l'usage que l'on en fait pour essayer l'or. (B.)

CHRYSITE DU CAP (*Bot.*), *Chrysitrix capensis*, Linn.; *Ill. gen.*, tab. 842. Plante du cap de Bonne-Espérance, la seule espèce du genre Chrysite, de la famille des cypéracées, de la *polygamie dioécie* de Linnæus. Elle offre pour caractère une fleur écailleuse, ovale, comprimée, accompagnée en-dessous d'une écaille en forme de spathe, coriace, concave, moins longue que la fleur; une enveloppe calicinale, composée de plusieurs bulles bivalves, lancéolées, cartilagineuses, fortement imbriquées, et formant un paquet serré; un faisceau de paillettes nombreuses, sétacées, contenues dans l'enveloppe calicinale; des étamines situées entre chaque paillette; les filamens capillaires; les anthères linéaires, adnées aux filamens; un ovaire oblong, chargé d'un style court, et de trois stigmates alongés, aigus; le fruit n'est pas connu. Le pistil avorte dans plusieurs fleurs.

Les feuilles sont étroites, en forme de lame d'épée, glabres, s'engaînant à leur base, comme celles des iris; enveloppant une hampe nue, comprimée, terminée en pointe; s'ouvrant latéralement un pouce au-dessous du sommet, pour donner passage à une fleur sessile, d'un roux brun. (Poir.)

CHRYSITIS. (*Bot.*) Un des stæchas citrins, *gnaphalium orientale*, étoit ainsi nommé par Pline et Dioscoride. La même plante, et quelques-unes de ses congénères, portoient aussi le nom de *chrysocome*, ainsi que plusieurs *elychrysum* de Willdenow; et suivant Mentzel, le *chrysospermum* des Grecs est synonyme du *chrysocome*. (J.)

CHRYSOBALANOS. (*Bot.*) Ce nom, adopté par Linnæus pour désigner l'icaque d'Amérique, étoit anciennement donné par Galien à la muscade à fruit rond, suivant quelques auteurs. (J.)

CHRYSOBALANUS. (*Bot.*) Voyez Icaquier. (Poir.)

CHRYSOBATE (*Min.*), nom grec qui signifie buisson d'or, et que l'on a appliqué à une végétation d'or opérée par le feu. (B.)

CHRYSOBERIL. (*Min.*) Werner applique ce nom à la substance que M. Haüy a nommée Cymophane. (Voyez ce mot.) De la Métherie donne aussi ce nom à une variété de topaze d'un jaune pâle. (B.)

CHRYSOCALIS (*Bot.*), un des anciens noms de la matricaire, cité dans l'ouvrage de Dioscoride. (H. Cass.)

CHRYSOCARPOS (*Bot.*), nom, cité par Daléchamps, du lierre à feuilles non lobées, *hedera poetica*, de C. Bauhin et de Tournefort. (J.)

CHRYSOCHLORE (*Mamm.*), *Chrysochloris*, Lacép. Ce genre a été fondé sur un seul animal, qui se rapproche des taupes par son genre de vie, mais qui s'en éloigne à plusieurs autres égards, et principalement par les dents. La mâchoire supérieure a deux incisives fortes et aiguës; l'inférieure en a quatre, deux semblables à celles d'en-haut, et qui leur correspondent, et deux autres très-petites, placées entre les premières et qui ne sont d'aucune utilité. Les molaires sont au nombre de neuf à la mâchoire d'en-haut: les trois premières sont à une seule pointe et se ressemblent; les six autres sont tuberculeuses. Leur forme générale est un triangle dont chaque angle a un tubercule; l'angle le plus aigu est en dehors de la mâchoire, et à sa base naît un tubercule isolé et assez fort. La dernière de ces dents, beaucoup plus petite que les autres, ne présente qu'une lame mince, dans laquelle cependant on retrouve la forme générale des autres molaires. La mâchoire inférieure n'a que huit molaires : les trois premières sont aussi à une seule pointe, et les cinq autres ont, comme celles d'en-haut, une forme triangulaire avec des tubercules ; mais elles sont plus minces, et l'angle aigu est en dehors. Toutes ces dents sont séparées par un intervalle égal à leur épaisseur, et c'est dans le vide que laissent entre elles les dents d'une mâchoire, que viennent se placer les dents de l'autre mâchoire, lorsque la bouche se ferme. Jusqu'à présent, c'est le seul exemple que nous ayons de dents opposées par leurs faces antérieures et postérieures.

Les doigts des pieds de devant sont au nombre de trois, et l'externe, enveloppé tout entier dans un ongle fouisseur, est d'une grosseur monstrueuse. Les pieds de derrière ont cinq doigts, et l'extérieur est le plus court. Il n'y a point de queue ; l'oreille manque de conque externe, et l'on n'aperçoit ni les yeux ni les mamelles, suivant Séba, qui dit aussi que les narines sont situées à la partie antérieure du museau, comme·dans les pourceaux. Les autres parties de l'organisation n'ont point été décrites.

La Chrysochlore du Cap (*Talpa asiatica*, Linn. ; Brown, pl. 45) est plus petite que la taupe commune, mais elle a les mêmes formes et à peu près la même physionomie. Elle vit aussi sous terre, dans des terriers dont on ne connoît pas la disposition ; mais qu'elle se creuse au moyen de ses pieds de devant, armés d'ongles très-épais, dont la force est encore soutenue par un os particulier qui se trouve dans le bras, sous le cubitus. Mais, ce qui seul distingueroit cet animal de tous les autres mammifères, c'est le brillant de son pelage, qui présente des reflets métalliques d'un vert changeant en couleur rouge de bronze ou jaune d'or, et qui rappelle l'éclatant plumage des colibris. La femelle, suivant Séba, ne diffère du mâle que par les poils du museau et de la tête qui sont plus courts et plus jaunâtres, et par ceux du ventre qui présentent des reflets plus riches. C'est cette couleur dorée qui a valu au genre le nom qu'il a reçu.

La chrysochlore vit au cap de Bonne-Espérance ; Séba l'avoit indiquée comme originaire de Sibérie, et cette erreur avoit été partagée par Buffon et par Linnæus. C'est Brown, dans ses Illustrations de Zoologie, qui a fait connoître la véritable patrie de cet animal, dont notre Cabinet aujourd'hui possède plusieurs individus.

La Taupe rouge : *Talpa rubra*, Linn.; Séba, t. I, tab. 32, fig. 2. On ne connoît cette espèce que par la description et la figure qu'en a données Séba ; aussi ce n'est que par la ressemblance de ses pattes avec celles de la chrysochlore qu'on la place dans ce genre. A la vérité, Séba dit que cette taupe n'a que quatre doigts aux pieds de derrière ; mais, comme il n'en donne aussi que quatre à sa taupe de Sibérie, à laquelle il compare sa taupe rouge, il est vraisemblable qu'il n'aura pas plus aperçu dans l'une que dans l'autre le doigt externe, qui est très-petit. Cette espèce a une queue, à en juger par sa figure. Voici, au reste, la description que Séba en donne :

« Cette taupe est d'un rouge tirant sur le cendré-clair ; « elle ressemble beaucoup à la taupe commune, sinon que « ses pieds de devant sont faits autrement, fendus seulement « en trois doigts, dont le premier est muni d'un ongle très-« grand, long, pointu, un peu recourbé. Le doigt du milieu « est plus petit, de même que son ongle ; le troisième est très-« petit. Les pieds de derrière se fendent en quatre doigts, « armés d'ongles presque égaux. » (F. C.)

CHRYSOCOLLE. (*Min.*) Ce nom, qui signifie *colle d'or*, a été donné par les anciens à une substance verte et sablonneuse qu'ils employoient à souder l'or, comme nous le faisons avec le borax.

Quelques naturalistes anciens donnoient aussi ce nom au borax et au cuivre carbonaté, vulgairement *vert de montagne.*

Werner a appliqué le nom de chrysocolle à une variété de Cuivre malachite. Voyez ce mot. (B.)

CHRYSOCOME (*Bot.*), *Chrysocoma.* [*Corymbifères*, Juss.; *Syngénésie polygamie égale*, Linn.] Ce genre de plantes, de la famille des synanthérées, appartient à notre tribu naturelle des astérées, dans laquelle il faut le placer auprès des *aster* et des *solidago.*

La calathide est pluriflore, équaliflore, régulariflore, androgyniflore. Le péricline est hémisphérique ou ovoïde, formé de squames imbriquées, oblongues. Le clinanthe est alvéolé. La cypsèle porte une aigrette de squamellules filiformes, barbellulées.

Les chrysocomes, comme l'a fort bien remarqué M. Decandolle, ont beaucoup de rapports avec les ptéronies, que nous rangeons aussi dans notre tribu des astérées ; et elles ne diffèrent des asters et des solidages que par l'absence de la couronne. Ce sont des plantes herbacées ou suffrutescentes, à calathides composées de fleurs jaunes, et le plus souvent disposées en un corymbe terminal. Les botanistes en ont décrit une vingtaine d'espèces, dont la plupart habitent le cap de Bonne-Espérance, quelques-unes la Nouvelle-Hollande ; on en rencontre peu en Europe, encore moins en Amérique. Nous décrirons celle qui croit dans notre patrie.

La Chrysocome liniere (*Chrysocoma linosyris*, Linn.) est une plante herbacée, glabre, à racine vivace, dont les tiges, hautes d'un pied et demi, simples inférieurement, rameuses et paniculées supérieurement, sont grêles, striées, et entièrement garnies de feuilles nombreuses, éparses, très-étroites, linéaires, aiguës ; les calathides, disposées en corymbe terminal, et composées de fleurs jaunes, ont le péricline formé de squames linéaires, aiguës, un peu lâches. On trouve cette espèce sur les montagnes arides, non loin de Paris, à Marcoussis, Mantes, Vernon, Fontainebleau, ainsi que dans nos provinces méridionales et tempérées ; mais, selon M. Decandolle, elle manque dans tout l'ouest de la France. (H. Cass.)

CHRYSOGASTRE. (*Entom.*) M. Meigen a donné ce nom, qui signifie ventre doré, à un genre de diptères qui comprend le syrphe des cimetières et le syrphe métallique, que M. Fabricius a décrits sous le nom d'érystales, d'après M. Latreille. Voyez Syrphe. (C. D.)

CHRYSOGONUM (*Bot.*) [*Corymbifères*, Juss. ; *Syngénésie polygamie nécessaire*, Linn.] Ce genre de plantes, de la famille des synanthérées, appartient à notre tribu naturelle des hélianthées, et très-probablement à la section des hélianthées-millériées.

La calathide est radiée ; composée d'un disque pluriflore, équaliflore, régulariflore, masculiflore, et d'une couronne unisériée, quinquéflore, liguliflore, féminiflore. Le péricline, presque égal aux fleurs radiantes, est formé de cinq squames unisériées, égales, étalées, foliacées, lancéolées. Le clinanthe est plane, garni de squamelles dissemblables : celles du disque largement linéaires, obtuses, concaves, en nombre égal à celui des fleurs ; celles de la couronne en nombre triple de celui des fleurs, chaque ovaire se trouvant entouré de trois squamelles, dont l'extérieure est très-grande, obovée, cochléariforme, demi-enveloppante, et les deux autres analogues aux squamelles du disque. L'ovaire des fleurs mâles est semi-avorté : celui des fleurs femelles est obovale, comprimé sur les deux faces antérieure et postérieure ; celle-ci convexe, l'autre concave ; muni de cinq côtes peu prononcées. L'aigrette est courte, coroniforme, dimidiée-postérieure, membraneuse, denticulée en son bord postérieur. La languette de la corolle des fleurs femelles est ovale, tridentée au sommet.

Ce genre, que nous décrivons d'après Gærtner, a été établi par Linnæus, et il nous paroît avoir des rapports avec le *parthenium*. On n'en connoit qu'une espèce,

Le Chrysogone de Virginie, *Chrysogonum virginianum*, L. Il habite les lieux montueux de la Virginie et de la Caroline. C'est une plante herbacée, velue, à feuilles opposées, longuement pétiolées, et à calathides solitaires, souvent terminales, composées de fleurs jaunes. M. Persoon pense qu'on devroit la nommer *chrysogonium* plutôt que *chrysogonum*, pour se conformer à l'étymologie. (H. Cass.)

CHRYSOLACHANUM (*Bot.*), un des noms grecs donnés, suivant Dodoens, à la follette, ou arroche des jardins potagers, *atriplex hortensis*. Il ajoute que quelques personnes croyoient que cette plante des Grecs étoit l'espèce d'anserine que nous nommons maintenant *chenopodium bonus Henricus*, le bon Henri. S'il faut en croire Ruellius, cité par C. Bauhin, c'est la lampsane, *lampsana communis*, que Pline a désignée sous le même nom. (J.)

CHRYSOLE (*Conch.*), *Chrisolus*. C'est un des genres nombreux établis par M. Denys de Monfort parmi les coquilles microscopiques, et qui renferme les espèces de nautiles un peu carénées, dont l'ouverture triangulaire est élargie et fermée par un diaphragme bombé, sans trous ni siphons, mais crénelé contre le tour de spire. L'espèce qui lui sert de type, et que

M. Denys de Montfort nomme le chrysole perlé, est figurée dans Van-Fichtel, *Test. microscop.*, p. 107, tab. 19, fig. g, h, j, sous le nom de *nautilus crepidula.* C'est une très-petite coquille d'environ deux tiers de ligne de diamètre, ovale-alongée, pellucide, rose dans l'état de vie, et d'un blanc de perle après la mort. On la trouve sur les rivages de la Méditerranée, près de Livourne. (DE B.)

CHRYSOLITHE. (*Min.*) Ce nom a été donné indistinctement, par les minéralogistes et les joailliers, à des substances bien différentes. Romé-Delisle l'a appliqué à une variété de chaux phosphatée.

Werner n'admet que celle des volcans, déjà bien connue, et qui diffère de toutes les pierres gemmes que l'on appeloit *chrysolithes*. Il donne spécialement ce nom aux variétés qui se présentent sous forme régulière, et appelle *olivine* la matière vitreuse, d'un jaune olivâtre, que l'on rencontre en masses irrégulières d'un volume considérable, ou sous forme de petits grains disséminés dans le basalte ou la lave.

M. Haüy a réuni ces deux substances sous la dénomination de PÉRIDOT. Voyez ce mot.

CHRYSOLITHE DU CAP. Voyez PREHNITE.

CHRYSOLITHE ORIENTALE. Voyez CYMOPHANE.

CHRYSOLITHE DU BRÉSIL. Voyez CYMOPHANE.

CHRYSOLITHE ORDINAIRE. Voyez CHAUX PHOSPHATÉE.

CHRYSOLITHE DES VOLCANS. Voyez PÉRIDOT.

CHRYSOLITHE DU VÉSUVE. Voyez IDOCRASE.

CHRYSOLITHE DE SAXE. Voyez TOPAZE.

CHRYSOLITHE DE SIBÉRIE. Voyez AIGUE-MARINE et ÉMERAUDE. (B.)

CHRYSOMALLUM (*Bot.*), *Chrysomallum*, Pet. Th., *Gen. Madag.*, n.° 25. Arbrisseau d'un port élégant, observé par M. du Petit-Thouars à l'île de Madagascar. Ses feuilles sont verticillées, à trois ou cinq folioles; les fleurs disposées en corymbes dichotomes, situés un peu au-dessus de l'aisselle des feuilles. Ce genre, borné à une seule espèce, appartient à la famille des verbénacées, à la *tétrandrie monogynie* de Linnæus. Ses fleurs offrent un calice d'une seule pièce, urcéolé, à cinq dents, une corolle tubuleuse, irrégulière, recourbée, couverte de poils soyeux; le limbe étalé, a cinq découpures; quatre étamines plus longues que la corolle; un style de la longueur des étamines; un stigmate double; un drupe ovale, accompagné du calice persistant, contenant un noyau osseux à quatre loges ; une semence dans chaque loge.

Cette plante paroît avoir été confondue avec les *bignonia*. Son nom est composé de deux mots grecs, χρυςὸς, *d'or*, et μαλλὸς, *toison*, à cause du duvet soyeux et roussâtre dont la corolle est revêtue en dehors. (Poir.)

CHRYSOMELA. (*Bot.*) C'est une des trois variétés de fruits du cognassier, *cydonia*, citées par Daléchamps, d'après Columelle. (J.)

CHRYSOMÉLANE (*Ichthyol.*), nom donné par Plumier à un poisson des eaux de l'Amérique équinoxiale, et que M. de Lacépède rapporte au genre des spares. Ce mot, tiré du grec, signifie *nuancé d'or et de noir.* (H. C.)

CHRYSOMELE (*Entom.*), *Chrysomela.* On désigne sous ce nom un genre nombreux d'insectes coléoptères, qui ont quatre articles à tous les tarses, les antennes filiformes, grenues, et que nous rangeons à la tête de la famille des herbivores ou phytophages.

Ce nom de chrysomèle est emprunté des Grecs, χρυσόμηλον, et signifioit une boule d'or, et par suite une orange : il paroit avoir été employé d'abord par Moufet, qui a figuré l'espèce la plus commune sous le nom que lui donnoit Eustathius, qui est χρυσομηλολόνθη, ce qui signifie scarabé doré.

Linnæus, qui a formé ce genre, y avoit compris d'abord la plupart des espèces qui composent maintenant la famille nombreuse des coléoptères-tétramérés herbivores. Geoffroy le circonscrivit, en séparant les criocères, les galéruques, les altises, les lupères ; Fabricius, Olivier, Laichart, Paykull, Latreille, y trouvèrent ensuite des genres très-naturels : cependant, il faut l'avouer, Linnæus avoit parfaitement rapproché les insectes qui font l'objet de cet article.

Les chrysomèles ont le corps arrondi, lisse, convexe en-dessus, légèrement aplati en-dessous; quatre articles à tous les tarses, qui sont garnis de pelotes en-dessous, ayant l'avant-dernier article partagé en deux lobes; les antennes, quoique filiformes, sont grenues et à articles distincts, grossissant insensiblement, insérées au-devant des yeux, et distantes l'une de l'autre. Leur corselet, en général, de la largeur des

élytres, est plus large que long, avec une sorte de rebord
ou de marge épaissie. Les élytres recouvrent l'abdomen et
l'enveloppent latéralement; elles sont coriaces, très-solides,
souvent soudées, et alors il n'y a pas d'ailes membraneuses.
Le dessus du corps est toujours brillant, ou luisant et poli; les
couleurs métalliques, bleue, violette, rouge et jaune, sont
les plus ordinaires.

Les chrysomèles, sous l'état parfait, comme sous la forme
de larves, se nourrissent de feuilles de végétaux; lorsqu'on
les saisit, la plupart retirent leurs membres sous le corps,
et se laissent ainsi précipiter sans faire le moindre mouvement; quelquefois elles laissent échapper de leurs articulations,
surtout de celles des cuisses, des jambes et du corselet, une
humeur colorée ou odorante qui paroît destinée à dégoûter
les oiseaux, dont elles deviennent cependant fort souvent la
proie.

Leurs larves, dont plusieurs vivent en famille, comme on
peut l'observer sur celle du peuplier, ont le corps alongé,
et les pattes écailleuses, rapprochées de la tête, écartées
les unes des autres à angle droit. Leur corps est souvent
muni de verrues ou de tubercules, par lesquels l'animal, au
moment où il croit qu'un danger le menace, laisse exhaler
une humeur transparente ou laiteuse, d'une odeur acide ou
vireuse, qui s'évapore lentement, et que l'animal resorbe
quand il a lieu de croire que le péril a cessé.

La plupart se transforment à l'air libre, et se fixent par l'anus
sur les branches ou sur les feuilles, comme les larves des coccinelles; quelques-unes cependant ne se changent en nymphes
que sous la terre, dans laquelle elles s'enfoncent quand elles
ont acquis tout leur développement : mais ces nymphes offrent
cette particularité, parmi celles des coléoptères, que la peau
de la larve se dessèche et recouvre la nymphe, comme dans les
diptères.

On verra, à l'article PHYTOPHAGES, qu'il est facile de distinguer au premier coup d'œil le genre des chrysomèles, qui
ont le corps arrondi, demi-sphérique, ou légèrement ovale
et aplati en-dessous, et les antennes grossissant insensiblement à l'extrémité, d'avec la plupart des genres dont les
noms suivent, qui ont le corps alongé, souvent arrondi, et

les antennes filiformes, tels que les donacies, les criocères, les hispes, les lupères, les galéruques, les altises, les gribouris, les clytres et les alurnes; les chrysomèles sont ensuite facilement distinguées des érotyles qui ont l'extrémité grossie de l'antenne légèrement aplatie, des hélodes dont les élytres ne sont pas bombées, et des cassides dont le corselet recouvre la tête.

Ce genre comprend de très-belles espèces. Nous allons indiquer les plus communes aux environs de Paris, et celles qui sont les plus remarquables par les couleurs.

Chrysomèle ténébrion ; *Chrysomela tenebricosa.* C'est la chrysomèle à un seul étui de Geoffroy, n.° 19. Noire, sans ailes, à antennes et pattes violettes.

Linnæus avoit d'abord décrit cet insecte parmi les ténébrions. Il varie beaucoup pour la grosseur, et en général les mâles sont plus petits. La larve, qui est très-grosse, très-vorace, ressemble un peu à celles des scarabées ; mais elle est d'une teinte noire, violette ou cuivreuse. Elle se trouve sur les gazons, principalement sur le caille-lait.

Chrysomèle du gramen ; *Chrysomela graminis.* Entièrement d'un vert brillant, cuivré et bleuâtre : le grand vertubleu, Geoffroy, n.° 10.

Cet insecte a été nommé ainsi, parce qu'il est d'une belle couleur verte, glacée de bleu; quand on l'examine à la loupe, on remarque que ses élytres, quoique très-brillantes, sont finement pointillées de creux enfoncés, ce qui en augmente beaucoup la surface et l'éclat. Quoiqu'on le nomme du gramen, on le trouve principalement dans les lieux aquatiques, sur les menthes, les marrubes, les lamiers et autres plantes aromatiques.

Chrysomèle du peuplier ; *Chrysomela populi.* A corselet bleu, à élytres rouges, noires à la pointe.

C'est la grande chrysomèle rouge, à corselet bleu, de Geoffroy, n.° 1. Tout le dessous du corps est d'un bleu cuivré ; la larve se nourrit de feuilles du peuplier noir, dont elle ronge le parenchyme en laissant les nervures.

Chrysomèle du tremble ; *Chrysomela tremulæ.* Bleu, à élytres testacées, sans taches.

Chrysomèle polie ; *Chrysomela polita.* Rouge, sans taches, à corselet doré.

CHRYSOMÈLE DIX-POINTS; *Chrysomela decem punctata.* Corselet rouge, noire derrière; élytres rouges, à cinq points noirs.

CHRYSOMÈLE FASTUEUSE; *Chrysomela fastuosa.* Le petit vert et bleu : Geoffroy, n.° 12.

D'un vert doré; élytres à trois raies bleues.

CHRYSOMÈLE ENSANGLANTÉE; *Chrysomela sanguinolenta.* Noire, à élytres ponctuées, à bord extérieur d'un jaune rougeâtre : Geoffroy, n.° 8.

CHRYSOMÈLE A LIMBES; *Chrysomela limbata.* Noire, à bord des élytres rouges : Geoffroy, n.° 9. (C. D.)

CHRYSOMELON. (*Bot.*) Ce nom, qui signifie pomme d'or, a été donné par quelques anciens à l'abricotier ou à son fruit. (J.)

CHRYSOMITRIS. (*Ornith.*) Si Aristote, en parlant de cet oiseau, dont Camus a traduit le nom grec par *bonnet d'or*, ne l'accoloit à d'autres qu'il dit ne manger ni vers ni rien qui ait vie, cette dénomination conviendroit bien mieux au roitelet, *motacilla regulus*, Linn., qui porte en effet une huppe d'or, qu'au chardonneret, qui n'a de jaune qu'à l'aile, et qui est mieux désigné par *aurivittis;* mais les auteurs anciens se sont accordés assez généralement à regarder le *chrysomitris* comme le chardonneret, *fringilla carduelis*, Linn. (CH. D.)

CHRYSOPALE. (*Min.*) Voyez CYMOPHANE. (B.)

CHRYSOPHRYS. (*Ichthyol.*) Les Grecs ont donné ce nom, qui signifie *sourcil d'or*, au centrolophe nègre, ou coryphène pompile. Ce poisson a effectivement une tache dorée au-dessus de chaque œil. Voyez CENTROLOPHE. (H. C.)

CHRYSOPHYLLUM. (*Bot.*) Voyez CAÏMITIER. (POIR.)

CHRYSOPHYS (*Min.*), Pline. Quelques auteurs pensent que cette pierre précieuse des anciens est la topaze. (B.)

CHRYSOPIE (*Bot.*), *Chrysopia*, Pet. Th., Gen. Madag., p. 15, n.° 48; genre de la famille des *hypéricées*, de la *polyadelphie polyandrie* de Linnæus. La seule espèce qu'il renferme est un grand et bel arbre de l'île de Madagascar, dont les rameaux sont étalés, les supérieurs rapprochés et presque en ombelle; les feuilles alternes, ovales, entières; les fleurs grandes, d'un pourpre foncé, disposées en fascicules à l'extrémité des rameaux : elles offrent un calice inférieur, à cinq folioles épaisses, concaves, colorées; une corolle à cinq pétales épais, concaves, roulés; un appendice urcéolé, épais, entier à sa base, divisé profondément en cinq lobes connivens; des étamines nombreuses, réunies en plusieurs paquets; cinq anthères sur chaque lobe, sillonnées extérieurement; un ovaire à cinq loges, contenant quelques ovules attachés dans le centre; un style divisé jusqu'à sa moitié en cinq découpures cylindriques : le fruit n'a point été observé; les semences sont épaisses, oléagineuses, dépourvues de périsperme, les cotylédons réunis. Il découle de cet arbre un suc abondant, d'un beau jaune; caractère exprimé par son nom composé de deux mots grecs, χρυςὸς, doré, ὀπὸς, suc. Ce genre a les plus grands rapports avec le *vismia* de Vandelli, publié antérieurement. (POIR.)

CHRYSOPRASE. (*Min.*) [Quarz-agathe-prase, Haüy]. C'est une variété de silex; elle est d'un vert-pomme ou vert-poireau, et varie très-peu de couleur : sa cassure est unie, cireuse, quelquefois un peu écailleuse; elle est lisse dans la variété vert-poireau : sa pesanteur spécifique, suivant Klaproth, est de 3,25, tandis que celle des silex ordinaires est de 2,4 à 2,6; elle ne diffère cependant pas essentiellement du silex ni par sa nature, ni par la proportion des parties qui la composent. D'après Klaproth, cette pierre contient de l'alumine, de la chaux, de l'oxide de fer, 0,96 de silice, et 0,01 de nickel. On croit qu'elle doit sa couleur verte à ce métal; elle la perd facilement au chalumeau.

La chrysoprase n'a été trouvée qu'à Kosemitz, au-delà de Breslau, dans la Haute-Silésie. Les montagnes qui la renferment sont composées, en grande partie, de serpentine, d'ollaire, de talc et d'autres pierres onctueuses qui contiennent presque toutes de la magnésie. On la trouve dans ces roches, en veines, ou couches interrompues et sans suite, au milieu d'une terre verte qui contient aussi du nickel, et dont on a fait une espèce sous le nom de *pimelite*. On voit dans le même lieu des calcédoines, des opales, du quarz, etc.

On fait avec la chrysoprase des bijoux assez estimés. On prétend que l'humidité altère sa couleur.

Il ne faut pas confondre la chrysoprase décrite ici avec le quarz-prase qui a la cassure vitreuse, une couleur beaucoup plus sombre, etc., ni avec le silex prasien dont la cassure est conchoïde et lisse. (B.)

CHRYSOPRASE D'ORIENT. (*Min.*) On a donné ce nom à une variété de topaze qui est d'un jaune verdâtre. (B.)

CHRYSOPSIDE (*Entom.*), *Chrysopsis*, visage d'or. Nous avons donné ce nom à un genre d'insectes à deux ailes, voisins des taons, et que nous rangeons dans la famille des haustellés ou sclérostomes. MM. Meigen et Fabricius l'ont décrit depuis sous le nom de chrysops.

Les espèces réunies sous ce nom de genre avoient été rangées avec les taons, dont elles diffèrent essentiellement par le dernier article de leurs antennes, qui est arrondi au lieu d'être denté ; ces antennes sont en fer d'aléne, sans poil isolé ; leur suçoir vertical ; la tête plus large que le corselet, avec des yeux très-brillans et métalliques pendant la vie : ce qui nous a suggéré le nom que nous leur avons assigné.

A l'état de larves il paroît que ces insectes se développent sous la terre ; mais, lorsqu'ils ont des ailes, ils se nourrissent du sang des animaux, dont ils ouvrent la peau à l'aide du suçoir corné dont leur bouche est armée. (Voyez TAON et SUÇOIR.) Dans ces derniers temps, Meigen et Fabricius ont séparé du genre plusieurs espèces, sous les noms d'hématopote, d'heptatome, de tanyglosse et de pangonie.

Les chrysopsides les plus communs sont :

Le CHRYSOPSIDE PLUVIAL, *Chrysopsis pluvialis.* L'hématopote des auteurs, dont Réaumur nous a donné l'histoire et fait connoître l'organisation dans le tome IV de ses Mémoires, pag. 238, fig. 18. Gris cendré ; les yeux à quatre bandes ondées ; les ailes à points blancs. Il suce les bœufs, les chevaux et même l'homme ; par les temps d'orage, il est très-incommode. Le sang sort des blessures qu'il fait à la peau.

Le CHRYSOPSIDE DEUX-TACHES, *Chrysopsis bimaculatus.* Heptatome. Noir, à premier anneau du ventre bleuâtre ; pattes blanches ; antennes à sept articles.

Le CHRYSOPSIDE AVEUGLANT, *Chrysopsis cæcutiens.* Abdomen brun, à base fauve, avec une tache triangulaire brune sur chaque anneau ; pattes pâles, à tarses bruns ; ailes tachetées.

Le CHRYSOPSIDE LUGUBRE, *Chrysopsis lugubris.* Tout noir ; à ailes brunes, avec une tache blanche.

Le CHRYSOPSIDE SÉPULCRAL, *Chrysopsis sepulcralis.* Noir ; à ailes transparentes, avec le bord et une bande transversale noirs. (C. D.)

CHRYSOPTÈRE ou CHRYSOPTERON. (*Min.*) L'on présume que c'est un des noms que les anciens donnoient à la Chrysoprase ou à la Chrysolithe. Voyez ces mots. (B.)

CHRYSOPTÈRE. (*Ichthyol.*) Ce mot, d'origine grecque, et qui veut dire *nageoires dorées*, forme le nom spécifique d'un Chéilodiptère. Voyez ce mot. (H. C.)

CHRYSOSPERMON. (*Bot.*) On lit dans le Dictionnaire de Calepin, que quelques personnes donnent ce nom à la grande joubarbe. Mentzel croît que c'est la même plante que le *chrysocome*, espèce de *gnaphalium*. (J.)

CHRYSOSPLENIUM. (*Bot.*) Voyez Dorine. (L. D.)

CHRYSOSTOSE. (*Ichthyol.*) M. de Lacépède a désigné sous ce nom un poisson de la famille des leptosomes, qui constitue seul un genre, dont les caractères peuvent être ainsi indiqués :

Pas de dents; une seule nageoire du dos, sans aiguillons; corps comprimé; yeux latéraux; écailles très-petites.

Le seul poisson de la famille des leptosomes dont les caractères semblent se rapprocher de ceux-ci, est le Caprus (voyez ce mot); mais il a deux nageoires dorsales.

Le mot chrysostose vient du grec χρυσόςος, qui veut dire *doré*.

L'espèce qui constitue ce genre est le Poisson-lune, ou Opah; *Chrysostosus luna* (*Zeus luna*, Linn.; *Zeus regius*, Pennant; *Cyprinus giganteus*, Viviani; *Zeus maculatus*, Schneider; *Zeus guttatus*, Brunnich.)

Nageoire caudale fourchue; dorsale falciforme; corps doré entièrement, tacheté d'argent; dos d'un bleu noirâtre; nageoires rouges.

C'est le plus beau poisson de nos mers, où il est assez rare; on en rencontra un à Dieppe, pour la première fois, il y a quelques années. Il paroît un peu plus fréquent sur les côtes françoises ou angloises de l'Océan atlantique.

Le chrysostose atteint de grandes dimensions; on en a vu de cinq pieds de longueur.

On prétend que la chair de ce poisson a la saveur de celle du bœuf.

Ce poisson est figuré dans le Traité des Pêches de Duhamel, III, 74, XV. Il forme le genre Lampris de Retzius. M. Cuvier le soupçonne d'être le même que le *scomber pelagicus* de Gunner, ou le *scomber Gunneri* de M. Schneider. (H. C.)

CHRYSOSTROME (*Ichthyol.*), genre de poissons de la famille des auchénoptères, établi, pour la première fois, par M. de Lacépède, d'après une espèce figurée par Rondelet, pag. 138 de l'édition de Lyon, sous le nom de *fiatola*.

Lé mot chrysostrome est tiré du grec, et signifie *tapis d'or*, χρυςὸς, σ]ρῶμα.

Les caractères de ce genre sont les suivans :

Corps et queue très-hauts, très-comprimés et aplatis latéralement, de manière à former un ovale régulier; une seule nageoire dorsale alongée.

On n'en connoît qu'une espèce ; c'est le CHRYSOSTROME FIATOLOÏDE, *Chrysostromus fiatoloïdes*, Lacép.

Dorsale et anale falciformes ; caudale fourchue; raies d'or, longitudinales interrompues, et taches de différentes grandeurs et de la même teinte sur les côtés; mâchoire inférieure un peu avancée; lèvres grosses.

On prend ce poisson sur les côtes de la mer Méditerranée, particulièrement aux environs de Rome.

MM. Schneider et Cuvier pensent que l'établissement de ce genre repose sur une erreur que l'on remarque dans la figure de Rondelet, et regardent ce poisson comme la fiatole véritable. M. de Lacépède, au contraire, pense qu'il en est assez distinct pour ne pas appartenir au même ordre. Voyez FIATOLE et STROMATÉE. (H. C.)

CHRYSOTHALES (*Bot.*), un des noms anciens donnés, suivant Daléchamps, à une espèce de trique, *sedum*, à fleurs jaunes, qui paroît avoir beaucoup de rapport avec le *sedum reflexum*. (J.)

CHRYSOTOSE. (*Ichthyol.*) Le même que CHRYSOSTOSE. Voyez ce mot. (H. C.)

CHRYSOTOXE (*Entom.*), *Chrysotoxum*. Meigen a désigné sous ce nom deux espèces de diptéres du genre MULION. Voyez ce nom de genre et les espèces qui seront décrites sous les noms d'ARQUÉ et DEUX-CEINTURES. (C. D.)

CHRYSTALLION. (*Bot.*) Voyez CATAPHYSIS, PULICAIRE. (J.)

CHRYSTE-MARINE. (*Bot.*) Voyez CHRISTE-MARINE. (L. D.)

CHRYSURE (*Bot.*), *Chrysurus*, Pers. Genre de plantes monocotylédones, hypogynes, de la famille des graminées, Juss., et de la *triandrie monogynie*, Linn., dont les principaux caractères sont d'avoir des épillets de deux sortes : les uns stériles, multiflores, à glumes linéaires, subulées, ayant l'apparence de bractées ; les autres fertiles, à une, deux ou trois fleurs hermaphrodites, ayant un calice de deux glumes linéaires, et une corolle de deux balles, dont l'extérieure est prolongée en une longue arête.

Ce genre est composé de quatre espèces qui avoient été rapportées aux *cynosurus*. Leurs fleurs sont disposées en panicule, souvent resserrées en épi.

CHRYSURE CYNOSUROÏDE : *Chrysurus cynosuroïdes*, Pers., *Synop.*, 1, pag. 80 ; Palis., *Agrost.*, 123, tab. 22, fig. 5 ; *Cynosurus aureus*, Linn., *Spec.* 107 ; *Lamarckia aurea*, Kœl., *Gram.*, 376. Ses chaumes sont coudés et ordinairement rameux à leur base, hauts de trois à six pouces, garnis de feuilles linéaires, molles au toucher ; ses fleurs, d'un vert clair, tirant sur le jaune pâle, quelquefois un peu rougeâtres, forment une panicule oblongue, resserrée et tournée du même côté ; les bractées sont formées de huit à dix valves glumacées, stériles, distiques. Cette espèce est annuelle ; elle croît dans le midi de l'Europe, en Corse, en Provence.

CHRYSURE HÉRISSÉ : *Chrysurus echinatus ; Cynosurus echinatus*, Linn., *Spec.* 105 ; *Host. Gram.*, 2, pag. 67, t. 95. Ses chaumes sont d'abord coudés à leur base, ensuite redressés, hauts d'un à deux pieds, garnis de feuilles linéaires, glabres ; ses fleurs sont verdâtres, disposées en panicule resserrée, ovale-oblongue et tournée d'un seul côté ; les bractées sont pinnées, et en forme de peigne, ayant chacune de leurs divisions aristée. On trouve cette plante dans les champs du midi de l'Europe et de la France.

Les deux autres espèces que M. Palisot de Beauvois rapporte à ce genre, sont le *cynosurus elegans*, Desf., *Fl. Atl.*, 1, pag. 82, t. 17, et le *cynosurus effusus*, Pers., *Synop.* 1, p. 86. (L. D.)

CHRYSURE. (*Ichthyol.*) Commerson a donné ce nom, et M. de Lacépède l'a conservé, à une espèce de poisson de la mer du Sud, qui appartient au genre Coryphène. Chrysure est un mot tiré du grec, qui signifie *queue dorée*, χρυςὸς et οὐρά. Voyez CORYPHÈNE. (H. C.)

CHTHONIA. (*Bot.*) [*Corymbifères*, Juss.; *Syngénésie polygamie superflue*, Linn.] Ce nouveau genre de plantes, que nous avons établi dans la famille des synanthérées (Bull. Soc. philom., février 1817), appartient à la tribu des hélianthées, et fait partie de notre section naturelle des hélianthées tagétinées.

La calathide est radiée, composée d'un disque pluriflore, équaliflore, régulariflore, androgyniflore, et d'une couronne unisériée, quinquéflore, liguliflore, féminiflore : le péricline, un peu plus court que les fleurs du disque et cylindracé, est formé de cinq squames unisériées, égales, apprimées, se recouvrant par les bords, larges, elliptiques, entières, coriaces, membraneuses sur les bords, glandulifères, articulées autour du clinanthe ; le clinanthe est très-petit, presque nu, garni seulement de quelques fimbrilles filiformes, extrêmement courtes ; la cypsèle est alongée, grêle, anguleuse, striée, hispidule ; l'aigrette est composée de squamellules subunisériées, inégales, ayant leur partie inférieure laminée-paléiforme, membraneuse, irrégulièrement dentée ou laciniée, et leur partie supérieure filiforme, épaisse, barbellulée ; le style des fleurs du disque a ses deux branches presque entièrement entre-greffées ; la languette des fleurs de la couronne est large, elliptique.

La CHTHONIE GLAUCESCENTE, *Chthonia glaucescens*, H. Cass., est une plante herbacée, glabre, haute au moins d'un pied et demi ; à tige dressée, grêle, rameuse ; à branches opposées, longues, dressées ; à feuilles opposées, connées à la base, linéaires, glauques, ciliées inférieurement, munies de glandes sur les bords ; à calathides solitaires et terminales, portées sur de courts pédoncules filiformes, et composées de fleurs jaunes. Nous avons observé cette plante dans l'Herbier de M. de Jussieu ; nous ignorons son origine, et nous ne croyons pas qu'elle soit décrite.

Notre genre *Chthonia* diffère du *pectis* par l'aigrette, celle des vrais *pectis* ayant les squamellules subtriquètres, subulées, cornées, parfaitement lisses. Ainsi, les *pectis punctata* et *linifolia* doivent demeurer dans le genre *Pectis*; mais les *pectis humifusa*, *prostrata*, et probablement le *ciliaris*, doivent entrer dans le genre *Chthonia*. La structure du style des fleurs du disque est très-remarquable, en ce qu'elle est semblable à celle des styles de fleurs mâles, quoique les fleurs dont il s'agit paroissent être réellement hermaphrodites. Plusieurs tagétinées nous ont offert cette anomalie. (H. Cass.)

CHUB (*Ichthyol.*), nom d'un poisson du genre Able, *leuciscus chub*. C'est le cyprin chub de M. de Lacépède. On le pêche dans plusieurs rivières d'Europe. M. Risso l'a observé dans la Taggia, rivière du comté de Nice. (H. C.)

CHUBESE (*Bot.*), *Chubas*. Voyez Chobbeise. (J.)

CHUCAS (*Ornith.*), nom vulgaire du choucas, *corvus monedula*, Linn. (Ch. D.)

CHUCHIE. (*Mamm.*) Oviedo désigne ainsi un animal dans lequel on reconnoît les traits d'une espèce de pécari. (F. C.)

CHUCHIM (*Ornith.*), nom du paon, *pavo cristatus*, Gmel., en langue hébraïque. (Ch. D.)

CHUCHU (*Bot.*), nom donné au lupin dans le Pérou, suivant Feuillée. (J.)

CHUCIA. (*Mamm.*) Cardan parle, sous ce nom, d'animaux à bourse, vraisemblablement de quelque sarigue. (F. C.)

CHUCK-WILLS (*Ornith.*), nom que les habitans de la Floride et de la Nouvelle-Géorgie ont donné, d'après son cri, à une espèce d'engoulevent que M. Vieillot, dans son Histoire naturelle des Oiseaux de l'Amérique septentrionale, appelle *caprimulgus popetue*. (Ch. D.)

CHUCLADIT. (*Ichthyol.*) Suivant M. F. de la Roche, à Iviça on donne ce nom à la lamproie marine, *petromyzon marinus*, et au Lépadogastère de Gouan. Voyez ces mots. (H. C.)

CHUCLET. (*Ichthyol.*) M. F. de la Roche nous apprend qu'à Iviça on appelle ainsi l'*atherina hepsetus*. Voyez Athérine. (H. C.)

CHUCUTO. (*Mamm.*) M. de Humboldt dit que l'on donne ce nom à son saki cacajao, dans les Missions de Cassiquiare. (F. C.)

CHUE (*Ornith.*), nom que le choucas, *corvus monedula*, Linn., porte en Savoie. (Ch. D.)

CHUETTE (*Ornith.*), un des noms vulgaires de la petite chouette ou chevêche, *strix passerina*, Linn. (Ch. D.)

CHUGUETTE (*Bot.*), nom vulgaire de la mâche, *valerianella*, aux environs de Montpellier, selon M. Gouan. (J.)

CHULEM. (*Bot.*) Caspar Bauhin soupçonne que la plante graminée ainsi nommée par Garcias, est celle que nous connoissons maintenant sous le nom de paturin des prés, *poa pratensis*. D'une autre part, Rumph, dans son article sur le schenanthe, *Herb. Amb.*, vol. 4, p. 183, dit que Garcias assimile sa racine à celle du chulem mentionné par Sérapion ; mais il ajoute que les commentateurs de ce dernier sont embarrassés pour déterminer ce qu'il faut entendre par *chulem* : il pense que ce mot est dérivé de *karum*, nom arabe donné à l'*acorus* ; et il observe qu'en effet les racines de schenante et d'*acorus* ont beaucoup de rapport dans leur conformation. (J.)

CHULON. (*Mamm.*) On dit que c'est un animal de Tartarie, de la grandeur et de la forme du loup, dont les poils sont longs, doux, épais et de couleur grise. On en estime la fourrure en Russie et à la Chine. A ces traits on a cru reconnoître le lynx. (F. C.)

CHUMAR ou CURMA (*Bot.*), nom africain de la rue, *ruta*, suivant Ruellius, traducteur de Dioscoride. (J.)

CHUMO. (*Bot.*) Voyez CHUNNO. (J.)

CHUMPI. (*Min.*) C'est le nom qu'Alphonse Barba donnoit au *platine*, que l'on regardoit encore à cette époque comme une espèce d'émeril. (B.)

CHUN. (*Ornith.*) Ce nom et ceux de *chau* et *chuan* désignent le cygne chez les Kalmouks. (CH. D.)

CHUNCHU [ARBOL DEL]. (*Bot.*) L'arbre ainsi nommé dans le Pérou, suivant les auteurs de la Flore de ce pays, est leur *gimbernatia obovata*, genre de la famille des myrobolanées, qui a été publié antérieurement dans notre *Genera plantarum*, sous le nom de *chuncoa*. (J.)

CHUNCO (*Bot.*), *Chuncoa*, Juss. Ce genre est le même que celui qui a été plus récemment nommé *gimbernatia* par les auteurs de la Flore du Pérou : il appartient à la famille des éléagnées, de la *monoécie décandrie* de Linnæus. Il se rapproche des badamiers (*terminalia*). Il comprend des arbres à feuilles éparses, alternes ; les fleurs disposées en épis axillaires, souvent hermaphrodites à la base des épis, mâles au sommet. Chaque fleur offre un calice campanulé, supérieur, à cinq découpures caduques ; point de corolle ; dix étamines ; un ovaire adhérent avec le calice ; un drupe monosperme (*Fl. Per.*), ou une capsule monosperme non couronnée, à cinq angles ailés, deux opposés plus grands (Juss.). Ce genre comprend deux espèces mentionnées par les auteurs de la Flore du Pérou.

CHUNCO A FEUILLES OVALES : *Chuncoa obovata*, Poir., Encycl.,

Suppl.; *Gimbernatia, Syst.*, *Fl. Per.*, pag. 274. Cet arbre, découvert dans les grandes forêts du Pérou, s'élève à la hauteur d'environ soixante pieds : ses rameaux sont garnis de feuilles éparses, alternes, en ovale renversé, acuminées à leur sommet ; ses fleurs disposées en épis pendans ; les capsules munies de cinq ailes.

CHUNCO A FEUILLES OBLONGUES : *Chuncoa oblonga*, Poir., Enc., Suppl.; *Gimbernatia, Syst.*, *Fl. Per.*, l. c. Dans cette espèce, les fleurs sont réunies en épis touffus ; les capsules pourvues seulement de deux ailes ; les feuilles alternes, oblongues. Elle croît dans les forêts du Pérou, au Poguzo. (POIR.)

CHUNDA ou SCHUNDA (*Bot.*), nom malabare d'une espèce de morelle épineuse, *solanum undatum*. Une autre espèce plus épineuse, *solanum ferox*, est nommée *ana-chunda* ; et le *charu-chunda* ou *scheru-schunda* est le *solanum indicum*, troisième espèce également munie d'épines. (J.)

CHUNDALI (*Bot.*), nom indien de l'*hedysarum gyrans*, suivant l'auteur de l'Encyclopédie. Dans le Bengale, il est nommé BURAM-CHADALI. Voyez ce mot. (J.)

CHUNGAR. (*Ornith.*) Parmi les oiseaux de la grande Tartarie, celui-ci, que l'on trouve assez fréquemment dans la partie du pays des Mongols qui touche aux frontières de la Chine, est un des plus beaux. On le dit tout-à-fait blanc, à l'exception du bec, des ailes et de la queue, qui seroient d'un très-beau rouge. Sa chair, ajoute-t-on, est délicate et d'un goût pareil à celle de la gélinotte. Il s'appelle *chungar* en langue turque, et *kratzschot* en langue russe. Le traducteur anglois de l'Histoire générale des Voyages s'est avisé de supposer de l'identité entre cet oiseau et le *chon-kui*, oiseau de proie dont Petis de la Croix parle dans son Histoire de Timur-Beck. Ce rapprochement, qui n'est motivé sur aucune sorte de description, a contribué à augmenter des incertitudes qu'on n'a pu encore lever ; et, pour éclaircir ce point, il paroit nécessaire d'écarter d'abord toute idée d'analogie entre l'oiseau de proie chon-kui, et le chungar, regardé par les auteurs de l'Histoire générale des Voyages, t. 6, p. 604, comme un échassier de l'espèce du héron. Abul'ghazi-khan, dont le texte est cité en notes, ne dit pas que l'oiseau ait les ailes et la queue rouges, mais seulement que les pieds, le bec et la tête sont de cette couleur ; or ces dernières circonstances se rencontrent dans le tantale d'Afrique, *tantalus ibis*, Linn., figuré dans les planches enluminées de Buffon, n.° 289, sous le nom d'*ibis blanc d'Égypte*. Quant à la délicatesse prétendue de sa chair, on sait combien peu méritent d'importance les observations individuelles de cette nature. Voyez CHON-KUI. (CH. D.)

CHUNNO. (*Bot.*) Les Virginiens nomment ainsi le pain qu'ils font avec la racine de pomme de terre, ou la pâte qu'ils tirent de cette racine pour faire ce pain. Suivant Clusius, les habitans des environs de Quito, dans l'Amérique méridionale, donnent à la même préparation le nom de *chumo*. (J.)

CHUPALON. (*Bot.*) La Condamine, étant au Pérou, envoya à Ant. de Jussieu, sous ce nom, la description et le dessin d'un arbrisseau voisin du *vaccinium*, et qui paroît appartenir entièrement au genre *Ceratostema*, dans la famille des campanulacées. Il est remarquable par un calice adhérent, une corolle monopétale dont le limbe présente la forme d'un grelot terminé par cinq dents, dix étamines insérées au tube de cette corolle, à filets courts et anthères longues, droites et profondément fourchues par le haut. Son ovaire, adhérent au calice, est surmonté d'un style simple et d'un stigmate à cinq petites divisions : il devient un fruit charnu semblable à une petite pomme, à cinq loges polyspermes. Les feuilles de cet arbrisseau sont simples et alternes; les fleurs, d'un beau rouge, sont en bouquets axillaires ou terminaux. Il paroît que c'est le même végétal qui est nommé *chupalulones* dans quelques livres, et que l'on a comparé à quelques *hibiscus*. (J.)

CHUPALULONES. (*Bot.*) Voyez CHUPALON. (J.)

CHUPIRI, CHARAPETI. (*Bot.*) On lit dans l'Abrégé de l'Histoire des Voyages, par La Harpe, vol. IV, p. 323, qu'un arbrisseau du Mexique, portant ces noms, y jouit d'une grande réputation, parce que sa racine y est regardée comme très-bonne pour combattre le mal vénérien et diverses maladies de la peau. La description qu'il en donne est absolument empruntée de l'ouvrage de Hernandez sur les plantes du Mexique, dans lequel on peut la voir avec la figure qu'il y joint : l'une et l'autre sont trop imparfaites pour qu'on puisse déterminer le genre; il paroit seulement que c'est une plante monopétale de la famille des personées. (J.)

9. 12

CHUQUIRAGA. (*Bot.*) [*Corymbifères*, Juss. *Syngénésie polygamie égale*, Linn.] Ce genre de plantes de la famille des synanthérées appartient à notre tribu naturelle des carlinées.

La calathide est multiflore, équaliflore, subrégulariflore, androgyniflore. Le péricline est grand, turbiné, radiant ; formé de squames très-nombreuses, coriaces, régulièrement imbriquées, les intérieures étant progressivement plus longues que les extérieures. Le clinanthe est hérissé de fimbrilles sétiformes. L'ovaire est cylindracé, tout couvert de longs poils roux, dressés ; son aréole basilaire est sessile, suborbiculaire, point oblique. L'aigrette est longue, composée de squamellules égales, unisériées, entre-greffées à la base, filiformes-laminées, barbées, s'arquant en dehors. La corolle est longue, étroite, cylindracée, couverte de longs poils roux sur toute sa surface externe, et sur la surface interne de sa partie indivise ; son tube est excessivement court, presque nul, et son limbe divisé en cinq lobes longs, étroits, linéaires, par autant d'incisions très-inégalement profondes, dont l'une est ordinairement presque nulle, de sorte que deux lobes se trouvent réunis. Les étamines ont les filets glabres, les anthères extrêmement longues, dont les appendices apicilaires sont très-longs, linéaires, obtus, entre-greffés sauf le sommet, et les appendices basilaires très-longs, pollinifères et entre-greffés supérieurement, membraneux et libres inférieurement. Le style est très-long, filiforme, divisé supérieurement en deux très-courtes branches qui demeurent accolées ; il n'y a ni articulation, ni poils collecteurs.

Les chuquiragues sont des arbustes rameux, garnis de feuilles alternes, rapprochées, régulièrement imbriquées, sessiles, ovales-acuminées, roides, analogues à celles du fragon ; leurs calathides sont grandes et solitaires à l'extrémité des rameaux. M. de Jussieu a formé ce genre sur un échantillon de son herbier, recueilli au Pérou par Joseph de Jussieu, son oncle ; et il l'a classé dans ses corymbifères. M. Decandolle a mieux apprécié les affinités de ce genre, en le rapportant aux cinarocéphales ; mais c'est à notre tribu des carlinées qu'il appartient véritablement, et il faut l'y placer auprès des *turpinia, barnadesia, diacantha, bacazia*. Il a aussi beaucoup de rapports avec nos mutisiées. Nous avons décrit les caractères de la fleur proprement dite, sur un échantillon de *chuquiraga microphylla*, Bonpl., de l'herbier de M. Desfontaines. C'est sans aucun motif valable que Willdenow a substitué le nom de *johannia*, et M. Persoon celui de *joannesia*, au nom de *chuquiraga* que porte cette plante dans son pays natal. (H. Cass.)

CHURAH. (*Ornith.*) On appelle ainsi au Bengale une pie-grièche rousse. (Ch. D.)

CHURGE. (*Ornith.*) Cet oiseau, qui est l'outarde moyenne des Indes, de Buffon ; l'*indian bustard* d'Edwards, Glan., pl. 250, est placé par Brisson au rang des pluviers, sous le nom de *pluvialis bengalensis* : c'est l'*otis bengalensis* de Linnæus. (Ch. D.)

CHURI (*Ornith.*), un des noms sous lesquels est connue au Paraguay l'autruche de Magellan, ou nandu, *struthio rhea*, Linn. (Ch. D.)

CHURIGATU. (*Ornith.*) Les Burattes appellent ainsi une espèce d'engoulevent. (Ch. D.)

CHURLES (*Bot.*), *Churli*. Dodoens rapporte, d'après Ruellius, qu'aux environs de Soissons on tiroit de terre la bulbe d'une espèce d'ornithogale, que l'on nommoit *churles*, et que les pauvres habitans mangeoient comme des châtaignes dans les temps de disette. Cette bulbe étoit également agréable aux enfans. On a dit encore que dans la Picardie la racine de la gesse tubéreuse, *lathyrus tuberosus,* étoit nommée *chourles*, et servoit pareillement de nourriture. (J.)

CHURN-OWL (*Ornith.*), nom de l'engoulevent, *caprimulgus europæus*, Linn., dans l'Yorck-Shire. (Ch. D.)

CHURRINCHE (*Ornith.*), nom que l'on donne, à Buenos-Ayres, au gobe-mouche huppé de la rivière des Amazones, de Buffon. *muscicapa coronata*, Linn. (Ch. D.)

CHURTAL (*Bot.*), nom arabe de l'avoine, suivant Daléchamps. (J.)

CHURUMAYA. (*Bot.*) Espèce de poivre du Pérou, nommée *piper churumaya* par les auteurs de la Flore de ce pays, qui l'ont décrite et figurée vol. I, pag. 35, t. 58. (J.)

CHURZETA (*Bot.*), nom africain du *chrysanthemum*, suivant Ruellius et Mentzel. (J.)

CHUSITE. (*Min.*) C'est un minéral que Saussure a trouvé dans les cavités des porphyres des environs de Limbourg.

Il est jaunâtre ou verdâtre, et translucide ; sa cassure est tantôt parfaitement unie et d'un éclat gras, tantôt grenue ; il est tendre et assez friable ; il se fond facilement en un émail blanc-jaunâtre translucide, et renfermant quelques bulles.

Il se dissout entièrement et sans effervescence dans les acides.

Saussure a trouvé la variété grenue, tapissant les cloisons rougeâtres d'une argilolite des Deux-Emmes, en Suisse. (De Saussure, J. de Ph. de 1794, t. I, p. 340.)

M. Brard regarde cette substance, ainsi que la *limbilite*, comme des variétés de péridot altéré. Voyez Péridot. (B.)

CHUTASLIUM (*Bot.*), nom péruvien du *nunnezharia* de la Flore du Pérou, genre nouveau de palmier à tige basse, à feuillage fourchu, dont les divisions sont dentelées d'un côté. Ses fleurs ont l'odeur de la racine d'iris. (J.)

CHUTE. (*Chasse.*) Ce mot désigne les lieux où les canards et les bécasses s'abattent ordinairement à l'entrée de la nuit, et où les chasseurs construisent une loge pour les attendre. (Ch. D.)

CHU-TSE (*Bot.*), nom chinois du bambou, mentionné dans l'Abrégé de l'Histoire générale des Voyages. (J.)

CHUTUN. (*Ornith.*) On appelle ainsi, chez les Kalmouks, la demoiselle de Numidie, *ardea virgo*, Linn. (Ch. D.)

CHUVA. (*Mamm.*) C'est le nom qu'on donne, sur le fleuve des Amazones, suivant M. de Humboldt, à l'*ateles marginatus* de M. Geoffroy. (F. C.)

CHUXTAID (*Bot.*), nom arabe de l'ananas, suivant Dalé-champs. (J.)

CHUY (*Ornith.*), nom que l'on donne, au Brésil, à l'oiseau que Buffon a décrit sous celui de guirnégat, *emberiza brasiliensis*, Linn. (Ch. D.)

CHWEDER. (*Ornith.*) En Bretagne on nomme ainsi l'alouette commune, *alauda arvensis*, Linn. (Ch. D.)

CHWOSTCH. (*Bot.*) On donne ce nom, en Russie, à la prêle des champs, *equisetum arvense*, Linn. (Lem.)

CHYCALLE. (*Ichthyol.*) L'abbé Bonnaterre indique, sous ce nom, une espèce de poisson des rivières de Norwége, qu'il rapporte avec doute au genre Salmone. (H. C.)

CHYEH. (*Bot.*) Voyez Cheybeh. (J.)

CHYLE. (*Physiol.*) Le chyle est un fluide blanchâtre ayant

l'apparence du lait, l'odeur du sperme et une saveur douce ; il se sépare du chyme dans les premiers intestins, et il est absorbé par les vaisseaux qui le conduisent dans les veines pour réparer les pertes du sang. Voyez CHYME, CIRCULATION, SANG, etc. (F. C.)

CHYLE. (*Chim.*) Les alimens, une fois convertis en CHYME (voyez ce mot) dans l'estomac des animaux des classes supérieures, passent dans l'intestin grêle, où en se mêlant au suc pencréatique et à la bile, ils acquièrent de nouvelles propriété. Les changemens qu'ils éprouvent alors ont pour but de mettre le chyme dans le cas de céder aux petits vaisseaux lymphatiques, qui sont contenus en nombre considérable dans la membrane de l'intestin, la partie de matière destinée à la nutrition de l'animal. Quant à la portion du chyme qui ne concourt point à cette fonction, elle passe dans le gros intestin, d'où elle est ensuite expulsée à l'état d'excrémens solides et gazeux. Si nous cherchons à observer la partie de l'aliment destinée à la nutrition, sous la forme la plus voisine de celle où elle existoit dans le chyme, nous verrons que c'est sous la forme d'un liquide, que les physiologistes ont appelé *chyle*, lequel peut être extrait des vaisseaux chylifères, des glandes mésentériques et du canal thoracique ; mais nous n'assurerons pas que le chyle ne contienne point, en outre de la matière nutritive du chyme, d'autres substances, qui se trouvoient dans les vaisseaux lymphatiques et le canal thoracique, au moment où cette matière nutritive y a été portée.

M. Vauquelin a examiné, en 1811, le chyle d'un cheval entier, âgé de quatre ans, ayant l'apparence d'une bonne santé, quoiqu'il présentât quelques symptômes de morve. Ce cheval fut tué après avoir abondamment mangé du foin et de l'avoine : quand il eut été ouvert, on fit la ligature du canal thoracique, près de son insertion à l'axillaire droite ; puis, ayant pratiqué deux ouvertures, l'une vers le milieu du canal thoracique, et l'autre à l'une des branches sous-lombaires, l'on obtint un chyle rougeàtre par la première, et un chyle blanc par la seconde. Ces deux chyles furent examinés quelques heures après leur extraction.

Examen du chyle blanc. Il avoit l'aspect du lait ; il contenoit un caillot blanc et opaque. Le liquide fut séparé du caillot ; il étoit alcalin ; la chaleur, les acides, l'alcool le coaguloient : le coagulum étoit de véritable albumine, retenant un corps gras, que M. Vauquelin considère comme étant analogue à la partie grasse du cerveau, parce que, comme elle, il est insoluble dans la potasse, et colore en jaune verdâtre l'alcool bouillant avec lequel on traite le chyle.

Le caillot, pressé au milieu de l'eau, afin d'en séparer tout ce qu'il pouvoit contenir de soluble dans ce liquide, se réduisit à une substance membraneuse, légèrement élastique, qui présentoit un tissu fibreux. Cette substance, mise sur un charbon ardent, se crispoit, s'agitoit, se fondoit, se boursoufloit, répandoit des fumées jaunes ammoniaco-huileuses, et laissoit un charbon volumineux ; l'acide acétique formoit avec elle une sorte d'émulsion qui finissoit par s'éclaircir spontanément, en déposant un peu de la matière grasse que nous avons dit se trouver dans l'albumine du chyle.

Traitée par l'eau de potasse, elle répandoit la même odeur que la fibrine soumise au même réactif : la liqueur, d'abord huileuse, s'éclaircissoit et déposoit une matière grisâtre ; la liqueur, séparée du dépôt et saturée par un acide, ne dégageoit pas l'odeur sulfureuse propre à la solution alcaline d'albumine.

M. Vauquelin, en appuyant sur les nombreuses ressemblances de la partie fibreuse du chyle avec la fibrine du sang, fait observer cependant qu'elle en diffère par une contexture fibreuse moins prononcée, par moins de ténacité et d'élasticité, par plus de solubilité dans la potasse ; et il ajoute qu'il sembleroit que cette matière est de l'albumine qui commenceroit à prendre le caractère de la fibrine, et qui auroit été arrêtée dans son passage ; car elle réunit des propriétés communes à ces deux principes immédiats.

Examen du chyle rougeâtre. Il étoit coagulé comme le précédent : le caillot étoit plus coloré que la partie fluide ; mais il s'en falloit beaucoup qu'il le fût autant que le caillot du sang. Excepté la couleur, ce chyle avoit les mêmes propriétés que le chyle blanc.

Outre les substances que nous venons d'indiquer, M. Vauquelin a trouvé, dans le chyle, de la potasse, du chlorure de potassium, et des phosphates de fer et de chaux.

Avant M. Vauquelin, M. Dupuytren avoit fait, sur le chyle

du chien, et MM. Emmert et Reuss, sur le chyle du cheval, des observations analogues à celles que nous venons de rapporter, avec cette différence cependant, qu'ils n'ont point parlé de la matière grasse décrite par M. Vauquelin.

En 1813, M. Marcet fit de nouvelles recherches sur le chyle ; il s'appliqua surtout à déterminer les différences chimiques qui pouvoient exister entre le chyle d'un chien nourri depuis long-temps avec des alimens végétaux, et le chyle d'un individu de la même espèce nourri avec des alimens de nature animale : les deux chyles furent retirés du canal thoracique, trois heures après le repas, et avant l'extinction complète des propriétés vitales. Voici les résultats qu'ils présentèrent :

CHYLE VÉGÉTAL.	CHYLE ANIMAL.
RESSEMBLANCES.	
Densité de la partie fluide, 1021 à 1022.	Idem.
Odeur de sperme.	Idem.
Les substances salines sont environ dans la proportion de 9,2 pour 1000 de chyle, ce qui est aussi la proportion des sels contenus dans les autres liquides animaux.	Idem.
Le caillot est plus putréfiable que la partie séreuse.	Idem.
La matière animale du chyle est presque tout entière de l'albumine.	Idem.
1000 parties exposées à 100 deg. perdent environ de 910 à 950 d'eau.	Idem.
DIFFÉRENCES.	
Presque toujours transparent ; son coagulum presque incolore. La surface ne se recouvre pas d'une matière que M. Marcet regarde comme étant analogue à la crème.	Presque toujours laiteux ; son coagulum opaque et rosé. Par le repos il se recouvre d'une matière grasse, analogue à la crème (1).
Il peut se conserver pendant plusieurs semaines, et quelquefois même pendant plusieurs mois, sans se putréfier.	Il commence à se putréfier au bout de trois ou quatre jours.

(1) M. Marcet, en admettant dans le chyle animal une substance analogue à la crème, distingue cette substance du coagulum, qui lui paroît être de l'albumine, et non du caséum, comme le prétendit M. Brande, en 1811.

DIFFÉRENCES.

Il donne à la distillation du sous-carbonate d'ammoniaque dissous dans de l'eau, une huile fixe pesante, un résidu salin ferrugineux et charbonneux; 1000 parties donnent 3 de charbon pur.	A la distillation, plus de sous-carbonate d'ammoniaque et d'huile; un résidu salin ferrugineux et charbonneux; 1000 parties donnent 1 de charbon pur.

Nous avons dit plus haut que le chyle dont nous venons de présenter l'analyse, d'après plusieurs chimistes célèbres, n'étoit peut-être pas entièrement formé aux dépens des alimens; qu'il pouvoit contenir, en outre de la partie nutritive de ces alimens, des matières existantes dans les vaisseaux lymphatiques, préalablement à l'action de ceux-ci sur le chyme : l'analyse que j'ai faite d'un liquide extrait par M. Magendie du canal thoracique d'un chien qui avoit jeûné pendant cinq jours, est très-propre à appuyer cette manière de voir; en effet, 1000 parties de ce liquide, que M. Magendie considère comme la lymphe, m'ont donné :

Eau.	926,4
Fibrine.	4,2
Albumine.	61,0
Chlorure de sodium.	6,1
Sous-carbonate de soude.	1,8
Phosphate de chaux.	
Phosphate de magnésie.	0,5
Sous-carbonate de chaux.	
	1000,0

Or, il y a la plus grande analogie entre ces résultats et ceux qui ont été obtenus par M. Marcet, et d'ailleurs la lymphe avoit une densité de 1022,28; elle se coaguloit spontanément, elle avoit une couleur rosée et une odeur de sperme. (CH.)

CHYLINE (*Bot.*), nom grec du cyclame, *cyclamen*, suivant Mentzel. (J.)

CHYLODIA. (*Bot.*) Ce genre de M. Richard, que nous ne croyons pas avoir jamais été publié, est le même que le *wulffia* de Necker, publié en 1791. Nous le ferons connoître sous ce dernier nom. (H. CASS.)

CHYMCHYMKA. (*Mamm.*) Erxleben cite ce nom comme le synonyme de la marte-zibeline, chez les Kamtschadales. (F. C.)

CHYME. (*Physiol.*) On donne ce nom à la matière qui résulte des alimens imprégnés de la salive et réduits en pâte par l'estomac, puis mélangés au suc gastrique, à la bile et au fluide du pancréas. C'est du chyme que le CHYLE s'extrait. Voyez ce mot. (F. C.)

CHYME. (*Chim.*) Les alimens, broyés dans la bouche des animaux des classes supérieures, et particulièrement des mammifères, s'imbibent de salive et de mucus ; puis, traversant le pharinx et l'œsophage, ils pénètrent dans l'estomac, où ils se mêlent avec les liquides qui y sont contenus (voyez SUC GASTRIQUE), et s'y changent, au bout d'une ou de plusieurs heures, en une sorte de *bouillie, plus ou moins homogène,* suivant que les alimens ont été plus ou moins divisés, et qu'ils sont plus ou moins susceptibles d'être dirigés : c'est à cette bouillie qu'on a donné le nom de *chyme.*

Jusqu'ici on n'a fait que très-peu d'expériences sur la composition du chyme. En 1800, M. Werner vit que le chyme des animaux ne se coaguloit point, et qu'il contenoit un acide fixe provenant de la membrane muqueuse de l'estomac ; en 1807, M. Emmert prétendit que le chyme des carnivores et des herbivores contenoit entre autres substances beaucoup de gélatine, de l'acide phosphorique et de l'oxide de fer ; enfin, en 1813, M. Marcet fit sur le chyme d'une poule d'Inde qui avoit été nourrie avec des végétaux seulement, des observations que nous allons exposer.

Le chyme de cette poule étoit sous la forme d'une pulpe homogène, opaque, brunâtre, et avoit l'odeur propre aux gallinacées de basse-cour ; il paroissoit être plutôt acide qu'alcalin. Après avoir été abandonné à lui-même pendant douze jours, il étoit entièrement putréfié.

De l'eau dans laquelle du chyme avoit macéré, fut filtrée. La chaleur et les acides minéraux la coaguloient ; la liqueur, privée de toute matière coagulable par le perchlorure de mercure, ne précipitoit pas par la noix de galle : d'où M. Marcet conclut la présence de l'albumine et l'absence de la gélatine dans cette eau.

Le chyme étoit presque entièrement dissous à froid par l'acide acétique ; le prussiate de potasse en précipitoit de l'albumine sous la forme de petits flocons blancs.

1000 parties de chyme, évaporées à siccité, répandirent une odeur forte de volaille, et la matière fixe se recouvrit d'une pellicule coriacée : la matière desséchée pesoit 200 ; charbonnée dans un creuset de platine, elle laissa 18 d'un résidu fixe, lequel contenoit 12 de charbon et 6 d'une cendre dans laquelle M. Marcet reconnut le fer, la chaux et du chlorure de potassium ou de sodium.

M. Marcet trouve d'autant plus remarquable l'existence de l'albumine dans le chyme, que cette substance n'a pu être produite que par une action chimique exercée par les organes de la digestion sur des alimens qui étoient absolument dépourvus d'albumine.

En général, pendant la production du chyme, il ne se produit pas ou que très-peu de gaz : d'où il suit que toute la quantité pondérable des alimens se trouve en entier ou presque en entier dans le chyme, et que, par conséquent, la nature du chyme doit varier suivant la nature des alimens. On ne peut objecter à cette manière de voir la supposition que le chyme peut être considéré comme composé de 2 parties, dont l'une, toujours identique dans un même animal, doit servir à sa nutrition, et dont l'autre doit être rejetée comme excrément ; car, cette dernière étant différente suivant la nature des alimens, le chyme, dont elle feroit dans cette hypothèse une des parties constituantes, seroit différent toutes les fois que les alimens le seroient eux-mêmes.

Parmi les cas extrêmement rares où l'on observe une quantité notable de gaz dans l'estomac, j'en citerai un qu'a présenté le cadavre d'un homme supplicié ; ces gaz, extraits de l'estomac par M. Magendie, peu de temps après la mort, m'ont donné :

> Oxigène. 11,00
> Acide carbonique. 14,00
> Hydrogène pur. 5,55
> Azote. 71,45

Il est vraisemblable que l'oxigène et l'azote provenoient, au moins en partie, de l'air atmosphérique. (CH.)

CHYNLEN. (*Bot.*) Murray, dans son *Apparatus medicaminum*, vol. 6, parle d'une racine de ce nom, apportée de Chine à Bérgius par Ekeberg, habile navigateur suédois : elle n'a pas d'odeur; sa saveur est amère, et elle donne à la salive une couleur safranée. Les Chinois vantent la vertu de son infusion dans le vin comme stomachique, et la vendent très-cher. Bergius confirme son efficacité par son expérience ; mais il observe que quelquefois elle a occasioné des vomissemens. (J.)

CHYPKEFA (*Bot.*), nom de la ronce ordinaire dans la Hongrie, suivant Clusius. (J.)

CHYROUIS. (*Bot.*) Chomel, dans ses Plantes usuelles, cite ce nom françois pour la carotte sauvage, *daucus carota*, Linn. (J.)

CHYRRHABUS. (*Ornith.*) Hésychius et Varinus font mention de cet oiseau, sans en désigner l'espèce. Sigismond Gelenius croit que 'c'est le *scharbe* des Allemands, lequel est le cormoran, *pelecanus carbo*, Linn. ; mais son opinion est purement conjecturale. (Cн. D.)

CHYTE. (*Min.*) Voyez Schiste. (B.)

CHYTRACULIA. (*Bot.*) Le genre de ce nom, établi par Brown, dans ses Plantes de la Jamaïque, avoit été rapporté par Linnæus au genre *Myrtus* ; c'est maintenant le *calyptranthus chytraculia* de Swartz et de Willdenow. (J.)

CHY-WA-LY-YU. (*Ichthyol.*) Dans l'Histoire générale des Voyages, tom. VIII, in-4.°, p. 7, on donne ce nom à une espèce de carpe de la Chine, dont la chair est fort délicate et fort grasse. Elle se pêche dans l'étendue de quinze ou vingt lieues, au-dessus et au-dessous du Patle-Cheu. Les habitans du pays attribuent la délicatesse de ce poisson à sa nourriture, qui consiste en une certaine mousse qui croit dans les rochers dont le Wang-ho est bordé. On en transporte un grand nombre à Pékin, pendant l'hiver, pour l'empereur et les mandarins de sa cour. (H. C.)

CIA. (*Ornith.*) Ce nom, que Linnæus a spécialement appliqué au bruant fou, *emberiza cia*, le même que le *cia sylvatica* et le *cia montana* des Génois, désigne, avec les épithètes de *palearis* dans Aldrovande, et de *migliarina* en italien, le bruant commun, *emberiza citrinella*, Linn. Le même terme se remarque dans les dénominations d'espèces appartenant à d'autres genres : c'est ainsi que le *cia-ciac* est, en Piémont, le merle à plastron blanc, *turdus torquatus*, Linn., et que le *cia-ciat* est, dans le même pays, la mésange à longue queue, *parus caudatus*, Linn. (Cн. D.)

CIACAMPELON. (*Bot.*) Voyez CHINKAPALONES. (**J.**)

CIACOL (*Ornith.*), nom brescian de la corneille mantelée, *corvus coronix*, Linn., que l'on y appelle aussi *ciacola* et *grolla*. (CH. D.)

CIAFFO. (*Ornith.*) Ce nom désigne à Turin le pégot, ou fauvette des Alpes, *motacilla alpina*, Linn. (CH. D.)

CIAGULA (*Ornith.*), nom italien du choucas, *corvus monedula*, Linn. (CH. D.)

CIAUCIN (*Ornith.*), nom piémontais du pouillot ou chantre, *motacilla trochilus*, Linn. (CH. D.)

CIAVA (*Ornith.*), nom que porte, dans les Alpes, le coracias ou crave, *corvus graculus*, Linn. (CH. D.)

CIBAGÉ. (*Bot.*) On lit dans J. Bauhin que Paludanus avoit envoyé du Levant, sous ce nom, une graine noire terminée en pointe, qui, en germant, avoit donné une plante de la force d'un pin, mais plus tendre. (J.)

CIBAIRES. (*Entom.*) Quelques auteurs d'entomologie ont employé cette expression, tirée du latin, de M. Fabricius, *instrumenta cibaria*, pour indiquer les organes de la manducation ou de la déglutition. Voyez BOUCHE (*dans les insectes*). (C. D.)

CIBIBI. (*Ornith.*) Ce nom est donné, dans le Piémont, à la mésange charbonnière, *parus major*, Linn. (CH. D.)

CIBICIDE (*Conch.*), *Cibicidis*, espèce de coquille polythalame, microscopique, hétéroclite, que Soldani a figurée. *Test.*, tab 46, vas. 170, sans chercher à la rapprocher d'espèces connues, et dont M. Denys de Montfort fait un genre distinct, qu'il caractérise ainsi : coquille libre, univalve, cloisonnée, à base aplatie, le sommet conique, élevé en pain de sucre ; ouverture linéaire, aussi haute que la coquille, et appuyée contre le retour de la spire ; cloisons unies. On trouve la seule espèce de ce genre, que M. Denys de Montfort nomme le cibicide glacé, *cibicida refulgens*, à l'état vivant comme à l'état fossile, près de Livourne et dans le territoire de Sienne. Elle est diaphane, nacrée et irisée. (DE B.)

CIBLIA (*Ichthyol.*), nom suédois de la MORUE. Voyez ce mot et GADE. (H. C.)

CIBORIUM. (*Bot.*) Voyez CYAMOS. (J.)

CIBOULE (*Bot.*), nom vulgaire de l'ail fistuleux, *allium fistulosum*, Linn. (L. D.)

CIBOULETTE, Cive, ou Civette (*Bot.*), noms donnés vulgairement à l'ail civette, *allium schœnoprasum*, Linn. (L. D.)

CIBU. (*Ornith.*) L'oiseau qui est ainsi nommé dans le tom. 2 des Recherches asiatiques, et que M. Chézy présente comme synonyme du *kipou* des Persans, dont Kaswini parle dans son livre des Merveilles de la Nature, paroît, d'après la forme et la position de son nid suspendu aux branches des arbres, être l'espèce de gros-bec connue sous le nom de nélicourvi, *loxia pensilis*, Linn., et figurée pl. 112 du Voyage de Sonnerat aux Indes orientales. (Ch. D.)

CIBUS-SATURNI (*Bot.*), *Manger de Saturne*, nom donné chez les anciens aux *equisetum*. Voyez Prèle. (Lem.)

CICADELLE (*Entom.*), diminutif de *cicada*, petite cigale : les *procigales* de Geoffroy ; les *tettigones*, Olivier, Latreille. Nous avions désigné sous ce nom, dans la Zoologie analytique, un genre d'insectes hémiptères, de la famille des Auchenorinques (voyez ce mot), qui avoient été placés par Linnæus dans le genre Cigale, dont ils diffèrent par le nombre des yeux lisses, qui n'est que de deux et non de trois, et par les bords du corselet, qui ne sont ni dilatés, ni épineux, comme dans les centrotes et les membraces ; mais ce genre n'a pas été adopté. Fabricius, ayant nommé *tettigones* les véritables cigales chanteuses, a fait les genres *Lystre*, *Cigale* et *Jasses*, des espèces qui sont l'objet de cet article.

Nous venons d'indiquer les caractères qui distinguent les cicadelles des cigales et des membraces ; l'absence des stemmates dans les *promécopsides* les sépare facilement des cicadelles : or ce sont les seuls genres de cette famille dont les antennes soient insérées entre les yeux ; car chez tous les autres, tels que les *flates*, les *fulgores*, les *cercopes* et les *delphaces*, les antennes sont tantôt, comme chez ces derniers, insérées dans les yeux même, et tantôt au-dessous, comme dans tous les autres.

Ces insectes vivent sur les plantes, dont ils sucent la séve : ainsi que tous les hémiptères, ils sont agiles sous les trois états de larve, de nymphe et d'insecte parfait. La plupart sautent avec prestesse quand on veut les saisir, et échappent ainsi au danger. Ils volent aussi très-bien. On les trouve ordinairement sous la face inférieure des feuilles, où ils vivent quelquefois en famille, comme les punaises.

Nous allons décrire ici quelques espèces de ce genre nombreux d'insectes :

Cicadelle a bandes, *Cicadella vittata*. Jaune, avec une bande rouillée, longitudinale, doublement dentée.

Cicadelle verte, *Cicadella viridis*. Elytres vertes, tête jaune à points noirs.

Cicadelle interrompue, *Cicadella interrupta*. Jaune, avec deux raies noires interrompues, longitudinales.

Cicadelle de l'orme, *Cicadella ulmi*. Ailes d'un vert jaunâtre, avec l'extrémité noire. (C. D.)

CICATRICULE, Hile, Ombilic. (*Bot.*) Cicatrice qui indique sur la graine le point par lequel elle étoit attachée à la plante mère. Elle est linéaire dans la fève, orbiculaire dans le marron d'Inde, elliptique dans le haricot ; elle est fine et alongée, comme un léger trait, dans la commeline. Ce n'est qu'un simple point dans les crucifères et dans d'autres plantes. (Mass.)

CICATRICULE (*Ornith.*), tache blanche que l'on aperçoit sur la membrane dont les parties intérieures de l'œuf sont recouvertes, à l'endroit où se trouve le germe, qui, vu la légèreté spécifique du jaune, est toujours rapproché, pendant l'incubation, du ventre de l'oiseau, dont la chaleur doit opérer son développement. (Ch. D.)

CICCA. (*Bot.*) Voyez Chérémalier. (Poir.)

CICCADA (*Ornith.*), nom qui, suivant Gesner, pag. 596, a été donné, ainsi que celui de *cicymis*, à un oiseau de nuit, *noctua*, par onomatopée, et d'après la couleur glauque de ses yeux. (Ch. D.)

CICCARA. (*Bot.*) Voyez Cachi. (J.)

CICCLIDOTUS. (*Bot.*) Voyez Cancellaire, tom. 6, p. 412, et Suppl., pag. 87. (Lem.)

CICCUM. (*Bot.*) C'est ainsi que les anciens nommoient les cloisons intérieures du fruit du grenadier. (J.)

CICCUS. (*Ornith.*) Ce terme, suivant Aldovrande, liv. 19, désigne une espèce d'oie, nommée par les Allemands *sternganz*, c'est-à-dire oie étoilée, à raison des taches que présente sa poitrine. (Ch. D.)

CICENDIE (*Bot.*), *Cicendia*. Adanson, qui divise, avec plusieurs autres botanistes, la gentiane en plusieurs genres, désigne sous ce nom le *gentiana filiformis*, qu'il caractérise par une fleur terminale unique, un petit calice à quatre divisions, une petite corolle à quatre lobes et à quatre étamines. (J.)

CICER. (*Bot.*) Voyez CICÉROLE. (L. D.)

CICERA, CICERCULA (*Bot.*), noms anciens donnés à la gesse cultivée, *lathyrus*, et à d'autres espèces congénères. (J.)

CICERBITA. (*Bot.*) Pline appelle de ce nom le *sonchus oleraceus*, Linn. (H. CASS.)

CICERCHIE, CICERGUA. (*Bot.*) Voyez CERRES, GESSE. (J.)

CICÉROLE (*Bot.*), *Cicer*, Linn. Genre de plantes dicotylédones, polypétales, périgynes, de la famille des légumineuses, Juss., et de la *diadelphie décandrie*, Linn., dont les principaux caractères sont d'avoir un calice monophylle, presque aussi long que la corolle, à cinq divisions, dont quatre supérieures et une seule inférieure ; une corolle papillouacée, dont l'étendard est plus grand que les autres pétales ; dix étamines diadelphes ; un ovaire supérieur ; un légume rhomboïdal ou ovoïde, renflé, vésiculeux, contenant deux graines globuleuses. On ne connoît qu'une seule espèce de ce genre.

CICÉROLE TÊTE-DE-BÉLIER ; vulgairement CHICHE, CICHE, POIS CHICHE, GARVANCE : *Cicer arietinum*, Linn., *Spec.* 1040 ; Dod., *Pempt.*, 525. Sa tige est herbacée, annuelle, rameuse, haute d'environ un pied ; ses feuilles sont ailées avec impaire, composées de quinze à dix-sept folioles ovales, velues et dentées ; ses fleurs sont petites, blanches, ou d'un pourpre violet, pédonculées et solitaires dans les aisselles des feuilles. Le fruit est une gousse renflée, contenant une ou deux graines globuleuses, et ressemblant un peu à la tête d'un bélier. Cette plante croît naturellement dans le Levant, en Espagne et en Italie ; on la cultive dans plusieurs parties de la France, et surtout dans les départemens méridionaux. Ses graines se mangent comme les pois ordinaires : elles sont nourrissantes, mais d'une digestion difficile pour les estomacs délicats, étant dures et coriaces ; en les réduisant en purée, elles sont beaucoup meilleures et plus saines. Dans le midi de l'Europe, en Egypte et dans le Levant, le peuple en fait un grand usage, et cela remonte à un temps immémorial. Ses feuilles servent pour le fourrage des bestiaux.

Il y a plusieurs variétés de pois chiches, parmi lesquelles

les Espagnols en distinguent principalement deux : les petits pois chiches, qu'on mange pendant l'été, et les gros, qu'on garde pour l'hiver.

Les pois chiches ne craignent pas le froid, et ils peuvent supporter des gelées assez fortes ; ce qui permet de les semer avant l'hiver, à la fin d'octobre et en novembre. Leur semis peut servir de pâturage aux troupeaux pendant l'hiver, pourvu toutefois que la douceur prolongée de l'automne ne l'ait pas trop avancé, car il est alors très-nuisible de le laisser brouter ; mais, dans le cas contraire, les pois chiches sur lesquels on a mis les troupeaux tallent davantage, produisent plus de tiges au printemps, et enfin une meilleure récolte. Si la culture du pois chiche est préférée, dans le midi, à celle des autres pois, ce n'est pas qu'elle soit d'un plus grand rapport, mais seulement parce qu'elle est plus assurée.

Dans le nord, on ne cultive guère les pois chiches que comme fourrage. On les sème sur les jachères, après avoir convenablement labouré la terre, et dès le commencement d'octobre, afin que la graine, favorisée par le reste de chaleur de la saison, puisse lever promptement, et que le semis ait le temps de prendre une certaine force avant les gelées. Au printemps on en fauche les tiges à plusieurs reprises, pour les donner vertes aux moutons, et surtout aux vaches, qui en sont très-friandes, et dont elles augmentent le lait.

On a observé que dans les pays chauds les tiges et les feuilles des pois chiches laissent transsuder, pendant la floraison, une liqueur acide, assez forte pour corroder les bas et les souliers des personnes qui marchent dans les champs où l'on cultive ces plantes. (L. D.)

CICH-CIEH (*Ornith.*), nom que porte, à Turin, le gobe-mouche, *muscicapa grisola*, Linn. (Ch. D.)

CICHE. (*Bot.*) Voyez Cicérole. (L. D.)

CICHLE (*Ichthyol.*), *Cichla*. M. Schneider (*M. E. Blochii Systema Ichthyologiæ*) a établi le premier, sous ce nom, un genre de poissons qu'il a placé parmi ses Heptaptérygiens thoraciques. M. Cuvier l'a depuis adopté, et l'a mis dans la cinquième tribu de la quatrième famille de ses poissons Acanthoptérygiens, ou celle des Percoïdes. Il appartient à la famille des Léiopomes de M. Duméril. Voyez ces divers mots.

Le genre Cichle, qui a été démembré des labres de Linnæus et de M. de Lacépède, offre les caractères suivans :

Dents en velours ou en carde ; une seule nageoire du dos ; les opercules sans épines ni dentelures ; la bouche un peu protractile, bien fendue.

On distinguera facilement les cichles des labres, qui ont de doubles lèvres charnues et des dents non disposées en velours ; des canthères, qui ont le museau peu fendu et peu protractile ; des pristipomes, qui ont le bord du préopercule dentelé ; des spares, qui ont deux nageoires dorsales.

Les espèces de cichle sont assez multipliées dans l'ouvrage de M. Schneider : mais plusieurs appartiennent au genre Canthère (voyez ce mot) ; d'autres à celui des dentex, etc. Celles dont nous croyons devoir parler en particulier, sont :

La Cichle ocellaire, *Cichla ocellaris*, Schn., tab. 66. Bouche grande, obliquement fendue ; mâchoire inférieure plus longue, pointue ; dents très-petites ; deux bandes transversales brunes ; une tache de même couleur vers la fin de la nageoire dorsale ; une autre tache ronde, noire, bordée de blanc à l'origine de la nageoire caudale ; nageoire dorsale échancrée dans son milieu ; celle-ci et l'anale couvertes vers leur base par de petites écailles, et parsemées de taches blanches, arrondies dans les intervalles de leurs rayons ; deux os rugueux dans la région du palais. Des Indes orientales.

La Cichle fourche : *Cichla furca* ; Labre fourche, *Labrus furca*, Lacép. Dernier rayon de la nageoire dorsale, et dernier rayon de la nageoire anale, très-longs ; les deux lobes de la caudale pointus et très-prolongés ; la mâchoire inférieure plus avancée que la supérieure. Découverte et figurée par Commerson dans le grand golfe de l'Inde, et dans la mer qui sépare la Nouvelle-Hollande du continent de l'Amérique.

M. Duméril a reconnu que ce poisson est le même que le caranxomore sacrestin. Voyez Caranxomore.

La Cichle hololépidote : *Cichla hololepidota ; Labrus hololepidotus*, Lacép. Caudale très-arrondie ; tête et opercules garnies d'écailles semblables à celles du dos ; chaque opercule terminée en pointe. Découverte et décrite par Commerson dans le grand Océan équatorial.

Le mot hololépidote est tiré du grec, et signifie *entièrement écailleux*; la surface entière de ce poisson est, en effet, couverte d'écailles.

CICHLE BRÈME DE MER : *Cichla brama*, Schn. Voyez CANTHÈRE.

CICHLE DENTÉE : *Cichla dentex*, Schn. ; *Sparus dentex*, Bloch. Voyez DENTEX.

CICHLE PÉLAGIQUE : *Cichla pelagica*, Schn. ; *Scomber pelagicus*, Linn. ; *Scombre monoptère*, Daubenton. Voyez CARANXOMORE.

CICHLE MACROPTÈRE : *Cichla macroptera*, Schn. C'est le CHÉILODACTYLE FASCIÉ de M. de Lacépède. Voyez ce mot.

CICHLE A QUEUE ROUGE : *Cichla erythrura*, Schn. ; *Sparus erythrurus*, Bloch. Voyez PICAREL et SMARE.

CICHLE DE SURINAM : *Cichla surinamensis*, Schn. ; *Sparus surinamensis*, Bloch. Voyez CHROMIS.

CICHLE TACHETÉE : *Cichla maculata*, Schn. Voyez DENTEX.

CICHLE A GOUTTELETTES ; *Cichla guttata*, Schn. Voyez DENTEX.

CICHLE PONCTUÉE : *Cichla punctata*, Schn. Voyez DENTEX.

Ces trois dernières espèces sont des perséques dans Bloch. (H. C.)

CICHORIO-AFFINIS. (*Bot.*) Plukenet a nommé ainsi la *sigesbeckia orientalis*, Linn. (H. CASS.)

CICHORIUM (*Bot.*), nom latin du genre CHICORÉE. Voyez ce mot. (H. CASS.)

. CICI. (*Bot.*) Gesner nommoit ainsi le ricin ordinaire, au rapport de C. Bauhin. (J.)

CICI. (*Ornith.*) Ce nom est donné, à la Martinique, suivant M. Moreau de Jonnès, Monographie des Vipères trigonocéphales, à un bruant vert-olive, *loxia indicator*, qui, par son vol circulaire et par ses cris, découvre aux hommes la retraite de la *vipère fer-de-lance*. (CH. D.)

CICIDA. (*Ornith.*) Ce nom, qui se trouve sur le vocabulaire extrait d'un manuscrit de l'an 1420, imprimé à la fin du *Prodromus historiæ avium* de Klein, désigne la mésange charbonnière, *parus major*, Linn. (CH. D.)

CICIGNA (*Erpétol.*), nom italien d'un seps vivipare à trois doigts. Voyez SEPS et CECELLA. (H. C.)

CICINDÈLE. (*Entom.*) Genre d'insectes coléoptères pentamérés, créophages, à élytres dures couvrant tout le corps, à antennes en soie non dentées; à tarses propres à la course, dont le pénultième article est simple, entier; à corselet plus étroit

que la tête, dont la bouche est garnie de mandibules fortes,
pointues, et les palpes, au nombre de six, épineux et velus.

Toutes ces particularités suffisent pour distinguer les cicindèles de tous les autres coléoptères, comme on peut le voir
dans le tableau synoptique que nous en avons présenté à l'article CRÉOPHAGES. Voyez ce mot.

Ce nom de cicindèle, emprunté des Latins, *cicindela*, par
lequel ils désignoient un insecte brillant, a été employé par la
plupart des auteurs pour indiquer des insectes fort différens les
uns des autres : tantôt, et le plus ordinairement, le lampyre
ver-luisant, comme nous le voyons dans Moufet ; tantôt les
cétoines dorées, les cantharides, les nitidules et tous les insectes à reflet métallique. Geoffroy, remarquant qu'on avoit
désigné à tort les cantharides des boutiques sous le nom de
cicindèle, et qu'on les avoit rangées dans le même genre que
les téléphores qui n'ont pas le même nombre d'articles aux
tarses, crut bien faire de séparer par un nom différent les
cantharides d'avec les téléphores auxquels il avoit donné ce
nom de cicindèle, « qui étoit autrefois celui d'un genre appro-
« chant du ver-luisant, et peut-être de ce même genre auquel
« nous le restituons aujourd'hui. » (Geoff., t. I, p. 170.) Notre
auteur n'ignoroit pas cependant que Linnæus avoit assigné ce
nom de cicindèle aux insectes qui font l'objet de cet article.

Les cicindèles sont des coléoptères très-carnassiers, ornés
le plus souvent de couleurs brillantes, dorées ; qui se rencontrent
dans les lieux sablonneux, où ils courent avec la plus grande
vitesse pour saisir leur proie, qu'ils dévorent toute vivante. La
plupart, lorsqu'on les saisit, exhalent une odeur agréable, légèrement musquée, que répandent aussi d'autres insectes qui
habitent les sables. Quoique les cicindèles volent très-vite, elles
s'arrêtent à peu de distance du lieu qu'elles quittent, et paroissent douées d'une vue excellente.

Leurs larves, qui ont été d'abord observées par Geoffroy, et
ensuite très-bien décrites et figurées par M. Desmarest dans le
Bulletin des Sciences, se creusent dans la terre ou dans le sable
des trous verticaux de plus d'un pied de profondeur ; leur
corps alongé porte deux tubercules sur le dos, sur lesquels elles
s'appuient, et, se pliant en Z, elles montent et descendent à
la manière des ramoneurs dans les cheminées ; leur large tête

sert à transporter le sable du trou qu'elles se creusent : arrivées à l'orifice du trou, elles jettent ce sable au loin. Elles se tiennent aussi en embuscade à l'entrée de ce trou, où elles présentent leur large tête comme une sorte de pont perfide qui s'écroule ou tombe en bascule quand quelque insecte imprudent vient à passer par-dessus : l'insecte qui a passé sous cette sorte de trappe est bientôt dévoré. Cette larve, dont il est facile d'observer les manéges en la plaçant dans des tubes de verre étroits, est assez difficile à saisir. Pour y parvenir, nous avons introduit avec succès un fétu de paille menu dans le trou que nous sondions pour y reconnoître la présence de l'insecte : cette sorte de sonde, laissée en place, nous donnoit la facilité de parvenir jusqu'à l'insecte ; autrement, le sable auroit rempli le trou, et nous en auroit fait perdre la direction.

Les espéces les plus communes aux environs de Paris sont les suivantes :

La Cicindèle champêtre : *Cicindela campestris ;* le velours vert à douze points blancs, Geoffroy, I, 153, 27. Vert-doré ; élytres comme soyeuses, à six points blancs sur chaque élytre.

Cette espèce est la plus commune : elle se trouve dans les allées de nos jardins. Elle cherche à mordre lorsqu'on la saisit ; mais elle ne fait point de mal.

La Cicindèle hybride : *Cicindela hybrida ;* le bupreste à broderies blanches, Geoffroy. Vert-doré, à élytres à reflet rougeâtre, avec une bande et deux croissans blancs.

On la trouve sur les sables, dans les bois sablonneux.

La Cicindèle germanique ; *Cicindela germanica.* Cuivreuse, à élytres vert-dorées, avec un point et une lunule terminale blancs.

On la trouve à Paris, sur les bords de la rivière, du côté du Champ-de-Mars.

La Cicindèle sylvatique ; *Cicindela sylvatica.* Brune ; élytres avec une bande ondulée et deux points blancs.

On la rencontre dans les forêts sablonneuses, à Fontainebleau.

Geoffroy avoit désigné sous le nom de cicindèles les cantharides de Linnæus, et par suite de Fabricius, que Degéer avoit nommées Téléphores. Voyez ce mot.

C'est aussi le nom commun des lampyres, et de tous les

insectes brillans, le taupin, le fulgore, et de beaucoup d'insectes coléoptères vert-dorés, tels que la cantharide des boutiques, la cétoine émeraudine. (C. D.)

CICINDÈLES A COCARDES. (*Entom.*) Geoffroy nommoit ainsi, d'après Réaumur, les espèces de téléphores qui peuvent faire sortir des côtés du corselet et de l'abdomen des appendices charnus, ordinairement colorés. Voyez MALACHIE. (C. D.)

CICINNURUS. (*Ornith.*) M. Vieillot a formé ce genre du manucode, extrait des *Paradisea* de Linnæus. C'est le 88.ᵉ de sa Méthode. (CH. D.)

CICIOLO (*Bot.*), nom donné en Italie à une espèce d'agaric très-délicate et fort recherchée. C'est elle que les Provençaux nomment bouligoule, *bolus gulæ*, qui est l'oreille de chardon, *agaricus eryngii*, Decand. (LEM.)

CICLA (*Bot.*), nom ancien, cité par C. Bauhin, de l'espèce de poirée blanche que Linnæus a nommée, pour cette raison, *beta cicla*. (J.)

CICLÆ. (*Ornith.*) C'est ainsi que Belon (de la Nature des oiseaux, livre 6, chap. 31) écrit le mot grec κίχλη, *kichlé*, par lequel Aristote désigne les grives, *turdi* des Latins, qu'il distingue ensuite en plusieurs espèces. (CH. D.)

CICLE. (*Ichthyol.*) M. Cuvier écrit ainsi le nom des poissons que nous avons décrits à l'article CICHLE. Voyez ce mot. (H. C.)

CICLOPHORE (*Conch.*), *Cyclophorus.* C'est le nom sous lequel M. Denys de Montfort sépare quelques espèces de cyclostomes qui sont ombiliquées, et dont les bords de l'ouverture sont renflés en bourrelets : ainsi, par exemple, le *cyclophorus volvulus* de quelques auteurs, *helix volvulus* de Muller, que l'on trouve dans les canaux du Delta, en Egypte, et surtout dans ceux d'Alexandrie, et qui est fluviatile, appartient à ce genre ; M. Denys de Monfort lui donne le nom de ciclophore volvé. C'est une coquille assez épaisse, à tours de spire arrondis, avec un ombilic très-prononcé à tout âge, dont les lèvres réunies circulairement et formant un bourrelet épais, sont blanches, ainsi que l'intérieur ; le reste est d'un jaune-doré, entremêlé de fauve, tacheté de blanc et rayé à la base. (DE B.)

CICLOSTOME. (*Conch.*) Voyez CYCLOSTOME. (DE B.)

CICOGNA (*Ornith.*), nom italien de la cigogne. (CH. D.)

CICOGNE (*Ornith.*), ancienne orthographe de la version françoise du mot *ciconia*, qu'on écrivoit aussi *cicoigne* et *cigongne*. Voyez CIGOGNE. (CH. D.)

CICOLINA (*Erpétol.*), nom italien de l'orvet fragile. (H. C.)

CICUMA (*Ornith.*), nom latin sous lequel étoit anciennement connue la chouette ou grande chevêche, *strix ulula*, Linn. (CH. D.)

CICUNIA. (*Ornith.*) Dans Belon, ce mot est considéré comme synonyme de *corvus nocturnus*, ou *nycticorax*. (CH. D.)

CICUTA. (*Bot.*) Voyez CIGUE. (L. D.)

CICUTAIRE (*Bot.*), *Cicutaria*, Lamk, genre de plantes monocotylédones, polypétales épigynes, de la famille des ombellifères, Juss., et de la *pentandrie digynie*, Linn., dont les principaux caractères sont les suivans : collerettes universelle nulle ; la partielle composée de trois à cinq folioles ; calice entier ; cinq pétales ovales, courbés, presque égaux ; cinq étamines ; un ovaire inférieur, chargé de deux styles ; deux graines ovoïdes, sillonnées, appliquées l'une contre l'autre.

Le genre *Cicutaria*, Lamk, le même que Linnæus nommoit *Cicuta*, est composé de trois espèces qui croissent en général dans les lieux aquatiques ou dans les prés humides ; une d'elles se trouve en Europe, et les deux autres dans l'Amérique septentrionale ; nous ne parlerons que de la première.

CICUTAIRE AQUATIQUE : *Cicutaria aquatica*, Lamk, Dict. enc., 2, pag. 2 ; *Cicuta virosa*, Linn., *Spec.* 366 ; Bulliard, *Herb.*, t. 151. Sa tige est cylindrique, fistuleuse, haute de deux à trois pieds, rameuse, garnie de feuilles deux à trois fois ailées, glabres, d'un vert foncé, composées de folioles étroites-lancéolées et dentées en scie ; ses fleurs sont blanches, presque régulières, disposées en ombelles lâches. Cette plante croît en France, en Allemagne, en Angleterre, etc., sur les bords des étangs, et dans les fossés d'eau stagnante. Elle est vivace et fleurit en été.

Toutes les parties de la cicutaire aquatique, et principalement les racines, et les tiges contiennent un suc jaunâtre qui est un violent poison pour l'homme et pour les animaux. Quelques auteurs cependant assurent que les chèvres et les cochons en mangent impunément les feuilles ; d'autres, au contraire, disent que l'eau même dans laquelle elle croît est dangereuse pour les bestiaux qui en boivent. Quoi qu'il en soit, dans les cas d'empoisonnement causés par cette plante, les meilleurs moyens à employer pour combattre ses principes délétères sont d'abord les vomitifs, et ensuite les boissons aqueuses acidulées avec le vinaigre. (L. D.)

CICYMIS. (*Ornith.*) Voyez Ciccada. (Ch. D.)

CIDARIS. (*Echinod.*) Klein, dans son Traité des Echinodermes, nomme ainsi les espèces d'oursins qui, ayant l'anus dorsal opposé à la bouche, ont une forme hémisphérique ou sphéroïdale. Ce sont les oursins proprement dits. (De B.)

CIDARITE (*Echinod.*), *Cidarites*. M. de Lamarck, dans la nouvelle édition de ses Animaux sans vertèbres, sépare, sous ce nom, toutes les espèces de véritables oursins dont les tubercules portant les épines sont perforés au sommet, et chez lesquelles ces épines sont constamment de deux sortes, les plus grandes bacilliformes, claviformes ou digitiformes, et les autres aciculaires; tous les autres caractères sont ceux du genre Oursin. (Voyez ce mot.) Ce genre, ainsi circonscrit, comprend les espèces que plusieurs naturalistes françois nommoient turbans et diadèmes, et dont l'organisation, jusqu'ici inconnue, ne diffère probablement que très-peu de celle des autres oursins.

M. de Lamarck ne caractérise encore que dix-neuf espèces de cidarites; mais il est fort probable qu'il en existe davantage : il les subdivise en deux sections.

Section première. Les Turbans. Test enflé, subsphéroïde, à ambulacres ondés; les plus petites épines en languettes : les unes distiques, recouvrant les ambulacres; les autres entourant la base des grandes épines.

Nous citerons :

La Cidarite impériale : *Cidaris imperialis*, Klein; Leske, p. 126, tab. 7, fig. A. Test subglobuleux, déprimé en-dessus comme en-dessous; les ambulacres et les petites épines d'un violet-pourpre; les grandes épines cylindriques, un peu ventrues, striées au sommet et annelées de blanc. De la mer Rouge et de la Méditerranée.

La Cidarite porc-épic : *Cidaris histrix*, Lamk; *Cidaris papillata*, Klein; Leske, p. 129, tab. 7, fig. B C, et les épines tab. 52, fig. 1. De la même forme que la précédente, mais beaucoup plus petite proportionnellement, avec les grandes épines qui sont très-longues et striées longitudinalement et au nombre de cinq à chaque série. De l'Océan d'Europe et de la Méditerranée.

La Cidarite tribuloïde : *Cidaris tribuloïdes*, Lamk; *Cidaris papillata*, Var., Klein; Leske, tab. 37, fig. 3.

Cette espèce, qui n'est pas rare dans les collections, est globuleuse, un peu déprimée : les grandes épines, au nombre de huit dans chaque série, sont arrondies, atténuées, un peu plissées à l'extrémité, qui est obtuse. Elle vient de l'Océan indien.

La Cidarite verticillée : *Cidaris verticillata*, Lamk; Enc., pl. 136, fig. 2, 3. Cette espèce, qui est d'un volume médiocre et de forme ordinaire, est remarquable en ce que les grandes épines forment de petits bâtons cylindriques, tronqués, subgranuleux, à trois ou quatre nœuds, offrant chacun huit ou dix angles. On ignore sa patrie.

Les sept autres espèces caractérisées par M. de Lamarck, sont : 1.° *Cidaris tubaria*, ou porte-trompette ; 2.° *Cidaris bispinosa*, ou biépineuse ; 3.° *Cidaris annulifera*, ou annulifère, rapportées des mers Australes par MM. Péron et Lesueur ; 4.° *Cidaris metularia*, porte-quille, Klein; Leske, tab. 39, fig.; 5.° *Cidaris giranoïdes*, bec de grue., Encyclop., pl. 136, fig. 1 ; 6.° *Cidaris baculosa*, bâtons rudes ; 7.° *Pistillaris*, pistillaire.

Section deuxième. Les Diadèmes. Test orbiculaire, déprimé ; ambulacres droits ; les épines, la plupart ou le plus souvent fistuleuses.

Des six espèces vivantes de cette section, nous citerons :

La Cidarite diadème : *Cidaris diadema*, Lamk; *Equinometra setosa*, Klein; Leske, tab. 37, fig. 1, 2. Le test hémisphérique, déprimé, offre cinq ambulacres étroits ; des épines longues, soyeuses, subfistuleuses et rudes. Océan des Grandes-Indes.

La Cidarite rayonnée : *Cidaris radiata*, Lamk ; *Cidaris radiosa*, Klein; Leske, tab. 44, fig. 1.

Cette espèce, rare et grande, remarquable en ce qu'elle rappelle la forme des astéries placentiformes, est orbiculaire, très-large, déprimée, peu épaisse ; les aréoles des ambulacres sont un peu élevés en côtes, et les pores disposés par faisceaux de quatre. Des côtes de l'Asie.

Les autres espèces sont : 1.° *Cidaris spinosissima*, la cidarite grand-hérisson ; 2.° la cidarite porte - chaume, *cidaris cala-maria*, Klein ; Leske, tab. 45, fig. 1, 4 ; 3.° la Cidarite subu-laire, *cidaris subularis* ; 4.° la Cidarite pulvinée, *cidaris pul-vinata*. (DE B.)

CIDARITES. (*Foss.*) Les fossiles de ce genre que je connois, étant dépouillés de leurs pointes et n'étant pas d'une conser-vation très-parfaite, il est difficile de saisir tous les caractères qui peuvent distinguer les espèces entre elles, et de les rap-porter à celles qui ne sont pas fossiles. Cependant j'ai cru pou-voir en distinguer trois. La première se rapporteroit à la cidarite porc-épic, *cidarites histrix*, Lam. (Anim. sans vert., tom. III, pag. 54), qui se trouve figurée dans l'ouvrage de Scilla, *de Corp. marin.*, tab. XXIII, fig. C, E, F, tab. XXIV, fig. I, 2 ; dans le Traité des Pétrifications de Bourguet, tab. 53, n.ᵒˢ 350, 354, et dans l'ouvrage de Knorr, tom. 2, tab. E. 11.

On trouve cette espèce dans les collines de Messine, à Malte et à Vitteaux près de Dijon, dans une couche à cornes d'Am-mon. Je remarque que, dans les individus fossiles, les mamelons sont moins nombreux et les ambulacres plus sinueux que dans ceux qui ne le sont pas.

La deuxième paroît avoir les plus grands rapports avec la cidarite impériale, *cidarites imperialis*, Lam. (*loc. cit.*), dont on trouve une figure dans l'Encyclop., pl. 136, fig. 8. Cependant l'espèce fossile porte un plus grand nombre de mamelons que la cidarite impériale. J'ignore où ce fossile a été trouvé.

La troisième, la cidarite crénulaire, *cidarites crenularis*, Lam., Anim. sans vert., tom. III, pag. 59, n.° 16 ; Traité des Pétrifica-tions, tab. 52, n.° 344. Corps subglobuleux, couvert de dix rangées principales de tubercules crénelés ; les ambulacres vont en s'élargissant vers la base, et sont divisés dans cet en-droit par une double rangée de plus petits tubercules.

On trouve cette espèce en Suisse et à Rauville près de Va-lognes. Toutes celles ci-dessus se trouvent dans ma collection. (D. F.)

CIDAROLLE (*Conch.*), *Cidarollus*. Soldani (Test., tab. 36, Vas., 160, 5) figure au nombre de ses polythalames une petite coquille microscopique de deux tiers de ligne, diaphane, irisée, que l'on trouve en abondance dans le sable des rivages de la Toscane ; elle est réellement assez singulière, et il faudroit la voir pour s'en former une juste idée. M. Denys de Montfort, qui la nomme cidarolle étoffée, *cidarollus plicatus*, en fait un genre, qu'il caractérise ainsi : coquille libre, univalve, cloisonnée, en disque, à spire éminente, à base aplatie, roulée en forme de turban ; bouche ouverte, recevant verticalement le retour de la spire ; cloisons unies ; siphon inconnu. (De B.)

CIDROMELA. (*Bot.*) Lobel nommoit ainsi le citronnier. (J.)

CIÉCÉE-ETE, ou Sciéchée-Chete. (*Ent.*) On nomme ainsi, en Amérique, une très-grosse espèce de crustacés dont la chair est très-recherchée comme aliment et comme remède, dans certaines maladies. M. Bosc croit que c'est l'ocypode combattant. Voyez, à l'article Crustacés, le genre Ocypode. (C. D.)

CIECOLINA. (*Erpétol.*) Voyez Cicolina. (H. C.)

CIEL (Couleur bleue du). (*Phys.*) Voyez Air. (L.)

CIENFUEGOSE DIGITÉE (*Bot.*): *Cienfuegosia digitata*, Cavan., Diss. 3, tab. 72, fig. 2 ; *Fugosia*, Juss., *Gen.* Genre consacré à la mémoire de Cienfuegos, botaniste espagnol, contemporain de Caspar Bauhin, qui a publié une histoire des plantes, pleine de savantes recherches. Ce genre appartient à la famille des malvacées, et doit être placé dans la *monadelphie dodécandrie* de Linnæus : il se distingue par son double calice ; l'extérieur composé de douze filamens courts, sétacés ; l'intérieur d'une seule pièce, à cinq découpures acuminées ; une corolle à cinq pétales insérés sur le tube des étamines : celles-ci peu nombreuses, presque verticillées sur un tube central ; un ovaire globuleux ; un style simple, épaissi à son sommet ; le stigmate en massue ; une capsule mucronée par le style, à trois loges ; une semence dans chaque loge.

La seule espèce de ce genre est une plante herbacée dont les tiges sont glabres, rameuses ; les feuilles alternes, pétiolées, presque digitées, profondément divisées en trois, plus souvent en cinq découpures inégales, lancéolées, un peu obtuses, entières, ou munies de deux ou trois grosses dentelures ; les fleurs sont axillaires, pédonculées, la plupart solitaires, situées à l'extrémité des rameaux ; les pétales pourvus de longs onglets ; leur lame ovale, obtuse, un peu recourbée ; le fruit est une capsule globuleuse, de la grosseur d'un pois et plus, à trois loges monospermes. Cette plante est originaire du Sénégal. (POIR.)

CIENTOPIES. (*Crust.*) Ce nom, qui signifie cent pieds, est donné en espagnol au *cucaracca* ou mille-pieds, qu'ils nomment encore petite truie, *cochinilla*. (C. D.)

CIERGE. (*Bot.*) Voyez CACTIER. (L. D.)

CIERGE DE NOTRE-DAME (*Bot.*), nom vulgaire de la molène bouillon-blanc. (L. D.)

CIERGE DU PÉROU. (*Bot.*) C'est la traduction du nom *cereus peruvianus spinosus*, donné par C. Bauhin à l'espèce de cacte, *cactus peruvianus*, dont les tiges, droites, relevées de plusieurs côtes, sont couvertes d'un rang de faisceaux d'épines placés sur la crête de ces côtes. Il en existe au Jardin du Roi un individu vivant, planté en 1700 : il est conservé dans une serre dont on a élevé une partie en forme de cage ou lanterne, pour laisser à ses rameaux le moyen de s'accroître, et le garantir de la gelée. On donne encore le nom de cierge aux autres espèces de la même section dans le genre *Cactus*. (J.)

CIERGES. (*Foss.*) On trouve dans les couches *schisteuses* qui forment le toit des mines de houille. des empreintes végétales dont les plus communes sont celles des fougères. Parmi ces empreintes il s'en trouve qui sont aplaties, dont l'épaisseur est de 20 millimètr. (8 à 9 lignes) et quelquefois davantage, et dont la longueur est quelquefois de plusieurs pieds. Elles portent ordinairement sur les deux surfaces des côtes longitudinales, légèrement striées, sur lesquelles on voit de distance en distance de petits enfoncemens, et, dans quelques espèces, de petites saillies disposées en quinconce ; sur d'autres empreintes on voit, au lieu de côtes, des rangées obliques de petites cavités de forme ovale, placées deux à deux les unes contre les autres. Les figures de ces deux espèces d'empreintes se trouvent dans l'ouvrage de Knorr sur les Pétrifications, vol. I, tab. X. a, X. b et X. c, et l'auteur les rapporte à des empreintes de cierges, *cactus*, et de cardasses, *opuntia*.

Il paroit que celles de ces empreintes qui portent des côtes, ont appartenu à des corps cylindriques qui ont été aplatis par le poids de ce qui s'est trouvé placé au-dessus d'eux.

Le règne végétal n'offrant, dans ce qui existe vivant aujourd'hui, que le genre des cierges qui porte des côtes longitudinales garnies de pointes ou épines, on a pu y rapporter ces empreintes, dont on a regardé les traces disposées en quinconce sur les côtes, comme la place où étoient situées les épines ; mais, d'après l'opinion de M. de Jussieu , il paroît qu'elles proviennent de troncs de fougères en arbre. Voyez Fougères (*Foss.*). (D. F.)

CIETREZEW. (*Ornith.*) On nomme ainsi en Pologne le petit tétras, *tetrao tetrix*, Linn. (Ch. D.)

CIEU-KO (*Bot.*), nom chinois du goyavier, *psidium*, mentionné dans le *Flora sinensis* de Boym, missionnaire jésuite. (J.)

CIFÉ. (*Bot.*) Voyez Cyfé. (J.)

CIFOLOTTO. (*Ornith.*) Ce nom, et ceux de *ciufolotto* et *suflotto*, sont donnés, en Italie, au bouvreuil, *loxia pyrrhula*, Linn., que les Piémontois nomment *cifoulot*. (Ch. D.)

CIGALE (*Entom.*) : *Cicada*, Linn. ; *Tettigonia*, Fabricius. Genre d'insectes de l'ordre des hémiptères, ou des ryngotes de M. Fabricius, que nous avons rangé dans notre famille des auchénorhinques, ou collirostres.

Le nom de cigale vient évidemment du mot latin *cicada*, que l'on trouve dans Pline, lib. II, cap. 26, et dans Virgile :

Raucis
Sole sub ardenti resonant arbusta cicadis.

Ecl. II. Alexis, vers 13.

Les Grecs la nommoient τέττιξ et ἀχέτης.

Ces insectes sont faciles à distinguer de tous les autres hémiptères : d'abord , ils n'ont pas le véritable caractère que ce nom indiqueroit, savoir, que leurs ailes supérieures non croisées ne sont pas en partie coriaces et opaques, et en partie molles et membraneuses ; et , en second lieu, les articles de leurs tarses sont au nombre de trois, et non de deux , comme dans les pucerons, les chermès, les aleyrodes et autres plantisuges à quatre ailes semblables entre elles.

Comme tous les auchénorinques ou collirostres, les cigales ont le bec paroissant naître du cou, comme l'avoit déjà indiqué Aristote , dans son Histoire des animaux ; leurs antennes sont très-courtes. De plus elles diffèrent de la plupart des autres genres par l'insertion de ces antennes, qui sont implantées entre les yeux, par la présence et le nombre des yeux lisses ou stemmates dont on distingue trois disposés en triangle : en outre, les cuisses des pattes antérieures sont renflées ; les ailes sont disposées en toit, plus longues que le corps, surtout les supérieures ou élytres. Les femelles ont une tarière ou une scie qui se meut entre deux lames écailleuses qui font l'office d'une gaîne : c'est un véritable oviducte ou pondoir. Les mâles sont faciles à reconnoître par les deux instrumens sonores qu'ils portent à la base de l'abdomen, et qui adhèrent au corselet : ce sont deux sortes de tympan, ou des membranes sonores et vibratiles, derrière lesquelles on voit deux portions de cylindres mobiles sur les premiers anneaux de l'abdomen, dont la forme varie suivant les espèces, mais qui produisent à peu près le même effet que la roue qui fait vibrer la corde d'une manière si monotone dans l'instrument que l'on nomme la vielle. Réaumur a très-bien fait connoître la structure de toutes ces parties dans le tome 5 de ses Mémoires, et il y a joint de bonnes figures.

Les cigales sucent la séve des arbres et des arbrisseaux, sous leurs trois états, de larves, de nymphes et d'insectes parfaits. Les femelles, à l'aide de la tarière qui termine leur abdomen, déposent, comme les tenthrèdes, ou mouches à scie, leurs œufs sous les écorces des branches qu'elles ont incisées, comme par de petits traits de scie longitudinaux. On trouve dans chaque incision depuis cinq jusqu'à huit œufs, et chaque femelle peut en pondre jusqu'à six cents.

Il naît de ces œufs de très-petites larves étiolées ou toutes blanches, qui sont au plus de la grosseur d'une puce : aussitôt qu'elles peuvent marcher, elles descendent le long de la tige ou du tronc, et s'enfoncent dans la terre, où elles sucent les racines à un ou deux pieds de distance du sol, suivant la nature du terrain ; elles s'y changent en nymphe agile, vers la fin de la première année, ou au commencement de la seconde qui suit leur naissance, après être restées engourdies pendant la saison d'hiver. Ces nymphes ont alors les rudimens d'ailes et les pattes de devant très-développées, destinées à fouir la terre et à procurer à l'insecte une issue facile pour revenir de nouveau dans l'atmosphère, grimper sur les branches, où elles s'accrochent et se dépouillent de leur enveloppe, et prennent les ailes qui leur donnent la faculté de se transporter pour se féconder et disséminer leur race. Les cigales vivent, une grande partie de l'été, sur les jeunes pousses, où elles enfoncent leur longue trompe, pour en pomper la séve ; les mâles y font entendre, le jour, pendant les plus fortes ardeurs du soleil, et quelques espèces même pendant la nuit, ce chant ou plutôt ce bruit monotone trop connu dans les pays chauds.

Les véritables cigales sont fort rares aux environs de Paris. Les premières que nous ayons entendues et observées, vers le midi de la France, étoient à peu près sous la même latitude que Bordeaux. Cependant M. de Réaumur dit qu'on en a observé à Denainvilliers, près de Pithiviers, département du Loiret.

Les principales espèces de cigales que l'on trouve en France, sont les suivantes :

La CIGALE DU FRÊNE : *Cicada fraxini*, Réaumur, Mém. t. V, pl. 16 ; *Tettigonia fraxini*, Fab., fig. 1 jusqu'à 6. Jaune en-dessous ; noirâtre en-dessus ; les bords du corselet et de l'écusson, d'un jaune rouillé ; une tache noire opaque à la base des élytres.

Geoffroy a décrit cette espèce sous le nom de cigale à bordure jaune ; mais, à cette occasion, il établit le genre Procigale, qu'il nomme *tettigonia* en latin, et *cicada* les vraies cigales, ce qui est absolument le contraire des dénominations de Fabricius.

La CIGALE HÆMATODE ; *Cicada sanguinea*. Noire, à corselet tacheté de rouge ; les nervures des ailes et le bord des anneaux du ventre, rouges.

La CIGALE PLÉBÉIENNE ; *Cicada plebeia*. Écusson à deux pointes ; ailes transparentes, à nervures rouillées. C'est la plus commune aux environs de Marseille, de Nice, et en Italie.

La CIGALE DE L'ORNE : *Cicada orni*, Linn. ; *Tettigonia punctata*, Fabr. Corselet noir en arrière, avec des lignes rouillées ; ailes transparentes, avec une tache blanche et deux lignes obliques de points bruns. On prétend que ce sont les piqûres de cet insecte qui font couler la manne du tronc de l'espèce de frêne qui la fournit.

CIGALE. On nomme ainsi dans quelques départemens du Nord, où la cigale chanteuse n'est connue que de nom, les diverses espèces de locustes, et entre autres la très-verte et la verrucivore. Voyez Locuste.

Cigale de mer. C'est le nom qu'on donne à une espèce de Crustacé. Voyez à ce mot le genre Squille. (C. D.)

CIGNE. (*Ornith.*) Voyez Cygne. (Ch. D.)

CIGNI. (*Ornith.*) Voyez Cini. (Ch. D.)

CIGNO (*Ornith.*), nom italien du cygne, *anas cygnus*, Linn. (Ch. D.)

CIGOGNE (*Ornith.*), *Ciconia.* Linnæus a compris dans le même genre, sous la dénomination latine *ardea*, les hérons, les grues et les cigognes, en leur assignant pour caractères communs un bec droit, pointu, long, comprimé, sillonné d'une rainure; des narines linéaires, des pieds tétradactyles. Brisson a séparé les cigognes des hérons, à cause de la rainure longitudinale, très-sensible, qui existe sur la mandibule supérieure de ceux-ci, et qui est oblitérée dans les cigognes ; mais il a laissé les grues dans le genre *Ciconia*, quoique la forme de leurs narines offrît un signe non moins propre à les faire distinguer des uns et des autres. Illiger, Meyer, Bechstein et MM. Temminck et Cuvier ont adopté pour les hérons, les grues et les cigognes, les genres *Ardea*, *Grus* et *Ciconia*, dont voici les caractères distinctifs : 1.º les hérons ont le bec fendu jusque sous l'œil, avec une rainure qui s'étend depuis l'origine de la mandibule supérieure jusque vers la pointe, tandis que cette rainure, à peine sensible chez la cigogne, est remplacée chez la grue par une fosse large et concave, et que ces dernières ont d'ailleurs le bec médiocrement fendu ; 2.º les narines larges, ovales, éloignées de la tête et percées à jour au milieu de la fosse dans les grues, sont linéaires, étroites et placées plus près de la tête dans les cigognes et dans les hérons; 3.º le doigt extérieur des hérons est seul réuni au doigt du milieu par une membrane dont l'intérieur est dépourvu, tandis que chez les deux autres la membrane existe entre les trois doigts de devant, et forme une plus large palmure entre les doigts externes des cigognes qu'entre ceux des grues ; 4.º le doigt postérieur, qui est articulé au niveau des autres et pose par terre sur plusieurs phalanges chez les hérons et les cigognes, s'articule plus haut sur le tarse et touche à peine le sol chez les grues; 5.º le bord

interne de l'ongle du doigt du milieu est dentelé chez les hérons, tandis que tous les ongles sont lisses chez les grues et les
cigognes, et que gros, émoussés et semblables à ceux de
l'homme dans ces dernières, ils surpassent à peine le bout du
doigt.

Les jabirus, *mycteria*, qui ont le même genre de vie que les
cigognes, en sont aussi fort voisins par les caractères génériques; mais ils en ont un particulier et très-sensible qui les en
a fait séparer par plusieurs naturalistes, c'est le redressement
des deux mandibules à leur extrémité.

Après l'examen comparatif des principaux caractères des
genres d'oiseaux les plus rapprochés entre eux, on achevera
de faire connoître ceux qui sont les attributs spéciaux des cigognes, en ajoutant que ces grands oiseaux, dont les yeux
sont entourés d'une peau nue, dont le cou est élevé, le bec
alongé, dont les jambes, en partie dénuées de plumes, sont
très-tendues, et dont les ailes, larges et vigoureuses, couvrent
la queue, ont la langue fort courte, triangulaire; le larynx
inférieur sans muscle propre; les bronches plus longues et
composées d'anneaux plus entiers qu'à l'ordinaire; le gé-
sier musculeux, et les cœcums si petits qu'on les aperçoit à
peine.

On trouve les cigognes en Europe, en Asie, en Afrique,
et il en existe d'autres en Amérique. Elles n'ont pas de cri,
et le seul bruit qu'elles fassent entendre, est le claquement
qu'elles produisent en frappant l'une contre l'autre leurs mandibules, légères et larges, dont les bords présentent des aspérités, et ne se joignent bien que vers la pointe. Quand l'animal est irrité ou agité par quelque impression forte, il renverse la tête de manière à coucher le bec presque parallèlement sur le dos; alors les deux mandibules battent vivement
l'une contre l'autre, et le claquement qui se ralentit à mesure que le cou se redresse, finit lorsqu'il a repris sa position
naturelle. Les anciens employoient les mots imitatifs *crepitat*,
glotterat, pour exprimer ce bruit, que Pétrone a appelé un
bruit de *crotales*, et qui avoit déjà fait donner à la cigogne
l'épithète de *crotalistria*.

Les mouvemens de cet oiseau sont lents, ses pas grands et
mesurés; comme les autres échassiers, il porte le pied en

avant en même temps que la jambe, et cette sorte de marche
est due à un genre d'articulation dont M. Duméril a développé
le mécanisme dans un Mémoire inséré par extrait au Bulletin
des Sciences de la Société philomatihque, an VII, n.º 25. C'est
au même mécanisme que les cigognes doivent la faculté de
dormir sur une seule patte en tenant l'autre fléchie et souvent même suspendue à angle droit. Dans leur vol, puissant
et soutenu, elles portent la tête roide en avant, et leurs
pattes, étendues en arrière, leur servent de gouvernail. Les
marais, les prairies, les rivages sont leur séjour le plus habi-
tuel, et les poissons, les reptiles, les petits mammifères, préalablement triturés et macérés, les vers, les insectes forment
leur nourriture ordinaire.

CIGOGNE BLANCHE : *Ciconia alba*, Briss. ; *ardea ciconia*, Linn.,
pl. enlum. de Buffon, n.º 866. Cet oiseau a environ trois pieds
quatre pouces de longueur, depuis le bout du bec jusqu'à
celui de la queue, et quatre pieds jusqu'à l'extrémité des
ongles ; son bec est long de sept pouces neuf lignes, et il a six
pieds trois pouces de vol ; le tour de ses yeux est nu et couvert d'une peau ridée, d'un noir rougeàtre ; la couleur dominante de son plumage est le blanc ; il n'y a de noires que
quelques-unes des plumes scapulaires, les grandes couvertures
des ailes et leurs trente pennes, qui offrent une double échancrure, les plus rapprochées du corps étant presque aussi longues que les extérieures : les huit ou neuf plus grandes pennes
sont d'ailleurs tellement conformées, qu'elles se séparent les
unes des autres, et laissent entre elles un vide qui les fait paroître détachées ; les plumes de la partie inférieure du cou
sont longues, pendantes et pointues ; le bec et les pieds sont
rouges. Les femelles ressemblent aux mâles ; mais les jeunes
se reconnoissent à la teinte brune des ailes et au noir rougeàtre du bec.

La cigogne blanche, presque partout de passage, pourroit
résister aux froids des contrées septentrionales de l'Europe,
et elle paroit émigrer moins pour se soustraire aux rigueurs
de l'hiver, que pour jouir constamment d'une nourriture
fraîche et abondante dont elle seroit privée si elle ne chan-
geoit point de climat. Elle passe cette saison en Afrique, et
surtout en Egypte, d'où elle revient au printemps en France,

en Hollande, en Allemagne, en Pologne, en Suède, en Russie. Ces oiseaux sont rares en Italie, et surtout en Angleterre, où l'on n'en voit qu'accidentellement; et dans tous les pays ils évitent les contrées désertes et les terrains' arides, où ils ne pourroient trouver leur subsistance.

Il n'y a pas d'oiseaux que les divers peuples aient plus universellement protégés que celui-ci, qui, en effet, rend partout des services en purgeant le sol des animaux nuisibles, et ne cause nulle part de dommage. Cette vénération étoit portée, chez les anciens, à un tel point que c'étoit un crime d'en tuer; il y avoit même en Thessalie peine de mort pour le meurtre d'un de ces oiseaux. La cigogne étoit, comme l'ibis, l'objet d'un culte chez les Egyptiens; et ses qualités morales ont sans doute contribué à augmenter ce respect, qui s'est perpétué chez les Orientaux, et qu'on retrouve encore en Suisse et en Hollande. Elle a une si grande affection pour ses petits, qu'elle ne les quitte pas dans les plus grands dangers; l'histoire a consacré le trait admirable de la cigogne de Delft qui, après s'être inutilement efforcée d'enlever les siens, se laissa brûler avec eux dans l'incendie de cette ville, plutôt que de les abandonner. Les tendres soins que ces oiseaux donnent à leurs parens dans la vieillesse, ne sont pas moins remarquables; et c'est en leur honneur que les Grecs ont fait la loi qui porte leur nom, et qui oblige les enfans à fournir des alimens à ceux dont ils ont reçu le jour, quand ils se trouvent dans l'indigence.

Les cigognes paroissent aussi éprouver le sentiment de la reconnoissance pour la protection qu'on leur a accordée, en revenant chaque année dans les mêmes lieux; mais leur propre intérêt suffit pour expliquer ces retours constans dont les hirondelles et beaucoup d'autres oiseaux fournissent également des exemples. Au reste, le peuple est encore persuadé aujourd'hui qu'elles apportent le bonheur dans la maison où elles s'établissent; il y a même des pays où l'on place sur les toits des roues et des caisses destinées à servir de base pour la construction de leurs nids. Quand les cigognes retrouvent ces nids à leur retour printanier, elles s'y établissent avec des signes de joie manifestes; et lorsqu'elles sont forcées d'en pratiquer de nouveaux, on les voit s'empresser d'accumuler les brins de bois et de joncs dont elles les composent. C'est sur les tours, les clochers, à la cime de grands arbres, sur le bord des eaux ou à la pointe de rochers escarpés, qu'elles ont l'habitude de nicher; et le soin qu'elles prennent pour soustraire leurs petits à la vue de ce qui les environne, dans les lieux même où elles sont le moins troublées, ne permet pas de croire légèrement au récit de lady Montagu, qui s'est vraisemblablement trompée en prenant pour les nids de ces oiseaux, des matériaux amassés dans des rues de Constantinople où elle les aura vus se promener.

Mauduyt rend compte, dans l'Encyclopédie méthodique, d'un fait propre à faire sentir au contraire combien les cigognes veulent conserver de liberté dans le travail de l'incubation, et dans l'éducation de leur progéniture. Ayant fait venir d'Alsace un mâle et une femelle, et les ayant placés dans un très-grand jardin, traversé par plusieurs bras de la Seine, il les y a facilement apprivoisés; et ce couple y a vécu pendant plusieurs années, sans paroître souffrir du froid, et sans chercher à changer de climat au printemps et à l'automne, quoiqu'alors ces oiseaux fissent d'assez longs circuits dans les airs; mais, s'il est résulté de ces observations que l'émigration n'étoit pas d'une nécessité absolue pour les individus auxquels on avoit soin de fournir en tout temps des vivres qui consistoient en basse viande et en intestins d'animaux, on n'a pu parvenir à les faire multiplier dans cette sorte d'état de domesticité, quoiqu'ils fussent entourés d'arbres très-élevés et de bâtimens sur lesquels ils auroient pu placer leur nid.

M. Hermann, de Strasbourg, a consigné, dans ses *Observationes Zoologicæ*, plusieurs faits curieux sur les cigognes. Des personnes, près de l'habitation desquelles divers couples s'étoient fixés, lui ont rapporté que le mâle leur paroissoit plus grand et plus gros que la femelle; qu'elles avoient vu ces oiseaux s'occuper au clair de la lune à chercher les matériaux nécessaires pour la confection de leur nid, et se livrer fréquemment, pendant plusieurs jours, à des embrassemens et à des caresses dans lesquels le mâle tenoit un peu plus de temps que le coq sa femelle étroitement pressée entre ses ailes étendues. Le même naturaliste ayant possédé assez long-temps une cigogne privée, a fait personnellement sur ses habitudes des remarques intéressantes, dont voici les principales. L'approche d'un grand chien, ou tout autre sentiment de crainte, lui faisoit produire une sorte de soufflement, en alongeant le cou et gonflant la gorge, à la manière des oies. Dans les temps froids, elle n'hésitoit pas à se plonger les pieds dans l'eau, et elle restoit des jours entiers exposée à la pluie. Pendant que le thermomètre étoit à dix degrés au-dessous de la glace, elle s'aspergeoit le ventre avec l'eau dont elle avoit empli son bec; et cependant lorsque, dans un temps serein, on lui en jetoit sur le corps, elle s'empressoit de se secouer. Elle se tenoit souvent dans le lieu où elle passoit la nuit, posée sur ses genoux, la tête haute, et elle prenoit même cette attitude sur le pavé, contractant alors ses doigts de manière à leur faire faire un angle qui soulevoit le tarse et l'empêchoit de toucher par terre. Elle mangeoit des vers, des mollusques dont elle brisoit auparavant la coque, des huîtres, des crabes, des araignées, des larves d'insectes; elle se portoit avec avidité sur le fromage, et éprouvoit une répugnance extrême pour le beurre. Après avoir avalé des rats, elle les a rendus entiers et n'en a plus voulu d'autres; elle refusoit aussi les phalènes, les sangsues, les œufs de lézards, les salamandres. Cette cigogne se laissoit toucher et caresser par les enfans; lorsqu'on la chassoit d'un lieu, elle se retiroit sans résistance, mais avec gravité et la tête haute.

La ponte des cigognes est de deux ou quatre œufs d'un blanc sale et jaunâtre, un peu moins gros, mais plus alongés que ceux de l'oie : ils sont figurés dans les *Ova avium* de Klein, pl. 17, n.º 2, et dans l'Ornithologie britannique de Lewin, tom. 5, pl. 33, n.º 2. Le mâle les couve pendant que la femelle va chercher sa pâture; les petits naissent au bout d'un mois, et dans leur premier âge ils sont couverts d'un duvet brun. Les père et mère ne vont pas en même temps à la chasse pour les nourrir; et l'un d'eux se tient toujours en surveillance près des petits jusqu'au moment où ils sont devenus en état de s'exercer à des vols circulaires autour du nid.

Aux preuves non équivoques de cette tendresse pour les enfans, des auteurs ajoutent, comme signe du prix que les cigognes attachent à la fidélité conjugale, un récit de voyageurs, d'après lequel on s'amuseroit, dans les environs de Smyrne, à substituer des œufs de poule à ceux de ces oiseaux.

Quand les poussins sont éclos, le mâle, à la vue de ces figures étrangères, jetteroit des cris lamentables et attireroit les cigognes voisines qui, irritées de l'infidélité apparente de sa compagne, la tueroient à coups de bec. Mais si quelqu'un a été témoin d'un fait de cette nature, bien douteux d'après les cris violens attribués à un oiseau qui n'a pas de voix, pourquoi, au lieu de trouver la cause toute naturelle de l'agitation de ces animaux dans la stupéfaction produite par l'aspect inattendu des petits monstres, relativement à leur espèce, aller la chercher dans un sentiment qui supposeroit des raisonnemens trop abstraits, trop compliqués pour être le partage d'un pur instinct?

Quand les cigognes songent à leur départ, elles se cherchent et se rapprochent pour se trouver prêtes à l'instant du signal.

Un des amis de M. Hermann lui a rapporté qu'au mois d'août de chaque année il voyoit constamment les cigognes se réunir par centaines entre Schelestadt et Colmar, où elles passoient le jour dans les endroits marécageux, la nuit sur les arbres des forêts; et qu'après plusieurs semaines ainsi employées à compléter leur réunion, elles partoient pendant un vent du nord, et dans la nuit. Comme ces oiseaux, qui s'élèvent tous ensemble, se perdent en un instant dans les airs, leur départ est très-difficile à observer, et l'on ne sauroit ajouter foi au conte d'après lequel ils mettroient en pièce le dernier arrivé.

Cigogne noire; *Ciconia nigra*, Rai. Cette espèce, qui est l'*ardea nigra* de Linnæus, la *ciconia fusca* de Brisson, est figurée dans les planches enluminées de Buffon, n.° 399, sous le nom de cigogne brune. De la grosseur d'un dindon femelle, elle a deux pieds neuf pouces neuf lignes depuis le bout du bec jusqu'à celui de la queue, et environ trois pieds et demi jusqu'à l'extrémité des ongles; son bec, depuis sa pointe jusqu'aux coins de la bouche, a plus de six pouces de longueur, et sa queue neuf pouces; son envergure est de cinq pieds. La tête, le cou et toutes les parties supérieures du corps, ainsi que les ailes et la queue, sont noirâtres avec des reflets violets; la partie inférieure de la poitrine et le ventre sont d'un blanc pur; le bec et la peau nue des yeux d'un rouge cramoisi, et les pieds d'un rouge plus foncé. Les mêmes parties sont d'un vert olivâtre chez les jeunes, qui ont aussi le cou et la gorge

couverts de petites plumes brunes, terminées par un point
blanchâtre. Les individus qui sont peints dans Frisch, pl. 197,
et dans Nauman, pl. 23, étoient des jeunes; et celui de Buffon,
qui déjà avoit les jambes rougeâtres, touchoit à l'état adulte.

Tandis que la cigogne blanche, d'un naturel doux et sans
défiance, s'établit près de nos habitations, cherche sa pâture
dans nos champs, dans nos jardins, sur le bord des rivières les
plus fréquentées, et ne s'effraie pas même du tumulte des villes,
la cigogne noire, sauvage et solitaire, cherche les lieux écartés,
les marais boisés et les forêts profondes. L'espèce en est bien
moins nombreuse que celle de la cigogne blanche, et elle ne
s'établit guère dans les mêmes contrées. On ne la voit presque
jamais en Hollande, où l'autre est fort commune; elle ne fait
que passer en France et dans diverses parties de l'Allemagne,
mais elle est plus nombreuse dans les Alpes suisses, et séjourne
aussi en Hongrie, en Turquie, en Pologne; elle s'avance même
jusqu'en Suède. Voyageuse comme la cigogne blanche, elle
quitte les lieux où la rigueur de la saison ne lui permet plus
de trouver sa nourriture, consistant en petits poissons, qu'elle
saisit en se plongeant rapidement dans les lacs, et en grenouilles,
sauterelles et insectes qu'elle recueille dans les herbages et
les prés des montagnes. Elle niche dans les forêts, sur les
pins et les sapins les plus élevés, et pond deux ou trois œufs
d'un blanc sale, nuancé de verdâtre, ou quelquefois marqués
d'un petit nombre de taches brunes, que Klein a figurés, pl. 18,
n.° 1 de ses *Ova avium*. Malgré le caractère sauvage de cet oiseau,
l'on est parvenu à en apprivoiser et à en nourrir pendant plusieurs années dans des jardins. Sa chair est de mauvais goût.

Cigogne maguari; *Ciconia maguari*, Gmel. Cette espèce
d'Amérique, originairement décrite par Marcgrave, pag. 204
de son Histoire naturelle du Brésil, et récemment par M. d'A-
zara sous le nom de *baguari*, qu'elle porte au Paraguay où on la
connoît aussi sous ceux de *mbaguari* et de *tuyuyu-guazu*, a quarante trois pouces de longueur totale et soixante d'envergure. Son bec a un enfoncement à la base, et un rebord vers
le bout de la mandibule inférieure; les plumes de la tête sont
peu fournies de barbes, mais longues, et moins cependant que
celles du cou; la peau nue qui entoure les yeux est mamelonnée, et s'étend, par un passage étroit, jusqu'à l'angle de la

bouche, circonstances qui rapprochent cet oiseau des hérons. Le haut de la gorge présente aussi un espace nu, mais lisse, et capable de dilatation, qui est traversé dans son milieu par une étroite rangée de plumes. Les scapulaires, les grandes couvertures, le fouet et les plumes de l'aile sont, ainsi que la queue, d'une couleur noire à reflets, et tout le reste du plumage est blanc. La jambe et le tarse sont rouges ; les ongles noirs ; le bec, d'un bleu de ciel à sa base, est noirâtre dans le reste ; l'iris est blanc, et la peau du tour de l'œil rouge.

Cet oiseau, peu farouche, se rencontre ordinairement par paires au Paraguay et au midi de la rivière de la Plata, où quelquefois il se réunit en troupe. Il s'élève à une très-grande hauteur, et se perche rarement sur les arbres. Il niche vers la fin de l'année, et ses petits sont d'un brun noirâtre par-dessus, et blancs sous le ventre. Quand ces oiseaux sont éclos dans les maisons, ils deviennent tellement privés, qu'après avoir parcouru les campagnes et les marécages, ils reviennent constamment à l'heure où l'on a coutume de leur donner des morceaux de viande à manger.

Cigogne a sac, Cuv. ; *Ardea dubia*, Gmel. ; *Ardea argala*, Lath. Cette espèce, dont un individu a vécu pendant plusieurs années au Jardin du Roi de Paris, a été désignée au Muséum d'Histoire naturelle sous le nom de cigogne à goître. C'est l'*argala* du Bengale, l'*argill* ou *hurgill* des environs de Calcutta ; le *boorong cambing* ou *booring oolar* de Sumatra, qui est figuré dans le premier Supplément du *Synopsis of Birds*, de Latham, pl. 105. Il a cinq pieds de hauteur verticale, et près de sept de longueur ; la tête et le cou, dégarnis de plumes, sont parsemés de poils qui laissent presque à nu une peau rougeâtre et calleuse ; sous le milieu du cou pend un appendice gros comme un saucisson ; son manteau est d'un noir bronzé ; les parties inférieures sont blanches ; la queue, composée de douze pennes, est recouverte en-dessous de plumes soyeuses et décomposées, que les femmes emploient dans leur coiffure. Son bec énorme, aigu, comprimé par les côtés, et dont la base a seize pouces de tour, est jaunâtre ; les pieds sont bruns.

Cet oiseau, qui vit en troupes à l'embouchure des fleuves, dans le Bengale, se trouve aussi dans les parties méridionales de l'Afrique où il se nourrit de testacés, de reptiles, de poissons et même de mammifères dont il brise les os avant de les avaler, et qu'il digère sans peine. Comme il détruit beaucoup de serpens et de reptiles nuisibles, il est vénéré dans le pays. En captivité, sa gloutonnerie le rend omnivore, et il se familiarise aisément.

M. Smeathman en a vu un qui, au moment du repas, se plaçoit derrière la chaise de son maître, et déroboit assez souvent quelques mets, s'il n'étoit pas exactement surveillé : il lui arriva même une fois de s'emparer d'une volaille bouillie qu'il avala en un instant; mais le courage de cet oiseau est loin d'égaler sa voracité; car, malgré les menaces qu'il semble d'abord faire en ouvrant son large bec, un enfant, armé d'une petite houssine, suffit pour le mettre en fuite. (Ch. D.)

CIGOIGNE (*Ornith.*), orthographe ancienne du mot cigogne, que l'on écrivoit aussi *cigongne*. (Ch. D.)

CIGUË (*Bot.*), *Cicuta*, Lam. Genre de plantes monocotylédones, polypétales épigynes, de la famille des ombellifères, Juss., et de la *pentandrie digynie*, Linn., dont les principaux caractères sont les suivans : Collerette universelle, composée de plusieurs folioles; collerettes partielles, de trois folioles tournées d'un seul côté ; calice entier ; cinq pétales courbes en cœur et inégaux; cinq étamines; un ovaire supérieur, chargé de deux styles; fruit ovale-globuleux, formé de deux graines appliquées l'une contre l'autre, et relevées sur chacune de leurs faces convexes par cinq côtes crénelées.

Des cinq espèces qui composent ce genre, quatre croissent en Afrique, et ne nous sont guère connues que par leurs caractères botaniques ; mais la cinquième, naturelle à l'Europe, est depuis long-temps célèbre par ses qualités vénéneuses. On sait qu'à Athènes c'étoit avec son suc qu'on faisoit mourir ceux qui étoient condamnés à perdre la vie. On sait encore que Socrate et Phocion burent la ciguë, et la mort injuste de ces deux grands hommes a immortalisé les effets délétères de cette plante.

Presque tous les auteurs modernes paroissent d'accord sur l'identité de notre ciguë avec celle des Grecs, et il est aussi très-probable que les Romains donnoient particulièrement le nom de *cicuta* à cette plante, quoique ce nom fût aussi appliqué, chez eux, comme une sorte de nom général, aux tiges cylindriques et creuses de certaines plantes propres à faire ces instrumens de musique champêtre, nommés flûtes ou chalumeaux ; c'est ainsi que Virgile fait dire au berger Corydon :

> Est mihi disparibus septem compacta cicutis
> Fistula............
> Egl. II, v. 36.

et à Ménalcas :

> Hac te nos fragili donabimus ante cicuta.
> Egl. V, v. 85.

Ce qui peut avoir porté à croire que la ciguë des Romains n'étoit pas la même que la nôtre, c'est que Pline, dans un passage, dit que beaucoup de personnes en mangeoient les tiges crues ou cuites ; ce qui ne paroit pas d'abord pouvoir se concilier, en aucune manière, avec les effets dangereux et trop connus de notre plante : mais, si l'on fait attention que dans le même chapitre et dans plusieurs autres, le naturaliste latin parle positivement de la ciguë comme d'un poison qui donne la mort, on n'hésitera pas à s'en tenir à cette dernière considération, et l'on trouvera d'ailleurs facilement l'explication de cette contradiction apparente dans une erreur à laquelle cet auteur aura été entraîné par la similitude du nom de la ciguë avec celui de la tige de quelques autres plantes. En effet, on doit croire que Pline n'a dit que la tige de la ciguë se mangeoit crue ou cuite, que parce qu'il aura copié, sans examen, ce qu'il aura trouvé ailleurs, touchant quelque plante désignée sous le nom de *cicuta* parce qu'elle avoit une tige fistuleuse, et indiquée en même temps comme bonne à manger, ainsi que le sont le fenouil, le céleri, l'angélique et plusieurs autres plantes de la même famille.

Jusqu'à l'époque de Linnæus, le mot *cicuta* avoit été adopté par tous les modernes, comme nom latin de la ciguë, parce que les Latins avoient traduit ainsi, dans leur langue, le mot κώνειον, qui signifioit la ciguë chez les Grecs ; mais Linnæus, en voulant rappeler le nom grec par celui de *conium* qu'il substitua à celui de *cicuta*, fit un changement qui, loin d'être avantageux à la science, ne servit qu'à la compliquer mal à propos, d'autant plus qu'il transporta le nom de *cicuta* à un autre genre de plantes, *cicutaria*, Lam., dont une espèce est bien, à la vérité, aussi vénéneuse que la ciguë commune, mais ne paroît pas être la plante dont les auteurs grecs et romains ont parlé. La transposition de nom, faite par Linnæus, ayant pu occasioner souvent des méprises qui, lorsqu'il s'est agi de l'emploi de la plante en médecine, ont dû avoir des inconvéniens graves, M. de Lamarck, M. de Jussieu et la plupart des botanistes françois ont, avec raison, rappelé le nom de *cicuta* pour la plante qui, depuis si long-temps, avoi t,reçu cette dénomination.

Cigue commune, Cigue ordinaire, ou Grande Cigue : *Cicuta major*, Lam., Dict. enc., tom. 2, pag. 3; *Conium maculatum*, Linn., *Spec.* 349; Jacq., *Fl. Aust.*, t. 156. Sa tige est cylindrique, lisse, fistuleuse; marquée, surtout dans sa partie inférieure, de petites taches d'un pourpre foncé; haute de trois à cinq pieds, et rameuse dans sa partie supérieure : ses feuilles sont trois fois ailées, composées de folioles dentées ou pinnatifides, et d'un ver sombre; ses fleurs, blanches, forment des ombelles très-ouvertes et assez nombreuses. Cette plante croît en France et dans la plus grande partie de l'Europe; on la trouve fréquemment le long des haies, sur le bord des champs, dans les lieux frais, ombragés et incultes; elle est bisannuelle; son odeur est fétide et nauséeuse.

La grande ciguë est plus ou moins vénéneuse pour la plupart des animaux, surtout lorsqu'elle est fraîche. Les bestiaux n'en mangent point, excepté les chèvres et les moutons, qui peuvent le faire impunément. Selon Matthiole, des ânes, en ayant mangé, tombèrent dans un état léthargique, tel qu'on les crut morts, et ils n'en sortirent que lorsqu'on voulut les écorcher.

Chez les hommes, les accidens qui suivent l'empoisonnement par la ciguë sont en général des vomissemens, la cardialgie, des défaillances, de la somnolence, et quelquefois du délire. La mort arrive rarement, à moins qu'on n'ait pris une trop grande quantité de la plante, ou qu'on n'ait pu avoir des secours assez promptement. Le traitement le plus convenable pour combattre les effets délétères de ce poison, consiste à provoquer des vomissemens abondans, surtout en les sollicitant par des moyens mécaniques, et à faire prendre ensuite des acides végétaux, tels que le vinaigre ou le suc de citron, étendus dans des boissons aqueuses. Le vin est aussi un très-bon moyen dans ce cas; et nous avons connu deux personnes qui, après avoir mangé une omelette dans laquelle on avoit mis de la ciguë au lieu de cerfeuil, éprouvèrent plusieurs accidens, signes d'un empoisonnement manifeste, entre autres, des défaillances et une somnolence considérable, et qui furent guéries très-promptement, rien qu'en buvant successivement plusieurs vérres de vin. Les anciens connoissoient cette propriété du vin pour remédier aux effets vénéneux de la ciguë, et certaines gens en faisoient un singulier usage. Pline, Liv. XIV, chap. 22, en parlant de l'ivrognerie et des excès auxquels se livroient les buveurs, dit qu'il y en avoit qui alloient jusqu'à prendre de la ciguë, afin que la crainte de la mort les obligeât à boire du vin.

Les anciens n'employoient la ciguë qu'à l'extérieur, dans les douleurs de rhumatisme; mais les modernes ont considérablement multiplié son usage, et malgré ses propriétés dangereuses ils ont donné cette plante à l'intérieur, comme un remède très-utile dans beaucoup de maladies rebelles. On a préconisé les bons effets de la ciguë dans la coqueluche, dans les engorgemens des viscères abdominaux, dans les affections squirrheuses et cancéreuses, dans les scrophules, dans les rhumatismes chroniques, dans la goutte, etc. C'est presque toujours sous la forme d'extrait composé avec le suc exprimé des tiges et des feuilles fraîches de la ciguë, qu'on administre cette plante à l'intérieur. On la donne aussi en nature, après l'avoir fait sécher et l'avoir réduite en poudre. L'extrait s'emploie en commençant par une petite dose, comme un demi-grain ou deux grains par jour, et en le continuant tous les jours, mais en augmentant graduellement les doses jusqu'à celles d'un ou deux gros. La poudre de ciguë s'administre dans des proportions analogues.

CIGUË AQUATIQUE. On donne vulgairement ce nom à deux plantes différentes de la grande ciguë; l'une est l'œnanthe à suc jaune, et l'autre le phellandre aquatique. (L. D.)

CIGUE PETITE. C'est l'éthuse, *œthusa cynapium.*

CIGUE D'EAU. On a donné ce nom au *cicuta virosa* de Linnæus, qui est maintenant le genre *Cicutaria.* (J.)

CIGUENNA (*Ornith.*), nom espagnol de la cigogne, *ardea ciconia,* Linn. (CH. D.)

CIHUATOTOLIN (*Ornith.*), nom mexicain de la femelle du dindon, *meleagris gallopavo,* Linn., dont le mâle porte, dans la même langue, au rapport de Fernandez, chap. 59, celui de *huexolote*. (Ch. D.)

CIJENA (*Ichthyol.*), nom espagnol du squale-marteau. Voyez Zygène. (H. C.)

CILIAIRE (*Ichthyol.*), *Blepharis*. Genre de poissons de la famille des leptosomes, établi dernièrement par M. Cuvier, aux dépens des *zeus* de Linnæus et de Bloch.

Les poissons de ce genre se reconnoissent aux caractères suivans :

Corps en rhombe parfait, aussi élevé que long; à angles supérieur et inférieur répondant au commencement de la deuxième nageoire dorsale et de l'anale; épines très-courtes, au lieu de première nageoire dorsale; mais les premiers rayons mous des deuxièmes nageoires dorsale et anale changés en filamens qui surpassent la longueur du corps; de petites épines libres au-devant de l'anus; écailles formant une petite carène sur la fin de la ligne latérale; reste du corps alépidote.

Les ciliaires seront facilement séparés des dorées ou *zeus*, qui n'ont qu'une nageoire dorsale; des capros, qui en ont deux, mais qui sont dépourvus de dents; des chétodons, à cause de la forme des dents, etc.

Le mot *blepharis* est tiré du grec, et indique la disposition des filamens qui terminent les nageoires dans ce genre de poissons. Il est malheureux que le même nom ait été déjà donné par de Jussieu à un genre de plantes de la famille des acanthacées, et cela pour une raison analogue. Voyez Bléphare.

Le Ciliaire longs-cheveux : *Blepharis ciliaris ; Zeus ciliaris*, Linn. Corps orbiculaire, argenté, nu ; catopes très-longs, noirs ; nageoire caudale fourchue ; opercules à reflets dorés ; nageoires violettes; deux orifices à chaque narine. Chair coriace, sans saveur et peu estimée. De la mer des Indes. (H. C.)

CILIANDRO. (*Bot.*) Voyez Coentro. (J.)

CILIARE (*Bot.*), nom françois proposé par M. P. de Beauvois pour désigner les mousses du genre Trichostome, *trichostomum*. (Lem.)

CILIÉ (*Ichthyol.*), nom spécifique d'un Holocentre. Voyez ce mot. (H. C.)

CILIÉE. (*Ichthyol.*) C'est le nom d'un poisson d'Amérique que Linnæus a rangé parmi les perches, sous le nom de *perca argentea*. M. de Lacépède en fait un Centronote. Voyez ce mot et Persèque. (H. C.)

CILIER (*Ichthyol.*), nom d'un poisson du genre Holacanthe. Voyez ce mot. (H. C.)

CILINDRE. (*Conch.*) Voyez Cylindre. (De B.)

CILLACH. (*Mamm.*) Dapper dit qu'on trouve dans le royaume de Quoja deux animaux qu'on appelle *cillach vondoh*, qui sont de la grosseur de nos cerfs, dont les cornes ont un empan de long, qui sont roussâtres, etc. Il s'agit sans doute de quelque antilope. (F. C.)

CILLERCOA (*Bot.*), nom donné en Espagne et en Portugal aux mousserons, espèce d'agaric. Voyez Mousserons. (Lem.)

CILS. (*Anat.*) Ce nom, que les uns font venir de *cillere*, les autres de *celare*, a été d'abord donné aux poils qui garnissent les paupières, et qui contribuent à préserver les yeux des corpuscules qui voltigent dans l'air. Tous les mammifères en sont pourvus. (F. C.)

Plusieurs oiseaux ont les paupières bordées de cils, qui sont très-longs dans l'autruche, dans le calao d'Abyssinie, dans le vautour oricou, dans le messager ou secrétaire: chez ce dernier, ils sont élargis à la base, et creusés en gouttière, concave en-dessous et convexe en-dessus. La paupière supérieure du casoar est garnie aussi, dans sa partie moyenne, d'un rang de petits cils noirs qui s'arrondissent en manière de sourcils; et l'on remarque également dans la pintade de longs poils noirs, relevés en haut. (Ch. D.)

En entomologie, ce nom a été étendu aux poils roides qui garnissent les bords de certaines parties: ainsi on dit pattes ciliées, ailes ciliées. Quelquefois même l'espèce tire de là son nom: c'est ainsi qu'on appelle l'empis ciliée, etc. (C. D.)

La botanique s'est aussi approprié ce mot : dans les mousses, lorsque le bord, (péristone) de l'orifice de l'urne est bordé de lanières, celles de la paroi inférieure de l'urne portent le nom de cils, tandis que les lanières de la paroi extérieure prennent le nom de dent.

Plusieurs autres parties de plantes ont des cils : on a des feuilles ciliées dans la joubarbe des toits, dans l'*erica tetralix*, le *saxifraga hypenoïdes*; des stipules ciliées dans la persicaire, *polygonum persicaria*; des bractées ciliées dans la brunelle:

l'*orobanche minor*, la brunelle, la lavande, ont des anthères ciliées; le *rumex scutatus*, le *sanguisorba*, *media*, des stigmates ; le *menyanthes nymphoïdes*, des graines, etc. La gorge de la gentiane champêtre, les pétales de la capucine, ceux de la rue, sont également ciliés, parce qu'ils sont bordés de fines lanières en forme de cils. (MASS.)

CIMBALAIRE (*Bot.*), nom spécifique d'une espèce de linaire. (L. D.)

CIMBALO (*Bot.*), CAPELLONE DI FAGETTA et GRUMATO ALBEZINO, noms italiens de trois agarics roux qui croissent aux environs de Florence, Mich., *Gen.*, p. 153, n.⁰ˢ 1-3. (LEM.)

CIMBÈCE (*Entom.*), *Cimbex*. Genre d'insectes hyménoptères, à abdomen sessile, à antennes en massue, de notre famille des uropristes ou serricaudes.

Ce nom de cimbex, κίμϐηξ, a été emprunté du grec d'Aristote, par Olivier. Il paroit en effet que ce nom désignoit une sorte d'hyménoptère voisin des guêpes et des abeilles, qui se nourrissoit de peu de miel ; mais déjà Geoffroy, tom. II, pag. 261, en avoit fait le genre Frelon, *crabro*, et il l'avoit placé comme intermédiaire, ou moyen de passage, entre les hyménoptères et les névroptères, qu'il avoit réunis sous le nom commun de tétraptères à ailes nues.

M. Jurine, dans sa nouvelle méthode de classer les hyménoptères, n'a pas adopté ces noms de cimbèce ou de frelon ; il a conservé aux insectes qui font l'objet de cet article, et qui composent son premier genre, le nom de tenthrède, ayant désigné les autres mouches à scie sous les noms d'*allante*, de *dolère*, de *némate*, de *ptérone*, de *crypte* et de *céphaléie*.

L'abdomen appliqué immédiatement contre le corselet, et les antennes en massue, suffisent pour distinguer les insectes de ce genre d'avec tous les autres hyménoptères. Cependant on peut joindre à ces caractères quelques particularités de conformation bien propres à montrer leur analogie respective.

Ainsi, tous les cymbèces proviennent de chenilles dites fausses, qui ont plus de seize pattes, qui se nourrissent de feuilles de plantes, où on les trouve souvent le corps roulé en spirale, quand elles sont en repos. La plupart, dans cet état, ont la faculté de faire sortir de leur corps une sorte d'humeur qui est lancée, en un jet continu, par des ouvertures qui sont situées au-dessus de chacune des neuf paires de stygmates. Ces chenilles, pour se métamorphoser, s'enfoncent ordinairement sous terre, au pied des arbres, ou dans la terre végétale qui se forme dans le tronc pourri des saules, de l'aulne, des bouleaux; elles s'y filent une coque de soie très-fine, composée de plusieurs couches ou tuniques très-minces, dont les filamens sont retenus par une sorte de colle animale, imperméable à l'humidité que la larve y dégorge. Elle reste souvent plusieurs mois avant de prendre la forme de larve, dont toutes les parties, quoique très-molles et incolores d'abord, restent distinctes, mais dans la flexion la plus complète.

On trouve ces insectes parfaits sur les fleurs; mais ils volent mal et en bourdonnant; ils restent engourdis. On en connoît un grand nombre d'espèces. Voici les caractères des cimbèces que l'on trouve le plus ordinairement aux environs de Paris :

Cimbèce grosses cuisses ; *Cimbex femorata*. Noire; à premier anneau du ventre portant une tache ovale jaune; antennes jaunes, ainsi que les tarses. C'est le frelon noir, à échancrure, de Geoffroy. Sa chenille est verte, avec deux lignes latérales jaunes, et une dorsale bleue. On la trouve sur l'aulne et sur le saule.

Cimbèce des bosquets ; *Cimbex lucorum*. Toute noire, velue, à antennes noires. Cette espèce ne diffère de celle appelée obscure par Panzer, qu'en ce qu'elle est velue.

Cimbèce jaune : *Cimbex lutea*, Fab. ; *Axillaris*, Panz. ; le Frélon à épaulettes, Geoff. Jaune ; à base de l'abdomen et partie postérieure du corselet bruns. Les taches jaunes de l'origine du corselet ont fourni à Geoffroy le nom qui lui a servi à désigner cette espèce.

Cimbèce bordée ; *Cimbex marginata*. Noire, à segmens de l'abdomen bordés de jaune pâle ; extrémité de l'antenne ou massue jaune.

Cimbèce du saule ; *Cimbex amerinœ*. Noire; à duvet cendré; abdomen roux en-dessous et à l'extrémité; lèvres blanches; massue des antennes jaune. La chenille qui se trouve sur le saule marceau, est verte, avec une ligne noire sur le dos.

Cimbèce a bandes ; *Cimbex fasciata*. Toute noire; à pattes pâles; les ailes supérieures avec une tache brune transversale.

Cimbèce soyeuse ; *Cimbex sericea*. Noire ; à pattes pâles; abdomen d'un vert cuivre, et soyeux. Le mâle diffère de la femelle en ce qu'il est plus petit, et que ses antennes sont jaunes.

CIMBÈCE JOYEUSE; *Cimbex læta.* Noire; à bords de segmens de l'abdomen jaunes, ainsi que les pattes.

CIMBÈCE OBSCURE; *Cimbex obscura*, Panz. Toute noire; à corps lisse, brillant; à ailes enfumées. Voyez TENTHRÈDE et UROPRISTES. (C. D.)

CIMBER. (*Conch.*) C'est le nom sous lequel M. Denys de Monfort établit, en 1810, en un genre particulier, la *patella porcellana* de Gmelin, que Chemnitz regardoit comme une nérite, M. de Roissy comme une crépidule, dont M. de Lamarck a fait son genre Navicelle, et que, long-temps avant, M. de Ferussac avoit proposé de désigner sous le nom générique de SERTAIRE. Voyez ce mot. (DE B.)

CIMBRARERA. (*Bot.*) Les Espagnols donnent ce nom, suivant Jacquin, à un jambosier, *eugenia carthaginensis*, dont les rameaux plians sont employés comme houssines par les muletiers pour hâter la marche de leurs mulets. (J.)

CIMBRE. (*Ichthyol.*) M. Schneider a désigné sous le nom de *gadus cimbricus*, une espèce de poisson que nous décrirons à l'article MUSTÈLE. Il habite les mers du Nord. (H. C.)

CIME. (*Bot.*) Voyez CYME. (MASS.)

CIMENT. (*Chim.*) Voyez MORTIER. (CH.)

CIMEX. (*Entom.*) C'est le nom latin du genre Punaise. (C. D.)

CIMICAIRE, CHASSE-PUNAISE (*Bot.*), *Cimicifuga*, genre de la famille des renonculacées, de la *polyandrie tétragynie* de Linnæus. Son caractère essentiel consiste dans un calice à quatre ou cinq folioles caduques; quatre petits cornets coriaces, en forme de pétales; une vingtaine d'étamines à peine saillantes, insérées sur le réceptacle; deux à quatre ovaires munis chacun d'un style recourbé; le stigmate attaché latéralement le long du style. Le fruit consiste en deux ou quatre capsules, s'ouvrant latéralement, et remplies de semences écailleuses.

Ce genre se rapproche de l'*actæa racemosa* par son port, des *isopyrum* par sa fructification. Il renferme les espèces suivantes:

CIMICAIRE FÉTIDE: *Cimicifuga fœtida*, Lam., *Ill. gen.*, *tab.* 487; *Actæa cimifuga*, Linn. Cette plante répand une odeur très-fétide: on prétend qu'elle est très-propre à chasser les punaises

des lits. Ses racines sont courtes et noueuses ; ses tiges hautes
de cinq à six pieds , rameuses, fistuleuses, légèrement velues ;
les feuilles une et deux fois ailées ; les folioles ovales, dentées
en scie, incisées ou lobées ; la terminale souvent à trois lobes ;
les fleurs disposées en grappes terminales, rameuses à leur
base, variables dans le nombre des parties qui les composent.
Elle se trouve dans la Sibérie.

CIMICAIRE PALMÉE : *Cimicifuga palmata*, Mich., *Amer.*; Curt.
Bot. Magaz., tab. 1630 ; Lam., *Ill. gen.*, tab. 500 (*falso Hydrastis*).
Cette espèce a été découverte par Michaux, sur les hautes
montagnes de la Caroline, le long des ruisseaux. Ses feuilles sont
simples et palmées ; ses fleurs disposées en une panicule dichotome ; chaque fleur contient environ douze ovaires distincts,
rapprochés en une tête arrondie. C'est par erreur qu'elle a été
figurée sous le nom d'*hydrastis*, dans les Illustrations des genres
de l'Encyclopédie.

CIMICIFUGA AMERICANA, Mich., *Amer.*; *Cimicifuga cordifolia*,
Pursh., *Amer.* Elle est si peu distinguée du *cimicifuga fœtida*,
qu'elle n'en paroît être qu'une simple variété. Ses feuilles sont
plusieurs fois ailées ; les fleurs longuement pédicellées, ainsi
que les ovaires ; ceux-ci sont glabres, quelquefois au nombre
de six. Elle croît dans les épaisses forêts de la Caroline, sur
les hautes montagnes.

Le CIMICIFUGA SERPENTARIA, de Pursh, paroît être une variété
de l'*actæa racemosa*, Linn. C'est la même plante que l'*actæa
monogyna* de Waltherius. Elle croît dans la Caroline, et n'a
très-souvent qu'un seul ovaire. (POIR.)

CIMICIFUGA. (*Bot.*) Voyez CIMICAIRE. (POIR.)

CIMICIOTTUM. (*Bot.*) Suivant Césalpin, ce nom est donné
à la ballote, ou marrube noir, *ballota*, parce qu'elle a une
odeur de punaise. (J.)

CIMOLITHE. (*Min.*) C'est une variété d'argile. Les anciens
la tiroient de l'île de Cimolis, aujourd'hui l'Argentière, près
celle de Milo ; c'est de là que lui est venu le nom de cimolithe.
Ils l'employoient à dégraisser les étoffes. Voyez ARGILE. (B.)

CIMONAGERO (*Bot.*), nom italien du cumin, selon Caspar
Bauhin. (J.)

CINABRE (*Chim.*), combinaison du mercure avec le soufre.
Voyez MERCURE. (CH.)

CINÆDIA. (*Ichthyol.*) Au rapport de Pline, on donnoit autrefois ce nom à des pierres qu'on trouvoit dans la tête du poisson qu'on appeloit CINÆDUS. Voyez ce mot. (H. C.)

CINÆDUS. (*Ichthyol.*) Pline a donné ce nom à un poisson que nous croyons être le labre canude des auteurs, *labrus cinædus*, Linn. Aldrovande et Jonston en ont parlé sous le nom de *cinædus Rondeletii.* Voyez LABRE, CANUDE et CANUS.

Le *cinædus cauda lunata*, de Gronou, est le spare denté, *sparus dentex*, Linn. Voyez DENTÉ. (H. C.)

CINAMITE. (*Min.*) Voyez KANNELSTEIN. (B.)

CINARA, ou CYNARA (*Bot.*), nom latin du genre ARTICHAUT. Voyez ce mot. (H. Cass.)

CINAROCÉPHALES. (*Bot.*) Ce nom qui, d'après son étymologie, signifie *têtes d'artichaut*, est employé par Vaillant et par M. de Jussieu, pour désigner un groupe de plantes établi ou reconnu par eux dans la famille des synanthérées. Ce groupe, dont M. de Jussieu fait une famille qu'il place entre ses chicoracées et ses corymbifères, est moins naturel que les premières, et plus naturel que les dernières ; mais cette prétendue famille, qui n'est réellement qu'une section de famille, ne nous paroît admissible, ni dans une classification naturelle, ni dans une classification artificielle. Elle n'est point admissible dans une classification naturelle, parce qu'elle réunit des genres appartenant à plusieurs tribus différentes ; elle ne sauroit être employée dans une classification artificielle, parce qu'elle n'offre pas un seul caractère qui lui appartienne exclusivement, et qu'on ne retrouve dans plusieurs corymbifères. Celui qui a paru le plus exclusif, est l'articulation des branches du style sur leur tige ; cette articulation est pourtant très-manifeste dans notre tribu des arctotidées, comprise dans les corymbifères de M. de Jussieu, et elle est le plus souvent nulle dans notre tribu des carlinées, que ce botaniste confond parmi ses cinarocéphales. Au surplus, en admettant les cinarocéphales de M. de Jussieu, il faudroit encore changer sa division de ce groupe en trois sections, dont les deux premières, uniquement fondées sur la présence ou l'absence des épines, ne peuvent évidemment se soutenir, et dont la troisième offre un mélange de genres appartenant aux nassauviées, aux vernoniées, aux échinopsées. M. Decandolle a proposé une autre division des cinarocéphales, que la juste réputation de ce botaniste ne nous permet pas de passer sous silence ; il les distribue en quatre sections. La première, celle des échinopées, ne contient que trois genres qui, dans l'ordre naturel, appartiènnent à trois groupes très-différens ; en effet, le *boopis* est une boopidée, le *rolandra* est une vernoniée, et l'*échinops* une échinopsée. Sa seconde section, dite des gundéliacées, ne comprend que deux genres aussi mal associés : car l'un, qui est la *gundelia*, est une vernoniée ; l'autre, l'*acicarpha*, est une boopidée. Les carduacées de M. Decandolle, qui constituent sa troisième section, offrent les vraies carduacées mêlées avec des vernoniées, telles que le *stokesia*, l'*hololepis*, l'*heterocoma*, le *pacourina* ; avec le *syncarpha*, qui est une inulée, et avec des carlinées, telles que le *cardopatium*, le *stobœa*, le *xeranthemum*, le *stœhelina*, le *chuquiraga*, le *carlowizia*, le *carlina*, l'*atractylis* : ajoutons que la sous-division de cette section en trois parties, selon que l'aigrette est composée de squamellules paléiformes, de squamellules barbellulées, ou de squamellules barbées, éloigne le *cirsium* du *carduus*, et est intolérable sous beaucoup d'autres rapports. La quatrième et dernière section de M. Decandolle, celle des centaurées, est la seule vraiment naturelle. Dans notre classification, la plupart des genres communément confondus, sous le titre de cinarocéphales, se trouvent répartis en quatre tribus : celle des échinopsées, qui ne comprend que le seul genre Echinops ; celle des carduacées ; celle des centauriées, qui pourroit être réunie à la précédente, et constituer une simple section de tribu ; enfin, celle des carlinées. (H. Cass.)

CINCHONA (*Bot.*), vulgairement Quinquina, ou Kinaan. Genre de plantes de la famille des *rubiacées*, de la *pentandrie monogynie* de Linnæus, dont le caractère essentiel consiste dans un calice supérieur, persistant, à cinq dents ; une corolle subulée ; le limbe à cinq divisions profondes, souvent lanugineuses à leur sommet ; cinq étamines insérées vers le milieu du tube de la corolle ; un style ; un stigmate simple, épais, quelquefois un peu bifide ; une capsule oblongue, à deux valves, à deux loges ; les valves courbées en dedans à leurs bords, formant, à l'époque de la maturité, une séparation, et prenant l'apparence de deux capsules : chacune d'elles renferme plusieurs semences oblongues, comprimées, entourées d'une aile membraneuse, attachées à un réceptacle central.

Ce genre est composé d'arbres ou d'arbrisseaux de l'Amérique méridionale, à feuilles opposées, munies de stipules ; les fleurs disposées en corymbes. La plupart de ces espèces fournissent cette écorce précieuse, connue vulgairement sous le nom de quinquina, ou de kina, si renommée par sa propriété de guérir les fièvres intermittentes, de ranimer les forces de l'estomac, de s'opposer aux progrès de la gangrène, etc. Ce ne fut guère que vers l'an 1639, que l'écorce de quinquina fixa l'attention des Européens qui habitoient le Pérou, soit que cette découverte fût l'effet d'un hasard heureux, soit que les Indiens eussent déjà reconnu ses propriétés fébrifuges. Quoi qu'il en soit, cette production obtint en très-peu de temps une grande réputation dans sa patrie, par la guérison de la comtesse de Cinchone, épouse du vice-roi du Pérou, en 1638, que la fièvre tourmentoit depuis long-temps. Cette femme s'empressa de faire connoître ce puissant spécifique, et il fut long-temps employé en Amérique, avant d'être connu en Europe. Plus de trente ans s'écoulèrent avant qu'il fût admis comme remède par les médecins européens, quoique les Jésuites l'eussent fait connoître avec avantage. Ce fut, dit-on, un Anglois nommé Talbot qui le mit en vogue en 1676, et Louis XIV acheta de lui la manière de l'employer à doses convenables. A dater de cette époque jusqu'à nos jours, le quinquina a soutenu sa réputation ; mais celui que l'on connoît sous le nom de *quinquina officinal* ou d'*écorce du Pérou*, qui long-temps est resté la seule espèce employée et même connue, a été forcé de partager sa réputation avec plusieurs autres espèces découvertes par les voyageurs modernes, surtout par MM. de Humboldt et Bonpland, et dont l'écorce, d'après des essais nombreux, a produit les mêmes effets. Au reste, de tous les quinquina introduits dans le commerce, il est encore très-difficile de prononcer sur l'espèce qui mérite la préférence ; il y a d'ailleurs tant de falsifications, tant de prétendues écorces de quinquina, ou fausses ou de vertu foible, et il existe encore si peu de principes certains, même aux yeux des gens de l'art, pour les distinguer, que ce puissant fébrifuge ne produit pas toujours l'effet qu'on a droit d'en attendre. Au reste, parmi le grand nombre d'espèces de quinquina citées dans le commerce, il est très-probable que l'on a confondu beaucoup de variétés produites par le même arbre, dépendantes de l'âge, du sol, du climat et des parties de l'arbre sur lesquelles les écorces ont été récoltées. Les quinquina le plus généralement connus sont le *quinquina rouge ordinaire;* le *quinquina gris-cannelle;* le *quinquina gris-plat;* celui de *Santa-Fé*, etc. Il n'est pas moins difficile de désigner avec certitude les espèces d'arbres qui fournissent la plupart de ces quinquina. Le genre *Cinchona* se compose aujourd'hui de vingt-cinq espèces et plus.

CINCHONA DE LA CONDAMINE : *Cinchona condaminea*, Humb. et Bonpl., *Pl. æquin.*, 1, p. 33, tab. 10; *Cinchona officinalis*, Vahl., non Linn.; Lam., *Ill.*, tab. 164, fig. 1; vulgairement QUINQUINA ROUGE, QUINQUINA DES BOUTIQUES. D'après les observations de MM. Humboldt et Bonpland, cette espèce est celle qui fournit le quinquina ordinaire des boutiques, que Linnæus avoit attribué à une autre plante : d'où il suit que son *cinchona officinalis* est le *cinchona pubescens* de Vahl. Celui-ci a ses branches revêtues d'une écorce d'un brun rougeâtre, rude en dehors, marquée de rides transverses; les rameaux supérieurs un peu comprimés; les feuilles glabres, ovales-lancéolées, très-entières; les fleurs disposées en une panicule terminale; les ramifications trichotomes; le calice à cinq petites dents courtes, aiguës; la corolle légèrement tomenteuse en dehors, divisée en cinq découpures aiguës, plus courtes que le tube; ce dernier est long d'un demi-pouce; les capsules glabres, ovales-oblongues.

CINCHONA PUBESCENT : *Cinchona pubescens*, Vahl. Lamb., *Gen. Cinch.*, tab. 2; *Cinchona officinalis*, Linn. Cette plante a l'écorce blanchâtre; c'est elle qui probablement fournit le *quinquina blanc*. Ses rameaux sont légèrement pubescens à leur partie supérieure; les feuilles amples, ovales, obtuses, pubescentes en-dessous, velues en-dessus sur leurs principales nervures; les panicules amples, pubescentes; la corolle longue d'environ un pouce, couverte de poils blanchâtres; les capsules glabres, cylindriques, longues d'un pouce.

CINCHONA DES CARAÏBES: *Cinchona caribœa*, Lam., *Ill.*, tab.

164, fig. 4; Jacq. Obs. bot., tab. 47. On distingue seulement cette espèce par ses pédoncules axillaires, uniflores, solitaires. Ses rameaux sont d'un brun-noirâtre; les feuilles glabres, ovales-lancéolées; les fleurs nombreuses; la corolle blanche; ses découpures linéaires, plus longues que le tube, d'un jaune pâle; les capsules noires, luisantes. Elle croît à la Guadeloupe. Le *cinchona longiflora*, Lambert, *Cinch.*, pag. 32, est très-rapproché du *cinchona caribœa*; peut-être est-ce la même espèce, Journ. de Phys., octob. 1790, pag. 243, tab. 1. Elle se distingue par la longueur remarquable de ses fleurs, par ses feuilles bien plus longues et plus étroites. Elle croît dans la Guiane.

CINCHONA A CORYMBES: *Cinchona corymbifera*, Lamb., *Cinch.*, l. c.; Linn., *Suppl.* Ses feuilles sont amples, glabres, ovales-oblongues, à nervures un peu purpurines; les fleurs disposées en corymbes axillaires, les pédoncules trichotomes; les découpures du limbe de la corolle plus courtes que le tube. Forster l'a observé dans les îles de Longataba et autres de la mer Pacifique.

CINCHONA RAYÉ: *Cinchona lineata*, Lambert, *Cinch.*, tab. 6. Cette plante croît à Saint-Domingue; ses rameaux sont cylindriques, comprimés vers leur sommet; ses feuilles presque sessiles, glabres, ovales, acuminées, arrondies à leur base; les nervures apparentes aux deux faces; les panicules amples, terminales; les bractées sétacées; les dents du calice longues et subulées; la corolle longue de deux pouces; les étamines saillantes; les capsules courtes, ovales.

CINCHONA A FLEURS NOMBREUSES: *Cinchona floribunda*, Lamb., *Cinch.*, tab. 7; Lam., *Ill.*, tab. 164, fig. 2; vulgairement QUIN-QUINA DES PITTONS. Cet arbre s'élève à la hauteur de trente et quarante pieds. Son écorce passe pour une des plus amères de ce genre; ses rameaux sont cylindriques, un peu tétra-gones; ses feuilles amples, ovales-lancéolées, elliptiques, acuminées, très-glabres; les dents du calice subulées, très-courtes; le tube de la corolle long d'un pouce; les décou-pures du limbe longues et linéaires. Il croît en Amérique sur le sommet des montagnes.

CINCHONA A GROS FRUITS; *Cinchona macrocarpa*, Lambert, *Cinch.*, tab. 3. On trouve cette espèce dans l'Amérique, à

Santa-Fé. Ses rameaux sont velus et tomenteux; ses feuilles elliptiques, alongées, pubescentes en-dessous; les panicules pubescentes; les pédicelles munis de trois fleurs sessiles; le calice soyeux en dedans, pubescent en dehors, à cinq petites dents aiguës; la corolle velue; les découpures du limbe obtuses, de la longueur du tube; une capsule glabre, cylindrique, longue de deux pouces. Le *cinchona brachycarpa* ressemble beaucoup à cette espèce; mais il est glabre dans toutes ses parties: il en diffère encore par sa corolle grêle, les étamines saillantes, les capsules à dix côtes saillantes. Il croît à la Jamaïque.

CINCHONA A FEUILLES ÉTROITES: *Cinchona angustifolia*, Swart.; Lam., *Ill.*, 164, fig. 3; Lambert, *Cinch.*, tab. 9. Ses rameaux sont grêles; ses feuilles très-étroites, linéaires-lancéolées, un peu pubescentes à leurs deux faces; ses fleurs disposées en une belle panicule terminale; les calices un peu pubescens, à cinq dents subulées; la corolle longue de deux pouces, le tube grêle; les découpures du limbe étroites, linéaires, obtuses, de la longueur du tube; les capsules courtes, ovales, à cinq côtes; les semences fort petites, glabres, arrondies. Il croît sur le bord des fleuves, à la Nouvelle-Espagne.

CINCHONA A FEUILLES CORIACES: *Cinchona coriacea*, Poir., Encycl., n.° 8; *an Cinchona nitida? Fl. Per.*, 2, tab. 191. Ses rameaux sont lisses, striés; l'écorce cendrée; les feuilles ovales, coriaces, oblongues, très-lisses, luisantes, obtuses; une panicule courte, terminale; les fleurs sessiles à l'extrémité des pédoncules; les dents calicinales droites, aiguës; la corolle longue de deux pouces; les divisions du limbe de la longueur du tube; les capsules noirâtres, cylindriques, longues d'un pouce.

CINCHONA A GRANDES FEUILLES; *Cinchona grandifolia*, Fl. Per., 2, tab. 196. Grand arbre du Pérou, soutenant une cime fort touffue. Son écorce est lisse, d'un brun cendré, roussâtre en-dedans; les jeunes rameaux quadrangulaires, rougeâtres; les feuilles glabres, amples, ovales, très-entières, luisantes, pâles en-dessous; les principales nervures munies à leur base de quelques poils blancs et soyeux; une grande panicule étalée, très-rameuse, longue d'un pied; le calice pourpre; la corolle blanche , odorante , longue d'un pouce ; le limbe un peu velu ; les capsules grandes , à peine striées.

CINCHONA A PETITES FLEURS ; *Cinchona parviflora*, Poir., Enc., n.º 10. Cette espèce, originaire de la Martinique, est distinguée par ses fleurs beaucoup plus petites que dans les autres espèces ; ses rameaux sont glabres, cylindriques ; les feuilles minces, ovales, obtuses ; les fleurs disposées en une panicule médiocre, velue ; le calice tubulé, à cinq dents très-petites. Dans le *cinchona micrantha*, *Fl. Per.*, 2, tab. 194, les panicules sont plus amples ; la corolle rougeàtre en dehors ; une capsule brune , oblongue , aiguë , à dix stries peu marquées. Elle n'est peut-être qu'une variété du *cinchona parviflora*.

CINCHONA A FEUILLES LANCÉOLÉES ; *Cinchona lanceolata*, *Fl. Per.*, 3, tab. 223. Grand arbre qui croit sur les montagnes de Mugna , au Pérou. Son tronc est revêtu d'une écorce brune, un peu panachée, jaunàtre en dedans, d'une grande amertume, un peu acide ; ses feuilles sont oblongues-lancéolées, glabres à leurs deux faces ; la panicule ample, très-étalée ; le calice de couleur purpurine ; la corolle d'un pourpre-rose, le limbe velu , les étamines velues à leur base ; les capsules étroites, longues d'un pouce, d'un brun rougeàtre ; les semences jaunàtres, entourées d'une membrane déchiquetée.

CINCHONA A FLEURS ROSES ; *Cinchona rosea*, *Fl. Per.*, tab. 199. Arbre d'environ quinze pieds de haut, revêtu d'une écorce brune , parsemée de taches d'un brun cendré, très-astringente, peu amère ; les rameaux un peu comprimés ; les feuilles glabres, oblongues, acuminées, très-amples ; une panicule terminale, pubescente ; les fleurs pédicellées ; le calice de couleur purpurine, la corolle rose ; son tube court, un peu courbé ; le limbe tomenteux, ses divisions ovales ; une capsule à deux loges un peu recourbées.

CINCHONA DICHOTOME ; *Cinchona dichotoma*, *Fl. Per.*, 2, tab. 197. Espèce distinguée par les ramifications simples, dichotomes et très-ouvertes, de ses panicules ; elle forme un arbre peu élevé, dont le tronc est revêtu d'une écorce brune un peu raboteuse ; ses rameaux sont un peu comprimés, les feuilles oblongues-lancéolées ; les fleurs unilatérales, à peine pédicellées ; les capsules étroites, linéaires, les semences brunes, entourées d'une aile membraneuse. Cette plante croît dans les forêts des Andes, au Pérou.

CINCHONA A FEUILLES OVALES : *Cinchona ovalifolia*, Humb. et Bonpl., *Pl. æquin.*, 1, tab. 19. Arbre découvert par MM. Humboldt et Bonpland, au Pérou, dans les forêts de la province de Cuença. Son tronc s'élève à la hauteur de huit à douze pieds : son écorce est d'un gris obscur, crevassée dans sa longueur, d'un jaune clair ; elle donne par incision un suc jaunâtre, d'une saveur amère et astringente : ses rameaux sont pileux, ses feuilles ovales, pubescentes en-dessous, les panicules terminales ; les pédoncules soyeux, chargés de deux à quatre fleurs ; la corolle très-blanche, longue d'un demi-pouce ; le tube soyeux, les découpures du limbe linéaires ; l'ovaire couronné par un disque charnu, à cinq tubercules ; une capsule ovale, longue d'un pouce.

CINCHONA A FOSSETTES ; *Cinchona serobiculata.*, *Pl. æquin.*, 1, tab. 27. Cette espèce est très-rapprochée du *cinchona rosea* et du *cinchona condamina seu officinalis ;* elle est distinguée par les fossettes situées dans l'aisselle des nervures, garnies de poils, et remplies d'une humeur âcre, visqueuse et désagréable. Son écorce, assez semblable à celle du *cinchona officinalis*, est une des plus estimées ; il s'en fait un grand commerce. Son calice est pubescent ; sa corolle odorante, d'un beau rose : les étamines glabres, non saillantes : les capsules ovales, à deux sutures opposées. Elle croît dans les grandes forêts, au Pérou, dans la province de Jaën de Bracomorros.

CINCHONA A FLEURS CADUQUES ; *Cinchona caducifolia.*, *Pl. æquin.*, 1, tab. 39, *submagnifolia.* Elle diffère du *cinchona grandifolia*, par ses feuilles droites et non réfléchies, glabres, ovales, pileuses dans les aisselles des nervures ; par les fleurs glabres, caduques, un peu plus longues que le calice. Cet arbre s'élève à la hauteur de cent pieds. Ses feuilles et ses stipules produisent une gelée blanche transparente, qui prend la consistance d'une résine jaunâtre. Il croît au Pérou.

CINCHONA GLANDULEUX ; *Cinchona glandulifera*, *Fl. Per.*, 1, tab. 224.

Cet arbrisseau croît sur les montagnes des Andes du Pérou. Il s'élève à la hauteur de dix à douze pieds. Son écorce est d'un blanc cendré; ses feuilles ovales, lancéolées, glabres, ondulées, tomenteuses en-dessous, munies en-dessus d'une petite glande à l'origine de leurs nervures; les dents du calice de couleur purpurine; la corolle courte, d'un blanc lavé de rose; le limbe lanugineux en-dedans; une capsule petite, alongée, inclinée après la chute des semences.

CINCHONA DES PHILIPPINES; *Cinchona philippica*, Cav., *Ic. rar.*, 4, tab. 329. Arbrisseau des îles Philippines, d'une moyenne grandeur, revêtu d'une écorce cendrée. Ses feuilles sont glabres, ovales; les fleurs axillaires; les pédoncules plusieurs fois trifides; la corolle glabre, les anthères saillantes, le stigmate à deux lames; une capsule alongée, les semences ovales et bordées.

CINCHONA A FEUILLES AIGUES; *Cinchona acutifolia*, *Fl. Per.*, 3, tab. 225. Arbre de vingt pieds, dont les rameaux sont à peine pubescens; les feuilles ovales, aiguës, ondulées, très-entières, velues en-dessous sur leurs nervures; les panicules terminales; la corolle blanche, glabre; le tube un peu anguleux, quatre fois plus long que le calice; les découpures du limbe lancéolées; les étamines non saillantes; les capsules turbinées; longues d'un pouce, pubescentes; les semences entourées d'un rebord membraneux. Cette plante croît au Pérou, dans les forêts des Andes.

Le *Cinchona spinosa* de Lambert, *Cinch.*, tab. 13, est évidemment une espèce du *catesbœa*, peut-être même le *catesbœa spinosa*, Linn. Quelques autres espèces de *cinchona* ont été placées dans d'autres genres. (Voyez PINCKNEYA, COSMIBUENA, EXOSTEMA.) Il existe encore quelques autres espèces de *cinchona* moins connues, dont nous n'avons pas cru devoir faire mention. (POIR.)

CINCINPOTOLA. (*Ornith.*) On appelle ainsi, en Toscane, la mésange charbonnière, *parus major*. (CH. D.)

CINCIRROUS (*Ichthyol.*), nom vulgaire, indiqué par Commerson, comme celui du cirrhite tacheté à l'Ile-de-France. Voyez CIRRHITE. (H. C.)

CINCLE. (*Ornith.*) Le mot grec κίγκλος, et le mot latin *cinclus*, ont été appliqués à des oiseaux divers. Chez Aristote, ce terme désignoit un des plus petits oiseaux de rivage. Belon et Aldrovande en ont fait des bécassines; Moerhing a cru y re-

rennoître le tourne-pierre, et d'autres la rousserolle. Brisson a donné particulièrement le nom de *cinclus* à différentes espéces d'alouettes de mer; et, dans Buffon, le cincle est l'alouette de mer à collier, ou *cinclus torquatus* du premier de ces au‑ teurs. Les nouveaux ornithologistes ont regardé le merle d'eau, *merula aquatica*, figuré dans Gmelin, liv. 3, p. 585, comme étant l'oiseau auquel la dénomination de cincle devoit pro‑ prement appartenir; et Bechstein a formé le genre *Cinclus*, qui a ensuite été adopté par MM. Temminck et Cuvier, et dont les caractères principaux sont d'avoir un bec comprimé, droit, avec la pointe de la mandibule supérieure légèrement recourbée sur l'inférieure, les narines concaves, longitudi‑ nales, recouvertes par une membrane, les doigts entièrement divisés.

Quoique l'habitude de fréquenter le bord des ruisseaux ait sans doute été le motif qui a fait considérer le cincle comme appartenant à la famille des *tringa*, Brisson ne l'auroit proba‑ blement point associé aux bécasseaux, s'il eût fait attention que, loin d'avoir le bout du bec obtus, ses mandibules alloient toujours en s'effilant; et si Linnæus et Latham l'avoient consi‑ déré avec plus d'attention, ils se seroient aussi aperçus que ce n'étoit ni un étourneau ni un merle.

Le Cincle plongeur : *Cinclus aquaticus*, Bechst.; *Sturnus cin‑ clus*, Linn.; *Turdus cinclus*, Lath. C'est l'oiseau figuré, sous le nom de merle d'eau, dans les planches enlum. de Buffon, n.° 940. Long d'environ sept pouces, cet oiseau a les jambes élevées, garnies de plumes jusqu'au genou, et la queue courte; ce qui le rapproche des fourmiliers. Le haut de la tête et le dessus du cou sont d'un brun bai, les pennes des ailes et de la queue d'une couleur de plomb foncée; des écailles d'une teinte plus claire se remarquent sur les couvertures des ailes, le dos et le croupion; la gorge et la poitrine sont blanches; le ventre et les flancs, d'un brun roussâtre; les cuisses et les plumes anales, d'un brun sombre. Le bec est noirâtre, et les pieds de cou‑ leur de corne. Les jeunes ont le ventre blanc.

Le cincle est un oiseau solitaire et silencieux, qui se tient habituellement près des fontaines et des ruisseaux limpides dont les eaux coulent sur le gravier, dans les hautes mon‑ tagnes. On le trouve en Espagne, en Sardaigne, en France, et jusque dans les parties les plus septentrionales de l'Europe, où il reste tout l'hiver près des chutes d'eau et des fontaines rapides qui ne sont pas gelées. Tantôt il se promène lentement, tantôt on le voit posé sur les pierres entre lesquelles serpentent les ruisseaux. Lorsqu'il vole, c'est en ligne droite, en rasant de près la terre, et en jetant un petit cri comme le martin-pêcheur. Les insectes aquatiques étant sa principale nourriture, il va les chercher sur le lit même des ruisseaux, en suivant leur pente, et, continuant sa marche même lorsque la profondeur de l'eau le force à se submerger; il en traverse le fond, la tête haute, sans paroître avoir changé d'élément; il s'y promène en tous sens avec la même facilité que s'il étoit sur terre, et M. Hébert a seulement observé qu'au moment où l'eau lui passoit les genoux, il laissoit pendre ses ailes en les agitant. Ce mouvement avoit peut-être pour objet de faire pénétrer dans l'eau une couche d'air, dont, en effet, il sembloit environné, et ce procédé a vraisemblablement du rapport avec celui des insectes nommés dytiques et hydrophiles, qu'on voit toujours au milieu d'une bulle d'air. Si ce fait peut servir à expliquer le mode de respiration du cincle quand il est sous l'eau, il ne sauroit rendre raison de la cause pour laquelle ses plumes y sont imperméables; mais, outre leur épaisseur, elles sont enduites d'une substance graisseuse, comme celle des canards; et l'on a remarqué, en plongeant un de ces oiseaux dans un vase plein d'eau, qu'elle retomboit en globules sans mouiller ses plumes.

Le cincle ne se rencontre avec sa femelle qu'au temps des amours, époque à laquelle ils construisent sur terre, et souvent près des roues des usines, avec des brins d'herbe, de petites racines sèches et des feuilles mortes, un nid recouvert d'un dôme voûté, et dont l'ouverture est garnie de mousse. La femelle y pond quatre ou cinq œufs blanchâtres, longs d'un pouce, et ayant six lignes de diamètre au gros bout. Lewin en a donné une figure assez mauvaise au milieu de la 13e. planche du tome 2 de ses Oiseaux de la Grande-Bretagne. (Cn. D.)

CINCLIDIUM (*Bot.*), genre de la famille des mousses. Ses caractères sont : capsule munie d'un péristome double, dont l'extérieur a seize dents libres et aiguës, et dont l'intérieur, membraneux, conique, a seize stries et seize trous oblongs, opposés aux dents; fleur terminale, discoïde, hermaphrodite (Sw.); une seule espèce rentre dans ce genre établi par Swartz, et adopté par Weber, Mohr et Schwaegrichen. Cette espèce est le

Cinclidium stygium; Swartz, *Diar. Bot.*; *Schrad.*, 1801, pag. 27, tab. 2; Web. et Mohr, *Taschenb.*, pag. 483; Schwaeg., Suppl. 2, pag. 85, tab. 87, fig. 1 et 2. Tige droite, rameuse; feuilles arrondies, entières, marginées; terminé par une soie; pédicelle long, portant une capsule oblongue un peu étranglée vers le bas, pendante, munie d'un opercule convexe en forme de mamelon, et recouverte d'une coiffe cuculiforme.

Cette mousse ressemble au *mnium serpyllifolium*, Linn., mais elle est beaucoup plus grande. Pal. Beauvois en fait une espèce de son genre *Amblyodum*, et Bridel son *Meesia stygia*. Elle a d'abord été découverte dans les marais et les prairies marécageuses des environs d'Upsal, en Suède; on l'a trouvée ensuite dans le nord de l'Allemagne; elle existe aussi aux environs de Mayence. C'est en juillet qu'elle fructifie. (Lem.)

CINCLUS. (*Ornith.*) Voyez Cincle. (Ch. D.)

CINCO-CHAGAS (*Bot.*), nom portugais de la petite capucine, *tropæolatu minus*, selon Grisley. Le *cinco el retno* est la quinte-feuille ordinaire, *potentilla reptans*. (J.)

CINÉRAIRE (*Bot.*), *Cineraria*. [*Corymbifères*, Juss.; *Syngénésie polygamie superflue*, Linn.] Ce genre de plantes, de la famille des synanthérées, appartient à notre tribu naturelle des sénécionées.

La calathide est radiée, composée d'un disque pluriflore, équaliflore, régulariflore, androgyniflore, et d'une couronne unisériée, liguliflore, féminiflore; le péricline est cylindracé, formé de squames unisériées, égales, apprimées, foliacées, linéaires; le clinanthe est nu, planiuscule, fovéolé; la cypsèle, cylindracée, cannelée, porte une aigrette de squamellules filiformes, barbellulées.

Ce genre se distingue difficilement du genre *Jacobæa* de Gærtner. L'opinion commune est que les jacobées diffèrent par le péricline, dont les squames sont sphacélées au sommet, et accompagnées à la base de quelques bractéoles squamiformes, mais cette distinction est peu solide. Gærtner a proposé de rapporter aux cinéraires toutes les espèces à feuilles indivises, et aux jacobées toutes celles à feuilles découpées ou pinnatifides. Les botanistes, qui réunissent mal à propos, selon nous, les jacobées aux séneçons, loin de résoudre la question, en augmentent la difficulté ; pour être conséquens, ils devroient amalgamer les cacalies avec les cinéraires, comme les séneçons avec les jacobées, et même ne faire de ces quatre genres qu'un seul. Quoi qu'il en soit, on rapporte au genre Cinéraire une soixantaine d'espèces, dont sept ou huit croissent naturellement en France, et dont quelques autres, originaires des îles Canaries, sont cultivées ici par beaucoup d'amateurs des belles plantes.

La CINÉRAIRE CHAMPÊTRE, *Cineraria campestris*, Retz., est une plante herbacée, à racine vivace, que l'on rencontre dans les bois humides et les prairies, non loin de Paris, à Neuilly-sur-Marne, Avron, Montmorency, et qui fleurit en juin. Sa tige, haute d'un à deux pieds, est dressée, simple, cannelée, cotonneuse ; les feuilles radicales sont pétiolées, ovales, sub-spatulées, crénelées, glabres en-dessus, cotonneuses et blanches en-dessous ; les feuilles supérieures sont sessiles, lancéolées, entières ; les calathides, composées de fleurs jaunes, et munies d'un péricline cotonneux, sont peu nombreuses, portées sur des pédoncules simples, et disposées en un petit corymbe qui termine la tige.

La CINÉRAIRE POURPRÉE, *Cineraria cruenta*, Lhérit., est originaire de Ténériffe, d'où elle a été apportée en Angleterre par Masson, en 1777. C'est l'une des espèces les plus intéressantes du genre. Sa racine, qui est vivace, produit plusieurs tiges herbacées, dressées, rameuses, hautes d'un pied et demi, glabres et brunes ; ses feuilles, portées sur de longs pétioles ailés, dont la base est embrassante et auriculée, sont grandes, cordiformes, anguleuses, crénelées, ridées, d'un vert gai en-dessus, agréablement colorées de pourpre en-dessous ; les calathides sont nombreuses, disposées en corymbes paniculés à l'extrémité des tiges ; leur disque est pourpre rembruni, et leur couronne pourpre clair. Elle exhale, le soir, une odeur suave. On multiplie ordinairement cette jolie plante, en divisant sa souche vers la fin de l'été : chaque portion se plante séparément dans un pot plein de terre de bruyère, que l'on plonge dans une couche pour faciliter l'enracinement. Il faut abriter cette cinéraire dans l'orangerie, pendant la froide saison; elle dédommagera des soins qu'on lui donnera par l'agrément de ses fleurs, qui se succèdent sans interruption depuis février jusqu'en août, et dont on jouira dès la première année.

Le petit arbuste qu'on cultive communément sous le nom de cinéraire bleue, *cineraria amelloïdes*, Linn., n'appartient point à ce genre, ni même à la tribu des sénécionées; il est devenu le type de notre nouveau genre *Agathœa*, et nous l'avons décrit sous le nom d'AGATHÉE CÉLESTE, *agathœa cœlestis*, H. Cass., dans le Supplément du premier volume de ce Dictionnaire, pag. 77 et 78. (H. CASS.)

CINERAS. (*Malakentomoz.*) C'est un genre proposé tout nouvellement par M. le D.ʳ Leach, dans le Supplément à l'Encyclopédie d'Edimbourg, pour une espèce d'anatif membraneuse que M. Ocken confond dans son genre Otion. Ses caractères sont: Animal semblable à celui des CIRRHIPODES (voyez ce mot), enveloppé par un manteau pédonculé, se terminant graduellement en massue, sans appendices auriformes, et dans les parois duquel se développent cinq très-petites pièces calcaires. Les mœurs et les habitudes de ces animaux doivent être entièrement semblables à celles des autres cirrhipodes. M. le D.ʳ Leach annonce en connoître trois espèces, dont une, figurée dans l'ouvrage cité, sous le nom de cineras à bandes, *cirenas vittatus*, se distingue par quelques bandes noirâtres verticales sur un fond d'un blanc jaunâtre. (DE B.)

CINÉRIDES (*Malakentomoz.*), *Cineridea*. C'est le nom de famille sous lequel M. le D.ʳ Leach, dans sa nouvelle classification des cirrhipodes, désigne les anatifs membraneuses, et qui, par conséquent, correspond au genre de M. Ocken. Ses caractères sont d'avoir des pièces calcaires fort petites, et le corps supérieurement assez peu comprimé. Elle appartient à son ordre des campylozomates, *campylozomata*. Voyez CIRRHIPODES. (DE B.)

CINÈTE (*Entom.*), *Cinetus*. M. Jurine a nommé ainsi de petits hyménoptères, dont il n'a observé que quelques individus qu'il a rapportés comme espèce à un genre qu'il n'a pas figuré, mais qui paroît voisin des néottocryptes. (C. D.)

CINGALLÈGRE. (*Ornith.*) Suivant Cetti, l'oiseau connu

sous ce nom en Sardaigne est la petite mésange bleue, *parus cœruleus*, Linn. (C. D.)

CINGLE (*Ichthyol.*), *Zingel*. C'est le nom d'un genre de poissons, de la famille des acanthopomes, que M. Cuvier a récemment séparé des persèques et des sciènes, et dont les caractères peuvent être ainsi exposés :

Opercules à piquans et à dentelures ; deux nageoires du dos à peu près égales ; museau très-proéminent ; dents en velours.

A l'aide de ces notes et du tableau synoptique que nous avons donné à l'article ACANTHOPOMES, on distinguera aisément les cingles des autres genres voisins.

Les espèces en sont peu multipliées ; elles vivent dans les eaux douces du midi de l'Allemagne ; leurs viscères ressemblent à ceux de la perche commune.

Le CINGLE: *Zingel sciænoïdes*; *Perca zingel*, Linn., Bloch, 106; *Dipterodon zingel*, Lacép. Nageoire caudale en croissant ; mâchoire supérieure plus avancée que l'inférieure ; tête grosse et déprimée ; palais et mâchoires garnis de dents nombreuses, fortes et pointues ; langue dure ; deux orifices à chaque narine ; yeux sur le sommet de la tête ; opercules formées d'une seule pièce ; écailles dures et dentelées ; couleur générale jaune ; ventre blanchâtre ; taches et bandes transversales brunes.

On prend ce poisson dans les rivières de l'Allemagne méridionale, particulièrement dans le Danube ; on le pêche aussi dans plusieurs lacs de la Bavière et de l'Autriche. Il atteint souvent la taille de dix-huit à vingt pouces, et le poids de quatre à cinq livres ; sa chair est blanche, ferme, d'une saveur agréable et facile à digérer. Il est très-vorace, et se fait redouter des autres poissons, à cause de la force de ses piquans et de la rudesse de ses écailles ; aussi muliplie-t-il beaucoup, malgré la guerre que les pêcheurs lui font.

L'APRON : *Zingel asper*; *Perca asper*, Linn. ; *Dipterodon asper*, Lacép. Ouverture de la bouche petite, semi-lunaire, placée au-dessous du museau ; chaque orifice des narines double ; tête large ; queue très-alongée ; nageoire caudale fourchue ; anus plus rapproché de la tête que de la nageoire caudale ; couleur générale jaunâtre, dos noir, ventre blanc ; trois ou quatre bandes transversales noires ; nageoires jaunes.

Ce poisson vit dans le Rhône et dans quelques autres fleuves et rivières de la France ; en Allemagne, dans le Wolga, le Jaïk, et quelques lacs de la Bavière. Il atteint la taille d'un pied environ. Sa chair est saine et d'une saveur agréable.

Il dépose, au commencement du printemps, ses œufs, qui sont petits et blanchâtres, et c'est alors seulement qu'on le pêche avec des filets ou à l'hameçon, parce que, dans toute autre saison, il se tient presque constamment au fond de l'eau : on le prend cependant quelquefois pendant l'hiver, au-dessous des glaces.

Il se nourrit d'insectes et de vers. Dans certaines contrées, les pêcheurs prétendent qu'il n'a d'autre aliment que l'or, parce qu'on trouve quelquefois des paillettes de ce métal dans son estomac ; mais elles y sont entrées avec le limon qu'il peut avaler au fond des fleuves. Il perd difficilement la vie. (H. C.)

CINGULARIA. (*Bot.*) On lit dans Lemery que le lycopode portoit ce nom et celui de *plicaria* dans la Pologne. (J.)

CINGULATA. (*Mamm.*) Illiger a formé une famille des tatous à laquelle il a donné ce nom. (F. C.)

CINI. (*Ornith.*) On donne ce nom, qui s'écrit aussi *cinit*, au serin vert de Provence, pl. enl. de Buffon, 658, fig. 1, *fringilla serinus*, Linn. (Ch. D.)

CINIPS. (*Entom.*) Voyez Cynips. (C. D.)

CINNABARIS. (*Bot.*) Les anciens donnoient au sang-dragon le nom qui maintenant appartient exclusivement à un minéral. C'étoit avec cette substance, extraite d'un ou de plusieurs végétaux, que l'on fabriquoit le rouge avec lequel les femmes ranimoient les couleurs de leur visage. (J.)

CINNAMOLOGUS, Cinnamomus ou Cinnamulgus. (*Ornith.*) Voyez Cinnamon. (Ch. D.)

CINNAMOME (*Bot.*), *Cinnamomum*, nom ancien du cannellier, *laurus cinnamomum*, qui est devenu son nom spécifique ; il est aussi donné par C. Bauhin, soit au *laurus cassia*, soit à la cannelle blanche, *canella*. (J.)

CINNAMON. (*Ornith.*) Gmelin et Latham ont donné à un grimpereau de couleur rousse en dessus et blanche en dessous, l'épithète de *cinnamomea* ; et cet oiseau est figuré, sous le nom de Cinnamon, pl. 263 de l'Hist. nat. des grimpereaux, par MM. Audebert et Vieillot. D'un autre côté, Aristote, Théophraste, Ælien, Pline, etc., ont parlé vaguement de l'oiseau connu sous les noms de *cinnamomus* ou *cinnamolgus*. Gesner, liv. 3, p. 263, et Aldrovande, liv. 12, lui ont consacré d'assez longues dissertations ; mais il n'en résulte aucun fait positif qui semble mériter la peine d'être rapporté. (Cʜ. D.)

CINNAMUM. (*Bot.*) Le parfum de ce nom, célèbre avant l'époque où vivoit Pline, est produit, selon lui, par un arbrisseau qui croît dans le pays des Troglodites, voisin de l'Ethiopie, sur les bords de la mer Rouge. Ovide en parle aussi dans ses Fastes. On apportoit ce parfum, dit Pline, dans le port des Gebanites, d'où il étoit transporté ailleurs. Ces indications ne suffisent pas pour rapporter le *cinnamum* à une substance connue. Comme Pline le nomme aussi quelquefois *cinnamomum*, pourroit-on en conclure que c'est la cannelle ou le vrai *cinnamomum*, recueilli à Ceilan, qui est, selon plusieurs, la toprobane des anciens, mais qui ne se trouve pas dans le voisinage de l'Ethiopie? On pencheroit plutôt pour la myrrhe, dont l'origine n'est pas connue, ou pour un des produits de l'*amyris opobalsamum*, originaire de l'Arabie et des bords de la mer Rouge. (J.)

CINNANA (*Ornith.*), nom arabe du cygne, *anas cygnus*, Linn. (Cʜ. D.)

CINNYRIS. (*Ornith.*) M. Cuvier a appliqué ce nom grec d'un très-petit oiseau actuellement inconnu, aux souï-mangas, section du genre Grimpereau, qui comprend ceux d'Afrique et des Indes. (Cʜ. D.)

CINO (*Ornith.*), nom italien du cygne, *anas cygnus*, Linn. (Cʜ. D.)

CINOIRAS (*Bot.*), nom portugais de la carotte, *daucus carota*. (J.)

CINTE. (*Bot.*) On trouve dans l'Herbier de Commerson, sous ce nom et sous celui de *bois senti*, un arbrisseau garni de quelques épines, qui est le *rhamnus circumscissus*. Voyez Boıs senti. (J.)

CIOCOQUE ou Cʜɪocoqᴜe (*Bot.*), *Chiococca*. Ce genre a de tels rapports avec les *psycothria*, que plusieurs de ses espèces ont été transportées dans ce dernier genre. Il se distingue d'ailleurs par la forme de sa corolle, qui est tubulée dans les *psycothria*, en forme d'entonnoir, à cinq découpures aiguës, un peu réfléchies dans les ciocoques : leur calice est court, supérieur, persistant, à cinq dents ; les étamines au nombre de cinq, non saillantes ; un ovaire surmonté d'un style simple, terminé par un stigmate simple ou bifide. Le fruit est une capsule arrondie, comprimée latéralement, couronnée par le calice contenant deux semences.

Ce genre appartient à la famille des rubiacées, à la *pentandrie monogynie* de Linnæus ; il renferme les espèces suivantes.

CIOCOQUE A FRUITS BLANCS : *Chiococca racemosa*, Linn.; Lam., *Ill. Gen.*, tab. 160. Arbrisseau de l'Amérique méridionale, assez commun à Saint-Domingue et à la Jamaique : il s'élève à la hauteur de quatre à six pieds, et porte des rameaux foibles, alongés, sarmenteux, garnis de feuilles glabres, opposées, luisantes, ovales, aiguës, longues de deux pouces ; les fleurs sont d'un blanc jaunâtre, disposées en grappes pendantes, axillaires ; leur corolle est longue d'environ quatre lignes ; le fruit consiste en de petites baies lenticulaires très-blanches, à chair spongieuse.

CIOCOQUE A FRUITS JAUNES ; *Chiococca paniculata*, Linn., f. Willdenow a rangé cette plante parmi les *psychotria* : c'est un assez grand arbre, dont les rameaux sont garnis de feuilles opposées, médiocrement pétiolées, ovales, aiguës à leurs deux extrémités ; chaque paire de feuilles est réunie par une membrane mince, stipulaire, qui se termine en deux dents intermédiaires et opposées ; les fleurs sont jaunes, disposées en une panicule terminale ; les baies jaunes, comprimées latéralement. Cet arbre croit aux environs de Surinam , dans l'Amérique méridionale.

CIOCOQUE BRANCHU ; *Chiococca brachiata*, *Fl. Per.*, tab. 219. Les auteurs de la Flore du Pérou ont découvert cette plante dans les forêts de Cinchas. Ses tiges sont brunes, ligneuses et grimpantes ; les rameaux tétragones dans leur jeunesse ; les feuilles pétiolées, rabattues, ovales, aiguës, luisantes, très-entières ; les stipules vaginales et tronquées ; les grappes axillaires ; les fleurs médiocrement pédicellées ; les bractées subulées ; la corolle d'un jaune verdâtre , trois fois plus longue que le calice ; le fruit consiste en une baie charnue, roussâtre, comprimée.

On distingue encore le *Chiococca barbata*, Forst. , Prodr. des îles de la Société et des Amis. Sa tige est droite, les feuilles ovales ;

16.

les fleurs axillaires ; les pédoncules uniflores ; la corolle barbue à son orifice. Peut-être devroit-on réunir, comme variété, au *chiococca racemosa*, le *chiococca scandens*, Br., Jam., dont les rameaux sont très-grêles, sarmenteux et presque simples. Il croît à la Jamaïque. Le *chiococca nocturna* de Jacquin paroît être la même plante que le *cestrum nocturnum*, Linn. (Poir.)

CIOJA (*Ornith.*), nom piémontois du chocard ou choucas des Alpes, *corvus pyrrhocorax*, Linn. (Ch. D.)

CION (*Ornith.*), nom italien de la grive-mauvis, suivant Buffon, *turdus iliacus*, Linn. (Ch. D.)

CIONE (*Entom.*), *Cionus*. C'est le nom que M. Clairville a proposé dans l'Entomologie helvétique pour désigner un genre de coléoptères rhinocères ou rostricornes parmi les charansons, dont les antennes en massue sont coudées, composées de neuf articles, dont le premier très-long ; les second et troisième moyens, obconiques ; les trois suivans courts, arrondis. et les derniers serrés en massue. Ce genre, qui n'a pas été adopté par Fabricius, est confondu par lui avec celui des rhynchèues. Telles sont les espèces décrites sous les noms de la salicaire, *lythri*, du bouillon blanc, *verbasci*, de la scrophulaire, de la blattaire, de la vipérine, de l'ortie, du chou, de l'oseille, etc. Voyez Rhinocères. (C. D.)

CIONIUM. (*Bot.*) Sporange subglobuleux ou difforme ; peridium simple, membraneux, s'ouvrant par déchirement, et tombant par écailles, flocons ou filamens intérieurs, fixés vers la base de la columelle ou axe central; sporidies entassées.

Ce genre, de la famille des champignons, a été établi par Link, ordre des *gastromyciens*, section des *mycetodéens* : il est tellement voisin des *physarum* et des *didymium*, qu'il doit leur être réuni. Aussi voit-on que Link, dans un deuxième travail sur les champignons, semble le confondre avec le *didymium*, dont il n'étoit qu'un démembrement, puisque les espèces du genre *Cionium* sont les *didymium complanatum*, *farinaceum* et *tigrinum*, Schrad., que M. Persoon regarde comme des *physarum* ; mais, chez ceux-ci, le peridium n'est point traversé par un axe central ou columelle, bien que cet axe soit de même nature que les pédicules des *physarum*, et non pas un *peridium* intérieur, comme l'a dit Schrader, Link, *Berl. Mag.*, 3, p. 28. (Lem.)

CIOTA, ou Ciouta (*Bot.*), variété de raisin. Voyez Vigne. (L. D.)

CIOTOLONE (*Bot.*), nom donné, aux environs de Florence, à une espèce de *pezize* voisine du *peziza cupularis*, Linn. (Lem.)

CIOTTOLARA (*Bot.*), espèce de lichen mentionné par Imperato. La ciottolara, dit-il, est une mousse qui croît sur les arbres; elle se ramifie dès le bas, de manière à ressembler à une pousse d'absinthe ; sa substance est jusqu'à un certain point cartilagineuse, et elle finit en petits godets. On la trouve sur le chêne. Les parfumeurs l'emploient en poudre pour donner du corps aux odeurs. Cette plante paroît être une espèce du genre *Physcia*, Decand., et peut-être le *physcia ciliaris*. (Lem.)

CIOUC (*Ornith.*), nom piémontois du scops ou petit duc, *strix scops*, Linn. (Ch. D.)

CIPARISOFIQUE, (*Bot.*) *Ciparisoficus*. Fruit humide, interne, presque conique, appuyé sur un ou deux appendices aussi coniques, surmonté d'une fleur qui a la figure d'une petite lèvre ronde, et d'où s'élève un paquet de filets. Donati, en établissant ce genre, lui donne pour type le *fucus cipressinus* d'Imperato : ce dernier nous apprend que les pêcheurs de Naples en enveloppent le poisson pour le conserver plus long-temps frais. Ce *fucus* paroît être le *fucus discors*, ou le *fucus sedoïdes*. On a une espèce de la même section. Voyez Fucus. (Lem.)

CIPERINA (*Ornith.*), un des noms italiens de l'alouette huppée ou cochevis, *alauda cristata*, Linn. (Ch. D.)

CIPIPA (*Bot.*), nom donné à la fécule retirée de la racine de manioc, quand on la presse pour en exprimer le suc. Cette fécule, qui se dépose au fond du vase dans lequel coule le suc, est blanche, comme celle de pomme de terre et comme l'amidon du froment, et peut servir aux mêmes usages. Aublet en fait mention dans son Supplément aux Plantes de la Guiane, p. 72. (J.)

CIPOLIN. (*Min.*) C'est une des roches cristallines à base calcaire, renfermant du mica comme partie constituante essentielle. Sa structure est généralement saccharoïde, mais assez souvent fissile. Plusieurs échantillons que l'on rencontre dans la collection de M. de Drée, se distinguent par un assez grand nombre de caractères.

Celui trouvé près Courmayeux est gris-jaunâtre, grenu à

très-petits grains ; le mica est en petites paillettes alongées, également disséminées ; la structure est fissile. Celui du Mont-Cenis est d'un gris d'acier : le mica est abondant et continu ; il a un aspect talqueux ; la structure est fissile, et les feuillets sont quelquefois ondulés. Enfin, il s'en est présenté, près de Montferrat, d'une couleur grisâtre : le mica talqueux y est abondant et presque continu ; mais le schiste argileux y est rare.

Le cipolin se rencontre encore dans plusieurs autres endroits, à Schmalzgrube en Saxe, en Corse, etc. Il venoit autrefois d'Egypte. Ses carrières ne sont plus connues.

Il est essentiel d'établir une différence entre le calcaire saccharoïde pur, et la roche calcaire que nous nommons cipolin, celui-ci se trouvant souvent en couche subordonnée au calcaire saccharoïde.

Le nom de cipolin, appliqué à cette roche par plusieurs marbriers, signifie en italien petit oignon, à cause de la ressemblance que l'on a cru trouver dans les dispositions de ses veines avec celle des écailles des oignons. Les anciens ont beaucoup employé cette roche : il paroît qu'ils la tiroient de Callistos dans l'île d'Eubée. La tête d'Alexandre, le Bacchus indien, le Torse, la statue d'Esculape, la tête d'Hippocrate, etc., et un grand nombre de colonnes, ont été faits avec le cipolin statuaire. (B.)

CIPON (*Bot.*), *Ciponima.* Arbre peu élevé de la Guiane, dont Aublet a formé un genre particulier, et que plusieurs botanistes modernes ont réuni au *symplocos* avec lequel en effet il a de très-grands rapports. Il appartient à la famille des ébénacées et à la *polyandrie monogynie* de Linnæus. Ses fleurs offrent un calice fort petit, velu, à cinq découpures ; une corolle tubulée, renflée à sa base, rétrécie sous son limbe qui se divise en cinq lobes concaves, alongés ; environ trente étamines disposées sur deux rangs, insérées à l'orifice de la corolle ; les filamens réunis à leur base ; les anthères arrondies ; un ovaire supérieur fort petit, surmonté d'un style velu et d'un stigmate en tête ; une baie ovale renfermant un noyau ligneux, à quatre ou cinq loges ; une semence dans chaque loge.

Cipon de la Guiane : *Ciponima guianensis*, Aubl., *Guian.*, tab. 226 ; *Symplocos ciponima*, Willd. Ses tiges s'élèvent à la hauteur de sept à huit pieds ; son bois est blanc ; son écorce grise; les rameaux garnis de feuilles alternes, pétiolées, glabres, ovales-oblongues, acuminées, très-entières, couvertes dans leur jeunesse de poils couleur de chair; les fleurs sont axillaires, réunies par petits bouquets garnis à leur base de quatre ou cinq petites écailles bordées de poils couleur de rose; les pédoncules très-courts; les baies ovales et noirâtres. (POIR.)

CIPPER. (*Ornith.*) L'oiseau que l'on connoît sous ce nom en Italie, est, suivant Buffon, la grive-mauvis, *turdus iliacus*, Linn. (CH. D.)

CIPRE ou CHIPRE. (*Bot.*) Duhamel, dans son Trait. des Arbr., parle d'un pin de ce nom qui croît dans le Canada, et qu'il caractérise par des cônes garnis de pointes, et des feuilles sortant au nombre de trois de la même gaîne. Il n'est point mentionné dans les ouvrages des botanistes; on le trouve seulement dans la Nouvelle Encyclopédie, cité, avec doute, comme pouvant être une variété du pin d'encens, *pinus tæda*. Il ne faut pas confondre cet arbre avec le cypre ou bois de cypre qui est un sébestier, ni avec le cyprès chauve, *cupressus disticha*, nommé cypre dans la Louisiane. (J.)

CIPULAZZA (*Ichthyol.*), nom maltais des poissons du genre SCORPÈNE. Voyez ce mot. (H. C.)

CIPURE (*Bot.*), *Cipura*. Genre de plantes de la famille des iridées, qui appartient à la *triandrie monogynie* de Linnæus, et dont le caractère essentiel consiste dans une corolle (un calice) divisée en six parties; le tube très-court; les trois divisions intérieures du limbe beaucoup plus petites que les extérieures; trois étamines libres, attachées sur le tube de la corolle; un ovaire inférieur, trigone; le style épais, triangulaire; le stigmate à trois divisions entières; une capsule oblongue, à trois loges polyspermes.

Ce genre a reçu de Schreber le nom de *marica* : il comprend des plantes, la plupart de l'Amérique méridionale, à racines bulbeuses, à tige herbacée; les feuilles nerveuses, ensiformes, vaginales; les fleurs terminales, spathacées. On distingue les espèces suivantes :

CIPURE DES MARAIS : *Cipura paludosa*, Aubl., *Guian.*, tab. 13; Lam., *Ill.*, tab. 30; Curt., *Bot. Mag.*, tab. 646; *marica paludosa*, Willd. Ses bulbes sont arrondies et charnues; elles produisent plusieurs feuilles minces, étroites, pointues, longues de plus d'un pied ; d'entre ces feuilles s'élève une tige nue, grêle, longue d'un demi-pied, munie à son sommet de deux feuilles et de quelques autres beaucoup plus courtes en forme de spathe, d'où sortent plusieurs fleurs pédonculées, blanches ou bleues, renfermées chacune dans une spathe membraneuse, oblongue, aiguë. Elle croît à la Guiane, dans les savanes humides.

Cipure a féuilles de graminée ; *Cipura graminea*, Kunth., *in* Humb. et Bonpl., *Nov. Gen.*, 1, pag. 320. Cette espèce, recueillie sur les bords de l'Orénoque, proche la ville de Saint-Thomas, a de très-grands rapports avec la précédente ; mais elle est beaucoup plus petite dans toutes ses parties. Sa bulbe est oblongue ; sa tige droite, longue de six à huit pouces, munie d'une seule feuille terminale et de deux fleurs : les feuilles radicales glabres, linéaires, ensiformes ; celle de la tige semblable, mais plus courte ; plusieurs autres spathacées, oblongues, concaves, acuminées, longues d'environ un pouce et demi : sa corolle blanche ; ses trois découpures extérieures oblongues, les intérieures ovales, plus courtes ; le stigmate infundibuliforme, blanc, diaphane ; une capsule oblongue.

Cipure a tige courte ; *Cipura humilis*, Kunth., *in* Humb. et Bonpl., *Nov. Gen.*, 1, pag. 320. Sa bulbe est ovale ; sa tige cylindrique, longue de deux ou trois pouces, chargée de deux ou trois fleurs ; les feuilles radicales linéaires, ensiformes, longues de trois à quatre pouces ; une seule feuille caulinaire, de même forme ; plusieurs folioles spathacées, lancéolées, concaves, acuminées ; les supérieures plus petites ; la corolle blanche ; ses trois divisions extérieures droites, obtuses, mucronées, en ovale renversé ; les trois intérieures une fois plus courtes, ovales, obtuses, réfléchies à leur sommet, marquées à leur base d'une tache triangulaire, en cœur, glanduleuse, bordée de jaune ; les divisions du stigmate en forme de pétales ; une capsule à trois loges ; les semences placées sur deux rangs. Elle croît dans le royaume de la Nouvelle-Grenade, proche Handa.

Cipure de la Martinique : *Cipura martinicensis*, Kunth., *in* Humb. et Bonpl., *Nov. Gen.*, 1, pag. 321 ; *Iris martinicensis*, Jacq., *Amer.*, 7, tab. 7 ; Curtis, *Bot. Magaz.*, tab. 407 ; *Trimezia lurida*, Salisb., *Trans. Hort. Soc.*, 1, pag. 280. Ses tiges, hautes d'un pied et plus, se terminent par trois ou cinq fleurs ; les feuilles radicales sont linéaires-ensiformes, un peu plus courtes que les tiges ; une feuille caulinaire longue d'un demi-pouce ; plusieurs folioles spathacées, longues d'un pouce, verdâtres, striées, acuminées ; la corolle jaune ; les découpures extérieures grandes, en cœur renversé, marquées à leur base de deux taches roussâtres ; les intérieures concaves, réfléchies à leur sommet, quatre fois plus courtes que les extérieures. (Poir.)

CIQUE [Petit]. (*Bot.*) Voyez Bois d'amande. (J.)

CIRCADAVETHA (*Bot.*), nom portugais du *connarus pinnatus*, suivant Rheede. (J.)

CIRCÆA. (*Bot.*) Les modernes ont consacré ce nom à un genre de plantes dont nous parlerons plus bas à l'article Circée ; mais Dioscoride et Pline l'attribuoient à une espèce que nous ne connoissons plus aujourd'hui, et qui paroît très-différente de celles auxquelles on a depuis donné le même nom ; car, quoique la description qui nous a été laissée par Dioscoride et par Pline, soit très incomplète, elle suffit cependant pour nous prouver que la circée de Paris ne peut en aucune manière être la *circœa* des anciens. En effet, celle-ci, selon Pline, ressemble au *strychnus* cultivé (la morelle commune, *solanum nigrum*, Linn., selon plusieurs commentateurs) ; elle a une petite fleur noire ; une petite graine comme du millet, contenue dans des capsules alongées en manière de cornes ; et une racine triple ou quadruple, longue d'un demi-pied, blanche, odorante, d'une saveur chaude ; elle croît sur les rochers exposés au soleil. Après cette description, Pline parle des propriétés de la *circœa ;* mais il est inutile de nous étendre davantage sur une plante qui, comme nous l'avons dit, est maintenant inconnue aux botanistes. (L. D.)

CIRCAÈTE. (*Ornith.*) M. Vieillot a établi ce genre, en latin *circaetus,* pour l'oiseau vulgairement connu sous le nom de Jean-le-Blanc, *falco gallicus*, Linn., qui a été décrit parmi les buses, à la page 454 du tome 5 de ce Dictionnaire, et l'on a indiqué les caractères assignés par M. Vieillot à son nouveau genre, pag. 86 du Supplément au même volume. (Ch. D.)

CIRCANEA. (*Ornith.*) L'oiseau auquel les anciens appliquoient cette dénomination, à cause de son vol circulaire, paroît être la soubuse, *falco pygargus*, Linn., et *circus gallinarius*, Savig. (Ch. D.)

CIRCÉE (*Bot.*), *Circæa*, Linn. Genre de plantes dicotylédones, polypétales, périgynes, de la famille des onagraires, Juss., et de la *diandrie monogynie*, Linn., dont les principaux caractères sont les suivans : Calice de deux folioles caduques; corolle de deux pétales en cœur; deux étamines; un ovaire inférieur, turbiné, à style surmonté d'un stigmate échancré; une capsule pyriforme, à deux valves, à deux loges monospermes. On ne connoît que deux espèces de ce genre.

Circée de Paris, vulgairement Herbe de Saint-Etienne, Herbe aux sorciers; *Circæa luteliana*, Linn., *Spec.* 12., *Fl. Dan.*, tab. 256. Sa tige est droite, velue, haute d'un pied ou davantage; garnie de feuilles opposées, ovales, aiguës, pubescentes, à peine en cœur à leur base, et peu dentées en leurs bords. Ses fleurs blanches, ou rougeâtres, paroissent en juin, juillet et août, et sont disposées en longues grappes à l'extrémité de la tige et des rameaux. Cette plante croît dans les bois aux lieux humides et ombragés, en Europe et en Amérique. Dans les temps d'ignorance et de superstition, on l'employoit dans les enchantemens; elle a aussi été d'usage en médecine, comme vulnéraire et résolutive; aujourd'hui elle est de toute manière entièrement tombée dans l'oubli.

Circée des Alpes; *Circæa alpina*, Linn., *Spec.* 12, *Fl. Dan.*, tab. 210. Celle-ci diffère de l'espèce précédente en ce qu'elle est de moitié plus petite dans toutes ses parties; en ce que sa tige et ses feuilles sont glabres, et que ces dernières sont plus décidément échancrées en cœur à leur base et plus luisantes. Ses fleurs, couleur de chair, ou blanches, paroissent en juin, juillet et août. Cette plante croît dans les lieux humides et ombragés des montagnes, en France, en Allemagne, en Suisse, en Angleterre, etc. (L. D.)

CIRCELLE. (*Ornith.*) On donne vulgairement ce nom, et ceux de cercelle ou cercerelle, aux sarcelles ou petits canards d'Europe. (Ch. D.)

CIRCIA. (*Ornith.*) Ce nom, qui avoit été employé isolément par d'anciens auteurs, a été donné par Linnæus, comme épithète, à la sarcelle d'été, *anas circia*. (Ch. D.)

CIRCINARIA. (*Bot.*) C'est le nom qu'Acharius donne à la seconde division de son genre *Parmelia*, celle qui comprend les lichens, dont l'expansion (*thallus*) est presque membraneuse, disposée en étoile et à découpures étroites, planes ou convexes, et à contours arrondis. (Voyez PARMÉLIE.) Link nomme *circinaria* un genre qu'il établit dans la famille des lichens, et qu'il caractérise ainsi : conceptacle globuleux, pellucide, épars dans un tissu floconneux très-délicat, enfoncé dans un thallus crustacé, vésiculeux et granuleux. Il lui donne pour type le *lichen rupicola* d'Hoffmann, qui est l'*urceolaria hoffmanni*, variété B d'Acharius. (LEM.)

CIRCINÉ (*Bot.*), *Circinalis*, roulé en crosse. On a des exemples de feuilles circinées dans le *gloriosa superba*, le *flagellaria indica*, le *mutisia decurrens*, etc. Dans ces plantes, le sommet de la feuille est prolongé en une longue pointe roulée sur elle-même, comme une boucle de cheveux sur un compas. Les plantes de la famille des fougères sont, avant leur développement, roulées en crosse du sommet à la base. Les épis de fleurs de l'héliotrope et d'autres borraginées, celui de la jusquiame, etc., sont également roulés en crosse avant leur développement : ces épis se déroulent à mesure que les fleurs s'épanouissent. Dans les graines du koelreuteria, les cotylédons sont également roulés sur eux-mêmes du haut en bas. (MASS.)

CIRCONSCRIPTION (*Bot.*), *Circumscriptio*. Une ligne qu'on suppose passer par les points les plus proéminens d'un corps, détermine la circonscription de ce corps. Une feuille, par exemple, quoique son contour soit interrompu par des angles rentrans ou des divisions plus ou moins profondes, est dite ovale ou réniforme ou lancéolée *dans sa circonscription*, lorsque la ligne censée passer par le sommet des principales divisions, en négligeant les angles rentrans, décrit une figure ovale, ou réniforme, ou lancéolée, etc. (MASS.)

CIRCOS. (*Foss.*) On a donné ce nom à des pointes d'oursins fossiles faites en poires. Voyez POINTES D'OURSINS. (D. F.)

CIRCOS. (*Ornith.*) Voyez CIRCUS. (CH. D.)

CIRCULATION. (*Physiol.*) Quoiqu'un très-grand nombre de phénomènes vitaux présente une véritable circulation, et que celui de la vie elle-même soit un phénomène de ce genre, ce mot, en physiologie, s'applique proprement au mouvement du fluide nourricier, du sang, qui, en effet, revient sans cesse vers les points d'où il étoit parti.

C'est par la circulation que le corps reçoit sa nourriture. Chez les animaux qui en sont privés, le fluide nutritif, extrait des alimens, passe sans intermédiaire aux parties qu'il doit nourrir, parce qu'il se trouve, dès l'instant de son extraction, propre à remplir ce but. Il n'en est pas de même pour les animaux qui ont une circulation : la matière nutritive, extraite des alimens, a besoin, chez ceux-ci, de certaines préparations qui s'opèrent dans des organes particuliers que le sang doit nécessairement aller chercher.

Le fluide nutritif pénètre tous les organes, et s'étend jusqu'à leurs dernières molécules. Tiré des alimens, il entre dans les veines, où il reçoit une première modification ; de là il passe dans la poitrine, pour entrer en contact avec l'air atmosphérique ; puis, il parcourt un autre système de vaisseaux, les artères, et arrive à leur extrémité capillaire, siége de la nutrition, où il se dépouille de ce qu'il avoit acquis ; enfin, il rentre, par ces vaisseaux capillaires artériels, dans les vaisseaux capillaires veineux, pour s'enrichir dans les veines d'un fluide nourricier nouveau, extrait de nouveaux alimens ; et ce mouvement lui est communiqué par les organes au travers desquels il passe, et qui sont destinés à le lui transmettre.

On n'auroit cependant qu'une idée fort imparfaite des routes que le sang parcourt, si, d'après le tableau général que nous venons d'en tracer, on se représentoit le système vasculaire comme un systeme toujours simple, comme un canal qui, par ses ramifications, verseroit ses eaux dans les ramifications d'un autre canal, par où elles seroient ramenées à leur source commune. La circulation n'a cette extrême simplicité que chez les animaux des dernières classes ; chez ceux d'un ordre supérieur, elle se compose de deux ou de trois systèmes circulatoires partiels : de plus, les artères, comme les veines, se réunissent quelquefois entre elles, et présentent assez exactement alors la figure d'un réseau ; dans d'autres cas, l'on voit des veines se terminer en vaisseaux capillaires pour ne communiquer qu'avec d'autres veines, etc.

Dans le grand cercle que le sang parcourt, il communique avec des organes de nature très-différente, qui lui font subir plusieurs modifications, et qui en tirent ou en composent les substances qu'il leur a été donné de produire : les testicules y prennent les élémens de la semence ; le foie, ceux de la bile ; la rate, ceux de l'urine ; il reçoit l'oxigène des poumons, cède aux muscles sa fibrine, et aux vaisseaux lymphatiques la lymphe ; en un mot, il fournit les élémens de toutes les substances et de toutes les matières qu'on rencontre dans le corps de l'animal qu'il nourrit.

On ne connoît point encore comment la matière nutritive passe à l'état de sang, et par quels concours ce changement a lieu. C'est pourquoi nous n'avons, pour ainsi dire, considéré jusqu'à présent ce liquide que comme une sorte d'excipient du fluide nourricier. Tout porte cependant à penser qu'il est lui-même la substance nutritive, et que celle qui est extraite des alimens n'acquiert la propriété de s'assimiler au corps de l'animal, que lorsqu'elle s'est combinée au sang de manière à en faire partie intégrante. Voyez SANG et CHYLE.

Les forces qui impriment au sang son mouvement, ne sont peut-être pas toutes connues, et elles ne sont pas les mêmes chez tous les animaux pourvus de la circulation.

Dans les premières classes du règne animal, c'est le cœur qui en est le principal agent. Les artères y contribuent à leur tour ; mais ces organes présentent des variétés dans leur structure, leur rapport, ou leur action, qui apportent de grandes modifications dans le mouvement du sang. Nous ferons mieux connoître ces différences à l'article CŒUR. Voyez ce mot et aussi ARTÈRES. (F. C.)

CIRCUM-AXILLES [NERVULES] (*Bot.*), *Circum-axiles* (*Nervuli*). Le placentaire offre des cordons vasculaires, tantôt réunis en un seul corps par du tissu cellulaire (*lis*, *rhododendrum*), tantôt distincts et séparés (*portulacca*), tantôt placés entre les valves (*crucifères*), tantôt appliqués contre l'axe central du fruit, dont ils se séparent à l'époque de la déhiscence (*epilobium*, *œnothera*). C'est dans ce dernier cas que M. de Mirbel désigne ces cordons, qu'il nomme nervules, par l'épithète de *circum-axilles*. (MASS.)

CIRCURI (*Ornith.*), un des noms sous lesquels la caille, *tetrao coturnix*, Linn., est connue en Sardaigne. (CH. D.)

CIRCUS. (*Ornith.*) Ce terme qui, en latin, est le synonyme

du *κίρκος*, troisième épervier d'Aristote, a été employé par Brisson, dans son genre Épervier, pour désigner la section des busards. Bechstein a ensuite formé le genre *Circus*, qui a été adopté par MM. Savigny, Cuvier et Vieillot, et qui comprend les oiseaux connus sous les noms de busard des marais, harpaye, soubuse, oiseau Saint-Martin, *falco æruginosus*, *rufus pygargus*, *cyaneus*, *albicans* (pl. enl. de Buff., 424, 460, 443, 480, 459), lesquels, suivant M. Cuvier, ne forment que deux espèces, décrites et figurées en différens âges. Voyez Buses. (Ch. D.)

CIRE (*Entom.*), *Cera.* C'est le nom que l'on donne à la matière grasse et ductile avec laquelle les abeilles construisent les gâteaux de leur ruche ou les alvéoles dans lesquels elles déposent leurs larves et leur provision de miel.

Nous avons fait connoître, à l'article Abeille a miel, dans le 1.er volume, pag. 53 et suivantes, les procédés suivant lesquels cette matière ductile est travaillée par les abeilles pour former les cellules; mais il y a beaucoup d'erreurs, qui ont été reconnues depuis, sur la manière dont cette cire est recueillie, erreurs que nous avons déjà relevées en partie dans le Supplément au 1.er volume, pag. 2.

Réaumur avoit dit que la cire étoit formée par l'abeille qui mangeoit le pollen des végétaux, et qui le dégorgeoit sous cette forme nouvelle. Cependant, dès 1768, une société de Lusace avoit annoncé à M. Bonnet, de Genève, que la cire étoit une sorte de sécrétion qui s'opéroit sous les anneaux du ventre; et Hunter, en 1791, avoit consigné dans les Transactions philosophiques la découverte qu'il avoit faite des organes destinés à cette sécrétion. Nous allons extraire ici du second volume des Nouvelles Observations sur les Abeilles, par M. F. Huber, ce qu'il dit de l'origine de la cire.

En soulevant les segmens inférieurs de l'abdomen des abeilles, Hunter y trouva des écailles ou lames de matière transparente qu'il reconnut pour être de la cire. M. Huber observa les mêmes plaques de cire rangées par paires, sous chaque segment, dans de petites poches d'une forme particulière, situées sur les parties latérales de la ligne médiane de l'abdomen. Il n'en trouva pas sous les anneaux des mâles et des reines, la conformation de ces parties étant très-différente,

Chaque individu n'a que huit poches à cire, car le premier et le dernier anneau n'en fournissent pas : ces poches vont en diminuant d'étendue, comme les anneaux du ventre ; la plus grande est sous le troisième, la plus petite sous le cinquième. L'auteur est porté à croire que cette cire est produite par un organe particulier, à la manière des autres sécrétions. Il regarde comme propre à cette fonction la membrane même qui revêt, à l'intérieur, les poches des quatre segmens ciriers, et dans laquelle on remarque un réseau vasculaire. L'auteur pense que cette transsudation se fait presque directement de l'estomac ; et il a été confirmé dans cette idée par les recherches de mademoiselle Jurine, qui disséqua et dessina avec le plus grand soin ces parties telles qu'elles ont été gravées dans l'ouvrage de M. Huber, lequel y a consigné également la lettre de mademoiselle Jurine à ce sujet.

Pour s'assurer que la cire étoit une véritable sécrétion, et non le résultat d'une récolte particulière que les abeilles auroient faite sur les végétaux, M. Huber a expérimenté ce fait sur les abeilles retenues dans leur ruche, et privées de la récolte du pollen de végétaux, mais pourvues abondamment de miel et d'eau pendant cinq jours entiers. Cette ruche, qui contenoit un nouvel essaim sans un atome de cire, avoit, au bout des cinq jours, cinq gâteaux ou rayons de la plus belle cire, d'un blanc parfait et d'une grande fragilité. A cinq reprises diverses, sans laisser sortir les abeilles au dehors, et en les nourrissant uniquement de miel, elles produisirent de nouveaux gâteaux. Ensuite, M. Huber, ou plutôt Burnens, qui suivoit les expériences sous la direction de l'auteur, au lieu de donner du miel à ces abeilles captives, ne leur procura que du pollen recueilli par d'autres abeilles, et déposé par elles dans d'autres gâteaux. Pendant huit jours que dura cette sorte de diète ou de nourriture exclusive avec la poussière fécondante, les prisonnières ne firent pas de cire : on n'en observa pas sous leurs anneaux. On répéta cette expérience, en ne donnant aux abeilles prisonnières que du sucre pur réduit en sirop, ou de la cassonade très-commune : cette dernière donna plus du double de cire que le sirop de sucre très-pur.

La cire, nouvellement sécrétée et façonnée en alvéoles, est

très-blanche : elle jaunit ensuite, et devient brune ou noirâtre enfin.

Il paroît, d'après les observations des mêmes scrutateurs de l'histoire des abeilles, qu'il y a parmi les ouvrières deux castes, dont l'une, plus petite, soigne les petites larves, et produit peu de cire : ce sont les *nourrices*. Les autres sont plus grosses, au moins leur abdomen acquiert plus de volume ; elles élaborent la cire : ce sont les *cirières*, les bâtisseuses. Lorsque l'époque de la construction des gâteaux est terminée, ces mêmes cirières deviennent les nourrisseuses. (C. D.)

CIRE. (*Chim.*) Le nom de cire, d'abord spécifique pour désigner la cire des abeilles, est ensuite devenu générique par l'application qu'on en a faite à plusieurs corps gras d'une fusibilité peu différente de celle de cette substance. Il en a été de ce mot comme de ceux *beurre*, *suif*, appliqués à des corps très-différens, mais ayant plusieurs propriétés physiques communes avec le beurre du lait et le suif du mouton.

Cire d'abeilles. Elle est composée, suivant MM. Gay-Lussac et Thénard, de

Oxigène.	5,544
Carbone.	81,784
Hydrogène	12,672
	100,000

Récolte et préparation de la Cire.

Lorsqu'on veut recueillir la cire d'une ruche, on commence par asphixier les abeilles au moyen de la vapeur du soufre brûlant ; puis on tire les rayons de la ruche, et on les coupe par tranches, afin de mettre l'intérieur des alvéoles à découvert. On met les tranches à égoutter sur des claies, et l'on a soin de les retourner de temps en temps. On prend la matière restée sur la claie qui retient encore une certaine quantité de miel, on la met dans une chaudière de cuivre, on verse de l'eau dessus, et l'on fait chauffer jusqu'à ce que la cire se fonde ; alors on introduit la matière dans des sacs de ficelle et on la soumet à l'action d'une petite presse. La cire qui est encore liquéfiée ou ramollie, s'écoule hors du sac. On prend cette cire, on la fait fondre dans de l'eau, et l'on coule le tout dans des terrines de grès. Par le refroidissement, la cire se fige à la surface de l'eau. Quand elle est froide, on verse l'eau, on prend le pain de cire, et l'on enlève de dessous une matière grenue, appelée pied de cire.

Pour blanchir la cire brute, on la fond dans une chaudière : ensuite on la fait couler au moyen d'un conduit qui est placé à la partie inférieure de la chaudière, dans une grande cuve remplie d'eau, où elle tombe sur un gros cylindre de bois horizontal qui est en mouvement. La cire se fige alors en plaques minces ou rubans. On prend ces rubans, on les porte dans un pré qui est exposé au soleil, et on les dispose en une couche d'un pouce et demi sur de grands châssis de toile, qui sont placés à dix-huit pouces du sol. La cire exposée à l'action de l'air, de l'eau et de la lumière, blanchit peu à peu. On la remue de temps en temps; puis quand ses surfaces sont également blanches, on la refond pour la reduire en rubans, que l'on expose de nouveau sur le pré. Ces manipulations sont répétées jusqu'à ce que l'intérieur des rubans soit aussi blanc que la surface.

a.) *Propriétés physiques.*

Lorsqu'elle est pure, elle est incolore, insipide ; elle n'a qu'une très-légère odeur : la couleur jaune et l'odeur aromatique, plus ou moins forte, de la cire brute, sont dues à des principes étrangers à la nature de la cire ; il suffit presque toujours (1), pour la dépouiller de ces propriétés, de l'exposer à l'air humide et à la lumière. La densité de la cire paroît être de 0,966.

La cire est cassante à une température de quelques degrés au dessus de 0, et est ductile à une température de 35.^{d} environ. Lorsqu'on l'échauffe graduellement jusqu'à 80.^{d}, elle devient de plus en plus molle, et finit par se fondre complétement en un liquide incolore, plus léger que l'eau. Un thermomètre, plongé dans ce liquide, marque 62,75 lorsque la congélation a lieu. J'ai observé ce résultat sur de la cire blanche et de la cire jaune qui provenoient des ruches établies au Muséum d'Histoire naturelle. M. Bostock dit que la cire blanche se fond à 68^d, et la cire jaune à 61.^{d} La cire, exposée à la chaleur

____

(1) Il existe des cires dont la couleur est si stable qu'on renonce à les blanchir : telle est la cire des pays de vignobles.

d'un charbon ardent avec le contact de l'air, se volatilise sans décomposition, en répandant une odeur aromatique agréable.

b.) *Cas où la cire agit par affinité résultante* (1).

L'eau n'a pas d'action sur la cire.

La cire est soluble dans l'alcool bouillant; par le refroidissement, la plus grande partie s'en dépose sous la forme de flocons.

100 d'alcool bouillant à 0,816 dissolvent 4,86 de cire, suivant M. Boullay, et 2, suivant une expérience que j'ai faite il y a plusieurs années.

100 d'éther sulfurique bouillant en dissolvent environ 25, qui se précipitent en grande partie par le refroidissement.

Les huiles fixes s'unissent à la cire fondue; elles forment alors des combinaisons indéfinies, qui sont plus ou moins consistantes, suivant que la cire est dans une proportion plus ou moins considérable. Le *cérat* des pharmacies en est un exemple : les graisses se comportent de la même manière avec la cire.

Les huiles volatiles la dissolvent à chaud : lorsque la solution refroidit, elle laisse déposer de la cire qui paroît retenir de l'huile volatile; car, à la température de 18.$^\text{d}$, elle est beaucoup plus molle que la cire.

Elle s'unit à plusieurs principes colorans.

Les acides foibles n'ont pas d'action sur la cire.

c.) *Cas où la cire agit par l'affinité de ses élémens* (2).

Lorsque la cire est soumise à l'action du feu dans une cornue de verre, elle donne de l'eau acide, qui doit probablement cette propriété à de l'acide acétique, et peut-être même à de l'acide sébacique; un peu d'huile fluide légèrement aromatique; une huile épaisse, que l'on appelle *beurre de cire*, et qui est vraisemblablement formée d'huile empyreumatique fluide et de cire indécomposée (c'est le produit le plus abondant); du gaz inflammable, formé d'hydrogène et de carbone, et d'un peu d'oxigène; enfin un léger résidu de charbon.

La grande quantité de carbone et d'hydrogène contenus dans la cire, la disposition de ces élémens à prendre l'état

____

(1) et (2) Voyez la note de la page 292, vol. 7.

gazeux, et la grande affinité qu'ils ont dans cet état, soit que la cire se volatilise sans décomposition, soit qu'elle éprouve de l'altération, expliquent pourquoi la cire, exposée à une température suffisante, est si combustible, et pourquoi elle produit alors tant d'eau et d'acide carbonique. Lavoisier, en la faisant brûler dans l'oxigène, conclut, d'après la quantité d'acide carbonique et d'eau produits, qu'elle étoit formée de carbone, 82,28, et d'hydrogène, 17,72.

Les acides et les aicalis concentrés font éprouver à la cire une décomposition plus ou moins marquée; mais jusqu'ici leur action n'a pas été assez étudiée pour que nous en parlions.

Cire du myrica cerifera. Cette cire recouvre les baies du myrica. Pour l'en séparer, on met les baies dans une chaudière avec une quantité d'eau suffisante pour les recouvrir d'une couche de 0^m,15 environ; on fait bouillir, et on remue les baies de manière à les ramener du centre de la chaudière contre ses parois, où on les presse, afin de favoriser la séparation de la cire qui les recouvre. La cire fondue ne tarde point à se rassembler à la surface de l'eau. Quand il y en a suffisamment, on la prend avec une cuiller, et on la filtre au travers d'une grosse toile; lorsqu'elle est figée, on la fait égoutter, puis sécher. Enfin, on la fond pour la purifier et lui donner la forme de pains. Un myrica bien fertile peut donner 3 $\frac{1}{2}$ kilog. de graines; 4 kilog. de graines donnent 1 kilog. de cire.

La cire ainsi obtenue est verte ou jaune verdâtre; mais, en la traitant plusieurs fois par l'alcool bouillant, d'où elle se précipite en grande partie par le refroidissement, on finit par l'obtenir à l'état incolore; le principe colorant, qui me paroît être de la même nature que la couleur verte des feuilles, reste dans l'alcool. Elle perd aussi dans ce traitement la plus grande partie de son odeur, parce qu'elle doit cette propriété à un arome volatil et très-soluble dans l'alcool.

M. Bostock dit qu'elle se fond à 42,88.; cependant j'ai trouvé qu'elle se figeoit à 58.^{d}. Comme la cire d'abeille, elle se volatilise sans décomposition, quand elle est chauffée au milieu d'un gaz, et se décompose en partie seulement, quand on la distille. Fondue, elle est plus légère que l'eau; solide, à la température ordinaire, elle est plus dense. M. Bostock estime sa densité à 102.

100 d'alcool bouillant en dissolvent 5 ; la plus grande partie se dépose par le refroidissement.

100 d'éther bouillant en dissolvent 25 ; on obtient par le refroidissement des cristaux lamelleux. Si l'expérience a été faite avec de la cire verte, le principe colorant reste en partie dans l'éther.

100 d'huile de térébenthine chaude n'en dissolvent que 6.

La potasse la saponifie très-bien. Aussi les habitans des pays où croît le myrica, font-ils du savon avec la cire qu'il produit.

Il paroît, d'après M. Cadet, qu'elle peut dissoudre la litharge, quand elle est fondue. On obtient par le refroidissement une masse emplastique fort dure.

Cire de la soie. En traitant de la soie écrue, blanche et jaune, par l'alcool bouillant, M. Roard en a retiré une substance qu'il a appelée *cire*, et qui jouit des propriétés suivantes :

En masse, elle est dure, cassante, légèrement colorée ; elle se fond entre 75.^{d} et 80.^{d} Elle est insoluble dans l'eau. L'alcool d'une densité de 0,8293 n'en dissout pas plus de $\frac{1}{2000}$ de son poids, à la température de 20 à 25 ; et l'alcool bouillant n'en dissout pas plus de $\frac{1}{300}$ à $\frac{1}{400}$. La dernière solution se prend en masse d'un blanc bleuâtre par le refroidissement.

Cire qui recouvre les feuilles et les fruits. M. Tingry, de Genève, est le premier chimiste qui ait retiré de plusieurs végétaux, au moyen des dissolvans, une substance qui lui parut avoir les plus grandes analogies avec la cire. Ce chimiste l'obtint des feuilles du raifort traitées par l'alcool bouillant ; la substance cireuse se déposa par le refroidissement.

M. Proust a depuis étendu la découverte de M. Tingry à presque toutes les feuilles, spécialement *aux feuilles glauques*, à un grand nombre de fruits, tels que les prunes, les cerises, les oranges, les citrons, etc. Mais nous ferons observer que l'on manque d'expériences qui déterminent les rapports de cette cire avec la cire des abeilles, et que d'ailleurs plusieurs substances qui se précipitent en flocons de l'alcool bouillant que l'on a appliqué à des matières végétales, peuvent être fort différentes de la cire, quoiqu'on leur applique ce nom assez communément.

Cérine. J'ai donné ce nom à une substance que j'ai retirée du Liége (voyez ce mot), parce qu'elle a de l'analogie avec la

cire des abeilles, et que, cependant, elle en diffère par plusieurs propriétés. Elle est sous la forme de petites aiguilles
blanches, brillantes. Elle se ramollit dans l'eau bouillante, sans
se fondre, et gagne le fond de ce liquide. Un alcool à 0,816,
bouillant, a dissous 2 de cire, et 2,42 de cérine. (Ch.)

CIRE. (*Ornith.*) On a donné ce nom, en latin *cera, ceroma*,
à une membrane ordinairement colorée qui, chez plusieurs
oiseaux, recouvre la base du bec, et surtout celle de la mandibule supérieure. Les rapaces diurnes, les perroquets, les
hoccos, les canards, sont ceux chez lesquels elle se trouve le
plus communément. Le hocco est pourvu de cette membrane
sur les deux mandibules; mais elle n'existe que sur la mandibule supérieure des oiseaux du genre *Falco* de Linnæus, et
elle y occupe, en général, une plus grande étendue que chez
les perroquets, où elle est fort petite. La couleur, les proportions de la cire offrent aux ornithologistes des caractères propres à faciliter la distinction des espèces ; et l'on en tire aussi
des mamelons ou points charnus dont elle est quelquefois hérissée, des rides ou tubercules qui s'y observent, des petites
écailles blanches, caduques, dont elle est enveloppée, et qui la
font appeler tantôt mamelonnée, *papillosa*, tantôt caronculée,
carunculata, ou furfuracée, *furfuracea*. (Ch. D.)

' CIRHUELA DE FRAYLE. (*Bot.*) On trouve sous ce nom,
dans l'Herbier du Pérou, de Joseph de Jussieu, un moureiller
que Cavanilles décrit et figure sous le nom de *malpighia arme-
niaca*. (J.)

CIRICH (*Ornith.*), nom que porte à Turin le moineau fri-
quet, *fringilla montana*, Linn. (Ch. D.)

CIRIER. (*Bot.*) On a donné ce nom à un arbrisseau de l'Amérique septentrionale dont les fruits, de la forme et grosseur
d'une coriandre, sont recouverts d'une substance blanche :
c'est une véritable cire, que l'on sépare en mettant ces fruits
dans l'eau chaude. La cire se détache et s'élève à la surface.
On la fait sécher pour en former des bougies qui donnent une
bonne lumière. Cet arbrisseau fait partie du genre Galé. Voyez
ce mot. (J.)

CIRIER JAUNE. (*Bot.*) C'est le nom que Paulet donne à
l'*agaricus ceraceus*, Jacq., champignon dont la couleur est celle
de la cire jaune. Il paroit suspect. (Lem.)

CIRIGOGNA (*Bot.*), nom de la chélidoine, aux environs de Vérone, suivant Seguier. (J.)

CIRITA-MARI (*Bot.*), nom brame du *volkameria inermis*, suivant Rheede. (J.)

CIRLO, Cirlus. (*Ornith.*) Les noms de *cirlus* en latin, et *cirlo* en italien, qui désignent des bruans, ont été appliqués d'une manière trop vague pour qu'on puisse déterminer avec précision les espèces que les divers auteurs ont eues en vue. Cependant il paroît certain que le *cirlus*, ou *zivolo* d'Olina, *Uccelliera*, pag. 50, est le bruant de haie, *emberiza cirlus*, Linn., *emberiza sepiaria*, Briss.; et que le *cirlus stultus* d'Aldrovande, *cirlo matto* des Bolonois, est l'*emberiza cia* de Linnæus, le bruant des prés ou bruant fou de Buffon; tandis que le *zivolo pagliato* d'Olina, dont le plumage présente plus de jaune, seroit le bruant commun, *emberiza citrinella*, Linn. (Ch. D.)

CIRMETRE, Humecthe, Kemetri (*Bot.*), noms arabes de la poire, suivant Daléchamps. M. Delile, dans ses Plantes d'Egypte, indique le nom de *kommitrih* pour le poirier. (J.)

CIRON (*Entom.*), *Acarus*, genre d'insectes aptères sans mâchoires, de la famille des rhinaptères ou parasites. (Voyez Mitte.) M. Latreille a, dans ces derniers temps, désigné sous le nom de ciron, en latin *siro*, une espèce de petit faucheur de couleur rougeâtre, qu'on trouve sous les pierres, et qui ressemble beaucoup à la pince ou chélifère. Il n'a guère qu'une ligne de longueur; mais les pattes en ont le double, ainsi que les mandibules qui sont saillantes; il n'a que deux yeux supportés chacun sur un tubercule isolé : c'est, à ce qu'il paroît, l'*acarus siro* de Linnæus, l'*acarus crassipes*, et le *testudinarius* d'Hermann.

Le nom de ciron vient de l'italien *siro*, et paroît synonyme du mot grec ἀκαρῶς, trop petit pour être divisé.

Ciron de la gale. C'est une espèce de mitte dont M. Latreille a fait le genre Sarcopte. Voyez Mitte. (C. D.)

CIRQUINÇON (*Mamm.*), nom générique donné aux tatous, à la Nouvelle-Espagne, et que Buffon a appliqué au tatou à tête de belette, de Grew, *dasypus cinctus*. Linn. (F. C.)

CIRRE et non Cirrhe (*Zoolog.*), nom traduit du mot latin *Cirrus* et non *Cirrhus*, employé par Pline comme synonyme de *barba*, pour désigner les petits tentacules des sèches et genres voisins, et même, à ce qu'il paroît, les prolongemens charnus qui sont sur la tête de quelques oiseaux, comme dans la foulque, *fulica*. Avant Pline, il paroît, d'après Varron, qu'il signifioit une touffe de cheveux longs, bouclés ou crépus; Phèdre l'emploie pour indiquer les franges d'un manteau. A la renaissance des lettres on réunit ces deux idées, et en entendant par-là des cheveux contournés ou plexiles, en grec *plocamoi* ou *thriches*, on l'appliqua aux éminences charnues qui sortent de la tête de certains animaux à la manière des cornes, comme dans les limaçons, c'est-à-dire à de vrais tentacules, ce qui correspond au mot *cerata* d'Aristote, traduit par le mot *cornua*, par Gaza. Dans la suite les auteurs de botanique l'appliquèrent à une espèce de filamens alongés, ordinairement contournés en tire-bouchon ou vrille, et dès-lors son orthographe fut changée en cirrhes, *cirrhi*; ce qui lui donna une sorte de tournure grecque. Dans ces derniers temps on étendit ce mot aux appendices articulés, cornes, plus ou moins durs, des balanes et des anatifes, c'est-à-dire à de véritables membres, et en formant une classe de ces animaux on leur donna le nom de cirrhipèdes, ou d'animaux à pieds cirreux, ce qui n'est certainement pas. Enfin quelques personnes croyant peut-être que le mot cirrhe ainsi écrit provenoit du grec, et voulant éviter un nom hybride, ont désigné cette classe sous la dénomination de cirrhopodes, ce qui signifie réellement animaux dont les pieds sont d'une couleur intermédiaire au jaune et au blanc. D'après ces observations, il faut donc écrire cirripèdes, si l'on persiste à adopter ce nom pour désigner la classe qui contient les anatifes, etc., quoiqu'il soit réellement mauvais; et l'on devra entendre par cirres, du moins en zoologie, des petits prolongemens cutanés, cylindriques, vermiformes, plus ou moins irritables et contournés, qui se trouvent répandus d'une manière régulière ou irrégulière sur les différentes parties du corps des animaux, et surtout des animaux mollusques, et spécialement sur les bords du manteau des huîtres, peignes ou d'un grand nombre d'autres lamellibranches, en réservant le nom de tentacules à des prolongemens plus développés, musculocutanés, plus volontaires, qui se trouvent ordinairement symétriquement placés à la partie antérieure des animaux, ou par paires sur la tête, ou en cercle autour de la bouche. Quand ils seront fort longs, comme dans les hydres, on pourra leur donner le nom de tentacules cirreux. La dénomination de cils restera à des espèces de poils plus ou moins roides, mais fort courts.

CIRRE est aussi, dans quelques auteurs, synonyme de barbillons; dans les poissons, par exemple, d'où l'on a tiré les dénominations de cirrhites et de cirrhigère, qu'on devroit écrire sans h.

M. Illiger vient encore d'étendre ce mot à des plumes dont la tige très-longue est sans barbules, ou qui les a seulement très-courtes, ou à son extrémité. (DE B.)

CIRRHE ou VRILLE (*Bot.*), *Cirrhus, Cirrus, Capræolus, Claviculus, Helix.* Appendice filiforme, simple ou rameux, diversement tortillé ou roulé, au moyen duquel certaines plantes s'attachent aux corps voisins. Ce filament naît ou de l'aisselle des feuilles (passiflore), ou à l'opposite des feuilles (vigne), ou sur le pétiole à la place des stipules (*smilax horrida*); souvent le pétiole d'une feuille composée a de pareils filamens à sa partie supérieure, au lieu de folioles (pois, gesse). (MASS.)

CIRRHE, (*Ornith.*) *Cirrhus.* Merrem, dans son *Tentamen naturalis systematis avium*, pag. 14, entend par *cirrhus* des pennes longues, en forme de crins, qui, partant de dessus les yeux, retombent le long du cou; et Illiger, *Prodromus avium*, p. 190, définit le *cirrhus* une tige très-longue, sans barbes, ou pourvue de barbes très-courtes, et qui souvent n'en porte qu'à sa pointe. (CH. D.)

CIRRHEUX (*Bot.*), CIRRHIFÈRE, CIRRHIFORME; *Cirrhosus, Cirrhiferus, Cirrhiformis.* Le pétiole commun de la gesse, du pois et de plusieurs autres légumineuses, porte des folioles à sa partie inférieure, et se prolonge à sa partie supérieure en véritables cirrhes; il est cirrheux ou vrillé. La tige de la vigne, les pétioles du *smilax horrida*, les pédoncules du cardiosperme, ont des cirrhes distincts, qui ne proviennent point d'une métamorphose de la partie qui les porte; ils sont cirrhifères. Les pétioles du *fumaria capreolata*, de la clématite d'orient, etc., se contournent et remplissent les fonctions de cirrhe : ils sont cirrhiformes. (MASS.)

CIRRHIPÈDES. (*Malakentomoz.*) Voyez CIRRIPÈDE. (DE B.)

CIRRIPÈDES, CIRRHIPÈDES, CIRRHOPODES. (*Malakentomoz.*)
Ce groupe d'animaux, confondu par Linnæus parmi ses testacés
multivalves, placé à tort par Poli avec les sèches, sous le nom
de *brachiata*, établi d'abord comme un ordre de mollusques
par M. Cuvier, a été considéré comme une classe distincte par
M. de Lamarck, ce qui a été suivi par beaucoup des zoolo-
gistes modernes. M. de Blainville, les regardant comme intermédiaires aux malacozoaires et aux entomozoaires, en fait la
première classe du sous-type qu'il a désigné à cause de cela
sous le nom de malakentomozoaires ou de mollucarticulés.
On peut en effet les regarder comme des animaux articulés,
enveloppés dans un manteau plus ou moins calcaire : aussi
M. Latreille, tom. 24.ᵉ de la 1.ʳᵉ édition du Dictionnaire d'Histoire natuelle de Déterville, les place-t-il à la suite des vers.
Les caractères généraux de cette classe peuvent être exprimés
ainsi :

Corps symétrique subglobuleux, conique, recourbé sur lui-même,
terminé postérieurement (supérieurement à cause de sa position),
par une sorte de queue conique, articulée, pourvue de chaque côté
d'appendices en forme de cirres fort longs, cornés, articulés ; rudi-
mens des membres des entomozoaires ; décomposition des branchies des malacozoaires, *et servant comme de tentacules. Tête non*
distincte, sans yeux ni tentacules ; bouche inférieure (ici supérieure
à cause de la position recourbée du corps) *pourvue d'appendices*
latéraux, pairs, articulés, ciliés, ou d'espèces de mâchoires.
Organes de la respiration branchiaux, pairs, latéraux, et en
nombre variable, à la base de quelques-uns des appendices ; anus
médian terminal à la base d'un long tube, terminant les organes
de la génération.

Enveloppé dans un manteau ou enveloppe charnue, fendue
postérieurement et inférieurement, solidifiées par un plus ou moins
grand nombre de pièces calcaires.

Tous les animaux assez peu nombreux qui composent cette
classe vivent fixés plus ou moins immédiatement aux corps sous-
marins, dans une position fort analogue à celle des derniers
mollusques lamellibranches, c'est-à-dire, la tête en bas et l'anus
en haut, mais nullement ou rarement enfoncés dans les corps.
Comme eux, ils font agir sans cesse leurs appendices pour déter-

miner un courant d'eau qui leur apporte là nourriture ; mais la solidité de cet appareil, ainsi que de celui de la mastication, permet de croire qu'ils peuvent s'emparer d'animaux entiers. Il est extrêmement probable que, comme les acéphalophores la mellifères, ils sont véritablement hermaphrodites. Le long tube qui termine les organes de la génération, leur sert à fixer leurs œufs sur lescorps qui se trouvent à leur portée. Leur organisation, qui a été exposée aux articles ANATIFE et BALANE, diffère assez peu, pour les organes spéciaux de la nutrition et même de la génération, de ce qui se trouve dans les derniers mollusques acéphales ; mais pour ceux de la locomotion et du système nerveux, il y a des rapprochemens évidens avec les entomozoaires.

Cette classe, formant un seul genre dans Linnæus, le genre *Lepas*, a été successivement de plus en plus subdivisée, d'abord en deux genres, *Lepas* et *Balanus*, et enfin par M. le Dr Leach, qui vient d'en faire le sujet d'un travail particulier, dont nous nous décidons d'autant plus aisément à donner l'analyse, que, sans cela, quelques-uns des genres nouveaux qui y sont établis ayant des noms commençant par des lettres antécédentes, se trouveroient nécessairement passés sous silence.

Classe. CIRRIPODES.

Ordre 1.er Les CAMPYLOZOMATES, *Campylozomata*. Corps pédonculé, flexible, terminé supérieurement en massue, pourvu de pièces calcaires, et fendu supérieurement et antérieurement.

Famille 1.re Les CINÉRIDES, *Cineridea*. Pièces calcaires fort petites, le corps n'étant pas très-comprimé supérieurement.

Cette famille comprend les genres OTION et CINERAS. Voyez ces mots.

Famille 2. Les POLLICIPÈDES, *Pollicipedidea*. Le corps très-comprimé en-dessus, et couvert de pièces calcaires.

Cette famille comprend les genres PENTALASMIS, SCALPELLUM et POLLICIPES. Voyez ces mots.

Ordre 2. Les ACAMPTOZOMATES, *Acamptozomata*. Le corps sessile, entièrement enveloppé de pièces calcaires formant une sorte de coquille ouverte en-dessus, et fermée par une espèce d'opercule.

Famille 1ʳᵉ. Les CORONULIDES, *Coronulidea*. Coquille de six pièces, membraneuse en-dessous.

Ce sont les genres TUBICINELLE, CORONULE, CHELONOBIE qui la composent. Voyez ces mots.

Famille 2. Les BALANIDES, *Balanidea*. Coquille fermée inférieurement par une base calcaire; opercule comprimé, bivalve.

Cette famille est divisée en deux sections, d'après la forme de la pièce calcaire qui forme la base. La première, dont la base est cyathiforme ou infundibuliforme, comprend les genres PYRGOMA, CREUSIA et ACASTA; la deuxième, dont la forme de la base est variable, contient également trois genres, BALANE, CONIA et CLYSIA. Voyez ces différens mots. (DE B.)

CIRRHIS. (*Ichthyol.*) Κίρις ou κιῤῥίς, est un mot employé par quelques naturalistes grecs pour désigner une espèce de poisson que Gesner, d'après Varinus, pense être l'adonis, quoique Oppien en fasse un être tout différent. Suivant ce dernier, il se retire dans les pierres; d'après Diphilus, il a une chair molle et bonne pour l'estomac. Plusieurs ont confondu ce poisson avec le céris; mais les renseignemens inexacts que nous possédons ne peuvent nous servir ni pour l'en distinguer, ni pour le classer convenablement. Voyez CÉRIS. (H. C.)

CIRRHITE (*Ichthyol.*), *Cirrhites*. Commerson a le premier indiqué ce genre d'après une espèce de poisson qu'il avoit observée dans les mers des Indes. MM. de Lacépède, Duméril, Cuvier, l'ont conservé sous la même dénomination: ce dernier l'a placé dans la quatrième tribu de la famille des percoïdes, parmi les poissons acanthoptérygiens. Il appartient à la famille des dimérèdes de la Zoologie analytique.

Les cirrhites, très-voisins des lutjans, ont les caractères suivans:

Une seule nageoire du dos; rayons inférieurs pectoraux plus gros et plus longs que les autres, non fourchus, quoique articulés, et libres par leur extrémité; les antérieurs réunis par la peau, de manière à simuler de secondes nageoires pectorales; préopercule finement dentelé.

Ces poissons se distinguent aisément des chéilodactyles, en ce que ceux-ci ont des rayons pectoraux entièrement libres au-dessus des nageoires pectorales, et des polinèmes et polydactyles qui ont deux nageoires du dos.

Ils habitent les mers des pays chauds ; les espèces en sont encore peu connues.

Le Cirrhite tacheté ; *Cirrhites maculatus*, Lacép. Nageoire caudale arrondie ; couleur générale brune ; un grand nombre de larges taches blanches et de petites taches noires ; un aiguillon à l'opercule ; le corps, la queue et une partie des opercules recouverts de petites écailles qui manquent sur la tête ; la mâchoire supérieure protractile ; dents extérieures à chaque mâchoire, très-écartées ; les intérieures très-petites et serrées comme celles d'une lime. Cette espèce a été découverte par Commerson.

Le Cirrhite panthérin : *Cirrhites pantherinus; Sparus pantherinus*, Lacép. Nageoire caudale arrondie ; de petites écailles sur la tête ; mâchoire inférieure garnie de quatre dents plus longues que les autres, et semblables aux lanières des mammifères ; cette même mâchoire relevée contre la supérieure, lorsque la bouche est fermée ; de très-petites taches arrondies, noires et inégales, répandues sur la tête, les opercules et le ventre.

Ce cirrhite a été dessiné par Commerson, d'après un individu pris dans le grand Océan équinoxial. M. de Lacépède l'a placé parmi les spares ; c'est M. Duméril qui l'a reconnu pour un cirrhite. M. Cuvier dit que la mer des Indes produit encore quelques autres cirrhites. (H. C.)

CIRRHOPODES. (*Malakentomoz.*) Voyez Cirripèdes. (De B.)

CIRRHULOS. (*Ichthyol.*) Κίρρυλος est, suivant Varinus, le nom grec d'un poisson que nous ne savons à quel genre rapporter. On l'a confondu au reste assez ordinairement avec le Céris et le Cirrhis. Voyez ces mots. (H. C.)

CIRRIS. (*Ornith.*) Virgile parle, dans ses Eglogues, d'un oiseau de ce nom, qui a donné lieu, de la part de Scaliger, d'Aldrovande et d'autres naturalistes, à des recherches dont il sembleroit résulter que ce seroit l'aigrette ou le bihoreau, *ardea garzetta*, ou *ardea nycticorax*, Linn. (Ch. D.)

CIRRONIUS (*Ichthyol.*), un des noms du Cirrhite tacheté. Voyez ce mot. (H. C.)

CIRRUS. (*Foss.*) M. Sowerby, *Mineral Conch.*, a donné à ce genre les caractères suivans :

Coquille univalve en spirale, conique, sans columelle, formant un entonnoir en-dessous, et dont les tours sont joints ensemble.

Ce génre a beaucoup de rapports avec le genre *Trochus* de Lamarck; mais il en diffère par l'absence totale de la columelle.

M. Sowerby en a décrit trois espèces; le *cirrus acutus*, le *cirrus nodosus*, et le *cirrus plicatus*. On en trouve les figures pl. 141 de son ouvrage ci-dessus cité.

Ces coquilles ont été trouvées dans le Derbyshire en Angleterre, et il s'en trouve une dans ma collection, qui m'a été donnée par M. Sowerby. (D. F.)

CIRSE (*Bot.*), *Cirsium.* [*Cinarocéphales* , Juss. ; *Syngénésie polygamie égale*, Linn.] Ce genre de plantes, de la famille des synanthérées, fait partie de notre tribu naturelle des carduacées, dans laquelle il doit être placé immédiatement auprès du *carduus.*

La calathide est multiflore, équaliflore, subrégulariflore, androgyniflore ; le péricline, plus court que les fleurs, est ovoïde et formé de squames imbriquées. coriaces, terminées par un appendice spiniforme plus ou moins prononcé; le clinanthe est plane et garni de longues fimbrilles filiformes laminées ; la cypsèle est obovoïde, comprimée bilatéralement, glabre, munie de quatre côtes ; son aréole apicilaire est couverte d'un plateau charnu, entouré d'un anneau corné, qui porte l'aigrette, et se détache spontanément ; l'aigrette est longue, brune ou grisâtre en sa partie moyenne, composée de squamellules nombreuses, plurisériées, inégales, filiformes laminées, barbées ; les corolles sont obringentes, c'est-à-dire que les deux incisions formant le lobe extérieur, sont beaucoup plus profondes que les trois autres.

Tournefort distinguoit fort mal le *cirsium* du *carduus*, en disant que le péricline du premier n'étoit point épineux comme celui du second. Linnæus a réuni les deux genres sous le nom commun de *carduus*. Adanson les a rétablis, en les distinguant par l'aigrette, dont les squamellules sont barbées dans le *cirsium*, et barbellulées dans le *carduus*. La plupart des botanistes modernes ont admis. avec raison, cette distinction ; mais Willdenow substitue mal à propos au nom de *cirsium* celui de *cnicus*, consacré autrefois par Vaillant au chardon béni, et appliqué depuis par Linnæus à de certains *cirsium*.

On connoît au moins soixante espèces de cirses, que l'on nomme vulgairement chardons : ce sont des plantes herbacées, à feuilles épineuses, sessiles ou décurrentes, et à calathides terminales, composées de fleurs tantôt purpurines, ou blanches par variation, tantôt jaunâtres. La France en produit près de trente espèces, dont huit croissent dans les environs de Paris. Nous allons signaler les plus communes parmi ces dernières.

Le CIRSE DES MARAIS, *Cirsium palustre*, Scop., a la tige dressée, simple, haute de trois à cinq pieds, garnie de feuilles décurrentes, longues, étroites, sinuées, épineuses, et terminée par un bouquet de calathides rapprochées, petites, d'abord sessiles, puis pédonculées, composées de fleurs purpurines.

Le CIRSE LANCÉOLÉ, *Cirsium lanceolatum*, Scop., est un des plus beaux, et c'est en même temps le plus commun sur le bord des chemins et des champs; il est bisannuel. Sa tige, moins élevée, mais plus forte que celle du précédent, est ramifiée; ses feuilles sont décurrentes, larges, alongées, profondément divisées sur les côtés en lobes subdivisés eux-mêmes en deux lanières épineuses, divariquées; les calathides sont grosses et composées de fleurs purpurines.

Le CIRSE OLÉRACÉ, *Cirsium oleraceum*, Alli., habite les prés marécageux; il est vivace, haut de trois pieds, entièrement glabre. Sa tige est dressée, peu rameuse, cannelée : les feuilles sont sessiles, amplexicaules, non décurrentes; les inférieures très-grandes, pinnatifides, à lobes ciliés-épineux; les supérieures ovales, entières, ciliées : les calathides, composées de fleurs jaunâtres, sont grandes, rapprochées au sommet de la tige, et entourées de bractées.

Le CIRSE DES CHAMPS, *Cirsium arvense*, Lam., vulgairement nommé CHARDON HÉMORROÏDAL, et beaucoup trop commun dans les champs cultivés, est malheureusement vivace. Sa tige, haute d'un à deux pieds, est dressée, ramifiée, glabre, garnie de feuilles sessiles, lancéolées, semi-pinnatifides, ondulées, épineuses, blanchâtres en-dessous; les calathides sont rapprochées, courtement pédonculées, composées de fleurs purpurines ou blanchâtres, munies d'un péricline à peine épineux.

Le CIRSE NAIN, *Cirsium acaule*, Alli., commun sur les pelouses et les coteaux secs, est facile à reconnoître par sa tige, qui est nulle ou presque nulle; par ses feuilles toutes radicales, étalées, glabres, oblongues, pinnatifides, dentées, épineuses; par sa calathide solitaire, presque sessile, grande, composée de fleurs purpurines, et munie d'un péricline glabre, très-peu épineux. (H. Cass.)

CIRSELLIUM. (*Bot.*) Les calathides de l'*atractylis gummifera*, Linn., sont incouronnées; celles de l'*atractylis humilis*, Linn., sont couronnées, et celles de l'*atractylis cancellata*, Linn., sont tantôt couronnées, tantôt incouronnées. La couronne des *atractylis* qui en sont pourvus, est, dit-on, liguliflore, et selon les uns féminiflore, selon les autres neutriflore. Doit-on, d'après cela, diviser le genre *Atractylis* de Linnæus en deux genres, dont l'un comprendroit les espèces à calathides incouronnées, et l'autre les espèces à calathides couronnées? Gærtner a proposé, sous le nom de *cirsellium*, un nouveau genre, caractérisé par la couronne de la calathide, auquel il rapporte l'*atractylis humilis*, et avec doute l'*atractylis cancellata;* mais il paroît croire que tous les vrais *atractylis* de Linnæus pourront être rapportés à son *cirsellium*, et c'est pourquoi il applique, à l'exemple de Vaillant, le nom d'*atractylis* à des plantes très-différentes, qui constituent le genre *kentrophyllum* de Necker. D'autres botanistes veulent qu'en nommant, comme Gærtner, *cirsellium*, les espèces à calathides couronnées, on nomme *atractylis* celles à calathides incouronnées; d'autres proposent, pour ces dernières, le nom d'*acarna* donné autrefois par Vaillant, à une plante toute différente. Enfin, l'on n'est point d'accord sur l'application du nom de *cirsellium*, non plus que sur les espèces pourvues d'une couronne, sur le sexe et la forme des fleurs de cette couronne. Quant à nous, jusqu'à ce que des observations exactes aient éclairci la question, nous conservons le genre *atractylis* de Linnæus, sans en distraire les espèces à calathides couronnées. (H. Cass.)

CIRUELA. (*Bot.*) Voyez Cirhuela. (J.)

CIRUELO (*Bot.*), nom donné par les Espagnols au prunier. Ils donnent le même nom au *spondias myrobalanus*, qui a un fruit semblable pour la forme à la prune, et que les François nomment *prunier d'Espagne*, au rapport de Jacquin. (J.)

CIRULUS. (*Ornith.*) Voyez Cirlus. (Ch. D.)

CIS. (*Entom.*) M. Latreille a nommé ainsi de très-petits coléoptères, voisins des vrillettes (*anobium*) et des bostriches. Ils vivent dans les agarics desséchés. Ils sont tétramérés, et leurs antennes sont en masse perfoliée : sous ce double rapport, ils ont plus d'analogie avec les bostriches qu'avec les vrillettes. Le Bostriche du bolet est de ce genre. Voyez ce nom, et l'article Vrillette. (C. D.)

CISANO (*Ornith.*), nom italien du cygne, *anas cygnus*, qu'on appelle aussi *cesano*. (Ch. D.)

CISERRE. (*Ornith.*) On donne ce nom, dans quelques départemens, à la draine, espèce de grive, *turdus viscivorus*, Linn. (Ch. D.)

CISIOLA (*Ornith.*), nom vénitien des hirondelles. (Ch. D.)

CISNE (*Ornith.*), nom espagnol du cygne, *anas cygnus*, Linn. (Ch. D.)

CISSA (*Ornith.*), nom grec de la pie, qui a été génériquement appliqué à cet oiseau par Barrère, *Ornithologiæ Specimen novum*, pag. 45, et qui désigne aussi des cassiques. (Ch. D.)

CISSAMPELOS. (*Bot.*) Voyez Caapeba et Pareire. (Poir.)

CISSARON. (*Bot.*) Voyez Hédère. (J.)

CISSITIS (*Min.*), Cittites, ou Ciytes, Pline. Les anciens donnoient ce nom à une pierre blanche dans laquelle on voyoit comme des empreintes de feuilles de lierre. Nous ne savons à quoi rapporter cette pierre. (B.)

CISSOPIS. (*Ornith.*) M. Vieillot a donné ce nom grec, tiré de κίσσα, *pica*, et ὠψ, *vultus*, à son 124ᵉ genre, le pillurion, appartenant à la famille des pie-grièches. (Ch. D.)

CISSUS (*Bot.*), vulgairement Achit. Genre de plantes de la famille des vinifères, de la *tétrandrie monogynie* de Linnæus, dont le caractère essentiel consiste dans un calice à quatre dents ; quatre pétales caducs, non adhérens à leur sommet ; quatre étamines insérées sur un disque qui entoure l'ovaire à sa moitié inférieure ; un style ; un stigmate simple, une baie supérieure à deux loges, à une ou plusieurs semences.

Très-rapproché des vignes, ce genre en diffère par ses pétales étalés, ouverts et non adhérens par leur sommet en forme de coiffe : quelquefois les fruits éprouvent un avortement tel que les deux loges se réduisent à une seule, ainsi que les semences. Quelques espèces offrent cinq divisions, au lieu de quatre, dans le calice, la corolle et le nombre des étamines ; caractère que Michaux a employé pour l'établissement du genre *Ampelopsis*, que je présente ici avec les *cissus*, sans cependant me permettre de prononcer affirmativement sur sa nullité. Les espèces de *cissus* sont nombreuses, et peuvent être rangées d'après leurs feuilles simples, ternées, digitées, etc.

* *Feuilles simples, anguleuses ou lobées.*

CISSUS A FEUILLES DE VIGNE : *Cissus vitiginea*, Linn.; Pluken., *Mant.*, tab. 337, fig. 2. Arbrisseau des Indes orientales, à tige sarmenteuse, pubescent sur ses rameaux; garni de feuilles alternes, pétiolées, en cœur, arrondies, un peu anguleuses et dentées, cotonneuses en-dessous; les fleurs fort petites, tomenteuses en dehors, disposées en ombelles composées : les baies ovales, bleuâtres, mucronées par le style.

– CISSUS A TIGE COMPRIMÉE; *Cissus compressicaulis*, *Fl. Per.*, 1, tab. 100. Ses tiges sont souvent couchées et radicantes, grimpantes, tétragones, articulées, comprimées, pubescentes; ses feuilles pubescentes, ovales, en cœur, entières, denticulées, quelquefois presque à trois lobes; les vrilles simples; les fleurs jaunes, en ombelle; les pédoncules partiels dichotomes; les baies trigones, arrondies, d'un pourpre noirâtre. Cette espèce croît au Pérou.

CISSUS TOMENTEUX; *Cissus tomentosa*, Lam., *Ill.*, n.° 1613. Cette espèce a été recueillie à l'île de Bourbon par Commerson; elle est remarquable par ses feuilles épaisses, coriaces, presque à cinq angles, d'un vert foncé en-dessus, couvertes en-dessous d'un duvet brun, presque noir; leur pétiole comprimé, articulé, un peu pubescent.

CISSUS AMPÉLOPSE : *Cissus ampelopsis*, Pers., Synops.; *Ampelopsis cordata*, Mich., *Amer.* Ses tiges sont glabres; ses feuilles ovales, en cœur, glabres, à peine pubescentes en-dessous sur leurs nervures, presque à trois lobes, dentées; les fleurs disposées en grappes deux fois bifides; les pétales et les étamines au nombre de cinq. Elle croît dans l'Amérique septentrionale, sur les bords du fleuve Savannah.

CISSUS A FEUILLES SINUÉES; *Cissus repanda*, Vahl., *Symb.* 3, pag. 18. Originaire des Indes orientales, cette espèce se distingue par ses rameaux flexueux, articulés, tomenteux; par ses feuilles en cœur, sinuées ou lobées, velues dans leur jeunesse; les pédoncules trois fois bifurqués; les pédicelles en ombelle; les baies en forme de poire, de la grosseur d'un pois.

9.   18

CISSUS SICYOTE : *Cissus sicyoides*, Linn. ; Jacq., *Amer.*, tab. 15 ; Plum., *Icon.*, 259, fig. 2 ; Sloan, *Jam.*, tab. 144, fig. 1 ; Lam., *Ill.*, tab. 84, fig. 1. Ses tiges sont glabres, cylindriques, grimpantes ; les feuilles glabres, un peu épaisses, ovales, en cœur, à dentelures sétacées et couchées : les fleurs disposées en panicules rameuses, d'abord dichotomes, puis terminées en ombelles simples. Elle croît à la Jamaïque. Le *cissus smilacina*, Willd., *Enum.* ; *isiola scandens*, Brown, *Jam.*, tab. 4, fig. 1, 2, n'en paroît être qu'une variété à feuilles oblongues, lancéolées. Willdenow la regarde comme une espèce distincte ; elle se rapproche beaucoup du *cissus ovata*, Encycl., Suppl. n.° 12.

CISSUS A LARGES FEUILLES : *Cissus latifolia*, Lam., *Ill.*, n.° 1618 ; *Funis crepitans major*, Rumph., *Amb.*, 5, tab. 164, fig. 1 ; *Schumabu valli*, Rheed., *Malab.*, 7, tab. 11, vulgairement VIGNE ÉLÉPHANTE, de Madagascar. Cette plante se trouve à Madagascar et dans les Indes orientales. Ses tiges sont noueuses et grimpantes ; ses feuilles très-grandes, en cœur, acuminées, quelquefois un peu velues, bordées de dents sétacées ; les fleurs petites et blanchâtres.

CISSUS RAMPANT : *Cissus repens*, Lam., Dict., n.° 9 ; *Neriam pulli*, Rheed., *Malab.*, 7, tab. 48. Arbrisseau rampant du Malabar, à tiges rampantes, articulées ; les feuilles glabres, ovales en cœur, un peu dentées, rougeâtres en leurs bords ; les fleurs disposées en ombellules assez régulières ; les baies arrondies, rougeâtres, monospermes.

CISSUS ANTARCTIQUE : *Cissus antarctica*, Vent., Choix des Pl., tab. 21 ; *Cissus glandulosa*, Encycl., Supp., n.° 14, rapprochée du *cissus ovata*, et du *cissus canescens*, Lam., *Ill.*, n.°⁵ 1619 et 1620. Cette plante diffère de celles-ci par ses feuilles plus grandes glabres, épaisses, coriaces, presque luisantes, ovales, élargies ; à dentelures lâches, les nervures munies dans leurs aisselles d'une petite glande velue, arrondie ; les fleurs chargées de poils roussâtres ; une baie globuleuse, à deux loges, à quatre semences osseuses. Elle croît à la Nouvelle-Hollande.

Le *cissus canescens* se distingue par ses feuilles ovales alongées, obliques ou inégales à leurs côtés, légèrement tomenteuses et blanchâtres en-dessous, denticulées à leur contour. Il croît au Pérou.

CISSUS QUADRANGULAIRE : *Cissus quadrangularis*, Linn. ; *Sœlan-*

lhus quadragonus, Forsk., *Fl. Ægypt.* et *Icon*, tab. 2; Pluken.,
Phyt., 310, fig. 6; *Funis quadrangularis*, Rumph., *Amb.*, 5,
tab. 44, fig. 2; Rheed., *Malab.*, 7, tab. 41. Ses tiges sont grimpantes, articulées, quadrangulaires; les feuilles glabres, triangulaires, un peu charnues, lâchement dentées; les fleurs blanchâtres; les baies arrondies, lisses et rougeâtres. Cette plante
croît en Egypte, au Bengale, sur la côte de Coromandel. Les
habitans mangent ses rameaux, après en avoir enlevé l'écorce
et les avoir fait bouillir ou macérer dans l'eau : ils les mêlent
avec d'autres herbes, après les avoir ainsi préparés et séchés.

On doit encore rapporter à cette division : 1.º le *cissus micrantha*, Poir., Encycl., Supp.; n.º 16, dont les rameaux sont
grêles; les feuilles glabres, ovales - lancéolées, divisées en trois
lobes inégaux, presque entiers; les fleurs très-petites, en
ombelles à cinq rayons. Cette plante croît à Saint-Domingue.
2.º Le *cissus angulata*, Lam., *Ill.*, n.º 1614, des Indes orientales : à feuilles presque pentagones, cotonneuses et cendrées
en-dessus; les angles courts, à peine aigus, crénelés; les ombelles épaisses; les baies, d'un pourpre-noirâtre, petites, en
forme de poire. 3.º Le *cissus cordifolia*, Linn.; Burm., *Amer.*,
tab. 259, fig. 3, qui ne diffère du *cissus tomentosa* que par ses
feuilles beaucoup plus minces, presque à trois lobes, à dents
très-petites, anguleuses; le duvet est épais, roussâtre. Cet
arbrisseau croît en Amérique.

**** *Feuilles ternées, palmées ou ailées.***

Cissus d'Orient; *Cissus orientalis*, Lam., *Ill.*, tab. 84, fig. 2.
Ses tiges sont glabres, rameuses, grimpantes; ses feuilles
amples, longuement pétiolées, une et deux fois ailées; chaque
pinnule pétiolée, composée de trois folioles ovales, dentées,
incisées, presque anguleuses; les fleurs d'un blanc verdâtre;
le pédoncule dichotome à son sommet, soutenant de petites
ombelles simples ou bifurquées. Cette plante, découverte dans
la Perse par Michaux, est cultivée au Jardin du Roi. Le *cissus
connivens* de l'île de Madagascar en est très-rapproché.

Cissus acide : *Cissus acida*, Linn.; Sloan., *Jam.*, tab. 142,
fig. 6; Plum., *Icon.*, tab. 259, fig. 5; Pluk., *Almag.*, tab. 152,
fig. 2. Cette plante est originaire de l'Amérique : on la cultive
au Jardin du Roi. Ses tiges sont grimpantes, très-rameuses; ses

feuilles charnues, d'un beau vert, à trois folioles ovales, cunéiformes, dentées, incisées à leur sommet, d'une saveur acide; les fleurs herbacées, disposées en petites ombelles deux et trois fois bifurquées. Le *cissus alata*, Jacq., *cissus trifoliata*, Linn., à feuilles ternées, velues en-dessous, est remarquable par ses tiges anguleuses, les rameaux et les pétioles membraneux. Il croît en Amérique. Le *cissus lucida*, Encycl., Supp., en diffère par ses folioles glabres, coriaces, luisantes. Il croit à Caïenne.

CISSUS VIGNE-VIERGE : *Cissus hederacea*, Pers.; *Vitis hederacea*, Willd. ; *Hedera quinquefolia*, Linn. ; *Ampelopsis quinquefolia*, Mich., *Amer.;* Cornut., *Canad.*, tab. 100. Cet arbrisseau, originaire du Canada, est aujourd'hui très-commun dans tous les jardins de l'Europe. On le multiplie très-facilement de graines, de marcottes, de boutures; il est peu difficile sur le terrain et l'exposition. Ses rameaux sont nombreux, très-longs, pourvus de vrilles et de racines au moyen desquelles ils s'implantent dans les arbres, sur les murs et les rochers; ce qui rend cette plante très-propre à couvrir d'une belle verdure les rochers, les masures dans les jardins paysagistes. Les feuilles, avant de tomber, prennent une jolie teinte d'un rouge transparent : ces feuilles sont composées de trois à cinq folioles pédicellées à l'extrémité d'un pétiole commun, ovales, acuminées, dentées en scie; les fleurs verdâtres, petites, à quatre ou cinq pétales, disposées en grappes étalées, dont les ramifications se terminent en une petite ombelle simple. Le *cissus digitata*, Lam., Dict.; *sœlanthus*, Forsk., se rapproche de cette espèce. Ses baies sont velues, à quatre sillons; les feuilles cuites deviennent très-acides et sont employées contre la fièvre dans l'Arabie.

CISSUS A PETITS FRUITS : *Cissus microcarpa*, Vahl., *Egl.*, 16; Plum., *Icon.*, tab. 259, fig. 4. Cette espèce est remarquable par la petitesse de ses baies un peu alongées. Ses rameaux sont anguleux; ses feuilles composées de trois folioles sessiles, lancéolées, un peu mucronées, glabres, à nervures roussâtres; la foliole terminale pédicellée; les fleurs en ombelle, à quatre rayons un peu ciliés. Elle croît dans les Indes occidentales. On distingue encore le *cissus cinerea*, Encycl., Supp., dont toutes les parties sont recouvertes d'un duvet cendré, pubescent; ses feuilles sont ternées. Il croît dans les Indes orientales.

CISSUS CHARNU : *Cissus carnosa*, Lam., Dict.; Vahl., *Symb.*,

3 , pag. 19; *Funis crepitans major*, Rumph., *Amb.*, 5 , tab. 165 ;
Tsjori-valli, Rheed., *Mal.*, 7, tab. 9. Ses racines sont visqueuses
et charnues; ses tiges glabres ; ses feuilles ternées ; les folioles molles, ovales, aiguës; les fleurs petites, d'un rouge
brun; les baies noirâtres. Elle croît dans l'Inde , ainsi que le
cissus pedata, Lam., Dict.; *Belutta tsjori-valli*, Rheed., *Mal.*, 7,
tab. 10, très-rapproché de l'espèce précédente : il s'en distingue
par ses folioles au nombre de cinq à neuf, pubescentes en dessous ; par ses baies blanchâtres, un peu mucronées. Le *cissus
heterophylla*, Encycl., Supp., est une autre espèce rapportée
de Java par M. de la Billardière. Ses feuilles n'ont que cinq
folioles très-inégales dans leur forme : les supérieures rhomboïdales; les inférieures ovales , très-obtuses. Commerson a recueilli à l'Ile de France le *cissus palmata*, Encycl., Supp., dont
les rameaux sont un peu tétragones, sarmenteux ; les feuilles
palmées, à cinq folioles sessiles, étroites, lancéolées, à dentelures sétacées.

CISSUS OVALE; *Cissus obovata* , Vahl., *Symb.*, 3, pag. 19. Ses
tiges sont grimpantes, les vrilles bifides ; les feuilles ternées;
les folioles glabres, entières, en ovale renversé, celle du milieu
pédicellée ; les pédoncules trichotomes, portant trois fleurs
pédicellées. Elle croît à l'île de Sainte-Croix. Dans le *cissus
acutifolia*, Encycl., Supp., les folioles sont membraneuses,
ovales, dentées, presque lobées; les lobes aigus. Elle croît dans
les Indes orientales.

CISSUS A FEUILLES OBTUSES ; *Cissus obtusifolia*, Lam., Dict. Cette
plante, originaire du Malabar, a des tiges rougeâtres et grimpantes; trois folioles un peu charnues, un peu confluentes à
leur base, ovales, lancéolées , dentées à leur naissance ; les
fleurs rougeâtres; les baies arrondies, noirâtres, mucronées,
monospermes. Elle paroît très-rapprochée du *cissus crenata*,
Vahl.

CISSUS MAPPOU ; *Cissus mappia*, Lam., *Ill.* et Encycl., Supp.
Commerson a le premier découvert, à l'Ile de France, cette espèce de cissus, dont les rameaux sont articulés, glabres et comprimés; les feuilles presque deux fois ailées; les pinnules composées de trois folioles pédicellées, ovales, entières, un peu
obtuses : les pédoncules trifides, plusieurs fois dichotomes; les
fruits glabres, ovales, presque en forme de poire.

Cissus strié; *Cissus striata, Fl. Per.*, 1, tab. 100. Cette espèce, ainsi que les deux suivantes, a été découverte au Pérou par MM. Ruiz et Pavon. Ses tiges sont grimpantes, striées, très-rameuses; les rameaux pubescens; les feuilles digitées, composées de trois à cinq folioles glabres, lancéolées, dentées en scie; les pétioles pubescens; les fleurs jaunes; les baies d'un pourpre noir.

Cissus granuleux; *Cissus granulosa, Fl. Per.*, 1, tab. 101, fig. a. Cette plante est glabre sur toutes ses parties; ses rameaux légèrement tétragones, granuleux; ses feuilles composées de cinq folioles en ovale renversé, dentées à leur partie supérieure; les fleurs jaunes; les baies noires.

Cissus a feuilles obliques; *Cissus obliqua, Fl. Per.*, 1, tab. 101, fig. b. Ses tiges sont grimpantes, tétragones, striées; les jeunes rameaux pubescens; les feuilles longuement pétiolées, géminées ou ternées, ovales, en cœur, pileuses, dentées en scie; les ombelles à trois ou quatre rayons; les fleurs jaunes.

Pursh, dans sa Flore de l'Amérique septentrionale, pag. 170, cite une nouvelle espèce de cissus sous le nom de *cissus hirsuta*: elle ne paroît être qu'une simple variété du *cissus hederaeea*, qui a été placé parmi les vignes. (Poir.)

CISTE (*Bot.*), *Cistus*, Linn., genre de plantes dicotylédones, polypétales hypogynes, de la famille des cistées, Juss., et de la *polyandrie monogynie*, Linn., dont les principaux caractères sont d'avoir un calice de cinq folioles persistantes, égales; cinq pétales égaux, disposés en rose; des étamines nombreuses; un ovaire supérieur, surmonté d'un style terminé par un stigmate simple; une capsule à cinq ou à dix loges, et autant de valves, portant chacune une cloison sur le milieu de leur face interne, et renfermant plusieurs graines.

Ce genre se compose maintenant de vingt-cinq espèces connues, presque toutes naturelles aux pays du midi de l'Europe, et en général aux contrées qui avoisinent le bassin de la Méditerranée. Une seule espèce se trouve au cap de Bonne-Espérance; onze habitent dans les départemens méridionaux de la France, un plus grand nombre en Espagne ou en Portugal. Les cistes sont des arbustes ou des arbrisseaux à feuilles simples et opposées, à fleurs pédonculées, axillaires ou terminales, assez grandes, d'un joli aspect, se développant les unes après les autres, ne restant épanouies que très-peu de temps, leurs pétales tombant le plus souvent le même jour qui les a vus naitre.

Linnæus avoit réuni à son genre *Cistus* le genre *Helianthemum* de Tournefort ; mais nous avons cru, à l'exemple de M. de Jussieu et de plusieurs autres botanistes, devoir considérer ces deux genres comme distincts, et nous traiterons séparément du dernier au mot Hélianthème.

Les fleurs des cistes ne sont que d'une très-courte durée, ainsi que nous venons de le dire ; mais comme plusieurs s'épanouissent à la fois sur le même individu, et qu'elles se succèdent les unes aux autres pendant trois semaines à un mois, on en cultive plusieurs espèces dans les jardins d'agrément. Dans le nord de la France, il faut les planter en pot, afin de pouvoir les rentrer dans l'orangerie pendant l'hiver, parce qu'elles ne peuvent supporter les froids que nous éprouvons pendant cette saison. On les multiplie de marcottes, de boutures et de graines. Ce dernier moyen doit être préféré aux deux autres, parce que c'est celui d'obtenir des variétés. Il seroit à désirer qu'on pût en obtenir à fleurs doubles ; car, très-probablement, celles-ci auroient] une existence moins éphémère.

En Espagne, où plusieurs cistes s'élèvent à six ou huit pieds de haut, leur bois est employé à brûler, et principalement à chauffer les fours. Quelques espèces donnent par suintement, en quantité plus ou moins considérable, une matière visqueuse, gommo-résineuse, ayant une odeur aromatique, et qui est connue sous le nom de *ladanum*. Nous allons parler de ces espèces, et de celles qui, par leurs belles fleurs, méritent d'être cultivées dans les jardins.

Ciste de Crête ; *Cistus ereticus*, Linn., *Spec.* 738. Arbuste touffu, à tiges souvent couchées à leur base, divisées en rameaux garnis de feuilles ovales-spatulées, ondulées en leurs bords, ridées, hérissées de poils courts, et rétrécies en pétiole à leur base. Ses fleurs, de couleur purpurine, larges d'environ deux pouces, viennent au sommet des rameaux, et sont portées sur des pédoncules fort courts. Ce ciste croît dans l'île de Candie, dans les îles de l'Archipel et en Syrie. C'est lui qui fournit cette substance gommo-résineuse, d'un roux noirâtre et d'une odeur assez agréable, qu'on nomme *ladanum*. Les Grecs en font la récolte avec un instrument particulier semblable à un râteau dépourvu de dents, mais auquel sont attachées plusieurs lanières de cuir. Dans les grandes chaleurs et par un temps calme, ils traînent, à plusieurs reprises, ces lanières sur les buissons de ce ciste; la substance gluante qui enduit alors les feuilles, s'attache aux cuirs, et on l'en retire en la raclant avec des couteaux. Au temps de Dioscoride, non-seulement on recueilloit le *ladanum* de cette manière, mais encore on détachoit avec soin celui qui s'étoit amassé aux poils des chèvres qui broutoient les feuilles de cet arbrisseau. On emploie le ladanum en médecine, à l'extérieur comme résolutif, et intérieurement, comme tonique et astringent.

CISTE COTONNEUX : *Cistus albidus*, Linn., *Spec.* 737 ; *Cistus mas primus*, Clus., Hist. 68. Cette espèce est un arbrisseau haut de trois à quatre pieds, divisé en rameaux opposés, cotonneux, garnis de feuilles ovales-oblongues, blanchâtres en-dessus et en-dessous, doucçs au toucher; ses fleurs, portées au sommet des rameaux sur des pédoncules d'environ un pouce de longueur, sont larges de deux pouces et d'une couleur purpurine ou rose. Elle croît sur les collines sèches et pierreuses du midi de la France, en Espagne, etc.

CISTE A FEUILLES DE CONSOUDE : *Cistus symphytifolius*, Lamk., Dict. enc., 2, pag. 15 ; *Cistus vaginatus*, Jacq., *Hort. Schoenbr.*, 3, p. 17, t. 282. Arbrisseau de cinq à six pieds de hauteur, dont les rameaux sont velus, blanchâtres, garnis de feuilles oblongues-lancéolées, velues, longues de quatre à cinq pouces, sur deux de largeur, portées sur des pétioles connés à leur base et formant une gaîne; ses fleurs sont grandes, rougeâtres, disposées au sommet des rameaux. Ce ciste croît en Afrique.

CISTE LADANIFÈRE : *Cistus ladaniferus*, Linn., *Spec.* 737 ; *Cistus ledon primum angustifolium*, Cl., Hist. 77. Cet arbrisseau s'élève à quatre ou cinq pieds de haut; ses feuilles sont lancéolées-linéaires, presque sessiles, glabres en-dessus, cotonneuses et blanchâtres en-dessous; ses fleurs, toutes blanches, ou marquées, à la base de leurs pétales, d'une tache d'un rouge foncé, sont fort belles, larges de deux à trois pouces, portées sur des pédoncules axillaires ou terminaux, chargés de bractées opposées. Cette espèce croît en Espagne, en Portugal et en Provence. Ses jeunes rameaux et la surface supérieure de ses jeunes feuilles laissent suinter, pendant la chaleur du jour, une substance visqueuse, très-odorante, analogue au ladanum fourni par le ciste de Crête, et que les Espagnols recueillent en faisant bouillir ses sommités dans l'eau, à la surface de laquelle la résine vient surnager, et dont on la retire facilement.

Ciste lédon; *Cistus ledon*, Lamk., Dict. enc., 2, pag. 17. Celui-ci est un petit arbrisseau d'un à deux pieds de haut : ses feuilles sont lancéolées, connées à leur base, glabres en dessus, ridées et un peu cotonneuses en dessous; ses fleurs blanches, de grandeur moyenne, sont disposées au nombre de quatre à cinq ensemble, en petits corymbes placés au sommet de pédoncules assez longs et terminaux; leurs calices sont abondamment chargés de poils blancs et soyeux. Ses jeunes rameaux et ses feuilles sont chargés d'une humeur visqueuse analogue au ladanum. Cette espèce croît dans le midi de la France, et particulièrement aux environs de Narbonne et de Montpellier.

Ciste élégant; *Cistus formosus*, Curt., Bot. Mag., n. et t. 264. Les feuilles de cette espèce sont ovales-renversées, presque lancéolées, hérissées, marquées de trois nervures; ses pédoncules et ses calices sont velus; ses corolles sont grandes, jaunes, marquées, à la base de chaque pétale, d'une tache couleur de sang. Ce ciste croît en Portugal.

Ciste a feuilles de laurier; *Cistus laurifolius*, Linn., Spec. 736. Cet arbrisseau s'élève à la hauteur de trois à six pieds. Ses feuilles sont ovales-lancéolées, aiguës, pétiolées, glabres en-dessus, blanchâtres et cotonneuses en-dessous; dans leur jeunesse, il transsude de leur surface supérieure, ainsi que des rameaux, une sorte de ladanum. Les fleurs sont blanches, assez grandes, disposées quatre à huit ensemble en une sorte d'ombelle portée au sommet d'un pédoncule alongé, et qui termine le rameau qui lui donne naissance. Ce ciste croît en Espagne et dans le midi de la France.

Ciste a feuilles de peuplier : *Cistus populifolius*, Linn., Spec. 736; *Ledon latifolium secundum majus et minus*, Clus., Hist. 78. Cette espèce s'élève à trois ou quatre pieds; ses feuilles sont pétiolées, cordiformes, glabres en dessus et en dessous. Ses fleurs, blanches, assez grandes, sont portées sur des pédoncules rameux. Cet arbrisseau croît en Espagne, en Portugal, et en France, aux environs de Narbonne. (L. D.)

CISTÉES (*Bot.*), *Cisteæ*, famille de plantes tirant son nom du Ciste, un de ses genres, et faisant partie de la classe des hypopétalées, ou plantes à corolle polypétale, insérée, ainsi que les étamines, au support du pistil. Elle est caractérisée par un calice monophylle à cinq divisions profondes; une corolle composée de cinq pétales, des étamines distinctes et en nombre indéfini ; un ovaire surmonté d'un seul style et d'un seul stigmate, et devenant une capsule tantôt uniloculaire, ouverte en trois valves, tantôt à plusieurs loges qui s'ouvrent par le haut. Les graines nombreuses sont attachées à des placentas portés sur le milieu des valves. L'embryon, renfermé dans un périsperme charnu et mince, a sa radicule repliée sur les lobes. Les tiges sont frutescentes ou herbacées ; les feuilles souvent opposées, rarement alternes, nues ou accompagnées de stipules ; les fleurs sont disposées en épi ou en corymbe ombellé.

Cette famille a de l'affinité avec les tiliacées, ainsi qu'avec les violées, qui formoient auparavant une section à sa suite, et qui en ont été détachées pour former un ordre distinct; de sorte que les cistées sont réduites à deux genres, le ciste et l'hélianthème, bien caractérisés par la forme de leur capsule, et renfermant chacun beaucoup d'espèces: (J.)

CISTELA. (*Entom.*) Geoffroy avoit donné ce nom au genre que nous avons décrit sous le nom de Birrhe. (C.D.)

CISTÈLE (*Entom.*), *Cistela*, genre d'insectes coléoptères hétéromérés ou à quatre articles aux tarses de derrière seulement, et que nous avons rangés dans la famille des Ornéphiles ou Sylvicoles, parce que leurs élytres sont dures, larges, et que leurs antennes sont en fil et non à articles grenus. Voy. ces mots.

Ces coléoptères ont le corselet rétréci en avant et élargi du côté des élytres, tandis que cette partie est presque carrée dans les hélops et les serropalpes, et à peu près arrondie ou circulaire dans les pyrochres et les horries; en outre, leur tête est petite, inclinée, à yeux en croissans, avec des antennes longues souvent dentelées.

Nous avons inutilement cherché l'étymologie du nom de cistèle qui a été employé d'abord par Geoffroy, comme un nom anciennement donné à des insectes qu'il ne connoissoit pas, et sous lequel il avoit désigné les coléoptères qui avoient été nommés par Linnæus, *birrhes*, *birrhus*. Paykull, dans sa Faune suédoise, et Fabricius, ont repris le nom de cistèle; mais depuis, ces auteurs en ont séparé plusieurs espèces qu'ils ont décrites sous les noms d'ALLÉCULES et d'ATOPES. (Voyez ces mots.) Ces derniers sont en effet très-différens, puisqu'ils ont cinq articles aux tarses, et qu'ils appartiennent à la famille des sternoxes; mais les allécules n'en diffèrent guère que par l'insertion des antennes, non sur l'œil, mais au devant.

On connoît encore peu les mœurs des cistèles, mais on a lieu de croire que leurs larves vivent dans le bois. On trouve les insectes parfaits sur les fleurs. Parmi les espèces de France nous citerons :

La CISTÈLE CÉRAMBOÏDE ; *Cistela ceramboides*. Toute noire, à élytres fauves, avec huit séries de points enfoncés.

C'est la mordelle à étuis jaunes, striés, de Geoffroy. On la trouve dans les bois, sur les arbres et sur les fleurs, où elle s'engourdit avec les leptures.

La CISTÈLE SOUFRÉE ; *Cistela sulfurea*. Geoffroy a nommé cet insecte, qui est très-commun sur les tilleuls, à l'époque de leur floraison, le *ténébrion jaune*.

Il est tout jaune-pâle, couleur de soufre, à élytres striées, et les yeux noirs.

La CISTÈLE GRIS-DE-SOURIS ; *Cistela murina*. Noire, à pattes et élytres striées jaunes.

Geoffroy l'a nommée mordelle à étuis fauves soufrés.

La CISTÈLE A ÉPAULETTES ; *Cistela humeralis*. Noire, un point sur la base des élytres, et les pattes jaunes.

La CISTÈLE MORIO ; *Allecula*, Fab. Toute noire, à pattes plus pâles. (C. D.)

CISTOIDES. (*Bot.*) Voyez CISTÉES. (J.)

CISTRÉ (*Bot.*), nom provençal du *meum*, rangé maintenant dans le genre Ethuse, *æthusa meum*. (J.)

CISTULE, CISTULA, CISTELLA. (*Bot.*) La partie (le conceptacle) qui, dans les lichens, contient les corps reproducteurs, a, suivant ses formes diverses, reçu différens noms. Le conceptacle qui porte le nom de cistule, est globuleux et clos dans sa jeunesse ; il s'ouvre dans sa maturité, et on voit alors à son centre une fongosité fibreuse qui servoit de placentaire à des séminules groupées en petites masses. Voyez pour exemple les SPHÆROPHORES. (MASS.)

CISTUS. (*Bot.*) Voyez CISTE. (L. D.)

CITA-MATAKI. (*Bot.*) Les Brames nommoient ainsi, au rapport de Rheede, le *cupi* des Malabares, qui est le *rondeletia asiatica* de Linnæus, le *webera corymbosa* de Willdenow. (J.)

CITAMBEL (*Bot.*), espèce de nénuphar de la côte Malabare, décrit par Rheede, que Willdenow nomme *nymphæa pallida*. (J.)

CITAMERDU (*Bot.*), nom malabare d'un ménisperme, *menispermum glabrum*, suivant Rheede. (J.)

CITAVANACU. (*Bot.*) Suivant Rheede, c'est la même plante que le *avanacu*, qui est le ricin ordinaire. (J.)

CITELLUS ou CITILLUS. (*Mamm.*) Agricola parle sous ce nom du souslic, *mus citellus*, Linn., espèce du genre MARMOTTE. Voyez ce mot. (F. C.)

CITHAREXYLON. (*Bot.*) Voyez GUITARIN. (J.)

CITHAREXYLUM (*Bot.*), vulgairement BOIS DE GUITARE, GUITARDIN, COTELET, genre de la famille des verbénacées, de la *didynamie angiospermie* de Linnæus, dont le caractère essentiel consiste dans un calice campanulé, persistant, à cinq dents, ou tronqué à son bord ; une corolle en forme d'entonnoir ; le tube plus long que le calice ; le limbe plane, à cinq lobes presque égaux ; quatre étamines didynames, quelquefois cinq ; l'ovaire supérieur ; un style ; le stigmate en tête ; une baie renfermant deux osselets à deux loges.

Ce genre se compose d'environ dix espèces, toutes originaires de l'Amérique méridionale. Ce sont des arbres ou arbrisseaux à feuilles simples, opposées, quelquefois presque alternes ; les fleurs sont terminales ou axillaires, disposées en grappes ou en épis lâches.

CITHAREXYLUM CENDRÉ : *Citharexylum cinereum*, Linn. ; Jacq., *Amer.*, tab. 118 ; Pluken., *Almag.*, tab. 162. Arbre de Saint-Domingue et de la Martinique, que l'on cultive au Jardin du Roi. Son tronc s'élève à la hauteur de quinze ou vingt pieds ; ses rameaux sont glabres, tétragones; les feuilles opposées, ovales-oblongues, d'un beau vert, luisantes en dessus, munies en-dessous de quelques poils laineux dans les aisselles des nervures; les pétioles pourvus à leur sommet de deux ou trois glandes concaves; les fleurs sont petites, blanches, odorantes, disposées en épis droits terminaux; les baies arrondies, rouges ou noirâtres. Le *citharexylum quadrangulare*, Linn.; Jacq., *Hort. Vend.*, tab. 22, diffère peu du précédent. Ses feuilles sont ovales-acuminées, très-entières; les épis pendans; les calices tronqués. Il croît à la Martinique. C'est le *citharexylum caudatum* de Swartz. *Prodr.*

CITHAREXYLUM A FLEURS EN QUEUE : *Citharexylum caudatum*, Linn.; *Citharexylum erectum*, Swartz., *Prodr.*; Jacq., *Icon. rar.*, 3, tab. 501. Dans cette espèce, les rameaux sont cylindriques; les feuilles presque elliptiques ou en ovale renversé, obtuses, échancrées, très-entières; les fleurs disposées en longs épis, terminaux, droits ou pendans; le calice tronqué à son bord. Cette plante croît à la Jamaïque.

CITHAREXYLUM VELU : *Citharexylum villosum*, Jacq., *Icon. rar.*, 1, tab. 118; *Citharexylum tomentosum?* Encycl., Suppl. M. Desfontaines a réuni, dans son Catalogue du Jardin du Roi, deux plantes que je croyois distinctes, les individus que j'ai examinés du *citharexylum tomentosum* de l'île de Saint-Thomas ne m'ayant pas offert les caractères indiqués par Jacquin pour le *citharexylum villosum*. Dans la plante que j'ai observée, les rameaux sont cylindriques, d'un blanc cendré; les plus jeunes sont tétragones; les feuilles coriaces, ovales-lancéolées, aiguës, tomenteuses en-dessous, très-entières, à grosses nervures; les fleurs disposées en grappes simples, terminales, droites ou un peu inclinées; le calice campanulé, à cinq grosses dents ovales; les fruits ovales, semblables à ceux de l'épine-vinette.

CITHAREXYLUM A CINQ ÉTAMINES; *Citharexylum pentandrum*, Vent., *Hort. Cels.*, tab. 47. Arbrisseau de douze à quinze pieds, découvert par Riedlé à Porto-Ricco, dont les tiges sont de couleur cendrée; les rameaux tétragones; les feuilles ovales-oblongues, pubescentes en-dessous, profondément dentées à leur partie supérieure; les fleurs d'un blanc sale; le calice pubescent, à cinq dents aiguës; cinq étamines; l'ovaire globuleux, à deux lobes peu marqués.

CITHAREXYLUM A GRANDES FEUILLES, *Citharexylum macrophyllum*, Poir., Encycl., Suppl. Espèce remarquable par ses feuilles amples, pétiolées, membraneuses, ovales-lancéolées, glabres, acuminées, inégales à leur base ; les fleurs disposées en une panicule terminale, composée de grappes opposées, presque simples ; le calice glabre, à cinq dents. Cette plante a été recueillie à Caïenne par Jos. Martin.

CITHAREXYLUM A FEUILLES MOLLES ; *Citharexylum molle*, Jacq., *Frag.*, pag. 9, tab. 17. Cet arbrisseau, dont on ignore le lieu natal, s'élève à la hauteur de quatre ou cinq pieds, et se divise en rameaux tétragones, garnis de feuilles opposées, douces au toucher, presque ovales, dentées, aiguës ; les grappes droites, velues, terminales ; le calice à cinq dents ; la corolle blanche, à cinq lobes arrondis.

CITHAREXYLUM DENTICULÉ ; *Citharexylum subserratum*, Sw., *Fl. Ind. occid.* Arbrisseau de dix à douze pieds, découvert par Swartz à la Nouvelle-Espagne. Ses rameaux sont glabres, tétragones ; ses feuilles roides, luisantes, alongées, à peine denticulées ; les grappes droites, terminales ; le calice pubescent, à cinq dents ; l'orifice de la corolle velu ; une baie arrondie, rouge à sa maturité.

Le CITHAREXYLUM MENALOCARDIUM, Swartz, ou *paniculatum*, Gærtn., appartient au genre Andarèse, *premna*, Linn., par son port, par son calice à quatre dents ; le limbe de la corolle à quatre lobes, le stigmate à deux lobes ; ses baies sont rouges, petites, à quatre loges ; son tronc grêle, ses rameaux tétragones ; ses feuilles ovales, aiguës, veinées, réticulées. C'est le *premna reticulata*, Juss., Annal. Mus., vol. 7. Il croît à la Jamaïque. M. Persoon a nommé *citharexylum pulverulentum* la plante que Boitel, *Hort. Madr.*, rapporte au *citharexylum quadrangulare*. Elle se distingue par la poussière cendrée dont ses tiges et ses feuilles sont couvertes ; par ses feuilles ovales, dentées en scie. Elle croît dans l'Amérique méridionale. (POIR.)

CITHARINE (*Ichthyol.*), *Citharinus*. M. Cuvier a ainsi nommé une des divisions qu'il a établies dans le grand genre des saumons, laquelle forme actuellement un genre secondaire, mais bien établi, dans la famille des DERMOPTÈRES. Voyez ce mot et SAUMON.

Outre les caractéres communs à tous les saumons, les citharines en présentent qui leur sont particuliers, et qu'on peut exprimer ainsi :

Bouche déprimée, fendue en travers au bout du museau, dont le bord supérieur est formé en entier par les os intermaxillaires, et où les maxillaires, petits et sans dents, occupent seulement la commissure; langue et palais lisses, nageoires adipeuse et caudale presque entièrement couvertes d'écailles.

Nous exposerons à l'article SAUMON la manière de distinguer les citharines de tous les poissons placés dans les genres voisins.

Le NÉFASCH : *Citharinus nefasch; Salmo niloticus*, Hasselq.; *Salmo ægyptius*, Gmel. Les deux mâchoires garnies d'un grand nombre de dents serrées sur plusieurs rangs, grêles et fourchues au bout; celles de la mâchoire inférieure plus longues que les autres : dos verdâtre.

Ce poisson habite le Nil : ce sont les Arabes qui le nomment néfasch. Sa chair est très-estimée; il atteint quelquefois le poids de cent livres.

Le CITHARINE ASTRE-DE-NUIT : *Citharinus niloticus; Serrasalme citharine*, Geoff., Poiss. d'Egyp., pl. 5, fig. 2 et 3. De très-petites dents à la mâchoire supérieure seulement; le corps élevé; le ventre sans tranchant ni dentelures. (H. C.)

CITHARON, CISSARON. (*Bot.*) Ces deux noms sont cités par Ruellius, commentateur de Dioscoride, comme ayant été donnés par les uns au lierre, par d'autres au ciste. (J.)

CITHARUS. (*Ichthyol.*) Belon a donné ce nom à la limande, *pleuronectes limanda*. Voyez PLEURONECTE et PLIE. (H. C.)

CITIGRADES (*Entom.*), qui marchent vite. M. Latreille a nommé ainsi une section des araignées fileuses, dites aussi *araignées-loups*, dont les femelles portent leurs œufs dans un cocon de soie, et soignent leurs petits dans le jeune âge. Tels sont les genres qu'il nomme Ctènes, Oxyopes, Dolomèdes, Lycoses. (C. D.)

CITILLUS. (*Mamm.*) Voyez CITELLUS. (F. C.)

CITLI. (*Mamm.*) Fernandez désigne par ce nom un lièvre sans queue du Brésil, le *lepus brasiliensis*, Linn. (F. C.)

CIT-NAQUARI (*Bot.*), nom brame du *melastoma aspera*, suivant Rheede. (J.)

CIT-OCTI. (*Bot.*) Suivant Rheede, le calaba, *calophyllum calaba*, est ainsi nommé chez les Brames. (J.)

CITRACCA (*Bot.*), l'un des noms italiens du cétérach des boutiques, espèce de fougère, qui fait partie du genre *Asplenium* de Linnæus. Voyez CÉTÉRACH. (LEM.)

CITRAGO. (*Bot.*) Gesner nommoit ainsi la mélisse citronnelle. (J.)

CITRANGULA (*Bot.*), nom donné par Monardez au citronnier. (J.)

CITRATES. (*Chim.*) *Combinaisons de l'acide citrique avec les bases salifiables.*

Dans les citrates l'acide neutralise une quantité de base qui contient le quart de son oxigène. Ainsi, 100 d'acide, dans lesquels il y a 54,831 d'oxigène, neutralisent une quantité de base qui contient 13,588 d'oxigène. Ce résultat est déduit de l'analyse du citrate de plomb par M. Berzelius.

Les seuls citrates qui soient connus sont ceux qui ont été examinés par M. Vauquelin, savoir, les citrates d'ammoniaque, de potasse, de soude, de baryte, de chaux, de magnésie, de fer, de zinc, de mercure et d'argent, et le citrate de plomb qui l'a été récemment par M. Berzelius.

Les citrates d'ammoniaque, de potasse, de soude, de magnésie et de fer, sont très-solubles dans l'eau. Les citrates de chaux et de zinc le sont un peu. Les citrates de baryte, de mercure et d'argent ne le sont pas, ou qu'extrêmement peu.

On ne peut distinguer les citrates des autres genres de sels que par l'effet d'un ou plusieurs réactifs. Lors donc qu'on rencontre dans une analyse végétale un sel que l'on soupçonne être un citrate, on doit, s'il est soluble, le précipiter par l'hydrochlorate de chaux, décomposer le précipité bien lavé par l'acide sulfurique, comme nous l'avons dit à l'article CITRIQUE (acide), et voir si l'acide obtenu jouit des propriétés de l'acide citrique. Si le sel n'étoit pas soluble, et qu'il ne fût pas de nature calcaire, il faudroit le décomposer par le sous-carbonate de potasse bouillant, neutraliser l'excès d'alcali par l'acide hydrochlorique, et précipiter la solution par l'hydrochlorate de chaux.

CITRATE D'AMMONIAQUE. Suivant M. Vauquelin, 36 parties d'acide citrique cristallisé ou hydraté neutralisent 48 parties d'un carbonate d'ammoniaque contenant 43 d'ammoniaque pour 100 : ce qui donne pour la composition du citrate de cette base, en tenant compte de 6,12 d'eau contenus dans les 36 d'acide ,

Acide. 100
Ammoniaque. . . . . 69,1.

Le citrate d'ammoniaque est très-soluble dans l'eau : il faut, pour qu'il cristallise, que sa solution soit épaissie ; ses cristaux sont des prismes alongés. Sa solution ne donne pas de précipité cristallin, quand on y verse de l'acide citrique ou de l'acide hydrochlorique, ainsi que cela arrive au tartrate d'ammoniaque, dans lequel on verse de l'acide tartarique ou de l'acide hydrochlorique : ce qui vient de ce qu'il n'y a pas de surcitrate peu soluble, comme il y a un surtartrate peu soluble.

CITRATE D'ARGENT. L'acide citrique, dissous dans l'eau, s'unit à l'oxide d'argent humide ; mais, le meilleur moyen de produire le citrate d'argent consiste à précipiter du nitrate d'argent par une solution de citrate de potasse. On filtre, et on lave ensuite le précipité avec de l'eau distillée.

Le citrate d'argent a une saveur métallique, quoiqu'il soit insoluble dans l'eau.

L'acide nitrique le décompose ; ce qui, suivant M. Vauquelin, explique pourquoi on n'obtient pas de précipité en versant l'acide citrique dans du nitrate d'argent.

Le citrate d'argent noircit par son exposition à la lumière.

Il donne, à la distillation, un acide acétique très-concentré, mais qui a une odeur légèrement empyreumatique, des gaz, du charbon, de l'argent métallique qui est sous la forme d'une végétation.

Le citrate d'argent est formé , suivant le calcul, de

Acide citrique. 100
Oxide d'argent. . . . . 196,222.

CITRATE DE BARYTE. 12 parties d'acide citrique cristallisé donnent 24 parties de citrate de baryte sec, suivant M. Vauquelin.

L'eau de baryte, versée dans une solution d'acide citrique, n'y fait de précipité que quand l'acide est entièrement ou presque entièrement neutralisé.

Suivant le calcul, le citrate de baryte est formé de

Acide. 100
Baryte. . . . . 129,412.

CITRATE DE CHAUX. Suivant M. Vauquelin, 24 parties d'acide citrique cristallisé exigent 18 de sous-carbonate de chaux cristallisé et transparent pour être neutralisées.

D'après le calcul, ce sel est formé de

Acide 100
Chaux. . . . . 48,252.

MM. Gay-Lussac et Thénard l'ont trouvé formé de

Acide. . . . . 68,83 . . . 100
Chaux. . . . . 31,17 . . . 45,29.

Et moi, de

Acide . . . . 66 . . . 100
Chaux. . . . . 34 . . . 51,5.

Nous ferons observer ici que quand le citrate de chaux ou ses élémens existent en dissolution, soit dans un suc de plante, soit dans une eau qui en est aussi chargée que possible, l'on obtient, en exposant ces liquides sur le feu, un précipité grenu qui est du citrate de chaux.

CITRATE DE PROTOXIDE DE FER. La solution d'acide citrique dissout le fer avec dégagement de gaz hydrogène; la liqueur est brune. Par l'évaporation spontanée, elle laisse déposer de petits cristaux de citrate de fer.

La solution de ce sel, évaporée, devient noire comme de l'encre. Le résidu est ductile, tant qu'il est chaud; mais, en refroidissant, il devient sec et friable. Il n'est pas déliquescent, quoiqu'il soit très-soluble dans l'eau.

CITRATE DE MAGNÉSIE. M. Vauquelin dit que 36 parties d'acide citrique cristallisé, saturent 40 parties de sous-carbonate de magnésie. D'après le calcul, ce sel est formé,

Acide. 100
Magnésie. . . . . 35,215.

M. Vauquelin a observé un phénomène très-remarquable sur la cristallisation de ce sel : une solution qui avoit été concentrée en sirop clair, abandonnée à elle-même, se prit tout à coup, au bout de quatre jours, en une seule masse, et, au moment qui précéda la solidification, on vit la liqueur se porter au centre, où une masse solide, ayant la forme d'un champignon, s'éleva à une hauteur de 12 centimètres (4 pouc. 5 lig.).

Citrate de mercure. De l'acide citrique concentré, mis en contact avec du peroxide de mercure, fait une vive effervescence; l'oxide blanchit et se prend en une masse très-solide. L'eau versée sur cette masse produit une sorte d'émulsion qui répand, lorsqu'on vient à la concentrer sur le feu, une odeur acétique.

Le citrate de mercure neutre, quoique insoluble dans l'eau, a une saveur mercurielle très-forte.

L'acide nitrique le décompose.

Au feu, il donne de l'acide acétique concentré, de l'acide carbonique sans mélange d'hydrogène, du mercure, et un charbon léger.

Citrate de plomb. On l'obtient en précipitant du nitrate de plomb par le citrate de potasse.

Il contient, suivant M. Berzelius,

Acide citrique. . . . . 34,18. . . . 100
Oxide de plomb. . . . . 65,82. . . . 190.

Le même chimiste a observé qu'il étoit soluble dans l'ammoniaque, et qu'il formoit un sel triple, dont l'ammoniaque ne pouvoit être dégagée dans le vide.

Citrate de potasse. 36 d'acide cristallisé saturent 61 parties de carbonate de potasse cristallisé.

D'après le calcul, ce citrate est formé de

Acide. 100
Potasse. 79,929

Ce sel ne cristallise que difficilement, parce qu'il est très-soluble dans l'eau. Il est déliquescent.

Il est décomposé par l'eau de baryte.

Les acides citrique, hydrochlorique, etc., ne produisent point de précipité grenu cristallin, comme cela arrive lorsqu'on les verse dans des solutions d'oxalate et de tartrate de potasse.

Le citrate de potasse décompose tous les sels solubles dont les bases forment des citrates qui ne sont pas solubles dans l'eau.

Citrate de soude. 36 d'acide citrique saturent 42 parties de sous-carbonate de soude sec.

D'après le calcul, il est formé de

Acide. 100
Soude. . . . . 53,416.

Il cristallise en prisme à six pans sans pyramides. Il a une saveur salée et fade. A l'air, il perd de l'eau, devient opaque; mais il ne se réduit point en poussière.

Une partie de ce sel est dissoute par 1,75 d'eau.

L'eau de baryte fait un précipité abondant dans la solution de citrate de soude.

L'eau de chaux ne la précipite point; cependant M. Vauquelin pense qu'il se produit du citrate de chaux.

Le sulfate de zinc ne la précipite point.

Citrate de zinc. L'acide citrique dissous dans l'eau, mis avec du zinc, donne lieu à un dégagement de gaz hydrogène; à mesure que l'action diminue, il se dépose de petits cristaux de citrate qui sont brillans et réunis sous la forme de plaques.

Ce sel a une saveur métallique semblable à celle du sulfate de zinc; cependant l'eau froide n'en dissout que 0,011 de son poids.

D'après le calcul, il contient

Acide. 100
Oxide. . . . . 69,5.   (Ch.)

CITRE. (*Bot.*) On lit dans Olivier de Serres, que le citre est une espèce de citrouille dont la chair, de couleur noire, est abandonnée aux pourceaux; on n'en réserve que la graine, qui sert, dit-il, en médecine. (J.)

CITREOLUS. (*Bot.*) Césalpin nommoit ainsi le concombre ordinaire et le concombre-serpent. (J.)

CITRIL. (*Ornith.*) On donne, en Allemagne, ce nom et celui de *citrynle* au venturon de Provence, *verzellino* d'Olina, *fringilla citrinella*, Linn. (Ch. D.)

CITRINA. (*Ornith.*) L'oiseau ainsi appelé par Schwencfeld est le tarin, *fringilla spinus*, Linn. (Ch. D.)

CITRINELLA. (*Ornith.*) L'oiseau que Sibbald a désigné par ce nom, liv. 3 de la 2.ᵉ partie de son Essai sur l'Histoire naturelle de l'Ecosse, pag. 18, est le bruant commun, auquel Linnæus a aussi donné cette épithète, *emberiza citrinella*. (Ch. D.)

CITRIQUE [Acide]. (*Chim.*) Acide végétal formé d'oxigène de carbone et d'hydrogène, dans la proportion de :

	Gay-Lussac et Thénard.	Berzelius.	
	en poids.	en poids.	en volume.
Oxigène	59,859	54,83	1
Carbone	53,811	41,37	1
Hydrogène	6,330	3,80	1.

Il se trouve à l'état libre, et sans ou presque sans mélange d'acide malique, dans les sucs de citron, de limon, du *vaccinium oxycoccos*, du *vaccinium vitis idæa*, du *prunus padus*, du *solanum dulcamara*, du *cynosbatos*, etc. Les fruits du *ribes grossularia*, du *ribes rubrum*, du *vaccinium myrtillus*, de *cratægus aria*, du *prunus cerasus*, du *fragaria vesca*, du *rubus chamœmorus*, du *rubus idæus*, contiennent autant d'acide citrique que d'acide malique, ainsi que Scheele l'a démontré.

Les feuilles de pastel m'ont présenté beaucoup de citrate de chaux, lequel se dépose de leur suc, lorsqu'on l'évapore après que la matière végéto-animale a été coagulée. M. Vauquelin a trouvé, depuis, le citrate de chaux dans les choux; le même chimiste l'a aussi retiré, ainsi que le citrate de magnésie, du jus d'oignon.

Extraction de l'acide citrique du suc de citron. On enlève l'écorce du citron avec un couteau, en ayant l'attention de ne pas laisser le fer de l'instrument en contact avec le suc. On réduit les citrons en pulpe ; on abandonne celle-ci à elle-même pendant un ou deux jours dans un lieu frais, puis on la soumet à l'action de la presse ; on enferme le suc dans des bouteilles qu'on expose ensuite dans un lieu chaud pendant trois ou quatre jours ; lorsqu'il a déposé la matière qu'il tenoit en suspension, et qu'il est tout-à-fait éclairci, on le décante doucement sur un filtre de papier gris ; on met le suc filtré sur le feu, dans un vaisseau de porcelaine, de grès, d'argent ou de platine ; puis on y jette peu à peu du sous-carbonate de chaux : il ne faut jeter ce carbonate que par petites portions, et attendre que celui qu'on y a mis ne fasse plus d'effervescence avant d'en ajouter de nouveau. Il se produit du gaz carbonique, et du citrate de chaux qui se précipite. Lorsque l'acide citrique du suc est neutralisé, ce qu'on reconnoît à ce qu'il ne fait plus d'effervescence avec le sous-carbonate de chaux, on jette le tout sur un filtre. Le liquide filtré contient une *matière gommeuse*, une *matière jaune astringente*, et du *malate acidule de chaux* : les deux premières substances étoient unies à l'acide citrique. Quant au citrate de chaux resté sur le filtre, on y passe de l'eau à plusieurs reprises, puis on le fait sécher.

En supposant que le citrate de chaux obtenu soit bien sec et parfaitement pur, on fera chauffer à 90^d environ 500 d'eau dans laquelle on aura mis 61 d'acide sulfurique d'une densité de 1,85 ; puis on y ajoutera peu à peu 100 de citrate de chaux ; on fera concentrer à moitié environ ; on laissera refroidir ; vingt-quatre heures après on décantera une solution d'acide citrique de dessus le sulfate de chaux qui se sera formé ; on lavera ce dernier avec de l'eau ; on réunira le lavage et l'acide, et on fera concentrer de nouveau : s'il se dépose du sulfate de chaux, il faudra laisser refroidir, et décanter ensuite la solution comme la première fois. Dans tous les cas, lorsqu'on aura un liquide clair, suffisamment concentré, on l'abandonnera à lui-même, afin d'obtenir l'acide sous la forme de cristaux ; si ceux-ci n'étoient pas incolores, il faudroit les laver avec un peu d'eau froide, puis les redissoudre dans l'eau, et faire cristalliser la solution. L'acide citrique préparé par ce procédé est pur, lorsque, dissous dans l'eau, il ne précipite point des flocons de carbonate calcaire, quand on le neutralise par le sous-carbonate de potasse, et qu'il ne trouble pas le nitrate de baryte étendu.

Extraction de l'acide citrique mêlé d'acide malique. On fait évaporer le suc végétal qui contient ces deux acides à consistance de miel. On traite le résidu par l'alcool à 0,816 ; on en sépare une matière d'apparence gommeuse ; on filtre la liqueur qui contient les deux acides, on la distille pour recueillir l'alcool ; on prend le résidu, on le dissout dans un volume d'eau égal à celui du suc traité ; puis on le sature avec du sous-carbonate de chaux : il se produit du citrate et du surmalate de chaux qui restent dans la liqueur. En exposant ensuite la liqueur filtrée à la chaleur, et la faisant bouillir pendant quelques minutes, on précipite le citrate de chaux seulement ; on le sépare sur un filtre, on le lave, et ensuite on le traite comme le citrate préparé avec le suc de citron. Quant à l'extraction de l'acide malique resté dans la liqueur, voyez Malique (*Acide*).

Les deux procédés que nous venons de décrire appartiennent à Scheele.

M. Berzelius a démontré que l'acide citrique retiré du citrate de chaux n'est point un acide pur, mais bien une combinaison d'acide et d'eau, dans la proportion de

Acide. . . . . 83 . . . 100
Eau. . . . . 17 . . . 20,5.

20,5 d'eau contenant 18,1 d'oxigène, il s'ensuit que ce liquide contient le tiers de la quantité d'oxigène contenue dans l'acide.

100 de cet acide cristallisé, exposés à une température de 118 à 122, perdent de 8,58 à 8,60 d'eau, sans se décomposer, ce qui est précisément la moitié de l'eau qu'il contenoit.

a) *Propriétés physiques de l'hydrate d'acide citrique.*

M. Dizé l'a obtenu sous la forme de prismes rhomboïdaux, dont les pans étoient inclinés entre eux d'environ 60 et 120 degrés, et qui étoient terminés de part et d'autre par des sommets à quatre faces qui interceptoient les angles solides.

Cet hydrate a une saveur extrêmement forte ; mais, quand il est dissous dans beaucoup d'eau, cette saveur devient agréable.

b) *Cas où l'acide citrique agit par affinité résultante* (1).

75 parties d'eau à la température de 18.^{d}, dissolvent 100 d'acide citrique, suivant M. Vauquelin. L'eau bouillante en dissout 12 fois son poids, suivant M. Dizé. La solution d'acide citrique attaque le fer, le zinc et l'étain ; elle est sans action sur l'arsenic, l'antimoine, le bismuth, le mercure, l'argent, l'or et le platine. Elle ne précipite pas les nitrates d'argent et de protoxide de mercure. En quelques proportions qu'on y mêle la potasse, on n'obtient pas de précipité cristallin. L'acide citrique est déliquescent dans une atmosphère très-humide.

L'alcool dissout cet acide.

100 d'acide citrique sec, en s'unissant avec les bases salifiables pour former les citrates, exigent, pour être saturés, une quan-

---

(1) Voyez la note de la pag. 292, du tom. VII,

tité de base contenant 13,588 d'oxigène, c'est-à-dire, le quart de l'oxigène contenu dans l'acide (Berzelius).

c) *Cas où l'acide citrique agit par l'affinité de ses élémens* (1).

L'acide sulfurique concentré le convertit en eau, en charbon, et même en acide acétique, suivant Fourcroy.

Quand on traite, comme l'a fait Westrumb, 60 grammes d'acide citrique avec 200.^{gr} d'acide nitrique du commerce, on obtient 30.^{gr} d'acide oxalique ; avec 300.^{gr} on en obtient seulement 15.^{gr} ; enfin, avec 600.^{gr}, on n'en obtient pas de traces sensibles. Ce dernier résultat explique pourquoi Scheele n'a pu observer la conversion de l'acide citrique en acide oxalique. Dans tous les cas, il se produit de l'acide acétique, de l'eau et de l'acide carbonique.

L'acide citrique cristallisé ne se décompose point spontanément ; mais ses solutions étendues d'eau s'altèrent assez promptement.

Lorsqu'on le distille, il se fond, se boursoufle, dégage de l'eau, un acide qui est probablement de nature acétique, de l'huile, de l'acide carbonique, de l'hydrogène carboné, de l'oxide de carbone. Il reste du charbon dans la cornue. On a dit que l'on obtenoit un sublimé d'acide citrique indécomposé ; mais je n'en ai point observé dans une distillation que j'ai faite. Si véritablement une portion de cet acide passe à la distillation, il faut conclure de mon expérience, qu'il y a des cas où elle peut rester en dissolution dans les produits liquides.

Usages. L'acide citrique est employé pour faire une sorte de limonade sèche. Pour cela on le mêle avec du sucre en poudre et un peu d'*oleo-saccharum*. On conserve cette limonade dans des flacons bien bouchés. On l'emploie pour les réserves dans les fabriques de toiles peintes. Enfin plusieurs sucs qui le contiennent sont employés comme assaisonnement. (CH.)

CITRON (*Bot.*), nom du fruit du citronnier. (L. D.)

CITRON. (*Bot.*) Petit agaric qui croît aux environs de Paris, et qui est suspect. Il est de couleur de citron partout. C'est l'*agaricus sulfureus* de Bulliard ; Paulet le place dans sa famille des *feuillets faucilleurs*, et dans le groupe qu'il appelle les

---

(1) Voyez la note de la page 292 du tome VII.

soufrés, où se trouve encore l'*agaricus croceus*, Schæff. Le citron est figuré par lui, pl. 85, fig. 3, 4 de son Traité. C'est un champignon mou, qui se corrompt promptement. (Lem.)

CITRON (*Entom.*) Geoffroy a donné ce nom à un papillon de jour, qui vit sur le nerprun, et dont les ailes sont d'une belle couleur jaune, avec des nervures singulières et saillantes, ce qui a fait nommer ce papillon *feuille de salade* par quelques amateurs. Voyez l'Apillon du nerprun. (C. D.)

CITRONNADE (*Bot.*), nom vulgaire de la mélisse officinale. (L. D.)

CITRONNELLE (*Bot.*), nom donné à plusieurs plantes qui exhalent une odeur de citron, telles que la mélisse, *melissa officinalis*; l'aurone, *artemisia abrotanum*; le goyavier, citronnelle de la Guiane, *psidium aromaticum*, cité par Aublet. (J.)

CITRONNELLE ROUILLÉE (*Bot.*) L'historien des insectes des environs de Paris a fait connoître, sous ce nom, une phalène dont la chenille se nourrit des feuilles de l'aubépine. C'est la *phalæna cratægata* des auteurs. (C. D.)

CITRONNIER (*Bot.*), *Citrus*, Linn., genre de plantes dicotylédones, polypétales hypogynes, de la famille des aurantiacées, Juss., et de la *polyadelphie icosandrie* de Linnæus, dont les principaux caractères sont les suivans : Calice monophylle, persistant, à cinq divisions; corolle de cinq pétales ellyptiques, concaves, ouverts; vingt à quarante étamines ayant leurs filamens réunis par leur base en plusieurs faisceaux, et disposés circulairement en cylindre; ovaire supérieur, arrondi, surmonté d'un style simple, à stigmate en tête; baie charnue, multiloculaire et polysperme.

Les citronniers sont des arbres ou des arbrisseaux à feuilles alternes, persistantes, parsemées de glandes pleines d'une huile essentielle, et qui forment dans leur parenchyme autant de points demi-transparens; leurs fleurs sont axillaires ou terminales, solitaires ou réunies plusieurs ensemble. Les espèces comprises dans ce genre par les botanistes, sont maintenant au nombre de quinze à seize; mais, excepté celles que l'on cultive depuis assez long-temps dans le midi de l'Europe et dans nos jardins, la plupart des autres nous sont assez peu connues. Quant à celles que la culture nous a fait mieux connoître, Linnæus n'en avoit formé que deux espèces, sous les noms de *citrus medica* et de *citrus aurantium*, division qui est encore presque généralement suivie maintenant. Cependant, depuis quelques années, plusieurs naturalistes, ayant étudié avec soin les caractères des deux espèces linnéennes, ont cru devoir les subdiviser en plusieurs autres. C'est ainsi que M. Gallesio, ancien sous-préfet de Savone, en Ligurie, partageant, dans son *Traité du Citrus*, chaque espèce en deux, se trouve en avoir quatre, qu'il distingue sous les noms de citronnier proprement dit, de limonier, d'oranger et de bigaradier. M. Risso, de Nice, qui a fait aussi un travail sur le même sujet, ajoute à ces quatre citronniers, une cinquième espèce qu'il nomme limettier; mais, cette dernière nous paroissant avoir beaucoup de rapports avec le limonier, nous ne l'en séparerons pas, à l'exemple de M. Gallesio, dont nous adoptons les divisions principales au sujet des espèces que nous allons exposer ici.

Citronnier de Médie, Citronnier proprement dit : *Citrus medica*, α, Linn., *Spec.* 1100; *Citria malus*, Blackw., Herb., t. 361. Cette espèce est un arbre de douze à quinze pieds au plus, dont les jeunes rameaux sont, dans leur jeunesse, anguleux et violets, puis arrondis et verdâtres, garnis de feuilles ovales-oblongues, trois fois plus longues que larges, d'un vert clair, portées sur des pétioles courts, munis de légers appendices foliacés. Ses fleurs, blanches en dedans, violettes en dehors, d'une odeur foible, sont portées sur des pédicelles gros, courts, et réunis plusieurs ensemble sur un pédoncule quelquefois axillaire, mais le plus souvent terminal; elles ont trente à quarante étamines. Ses fruits, en général d'une forme ovoïde, sont recouverts d'une double écorce, dont l'extérieure est raboteuse, jaunâtre, mince, parsemée d'un grand nombre de vésicules pleines d'une huile essentielle, très-aromatique ; l'intérieure épaisse, blanche, tendre, charnue, forme la partie la plus considérable du fruit, dont le milieu est partagé en neuf à dix loges, contenant chacune plusieurs graines cartilagineuses, placées dans une pulpe formée d'une quantité considérable de vésicules oblongues, pleines d'un suc acide. Dans les climats chauds, la floraison de cet arbre n'est jamais interrompue. Ses principales variétés sont les suivantes :

Citronnier des Juifs, Cédrat des Juifs; *Citrus medica conifera*, Nouv. Duham., 7, p. 69, tab. 23, fig. 1 et 2. Son fruit, ordinairement pyramidal, d'une couleur jaune d'or, est terminé par le pistil renflé et persistant; il contient un suc acide, mêlé d'un peu d'amertume. Les fruits récoltés pendant l'automne et pendant l'hiver, servent à faire des confitures qui sont délicieuses; ceux d'été sont achetés par les Juifs, qui en font usage pour leur fête des Tabernacles. On cultive cette variété au Jardin du Roi, à Paris.

Citronnier a gros fruit, Cédratier a gros fruit : *Malum citreum vulgare*, Ferr., Hesp., p. 56, t. 59, 61, 63 et 65; Volc., Hesp., t. 114. Son fruit, très-gros, oblong, tuberculeux, est recouvert d'une écorce très-épaisse, d'un jaune pâle, et il renferme un suc d'une acidité très-agréable. On le coupe en tranches pour le manger comme assaisonnement. Les confiseurs le conservent avec du sucre.

Cédratier de Salò, Petit Cédrat de Salò : *Citrus medica salodiana*, Nouv. Duham., 7, p. 69, t. 24, f. 4; *Citrum salodianum parvum, bonitate primum*. Ferr., Hesp., p. 58, lig. 9. Le fruit de cette variété est d'une grosseur moyenne, mamelonné à son sommet, recouvert d'une écorce épaisse. Il est recherché à cause de l'arome de son écorce extérieure, et pour la délicatesse de son écorce intérieure.

Citronnier de Florence, Cédrat de Florence, Petit Poncire : *Citrus medica florentina*, Nouv. Duh., 7, p. 71, t. 24, f. 1; *Cedro di Fiorenza*, Volc., Hesp., 124, a, et 124, b. Ce fruit est petit, tuberculeux, pyramidal, courbé à son sommet, recouvert extérieurement d'une écorce mince, d'un jaune clair, et pleine d'un arome délicieux; son écorce intérieure est épaisse, très-fine, d'un goût agréable : on en fait des confitures exquises. Cette variété craint beaucoup le froid; elle est très-répandue en Toscane, mais peu cultivée dans le pays de Gênes.

Citronnier a fruit doux, Cédratier et Cédrat a fruit doux; *Malum citreum dulci medulla*, Ferr., Hesp., p. 72, t. 73. Cette variété réunit plusieurs des caractères du cédrat à ceux de l'oranger. Ses fleurs ressemblent à celles de ce dernier, et ses feuilles sont celles du cédratier. Son fruit, de couleur orange, a la forme d'un cédrat; l'écorce intérieure, épaisse et délicate, se mange avec plaisir, comme celle du cédrat; et le suc, qui participe de celui de l'orange, a un goût doux et agréable.

Cédrat monstrueux, Cédrat de la Chine; *Lima citrata monstruosa, sives cabiosa,* Ferr., Hesp., 337. Ce fruit, de la grosseur des plus gros cédrats, est ordinairement rond, presque pointu au sommet, où l'écorce extérieure se replie en dedans, pénètre au milieu de l'écorce intérieure et même de la pulpe. L'écorce extérieure, couverte de beaucoup de tubercules très-relevés, a la couleur d'une orange pâle; l'intérieure, formant le corps du fruit, est blanche, épaisse et coriace : la pulpe est en très-petite quantité, acide, et ne renferme jamais de pepins. Ce citronnier est peu répandu. On en voit un pied au Jardin du Roi.

Citronnier a fleur double, Cédratier a fleur double; *Malum citreum flore pleno et fructu prolifero,* Volc., Hesp., t. 118, a. Les fleurs de cette variété sont composées de cinq à dix pétales, quelquefois davantage, et le pistil est souvent avorté; lorsqu'elles donnent des fruits, ceux-ci sont monstrueux, ouverts à leur sommet, et contiennent dans leur intérieur plusieurs autres fruits imparfaits.

Citronnier-Limonier, Limonier proprement dit : *Citrus medica,* β, Linn., *Spec.* 1100; *Citrus limonium,* Nouv. Duham., 7, p. 77, t. 28; *Limon acris,* Ferr., Hesp., pag. 331, t. 333 et 335. Cette seconde espèce forme un arbre qui s'élève autant et plus que le cédratier, en se divisant en branches plus longues et plus flexibles. Ses pousses sont très-anguleuses et teintes d'une couleur violette dans leur jeunesse; elles deviennent ensuite d'un vert jaunâtre. Ses feuilles sont ovales, une fois plus longues que larges, pointues, d'un vert clair, portées sur un pétiole long, nu, ou muni de légers appendices foliacés, et articulé au point de sa jonction au disque de la feuille. Ses fleurs, un peu moins grandes que celles du cédratier, sont blanches en dedans, violettes en dehors, d'une odeur foible; elles ont trente à quarante étamines. Il leur succède des fruits ovoïdes mamelonnés à leur sommet, ayant une écorce extérieure mince, lisse, aromatique, teinte d'un jaune très-pâle; et une écorce intérieure peu épaisse, blanche et coriace. L'intérieur de ces fruits, divisé en neuf à onze loges, est composé d'une pulpe abondante, formée d'une grande

quantité de vésicules oblongues, jaunes-blanchâtres, contenant un suc acide et agréable. Le limonier fleurit depuis le
mois de février jusqu'en octobre. Il a produit par la culture
une bien plus grande quantité de variétés que le cédratier.
Nous indiquerons ici les principales.

Limonier de Gènes, Citronnier aigre ; *Limon vulgaris*,
Volcam., *Hesp*., p. 153 et 154. Cette variété forme un arbre
vigoureux qui porte abondamment des fruits. Ceux-ci, en général d'une forme ovoïde, ont une écorce un peu épaisse,
unie, à peine raboteuse, et ils contiennent un suc acide très-
abondant. Ce limonier est cultivé sur toute la côte de Gènes
et jusqu'à Hyères ; c'est lui qui fournit le plus de fruits au commerce, parce que ceux-ci, ayant l'écorce un peu plus charnue,
se conservent mieux dans les envois que l'on en fait pour le Nord.

Limonier balotin ; *Limon irritator appetentiœ et balotinus his-
panicus*. Volcam., *Hesp*., p. 159, t. 160, b. Cet arbre est très-
vigoureux, et ses rameaux sont armés de fortes épines. Ses
fleurs sont peu odorantes : ses fruits, petits, arrondis, ont tiré
leur nom de leur forme qui est presque celle d'une balle de
paume ils sont quelquefois terminés par un petit mamelon
peu saillant : leur écorce est d'un beau jaune, épaisse, dure, et
elle recouvre une pulpe qui a peu de jus, mais dont le parfum est très-fort et comme musqué.

Limonier a fruit doux ; *Limon dulcis vulgaris*, Volcam.,
Hesp., p. 157 et 158. Cette variété est connue presque partout
sous le nom de lime douce. Son fruit est de grosseur moyenne,
arrondi, souvent chiffonné à sa pointe ; il a l'écorce épaisse et
la pulpe blanchâtre, plutôt douceâtre que sucrée. Il y en a
un assez bel arbre dans l'orangerie de Versailles. Le limonier
à fruit doux se divise en plusieurs sous-variétés qui ne se distinguent les unes des autres que par la forme, la grosseur ou la
finesse du fruit.

Limonier a fleur semi-double ; *Citrus limon flore semipleno*,
Gal., Traité du Citronn. Cette variété est très-rare ; on ne peut
la caractériser que par ses fleurs composées de huit à douze
pétales inégaux. Quant à son fruit, on ne peut pas en donner
de description, parce qu'il change selon les variétés auxquelles se rapporte l'individu, que l'on obtient avec des fleurs
formées d'un double ou d'un triple rang de pétales.

Limon-Cédrat, Poncire d'Espagne; *Limon citrtus*, Volcam., *Hesp.*, pag. 163. Ses fruits sont presque toujours oblongs, tuberculeux; ils ont une écorce épaisse et mangeable. Les sous-variétés de ce limon sont très-nombreuses.

Limon - Cédrat a écorce unie, Poncire de San-Remo, ou Pomme de Paradis; *Pomum paradisi*, Ferr., *Hesp.*, pag. 3o5 et 3o7. Les fruits de cette variété sont ovoïdes; ils ont l'écorce extérieure lisse comme les vrais limons, et l'intérieure épaisse comme celle des cédrats. Ces limons sont quelquefois d'une grosseur si extraordinaire qu'ils surpassent les plus gros cédrats. Ils présentent plusieurs sous-variétés. Leur écorce intérieure est d'une blancheur éblouissante et d'une délicatesse exquise. On la mange crue avec du sucre, et on la confit. Dans le pays de Gènes, ce limon est cultivé dans presque tous les jardins.

Limon a pulpe d'orange, Lime sucrée; *Limon saccharatus sive dulcissimus*, Volcam., *Hesp.*, p. 133 et 134. Cette variété a tous les caractères du limon dans ses feuilles et dans la forme de son fruit; mais sa pulpe est sucrée, comme celle des oranges. On la cultive abondamment dans toute la côte de Gènes.

Lime bergamotte; *Limon bergamotta, aliis Aurantium bergamotta*, Volcam., *Hesp.*, p. 155 et 156. Les feuilles de cette variété sont portées sur un pétiole très-long, ailé comme celui des orangers. Ses fleurs sont blanches et n'ont que vingt étamines, comme dans l'oranger. Ses fruits sont petits, quelquefois un peu mamelonnés au sommet, et ayant la forme d'une poire; ils jaunissent dans la maturité, et prennent la figure et la couleur du limon; leur écorce lisse et mince contient, dans les vésicules nombreuses dont elle est parsemée, une huile essentielle d'une odeur suave et piquante qu'on retire par un procédé particulier, et qui est fort recherchée. Cette écorce est encore employée pour faire ces jolies bonbonnières connues sous le nom de bergamottes; et c'est surtout dans la ville de Grasse qu'on s'adonne à cette fabrication. On ne fait aucun usage de la pulpe qui est acide et amère.

Lime de Naples a petit fruit; *Limon pusillus calaber*, Ferr., *Hesp.*, p. 209 et 211. Dans cette variété, qui a des rapports avec l'oranger, la fleur est petite et entièrement blanche; le fruit est très-petit, arrondi, chargé du pistil persistant, et recouvert d'une écorce jaunâtre, unie, extrêmement mince, très-odorante ; la pulpe contient un jus acide, parfumé d'un arome très-agréable. Ce fruit est fort estimé.

Lime mela-rosa : *Citrus limetta*, *Mela rosa*, Nouv. Duham., 7, p. 75, t. 55, f. 1 : *Malum roseum*, Volcam., *Hesp.*, p. 145, t. 146, a. Le fruit de cet arbre est petit, arrondi, déprimé, de couleur jaune, traversé par plusieurs côtes longitudinales, qui partent du pédoncule, et vont aboutir à un petit mamelon obtus qui le couronne. Son écorce est ferme, assez épaisse : elle a une odeur fort agréable, analogue à celle de la rose ; ce qui a sans doute valu à ce fruit le nom qu'il porte. Les feuilles de l'arbre, froissées dans la main, répandent aussi cette odeur suave et agréable.

Citronnier limettier, Limette : *Citrus limetta*, Nouveau Duham., 7, p. 73, t. 26, f. 2 ; *Lima dulcis*, Volcam., *Hesp.*, p. 165, t. 166. M. Risso considère cette variété comme le type d'une espèce particulière à laquelle il rapporte plusieurs variétés regardées par d'autres comme appartenant au limonier ; telles sont la lime bergamotte et la lime mela-rosa. Selon M. Risso, ses feuilles sont ovales-arrondies, épaisses, dentelées, d'un vert pâle, atténuées vers leur pétiole qui est presque nu et sans rebord ailé. Ses fleurs, alternes le long des rameaux, sont d'un beau blanc, et elles ont trente étamines à filamens aplatis, adhérens par leur base, trois à trois ensemble. Son fruit est globuleux, couronné par un enfoncement circulaire, et terminé en pointe obtuse ; il est recouvert d'une écorce lisse, mince, jaune, très-adhérente à la pulpe intérieure, qui est pleine d'un suc doux, sucré et d'un parfum fort agréable. Ce fruit est excellent confit.

Citronnier bigaradier : *Citrus bigaradia*, Nouv. Duham., 7. p. 99 ; *Aurantium vulgare, acre, primum*, Ferr., *Hesp.*, p. 574. La tige de cette troisième espèce s'élève en général plus que celles du cédratier et du limonier ; elle se divise en rameaux touffus, dont les jeunes pousses sont anguleuses, d'un vert très-clair. Ses feuilles sont ovales-lancéolées, une fois plus longues que larges, d'un vert gai, portées sur un pétiole articulé, muni d'appendices foliacés très-prononcés, qui le rendent cordiforme. Ses fleurs, entièrement blanches, sont fort odorantes, et ont vingt à vingt-quatre étamines. Ses fruits sont globuleux, recouverts d'une écorce d'une couleur jaune-rougeâtre, souvent un peu raboteuse et pleine d'un arome très-pénétrant; ils contiennent une pulpe jaune-rougeâtre, acide, très-amère, partagée par douze ou quatorze loges, contenant chacune deux graines ou plus. Le bigaradier fleurit au printemps; c'est de ses fleurs qu'on fait le plus grand usage. Les eaux de senteur et les essences qu'on en retire, sont plus odorantes et plus suaves que celles fournies par l'oranger, le citronnier et le cédratier. Ses fruits ont trop d'amertume pour qu'on puisse les manger crus; mais on en fait des confitures fort agréables, et on se sert de leur suc sur les tables, de la même manière que de celui des limons, pour assaisonnement. Parmi plusieurs variétés du bigaradier, on distingue les suivantes :

BIGARADIER A FLEUR DOUBLE ET SEMI-DOUBLE ; *Aurantium flore-duplici*, Ferr., *Hesp.*, p. 387 et 391. Les fleurs de cette variété ne sont le plus souvent que semi-doubles; il est rare qu'elles soient entièrement pleines. Ses fruits sont fréquemment monstrueux, renfermant un second fruit dans leur intérieur.

BIGARADIER A FEUILLES DE SAULE, ORANGER DE TURQUIE, ou TURQUOISE; *Citrus aurantium indicum salicifolium*, Gall., Traité du Citronn., 130. Cette variété diffère de toutes les autres par ses feuilles lancéolées et très-étroites, à peu près comme certaines espèces de saules.

BOUQUETIER, ou RICHE-DÉPOUILLE : *Citrus bigaradia crispa*, Nouv. Duham., 7, p. 100, t. 32, f. 1; *Aurantium crispo folio*, Ferr., *Hesp.*, p. 387, t. 389. Dans ce bigaradier les rameaux sont courts, garnis de feuilles ovoïdes, concaves, sinuées en leurs bords; les fleurs, très-pressées sur les rameaux qui les portent, présentent un bouquet fort agréable. Le fruit est arrondi, aplati à la base et au sommet, d'une grosseur moyenne, d'un jaune rougeâtre.

BIGARADE VIOLETTE ; *Citrus bigaradia violacea*, Nouv. Duham., 7, p. 101, t. 34. Cet arbre produit en partie des feuilles, des fleurs et des fruits de la même couleur que le bigaradier commun; mais il produit en même temps, sur plusieurs rameaux, des pousses dont les feuilles naissantes sont teintes de violet, et qui portent des fleurs teintes de violet en dehors.

parmi les jeunes fruits qui succèdent à ces dernières fleurs, les uns sont entièrement violets, d'autres sont rayés de violet et de jaune, qui dégénère ensuite en vert. A mesure que ces fruits, qui sont d'une forme globuleuse, grossissent, ces couleurs s'altèrent, de sorte que le violet devient presque noir; enfin, lorsqu'ils approchent de leur maturité, ces couleurs finissent par se changer en jaune assez foncé. Pour multiplier cette variété d'une manière plus assurée, il faut avoir soin de prendre les greffes sur les rameaux dont les pousses sont violettes. Il faut aussi, lors de la taille, conserver plutôt les bourgeons violets que les verts; car, si on laissoit ces derniers dominer, ils emporteroient toute la séve de l'arbre, qui deviendroit un bigaradier commun. Cette variété singulière est peu répandue; on en voit un assez bel individu au Jardin du Roi.

BIGARADIER DE LA CHINE, ORANGER NAIN, PETIT CHINOIS; *Citrus bigaradia sinensis*, Nouv. Duham., 7, p. 102, t. 25. Le bigaradier de la Chine n'est qu'un arbrisseau dans lequel tiges, branches, feuilles, fleurs, tout est en petit. En pot, il ne s'élève qu'à deux ou trois pieds, et il n'atteint, en pleine terre, qu'à la hauteur de quatre à six pieds. Ses rameaux ont la forme de bouquets; ils la doivent à la disposition des bourgeons, qui sont très-rapprochés, et rangés de manière à les couvrir tout autour de feuilles et de fleurs; ils sont dépourvus d'épines et portent des fleurs très-odorantes. Ses fruits, acides et amers, ont la grosseur d'un petit abricot: on les cueille encore verts pour les confire de différentes manières, et ainsi préparées, ils sont excellens. Cette variété est une des plus agréables qu'on puisse cultiver pour l'ornement des jardins.

BIGARADIER, OU ORANGER NAIN A FEUILLES DE MYRTE; *Aurantium myrteis foliis, sinense*, Ferr., *Hesp.*, p. 430. Le bigaradier nain à feuilles de myrte, est encore plus petit que le précédent. dont il a tous les caractères, mais dont il se distingue par ses feuilles plus petites et plus pointues. Ce charmant arbrisseau n'existoit pas en Europe au temps de Ferrarius; cet auteur en parle comme étant exclusif à la Chine. Depuis qu'il a été introduit, il n'a pas tardé à se répandre dans les jardins des parties méridionales de l'Europe, et même dans ceux du Nord. Il y a quelques années, on n'en voyoit encore à Paris qu'au Jardin du Roi et dans celui de la Malmaison. Aujourd'hui il est commun chez la plupart des fleuristes.

BIGARADIER A FRUIT DOUX ; *Aurantium vulgare fructu dulcacido*, Volcam., *Hesp.*, 189. Celui-ci est un arbre dont le fruit conserve les caractères de la bigarade dans son écorce, qui est épaisse, raboteuse et amère, et dont la pulpe, renfermée dans une pellicule également amère, est cependant douceâtre. Il n'est cultivé que par quelques amateurs.

LUMIE ORANGÉE, OU ORANGE CITRÉE ; *Aurantium citratum*, Ferr., *Hesp.* p. 423. Cette variété est, selon M. Gallesio, une hybride qui tient de l'orange, du cédrat et du limon : sa feuille, large et crépue, approche, par sa forme, de celle de la pomme d'Adam ; sa fleur nuancée de rouge appartient au limonier ; son fruit, très-gros, rond et aplati, est, à peu près comme celui de l'oranger, mais recouvert d'une écorce inégale et raboteuse comme dans le cédrat, et d'une couleur qui est entre celle du cédrat et de l'orange. La pulpe contenue dans ce fruit est blanchâtre, acide, et ressemble à celle du limon.

LUMIE D'ESPAGNE, POMME D'ADAM ; *Lumia valentina*, Ferr., *Hesp.*, 321. Ce fruit est globuleux, quatre fois plus gros qu'une orange ordinaire ; recouvert extérieurement d'une écorce lisse, d'un jaune très-pâle, sous laquelle on en trouve une seconde, comme dans les cédrats, épaisse, blanche, coriace et amère, renfermant une pulpe divisée en onze loges très-petites, qui contiennent un jus fade et acidule. Cette variété n'est cultivée que pour la beauté de son fruit, car il n'est pas mangeable cru, et ne vaut rien pour confire.

BIGARADIER A FRUIT MÉLANGÉ, ORANGE HERMAPHRODITE, OU LA BIZARRERIE : *Citrus bigaradia bizarria*, Nouv. Duham., 7, p. 104, t. 36 et 37, f. 2 ; *Bizarriæ genus multiplex*, Volcam., *Hesp.*, p. 171, t. 172, a b c d. Dans cette singulière variété, le même arbre porte tout à la fois des bigarades, des limons, des cédrats de Florence et des fruits mélangés, qui réunissent les diverses formes et saveurs de ces trois espèces différentes. L'arbre a le port du bigaradier : ses feuilles, tantôt de la forme de celles du citronnier, et tantôt affectant celles du bigaradier, réunissent souvent quelque chose de tous les deux ; la plupart cependant ont le pétiole ailé. Les fleurs paroissent à deux époques, au printemps et à l'automne : les unes ont les pétales blancs à l'intérieur, nuancés de rouge à l'extérieur, comme les cédratiers ; d'autres ont la corolle plus grande , d'un blanc pâle ; d'autres ont la corolle entièrement blanche, ainsi que les bigaradiers ; enfin, il y en a qui n'ont point de pistil et qui avortent. Les fruits, aussi bizarres et aussi capricieux que les autres parties de l'arbre, présentent diverses formes : les uns, mamelonnés et tuberculeux extérieurement, sont de vrais cédrats ; les autres, ovoïdes et acuminés, ont tous les caractères des limons ; les autres sont, par leur forme arrondie, leur couleur et leur saveur, de véritables bigarades ; d'autres enfin, plus singuliers encore, présentent en même temps à l'extérieur les couleurs et les formes de deux ou trois de ces fruits, et leur intérieur, partagé en deux ou trois portions à peu près égales, contient autant de pulpes différentes qui se rapportent à l'espèce appartenant à la partie de l'écorce qui les recouvre.

La découverte de la bizarrerie est due au hasard, selon M. Gallesio : un jardinier de Florence l'auroit obtenue de semis en 1644 ; mais, cet homme ayant fait d'abord mystère de l'origine d'un arbre qui paroissoit si extraordinaire, beaucoup de personnes crurent qu'elle étoit due à l'industrie du jardinier, qui avoit su mélanger par la greffe les bourgeons du cédratier, du bigaradier et du limonier. Quoi qu'il en soit, la bizarrerie a été multipliée au moyen de la greffe, et elle est aujourd'hui assez répandue en Italie, dans les jardins des amateurs. On la cultive aussi à Hyères, d'où M. G. Robert, de Toulon, nous en a envoyé un fruit mélangé.

CITRONNIER ORANGER, ORANGER A FRUIT DOUX, ORANGER COMMUN, ou ORANGER DE PORTUGAL : *Citrus aurantium*, Linn., *Spec.* 1100 ; *Aurantium vulgare, fructu dulci*, Volcam., *Hesp.*, p. 187 et 188. Le type de cette quatrième espèce est un arbre plus élevé que ceux des trois premières espèces, et qui se divise en rameaux touffus, dont les jeunes pousses sont anguleuses et d'un vert tendre. Ses feuilles sont ovales-oblongues, aiguës, lisses, luisantes, légèrement crénelées en leurs bords, d'un vert foncé, portées sur un pétiole ailé. Ses fleurs, axillaires, d'un beau blanc, à pédicules courts, et réunies deux à six ensemble sur un pédoncule commun, ont vingt à vingt-quatre étamines. Ses fruits sont globuleux, quelquefois un peu comprimés, revêtus d'une écorce lisse, en général plus mince qu'épaisse, d'un beau jaune safrané, recouvrant une pulpe formée de l'assemblage de petites vésicules oblongues, jaunes, pleines d'un jus doux, sucré, rafraîchissant, et distribuée en huit à dix loges, contenant chacune plusieurs graines. Les principales variétés de l'oranger commun sont celles que nous allons rapporter.

ORANGER DE LA CHINE; *Aurantium sinense*, Volcam., *Hesp.*, p. 185 et 186. Cette variété l'emporte par la finesse de son fruit, dont le suc est plus sucré, plus parfumé et plus abondant que dans toutes les autres. Son écorce est toujours lisse, luisante et si mince que l'on peut à peine la détacher de la pulpe.

ORANGER A FRUIT ROUGE, ORANGE DE MALTE, ORANGE-GRENADE: *Citrus aurantium hierocunthicum*, Nouv. Duham, 7, p. 94, t. 37, f. 1; *Aurantium indicum, in insulis Philippinis quartum et quintum*, Ferr., *Hesp.*, p. 429. La couleur rouge de sang dont est teinte la pulpe de cette variété, est principalement ce qui la caractérise; ce rouge s'étend aussi quelquefois sur l'écorce, mais il est rare que celle-ci en soit entièrement teinte; cela n'arrive qu'aux oranges qu'on laisse sur l'arbre au-delà du temps de la maturité. Ce fruit est très estimé : on le cultive à Malte et en Provence.

ORANGER A ÉCORCE ÉPAISSE : *Citrus aurantium crassum*, Nouv., Duhamel, 7, p. 92, t. 33, f. 4; *Aurantium sicciori medulla*, Ferr., *Hesp.*, p. 374, t. 379. Les fruits de cet oranger sont gros, globuleux, recouverts d'une écorce grenue, d'un jaune foncé, mollasse, spongieuse, peu adhérente à la pulpe qui est partagée en dix loges, et qui contient un suc doux, peu abondant.

ORANGE DE GRASSE; *Citrus aurantium grassense*, Nouveau Duham., 7, p. 94, t. 33, f. 1. Ce fruit a souvent plus de trois pouces de diamètre, et il est ordinairement déprimé à son sommet. Son pétiole s'implante dans une petite cavité souvent bordée de côtes assez saillantes, qui se prolongent plus ou moins loin. L'écorce, d'un jaune vif, souvent boutonnée, surtout vers la base du fruit, recouvre une pulpe divisée en douze à quinze loges, et contenant un suc abondant et agréable, quoiqu'il ne soit pas très-doux. Les graines sont grosses et bien nourries.

ORANGER A FLEURS DOUBLES; *Aurantium flore pleno*, Volcam.,

Hesp., p. 201 et 202, a et b. Dans cette variété, les pétales sont multipliés aux dépens des parties sexuelles qui manquent ; mais le plus communément les fleurs ne sont que semi-doubles.

ORANGER LIMONIFORME ; *Aurantium limonis effigie*, Volcam., *Hesp.*, p. 201, t. 202. Le fruit de cette variété n'est jamais bien gros ; il doit son nom d'orange limoniforme à sa forme alongée ; mais il devient quelquefois tout-à-fait globuleux. Son écorce est peu épaisse, bonne à manger ; elle contient une pulpe d'un jaune-safran, dont le suc est douceâtre.

ORANGER SUISSE, ORANGER A FEUILLES ET FRUIT TACHÉS DE BLANC, vulgairement CULOTTE DE SUISSE : *Citrus aurantium fructu variegato*, Nouv. Duham., 7, p. 97, t. 26, f. 1 ; *Aurantium virgatum et striatum*, Ferr., *Hesp.*, p. 397, t. 399 et 401. Dans cette variété, les feuilles sont bordées d'un liséré blanc-jaunâtre ; le fruit, avant la maturité, est blanchâtre, coupé par quelques lignes verdâtres qui deviennent jaunâtres lorsque le temps de la maturité approche, tandis que le fond blanc prend la couleur orange. La pulpe est douceâtre et peu parfumée. Cet oranger n'est cultivé que chez les curieux.

Histoire des Citronniers.

Dans la foule innombrable de végétaux répandus par la main du Créateur sur la surface de la terre, il n'en est point qu'on puisse comparer aux citronniers, et qui, comme eux, réunissent tous les avantages des plantes d'agrément à ceux des plantes utiles. Port noble et régulier ; élégance et verdure perpétuelle dans le feuillage ; couleur pure et odeur suave dans les fleurs ; saveur et parfum délicieux dans les fruits, dont la forme élégante est encore relevée par l'éclat des couleurs de l'or : tout, dans ces arbres charmans, est fait pour récréer la vue, plaire à l'odorat et satisfaire le goût.

De si brillantes qualités méritoient d'être distinguées et de fixer l'attention : aussi, quoique les citronniers soient tous exotiques et naturels aux contrées chaudes de l'Asie, les Européens ont cherché depuis long-temps à les transplanter chez eux, et ils sont parvenus, par leur industrie et les soins particuliers qu'ils leur ont donnés, à les faire vivre dans des climats très-différens du leur ; et ces arbres sont devenus, selon la température plus chaude ou plus froide des différens pays dans lesquels ils ont été introduits, là le principal objet de la culture des jardins, ici l'ornement des palais et des maisons de plaisance des grands et des riches.

C'est à des époques différentes que l'Europe s'est enrichie des quatre espèces de citronniers qui sont maintenant très-répandues et comme acclimatées dans plusieurs de ses parties méridionales ; mais ce n'est qu'avec peine qu'on parvient à trouver dans l'antiquité les traces du chemin que ces plantes ont suivi pour venir jusque chez nous, et il est très-difficile, pour ne pas dire impossible, de fixer d'une manière positive le temps où chacune de ces espèces a été transplantée ou même connue. M. Gallesio s'étant livré sur ce sujet à des recherches très-savantes, nous croyons ne pouvoir mieux faire que de présenter ici l'extrait de ce qu'il dit dans son Traité du Citrus.

Le citronnier de Médie a paru le premier en Europe, selon M. Gallesio, parce que, transporté d'abord dans la Perse, les Hébreux et les Grecs ont pu facilement le connoître ; et l'on est fondé à croire que, d'après les rapports que les premiers eurent avec les Assyriens et les Perses, ils durent aussi être les premiers à naturaliser cet arbre dans les fertiles vallées de la Palestine. Un grand nombre de savans et de commentateurs de la Bible ont cru que l'arbre de *hadar*, dont les Hébreux portoient les fruits à la fête des Tabernacles, n'étoit autre chose que le citronnier. Ce qui donne de la vraisemblance à cette opinion, est l'usage que les Juifs ont toujours conservé jusqu'à ce jour, de se présenter dans la synagogue, le jour des Tabernacles, avec un cédrat à la main ; et cet usage date, sans doute, d'une époque très-reculée, puisqu'il en est fait mention dans les Antiquités juives de Josephe. Mais il suffit d'examiner le texte du Lévitique et celui de Josephe, pour découvrir ce qui a pu donner lieu à cette opinion. « Vous prendrez, a dit Moïse à son peuple, des fruits de « l'arbre de *hadar*, des branches de palmier. . . . . et vous « vous réjouirez devant le Seigneur. »

Si cet usage n'eût pas été consacré depuis plusieurs siècles dans les rites religieux des Juifs, personne n'auroit soupçonné que Moïse eût voulu parler du citronnier sous le nom de *hadar* : ce mot, bien loin d'être le nom propre d'une chose, ne signifie, selon les Septante, que le fruit du plus bel arbre, et, selon notre version latine, *fructus ligni speciosi.* Quant au texte de Josephe, il ne dit pas que la loi ordonnât aux Hébreux de porter, dans la fête des Tabernacles, des fruits de citronnier ; il dit seulement que la loi leur prescrivoit d'offrir des holocaustes, et de rendre à Dieu des actions de grâces, en portant dans leurs mains des branches de myrte et de saule, avec des rameaux de palmier, auxquels on attachoit des *pommes de Perse.*

De ces deux passages, M. Gallesio croit devoir conclure que le citronnier étoit inconnu en Palestine au temps de Moïse ; mais que, comme le précepte de ce législateur n'enjoignoit que de choisir le fruit du plus bel arbre, dès que les Juifs eurent connu celui du citronnier, ils le substituèrent sans doute à celui dont ils s'étoient servis jusqu'alors ; et, l'usage en étant consacré depuis plus ou moins long-temps à l'époque où Josephe écrivoit, cet historien a parlé d'une manière positive des fruits du citronnier, en les appelant pommes de Perse. M. Gallesio auroit pu ajouter que ce dernier nom indiquoit assez clairement la transmigration du citronnier de la Perse en Judée.

Théophraste, qui écrivoit après la mort d'Alexandre, dont les conquêtes avoient multiplié les connoissances des Grecs sur les régions de l'Asie situées en-deçà de l'Indus, dans lesquelles le citronnier est indigène, a donné une description de cet arbre aussi exacte qu'on puisse le désirer pour le temps.

Virgile, parmi les Latins, a le premier fait mention du citronnier, en le désignant, comme Théophraste, sous le nom de pomme de Médie. Après ce poëte, Pline le nomme pomme d'Assyrie ou de Médie, et en parle comme d'un arbre entièrement étranger, que plusieurs nations avoient essayé de transporter chez elles, mais qu'on n'avoit jamais pu parvenir à faire croitre hors de la Médie et de la Perse, quelque soin qu'on eût pris pour cela. On doit croire que la rigueur de nos climats, autrefois plus froids qu'ils ne le sont aujourd'hui, a retardé la naturalisation du citronnier en Europe.

Cependant, du temps de Dioscoride qui vivoit vers le même temps que Pline, ou un peu avant lui, le citronnier étoit sans doute acclimaté en Cilicie; car ce médecin, natif d'Anazarbe, dans cette province, en parle de manière à faire croire qu'il étoit naturalisé dans le pays où il vivoit : il l'appelle pomme de Médic ou de Perse, ou cédromèle, et dit que les Latins le nommoient *citria*. Cultivé en Cilicie, le citronnier dut passer facilement dans les îles de la Grèce, et de celles-ci en Sicile et en Sardaigne, où en effet il est acclimaté de manière à y paroître indigène.

La plupart des auteurs qui ont parlé de la naturalisation du citronnier en Italie, l'ont attribuée à Palladius; mais cet auteur, bien loin de s'attribuer cette gloire, parle de cet arbre de manière à faire croire que déjà de son temps il étoit non-seulement acclimaté en Sardaigne et à Naples, mais qu'il étoit aussi cultivé dans des pays froids où il ne pouvoit subsister qu'à l'aide d'abris artificiels. Ce luxe agricole inconnu aux anciens, et dont peut-être on doit l'origine à la culture du citronnier, annonce que cet arbre étoit depuis long-temps transporté en Italie, ce qui peut autoriser à placer sa première transmigration dans ce pays au moins cent ans avant Palladius; et comme cet agronome paroît avoir vécu dans le cinquième siècle, on doit fixer la transplantation du citronnier en Italie entre le troisième et le quatrième siècle de notre ère.

Ce que nous venons de dire, d'après M. Gallesio, sur l'origine du citronnier et sur sa transplantation de Médie en Europe, nous ayant entraînés un peu loin, nous ne suivrons point cet auteur dans les autres recherches sur le limonier et le bigaradier; nous dirons seulement qu'il pense que ce ne fut que plusieurs siècles après l'introduction du premier de ces arbres, que les deux autres furent apportés en Europe. Il pense aussi que le limonier et le bigaradier furent entièrement inconnus aux anciens; que c'est mal à propos qu'on a confondu leur fruit avec les pommes d'or des Hespérides; que ces deux arbres sont originaires des Indes, d'où les Arabes les ont apportés, vers la fin du 9.ᵉ siècle, en Arabie, en Egypte et en Syrie; et que de cette dernière contrée, à la fin du 11.ᵉ siècle ou au commencement du 12.ᵉ, les Croisés les ont transportés en Sicile et en Italie. On voit encore maintenant dans la cour du couvent de Sainte-Sabine, à Rome, un bigaradier que l'on prétend, d'après une tradition fort ancienne, avoir été planté par saint Dominique, vers l'an 1200.

Sans doute que les Arabes avoient déjà naturalisé le limonier et le bigaradier en Espagne ; car Ebn-al-Awam, agronome arabe, qui écrivoit à Séville à la fin du 12.ᵉ siècle, parle de manière à faire croire que leur culture étoit alors très-étendue dans ce pays. Le bigaradier doit avoir été porté en Provence à peu près à la même époque qu'en Italie, et il est à présumer que la ville d'Hyères le reçut des Croisés, puisque c'étoit de son port que partoient alors les expéditions destinées pour la Terre-Sainte. Nous voyons en effet qu'il y étoit très-multiplié en 1565, lors du voyage que Charles IX fit en Provence, puisqu'on lit dans un ancien livre contenant le récit de ce voyage, le passage suivant : « Le roi fit son entrée « cedit jour dans la ville d'Hyères.... Autour d'icelle ville « y a si grande abondance d'oranges et de palmes, et poivriers « et autres arbres qui portent le coton, qu'ils sont comme « forest. »

Enfin, le limonier et le bigaradier pénétrèrent aussi dans les pays froids, et probablement on doit au désir de jouir de leur verdure et de leurs fleurs l'invention des serres, que les auteurs, écrivant en latin, appelèrent d'abord *tectum hibernum*, ou *hibernaculum*. Le nom d'orangerie, qui leur est maintenant généralement donné en France, est assez moderne, puisqu'Olivier de Serres ne l'emploie pas encore, et qu'il appelle ces espèces de serres *logis des orangers*.

Il ne nous reste plus à parler que de l'oranger à fruit doux, ou oranger proprement dit, long-temps confondu, sous le nom général d'oranger, avec le bigaradier, et qui fut cultivé en Europe postérieurement aux trois autres espèces dont nous avons déjà traité. Une opinion qui a long-temps prévalu, attribuoit aux Portugais le mérite de l'y avoir introduit ; et il existe encore, dit-on, à Lisbonne, dans le jardin du comte de Saint-Laurent, le premier oranger apporté de la Chine, vers l'an 1520, par Jean de Castro, dont sont sortis tous les autres arbres de la même espèce, qui forment aujourd'hui l'ornement des jardins de l'Europe. Mais M. Gallesio ne s'est point arrêté à cette opinion, et par la suite de ses recherches il est arrivé à faire soupçonner que l'oranger auroit déjà été apporté en Europe avant Jean de Castro, et qu'il y seroit venu par un autre chemin. C'est aux Génois que M. Gallesio croit devoir faire l'honneur d'avoir les premiers transplanté en Italie l'oranger à fruit doux ; et, selon lui, ils auroient été le chercher dans l'Orient, où il auroit dès-lors été naturalisé de proche en proche depuis la Chine, en se répandant dans les Indes, en Arabie et en Syrie. Quoi qu'il en soit, M. Gallesio démontre assez clairement que l'oranger à fruit doux n'étoit point connu en Europe à la fin du 14.ᵉ siècle, mais qu'il étoit déjà très-commun en Italie au commencement du 15.ᵉ : d'où il croit devoir conclure qu'il avoit dû y paroître dans les premières années du 15ᵉ., époque à laquelle le commerce et l'agriculture des Génois se trouvoient au plus haut point de prospérité.

Culture des Citronniers en pleine terre.

La culture des citronniers en Europe doit être considérée sous deux rapports différens. En Espagne, en Portugal, en Sicile, dans les parties méridionales et maritimes de l'Italie, et en France dans quelques parties les plus chaudes de la Provence et du Languedoc seulement, les citronniers sont plantés en pleine terre, autant et plus comme arbres fruitiers, que comme arbres d'ornement. Dans le reste de la France, en Angleterre, en Allemagne et dans toutes les contrées du Nord, au contraire, les citronniers, ne pouvant vivre en pleine terre à cause de la rigueur des hivers, exigent des soins particuliers : on est obligé de les tenir enfermés pendant la moitié de l'année dans des bâtimens destinés à les mettre à l'abri des intempéries de l'atmosphère ; et, pendant la belle saison, on les fait servir à décorer et à embellir les jardins. D'après ces considérations, nous traiterons d'abord des citronniers en pleine terre ; et, en second lieu, nous nous occuperons des différentes modifications à apporter à leur culture dans les pays du Nord, où ils ne sont plantés que dans des caisses et des vases.

Dans les provinces du midi de l'Europe, où les produits qu'on retire des plantations de citronniers tiennent le second ou le troisième rang dans l'échelle des richesses territoriales, cette branche d'industrie agricole est très-soignée. La multiplication des arbres est le but principal des cultivateurs ; et c'est par trois moyens différens qu'ils l'opèrent, par les semis, par les boutures et par les marcottes. La greffe ne doit pas être comptée au nombre des moyens de propagation : elle ne produit pas réellement de nouveaux individus ; elle ne fait que modifier ceux déjà existans.

La multiplication par les semis produit des arbres plus vigoureux, d'une plus longue durée, et qui résistent davantage aux gelées, que ceux qui sont le produit des boutures ou des marcottes.

Lorsqu'on veut former des pépinières pour avoir des sujets propres à greffer, on choisit des graines de citronniers bien mûres, et l'on préfère ordinairement, pour faire les semis, celles du limonier et du bigaradier pomme-d'Adam, qui produisent des arbres plus forts et qui durent plus longtemps. Les graines se sèment dans les premiers jours du printemps, en pleine terre, dans un terrain ameubli par plusieurs labours, et suffisamment engraissé avec du fumier bien consommé ; ou, lorsque le climat n'est pas assez chaud, le semis se fait dans des terrines ou des caisses, afin d'avoir plus de facilité pour mettre les jeunes plants à l'abri des gelées pendant les premières années. Les graines répandues, on les recouvre d'un pouce de terre légère ou sablonneuse, et on les arrose de temps en temps s'il fait sec. Une température de dix à quinze degrés, au thermomètre de Réaumur, et une atmosphère un peu humide, suffisent ordinairement pour faire germer les graines et pour faire sortir les jeunes plantes de la terre dans l'espace de quinze à vingt jours. Leur développement est ensuite assez lent, car ce n'est qu'au bout de deux ans que les petits citronniers ont assez de force pour être transplantés et mis en pépinière. Dans leur état de semis ou en pépinière, on doit leur donner un binage à chaque saison, les débarrasser avec soin des mauvaises herbes, et les arroser de temps en temps. Au commencement de leur cinquième année, si ces jeunes arbres ont été bien gouvernés, ils sont bons à greffer. Cette opération se pratique à la fin d'avril ou au commencement de mai, lorsque les premières chaleurs du printemps ont ranimé l'action de la séve dans les arbres. La greffe est presque généralement en usage, parce qu'elle accélère le produit des fruits, et parce qu'elle est un moyen sûr de se procurer toutes les variétés déjà connues qu'on peut désirer.

Il n'y a qu'une sorte de greffe en usage pour les citronniers, c'est celle en écusson; mais elle se fait de deux manières différentes. La première est la greffe en écusson telle que tous les jardiniers et les cultivateurs la pratiquent communément; la seconde diffère du procédé ordinaire, en ce qu'on place l'écusson sens-dessus-dessous, ou l'œil en bas, de sorte que la pousse qui en sort est forcée de se retourner sur elle-même pour prendre la direction verticale, et laisse ainsi un peu d'espace entre le sujet et la greffe. Ce dernier procédé est principalement suivi par les Génois, qui croient par-là obtenir des arbres d'un plus beau port et mieux arrondis.

La greffe se place à différentes hauteurs sur les sujets, suivant les variétés et suivant qu'on destine les arbres à l'espalier ou au plein vent; mais en général les Italiens greffent plus ou moins haut sur les tiges: ce qui fait que, lorsque les gelées atteignent jusqu'au tronc de leurs arbres, ils sont obligés de greffer de nouveau les nouvelles pousses produites par le pied. A Hyères, pour éviter cet inconvénient, on place les greffes rez-terre, et lorsqu'on plante les arbres à demeure, on a soin d'enterrer la greffe, de manière que, si la tige vient à être frappée par le froid, les nouvelles pousses puissent sortir de la greffe ou au-dessus.

Les citronniers qui ont été greffés, commencent à donner des fruits la seconde ou la troisième année après qu'ils ont été soumis à cette opération; ceux, au contraire, qu'on a laissés croître en liberté, ne rapportent guère avant seize, dix-huit ou même vingt ans. Plusieurs espèces et variétés peuvent, de cette dernière manière, se multiplier sans altération, et l'oranger à fruit doux est dans ce cas. Les arbres de cette espèce qui sont venus de pepin, et qui n'ont point été soumis à la greffe, deviennent beaucoup plus vigoureux que ceux qui y ont été assujettis; ils craignent beaucoup moins les gelées, et produisent de très-beaux et de très-bons fruits, dont la maturité est plus hâtive; mais, outre l'inconvénient qu'ils ont de faire attendre leurs fruits pendant long-temps, ils ont encore celui d'être difficiles à tailler et à récolter, à cause des longues épines dont leurs rameaux sont chargés, tandis que les variétés qu'on multiplie par la greffe, en sont presque toutes dépourvues.

C'est ordinairement un an ou deux après la greffe qu'on transplante à demeure les citronniers et les orangers. Dans la plupart des plantations en plein-vent on dispose ces arbres en quinconce, dans la direction du nord au sud, et à la distance de douze à quinze pieds les uns des autres. Quand on les plante en espalier, on leur laisse moins d'espace ; dix à douze pieds suffisent. L'époque la plus favorable aux plantations est la fin de février ou les premiers jours de mars, au moment où les arbres vont commencer à entrer en séve. Cependant, dans les endroits secs et graveleux, il est préférable de faire les transplantations en automne. Quant au choix des différentes espèces et variétés, il est déterminé par la nature du terrain, par la situation et par l'exposition. Les bigaradiers et les orangers, en général, se plaisent davantage dans un sol gras et humide : on les plante de préférence dans les jardins, et plus rapprochés les uns des autres. On met sur les bords des allées les bigaradiers chinois et les limoniers-limettiers qui s'élèvent peu. Le voisinage de la mer et les expositions les plus chaudes conviennent aux cédratiers ; ils y jouissent de toute l'influence des rayons solaires. Les limoniers prospèrent dans les terres sablonneuses, et on les met ordinairement le long des murs pour en faire des espaliers.

Les pépinières que l'on forme par le moyen des semis, donnent, comme nous l'avons dit, des arbres plus vigoureux, qui résistent beaucoup plus aux froids ; mais ils sont plusieurs années à s'élever, et par conséquent à rapporter. Comme on désire des jouissances promptes, on donne dans beaucoup d'endroits la préférence à la multiplication par boutures, qui fournit beaucoup plus tôt des sujets propres à être greffés.

A Hyères, par exemple, les pépinières se font généralement par le moyen des boutures. Les cultivateurs y emploient pour cet effet une sorte de limonier qu'ils cultivent exprès, et qu'ils nomment *balotin*. On ne laisse point porter de fruit aux arbres, de cette variété mais on en fait ce que les pépiniéristes appellent des mères, et chaque printemps on coupe rez-terre tous les jets qu'ils ont produits depuis l'année précédente, ou au moins les plus gros. Ces jets ont ordinairement quatre à cinq pieds de hauteur, et la grosseur du pouce par le bas. Après les avoir coupés, on les divise en quatre à cinq, c'est-à-dire en morceaux d'environ un pied de long, et on les plante en terre, dans des rayons, à la distance d'un pied les uns des autres, en les enfonçant jusqu'aux trois quarts de leur longueur, et en ne leur laissant que deux ou trois yeux hors de terre. Le terrain destiné pour les boutures doit être gras et profondément labouré. Après qu'elles sont faites, on les arrose copieusement, et il est bon de les couvrir légèrement avec de la paille pendant quelque temps, afin de les préserver des rayons d'un soleil trop ardent pendant le jour, et de la fraîcheur pendant les nuits. Jusqu'à ce que ces boutures aient poussé des racines, on les visite souvent pour les débarrasser des mauvaises herbes, et on ne leur épargne pas les arrosemens. Au bout d'un an elles sont en état d'être greffées, et dans l'année où elles le sont, la greffe fait une pousse de deux à trois pieds, quelquefois plus, selon la vigueur du sujet ; enfin, au bout de la seconde année de la greffe, il y en a beaucoup qui sont bonnes à être mises en place. Lorsque, pour faire des boutures, on emploie les rameaux d'espèces et de variétés connues pour leurs bonnes qualités, on n'a pas besoin de les greffer, car elles reproduisent des arbres en tout semblables à ceux dont on les a tirées.

Le dernier procédé employé pour la multiplication des citronniers, est la marcotte ; mais on n'en fait guère usage que pour se procurer les espèces ou variétés rares et précieuses qu'il seroit difficile de propager d'une autre manière, ou encore pour retirer des vieux arbres les beaux rejets qu'ils poussent quelquefois de leur tronc, dans leur caducité.

On laboure les plantations de citronniers une fois chaque année pendant l'hiver, et on leur donne ensuite un binage par saison, pour les débarrasser des mauvaises herbes. A la fin de mai, ou dans les premiers jours de juin, selon que la température est sèche et chaude, on commence les arrosemens, pour les continuer jusqu'en septembre. Dans les années où les pluies et les orages sont fréquens pendant l'été, il ne faut arroser que lorsque les arbres paroissent en avoir besoin, ce que l'on reconnoît quand les feuilles commencent à se recoqueviller. Dans les terres légères, on doit arroser tous les huit jours; dans celles qui sont fortes et compactes, il suffit de le faire de douze en douze jours, et même deux fois par mois. Les arrosemens doivent être faits de préférence le soir, et avec des eaux claires, limpides et qui aient été échauffées, dans des réservoirs, par le soleil. Les eaux troubles des rivières, et surtout les eaux crues des fontaines, ne valent rien et font tort aux arbres. Pour faciliter les arrosemens, les plantations de citronniers sont ordinairement divisées par carrés, dans lesquels on lâche successivement l'eau par irrigation.

C'est en décembre, janvier et février, lorsqu'on laboure les citronniers, qu'on doit les fumer : les uns le font tous les ans; les autres seulement tous les deux ans. Lorsqu'on met trop d'engrais, les arbres produisent des fruits en plus grande quantité, mais cela nuit à leur qualité ; ils contractent un mauvais goût, ont l'écorce grossière, et les marchands savent bien les distinguer. Si, par excès contraire, on est trop long-temps sans fumer ses arbres, les fruits deviennent beaucoup plus petits. Il faut donc une juste proportion dans l'emploi des engrais. Dans beaucoup d'endroits, avant de donner le labour aux citronniers, on pratique autour de ces arbres, une fosse circulaire de six à huit pouces de profondeur, et à un pied de distance du tronc ; on la remplit à moitié de fumier de cheval mêlé à une certaine quantité de matières fécales ou de fiente de pigeon, et on recouvre le tout de terre. Cette sorte d'engrais convient pour les terres fortes et argileuses; mais les balayures des rues sont préférables pour les terrains sablonneux; d'ailleurs, au lieu d'accumuler le fumier au pied des arbres, comme nous venons de le dire, il vaut mieux le répandre sur toute la surface du sol qui correspond à leurs rameaux, et on l'enterre ensuite en même temps qu'on fait le labour.

La taille est une opération salutaire pour les citronniers, quand elle est dirigée d'après de bons principes; elle leur est très-nuisible quand elle est mal faite. On taille à deux époques de l'année; la première fois en mars et avril, et la seconde fois depuis le milieu d'août jusqu'à la mi-septembre. Les bigaradiers et les orangers sont les seules espèces qu'on y soumette rigoureusement. On doit avoir soin, en les taillant, de disposer leurs branches et leurs rameaux de manière que la séve se distribue également dans toutes leurs parties. On retranche principalement les pousses chétives, et l'on dégarnit le centre des arbres des rameaux trop nombreux et trop pressés, afin de faciliter à la lumière et à l'air, le moyen de circuler librement. On dispose également les branches pour garnir les vides ; on fait disparoître celles qui sont mortes ou languissantes ainsi que les chicots. Enfin, après avoir arrangé le dedans d'un bigaradier ou d'un oranger avec soin, on lui fait prendre en dehors une forme arrondie et régulière, qui donne aux plantations un aspect agréable. Dans les terres fortes et compactes, on a l'attention de ne point dégarnir les arbres autant que dans les terrains légers et sablonneux, où ils poussent avec plus de facilité et d'aisance. Les vieux pieds doivent aussi être taillés avec modération. Ce n'est que vers le mois d'octobre qu'on coupe les branches gourmandes qui ne sont point nécessaires à l'accroissement des arbres. Quant aux cédratiers et aux limoniers, on se contente de retrancher les branches mortes.

Les feuilles des bigaradiers et des orangers qui doivent être distillées, sont recueillies de préférence dans le moment de la taille, parce qu'on ne se sert le plus souvent que de celles des rameaux qui ont été retranchés. La récolte des fleurs commence au mois de mai, et dans les années froides et pluvieuses elle se prolonge jusqu'à la fin de juin. Le plus ordinairement on se contente, pour la faire plus promptement, d'étendre des draps sous les arbres, qu'on secoue ensuite avec force pour faire tomber les pétales, qui, étant distillés avec de l'eau, servent à faire l'eau de fleurs d'orange. Quand on veut obtenir celle-ci plus parfumée et plus suave, on fait cueillir les fleurs avant qu'elles soient entièrement épanouies, parce que, dans cet état, elles contiennent tout leur arome, dont elles ont au contraire perdu une grande partie au moment de leur chute naturelle.

La récolte des fruits des diverses espèces et variétés de citronniers se fait à différentes époques de l'année. On commence à cueillir les cédrats qu'on appelle de première fleur, en août et septembre, et l'on continue jusqu'en janvier. La cueillette des limons n'a point d'époque particulière ; elle occupe dans tous les mois de l'année, à mesure que les fruits mûrissent. Les bigarades se cueillent en septembre, et leur récolte se prolonge jusqu'en mars. Celle des oranges se fait en trois fois : la première à la fin d'octobre, lorsque ces fruits commencent à prendre une teinte jaunâtre ; la seconde en décembre, lorsque leur maturité est plus avancée ; et la troisième et dernière a lieu au printemps, lorsqu'ils sont parfaitement mûrs. Les arbres dont on cueille toutes les oranges au moment qu'elles commencent à jaunir, se chargent de fruits tous les ans ; ceux, au contraire, sur lesquels on les laisse jusqu'au retour de la belle saison, ne donnent des récoltes abondantes que tous les deux ans.

Les oranges et les limons destinés à être envoyés dans l'intérieur de la France, en Allemagne, et autres pays, sont cueillis et envoyés, encore verts, depuis le commencement d'octobre jusqu'à la fin de décembre. Si on attendoit la maturité de ces fruits, ils se gâteroient en route. On conserve les limons destinés aux voyages de long cours, en les mettant pendant quelques jours dans des tonneaux remplis d'eau de mer, et en les salant ensuite. Arrivés à leur destination, ils sont susceptibles, au moyen de plusieurs lotions, d'être débarrassés du sel dont ils étoient imprégnés, et ils peuvent encore être employés à confire et à d'autres usages.

La vie des citronniers est très-longue ; à cent ans, ces arbres sont encore dans leur jeunesse. Nous avons déjà parlé d'un individu qui existoit encore, il y a six ans, dans un état de grande vigueur, dans le couvent de Sainte-Sabine, à Rome, et auquel une tradition populaire donnoit plus de six cents ans ; tradition confirmée par Augustin Gallo, qui parle de ce citronnier en 1559, comme existant à cette époque depuis un temps immémorial. Cet arbre est un bigaradier, ainsi que celui qu'on admire dans l'orangerie de Versailles, et qui est connu sous le nom de *Grand-Bourbon*. Ce dernier a, dit-on, été semé en 1421, dans les jardins d'une reine de Navarre, à Pampelune ; il a appartenu ensuite au connétable de Bourbon, et après la mort de ce prince il passa, en 1532, de Moulins au château royal de Fontainebleau, d'où Louis XIV le fit transporter, en 1684, à l'orangerie de Versailles. Cet arbre est encore magnifique, et sa végétation est des plus vigoureuses ; il se divise, dès sa base, en cinq branches principales ; sa hauteur en caisse, est de vingt-deux pieds, et sa tête en a quarante-cinq de circonférence. M. Gallesio pense que les tiges actuelles de ces deux bigaradiers ne sont pas les primitives ; que celles-ci ont dû périr plusieurs fois, et notamment dans quelque grande gelée, comme celle de 1709, par exemple ; mais que leur souche a repoussé de nouveaux jets, qui ont formé les arbres existans maintenant.

Les citronniers cultivés en pleine terre sont très-rarement malades, quand on leur donne les soins convenables ; leurs maladies sont presque toujours des accidens causés par les intempéries de l'atmosphère, ou elles sont produites par la multiplication extraordinaire de certains insectes. Les cédratiers et les limoniers, étant toujours en séve, sont plus sensibles au froid que les bigaradiers et que les orangers : aussi doit-on leur donner les expositions les plus chaudes, et les mieux abritées de l'influence pernicieuse des vents du nord. Les parties que le froid attaque les premières dans ces arbres, en général, sont les sommités des jeunes pousses ; les fleurs, ensuite, résistent moins que les fruits ; ceux-ci sont plus tôt endommagés que les feuilles ; enfin, la gelée n'attaque qu'après celles-ci, les branches, et successivement les tiges et les racines. On compte, depuis 1637 jusqu'à présent, dix-neuf époques qui ont été nuisibles aux citronniers, et la plus désastreuse a été celle de 1709. Le cruel hiver de cette année fit périr, sur les côtes de Gènes, à Nice et à Hyères, presque tous ces arbres ; il n'y en eut que quelques-uns, la plupart encore vivans aujourd'hui, qui résistèrent à ce fléau.

L'intensité du froid est rarement assez grande pour causer d'aussi grands ravages et produire la mort totale des citronniers ; dans les années malheureuses les cultivateurs ne perdent qu'une récolte, ou tout au plus deux, quand non-seulement les fleurs et les fruits ont été atteints par la gelée, mais lorsque les rameaux ont aussi souffert. Dans ce dernier cas, on taille les arbres sur les branches, et ils ont bientôt réparé leur perte.

Outre ces dommages, soit généraux soit partiels, que peuvent éprouver les citronniers dans le midi de l'Europe, ils sont sujets à une maladie qu'on appelle la *colle*, et dont la cause est la transition subite de la chaleur à un refroidissement sensible de température. Ce refroidissement faisant refluer la matière de la transpiration dans la masse de la séve, celle-ci, qui s'en trouve augmentée, devenant trop abondante et trop à l'étroit dans ses canaux, elle les rompt, s'ouvre un passage à travers l'écorce, et forme, en se condensant à l'air, une sorte de gomme d'une couleur jaune claire. Les portions de l'écorce à travers lesquelles cette gomme a transsudé, se fendent, se dessèchent, tombent par morceaux, et les rameaux, d'abord languissans, finissent par mourir. Le remède est de tailler les branches au-dessous des endroits attaqués par la gomme.

Dans le nombre des insectes qui peuvent être nuisibles aux citronniers, il en est qui ne produisent que de très-foibles dommages; telles sont plusieurs chenilles, la casside de l'oranger, la trichie noble, une espèce de cétoine, etc.: nous n'en parlerons pas. Mais le kermès des Hespérides, et une autre espèce que M. Risso nomme kermès rouge, font souvent beaucoup de mal à ces arbres. Ces petits insectes, lorsqu'ils sont très-multipliés (et ils le sont quelquefois a l'infini, leur propagation étant très-rapide, parce qu'ils ont plusieurs générations chaque année), se répandent sur les feuilles et sur les jeunes pousses, en si grande quantité, qu'elles en sont presque entièrement couvertes; et par les succions multipliées qu'ils exercent, ils causent aux arbres une extravasation de suc qui les rend languissans, les épuise, fait recroqueviller et jaunir leurs feuilles, et cause la chute de leurs fleurs et de leurs fruits.

Mais le plus grand fléau des citronniers, et particulièrement des limoniers, est une espèce d'insecte connu vulgairement sous le nom de *morfée*, et nommé dorthésie du citronnier, dont la femelle se couvre d'une matière blanche, cotonneuse, qu'elle étend sur les feuilles, sur les fruits, et dont, avec le temps, elle recouvre les sommités des rameaux. C'est à l'abri de ce duvet qu'elle pond cent cinquante à quatre cents œufs qui éclosent promptement, et dont il sort de petits insectes qui se répandent sur les parties les plus tendres pour y sucer leur nourriture. La propagation de ces insectes est aussi prompte que celle des kermès, parce qu'ils ont de même plusieurs générations chaque année; aussi, quand ils sont très-multipliés, ils font des dégâts énormes, et causent souvent la ruine entière des arbres.

On a essayé plusieurs moyens pour détruire ces insectes; on a employé les fumigations de soufre et de tabac, les frictions d'eau de chaux, de vinaigre et de décoction de tabac : tous ces moyens n'ont réussi qu'incomplétement. Lorsque les pluies sont abondantes pendant l'été, et qu'elles tombent par grosses gouttes, elles détachent cette matière blanche et cotonneuse à l'abri de laquelle les jeunes insectes se développent, et elles en font périr beaucoup. La meilleure méthode pour détruire, soit les insectes de la morfée, soit ceux du kermès, lorsqu'ils menacent par leur multiplication excessive d'attaquer des plantations entières, est de faire retrancher des arbres infectés toutes les parties sur lesquelles ces insectes pullulent, et de les brûler aussitôt.

Plusieurs plantes parasites, lichens ou autres, peuvent aussi devenir nuisibles aux citronniers; mais il est facile de les en débarrasser, ou de s'opposer à leur multiplication : il ne faut qu'élaguer ces arbres de manière que l'air et les rayons du soleil puissent librement circuler entre leurs branches; car, lorsqu'on les laisse devenir trop touffus et former trop d'ombre, l'eau des arrosemens, ne pouvant se dissiper dans l'atmosphère, produit une vapeur humide qui reste stagnante entre les rameaux trop pressés, et qui favorise singulièrement l'accroissement des cryptogames.

Usages et propriétés des Citronniers.

Toutes les parties des citronniers contiennent un arome particulier, qui offre des différences selon les espèces et même selon les variétés. C'est dans le bois et dans l'écorce qui le revêt qu'il est le moins sensible; il est déjà assez abondant dans les feuilles, qui le renferment dans les vésicules nombreuses dont elles sont parsemées, et il suffit de les froisser entre les doigts pour le sentir; mais il est surtout très-développé dans les pétales des fleurs et dans l'écorce des fruits.

Les fleurs de l'oranger et du bigaradier ayant plus de parfum que celles des autres espèces, ce sont elles que les distillateurs préfèrent. Elles fournissent par distillation au bain-marie, dans deux fois leur poids d'eau, un liquide connu sous le nom d'*eau de fleur d'orange*, qui est employé en médecine comme tonique, antispasmodique, et pour aromatiser plusieurs préparations médicamenteuses. On s'en sert aussi très-souvent dans les cuisines pour donner un parfum agréable à certains mets, et particulièrement à des crèmes et à diverses pâtisseries. Dans la distillation des fleurs de l'oranger et du bigaradier, on retire ordinairement autant de liqueur en poids qu'on en a mis en fleurs; l'eau est dite double lorsqu'on n'en retire que moitié. Dans ce cas, deux cents livres de fleurs donnent cent livres d'eau distillée double, plus un gros d'huile essentielle ayant une saveur piquante et très-amère, un parfum suave, et une couleur jaune d'or qui passe en vieillissant au rouge clair. Cette essence est très-estimée ; elle entre dans beaucoup de préparations de parfumerie. L'art de distiller les fleurs du bigaradier est fort ancien; il étoit déjà connu au onzième siècle, et Avicenne en fait mention. Ces fleurs, ainsi que celles de l'oranger, sont encore employées pour faire des ratafias, des liqueurs; les pharmaciens, en les préparant avec du sucre, en font des conserves, des tablettes.

On retire de l'écorce des cédrats et des limons, soit par la distillation, soit par la simple expression des vésicules glanduleuses dont leur surface est parsemée, des huiles volatiles plus ou moins estimées, selon la suavité de leur parfum. L'écorce des limons fournit, par expression, l'huile essentielle connue sous le nom de *néroli*, dans la proportion d'une once pour cent de fruits. Cette huile entre dans la composition de l'*eau des Carmes*, dans celle de plusieurs liqueurs de table et dans diverses préparations des parfumeurs. L'huile essentielle du limon bergamotte est la plus recherchée; elle est la plus facile à dissoudre : il suffit d'employer de l'alcool à 28.ᵈ; toutes les autres en exigent qui en ait 56. Elle est un des principaux ingrédiens de l'*eau de Cologne.*

L'écorce des cédrats et des limons se confit de différentes manières avec du sucre, et l'on en fait d'excellentes confitures sèches. Les jeunes bigarades, et principalement celles de la variété nommée vulgairement *petit chinois*, se font confire entières et se gardent dans du sirop de sucre. L'écorce des bigarades et des oranges entre dans la confection de plusieurs préparations pharmaceutiques, de divers ratafias, et principalement de la liqueur appelée *curaçao*. Ces écorces, sèches et réduites en poudre, sont un très-bon stomachique, et elles ont souvent réussi comme fébrifuges et vermifuges.

L'usage des oranges, comme fruit, est trop général et trop connu pour qu'il soit besoin d'en parler ici. Leur suc est souvent employé, étendu dans de l'eau avec un peu de sucre, pour former une boisson agréable et rafraîchissante nommée *orangeade*, et qui convient dans beaucoup de maladies. On peut faire avec le jus de ces mêmes fruits mêlé à une certaine quantité de sucre et d'eau, une sorte de vin qu'on soumet d'abord à la fermentation, et qui se garde long-temps en bouteille, où il acquiert, en vieillissant, un goût de vin de Malvoisie.

Quant aux propriétés économiques, le jus des fruits des limoniers l'emporte sur tous les autres ; la consommation en est énorme pour composer cette boisson rafraîchissante, connue sous le nom de *limonade*, et dont on fait un si grand usage en Europe pendant les chaleurs de l'été. Sous ce rapport, la culture des limoniers est, pour les pays où elle prospère, une branche d'industrie et de commerce très-considérable. Non-seulement on envoie des limons dans tout le reste de l'Europe où ces fruits ne peuvent parvenir à maturité, et on les sale comme nous l'avons dit plus haut ; mais encore on retire par expression, de leur pulpe, le suc que l'on renferme dans des barils après qu'il est clarifié, et on l'expédie pour les limonadiers des pays du nord. La limonade est très-employée en médecine ; c'est une boisson qui, en général, plaît aux malades. On en fait principalement usage dans les fièvres inflammatoires, dans les bilieuses, dans les putrides, etc. On prépare dans les pharmacies, avec le suc des limons, un sirop fort agréable, qui en porte le nom, et qui est très-usité. Les limons se servent sur les tables, et leur suc sert à l'assaisonnement des viandes, principalement de celles qui sont rôties et du gibier. Enfin les chimistes ont reconnu dans le suc des fruits du limonier et des autres espèces de ce genre, un acide qu'ils ont nommé *citrique* ; acide qui se retrouve dans plusieurs fruits, comme les groseilles, les cerises, les framboises, l'épine-vinette, etc., mais qui est en plus grande quantité dans ceux du genre qui nous occupe. Voyez CITRIQUE.

Les feuilles des citronniers, et principalement celles des bigaradiers et des orangers, sont employées en médecine comme antispasmodiques. On s'en sert en infusion aqueuse, et en nature, en les faisant sécher et réduire en poudre. Elles fournissent par la distillation une eau un peu aromatique, très-amère, et qu'on donne comme vermifuge aux enfans. Elles contiennent aussi une huile essentielle, connue dans le commerce sous le nom de *petit-grain*.

Le bois des citronniers, en général, est dur et compacte; il a le grain fin, serré, et est susceptible de prendre un beau poli : sa couleur est jaune très-pâle, presque blanche, rarement veinée. Les ébénistes l'emploient pour les ouvrages de marqueterie; ils préfèrent celui du bigaradier, dont le tissu est encore plus serré que dans les autres espèces.

Culture des Citronniers en caisse.

Dans toutes les parties de l'Europe qui sont au-delà du 45.ᵉ degré de latitude, et même, selon les localités et les expositions, dès le 43.ᵉ, les citronniers ne peuvent plus être cultivés en pleine terre; la longueur des hivers, l'intensité du froid qu'on éprouve dans ces climats, obligent de les planter dans des caisses que l'on rentre, avant les gelées, dans des bâtimens construits exprès, ordinairement exposés au midi, et dans lesquels on doit entretenir au moins une chaleur de 5 à 6.ᵃ au-dessus de o., au thermomètre de Réaumur. Ces bâtimens se nomment serres, et plus communément orangeries, parce que, dans presque toutes les provinces de France où l'on cultive les citronniers en caisse, les espèces du bigaradier et de l'oranger, qui sont les plus répandues, sont désignées vulgairement sous le nom général d'orangers. A Paris, et dans les environs de cette capitale, l'usage général est de sortir les orangers vers le 15 mai, et de les rentrer vers le 15 octobre. Dans les grandes orangeries, où plusieurs jours sont nécessaires pour cette opération, on commence à sortir ces arbres dans les premiers jours de mai, afin qu'ils soient tous dehors au 15 du mois; et lorsqu'on doit les rentrer, on commence de même dix ou douze jours avant le 15 octobre, afin qu'à cette époque, tous les arbres soient dans la serre : de sorte que les orangers ne passent que cinq mois de l'année en plein air, et pendant tout le reste du temps ils demeurent renfermés. Les gelées tardives, qu'on éprouve si fréquemment pendant le mois d'avril, obligent à ces précautions ; mais toutes les fois qu'il ne gèle pas, que l'atmosphère n'est pas chargée de brouillard, et qu'il fait un beau soleil, on a soin d'ouvrir les fenêtres des orangeries, afin de renouveler l'air. On a, pour transporter les gros orangers, des chariots à quatre roues, construits de façon qu'au moyen de deux treuils qui en font partie, on soulève avec la plus grande facilité, et l'on porte suspendues avec des cordes ou des chaînes de fer, les plus grosses caisses, dont quelques-unes sont du poids de dix à douze milliers.

Les orangers n'aiment pas à être beaucoup arrosés; en hiver surtout, trop d'humidité les feroit périr. La quantité des arrosemens à leur donner, dépend d'ailleurs, dans tous les temps, du plus ou du moins de vigueur des arbres ; ainsi, quand ils sont rentrés dans la serre, ceux qui sont très-vigoureux et garnis d'une grande abondance de feuilles, dépensant beaucoup par la transpiration, doivent être arrosés tous les douze ou quinze jours; ceux, au contraire, qui sont languissans, et dont le feuillage est rare, peuvent se passer d'eau pendant plus long-temps : il leur suffira d'en avoir tous les mois et même encore plus rarement. Quand les arbres sont dehors, on multiplie ou l'on ralentit les arrosemens en proportion de la chaleur et de la sécheresse de l'atmosphère ou de son humidité ; en général, à moins de grandes pluies, on mouille les orangers tous les trois ou quatre jours, du moment où ils sont hors de la serre, jusqu'à la fin d'août, et seulement tous les six ou huit jours en septembre, et jusqu'au moment de les rentrer. Les eaux trop froides, crues, ou chargées de sélénite, ne valent rien pour les arrosemens; elles déposent sur les racines des incrustations qui font périr les arbres. Aussi les jardiniers ont-ils soin d'avoir toujours de l'eau qu'ils laissent chauffer au soleil dans des bassins ou réservoirs. Les eaux pluviales, lorsqu'on peut en amasser assez, sont les meilleures.

Dans les cultures en pleine terre, c'est par des engrais qu'on répare les pertes que fait le sol en alimentant les végétaux qu'il porte, et dont les racines, en le pénétrant en tous sens, vont chercher leur nourriture dans son sein ; mais ce moyen ne peut être employé pour les orangers plantés en caisse : on est obligé de faire des mélanges de terre et de fumier consommé, qui remplissent le même but, et de changer la terre des caisses lorsqu'elle est usée. Voici les proportions d'un mélange de ce genre dont on fait généralement usage dans les orangeries de Paris : on prend deux sixièmes de terre franche, un sixième de terreau de couche, un autre de fumier de vache et un de terreau de bruyère, et enfin un douzième de terre de potager, avec un douzième d'excrémens humains bien desséchés et pulvérisés ; le mélange de toutes ces matières doit être fait aussi exactement que possible, à force de le remuer avec des pelles de bois, et on le laisse ensuite reposer en gros tas, au moins un an avant de s'en servir. Quelques jardiniers, selon les pays et les localités, remplacent quelques-unes des dernières matières du mélange par du terreau de feuilles bien consommées, des boues des rues et de la fiente de pigeons ou de brebis.

La forme qu'on donne aux caisses destinées aux orangers, est ordinairement cubique ; on en fait qui ont depuis un pied de diamètre, et moins, jusqu'à quatre pieds. Il faut, pour les gros orangers, des caisses qui s'ouvrent sur les côtés au moyen de barres de fer et de crochets, afin de pouvoir changer la terre lorsque les arbres en ont besoin. On donne aux orangers ce qu'on appelle des encaissemens entiers, ou seulement des demi-encaissemens. Les encaissemens entiers consistent à changer toute la terre des caisses, excepté une motte qu'on laisse autour des plus grosses racines ; on les fait ordinairement lorsqu'on est obligé de changer la caisse d'un oranger, devenue trop petite pour son volume, afin de le mettre dans une plus grande. Dans les demi-encaissemens, on se contente d'enlever la vieille terre de deux côtés de la caisse, pour en substituer de la nouvelle. Dans cette opération, comme dans l'encaissement complet, on doit prendre garde de froisser et de briser les racines, et il ne faut retrancher, avec la serpette, que celles qui ont été endommagées avec l'instrument dont on s'est servi pour retirer la vieille terre, et celles qui sont repliées contre les parois des caisses. C'est tous les trois ou quatre ans qu'on change la terre des orangers, en totalité ou en partie, selon le besoin qu'ils en ont ;

mais il vaut mieux, en général, répéter plus fréquemment les demi-encaissemens, en les faisant peu considérables, que de les faire plus rarement en enlevant une plus grande quantité de terre, ce qui met à nu de plus grandes portions de racines, et expose les arbres à perdre une partie de leurs feuilles. C'est au mois de mai, aussitôt qu'ils sont sortis de la serre, qu'on rencaisse les orangers, on qu'on les change de terre; ces opérations ne doivent point se faire en automne, parce que les arbres, ayant à rester sept mois enfermés, auroient trop à souffrir.

On taille les orangers au mois de mai, aussitôt qu'ils sont sortis de la serre; il faut, en les taillant, leur bien arrondir la tête; couper jusqu'au vif tout le bois mort, les branches trop fluettes, celles qui sont rompues; ravaler sur les branches les mieux nourries celles qui sont confuses ou difformes; ne pas laisser trop de bois, et les en décharger surtout en dedans. Quand les arbres ne sont pas bien forts, on pince l'extrémité des jeunes rameaux à la première séve; cette opération fait sortir de nouvelles pousses en plus grand nombre.

Les fruits des orangers en caisse sont dix-huit mois à mûrir; il leur faut deux étés, et encore leur saveur et leur parfum sont-ils toujours très-inférieurs à ceux des oranges qui nous viennent du midi : aussi sont-ils peu considérés. On n'en laisse qu'un petit nombre sur les plus gros arbres; et, comme ceux-ci ne sont cultivés que pour la fleur seule, on préfère le bigaradier, dont les fleurs sont plus parfumées, à l'oranger proprement dit. La fleur des orangers étant donc dans notre climat la seule chose dont nous puissions jouir; l'art des jardiniers a trouvé les moyens d'avoir de ces jeunes arbres fleuris dans toutes les saisons. En leur donnant plus de chaleur, on hâte leur floraison; on la retarde, au contraire, en les faisant jeûner, c'est-à-dire, en ne les arrosant que très-peu, et en les privant du soleil.

Ce que nous avons dit de la manière de multiplier les citronniers, en parlant de leur culture en pleine terre, convient, à quelques modifications près, pour ceux qu'on élève en pot ou en caisse. Il faut seulement observer que, pour hâter la germination des graines et le développement des jeunes plants, il est bon de placer les terrines dans lesquelles on a fait ses semis, sur une couche et sous châssis. Jusqu'à ce que les pepins soient sortis de terre, on doit lever chaque jour les châssis pendant une heure ou deux, en profitant du moment où le soleil brille ; et lorsque les jeunes plants sont levés, on les découvre entièrement pendant les heures les plus chaudes de la journée, ayant soin de baisser les châssis tous les soirs, et de ne les lever le matin que lorsque la fraîcheur est dissipée. Les jeunes orangers élevés de cette manière ont douze à quinze pouces de haut au bout de leur première année ; on peut alors les mettre chacun dans un pot séparé, et plusieurs seront bons à greffer à œil dormant, en juillet, août et septembre de l'été suivant. On a même trouvé le moyen de faire porter des fleurs à un oranger d'un an ou de dix-huit mois au plus, et voici comme on s'y prend : on sème en mars des pepins dans des pots séparés ; on les place sur couche et sous châssis, comme nous venons de le dire; et, dès le mois de septembre de cette première année, ou au plus tard au mois d'avril de la seconde année, on greffe les jeunes plants en fente. Pour que cette greffe réussisse complétement, il faut choisir les rameaux, qu'on y destine, de la même grosseur absolument que les sujets, et parmi ceux qui doivent porter fleur. On a d'ailleurs soin de placer les jeunes plants sur couche et sous châssis, jusqu'à ce que leur greffe soit reprise, et l'on obtient ainsi des fleurs à la fin de la première année, ou, au plus tard, dans les premiers six mois de la seconde. Mais, il faut le dire, ces jeunes merveilles sont bientôt épuisées ; il est rare qu'elles donnent des fleurs l'année qui suit leur floraison anticipée; souvent même elles périssent promptement après; quelques-unes cependant échappent et finissent par faire des arbres qui ne diffèrent pas de ceux greffés à la manière ordinaire.

Si l'on veut multiplier les orangers par boutures, celles-ci se font, au printemps, sur couche et sous châssis, où il faut, par opposition aux semis, les préserver du grand soleil jusqu'à ce qu'elles aient repris, ce qu'on connoît lorsqu'elles commencent à faire de nouvelles pousses; mais on emploie très-peu les boutures comme moyen de multiplication. Il en est de même des marcottes.

En parlant des maladies des citronniers de pleine terre, nous avons dit quels sont les insectes qui leur font le plus de mal, et les kermès, que l'on nomme vulgairement *punaises*, sont de ce nombre. Ils sont plus nuisibles encore aux orangers en caisse, parce que l'extravasation de sucs qu'ils occasionnent peut moins facilement être réparée par ces arbres que lorsque ceux-ci sont en pleine terre. Ils ont un autre inconvénient, qui est celui d'attirer les fourmis; et si ces insectes viennent à se loger dans la terre des caisses, ils peuvent faire beaucoup de tort, parce qu'en fouillant sans cesse, et en creusant leurs galeries, ils mettent des portions de racines à découvert, donnent moyen à l'air de s'introduire, et facilitent des issues trop libres à l'eau des arrosemens, qui ne pénètre plus également la terre. Le meilleur moyen pour préserver les orangers des fourmis, est de placer, sous les pieds des caisses, des terrines qu'on a soin de tenir toujours pleines d'eau. Quant aux kermès, il faut, pour les détruire, faire frotter les rameaux qui en sont infectés, avec une brosse trempée dans de fort vinaigre, et arroser de temps en temps la tête de l'arbre avec de l'eau dans laquelle on a fait tremper des plantes aromatiques d'une odeur très-forte, comme la lavande, le romarin, la sauge, la garde-robe, la rue. (L. D.)

CITRONNIER BATARD, ou Montagne. (*Bot.*) A la Martinique on donne ce nom, suivant M. Richard, à un arbre qu'il nomme *prinos crassifolius*. (J.)

CITRONNIER DE TERRE. (*Bot.*) On donne ce nom au karatas de Plumier, *bromelia karatas*, parce que ses fruits, de la forme, grosseur et couleur d'un petit citron, naissent près de terre, au milieu d'une touffe de feuilles radicales. (J.)

CITROSMA. (*Bot.*) Genre établi par les auteurs de la Flore du Pérou, pour des plantes du même pays, à tige ligneuse, à rameaux étalés, un peu comprimés à leurs articulations, d'une odeur de citron, dont les feuilles sont opposées ou verticillées; les fleurs disposées en grappes axillaires, peu garnies. Ces auteurs n'en ont encore présenté que les espèces, sans aucune autre description que celle de leur caractère spécifique.

Ce genre appartient à la famille des *urticées*, à la *diœcie icosandrie* de Linnæus, offrant pour caractère essentiel des fleurs dioïques; les mâles composées d'un calice campanulé, à quatre ou huit dents; point de corolle; de sept à soixante étamines en forme de pétales, insérées sur le calice : dans les fleurs femelles, trois à dix ovaires; les styles subulés, une baie à une seule loge, formée par le tube du calice ; des semences osseuses, à demi enveloppées par une arille en capuchon.

Ces espèces croissent toutes dans les grandes forêts du Pérou ; elles sont au nombre de sept : 1.° *citrosma pyricarpa*, à feuilles alongées, en ovale renversé, dentées, acuminées, concaves à leur base ; les étamines au nombre de sept à huit : 2.° *citrosma dentata* ; ses feuilles sont ovales, acuminées, conniventes à leur base, à double dentelure ; les étamines au nombre de quatre ou cinq : 3.° *citrosma tomentosa*, à feuilles tomenteuses, ovales-alongées, dentées en scie ; dix à douze étamines : 4.° *citrosma muricata* ; feuilles lancéolées, dentées en scie ; environ soixante étamines : 5.° *citrosma subinodora*, à feuilles lancéolées, à double dentelure ; les étamines au nombre de sept : 6.° *citrosma ovalis* ; ses feuilles sont oblongues, elliptiques, denticulées ; ses étamines au nombre de onze à treize : 7.° *citrosma oblongifolia* ; à feuilles oblongues, acuminées, très-entières ; les étamines en nombre indéterminé. Ruiz et Pav., *Syst. Fl. Per.*, pag. 264. (Poir.)

CITROUILLE. (*Bot.*) C'est un des noms vulgaires donnés, dans quelques lieux, à la courge, *cucurbita pepo*, et qui a été appliqué plus particulièrement à quelques-unes de ses variétés. (J.)

CITRULLUS. (*Bot.*) Ce nom de Tragus est celui du pastèque, ou melon d'eau, *anguria* de C. Bauhin et de Tournefort ; *cucurbita citrullus* de Linnæus. (J.)

CITRUS. (*Bot.*) Linnæus a consacré ce nom au genre qu'il a formé de la réunion de l'oranger *aurantium*, Tourn.; du citronnier *citreum*, Tourn. ; du limonier *limon*, Tourn., et dont nous avons traité à l'article CITRONNIER ; mais les anciens, qui paroissent n'avoir connu qu'une espèce de ce genre, lui donnoient le nom de *malus medica* ou *malus persica*, et ils employoient au contraire le mot *citrus* pour désigner un arbre d'Afrique, que nous ne connoissons plus aujourd'hui, mais qui paroît avoir été une espèce de cyprès, ou au moins avoir eu beaucoup de rapport avec ce genre, puisque Pline, en parlant des arbres de *citrus*, liv. 13, chap. 15, dit qu'ils ressemblent par leurs feuilles, leur odeur et leur tronc, au cyprès femelle, et même au cyprès sauvage. C'étoit, ajoute le même auteur, le mont Ancorarius dans la Mauritanie citérieure qui fournissoit autrefois les plus beaux *citrus;* mais ils sont épuisés maintenant.

Les meubles, surtout les tables, faites avec ce bois, étoient si estimées et si recherchées des Romains, qu'ils y mettoient un prix excessif. Les sommes énormes que coûtoit une seule de ces tables peuvent nous donner une juste idée du degré auquel ce genre de luxe étoit porté chez eux. Pline, dans le chapitre déjà cité, parle de plusieurs de ces tables qui avoient été payées depuis un million jusques à quatorze cent mille sesterces, c'est-à-dire, dans notre monnoie, à peu près cent à cent quarante mille francs; ce qui, ajoute le naturaliste latin, est aussi cher que la valeur d'un fond de terres, si toutefois il y en a dont on voulût donner une telle somme. C'est à ces tables précieuses que Lucain et Pétrone font allusion dans les vers suivans :

> Tantùm Maurusia genti
> Robora divitiæ, quarum non noverat usum :
> Sed citri contenta comis vivebat et umbrâ.
> In nemus ignotum nostræ venêre secures,
> Extremoque epulas mensasque petivimus orbe.
>
> Luc., lib. IX, v. 426

> Ecce afris eruta terris
> Citrea mensa.
>
> Petr., Sat, p. 422.

Pline s'est d'ailleurs étendu assez longuement en parlant des tables de *citrus*, et il nous a laissé les dimensions des plus belles, et les noms de ceux auxquels elles avoient appartenu. La plus grande étoit celle que fit faire Ptolémée, roi de Mauritanie; elle avoit quatre pieds et demi de diamètre, trois pouces d'épaisseur, et elle étoit composée de deux morceaux si exactement réunis ensemble qu'on ne pouvoit reconnoître la jointure, ce qui rendoit cette table encore plus merveilleuse que si elle eût été d'une seule pièce. Deux autres de ces tables, qui étoient d'un seul morceau, avoient, l'une quatre pieds moins neuf lignes de diamètre, sur cinq pouces trois lignes d'épaisseur ; et l'autre quatre pieds trois pouces de diamètre, mais seulement un pouce et demi d'épaisseur. La première fut appelée Nomienne, du nom de Nomius, affranchi de l'empereur Tibère, auquel elle appartenoit ; quant à la seconde, elle étoit à cet empereur.

La beauté de ces tables dépendoit, à ce qu'il paroît, moins de la qualité naturelle des arbres, que de certains accidens qui accompagnoient la partie du bois dont elles étoient faites, et Pline nous apprend encore qu'on n'employoit qu'un seul nœud provenant des racines, et que les nœuds cachés dans la terre étoient plus recherchés et bien plus rares que ceux qui venoient au tronc des arbres. Au reste, la plus grande beauté de ces tables consistoit dans leur couleur ; on aimoit principalement celles dont les veines éclatantes avoient la teinte du vin doux, et elles étoient estimées en raison des différentes nuances, et des ondes irrégulières ou bizarres dont elles étoient marbrées, qui leur donnoient de la ressemblance avec la peau du tigre, avec celle de la panthère, ou même avec la queue du paon. (L. D.)

CITRYNLE. (*Ornith.*) Voyez CITRIL. (CH. D.)

CITTA. (*Bot.*) Ce genre, que l'on trouve dans la Flore de la Cochinchine, de Loureiro, est le *dolichos urens*, Linn. Adanson en avoit fait un genre particulier sous le nom de *mucuna.* (POIR.)

CITTAMETHON. (*Bot.*) Voyez HELXINE (J.)

CITTAMPELOS. (*Bot.*) Voyez HELXINE. (J.)

CITTOS. (*Bot.*) Voyez CISSUS, HEDERA. (J.)

CITT-RANA-NIMBA (*Bot.*), nom brame donné au *limonia acidissima*, arbrisseau de la famille des aurantiacées. (J.)

CITULA. (*Ichthyol.*) C'est le nom que l'on donne, à Rome, au zée forgeron, *zeus faber.* Voyez DORÉE et ZEUS. (H. C.)

CITULE (*Ichthyol.*), *Citula.* M. Cuvier a donné ce nom à un genre de la famille des atractosomes, qu'il a établi à côté des CARANX et des SÉRIOLES. (Voyez ces mots.) Il lui assigne pour caractéres, outre ceux qui appartiennent aux caranx, d'avoir les premiers rayons de leurs nageoires dorsale et anale alongés en faux, de même que leurs nageoires pectorales.

Il n'en n'indique qu'une seule espéce sans la décrire. (H. C.)

CITUS. (*Ichthyol.*) Willughby a désigné sous ce nom, le CHABOT, *cottus gobius*, Linn. Voyez ce mot. (H. C.)

CIUFOLOTTO. (*Ornith.*) Voyez CIFOLTO. (CH. D.)

CIUS. (*Ornith.*) Dans les Alpes on appelle ainsi la hulotte; le même nom est donné au scops ou petit duc, dans les Langues, contrée du Piémont. (CH. D.)

CIVADO (*Bot.*), nom provençal de l'avoine ordinaire, *avena sativa*, que les Languedociens nomment *civada*. (J.)

CIVE, CIVETTE, ou CIBOULETTE, et encore APPÉTIT (*Bot.*), espèce d'oignon employée en fourniture dans les salades, et cultivée dans les jardins potagers. C'est l'*allium schœnoprasum* des botanistes. On cultive aussi la civette du Portugal, qui est l'*allium lusitanicum.* (J.)

CIVELLE (*Ichthyol.*), nom que les habitans des rives de la Loire-Inférieure donnent au lamproyon, *ammocœtus bran-chialis.* Voyez AMMOCŒTE, dans le Supplément du 2.ᵉ volume. (H. C.)

CIVETTA. (*Ornith.*) On donne, en Italie, ce nom et celui de *zivetta*, à la chouette commune, *strix ulula*, Linn., que, suivant Salerne, on appelle aussi *civette* à Avignon. (CH. D.)

CIVETTE. (*Ichthyol.*) Suivant M. Bosc, on donne ce nom, sur les bords de la Loire-Inférieure, à de petites anguilles qu'on y prend en immenses quantités, et que les pauvres consomment. (H. C.)

CIVETTE (*Mamm.*), *Viverra*, Linn. Ce nom, qui paroît tirer son origine de l'arabe, appliqué d'abord à la substance odorante qui le porte, a été donné ensuite à l'animal qui la produit; et il est enfin devenu celui du genre auquel la civette appartient. Les principaux animaux de ce genre sont très-connus par leur nom et par la matière odorante qu'ils fournissent au commerce; mais ils le sont peu par leur nature. Les civettes forment, dans l'ordre des carnassiers, un genre très-naturel qui se place entre la famille des martres et celle des chiens. Moins carnassières que les animaux de la première, elles le sont plus que ceux de la seconde. Leurs molaires sont au nombre de six de chaque côté de l'une et de l'autre mâchoire: deux tuberculeuses, la carnassière, et trois fausses molaires; et, comme chez tous les autres animaux de cet ordre, elles ont six incisives à chaque mâchoire, et deux canines. Leur langue est couverte de papilles rudes, à peu près comme celle des chats; leurs oreilles, arrondies, sont de médiocre grandeur, et leurs narines, placées au bout du museau, sont entourées d'un muffle comme celles des chiens. Leurs yeux n'ont point été décrits. Elles ont cinq doigts à chaque pied, et en marchant elles n'en appuient que l'extrémité sur le sol; l'interne est très-court, et leurs ongles sont à demi-rétractiles, comme ceux des martres. Elles ont une poche glanduleuse près de l'anus, et les organes génitaux sont semblables à ceux des chats, c'est-à-dire que la verge se dirige en arrière dans l'état ordinaire ; les mamelles sont au nombre de quatre ou de six. Il y a deux sortes de poils, mais les laineux, qui sont gris, sont peu fournis; les moustaches sont longues et fortes.

Les civettes paroissent être des animaux nocturnes, qui vivent à la manière des renards ou des chats, en surprenant, pendant la nuit, les oiseaux et les petits quadrupèdes. Tous les voyageurs en parlent, à cause du parfum qu'on en tire, et de l'usage où l'on est d'en élever en esclavage; mais ils ne le font que superficiellement.

On place dans ce genre les genettes, qui, en effet, ont beaucoup de rapport avec les civettes; cependant, comme à plusieurs égards elles en diffèrent, nous en ferons un article à part; et il en sera de même des mangoustes, qui, sous le rapport de la dentition, ressemblent aux civettes, mais qui s'en distinguent d'ailleurs assez pour que nous soyons autorisés à en parler séparément.

On ne connoît que deux espèces de civettes, et toutes deux sont propres aux contrées les plus chaudes de l'Asie et de l'Afrique ; on les trouve aussi dans l'archipel de l'Inde, à Madagascar, etc.

La CIVETTE : *Viverra civetta*, Linn.; Ménagerie du Muséum d'Hist. nat., in-fol.; Buffon, t. 9, pl. 34. De très-longs poils, le long de l'épine, qui peuvent se hérisser comme une sorte de crinière; les anneaux de la queue peu distincts.

Ce quadrupède a environ deux pieds trois ou quatre pouces de long, sans compter la queue, sur dix à douze pouces de hauteur au garrot. Son museau est un peu moins pointu que celui du renard, mais il l'est un peu plus que celui de la martre;

ses oreilles sont arrondies et courtes ; de longues moustaches garnissent ses lèvres. Le poil qui recouvre son corps est assez long et un peu grossier ; celui surtout qui règne sur le milieu du cou et du dos, forme une espèce de crinière que l'animal redresse lorsqu'on l'irrite : les poils de la queue sont touffus, et ceux de sa partie supérieure se relèvent comme ceux du dos. La couleur générale de cet animal est un gris-brun assez foncé, varié de taches et de bandes d'un brun noirâtre ; une bande de cette dernière couleur règne depuis la nuque jusqu'au bout de la queue ; les côtés du corps sont parsemés de taches irrégulières, qui deviennent plus grandes sur la croupe et sur les cuisses ; les quatre jambes sont d'un brun noirâtre uniforme, ainsi que la moitié postérieure de la queue ; à la base de cette queue sont trois ou quatre anneaux de la même couleur. La tête est blanchâtre, mais une large bande brune, après avoir entouré l'œil, descend sur la joue et sous le menton ; le dessous de la gorge est brun, et des lignes de cette couleur remontent obliquement sur les côtés du cou.

La bourse, cet organe si remarquable de la civette, s'ouvre au dehors par une fente longue, située entre l'anus et les parties de la génération, et pareille dans l'un et l'autre sexe : ce qui fait qu'il est assez difficile de les distinguer extérieurement. Cette fente conduit dans deux cavités pouvant contenir chacune une amande ; leur paroi interne est légèrement velue, et percée de plusieurs trous qui conduisent dans un follicule ovale, profond de quelques lignes, et dont la surface concave est elle-même percée de beaucoup de pores : c'est là que naît la substance odoriférante ; elle remplit le follicule, et, lorsque celui-ci est comprimé, elle en sort sous la forme de vermicelle, pour pénétrer dans la grande bourse. Tous ces follicules sont enveloppés par une tunique membraneuse qui reçoit beaucoup de vaisseaux sanguins ; cette tunique est à son tour recouverte par un muscle qui vient du pubis, et qui peut comprimer tous les follicules et avec eux la bourse entière à laquelle ils s'attachent : c'est par cette compression que l'animal se débarrasse du superflu de son parfum. On a remarqué qu'outre la matière odorante il s'en produit une autre, qui prend la forme de soies rondes, et qui se mêle à la première. La civette a de plus, de chaque côté de l'anus, un petit trou d'où découle une liqueur noirâtre et très-puante.

Perrault, qui a eu occasion de disséquer à la fois un mâle et une femelle de civette, assure qu'il n'y avoit entre eux, à l'extérieur, aucune différence appréciable; mais il ajoute que ces animaux avoient la langue douce, et c'est une erreur.

On élève beaucoup de civettes en esclavage, pour leur parfum, qu'on recueille de différentes manières, soit en le ramassant lorsqu'il tombe de la poche, soit en le prenant dans cette poche au moyen d'un instrument quelconque. Il paroît qu'on introduit aussi dans cet organe des matières grasses qui se pénètrent de la matière odorante, et qu'on retire ensuite. On assure que, pour en faire produire une plus grande quantité, il ne faut qu'irriter violemment l'animal : pour cela on le prend, dans sa cage étroite, par les pieds de derrière, et on le secoue avec force. L'Abyssinie est un des pays où l'on élève le plus de civettes, si l'on en croit le père Poncet, qui assure qu'à Enfras on en élève une quantité si prodigieuse qu'il y a des marchands qui en ont jusqu'à trois cents.

Le ZIBETH : *Viverra zibetta*, Linn.; Buff., t. IX, pl. 31. Anneaux de la queue très-distincts ; les poils du dos semblables aux autres, et ne se relevant point en forme de crinière.

Jusqu'à Buffon, cette espèce avoit été confondue avec la précédente ; c'est lui qui remarqua qu'elle étoit privée de la crinière dorsale de la civette, et que les anneaux de sa queue étoient très-marqués, très-distincts, tandis que chez la civette ces anneaux le sont très-peu. En comparant les têtes de ces deux animaux, comme nous pouvons le faire, on voit, à la plus grande épaisseur, au plus grand écartement, à la plus grande courbure des arcades zygomatiques du zibeth, qu'il est plus fort et a la tête plus arrondie que la civette.

L'animal qui a été décrit et figuré par Lapeyronie sous le nom de musc, dans les Mémoires de l'Académie des Sciences pour 1731, appartenoit à cette espèce; mais il différoit, à quelques égards, de celui de Buffon. Nous allons, en conséquence, faire connoître ce que l'un et l'autre de ces auteurs, les seuls qui aient décrit le zibeth, disent de particulier des individus qu'ils ont observés. Lorsqu'une espèce est très-connue, les petites différences qui se remarquent entre individus sont peu importantes, parce la multiplicité des observations a permis qu'on les appréciât. Il n'en est pas de même lorsqu'une espèce n'est encore connue, comme celle-ci, que par deux individus seulement; alors on ne peut pas décider quelles sont les variations qui ne sont qu'accidentelles.

Le corps du musc, dit Lapeyronie, est plus délié et plus levretté que celui de la civette; sa queue est plutôt blanche que grise, coupée par huit anneaux noirs, posés en manière de cercles parallèles, larges chacun d'environ trois lignes, ce que n'a point la queue de la civette. Il est couvert d'un poil doux et à demi ras, partout d'égale longueur. L'on voit, tout au contraire, dans la civette de M. Perrault, tout le long du dos jusqu'à la naissance de la queue, le poil plus long et plus hérissé qu'à tous les autres endroits. Le musc étoit tigré de gris; la civette étoit tigrée de couleurs différentes : les taches de celle-ci formoient des bandes circulaires autour du corps; les taches du musc en formoient de parallèles selon sa longueur, depuis les épaules jusqu'au bas du corps. Il avoit un pied huit pouces de long depuis le bout du museau jusqu'à la naissance de la queue, qui étoit longue d'environ quinze pouces. Le museau étoit pointu, garni de moustaches; il étoit couvert d'une peau grise; ses oreilles étoient plus plates que celles d'un chat; il avoit au-dessous des oreilles un double collier noir et deux bandes noires de chaque côté, qui naissoient du second collier et finissoient aux épaules. Il avoit les pattes noires; celles de devant n'avoient que quatre doigts, armés chacun d'un ongle court, moins fort et moins pointu que ceux des chats; le cinquième doigt étoit sans ongle, et ne portoit pas à terre; les pattes de derrière avoient cinq ongles portant tous à terre, conformés à peu près de même. Les papilles de la langue étoient tournées comme celles du chat, sans être ni si dures ni si âpres.

Le zibeht, dit Daubenton, a la tête, le cou, le corps et la queue alongés; mais les jambes sont courtes. Le museau a beaucoup de ressemblance avec celui du renard, quoique plus gros; les yeux sont de moyenne grandeur et placés obliquement comme ceux du loup, du renard, etc.; les oreilles comme celles du chat, mais à proportion plus courtes et plus arrondies par l'extrémité. Il a cinq doigts à chaque pied. Les os de la queue sont gros ; elle est couverte d'un poil court et touffu. Celle du zibeth qui a servi de sujet pour cette description, étoit recourbée en bas et en avant : peut-être cette courbure étoit-elle accidentelle, et ne venoit-elle que d'une ankylose qui se trouvoit dans les dernières vertèbres.

Le poil étoit court et touffu ; il cachoit une sorte de duvet, de couleur cendrée, qui étoit encore beaucoup plus court ; il avoit différentes teintes de blanc, de gris, de brun et de noir, qui formoient de grandes taches sur le cou et sur la queue, et d'autres plus petites sur le corps et sur les jambes. Le bout du museau étoit de couleur blanchâtre ; le chanfrein, le front et les côtés du nez et de la tête avoient une couleur grise qui se trouvoit mêlée de brun et de jaunâtre lorsque l'on y regardoit de près ; la mâchoire inférieure et le bas de la face extérieure de l'oreille étoient bruns, le haut et le bord avoient une couleur cendrée. Le sommet de la tête et le dessus du cou étoient de couleur mêlée de blanc sale, de brun et de noir : il y avoit une bande noirâtre qui s'étendoit depuis le milieu du cou, le long du dos et de la croupe, jusqu'au milieu de la queue ; deux autres bandes noirâtres, une de chaque côté, commençoient à quelque distance des oreilles, et s'étendoient le long du cou et du devant de l'épaule ; deux autres bandes de même couleur, une de chaque côté, étoient placées plus bas, commençoient près de la base de l'oreille, s'étendoient presque jusqu'aux épaules, et se réunissoient sur la surface inférieure du cou ; il se trouvoit sur cette même face du cou une grande tache de même couleur qui s'étendoit depuis la seconde bande d'un côté, jusqu'à celle de l'autre côté, et il y avoit sur la gorge de chaque côté deux petites taches de même couleur ; toutes ces bandes et ces taches des côtés et du dessous du cou étoient sur un fond blanc. On voyoit sur les lombes, aux côtés de la bande noirâtre, qui s'étendoit depuis le cou jusqu'à la queue, deux autres bandes de même couleur ; mais elles étoient interrompues dans plusieurs endroits. L'épaule, la face extérieure du bras, les côtés de la poitrine et du corps, les flancs, la face extérieure de la cuisse et de la jambe, avoient une couleur noirâtre et une couleur grise plus ou moins blanchâtre ; ces deux couleurs formoient des bandes alternatives, dirigées verticalement sur les côtés du corps et de la poitrine, ainsi que sur les flancs, et horizontalement sur l'épaule , sur la face extérieure du bras, de la cuisse et de la jambe. Il y avoit sur la queue sept anneaux de couleur brune , et sept autres blancs, placés alternativement ; ces anneaux bruns étoient beaucoup plus larges sur la face supérieure de la queue que sur l'inférieure, et les anneaux blancs étoient, au contraire, beaucoup plus larges sur la face inférieure que sur la supérieure. Le bout de la queue étoit blanc ; la poitrine, les aisselles, la face intérieure du bras, le bas-ventre, les aines et la face extérieure de la cuisse étoient blanchâtres, et il y avoit quelques taches brunes sur la poitrine ; l'avant-bras, la face intérieure de la jambe et les quatre pieds étoient bruns. (F. C.)

CIVIÈRE. (*Ornith.*) Ce nom est vulgairement donné, dans quelques cantons, au bouvreuil, *loxia pyrrhula*, Linn., à cause de la ressemblance qu'on a trouvée entre son gazouillement et le bruit que fait une civière ou brouette mal graissée. (Cʜ. D.)

CLABAUDS. (*Mamm.*) On donne ce nom , dérivé, dit-on, du mot hébreu *chaleb*, qui signifie chien, à une variété du chien courant, dont les oreilles sont très-longues, et dont l'aboîment est fort. (F. C.)

CLA-CLA. (*Ornith.*) Ce nom a été donné à la grive-litorne , *turdus pilaris*, Linn., d'après le cri que souvent elle fait entendre. On la nomme aussi *claque*. (Cʜ. D.)

CLADANTHUS. (*Bot.*) [*Corymbifères*, Juss. ; *Syngénésie polygamie frustranée*, Linn.] Ce nouveau genre de plantes, que nous avons établi dans la famille des synanthérées (Bull. Soc. phil., déc. 1816), appartient à notre tribu naturelle des anthémidées.

La calathide est radiée, composée d'un disque multiflore, équaliflore, régulariflore, androgyniflore, et d'une couronne unisériée, liguliflore, neutriflore ; le péricline est formé de squames égales, unisériées, ovales, surmontées d'un appendice scarieux, et frangé ou comme cilié sur les bords ; chaque squame porte une fleur ligulée, qui adhère à sa base ; le clinanthe est conique-alongé, squamellé et fimbrillé ; les squamelles, en nombre égal à celui des fleurs et plus courtes qu'elles , sont membraneuses, naviculaires, aiguës au sommet, laineuses extérieurement et supérieurement ; les fimbrilles, très-nombreuses, et aussi longues que les squamelles, entre lesquelles elles sont interposées, sont filiformes-laminées, membraneuses; la cypsèle est obovoïde, striée, glabre, inaigrettée; la base de la corolle des fleurs régulières se prolonge inférieurement en une sorte de capuchon membraneux, irrégulier, oblique, sinué en son bord, qui recouvre et emboîte étroitement, sans y adhérer, la partie supérieure de l'ovaire; une corne conique calleuse surmonte extérieurement le sommet de chacun des cinq lobes de cette corolle.

Le CLADANTHE ARABE (*Cladanthus arabicus*, H. Cass.; *Anthemis arabica*, Linn.) est une jolie plante annuelle, qui habite les champs d'Alger, de la Barbarie, de l'Arabie, et qui est surtout remarquable par la situation respective de ses calathides et de ses branches. Elle est haute d'un pied, diffuse, étalée, très-ramifiée, glabre; les rameaux, grêles et comme ligneux, sont disposés en un verticille, au milieu duquel est une grande calathide sessile, solitaire, composée de fleurs d'un beau jaune-orangé, odorantes dans leur pays natal; chacun de ces rameaux est terminé par une calathide également entourée d'autres rameaux verticillés; les feuilles sont alternes, linéaires, pinnées, ponctuées, à pinnules linéaires tripartites. Cette plante, que les Arabes nomment *craffas*, peut être cultivée en France, en pleine terre, pour l'ornement des jardins : en la semant, en avril, à une bonne exposition, on jouira de ses fleurs depuis juillet jusqu'en septembre.

Notre genre *Cladanthus* diffère de l'*Anthemis* par le port, par le sexe des fleurs ligulées, par le péricline unisérié, par les fimbrilles du clinanthe, et par plusieurs autres caractères non moins remarquables. (H. CASS.)

CLADIUM (*Bot.*), genre de la famille des cypéracées, très-voisin des *schœnus* (choin), appartenant à la *triandrie monogynie* de Linnæus, dont le caractère essentiel consiste dans des épillets imbriqués de toute part, à une ou deux fleurs; les écailles les plus extérieures vides; point de soies ni d'écailles placées autour de l'ovaire; le style caduc, point articulé avec l'ovaire; une semence nue. Les espèces qui entrent dans ce genre sont presque toutes exotiques, de la Nouvelle-Hollande; cependant M. Brown y rapporte notre *schœnus mariscus*, plante d'Europe (voyez CHOIN), et le *schœnus effusus*.

Cladium des marais : *Cladium palustre; Schœnus cladium*, Swart., *Fl. Ind. occid.*, 1, pag. 97. Cette espèce est très-rapprochée du *schœnus mariscus*, Linn.; elle en diffère par ses tiges plus élevées, par ses panicules plus amples, par les pédoncules et les pédicelles filiformes et plus longs, enfin par les épillets plus petits. Ses tiges parviennent quelquefois à la hauteur de huit à dix pieds; elles sont obscurément trigones : ses feuilles sont longues d'un à deux pieds, larges d'un pouce et demi, cartilagineuses, dentées sur leur carène et à leurs bords; les panicules amples et solitaires; les pédoncules lisses, étalés, comprimés, sortant plusieurs ensemble d'une gaîne lancéolée; les épillets sessiles, aigus, uniflores, d'un brun noir, réunis trois ou quatre ensemble; les écailles oblongues, aiguës; deux filamens très-courts; l'ovaire linéaire; le style trifide; les semences ovales, brunes, luisantes. Cette plante croit à la Jamaïque, dans les lieux marécageux.

Cladium aigu : *Cladium acutum; Schœnus acutus*, Labill., *Nov. Holl.*, 1, pag. 18, tab. 18. Ses tiges sont nues, comprimées, hautes de sept à huit pouces; les feuilles toutes radicales, un peu plus longues que les tiges, comprimées, mucronées, d'un vert foncé en-dessus; les fleurs forment une panicule aplatie, longue de deux ou trois pouces; les écailles oblongues, aiguës, un peu ciliées, les inférieures vides; la supérieure renferme trois étamines; un style trifide, ses découpures velues; une semence presque trigone, ovale, noirâtre. Elle a été découverte par M. de Labillardière au cap Van Diémen.

Cladium fil : *Cladium filum; Schœnus filum*, Labill., *Nov. Holl.*, 1, pag. 18, tab. 19. On distingue facilement cette espèce à ses feuilles capillaires, longues d'environ un pied, terminées par un fil très-fin; ses tiges sont cylindriques, longues de deux ou trois pieds; les bractées de la panicule assez semblables aux feuilles; les épillets composés de sept ou huit écailles aiguës; une ou trois supérieures fertiles; une semence ovale-oblongue, accompagnée à sa base du reste des filamens des étamines. M. de Labillardière l'a découverte aux mêmes lieux que la précédente.

Beaucoup d'autres espèces ont été recueillies par M. Rob. Brown, à la Nouvelle-Hollande, telles que 1.º le *cladium articulatum*, dont les tiges sont cylindriques, feuillées, articulées, ainsi que les feuilles; les fleurs disposées en une panicule rameuse, accompagnée de bractées; 2.° le *cladium teretifolium:* la panicule est rameuse, un peu resserrée, les écailles ciliées; les feuilles radicales alongées, anguleuses, presque cylindriques, celle de la tige plus courte; 3.° le *cladium glomeratum:* la panicule resserrée dans une spathe; les épillets rapprochés en tête, à deux fleurs; les semences ovales; les tiges lisses, cylindriques, un peu comprimées, les feuilles radicales, alongées, cylindriques, celles des tiges distantes, plus courtes que leur gaîne; 4.° le *cladium junceum:* les tiges munies à leur base et à leur sommet de gaînes roides; les feuilles très-courtes, verticales; un épi point divisé; les épillets presque géminés, sessiles, uniflores; 5.° le *cladium pauciflorum:* un épi très-peu garni de fleurs; les épillets solitaires, uniflores, à peine pédicellés; les écailles mucronées; les tiges striées, cylindriques, munies de gaînes à leur base et vers leur milieu, produisant des folioles sétacées, très-courtes; 6.° le *cladium decompositum,* dont la panicule est très-ramifiée; les bractées aristées, une fois plus longues que les épillets géminés; les tiges cylindriques, garnies de feuilles roulées, très-rudes; 7.° le *cladium radula,* à panicules étalées, ramifiées; les épillets, alternes, rapprochés; les écailles acuminées; les tiges cylindriques; les feuilles rudes et roulées; 8.° le *cladium deustum:* une panicule resserrée, alongée, foliacée; les écailles acuminées, lanugineuses à leurs bords, ainsi que les bractées; les tiges cylindriques; les feuilles rudes et roulées, les inférieures barbues à leur gaîne; 9.° le *cladium medium:* la panicule est feuillée, presque en épi; les écailles acuminées, non barbues, ainsi que les bractées; les feuilles lisses, sétacées, canaliculées, lanugineuses à l'orifice des gaînes; 10.° le *cladium lanigerum,* très-rapproché de l'espèce précédente, dont il diffère par les feuilles filiformes, plus longues que les tiges; les écailles sont aiguës et non acuminées. (Poir.)

CLADODE (*Bot.*); *Cladodes,* Loureir., *Flor. Cochin.,* vol. 2, pag. 572. Genre établi par Loureiro pour un arbrisseau découvert dans les forêts de la Cochinchine. Il appartient à la *monoécie octandrie* de Linnæus, et paroît devoir être placé dans la famille des euphorbiacées. Son caractère essentiel consiste dans des fleurs monoïques: les fleurs mâles sont composées d'un calice à quatre folioles ; point de corolle ; huit étamines membraneuses ; dans les fleurs femelles un calice et une corolle, comme dans les fleurs mâles ; trois stigmates sessiles ; une capsule à trois loges monospermes.

La seule espèce de ce genre est

La CLADODE RIDÉE ; *Cladoda rugosa.* Cet arbrisseau s'élève à la hauteur de cinq pieds : ses rameaux sont très-nombreux, garnis de feuilles glabres, alternes, lancéolées, ridées, dentées en scie à leurs bords. Les fleurs sont fort petites, disposées en grappes lâches, terminales, prolongées en épi. Le calice, dans les mâles, est divisé en quatre folioles ovales, concaves ; les filamens des étamines très-courts, planes, membraneux, soutenant des anthères arrondies. Les fleurs femelles renferment un ovaire supérieur, surmonté d'un style très-court ou presque nul, et de trois stigmates oblongs, réfléchis. Le fruit consiste en une capsule arrondie, à trois lobes, à trois loges monospermes ; les semences arrondies d'un côté, anguleuses de l'autre. (POIR.)

CLADONA. (*Bot.*) Ce genre, de la famille des lichens placée par Adanson dans la seconde section de la famille des champignons, représente le *coralloïdes* de Dillen, dont les espèces sont figurées planches 14, 15 et 16 de l'*Historia Muscorum* de cet auteur. Brown (*Jam.*) créa ce nom de *cladonia* (du grec κλάδων, rameau), parce que ce genre renferme les lichens branchus ; Adanson ne l'adopta que d'après lui, et Hoffmann ensuite. Il répond au CENOMYCE d'Acharius, *Lich.* Voyez ce mot et CLADONIE.

Les genres *Baemyce* et *Isidium* d'Acharius ne contiennent point d'espèce de *cladonia* d'Hoffmann ; mais le premier contient le *cladonia* de Schrader, et le second rentre dans le *cladonia* de Willdenow. (LEM.)

CLADONIE (*Bot.*), *Cladonia*, genre de plantes cryptogames de la famille des lichens. Il comprend des lichens à tiges cylindriques, simples ou très-rameuses, garnies le plus souvent de petites folioles semblables à des écailles, et dont les dernières ramifications supportent de petits conceptacles sessiles et rougeâtres, à peu près sphériques, tantôt solitaires, tantôt groupés plusieurs ensemble.

Ces espèces forment un genre très-remarquable, qui constitue le dernier des trois groupes de la deuxième division (les *cladonia*) du genre *Cenomyce* d'Acharius, *Lichen. univ.* L'expansion, qui leur sert de base, est presque nulle, tant sont petites et rares les écailles qui la composent. Ces écailles se rapprochent, pour la nature, de celles des autres lichens ; elles sont néanmoins un peu plus consistantes, même dans la fraîcheur. La tige (*podetia*, Ach.) paroît, comme un léger tubercule, au milieu d'une rosette de ces écailles, ou bien sur leurs côtes ; bientôt elle prend un accroissement rapide, et les écailles se trouvent séparées sur cette même tige. Celle-ci est creuse, molle et comme cotonneuse dans la fraîcheur, dure et fragile dans la sécheresse ; mais, en l'humectant, elle reprend sa première mollesse. Elle se divise en ramifications plus ou moins nombreuses, de même nature, et dont les dernières forment le plus souvent de petits faisceaux qui portent les conceptacles. Ceux-ci sont rouges ou bruns, fort petits, et semblables à de petites têtes d'épingles.

Les cladonies croissent essentiellement en hiver, et fructifient au premier printemps. On les trouve dans les bois, et principalement dans les taillis, où elles prennent beaucoup de développement, sans doute à cause de la température constamment humide de ces lieux. Nous avons remarqué, sur l'espèce la plus commune (*cladonia rangiferrina*), qu'elle étoit d'autant plus chétive qu'elle croissoit sur une terre plus aride, moins couverte de feuilles ou de débris de végétaux. Nous avons vu également des espaces immenses couverts de ce lichen. Celui-ci avoit jusqu'à quatre pouces de hauteur, et reposoit sur un lit de feuilles de six pouces d'épaisseur, provenant de la chute de l'année, en sorte qu'on ne pouvoit pas douter qu'il n'eût pris naissance sur ce lit, et non sur la terre. C'est ce que confirmoit encore l'absence de terre après les fibrilles servant de racines. A mesure qu'on s'éloignoit de ce lit de feuilles, ou qu'il devenoit moins épais, le lichen diminuoit de hauteur, jusqu'à ce que la terre, devenant un sable pur, se refusât à sa végétation. Nous avons fait ces observations dans les taillis qui sont à la sortie de Belleville, en allant à Romainville.

Ce genre est peu nombreux en espèces ; on n'en compte que huit ou dix ; mais plusieurs de celles-ci sont très-fertiles en variétés. On les trouve principalement en Europe ; cependant quelques-uns se rencontrent aussi en Amérique, en Afrique et en Asie.

Les espèces les plus remarquables sont :

La CLADONIE SUBULÉE : *Cladonia subulata*, Decand., Fl. Fr., n.° 909 ; *Cenomyce furcata*, Ach., *Lich. univ.*, pag. 560 ; Vaill., Par., t. 26, f. 7 ; Dill., *Musc.*, tab. 16, f. 25-27. Droite ; aisselles des ramifications non percées, rameuses ; dernières ramifications à angles ouverts, écartées comme les dents d'une fourche. Cette espèce est fort commune, et présente huit variétés. On la distingue, au premier coup d'œil, de l'espèce suivante, par sa couleur plus verte, la disposition de ses dernières ramifications, et par ses touffes plus lâches. On la trouve dans les mêmes lieux, et elle a les mêmes usages.

La CLADONIE DES RENNES : *Cladonia rangiferrina*, Decand., Fl. Fr., n.° 910 ; *Cenomyce rangiferrina*, Ach., *Lich. univ.*, pag. 564 ; Dillen., *Musc.*, tab. 16, fig. 29-30. Droite ; tiges creuses, très-rameuses ; aisselles des rameaux le plus souvent percées d'un trou, ou fendues ; ramifications terminales pointues, d'abord penchées ou courbées du même côté, puis fructifères et droites ; conceptacles tuberculiformes, bruns, irréguliers, le plus souvent assemblés quatre à quatre.

Cette espèce forme des gazons serrés et très-étendus, d'un blanc-verdâtre lorsque la plante est fraîche, et d'un gris-blanc lorsqu'elle est sèche. On en connoît six variétés. Elle est très-commune dans les bois secs et montueux, surtout dans ceux qui sont sablonneux, et qui offrent des bruyères et des landes. Elle croît par toute la terre, mais principalement dans le nord, où elle sert, pendant l'hiver, de nourriture aux rennes, qui savent très-bien la trouver sous la neige qui la recouvre alors, et où elle est garantie de la rigueur de la saison. L'on remarque que son goût âcre n'empêche pas qu'elle ne soit recherchée par les cerfs, les daims et le bétail. Dans le nord on la donne à manger aux troupeaux de cochons, de chèvres. Comme le lichen d'Islande, elle sert aussi de nourriture aux hommes, dans des cas de disette. Une première ébullition lui enlève son amertume. Les anciens naturalistes nommoient cette plante *muscus terrestris coralloides* et *corail de montagne*, à cause de sa forme qui imite assez celle de certains coraux, et de sa localité. Ils lui reconnoissoient des propriétés pectorales et stomachiques, et celles qui sont particulières aux Usnées. (Voyez ce mot.) Réduite en poudre fine, elle entre dans la composition de quelques poudres odorantes, auxquelles elle donne du corps et de la douceur sous les doigts. De ce nombre est la poudre dite *poudre de Chypre*. Enfin elle est susceptible de donner à la teinture une couleur violette, analogue à celle de l'orseille.

La CLADONIE CORNUE : *Cladonia ceranoides*, Decand., Fl. Fr., n.° 911 ; *Cenomyce uncialis*, Ach., *Lich. univ.*, p. 559 ; Dillen., *Musc.*, tab. 16, fig. 21-22. Droite, blanc-verdâtre, rameuse ; rameaux courts, ouverts, élargis au sommet en deux branches ou pointes écartées ; conceptacles bruns terminaux. Cette espèce est plus rare que les précédentes, dont elle se distingue par sa couleur d'un blanc verdâtre, un peu approchante de celle du soufre, mais plus pâle. On la trouve dans les mêmes pays et les mêmes circonstances.

Le LICHEN MEDUSINUS de Bory de Saint-Vincent, découvert par lui à l'île Bourbon, est une variété du *lichen spinulatus*, Swartz, qui croît à la Jamaïque ; et ils rentrent tous deux dans une espèce de *cladonia*, nommée *cenomyce oxycera* par Acharius, dont une troisième variété croît en Suède, en Helvétie et en France. Elle est voisine de la cladonie cornue.

La CLADONIE VERMICULAIRE : *Cladonia vermicularis*, Decand., n.° 908 ; *Cenomyce vermicularis*, Ach., *Lich. univ.*, p. 566, est une cinquième espèce, qui croît en France, et qui ressemble à un paquet de vers blancs posés sur la terre. (LEM.)

CLADORYNCHUS. (*Ornith.*) L'oiseau dont Gesner parle sous ce nom et sous celui de *cladarorynchus*, est par lui regardé comme ne différant pas du *trochilus*, qui, suivant Aristote, liv. IX, ch. 6, entre dans la gueule du crocodile endormi, pour y chercher les vermisseaux restés entre ses dents. Or, ce *trochilus*, confondu, par Pline et par Belon, avec le même terme appliqué au troglodyte, est une espèce de pluvier à collier, *charadrius ægyptius* d'Hasselquist et de Linnæus. (CH. D.)

CLADOSTYLE (*Bot.*), *Cladostylis*, genre de la famille des convolvulacées, voisin des *evolvulus*, de la *pentandrie digynie* de Linnæus, qui offre pour caractère essentiel : Un calice à cinq folioles ; une corolle presque campanulée, à cinq découpures profondes ; cinq étamines placées un peu au-dessous du milieu de la corolle ; un ovaire supérieur ; deux styles bifides, à leur moitié supérieure ; quatre stigmates ; une capsule uni-loculaire, indéhiscente, à une seule semence.

Ce genre ne contient qu'une seule espèce,

La CLADOSTYLE PANICULÉE ; *Cladostylis paniculata*, Humb. et Bonpl., Plant. Equin., vol. 1. Cette plante est annuelle, herbacée ; elle s'élève à la hauteur de deux pieds : sa tige se divise, dès sa base, en plusieurs rameaux alternes, cylindriques, garnis de feuilles sessiles, alternes, longues d'environ un pouce, larges de cinq à six lignes, lancéolées, étalées, aiguës à leurs deux extrémités, parsemées à leurs deux faces de poils couchés, peu sensibles. Les fleurs sont disposées en un panicule terminal, dichotome ; chaque fleur pédicellée, accompagnée à sa base d'une bractée linéaire ; le calice composé de cinq folioles lancéolées, aiguës, les deux extérieures un peu plus grandes que les intérieures ; la corolle jaune, un peu plus longue que le calice, divisée presque jusqu'au milieu en cinq lobes ovales, obtus ; les étamines de même longueur que la corolle ; les filamens cylindriques ; les anthères droites, jaunes, à deux loges. L'ovaire est libre, ovale ; il lui succède un fruit capsulaire, ovale, à une seule loge indéhiscente, entourée à sa base par le calice persistant, renfermant une seule semence ovale. Les cotylédons sont foliacés, pliés l'un sur l'autre dans toute leur longueur ; sa radicule terminée en pointe, repliée de bas en haut, placée dans les plis formés par les cotylédons. Cette plante a été découverte par MM. Humboldt et Bonpland, dans l'Amérique méridionale, à Turbaco, près de Carthagène. Son nom est composé de deux mots grecs, qui signifient *styles rameux*. (POIR.)

CLAIRETTE (*Bot.*), un des noms vulgaires, sous lesquels est connue la mâche cultivée. (L. D.)

CLAIRON (*Entom.*), *Clerus*. Genre d'insectes coléoptères, à quatre articles aux trois paires de pattes, ou hétéromérés, de la famille des cylindroïdes, à antennes en masse, non portées sur un bec, et à corps cylindrique.

Aristote, *Histor. animal.*, lib. IX, et par suite Pline, lib. I, cap. XVI ; Swammerdam, et la plupart des auteurs systématiques, ont ainsi nommé, du mot grec κλῆρος, la larve de l'une des espèces de ce genre qui se développe dans les ruches, où elle fait beaucoup de tort aux abeilles : *Vermiculus est in alveo-*

rum pavimentis , nascens, quo excrescente velut araneâ obducitur al-
veus , et favi carie pereunt , ipsis scilicet unà cum fœtu putrefactis :
quod vitii genus clerum quoque eruditiores appellant , hoc est favi
fœtûsque putrefactionem.

Ce genre, établi d'abord par Geoffroy , et adopté ensuite par
de Géer et Fabricius, comprenoit des espéces que Linnæus
avoit rangées d'abord avec les attélabes ; mais ensuite il a été
subdivisé en un grand nombre d'autres genres. Ainsi, Olivier
en a retiré les espéces à cinq articles aux tarses, pour les placer
avec les tilles. Paykull, sous le nom de corynétes, et M. Latreille , sous celui de nécrobie, en ont extrait les espéces à
corselet rebordé, telles que le clairon bleu de Geoffroy, et
plusieurs voisines, dont Linnæus avoit fait des dermestes;
enfin Fabricius, dans son Entomologie systématique, a rapporté les autres espéces à ses genres trichodes, clairon et
notoxe.

Parmi les coléoptères à quatre articles à tous les tarses, les
clairons, par leurs antennes en masse, ne peuvent être confondus qu'avec les omaloïdes ; car ces antennes ne sont pas, comme
dans les rhinocères, supportées par une sorte de bec ou de
prolongement du front. Mais dans les clairons, le corps est
arrondi, et non aplati, et le corselet est cylindrique. Leurs antennes, à peu près du tiers de la longueur du corps, forment
aux dépens des trois derniers articles, une sorte de massue
presque triangulaire. Leur corps est cylindrique et velu. Leur
tête est, en grande partie, reçue dans le corselet, à yeux légèrement échancrés. Leurs élytres sont plus larges que le corselet,
avec un petit écusson arrondi.

On trouve l'insecte parfait le plus ordinairement sur les
fleurs des plantes ombellifères. Ses couleurs sont souvent brillantes, rouges, bleues et violettes. Les larves se nourrissent,
à ce qu'il paroît, de celles des autres insectes, principalement
des hyménoptères.

Les espéces principales de ce genre sont :

Le CLAIRON APIAIRE OU DES ABEILLES : *Clerus apiarius ; Trichodes* ,
Fabr. Bleu ; à élytres rouges brillantes, avec trois bandes bleues
foncées, la troisième terminale.

Il paroît que cette espèce se développe dans les ruches des
abeilles domestiques, où elle fait beaucoup de tort. Panzer l'a

figurée dans le 31.ᵉ cahier de sa Faune germanique, à la planche 13, et l'espèce suivante, sous le n.° 14.

Le CLAIRON ALVÉOLAIRE, *Clerus alvearius*. Bleu ; à élytres rouges, brillantes, avec une tache commune aux deux élytres, et trois autres bandes transversales d'un bleu foncé, dont la troisième n'occupe pas l'extrémité.

Ce clairon provient d'une larve qui est, dit-on, d'une couleur rouge, ce qui seroit bien étonnant pour un animal qui n'éprouve pas l'action de la lumière. On la trouve dans le nid des abeilles maçonnes, dont elle se nourrit des larves et des nymphes.

Le CLAIRON A HUIT POINTS, *Clerus octo punctatus*. Bleu ; à élytres rouges, avec chacune quatre points noirs.

Cette espèce se trouve au midi de l'Europe.

On connoit cinq ou six autres espèces d'Afrique et des Indes. On n'en a pas encore apporté d'Amérique. (C. D.)

CLAIRONES. (*Entom.*) M. Latreille a nommé ainsi la famille d'insectes coléoptères, dans laquelle il comprend, entre autres genres, celui des clairons. Voyez CYLINDROIDES. (C. D.)

CLAKIS. (*Ornith.*) En Ecosse, on donne ce nom et ceux de *claiks*, *clak-guse* et *claikgees*, à la bernache, *anas erythropus*, Linn. (CH. D.)

CLAMATORIA. (*Ornith.*) Voyez CLIVINA. (CH. D.)

CLANDESTINE (*Bot.*), *Lathræa*, Linn., genre de plantes di-cotylédones, monopétales, hypogynes, de la famille des oroban-chées, Juss., et de la *didynamie angiospermie*, Linn., dont les principaux caractères sont d'avoir un calice campanulé, qua-drifide ; une corolle monopétale, tubuleuse, à limbe partagé en deux lèvres, dont la supérieure concave, en casque, et l'inférieure partagée en trois lobes ; quatre étamines didy-names, cachées sous la lèvre supérieure, à anthères barbues d'un côté et aiguës de l'autre ; un ovaire supérieur glanduleux à sa base, surmonté d'un style de la longueur des étamines, et terminé par un stigmate tronqué ; une capsule uniloculaire, polysperme, à deux valves s'ouvrant avec élasticité.

Linnæus a réuni, sous la dénomination générique de *Lathræa*, trois genres de Tournefort, *Clandestina*, *Phelypæa* et *Anblatum*. M. Desfontaines a déjà rétabli le genre *Phelypæa* fondé sur des caractères distincts des *lathræa*. Il faudra aussi séparer de nou-veau le genre *Anblatum*, dont la corolle est à deux lèvres entières ; et alors il ne restera que deux espèces dans les vraies clandestines, la troisième n'ayant pas le caractère propre à celles-ci.

Les clandestines naissent sur les racines des arbres ; leur tige est charnue, chargée d'écailles au lieu de feuilles, et souvent en grande partie cachée sous la terre.

CLANDESTINE ORDINAIRE, vulgairem. HERBE CACHÉE, *Lathræa clandestina*, Linn., *Spec.* 843 ; Lam., *Illust.*, t. 551, f. 1. Sa tige est ordinairement cachée dans la mousse, au milieu de laquelle elle croît le plus souvent, et partagée en deux ou trois rameaux courts, épais, garnis d'écailles courtes, blanchâtres, serrées et comme imbriquées, tenant lieu de feuilles. Ses fleurs sont d'un pourpre violet, assez grandes, portées sur des pédoncules solitaires dans les aisselles des écailles supérieures ; la lèvre supérieure de leur corolle est entière, et l'inférieure a trois lobes. Cette plante croît dans les lieux humides et ombragés ; elle est vivace. Daléchamps attribue à cette plante une propriété fort extraordinaire : elle peut, selon lui, faire concevoir les femmes stériles. Il seroit sans doute trop long de copier ici la prétendue observation rapportée par cet auteur crédule, comme preuve des vertus de la clandestine ; c'est pourquoi nous nous contenterons d'indiquer à ceux qui voudroient s'amuser de ce conte ridicule, qu'il faut le lire dans la vieille traduction de Jean Desmoulins, vol. 1, pag. 959 et 960.

CLANDESTINE ÉCAILLEUSE ; *Lathræa squamaria.*, Linn., *Spec.* 844 ; *Flor. Dan.*, t. 136. Sa tige est simple, haute de trois à cinq pouces, garnie de quelques écailles écartées ; elle porte à sa partie supérieure plusieurs fleurs blanches ou purpurines, disposées en épi, moitié plus petites que dans l'espèce précédente, et ordinairement pendantes. Cette plante croît dans les lieux humides et couverts ; elle est vivace.

CLANDESTINE DU LEVANT : *Lathræa anblatum*, Linn., *Spec.* 844 ; *Anblatum orientale, flore purpurascente*, Tournef., *Coroll.* 48, t. 481. Cette plante diffère essentiellement des deux précédentes par sa corolle presque campanulée, partagée en deux lèvres qui sont l'une et l'autre très-entières. Elle croît dans le Levant. (L. D.)

CLANGA. (*Ornith.*) Il résulte des observations consignées par M. Fréd. Cuvier, pag. 301 et suiv. du tom. XIV des Annales du Muséum d'Histoire naturelle, que l'oiseau de proie auquel les anciens naturalistes donnoient les noms de *clanga*, *planga* et *morphnos*, étoit vraisemblablement l'orfraie, jeune âge du pygargue. (Сн. D.)

CLANGUEUR. (*Ornith.*) Ce terme, traduit du latin *clangor*, est employé pour exprimer le cri retentissant de plusieurs oiseaux palmipèdes. (Сн. D.)

CLANGULA. (*Ornith.*) L'oiseau que Gesner décrit sous ce nom, *de Avibus*, liv. III, p. 116, est le garrot, espèce de canard nommée par Linnæus *anas clangula*. (Сн. D.)

CLANGULUS, Bouton. (*Conch.*) C'est un genre assez peu important, établi par M. Denys de Montfort, pour une coquille que M. de Roissy range parmi les monodontes de M. de Lamarck, mais qui en diffère essentiellement parce qu'elle est ombiliquée, que son ouverture est dentée assez irrégulièrement, ainsi que la columelle. Le type de ce genre est connu vulgairement sous le nom de bouton de camisole, turban de Pharaon, *trochus pharaonicus* de Linnæus, figurée dans Gualtieri, tab. 63 B. C'est une assez petite coquille à spire conique, de couleur rouge, couverte de stries formées par des points ou tubercules blancs, noirs et rouges. Elle se trouve dans les mers Rouge, Méditerranée et du Brésil. Elle est fort recherchée dans les collections. (DE B.)

CLAPALOU (*Bot.*), nom ancien d'un calac, *carissa*, de Coromandel. (J.)

CLAQUET DE LAZARE. (*Conch.*), nom marchand du spondyle commun, *spondylus gœderopus* de Linnæus. (DE B.)

CLAQUETTE DE LÉPREUX ou DE LADRE (*Conch.*), nom que, d'après Rumph, on donne en Hollande à la coquille du spondyle commun, *spondylus gœderopus*, Linn., coquille qui, par la disposition de sa charnière, permet aux deux valves de rester unies, et de claquer aisément, quand on laisse l'une retomber sur l'autre, en faisant un bruit qui ressemble assez à celui que faisoient les espèces de castagnettes dont les lépreux étoient obligés de se servir autrefois en Hollande pour avertir de leur passage. (DE B.)

CLARCKIA (*Bot.*), genre de la famille des onagraires, de l'*octandrie monogynie* de Linnæus, caractérisé par un calice tubulé, à quatre découpures profondes ; une corolle composée de quatre pétales en croix, à trois lobes; huit filamens, dont quatre stériles; un style; une capsule à quatre loges. Ce genre se rapproche des onagres, *œnothera*: il ne renferme que l'espèce suivante :

Clarckia élégante ; *Clarckia elegans*, Purs., *Fl. Amer.*, 1, pag. 260, tab. 11. Cette plante est digne de trouver place dans nos parterres par l'élégance, la beauté et la grandeur de ses fleurs. Elle a été découverte sur les bords de la rivière de Clarcke, dans l'Amérique septentrionale. Ses racines sont grêles, alongées, presque simples, garnies à leur partie inférieure de quelques fibres courtes; ses tiges sont glabres, herbacées, cylindriques, hautes d'un pied et plus, légèrement ramifiées vers leur sommet ; les feuilles glabres, distantes, sessiles, alternes, entières, linéaires, très-étroites, un peu obtuses, longues de deux ou trois pouces. Les fleurs sont grandes, d'un pourpre brillant, solitaires, presque sessiles, placées dans l'aisselle des feuilles supérieures, formant, par leur ensemble, une grappe droite, simple, terminale; leur calice ressemble à celui des onagres; les pétales sont onguiculés; leur limbe divisé en trois grands lobes obtus, un peu échancrés, les deux latéraux divergens; quatre étamines pourvues d'anthères linéaires et roulées; quatre autres une fois plus courtes, surmontées d'anthères arrondies, stériles; un style presque aussi long que la corolle; le stigmate d'un jaune pâle, à quatre lobes arrondis; le fruit consiste en une capsule à quatre loges polyspermes. (Poir.)

CLARIA. (*Ichthyol.*) Belon paroît avoir désigné sous ce nom la lotte commune. Voyez Gade et Lotte. (H. C.)

CLARIAS. (*Ichthyol.*) Gronou a ainsi appelé l'anguille du Nil, *silurus anguillaris*, Hasselq. Voyez Macroptéronote. (H. C.)

CLARIFICATION (*Chim.*), opération dont le but est, à proprement parler, de séparer d'un liquide des corps qui s'y trouvent en suspension, et qui en troublent plus ou moins la limpidité.

Il sembleroit que la clarification ne seroit qu'une opération mécanique, parce que, d'après la définition, une matière qui est suspendue dans un liquide n'est point en combinaison; qu'en conséquence les procédés de clarification seroient entièrement mécaniques: mais nous ferons observer que dans beau·

coup de cas où l'on exécute ces procédés, il se produit des actions chimiques; c'est ce que nous allons prouver en exposant plusieurs des pratiques suivies pour clarifier des liquides.

CLARIFICATION PAR REPOS. Ce moyen ne doit être employé que dans les cas où le liquide n'est pas altérable, ou bien dans ceux où les corps qu'il peut tenir en dissolution exigent, pour leur décomposition spontanée, un temps plus long que celui qui est nécessaire pour la formation du dépôt. Ainsi, de l'eau, dans laquelle de la craie, de l'argile, ont été délayées par des causes quelconques, abandonnée à elle-même, s'éclaircit : il en est de même du suc de citron obtenu par la presse; on peut l'obtenir clair en le laissant reposer, par la raison que la matière en suspension demande, pour se précipiter, un temps moins long que celui qui est nécessaire à la décomposition du suc, etc. La clarification par le repos se fait ou par la différence de densité qui existe entre le liquide et la matière qui s'y trouve suspendue, ou par la cohésion des particules de cette matière, ou enfin par ces deux causes réunies.

CLARIFICATION PAR ADDITION D'EAU. Il est des liquides qui, étant abandonnés à eux-mêmes, ont besoin, pour s'éclaircir promptement, de l'addition d'une certaine quantité d'eau. Dans ce cas, l'eau peut agir de plusieurs manières : 1.º le liquide a une densité égale ou à peu près égale à celle du corps suspendu; l'eau qu'on y ajoute diminue la densité du liquide, et détermine ainsi la précipitation du solide; 2.º le liquide exerce sur le corps suspendu une certaine action chimique assez grande pour surmonter la différence de densité; l'addition d'eau, en affoiblissant cette action, détermine le dépôt.

CLARIFICATION PAR FILTRATION. Ce procédé très-usité est fondé sur ce que le corps suspendu est en particules trop grossières pour passer au travers des interstices du filtre, tandis que les particules liquides y passent avec facilité. La filtration est le tamisage d'un liquide. De ce qu'un liquide abandonne quelque matière en traversant un filtre, il n'en faut pas toujours conclure que ce filtre n'a qu'une action mécanique; car il est des cas où le corps séparé l'est en vertu d'une action chimique, exercée par la substance même du filtre : c'est ce que j'ai démontré à l'égard d'un papier au travers duquel on fait passer une

solution de caméléon minéral. (Voyez MANGANÈSE.) Cette solution ne contient pas d'oxide de manganèse en suspension, et
cependant le papier s'empare d'une portion de cet oxide qui
s'y trouvoit en véritable combinaison.

CLARIFICATION PAR LE CHARBON. En faisant passer un liquide
trouble au travers du charbon, on le clarifie très-bien ;. mais
alors, suivant la nature des corps, il peut y avoir des actions
différentes, le charbon pouvant agir, 1.° comme filtre mécanique qui retient dans ses interstices les corps suspendus dans
le liquide; 2.° comme matière qui a de l'affinité pour des substances dissoutes dans ce liquide. C'est ainsi qu'il s'empare de
beaucoup de corps odorans et colorés qui peuvent se trouver
dans l'eau. Voyez CHARBON.

CLARIFICATION PAR L'ALUMINE OU L'ARGILE. Des corps colorés
en suspension ou en dissolution dans l'eau, s'attachent sur
l'alumine ou l'argile que l'on agite avec cette eau.

CLARIFICATION PAR LA GÉLATINE OU LA COLLE FORTE. Lorsque des
substances astringentes altèrent la transparence des sucs végétaux, on peut les précipiter avec de la colle de poisson ou de
la colle forte; il se produit alors une combinaison de gélatine
et de substance astringente. Presque toujours la gélatine précipite une certaine quantité de substance astringente qui étoit
en dissolution. La présence d'un acide facilite l'action de la
gélatine dans beaucoup de circonstances.

CLARIFICATION PAR L'ALBUMINE ET LA CHALEUR. L'albumine, lorsqu'on en aide l'action par la chaleur, a plus d'action que la
gélatine pour clarifier les liquides; car non-seulement elle précipite toutes les substances astringentes, mais elle agit encore
sur les substances non astringentes qui sont en suspension. La
raison en est que l'albumine se coagulant par la chaleur en une
masse solide, enveloppe ces substances comme dans un réseau,
et les entraîne avec elle sous la forme de flocons où d'écumes.

CLARIFICATION PAR LA CHALEUR. L'action de la chaleur, dans
la clarification des liquides, peut avoir plusieurs causes : 1.° en
diminuant la densité d'un liquide dans une proportion plus
grande que celle d'un solide suspendu, elle favorise le dépôt
d'un corps qui auroit été long-temps à se précipiter à cause de
la trop petite différence de densité entre ce corps et le liquide;
2.° en dilatant les particules d'un liquide dans une proportion

plus grande que les particules du solide, elle permet à celles-ci d'obéir à leur force de cohésion ; 3.° en déterminant la coagulation de l'albumine ou d'une substance analogue qui se trouve naturellement contenue dans un liquide : c'est ce qui arrive à la plupart des sucs d'herbes et de feuilles qui sortent troubles de la presse, et qui s'éclaircissent lorsqu'on les expose au feu, parce que la matière suspendue est enveloppée par une substance qui se coagule.

CLARIFICATION OPÉRÉE PAR QUELQUES GOUTTES DE LIQUIDE SALIN. J'ai observé que des liqueurs qui tenoient en suspension du pourpre de Cassius, dans lesquelles on portoit avec le bout d'un tube une très-petite quantité d'un liquide salin ou même acide, s'éclaircissoient sur-le-champ en laissant déposer le pourpre qui s'y trouvoit ; j'ignore absolument la cause de cet effet. (CH.)

CLARIONEA. (*Bot.*) M. Lagasca avoit d'abord nommé ainsi un genre de plantes établi par lui dans la famille des synanthérées, et qui appartient à notre tribu naturelle des nassauviées ; mais depuis, il a jugé à propos de changer son premier nom, sous lequel M. Decandolle l'a publié, en celui de PEREZIA, sous lequel nous le ferons connoître, pour nous conformer aux intentions de l'auteur. (H. CASS.)

CLARISIA (*Bot.*), genre établi par les auteurs de la Flore du Pérou, pour quelques arbres encore peu connus. Il appartient à la famille des amentacées, et à la *diœcie diandrie* de Linnæus. Il offre pour caractère essentiel des fleurs incomplètes, dioïques ; les mâles réunies en un chaton filiforme, marqué d'un sillon en spirale ; une petite écaille pour calice ; point de corolle ; deux étamines ; les fleurs femelles composées de cinq à six écailles en rondache formant chacune un calice dans lequel est renfermé un ovaire surmonté de deux styles soudés à leur base, auquel succède un drupe à une seule semence.

Ce genre renferme les deux espèces suivantes :

CLARISIA A GRAPPES ; *Clarisia racemosa*, Ruiz. et Pav., *Syst. veg., Fl. Per.*, pag. 255. Arbre d'environ quinze à vingt pieds, d'un bois très-dur, revêtu d'une écorce rouge à l'intérieur, et d'où découle un suc laiteux. Les feuilles sont oblongues, acuminées, veinées, rayées, et les fleurs femelles disposées en grappes. Il croît au Pérou, dans les grandes forêts.

Clarisia biflore; *Clarisia biflora*, Ruiz. et Pav., *Fl. Per.*, l. c.
Cet arbre croît au Pérou, le long des rivages. Il offre le même
port que le précédent; mais son écorce intérieure est d'un blanc
jaunâtre : ses feuilles sont en ovale renversé, sont veinées
et terminées par une longue pointe, et ses fleurs femelles réunies deux à deux. (Poir.)

CLASSES. (*Hist. Nat.*) Les naturalistes ayant rassemblé toutes
les productions de la nature en différens groupes, suivant les
degrés de ressemblance qu'elles ont entre elles, ont employé le
nom de classe pour désigner certains de ces groupes, et ordinairement ceux d'un rang assez élevé et qui en contiennent eux-
mêmes d'autres : les ordres, les genres et les espèces. (F. C.)

CLASTA (*Bot.*), genre de Commerson, établi pour une
plante des Indes orientales que Ventenat (Choix des Plantes,
pag. 47) a réunie au *casearia*, sous le nom de *casearia fragilis*.
Nous avons cru ne point devoir séparer les *casearia* des *samyda*.
(Voyez Samyde.) La plante dont il est ici question, est un arbre
de moyenne grandeur, garni de rameaux cylindriques, presque
droits. Les feuilles sont glabres, alternes, pétiolées, un peu
épaisses, ovales-lancéolées, luisantes, très-entières, longues
de quatre pouces, larges de deux, accompagnées de stipules;
les pédoncules sont axillaires, uniflores; les fleurs blanchâtres;
le calice à cinq divisions profondes ; les étamines soudées en
anneau à leur base; dix filamens stériles, alternes avec ceux
qui portent les anthères, velus et plus courts. Le fruit consiste
en une capsule charnue, pyriforme, creusée de trois sillons.
Peut-être est-ce la même plante que le *tsierou-kanneli*, Rheed.,
Hort. Malab., 5, tab. 50; mais, dans la plante de Rheede, les
organes de la fleur ont une sixième partie de plus. (Poir.)

CLATHRE (*Bot.*), *Clathrus*, genre de la famille des champignons, division des gymnocarpes ; il est voisin des satyres et
des morilles, et s'en distingue par sa forme branchue, dont
les rameaux, diversement anastomosés en manière de grille
sphérique, laissent suinter de toutes parts une liqueur qui contient les graines. Dans son jeune âge, ce grillage est contenu
dans une volve.

Le Clathre cancellé : *Clathrus cancellatus*, Linn.; Decand.,
Fl. Fr.; *Clathrus*, Mich., *Gen.*, tab. 93; Barr., *Icon.*, tab. 1265;
Clathrus volvaceus, Bull., Ch., tab. 441; *Boursette à barreaux*,

Paulet. Ce champignon ressemble, dans son très-jeune âge, à un petit œuf blanc, qui ne tient à la terre que par une petite racine : bientôt l'œuf se déchire et laisse croître un treillage formé de branches cylindriques, qui varie de couleur ; car il est tantôt blanc ou jaune, tantôt orangé ou d'un rouge de feu. Il s'élève à trois ou quatre pouces au plus, et finit par se résoudre en une liqueur extrêmement fétide.

On trouve ce champignon très-curieux dans les lieux stériles et les bois secs, dans le midi de l'Europe. Micheli en distingue des variétés qui sont des espèces pour lui et pour M. Persoon : l'une est la rouge, *clathrus ruber*, Mich., Pers. ; l'autre, la jaunâtre, *clathrus albus*, Mich. ; *flavescens*, Pers. Ce champignon varie beaucoup pour la grandeur et les couleurs. Il a fait le sujet des observations de Réaumur ; cet académicien célèbre lui donne le nom de *morille* branchue, et le classe, comme Tournefort, avec les *boletus* de ce botaniste, qui sont les morilles. La variété rouge a été décrite autrefois par Césalpin, sous la dénomination d'*ignis sylvestris*, que les Italiens lui donnent encore en l'appelant *fuoco salvatico*. Paulet dit qu'il se dessèche fort bien, et rapporte un fait qui prouve que le clathre cancellé est un champignon pernicieux.

Le Clathre colonnaire ; *Clathrus colonnarius*, Nob. ; Bosc, Dict. Hist., Déter., vol. 7, pl. B., fig. 26. Celui-ci sort également d'une volve ; mais il n'est formé que de quatre branches droites, réunies par leur sommet. D'après Rafinesque Schmaltz, des graines seroient situées sur le bord de ses branches. Il croît en Caroline, où il a été observé par M. Bosc, et en Pensylvanie, où il a été découvert par M. Rafinesque Schmaltz. Ce dernier naturaliste en fait un genre particulier, qu'il nomme *Colonnaria*, dans lequel il rapporte deux espèces appelées par lui *urceolata* et *truncata*.

Le Clathrus campana, de Loureiro, n'appartient pas à ce genre. Voyez Nam-Ram. (Lem.)

CLATHROIDASTRUM (*Bot.*), genre établi par Micheli, que Linnæus confondoit avec le *clathrus*, et qu'Adanson a rétabli. Les botanistes modernes l'ont réuni avec Bulliard au *trichia*, ou à l'*embolus*, genre non conservé. M. Persoon le regarde comme un genre distinct, qu'il nomme *stemonitis*. Micheli en indique deux espèces qui rentrent dans le *clathrus*

nudus, Linn., ou *trichia axifera*, Bull., ou *stemonitis fascicu-*
lata, Pers. Voyez STEMONITIS. (LEM.)

CLATHROIDES (*Bot.*), genre établi par Micheli dans la
famille des champignons, réuni au *clathrus* par Linnæus, adopté
par Haller sous le nom de *sphærocephalus*; par Gleditsch et
Gmelin, sous celui de *stemonitis*, et par Adanson sous celui
imposé par Micheli. Il rentre dans l'*arcyria* de M. Persoon, et
le *trichia* de Bulliard. Micheli décrit trois espèces de ce genre;
la principale est l'*arcyria punicea*, Pers., décrite dans ce
Dictionnaire à l'article ARCYRIA. (LEM.)

CLATHRUS (*Bot.*), genre créé par Micheli, pour y placer le
champignon décrit ci-dessus sous le nom de *clathre cancellé*.
(Voyez CLATHRE.) Linnæus nomma ensuite *clathrus* un genre
qui comprenoit les genres *Clathrus*, *Clathroides* et *Clathroidas-*
trum, de Micheli, réunion qui ne peut être admise, puisque
les deux derniers renferment des champignons pédiculés totalement différens du véritable *clathre*. Les botanistes modernes
ont rétabli, sous d'autres noms, les genres CLATHROIDES et
CLATHROIDASTRUM de Micheli. Voyez ces mots. (LEM.)

CLATHRUS. (*Conch.*) M. Ocken, dans ses Elémens d'Histoire
naturelle, désigne sous ce nom le genre SCALAIRE. Voyez ce
mot. (DE B.)

CLATTER-GOOSE (*Ornith.*), OIE CRIARDE, nom anglois du
cravant, *anas bernicla*, Linn. (CH. D.)

CLAUDÉE (*Bot.*), *Claudea*, genre de plantes cryptogames de
la famille des algues, section des ulves. Son caractère consiste
dans les conceptacles, en forme de silique, attachés aux nervures de la fronde par les deux extrémités.

La CLAUDÉE ÉLÉGANTE: *Claudea elegans*, Lamour., Ann. Mus.,
tom. 20, pl. 8, fig. 2, 3, 4; *ejusd.*; Essai, p. 33, pl. 2, f. 2, 3, 4.
C'est, sans contredit, la plus extraordinaire de toutes les plantes
marines par sa forme et par sa fructification. « D'un petit em-
patement qui sert de racine, s'élève une tige rameuse et feuillée. Ces feuilles (*frondes*) émettent sur un seul côté une membrane invisible à l'œil nu dans l'état de dessiccation, à bords
échancrés comme les ailes des chauve-souris, et se courbant
presque en demi-cercle. Cette membrane est soutenue par
des nervures qui partent de la nervure principale; rapprochées à leur origine, elles s'éloignent en divergeant vers les

bords, et se courbent légèrement au sommet des feuilles. Elles sont liées par d'autres nervures parallèles, et réunies les unes aux autres par de petites fibres parallèles entre elles et aux nervures rayonnantes ou secondaires, de sorte que les feuilles sont ornées de quatre ordres de nervures, se croisant presque à angle droit, et diminuant de grosseur en diminuant de grandeur ; la membrane paroît séparée de la nervure principale qui n'est qu'un prolongement de la tige ou des rameaux.

« Dans la partie moyenne des feuilles, présentant une courbure presque parallèle à leurs bords, se trouve une grande quantité de fructifications formées par la réunion des petites fibres et des petites nervures, et par la destruction de la membrane. Ce sont des tubercules (conceptacles) en forme de silique, attenués aux deux extrémités, et fixés par elles aux nervures rayonnantes. On trouve quelquefois jusqu'à douze de ces tubercules parallèles les uns aux autres, et situés entre les mêmes nervures ; ils sont remplis de capsules granifères presque visibles à l'œil nu. » Cette plante a de trois à six pouces de longueur ; ses couleurs, sont le feu, le rouge, le violet, le vert et le jaune, nuancés d'une manière agréable. Cette plante très-délicate a été découverte sur les côtes de la Nouvelle-Hollande, par l'infatigable Péron, que les sciences regrettent encore, et par son ami Lesueur. Dans les cahiers de planches qui accompagnent ce Dictionnaire, on en trouvera une représentant cette singulière plante marine. On doit à M. de Labillardière la connoissance d'une seconde espèce de claudée par lui découverte dans la mer qui baigne la terre de Van Diémen. (LEM.)

CLAUJOT. (*Bot.*) Le gouet commun porte ce nom dans quelques départemens. (L. D.)

CLAUSEN (*Bot.*), *Clausena*, Burm., *Fl. Ind.*, pag. 87, tab. 29. La plante qui forme ce genre est trop imparfaitement connue pour qu'il puisse être rapporté avec certitude à sa famille naturelle : il paroît néanmoins se rapprocher des térébinthacées, et il appartient à l'*octandrie monogynie* de Linnæus. Son caractère consiste dans un calice court, à quatre dents ; quatre pétales sessiles ; huit étamines ; les filamens dilatés, épaissis et creusés à leur base entourant l'ovaire ; les anthères vacillantes ; un ovaire supérieur ; un style ; un stigmate. Le fruit est inconnu.

L'espèce qui constitue ce genre, est

Le CLAUSEN A FILETS CREUX, *Clausena excavata*, Burm. Arbrisseau de l'île de Java, dont les feuilles sont alternes, ailées ; les folioles pédicellées, très-nombreuses, ovales-oblongues, pubescentes, à peine crénelées à leur contour. Ses fleurs sont fort petites, disposées en grappes paniculées; leur calice est d'une seule pièce, très-court, un peu plane, à quatre dents ; la corolle composée de quatre pétales sessiles, arrondis ; les étamines plus courtes que la corolle ; les filamens en alène, élargis, épaissis et creusés à leur partie inférieure qui enveloppe l'ovaire : celui-ci est supérieur, arrondi, surmonté d'un style cylindrique, plus court que les étamines, terminé par un stigmate simple. (POIR.)

CLAUSILIE (*Conch.*), *Clausilia.* C'est un genre de coquilles appartenant à la famille des limaçons ou *helix*, avec lesquels Linnæus et un grand nombre d'auteurs les confondent même encore, et qui en a été séparé par Draparnaud. Ses caractères peuvent être exprimés ainsi : Animal des *helix*, dont les tentacules inférieurs sont beaucoup plus courts, avec un osselet élastique dans le dernier tour de spire d'une coquille cylindracée, alongée, à spire mousse; le dernier tour plus petit que le pénultième ; l'ouverture évasée, large, entière, à bords réunis, offrant une sorte d'échancrure à leur réunion pour l'orifice pulmonaire. Dans ces sortes de coquilles, la columelle, à sa terminaison, se divise en deux lames, dont une, plus petite, sert à former, avec l'évasement de l'angle postérieur du bord droit, une sorte de canal pour le passage du bord de l'orifice de la cavité pulmonaire, et dont l'autre se sépare, se partage plus ou moins, et forme une ou deux dents au bord interne du bord gauche. On trouve en outre, plus profondément, une autre lame, non visible sans fracture, qui se contourne sur la fin de la columelle. Elle est blanche, un peu élastique, et se termine en pointe fort mince du côté de la spire. C'est là ce que Draparnaud nomme l'osselet élastique, et qu'il paroît supposer, mais peut-être à tort, pouvoir clore l'ouverture de la coquille. J'avoue que mes observations ne sont pas encore suffisantes pour déterminer au juste les usages de cette partie, qui pourroit bien être indépendante de la coquille, et qui paroît ne pas se trouver dans toutes les espèces de ce genre, ni même à tous les âges, d'après l'opinion de M. de Férussac. Quoi qu'il en soit, les animaux de ce genre ont toutes les habitudes des véritables limaçons. On les trouve dans les lieux humides, dans les mousses, les crevasses des vieux arbres, etc. Ils ont les plus grands rapports avec les maillots, avec lesquels Draparnaud lui-même, les a long-temps confondus.

M. de Férussac, qui n'admet ce genre que comme une division du grand genre *Helix*, annonce en connoître vingt-deux espèces, qu'il divise en celles qui sont gauches et celles qui ne le sont pas, puis en espèces avec ou sans dents. Draparnaud n'en décrit que neuf, qui sont figurées dans son ouvrage sur les mollusques fluv. et terrestr., pl. 4.

La CLAUSILIE LISSE; *Clausilia bidens*, Drap. Coquille fusiforme, un peu ventrue, de couleur de corne, transparente et luisante, lisse et très-légèrement striée; ouverture ovale, deux plis ou lames sur la columelle, et deux autres moins saillans sur le côté opposé; l'osselet échancré latéralement à son sommet. Se trouve dans toute la France.

La CLAUSILIE SOLIDE; *Clausilia solida*, Drap. Assez semblable à la précédente, mais moins grande, moins ventrue, moins luisante, beaucoup plus striée. Elle est également plus blanchâtre inférieurement, et son ouverture est plus arrondie et rétrécie par les deux dents de la columelle, et par un pli transversal blanc du bord latéral. L'osselet est entier. Du midi de la France.

La CLAUSILIE DOUTEUSE; *Clausilia dubia*, Drap. Coquille d'un brun châtain foncé, striée, un peu plus petite que la précédente. L'ouverture également ovale et un peu rétrécie. Elle paroît assez peu distincte de la clausilie solide. On ignore sa patrie.

La CLAUSILIE FRONCÉE: *Clausilia corrugata*, Drap.; *Bulimus corrugatus*, Encycl. méth. Coquille plus grande que la précédente, cendrée, épaisse, opaque; spire de treize à quatorze tours, peu bombés et lisses, excepté l'inférieur qui est fortement ridé; ouverture ovale; deux plis à la columelle, un pli transversal vers le bord latéral dans le fond de l'ouverture; fente ombilicale très-profonde. Des environs de la Rochelle.

La CLAUSILIE PAPILLEUSE: *Clausilia papillaris*, Drap.; *Turbo bi-*

dens, Linn. Coquille de la grandeur de la clausilie solide, un peu transparente, striée longitudinalement, d'un brun pâle ou cendré, ayant dix ou douze tours à la spire ; la suture peu profonde, marquée de petits tubercules blancs ; l'ouverture comme dans les précédentes. De la France septentrionale.

La CLAUSILIE VENTRUE; *Clausilia ventricosa*, Drap. Coquille fusiforme, ventrue, transparente, d'un brun plus ou moins foncé, marquée de stries longitudinales saillantes. La columelle a deux plis. Se trouve dans la Bresse, sous l'écorce des vieux arbres.

La CLAUSILIE PLISSÉE ; *Clausilia plicata*, Drap. Coquille fusiforme, un peu ventrue, un peu transparente, d'un brun plus ou moins foncé, marquée de stries assez saillantes; la suture assez profonde, souvent marquée de petites taches blanches ; ouverture ovale, rétrécie supérieurement : deux plis à la columelle; huit à dix petites lames peu saillantes sur le bord latéral ; le péristome blanchâtre et avancé, évasé, réfléchi et détaché de l'avant-dernier tour. De la France septentrionale, et surtout des environs du Jura.

La CLAUSILIE RUGUEUSE ; *Clausilia plicatula*, Drap. Coquille d'un brun pâle, marquée de stries élevées ; l'ouverture ovale, rétrécie supérieurement et garnie de quatre, cinq et quelquefois six plis sur la columelle. Du nord de la France.

La CLAUSILIE RIDÉE ; *Clausilia rugosa*, Drap. Coquille grêle, fusiforme, brune, marquée de stries élevées ; la spire de douze à treize tours ; columelle garnie de deux plis ; péristome détaché de la spire, avancé, blanchâtre, un peu évasé et réfléchi ; l'osselet élastique, un peu roulé en oubli. Elle se trouve sur les murs.

Toutes ces espèces sont gauches. (DE B.)

CLAUSS-RAPP (*Ornith.*), nom que l'on donne en Styrie et en Bavière, au coracias huppé, ou sonneur, de Buffon, *corvus eremita*, Linn. (CH. D.)

CLAUSULIE (*Conch.*), *Clausulius*. Von Fichtel, *Test. micr.*, p. 118, t. 24, f. a f, décrit et figure, sous le nom de *nautilus melo*, un corps organisé fort petit, qui est très-probablement intérieur, mais qu'il est fort difficile de regarder comme une coquille. Aussi quelques auteurs l'ont-ils placé parmi les échinites. M. Denys de Montfort en fait un genre distinct, sous le nom de *clausulie*, et lui donne des caractères qui sont un peu dépendans de la place qu'il lui assigne, c'est-à-dire dans ses coquilles polythalames cloisonnées. Les voici : coquille libre, univalve, cloisonnée et cellulée, globulaire, contournée en spirale ; le dernier tour renfermant tous les autres ; bouche sériale, cellulée, étroite, de toute la longueur de la coquille, et recevant en plein le retour de la spire ; cloisons unies et sériales. Le fait est que ce corps organisé, qu'il nomme le clausulie indicateur, *clausulius indicator*, est un globe parfait, partagé régulièrement par des côtes saillantes, se portant d'un pôle à l'autre, et dont les intervalles sont striés en travers. Ce que M. Denys de Montfort nomme la bouche, est une série de paire de trous faits en gueule de four, qui se trouve occuper le bord d'une côte. Ces petits corps, qui sont tantôt blancs et tantôt ocracés, n'ont été rencontrés jusqu'ici qu'à l'état fossile, à Brunn, à Steinfeld, en Hongrie, en Autriche, en Transylvanie, dans la pierre puante noire de Duina, sur le bord de la mer Adriatique. (DE B.)

CLAVA. (*Polyp.*) M. Ocken forme sous ce nom un petit genre avec l'*hydra gelatinosa* de Gmelin. Ses caractères sont : tentacules disposés en touffe ; animal en forme de massue, contenu dans une enveloppe gélatineuse. C'est un très-petit animal, gélatineux, et dont le corps alongé se termine en massue et est couronné par douze tentacules. Il se trouve dans les eaux de la mer, réuni en famille sur les fucus. Il est figuré dans la Zoologie danoise de Muller, tom. 3, pag. 23, tab. 95, fig. 1-2. (DE B.)

CLAVAGELLE (*Conch.*), *Clavagella*. C'est un genre nouvellement proposé, mais non publié que je sache, par M. de Lamarck, pour une coquille fossile que l'on trouve à Grignon et même en Italie, et qui est bien remarquable en ce qu'elle conduit à se faire une idée raisonnable de ce tube calcaire, connu sous le nom d'arrosoir ou de *penicillus*. Les caractères de ce genre me paroissent pouvoir être, au moins provisoirement, exprimés ainsi : coquille ovale, dont une des valves est libre dans l'intérieur, et l'autre engagée dans les parois d'un tube calcaire assez court, renflé en forme de massue, un peu comprimé, terminé à l'une de ses extrémités par un seul orifice arrondi, et à l'autre par un assez grand nombre d'épines fistuleuses. Cette coquille, qui nous semble être la même que

M. de Lamarck a publiée dans le volume XII des Annales du Muséum, sous le nom de *fistulana echinata*, diffère essentiellement des fistulanes, avec lesquelles elle a beaucoup de rapports, en ce qu'il y a une des valves de la véritable coquille engagée ou adhérente ; ce qui la rapproche du *penicillus*, où toutes les deux le sont. Les épines fistuleuses qu'on observe à son extrémité ont en outre quelque analogie avec celles qui occupent tout le disque dans ce dernier genre. Il nous paroit aussi qu'on devra rapporter à ce genre la coquille fossile que M. Brocchi décrit et figure sous 'e nom de *teredo clavata*, dans sa Conchyliologie subapennine. Mais, ce qu'il y a de remarquable dans celle-ci, c'est que la coquille intérieure, que, par analogie avec les fistulanes, on devroit supposer appartenir réellement à l'animal qui a fabriqué le tube, et par conséquent être toujours identique, étoit cependant différente, non-seulement d'espèce, mais même de genre ; sur trois individus observés par M. Brocchi, il s'en est même trouvé un où les deux valves étoient également libres. Il est assez difficile d'expliquer surtout le premier fait, à moins que d'admettre avec M. Brocchi, que l'animal a enveloppé par accident la coquille dans son tube, ou que ces bivalves se sont introduites dans la fistulane ; et en effet, M. Brocchi dit avoir trouvé une fois la coquille interne libre, et non contenue dans un tube. Voyez Fistulane. (De B.)

CLAVAIRES (*Bot.*), *Clavaria*. Ce sont des champignons gymnocarpes, d'une consistance charnue, le plus souvent fragile, et qui émettent leur semence par tous les points de leur surface. Ils sont droits, simples ou rameux, et vivent soit à terre, soit sur les végétaux morts, ou sur les bois à demi pourris. On en connoît un très-grand nombre d'espèces, environ quatre-vingt-dix. Elles croissent presque toutes en Europe : on connoît à peine les étrangères.

Le genre Clavaire actuel a été formé par M. Persoon : il n'est qu'un démembrement du *Clavaria* de Linnæus. Les espèces coriaces, qui faisoient partie de celui-ci, constituent les deux genres *Geoglossum* et *Merisma* de Persoon, que tous les botanistes n'adoptent pas. On a ôté encore du *clavaria* de Linnæus quelques espèces subéreuses, qui rentrent dans le genre *Sphœria*; elles offrent. à leur moitié inférieure, des loges distinctes, et à leur sommet, un mamelon muqueux, regardé comme un organe mâle. Ces clavaires ont été nommées clavaires monoïques par Bulliard.

On a ôté du genre *Clavaria*, Linn., des espèces qui y avoient été placées par lui ou par les botanistes qui ont suivi sa méthode, pour les mettre dans les genres *Leotio*, *Isaria*, *Hydnum*, *Helotium*, *Acrospermum*, ou pour en faire des genres particuliers, tels que le *Spathularia* et le *Ramaria*; ce dernier, le *Coralloides* de Tournefort, n'a pas été adopté.

Les espèces du genre actuel *Clavaria* forment deux groupes distincts, que nous allons indiquer, ainsi que les espèces les plus remarquables de chacun de ces groupes.

§. I. *CLAVAIRES RAMEUSES*: *Ramaria*, Homskiol; *Manina*, Adans.

CLAVAIRE CORALLOÏDE; *Clavaria coralloides*, Linn.; Bull., Champignons, tab. 222 et 496, f. 3. Jaune, blanche, brune ou fauve, charnue, rarement simple, ordinairement très-rameuse, à branches droites, coralloïdes, entrelacées, cylindriques, très-fragiles, à surface ondulée. Cette espèce, la plus intéressante de ce genre, s'élève de deux à quatre pouces; elle offre beaucoup de variétés, soit de couleur, soit de formes et de ramifications : c'est un gros tronc d'où s'élèvent un grand nombre de branches. Elle croît à terre, dans les bois et les forêts; c'est à l'automne qu'elle paroît. On la mange dans presque tous les pays où elle croît un peu abondamment; c'est un manger sain et délicat. On prétend même que c'est un des champignons les plus sûrs ; mais il demande à être cueilli à propos. L'on remarque qu'il est fort indigeste, lorsqu'on le cueille quand sa couleur commence à se ternir, ou que sa chair devient mollasse, ou même que les vers l'attaquent. A raison de l'usage qu'on fait de ce champignon, il a reçu beaucoup de noms différens.

En Lorraine, on le nomme pattes d'alleur, ou griffe de buse ; en Languedoc, gallinolle, gallinette, espignette; en Bourgogne, diablos; à Villers-Coterets, menotte, ou mainote ; et ailleurs, barbe de chèvre, poule, mousse, buisson, griffe, ganteline, chevrette, cheviligne, bouquimbarve, tripette, pied de coq, balai, menotte blanche ou jaune, dzénellie, etc.

Cette espèce est non moins recherchée en Allemagne qu'en France, et elle y porte un bien plus grand nombre de noms : on la mange fraîche ou confite au vinaigre. Il y a des personnes qui la font bouillir d'abord dans de l'eau ; puis elles l'en retirent pour la manger au beurre, ou bien pour en assaisonner différens mets à la façon du champignon ordinaire. D'autres personnes ne prennent aucune précaution préliminaire, et fricassent ce champignon diversément. Pour le confire il faut le faire blanchir auparavant, c'est-à-dire, le faire passer à l'eau bouillante ; puis on l'essuie et on le met dans du vinaigre.

CLAVAIRE CENDRÉE ; *Clavaria cinerea*, Bull., Champ., t. 354. Cendrée ou grise, très-rameuse et droite ; rameaux épais, aplatis à leur sommet, sinueux sur les bords. Cette espéce, aussi grande que la précédente, croît dans les mêmes lieux, à terre, dans les bois. On la mange également ; on lui donne les noms de *menotte grise*, de *ganteline*.

La CLAVAIRE AMÉTHYSTE OU LILAS ; *Clavaria amethystea*, Bull., Champ., pag. 200, tab. 496, f. 2. Violette ou lilas, très-rameuse ; rameaux cylindriques, pleins, branchus, souvent unis à leur surface. Elle s'élève moins que les précédentes espéces, et croît à terre, dans les bois, comme elles. Suivant M. Paulet, elle paroît de plus facile digestion. On la trouve dans les bois de Senart ; elle noircit en vieillissant.

La CLAVAIRE BICOLORE, GALLINOLE OU POULE, Paul., Champ., 2 : p. 426, pl. 196, f. 4. Cette espéce est blanche ou grise, avec les extrémités violettes ou purpurines. Elle est extrêmement rameuse. C'est, dit Paulet, une des meilleures espéces qu'on connoisse pour l'usage. On la trouve dans le midi de la France, en Italie, dans les buissons.

Toutes les quatre espéces que nous venons d'indiquer, présentent une multitude de variétés, dont quelques-unes sont regardées comme des espéces distinctes, et qui les lient entre elles ; elles sont toutes bonnes à manger. Celles que nous allons indiquer en sont très-distinctes, et n'offrent d'intérêt qu'aux botanistes ; elles sont caractérisées par leur tronc mince, d'où partent les branches.

La CLAVAIRE MOUSSE ; *Clavaria muscoides*, Bull., Champ., tab. 358, f. A. Petite, blanche ou jaune, fragile, rameuse en façon de petit arbre ; rameaux grêles et pleins. Elle croît sur le bois à demi pourri.

La CLAVAIRE FILIFORME : *Clavaria filiformis*, Bull., Champ., tab. 448, f. 1 ; *Clavaria gyrans*, Bolt., *Fung.*, 3, tab. 112, f. 1.

D'un rouge de brique ou brunâtre ; alongée, filiforme, pubescente, simple ou peu rameuse à l'extrémité ; fistuleuse, blanchâtre et poilue. Cette espèce, d'abord tendre et fragile, devient coriace en vieillissant. On la trouve sur les feuilles mortes dans les bois.

§. II. *Clavaires simples.*

La Clavaire jaune : *Clavaria lutea*, Decand., Fl. Fr. ; Bull., Champ., tab. 463, f. 1, b n o ; Mich., *Gen.*, tab. 87, f. 5. Orangée ou jaunâtre ; droite, simple, à peu près cylindrique dans toute sa longueur, quelquefois arquée à son extrémité. On la trouve à terre.

La Clavaire fistuleuse ; *Clavaria fistulosa,* Bull., Champ., tab. 463, f. 2. Brune ou couleur de suie, petite, simple, arrondie au sommet, poilue dans sa jeunesse, puis lisse ; traversée intérieurement par un canal. On la trouve sur les feuilles mortes.

La Clavaire blanc-d'ivoire ; *Clavaria eburnea*, Bull., Champ., tab. 463, fig. 1, a l m. Blanche, lisse, alongée, cylindrique, mais deux fois moins épaisse par le bas, traversée par un canal central. Elle croît à terre.

La Clavaire brillante : *Clavaria micans*, Pers. ; Dec., Fl. Fr., n.° 249 ; *Clavaria acrospermum*, Hoffm., Germ. 2, t. 7, f. 2. Très-petite, en forme de poire ou de pilon ; pédicelle blanc ; tête rose. C'est une des plus petites espèces de ce genre, ayant une demi-ligne ou un peu plus de longueur. Nous l'avons trouvée fréquemment aux environs de Paris, en hiver, et au printemps dans les bois, sur les côtes et les nervures des feuilles mortes du panicaut des champs, *eryngium campestre*. Les individus sont solitaires.

La Clavaire pilon : *Clavaria pistillaris*, Linn. ; Bull., Champ., tab. 244. Terrestre, solitaire, en forme de pilon ou de figue, d'un blanc cendré, ou grise, ou jaunâtre, ou brune ; chair ferme et filandreuse : dans la vieillesse elle se fend irrégulièrement. C'est une des plus grosses espèces de ce genre, puisqu'elle atteint le volume d'une figue ordinaire. On la nomme le *pilon*. Elle ne paroît point malfaisante. Il n'est pas vraisemblable que ce soit la *clavaria pistillaris*, trouvée en Chine et en Cochinchine sur les excrémens d'éléphant, et que Loureiro dit être tendre, d'un goût sapide et bonne à manger. On la nomme, en Chine, *mo-cu-tsai*, et en Cochinchine, *nam-cot-boi*.

M. Paulet divise les champignons qu'il classe sous le nom de *clavaires*, en trois groupes qu'il appelle genres. Ce sont le Doigtier, la Clavaire-Nostoc, et la Clavaire proprement dite. Pour le premier genre, voyez Doigtier. Pour le second, il est fondé sur le *tremella juniperina* de Linnæus, que Paulet, dans sa Synonymie des espèces de champignons, conserve dans les tremelles ; il répond au *gymnosporangium* de Decandolle. (Voyez Gymnosporange.) Quant au troisième genre, Paulet le divise en trois : les Masses, les Hérissons et les Coralloïdes (voyez ces mots), qui comprennent les clavaires de Linnæus, et des hydnes ou érinaces. (Lem.)

CLAVAIRES-TRUFFONS. (*Bot.*) Paulet donne ce nom au deuxième ordre qu'il établit parmi ses clavaires, et qui comprend les espèces de clavaires coriaces de Linnæus, et celles qui ont été réunies aux *sphæria* ou qui rentrent dans le genre *Hypoxylon* de Bulliard. Il les divise en deux groupes :

Les Clavaires-truffons de terre, qui contiennent deux espèces, le Gland de terre et la Langue de serpent. Voyez ces mots et, Geoglossum.

Les Clavaires-truffons parasites, qui offrent huit espèces, savoir : l'Ergot du seigle ; la Clavaire des insectes, qui vit sur les insectes morts (*clavaria sobolifera*, Hill., Foug.) ; l'Hypoxylon a sommité blanche (*sphæria hypoxylon*, Pers.) ; les petites Cornes de cerf ; le Keuka ou Hypoxylon des ruches ; l'Hypoxylon a grains ; l'Hypoxylon doigtier (*sphæria digitata*, Pers.), et la Médiastine. Voyez ces divers noms. (Lem.)

CLAVALIER (*Bot.*), *Zanthoxylum*, genre de la famille des térébenthacées, appartenant à la *diœcie pentandrie* de Linnæus. Il doit à la couleur jaune de son bois, dans quelques espèces, son nom composé de deux mots grecs, *zanthos*, jaune, et *xylon*, bois. Il offre, pour caractères essentiels, des fleurs dioïques, rarement hermaphrodites ; un calice à cinq divisions profondes, point de corolle ; les étamines très-souvent au nombre de cinq ; le rudiment d'un ovaire dans les fleurs mâles ; dans les femelles, trois à cinq, quelquefois six ovaires distincts, pédicellés ; autant de styles et de stigmates en tête ; un même nombre de capsules ovales, pédicellées, bivalves, à une seule loge monosperme.

Il y a de tels rapports entre ce genre et les fagariers, qu'il n'est pas étonnant que l'on ait vu plusieurs espèces passer alternativement de l'un à l'autre genre. Le nombre des capsules variant quelquefois dans ces deux genres, a fait naître des difficultés; mais dans les fagariers elles ne sont pas pédicellées; très-ordinairement il n'y en a qu'une ou deux, quoiqu'on en trouve dans quelques espèces trois et cinq, mais soudées, surtout vers leur base, et non séparées. La présence d'une corolle est un autre caractère distinctif, auquel on pourroit ajouter un disque particulier, observé dans plusieurs espèces par M. de Lamarck. Quoi qu'il en soit, ce genre n'est pas encore bien tranché, et laisse beaucoup à l'arbitraire, ses caractères n'étant pas constans dans toutes les espèces. Celles qui composent ce genre, sont des arbres ou arbrisseaux, la plupart épineux, à feuilles alternes, simples, ou ternées, plus souvent composées, ailées avec une impaire, parsemées de points transparens; les fleurs sont petites, de couleur herbacée, axillaires, fasciculées, quelquefois en grappes paniculées. Les principales espèces sont :

CLAVALIER A GROS AIGUILLONS : *Zanthoxylum clava Herculis*, Linn.; *Fagara fraxini folio*, Duham., Arb. 1, p. 229, tab. 97; vulgairement le FRÊNE ÉPINEUX, la MASSE D'HERCULE. Arbre épineux, d'une hauteur médiocre; le bois jaunâtre, l'écorce du tronc noirâtre en dehors; les épines courtes, très-dures, larges à leur base; les rameaux glabres, cylindriques, élancés, garnis de feuilles ailées, composées de quatre à cinq paires de folioles avec une impaire, presque sessiles, ovales aiguës ou lancéolées, entières ou obscurément crénelées; le pétiole commun muni de quelques épines courtes, aiguës. Les fleurs sont disposées par paquets le long des rameaux sur le vieux bois, soutenues par des pédoncules courts et simples. Les capsules sont pédicellées, au nombre de trois à cinq, d'un rouge éclatant lorsqu'elles sont mûres, bivalves, chagrinées sur leur dos, contenant chacune une petite semence d'un beau noir et luisante, qui reste attachée à un placenta latéral et membraneux, formant avec la couleur rouge des valves, un contraste très-agréable. Cette plante, cultivée au Jardin du Roi, est originaire du Canada et de la Virginie; elle passe au Canada pour un puissant sudorifique et diurétique. Les capsules et leurs semences répandent une odeur agréable.

La variété de l'Encyclopédie est une espéce distincte qui paroît être le *zanthoxylum fraxineum*, Willd., ou *zanthoxylum ramiflorum*, Mich.; Lam., *Ill. gen.*, tab. 811, fig. 3. Elle se distingue principalement par ses pédoncules plus alongés, rameux, presque en ombelle. Elle croît dans les mêmes contrées.

CLAVALIER A FEUILLES DE SUMAC : *Zanthoxylum rhoifolium*, Lam.; Pluken., *Amalth.*, 76, tab. 392, fig. 1. Cet arbre est très-épineux, distingué par ses feuilles composées d'environ quinze ou seize paires de folioles, avec une impaire, glabres, étroites, alongées, acuminées, finement crénelées et parsemées de petits points transparens ; munies sur leur pétiole d'épines droites, assez fortes, très-aiguës ; souvent une épine particulière sur la nervure dorsale. Cette espèce croît dans les Indes orientales.

CLAVALIER AROMATIQUE : *Zanthoxylum aromaticum*, Willd.; Pluken., *Amalth.*, tab. 393, fig. 2. Il suffit de considérer dans cette espéce la disposition des fleurs en panicule terminale, telle qu'elle est représentée dans Plukenet, pour ne point la confondre avec le *Zanthoxylum clava Herculis*, comme elle l'a été dans l'Encyclopédie. D'autres caractères servent encore à la distinguer : ses folioles sont ovales-lancéolées, dentées en scie, acuminées à leur sommet, longues d'un pouce et demi, inégales à leur base ; un des côtés arrondi, l'autre rétréci ; le pétiole commun garni de fortes épines droites, presque opposées, ainsi que ceux des rameaux. On ignore son lieu natal.

CLAVALIER ÉPINEUX ; *Zanthoxylum spinosum*, Swartz., *Flor.* Arbrisseau de la Jamaïque, chargé d'épines nombreuses. Ses folioles sont sessiles, ovales, acuminées, épineuses en dessous ; les fleurs[l], petites, blanchâtres, nombreuses, disposées en cime terminale ; le calice trifide ; la corollè composée de trois pétales plus grands que le calice ; trois anthères presque sessiles, ovales, conniventes ; un ovaire à trois lobes ; point de style ; trois stigmates obtus. Ces caractères, que je rapporte d'après Swartz, appartiennent davantage au genre *Fagara*, dans lequel cet auteur avoit d'abord placé cette espèce, qu'on seroit tenté de considérer comme devant former un genre particulier.

CLAVALIER A FEUILLES DE NOYER ; *Zanthoxylum juglandifolium*, Willd. Cette espèce est remarquable par ses folioles alternes, oblongues ; coriaces, acuminées, inégales à leur base, à peine ponctuées, et dont les dentelures ne s'aperçoivent qu'à la loupe ; le pétiole commun est armé de quelques épines courtes. Elle croît à l'île de Saint-Domingue.

CLAVALIER A FEUILLES LANCÉOLÉES : *Zanthoxylum lanceolatum*, Poir., Encycl., Suppl. 2, pag. 293. Cet arbrisseau, découvert par M. Ledru, à Porto-Ricco, est hérissé d'aiguillons courts, aigus ; ses rameaux sont tuberculeux, d'un gris cendré ; les feuilles composées de six paires de folioles alternes, presque sessiles, à peine denticulées, molles, membraneuses ; les inférieures plus courtes, elliptiques, obtuses ; les supérieures lancéolées, un peu inégales à leur base ; les pétioles chargés de quelques petites épines jaunâtres, hérissés de poils courts et cendrés ; les fleurs nombreuses, petites, d'un blanc sale, disposées en une panicule située dans l'aisselle des feuilles supérieures. J'en possède une autre espèce, que j'ai nommée *zanthoxylum obtusifolium*, Encycl., Suppl., que je crois originaire des Indes orientales, dont les rameaux sont d'un brun foncé, armés d'épines vigoureuses, noirâtres, recourbées ; les folioles au nombre de neuf, coriaces, presque ovales, obtuses, arrondies à leur sommet, épineuses sur les nervures et les pétioles ; les fleurs sont nombreuses, fasciculées ; elles forment une panicule terminale et touffue.

Il existe encore plusieurs autres espèces de CLAVALIER, telles que le *zanthoxylum rigidum*, Willd., mais dont les fleurs n'ont pas été observées ; les feuilles sont ailées, composées de quatre paires de folioles elliptiques, très-entières, échancrées et mucronées au sommet, pubescentes en dessous sur leurs nervures, et garnies d'aiguillons alongés, subulés, rougeâtres. Elle a été découverte par MM. Humboldt et Bonpland, dans l'Amérique méridionale. Le *zanthoxylum punctatum*, Willd., de l'île de Sainte-Croix, est distingué par ses feuilles, les unes ternées, d'autres ailées ; les folioles oblongues, à peine crénelées ; les rameaux épineux. Dans le *zanthoxylum tricarpum*, Mich., *Fl. Amer.*, les capsules sont sessiles, très-ordinairement au nombre de trois, jamais au-delà ; les folioles pédicellées, ovales-oblongues, glabres, un peu courbées en faucille. Elle croît dans la Caroline et la Floride.

Trois espèces non épineuses, de Swartz, que cet auteur

avoit d'abord placées parmi les fagariers (*fagara*) , avec
assez de raison, ont été depuis réunies par lui aux clava-
liers : ce sont le *zanthoxylum ternatum*, à feuilles ternées ;
les folioles pédicellées, luisantes, en ovale renversé, un peu
échancrées au sommet ; un calice à trois divisions ; trois stigmates sessiles ; trois capsules bivalves, uniloculaires : le *zanthoxylum emarginatum*, à feuilles ailées ; les folioles échancrées
au sommet ; les grappes terminales, presque simples ; un calice à cinq divisions ; trois pétales, trois étamines, trois stigmates sessiles ; trois capsules, dont deux avortent très-souvent : enfin, le *zanthoxylum acuminatum*; les folioles elliptiques, coriaces, entières ; les fleurs disposées en une cime terminale ; les pédicelles dichotomes ; le calice à trois folioles ;
trois pétales, autant d'étamines ; un ovaire à trois lobes, auquel succède une capsule globuleuse , monosperme. Ces
plantes croissent dans l'Amérique méridionale. Willdenow
y a ajouté depuis le *zanthoxylum mite*, Enum., 2, pag. 1013 ,
arbre d'environ quinze pieds , rapproché du *zanthoxylum
fraxineum*, dépourvu d'épines, garni de feuilles ailées, pubescentes en dessous ; les fleurs placées dans l'aisselle des feuilles.
Il croît dans l'Amérique septentrionale. (Poir.)

Plusieurs espèces de ce genre croissent dans les Antilles,
entre autres :

Le CLAVALIER DES ANTILLES ; *Zanthoxylum caribæum*, Linn. ,
qui constitue un arbre s'élevant à la hauteur de quinze à
vingt pieds, dont la cime très-touffue est composée de rameaux diversement placés, recouverts d'une écorce grise,
garnie d'aiguillons courts, opposés, grossis vers leur base ; les
feuilles sont alternes, pinnées, avec une impaire, composées
de neuf, onze ou treize folioles ovales-oblongues, pointues,
glabres, parsemées de points transparens et obscurément crénelées ; leur pétiole commun est garni de petits aiguillons ;
les fleurs de couleur herbacée, sont disposées sur des panicules rameuses, terminales ou latérales, auxquelles succèdent
des capsules oblongues, bivalves, uniloculaires, contenant
une graine obronde, noire, luisante, qui reste suspendue à
la capsule par une petite membrane.

Observation. Cet arbre porte, dans les Antilles, le nom trivial d'*épineux jaune*. Son bois, de couleur jaune, est peu dur,

et se fend aisément : on l'emploie principalement à faire des bardeaux qu'on nomme, dans le pays, *essentes*, qui servent à couvrir les cases; on en fait aussi les chevilles avec lesquelles on fixe les *essentes*. Son écorce passe pour être fébrifuge.; mais elle est peu en usage : elle peut être aussi employée dans la teinture ; mais le jaune qu'elle donne, n'est ni beau ni bien fixe. Les feuilles de cet arbre ont une forte odeur aromatique, comme presque toutes les feuilles qui sont parsemées de points transparens glanduleux. Cet arbre croît communément dans les bois un peu secs des Antilles. C'est le *zanthoxylum aculeatum fraxini sinuosis et punctatis foliis* de Pluk., *Alm.* 396, t. 239, f. 4 ;.l'*arbor spinosa fraxini facie* de Plum., *Miss.*, vol. 5, t. 114.

Le CLAVALIER A FEUILLES DE FRÊNE; *Zanthoxylum clava Herculis*, constitue un arbre d'une stature moins élevée que le précédent, dont le tronc, recouvert d'une écorce brune, est garni d'aiguillons courts, épais à leur base, et anguleux à leur sommet; la cime qui le couronne est assez touffue et composée de rameaux garnis de feuilles alternes, pinnées, avec impaire, dont les folioles, presque sessiles, sont ovales-lancéolées, entières, glabres, obscurément crénelées et point ponctuées; elles sont portées par des pétioles communs, sur lesquels il y a quelques aiguillons très-courts : les fleurs sont disposées en paquets sur les rameaux, et ont des pédoncules très-courts; chaque fleur femelle porte trois ou cinq petites capsules d'une belle couleur rouge, chagrinées sur le dos, bivalves, et renfermant une graine noire, luisante, qui, comme dans les autres espèces de ce genre, reste suspendue à la capsule lorsqu'elle est ouverte. Cet arbre porte, dans les Antilles, le nom de bois épineux blanc, parce que son bois est moins jaune que celui du clavalier des Antilles; il est aussi employé à faire des bardeaux et des chevilles pour les assujettir sur les cases. Il porte à la Caroline le nom de frêne épineux. (DE T.)

CLAVARIA (*Bot.*), Stackhouse, *Nereis britannica*, 2.ᵉ édit. Fronde filiforme, très-rameuse, comme embrouillée, à extrémités fructifères et renflées en forme de massue, d'où le nom de ce genre établi par Stackhouse.

Le *fucus cæspitosus* du même auteur, est le type de ce genre; cette espèce d'algue est la même que le *fucus cæspi-*

tosus de Decandolle, que le *fucus clavatus* de Lamouroux,
Diss., tab. 22, f. 1, 2, et que le *conferva incrassata* de Roth.
Ce qui a pu engager Roth à la placer dans les conferves, c'est
que cette plante présente des contractions qu'il a pu prendre
pour de véritables articulations. Ces contractions se trouvent
dans plusieurs autres espèces de *fucus* qui, avec le *fucus cœs-
pitosus*, constituent la troisième section du genre *Gigartina*
de Lamouroux; ce naturaliste y classe le *fucus cœpistosus* de
Stackhouse, sous le nom de *gigartina pilosa*, sans doute parce
qu'il ressemble à une touffe de poils. Voyez GIGARTINA.
(LEM.)

CLAVARIA. (*Bot.*) Champignons. Voyez CLAVAIRES. (LEM.)

CLAVATULE (*Conch.*), *Clavatula*. C'est un genre établi par
M. de Lamarck, pour des coquilles marines, qui ont quelques rapports avec les cérites et les pleurotomes. Ses caractères
sont : animal inconnu; coquille turriculée, rugueuse, à spire
fort élevée, aiguë ; ouverture médiocre, ovale-alongée, un
peu échancrée ; lèvre droite tranchante, largement échancrée
à son extrémité supérieure ; bord gauche excavé, la columelle
ayant une sorte de dent à la partie supérieure de l'ouverture.

L'espèce qui sert de type à ce genre, et que M. de Lamarck
nomme clavatule scabre, *clavatula scabra*. et M. Denys de
Montfort clavatule flammulé, *clavus flammulatus*, est figurée
dans Seba, Mus., 3, tab. 60, fig. 49. C'est une coquille d'un blanc
sale, chargée sur chaque tour de spire de tubercules obtus,
plus blancs que le fond, qui est tacheté et flambé de fauve. Elle
vient des côtes d'Afrique, et est longue de trois pouces environ.
(DE B.)

CLAVELADE, CLAVELADO (*Ichthyol.*), noms de la raie
bouclée, *raja clavata*, sur les bords de la mer Méditerranée.
Le second de ces noms est, suivant M. Risso, employé en particulier dans les environs de Nice. Voyez RAIE. (H. C.)

CLAVELES DEL CAMPO. (*Bot.*) Ce nom est donné dans
le Chili, suivant MM. Ruiz et Pavon, au *mutisia subulata*,
arbrisseau grimpant à fleur composée. (J.)

CLAVELLA. (*Entom.*) C'est un petit genre, démembré de
la famille des lernées, par M. Ocken, pour les *lernea uncinata*
et *clavata* de Gmelin. Ses caractères sont : corps mou, blanc,
en forme de massue, terminé en arrière par deux ovaires,

entre lesquels est l'anus ; point de bras ni de crochets ; le sang rouge. Voyez Lernée. (De B.)

CLAVELLINAS (*Bot.*), nom espagnol de l'œillet cultivé, selon Clusius. (J.)

CLAVELON DE SERRANIAS (*Bot.*), nom péruvien du *bacasia spinosa* de la Flore du Pérou. (J.)

CLAVER-APPELKENS (*Bot.*), nom belge, suivant Rheede, de l'arbrisseau connu des botanistes sous celui de *limonia acidissima*. (J.)

CLAVICULE (*Anat.*), *Clavicula*. La clavicule est un os qui fait partie des extrémités antérieures chez les animaux vertébrés. Ses formes sont très-variables, et il n'arrive pas chez tous au même développement. En général, il s'articule d'une part à l'omoplate, et de l'autre au sternum, et semble avoir pour objet de renforcer les membres dont il fait partie. Il ne se trouve pas chez tous les mammifères : tous les oiseaux en sont pourvus, ainsi que les reptiles et les poissons osseux ; mais, à mesure qu'on s'éloigne des animaux des premières classes, cet os change tellement de formes, et paroît changer de rapports à un si haut degré, que les anatomistes ont eu sur ce point des idées très-différentes. Les travaux de M. Geoffroy sur l'ostéologie en général paroissent devoir réunir toutes les opinions. Les clavicules, chez les poissons, sont, suivant ses observations, la partie la plus développée du cercle osseux sur lequel battent les opercules, et qui termine en arrière la cavité pectorale : elles sont intermédiaires entre l'os qu'il considère comme l'omoplate et le sternum ; et portent, sur leur tranche postérieure, les os que terminent les rayons des nageoires. (F. C.)

CLAVICULE. (*Conch.*) Quelques auteurs anciens emploient ce terme pour désigner la columelle d'une coquille spirale. (De B.)

CLAVICULES. (*Foss.*) Voyez Pointes d'oursins. (D. F.)

CLAVIÈRE. (*Ichthyol.*) On appelle ainsi, sur les côtes de la mer Méditerranée, le *labrus varius* de Linnæus, dont la chair est très-estimée. Voyez Labre.

M. de Lacépède a aussi donné ce nom à un Spare. (H. C.)

CLAVIFORME (*Bot.*), *Claviformis*, ayant la forme d'une massue. On a des exemples de cette forme particulière : parmi les poils , dans ceux de la fraxinelle ; parmi les spadix, dans celui de l'*arum italicum;* parmi les calices, dans celui du *silene;* parmi les corolles, dans celle de l'*erica pinea;* parmi les styles, dans celui du *leucojum estivum;* parmi les stigmates, dans celui du *jasione montana;* parmi les filets d'étamines, dans ceux du *veronica anagallis;* l'embryon du *hyacinthus non scriptus*, la radicule du *rhyzophora*, etc., sont également *claviformes.* (MASS.)

CLAVIJA.' (*Bot.*), Ruiz et Pav. . *Prodr.*, et *Fl. Per.*, p. 142, tab. 30. Genre établi par les auteurs de la Flore du Pérou, pour quatre arbrisseaux du même pays, qu'ils n'ont pas encore fait connoître, mais auxquels ils attribuent pour caractères génériques : des fleurs polygames dioïques; on trouve dans les fleurs hermaphrodites mâles, un calice à cinq folioles égales, presque rondes, membraneuses à leurs bords ; une corolle en roue, une fois plus grande que le calice, étalée, à cinq étamines oblongues dans le centre, un appendice urcéolé, membraneux, enfermant l'ovaire, à dix dents bifides, en couronne ; cinq filamens situés à la base de la corolle, réunis en tube ; les anthères trigones, recouvrant l'orifice de l'appendice ; un ovaire supérieur, ovale, stérile ; un style court, subulé ; le stigmate simple, obtus.

Dans les fleurs hermaphrodites femelles, le calice et la corolle comme dans les précédentes, mais sans appendice ; cinq filamens subulés, libres, alternes avec les éminences de la corolle ; les anthères trigones, obtuses; un ovaire supérieur, ovale ; point de style; un stigmate en forme d'ombilic ; une baie globuleuse, couverte d'une écorce fragile, à une seule loge; quelques semences menues, enveloppées par la pulpe et une membrane commune, oblongues, réniformes, très-dures, attachées par des pédicelles sur un réceptacle fibreux et charnu. (POIR.)

CLAVUS (*Conch.*), nom latin du genre Clavatule, suivant M. Denys de Montfort. (DE B.)

CLAVUS SECALINUS (*Bot.*), nom latin qui désigne l'*ergot* du seigle. (LEM.)

CLAYTONE (*Bot.*), *Claytonia*, genre de plantes appartenant à la famille des portulacées, et à la *pentandrie monogynie* de Linnæus. Il offre, pour caractères essentiels, un calice à deux valves, cinq pétales presque onguiculés, cinq étamines insérées sur les onglets des pétales ; un ovaire supérieur, un style, trois stigmates. Le fruit est une capsule uniloculaire, à trois valves, contenant trois semences. Ce genre renferme de petites plantes herbacées : les feuilles sont simples, opposées, radicales ; il n'existe ordinairement que deux feuilles caulinaires, sessiles ou perfoliées ; les fleurs sont disposées en grappes, situées à l'extrémité d'une tige courte, très-simple. Les principales espèces sont :

CLAYTONE DE VIRGINIE : *Claytonia virginica*, Linn. ; Lam., *Ill. gen.*, tab. 144, fig. 1. Sa racine est tubéreuse ; sa tige simple, grêle, haute de trois à six pouces, les feuilles radicales étroites, assez semblables à celles des graminées ; deux feuilles caulinaires opposées, glabres, un peu charnues ; les fleurs blanches, rayées de rouge, disposées en une grappe lâche, terminale ; les pétales plus longs que le calice, ovales, obtus. Cette petite plante croît dans la Virginie.

CLAYTONE DE LA CAROLINE : *Claytonia caroliniana*, Mich., *Fl. Amer.*, 1, pag. 160 ; *Claytonia spathulæfolia*, Pursh., *Amer.*, 1, pag. 175 ; Parad., Lond., tab. 71. Ses fleurs, couleur de rose, sont plus petites que celles du *claytonia virginica* ; ses feuilles sont courtes, en forme de spatules ; les tiges courtes, quelquefois munies de deux paires de feuilles opposées ; les deux valves du calice obtuses ; les pétales arrondis.

CLAYTONE DE SIBÉRIE : *Claytonia sibirica*, Linn. ; *Limnia*, Act. Stockh., 1746, pag. 130, tab. 5. Elle ressemble beaucoup aux deux précédentes, mais ses feuilles sont plus larges ; les radicales glabres, ovales, pétiolées ; la tige foible, couchée à sa partie inférieure ; les fleurs rouges, quelquefois blanches.

CLAYTONE PERFOLIÉE ; *Claytonia perfoliata*, Jacq., *Fragm.*, n.° 163, tab. 51, fig. 2. Cette espèce ne produit que deux ou trois fleurs blanches, latérales, fort petites ; puis six ou huit autres terminales, pédonculées, presque en ombelle : ses feuilles radicales sont pétiolées, ovales, rhomboïdales, sans nervures ; deux autres, vers le sommet de la tige, rétrécies et adhérentes à leur base. Le *claytonia cubensis*, Bonpl., Ann. Mus. Paris, vol. 7, tab. 6 et *Pl. æquin.* 1, tab. 26, paroît devoir être réuni à cette espèce, au plus comme variété.

CLAYTONE LANCÉOLÉE ; *Claytonia lanceolata*, Pursh., *Amer.* 1, pag. 175. Ses racines sont tubéreuses, ses feuilles lancéolées ; les caulinaires sessiles, ovales ; les fleurs blanches, disposées en une grappe terminale, alongée ; les folioles du calice courtes, très-obtuses ; les pétales bifides, rétrécis en coin. Elle croît dans l'Amérique septentrionale.

CLAYTONE ALSINOÏDE : *Claytonia alsinoides*, Pursh., *Amer.*, 1, pag. 175 ; Sims., *in Bot. Magaz.*, tab. 1309. Ses racines sont fibreuses ; ses feuilles radicales ovales, spatulées ; celles des tiges ovales, distinctes ; les grappes presque géminées, munies de bractées ovales-linéaires ; les fleurs petites et blanches ; les pétales échancrés. Elle croît sur le bord des rivières, dans le nord de l'Amérique.

CLAYTONIA PORTULACARIA, Linn. Cette plante a été séparée du genre *Claytonia*, et forme un genre particulier sous le nom de PORTULACARIA. Voyez ce mot. (POIR.)

CLEMA (*Bot.*), un des noms anciens du *pityusa* de Dioscoride, qui, suivant C. Bauhin, paroît être l'espèce de tithymale que nous nommons *euphorbia esula*. (J.)

CLEMACZIDA (*Bot.*), nom de la clématite dans l'île de Crête, suivant Belon. (J.)

CLEMATIS, CLEMATITIS. (*Bot.*) On a donné ce nom à diverses plantes, ligneuses ou herbacées, qui ont la tige grimpante. Telle est la clématite ordinaire, *clematis vitalba*, et la plupart de ses congénères, des aristoloches ; quelques *paullinia*, le *bauhinia scandens*, un *banisteria*, l'atragène ; plusieurs bignones ; le genre de la grenadille et celui du *cissampelos* ; l'*ophioxylon* et le *strychnos* ; le *fumaria claviculata*. Dioscoride nommoit *clematis daphnoides* la grande pervenche, qui étoit aussi le *clematis ægyptia* de Pline. Comme elle a ses tiges grêles et souvent élancées, et des feuilles d'un vert foncé, Pline dit qu'en proverbe on désignoit sous ce dernier nom des personnes d'une stature haute et mince, dont la peau tiroit sur le noir. (J.)

CLÉMATITE. (*Bot.*) *Clematis*, Linn., genre de plantes dicotylédones, polypétales, hypogynes, de la famille des renonculacées, Juss., et de la *polyandrie polygynie*, Linn., dont les principaux caractères sont les suivans : Calice nul ; corolle de quatre à cinq pétales ; étamines nombreuses, à filamens ordinairement plus courts que la corolle ; ovaires plus ou moins nombreux, arrondis ou ovales, comprimés, chargés le plus souvent d'un long style, ordinairement soyeux ou plumeux ;

capsules monospermes, indéhiscentes, en même nombre que les ovaires, et terminées par le style persistant.

Les clématites sont des plantes le plus souvent ligneuses, à rameaux sarmenteux, grimpans ; à feuilles opposées, composées dans la plupart des espèces ; à fleurs solitaires ou réunies plusieurs ensemble dans les aisselles des feuilles, ou terminales. On en connoît aujourd'hui environ trente espèces, parmi lesquelles nous décrirons les plus remarquables. Moench a établi, aux dépens de deux espèces, *clematis viticella*, et *clematis viorna*, qui ont leurs capsules dépourvues de cette longue arête plumeuse ou soyeuse qui existe dans les autres, un nouveau genre qu'il nomme *Viticella*; mais cette réforme n'a point encore été adoptée. D'un autre côté, M. Persoon a proposé, sous le nom de *viorna*, un second genre qui seroit composé des *clematis balearica*, et *clematis cirrhosa*, dont les fleurs sont pourvues d'un calice monophylle à deux lobes.

Clematis est dérivé du mot grec κλῆμα, κλήματος, qui signifie sarment, branche de vigne.

✻ *Pédoncules uniflores.*

CLÉMATITE BLEUE : *Clematis viticella*, Linn., *Spec.* 765 ; Lois., *in Nov. Duham.*, 6, pag. 98, t. 29. Ses tiges sont des sarmens anguleux, menus, rameux, qui s'élèvent à dix pieds ou plus, et qui sont garnis de feuilles composées de cinq pinnules partagées en trois folioles, ou trois lobes ovales-arrondis ou lancéolés, glabres, et dont les pétioles s'entortillent, à la manière des vrilles, autour des objets environnans ; ce qui facilite à la plante le moyen de s'élever et de se soutenir. Ses fleurs, bleues, ou d'un pourpre bleuâtre, sont portées sur de longs pétioles, et solitaires à l'extrémité des rameaux, ou dans leur bifurcation ; leurs pétales sont élargis vers le sommet, et leurs styles sont glabres. Cette espèce croît dans les haies et les buissons, en Espagne et en Italie ; elle fleurit, dans le climat de Paris, en juin, juillet et août. On la cultive en pleine terre pour l'ornement des jardins. Elle a une variété à fleurs doubles ; l'une et l'autre font de jolies palissades.

CLÉMATITE VIORNE ; *Clematis viorna*, Linn., *Spec.* 765. Cette plante a le port de la précédente, mais elle s'en distingue par ses folioles lancéolées, souvent entières, excepté celles de la partie inférieure des feuilles ; par ses fleurs à pétales peu ouverts, aigus à leur sommet, et un peu roulés en dehors, et enfin par ses étamines et ses styles velus. Elle est originaire de la Virginie et de la Caroline. On la cultive dans les jardins de botanique, où elle fleurit en juin et pendant une grande partie de l'été.

CLÉMATITE A FLEURS CRÉPUES ; *Clematis crispa*, Linn., *Sp.* 765. Ses tiges sont sarmenteuses, grimpantes, partagées en rameaux garnis de feuilles ailées, composées de neuf à quinze folioles lancéolées, et dont les pétioles s'entortillent en vrilles. Ses fleurs sont grandes, solitaires, portées, au sommet des rameaux, sur des pédoncules courts ; leurs pétales, de couleur rougeâtre, sont bordés en dehors d'une membrane veloutée, élargie dans sa partie supérieure et ondulée, ce qui les fait paroître crépus. Cette espèce croît naturellement dans la Virginie et la Caroline ; elle fleurit en été dans les jardins de Paris.

CLÉMATITE DE MAHON ; *Clematis balearica*, Lam., Dict. enc., 2, pag. 43. Les tiges de cette espèce se divisent en rameaux menus, ligneux, sarmenteux, garnis de feuilles opposées, composées de trois folioles, plus ou moins incisées, à découpures presque linéaires, et dont les pétioles s'entortillent, comme dans les espèces précédentes, autour des corps qui les avoisinent ; et comme ils persistent après la chute des folioles, ils paroissent alors former des vrilles particulières. Les fleurs, portées sur des pédoncules axillaires, sont grandes, blanchâtres, munies à leur base d'une sorte de calice monophylle, campanulé, trois fois plus court que les pétales ; leurs styles sont soyeux et blanchâtres. Cette clématite est originaire de l'île de Minorque. Elle fleurit à Paris pendant l'automne et pendant l'hiver, en ayant le soin de la planter en pot, afin de la placer dans la serre tempérée pendant les saisons froides. On la multiplie facilement de marcottes.

CLÉMATITE A VRILLES ; *Clematis cirrhosa*, Linn., *Spec.* 766. Les rameaux de cette espèce sont sarmenteux comme dans la précédente ; ils grimpent de même, au moyen des pétioles de leurs feuilles, qui persistent aussi après la chute des folioles. Les feuilles sont le plus souvent simples, ovales, luisantes, dentées en scie. Les fleurs sont pédonculées, axillaires, à quatre pétales ovales-alongés, de couleur blanche, pubescens en dehors ; elles sont munies, un peu au-dessous de la corolle, d'un petit calice monophylle, à deux lobes, et elles ont des styles velus et soyeux. Cette plante croît naturellement en Espagne et en Portugal ; elle fleurit en hiver, et exige, pour cette raison, d'être mise à l'abri des gelées.

** Fleurs disposées en panicule.*

CLÉMATITE DES HAIES, vulgairement HERBE AUX GUEUX : *Clematis vitalba*, Linn., *Spec.* 766 ; Jacq., *Fl. Aust.*, t. 308. Ses tiges se divisent en rameaux anguleux, souples, grimpans, longs de dix pieds et plus, garnis de feuilles ailées, composées de cinq folioles un peu en cœur, portées sur des pétioles qui s'entortillent comme des vrilles. Ses fleurs sont d'un blanc sale, petites, un peu odorantes et disposées, dans la partie supérieure des rameaux, sur des pédoncules axillaires, rameux, formant une sorte de panicule ; leurs pétales, revêtus d'un duvet court et serré, ne dépassent pas les étamines, et les styles deviennent des aigrettes soyeuses qui surmontent les graines. Cette clématite croît communément dans les haies et les buissons de la plus grande partie de l'Europe, où elle fleurit en été. Toutes ses parties ont une saveur âcre et brûlante. Ses feuilles vertes, écrasées et appliquées sur la peau, ont la propriété de rougir d'abord les parties sur lesquelles on les a mises, de les enflammer, et d'y produire des vessies, et par suite des ulcères superficiels. C'est de là que cette plante porte le nom d'*herbe aux gueux*, parce qu'il y a des mendians qui s'en servent pour se faire venir des ulcérations aux bras et aux jambes, et par-là exciter la commisération. Ces ulcères ont peu de profondeur, sont larges à volonté, et se guérissent facilement ; il suffit de les couvrir avec des feuilles de poirée, et d'empêcher le contact de l'air. On a trouvé le moyen de fabriquer d'assez beau papier avec les aigrettes des graines. Ses rameaux souples et flexueux sont employés dans quelques cantons pour faire des liens, des paniers.

CLÉMATITE ODORANTE ; *Clematis flammula*, Linn., *Spec.* 766. Les tiges de cette espèce s'élèvent à dix ou vingt pieds ; elles sont garnies de feuilles une ou deux fois ailées, à folioles ovales-lancéolées. Ses fleurs blanches et d'une odeur agréable, sont disposées sur des pédoncules rameux, de manière à former une petite panicule ; elles ont leurs pétales légèrement pubescens en dehors et seulement sur les bords ; leurs styles, au nombre de cinq à huit, deviennent pour les graines des aigrettes plumeuses. La clématite odorante croît naturellement dans les haies et les buissons du midi de l'Europe ; on la rencontre fréquemment dans les départemens méridionaux de la France : elle fleurit en juillet et août. Ses longs sarmens sont très propres à couvrir des berceaux, à garnir des murs, des treillages. Cette plante a le double avantage de parfumer et de décorer, par ses nombreuses panicules de fleurs blanches, les berceaux sur lesquels on l'a placée.

Clématite glauque ; *Clematis glauca*, Willd., *Spec.* 2, pag. 1290, et *Arb.*, 65, t. 4, f. 1. Les rameaux de cette clématite sont sarmenteux et grimpans comme dans ceux des espèces précédentes, garnis de feuilles ailées, composées de folioles à deux ou trois lobes aigus, quelquefois très-entières et ovales-lancéolées, parfaitement glabres et d'un vert glauque. Les fleurs sont disposées en panicules courtes ; elles ont leurs pétales lancéolés, jaunâtres extérieurement, et pubescens intérieurement. Les graines sont nombreuses, remarquables par la longue aigrette blanche et soyeuse qui les termine. Cette plante croît en Sibérie et dans l'Orient. Elle fleurit dans la même saison que l'espèce précédente, et en la plantant dans son voisinage, elle feroit, par ses fleurs jaunâtres et par ses feuilles glauques, un agréable contraste. (L. D.)

CLEMENTEA (*Bot.*), nom donné par Cavanilles à un genre de la famille des fougères qu'Hoffmann avoit fait connoître sous celui d'Angiopteris (voyez ce mot), et qui ne contient qu'une seule espèce, l'*angiopteris erecta*. (Lem.)

CLÉNACÉES. (*Bot.*) M. du Petit-Thouars avoit observé, à Madagascar, plusieurs arbres ou arbrisseaux qui présentoient le caractère particulier d'une ou deux fleurs renfermées dans un involucre commun et d'une seule pièce, servant de second calice. Ce caractère lui a paru propre à constituer une famille, à laquelle il a donné le nom des clénacées, tiré du nom grec χλαῖνα, ou du latin *læna*, qui signifient l'un et l'autre un vêtement extérieur, que l'involucre, désigné plus haut, semble représenter. Chaque fleur, ainsi entourée, a un calice à trois divisions profondes, au fond duquel sont attachés cinq ou six pétales, à base élargie, tantôt distincts, tantôt réunis par le bas en un tube. Les étamines, insérées sur ce tube, sont ordinairement nombreuses, plus rarement réduites à dix; leurs anthères sont arrondies. L'ovaire, simple et libre, est surmonté d'un style et de trois stigmates. Il devient une capsule à trois loges monospermes ou polyspermes, toujours accompagnée de l'involucre ordinairement très-renflé. Quelquefois, par avortement, il ne subsiste qu'une loge, et une graine insérée à son sommet. Celle-ci contient un embryon renversé, à radicule montante, à lobes minces et ondulés, entouré d'un périsperme charnu. Les tiges sont ligneuses; les feuilles alternes, accompagnées de stipules caduques; les fleurs disposées en corymbe ou en panicule. Les genres de cette famille, établis par M. du Petit-Thouars, sont le *sarcolæna*, le *leptolæna*, le *schizolæna*, le *rhodolæna*, présentant tous, dans leurs syllabes terminales, l'indication du caractère principal.

L'auteur trouve dans cette famille quelque affinité, d'une part avec les malvacées, de l'autre avec les tiliacées : mais elle paroît en avoir davantage avec les ébénacées, et surtout avec les symplocées, qui sont détachées nouvellement de ces dernières, puisque les symplocées ont, comme les clénacées, des pétales souvent réunis, des étamines nombreuses, avec la même insertion; des anthères arrondies; un style unique; un fruit à plusieurs loges, dont souvent une seule subsiste; des graines munies d'un périsperme. La différence principale consiste dans l'involucre ou double calice. Ainsi les clénacées devront être placées dans la classe des péricorollées, ou plantes à corolle monopétale insérée au calice. (J.)

CLEODOAR. (*Malacoz.*) C'est sans doute par inadvertance que Ocken désigne ainsi le genre CLÉODORE. Voyez ce mot. (DE B.)

CLÉODORE (*Malacoz.*), *Cleodora*. Les animaux qui composent ce genre, établi par MM. Péron et Lesueur, avoient été désignés par Brown, le seul peut-être encore qui les ait observés, sous le nom de *clio* : mais, Linnæus ayant placé dans le genre Clio des espèces qui sont tout-à-fait nues, comme le *cleodora borealis*, etc., MM. Péron et Lesueur, dans leur Mémoire sur la famille des ptéropodes, ont cru devoir les en séparer; et, par une singularité qui se renouvelle assez souvent en zoologie, ils ont chassé du genre Clio les espèces pour lesquelles il avoit été établi, et les ont réunies sous la dénomination de cléodore, tandis qu'ils rangent sous celle de clio les espèces que Linnæus et Bruguières avoient insérées forcément dans le genre de Brown. Quoi qu'il en soit, voici les caractères de ce genre : Corps gélatineux, conique, pouvant être contenu dans une sorte d'étui gélatino-cartilagineux et de même forme ; pourvu antérieurement d'une paire d'appendices natatoires, et terminé en avant par une tête bien distincte, globuleuse, avec des yeux et des mâchoires, sans tentacules, du moins à ce qu'il paroît.

Les espèces de ce genre sont :

La CLÉODORE PYRAMIDALE : *Cleodora pyramidata*, Pér. et Les.; *Clio pyramidata*, Linn.; *Clio I, vagina triquetra, pyramidata, ore oblique truncato*, Brown, Histoire naturelle de la Jamaïque, tab. 4, fig. 1. Ce charmant petit animal, dit Brown, excède rarement un pouce de long, y compris sa gaîne. Son corps, qui est opaque, mince et apointi à son extrémité, supporte une petite tête ronde, munie d'un petit bec pointu, et de deux petits yeux d'un très-beau vert. Ses épaules sont garnies de deux expansions membraneuses, transparentes, au moyen desquelles l'animal se meut avec beaucop de célérité dans l'eau et à sa surface. Mais la partie postérieure est attachée au fond d'un fourreau, dont il peut sortir, et dans lequel il peut s'enfoncer en totalité, à sa volonté. Ce fourreau est d'une consistance ferme, transparent et assez grand pour contenir tout le corps de l'animal, avec ses expansions membraneuses. Il est d'une forme régulière, caréné en dessous, pointu à son extrémité, et communément de trois quarts de pouce de long.

Lamartinière (Journal de Physique, septembre 1787) décrit et figure une petite espèce de mollusque ptéropode, qui paroît fort rapprochée de celle-ci ; et, en effet, le fourreau est également prismatique, triangulaire : mais il ajoute sur l'animal quelques détails qu'il sera bon de rapporter, parce qu'ils font beaucoup douter de l'absence des tentacules. Voici ce qu'il dit : Le corps de l'animal est de couleur verte, mêlée de points bleuàtres et dorés ; il se trouve fixé par un ligament à la partie inférieure de l'étui. Son cou est surmonté d'une petite tête noirâtre, composée de trois feuillets rapprochés en forme de chapeau et renfermée entre trois nageoires, dont deux grandes, et échancrées à la partie supérieure, et une petite en forme de demi-cercle.

La CLÉODORE A QUEUE : *Cleodora caudata; Clio caudata*, Linn.; *Clio II, vagina compressa, caudata*, Brown, Hist. de la Jam., p. 386. Cette espèce, qui n'est connue que par son étui décrit par Brown, a été regardée par M. Bosc et M. Lesueur comme appartenant au genre Hyale, mais, je pense, à tort. En effet, Brown dit que l'animal est tout-à-fait semblable à sa première espèce, et l'étui ne diffère que parce qu'il est toujours plus grand, puisqu'il atteint jusqu'à un pouce de long, et qu'il est plus comprimé et terminé par une sorte de queue ou de pointe; mais il n'a réellement aucun des caractères de la coquille fort remarquable de l'hyale : ainsi il n'est point fendu latéralement; son ouverture antérieure est fort large; sa pointe terminale n'est point percée, et c'est le bord supérieur qui avance plus que l'inférieur, au contraire de ce qui se voit dans l'hyale.

Il nous paroît également probable qu'il faut rapporter à cette espèce l'hyale lancéolée, figurée et décrite par M. Lesueur, dans le n.° 69 du nouveau Bulletin de la Société philomathique, pour le mois de mai 1813, qui très-probablement n'est pas non plus une hyale.

La CLÉODORE RETUSE : *Cleodora retusa; Clio retusa*, Gmel.; *Clio III, vagina triquetra, ore horizontali*, Brown, Hist. de la Jam., p. 136. Les mêmes raisons qui nous semblent devoir porter à regarder la précédente comme appartenante à ce genre, et non aux hyales, comme le font MM. Bosc et Lesueur, nous paroissent subsister pour celle-ci. Mais est-elle réellement différente de la cléodore pyramidale? C'est ce qui n'est pas aussi aussi certain, puisqu'il paroît que les différences principales consistent seulement dans un peu plus de grandeur, et en ce que l'ouverture est horizontale, au lieu d'être coupée obliquement. (De. B.)

CLÉOME. (*Bot.*) Voyez MOSAMBÉ. (POIR.)

CLÉONIE (*Bot.*), *Cleonia*, Linn., genre de plantes dicotylédones, monopétales, hypogynes, de la famille des labiées, Juss., et de la *didynamie gymnospermie*, Linn., dont les principaux caractères sont les suivans : Calice monophylle, à deux lèvres, dont la supérieure à trois dents, et l'inférieure plus courte, bifide ; corolle monopétale, à deux lèvres, dont la supérieure droite, bifide, en carène, et l'inférieure à trois lobes, dont les deux latéraux étalés et celui du milieu échancré ; étamines didynames, à filamens bifurqués à leur sommet, la branche extérieure portant l'anthère ; quatre ovaires supérieurs, surmontés d'un style à stigmate quadrifide ; quatre graines au fond du calice persistant. Ce genre ne comprend qu'une seule espèce, que MM. de Lamarck et Ventenat ont réunie aux brunelles.

Cléonie de Portugal : *Cleonia lusitanica*, Linn., *Spec.* 837 ; *Brunella odorata*, Lam., Dict. enc., 1, p. 473. Sa tige est rameuse, droite, haute de six à huit pouces, très-velue ; ses feuilles sont oblongues, profondément dentées en leurs bords, ou même pinnatifides ; les fleurs sont grandes, violettes ou bleuâtres, disposées en épi terminal, et munies de bractées remarquables par leurs découpures profondes, étroites, aiguës et ciliées. Cette plante croît en Espagne, en Portugal et dans le Languedoc. (L. D.)

CLÉOPHORE LONTAROIDE (*Bot.*), *Cleophora lontaroides*, Gærtn., *de Fruct. et sem.*, 2, pag. 185, tab. 120 ; *Latania rubra*, Jacq., *Fragm.* 1, pag. 13, tab. 8. Gærtner, d'après l'examen des fruits de cette plante, dont les fleurs mâles sont inconnues, a établi un genre particulier, de la famille des palmiers, qu'il sépare des lataniers. Ce fruit consiste en une baie globuleuse, obscurément trigone, glabre, de la grosseur d'une petite pomme d'api, à une seule loge, couverte d'une écorce coriace, mince, fragile. Une pulpe succulente et fugace enveloppe trois noyaux monospermes, convexes d'un côté, anguleux de l'autre, sans aucune apparence de fibres et de cloison ; la semence de même forme que le noyau, ainsi que le périsperme, qui est dur, corné ; l'embryon est situé au sommet de la semence, cylindrique, un peu conique, médiocrement élargi à sa base. M. de Lamarck, qui a observé les feuilles de cette plante, dit qu'elles sont palmées ou en éventail, avec un pétiole non épineux, remarquables d'ailleurs par leur couleur presque rouge, sans nervure postérieure cotonneuse, ciliées à leurs bords par de petites épines. Cette plante a été découverte à l'île de Bourbon par Commerson. (Poir.)

CLERKIA. (*Bot.*) Necker fait sous ce nom un genre du *tabernœmontana grandiflora*, parce que deux des découpures de son calice sont plus grandes et en cœur, et que de plus le limbe de sa corolle est grand et son stigmate bifide. (J.)

CLERODENDRUM (*Bot.*), vulgairement Peragu, genre très-voisin des *volkameria*, de la famille des gattiliers, appartenant à la *didynamie angiospermie* de Linnæus, offrant pour caractère essentiel : Un calice campanulé, à cinq divisions ; une corolle monopétale, irrégulière ; le tube presque filiforme ; le limbe à cinq divisions étalées, presque égales ; quatre étamines didynames, très-longues, saillantes d'entre les découpures les plus ouvertes de la corolle ; un ovaire supérieur ; un style ; un stigmate simple. Le fruit est une baie enveloppée par le calice agrandi, à une seule loge, contenant quatre noyaux monospermes.

Ce genre renferme des arbrisseaux fort élégans, la plupart originaires des Indes orientales, à feuilles simples, opposées, assez grandes, sans stipules ; les fleurs disposées en corymbe, plus souvent en une ample panicule étalée ; ses ramifications presque toujours dichotomes ou trichotomes ; les filamens des étamines très-longs, saillans hors de la corolle d'une manière remarquable. Le nom de *clerodendrum* est composé de deux mots grecs qui signifient arbre heureux. Les espéces les plus remarquables sont :

Clerodendrum visquéux : *Clerodendrum viscosum*, Venten., *Malm.*, tab. 25 ; *Peragu*, Rheede., Malab., 2, tab. 25 ; *an Clerodendrum infortunatum ?* Linn., *Excl. Syn.*, Burm. et Rumph. Arbrisseau de trois ou quatre pieds, légèrement tomenteux, pourvu de feuilles lancéolées en cœur, dentées à leur contour, pubescentes ; les fleurs disposées en une belle panicule pyramidale ; le calice renflé, pentagone, parsemé de glandes visqueuses, aussi long que le tube de la corolle, dont le limbe est partagé en cinq découpures unilatérales, velues en dehors. Il croît dans les Indes orientales : on le cultive au Jardin du Roi.

Clerodendrum fortuné : *Clerodendrum fortunatum*, Linn. ; Osbeck. *Itin.*, 228, t. 11. Ses fleurs ne sont point terminales, mais placées le long des rameaux dans l'aisselle des feuilles. Ses tiges sont un peu pubescentes ; les feuilles lancéolées, très-entières ou légèrement sinuées à leurs bords, quelquefois un peu ailées sur leur pétiole ; le tube de la corolle à peine plus long que le calice. Cette plante croît dans les Indes et à l'île de Java. Le *clerodendrum calamitosum* se distingue de cette espèce par ses feuilles ovales, non lancéolées, irrégulièrement dentées à leurs bords ; par ses fleurs disposées en une panicule étalée, terminale. Il croît à l'île de Java.

CLERODENDRUM A FEUILLES DE PHLOMIS : *Clerodendrum phlomoides*, Linn.; Burm., *Fl. ind.*, tab. 45, fig. 1. Ses tiges sont pubescentes et blanchâtres ; ses feuilles ovales, tomenteuses, anguleuses, dentées à leurs bords, plus petites que celles des autres espèces ; les pédoncules axillaires, divisés à leur sommet en trois autres parties, uniflores ; les bractées tomenteuses et blanchâtres ; le calice glabre, la corolle blanche ; son tube trois fois plus long que le calice. Cet arbrisseau croît dans les Indes : on le cultive au Jardin du Roi.

CLERODENDRUM GRIMPANT ; *Clerodendrum volubile*, Pal. Beauv., *Fl. Owar. et Benin.*, 1, tab. 32. Espèce remarquable par ses tiges grimpantes, glabres, cylindriques, garnies de feuilles ovales, entières, longuement acuminées ; les rameaux de la panicule forment autant de corymbes ; les pédoncules capillaires soutenant trois fleurs pédicellées, assez petites. Elle croît au royaume d'Oware. Le *clerodendrum umbellatum*, Poir., Enc., n.° 5, nommé ensuite *clerodendrum scandens* par M. de Beauvois, *Fl. Owar.*, tab. 62, est une espèce plus forte, plus élevée que la précédente : ses tiges sont quadrangulaires ; ses feuilles et ses fleurs plus grandes ; le calice large, ouvert et coloré ; la corolle agréablement panachée de blanc et de rouge.

CLERODENDRUM TRICHOTOME : *Clerodendrum trichotomum*, Th., *Jap.*, 256 ; Kæmpf., tab. 22 ; Banks., *Icon.* Ses tiges se divisent en rameaux glabres, tétragones : les feuilles inférieures très-grandes, à trois lobes ; les supérieures larges, ovales, entières ; les dernières fort petites, toutes glabres : une grande et belle panicule trichotome, sans bractées. Les feuilles, dit Thunberg, ont l'odeur vineuse de celles de la mandragore. On trouve assez fréquemment, dans l'intérieur des rameaux, une sorte de larve, qui détruit dans les enfans les vers lombrics, lorsqu'on la mêle avec une sorte de bière nommée *sakki*. Cette plante croit au Japon. Une autre espèce des Indes orientales, le *clerodendrum diversifolium*, Vahl, *Symb.* 2, pag. 75, est très-voisine de la précédente ; elle s'en distingue par ses rameaux velus vers leur sommet, par ses feuilles plus étroites, par sa panicule velue, d'abord dichotome, puis terminée par un grand nombre de grappes ; les divisions du calice plus longues. Dans le *clerodendrum paniculatum*, Vahl, *Symb.*, 2, pag. 74, les feuilles sont divisées à leurs bords en trois ou cinq lobes denticulés ; les pétioles garnis à leur base de poils longs et crépus ; la panicule composée de rameaux dichotomes, puis ramifiés et non en grappes. Cet arbrisseau croît dans les Indes orientales.

CLERODENDRUM ÉCAILLEUX ; *Clerodendrum squamatum*, Vahl, *Symb.*, 2, pag. 74. Cette plante se fait remarquer par l'élégance de son port et par ses belles panicules de fleurs. Ses feuilles sont glabres, ainsi que le calice et la corolle, profondément échancrées à leur base, ovales, fort amples, parsemées en dessous de petits corps écailleux ; le tube de la corolle trois fois plus long que le calice ; les divisions du limbe lancéolées, aiguës. Elle croît dans les Indes orientales. Le *clerodendrum ovatum*, Poir., Enc., Supp., n.° 13, est très-voisin de cette espèce. Ses feuilles sont ovales, non en cœur, point écailleuses en dessous ; les fleurs disposées en corymbes paniculés. Dans le *clerodendrum coriaceum*, Poir., Enc., Supp., n.° 14, les feuilles sont glabres, coriaces, ovales, lancéolées ; les fleurs paniculées. Cet arbrisseau a été découvert, à Java, par M. de Labillardière.

CLERODENDRUM ODORANT : *Clerodendrum fragrans*, Willd., *Enum.*, 1, pag. 669 ; *Volkameria japonica*, Jacq., *Schœnb.*, 3, tab. 338 ; Banck., *Icon.*; Kæmpf., tab. 57. Cette plante, originaire du Japon, cultivée au Jardin du Roi, répand, surtout pendant la nuit, une odeur très-agréable. Ses tiges sont un peu velues ; ses feuilles ovales, presque en cœur, dentées, un peu tomenteuses à leurs deux faces, munies de deux glandes à leur base ; les fleurs réunies en un corymbe touffu, muni de bractées lancéolées ; le calice à cinq divisions purpurines, maculées ; la corolle blanche, couleur de chair en dehors ; le tube un peu courbé ; un appendice en forme de seconde corolle, déchiqueté à son limbe. Ses fleurs sont stériles dans nos jardins.

Andrew a figuré le *clerodendrum pyramidale*, Bot. Rep., tab. 618, et le *clerodendrum tomentosum*, Bot. Rep., tab. 607 ; Curt., *Magaz. bot.*, tab. 518. M. Rob. Brown en a mentionné sept espèces observées dans la Nouvelle-Hollande. Brown, *Prod. Nov. Holl.*, 510, etc. (Poir.)

CLETHRA (*Bot.*), genre de la famille de éricinées, de la *décandrie monogynie* de Linnæus, caractérisé par un calice persistant, à cinq divisions ; une corolle à cinq pétales ; dix étamines ; un style ; une capsule supérieure, polysperme, à trois valves et à trois loges.

Ce genre est composé d'arbrisseaux d'un port agréable, propres à décorer les bosquets d'été, pourvu qu'on ait soin de les placer dans les parties les plus humides. Leur feuillage est élégant ; les feuilles simples, pétiolées, alternes ; les fleurs blanches, réunies en épis ou en grappes touffues, alongées, terminales ; elles répandent une odeur douce et balsamique. On les multiplie de marcottes, de drageons et même de graines, qu'il faut semer à l'ombre dans un terreau très-divisé : les jeunes plantes doivent être élevées dans de la terre de bruyère, et garanties de l'ardeur du soleil.

On cultive les espèces suivantes :

CLETHRA A FEUILLES D'AUNE : *Clethra alnifolia*, Linn. ; Duham., Arb., 1, t. 71 ; Lam., *Ill. gen.*, tab. 369. Ce joli arbrisseau s'élève à la hauteur de quatre à cinq pieds et plus : il se divise en rameaux lâches, cylindriques, pubescens à leur sommet, garnis de feuilles ovales, dentées en scie, vertes à leurs deux faces, quelquefois un peu pubescentes ; les épis alongés, munis de bractées linéaires, caduques, plus courtes que les fleurs. Le *clethra tomentosa*, Lam., ressemble beaucoup au précédent : il est moins élevé, facile à distinguer par le duvet cotonneux et blanchâtre qui couvre le dessous de ses feuilles, ainsi que les pédoncules, les calices et les bractées. Ces deux plantes croissent dans la Caroline et la Virginie.

CLETHRA EN ARBRE ; *Clethra arborea*, Vent., Malm., tab. 40. Cet arbrisseau, originaire de l'île de Madère, n'est cultivé que depuis quelques années dans nos jardins d'Europe. Il s'élève à la hauteur de huit à dix pieds. Ses tiges se terminent par une belle cime arrondie ; ses feuilles sont alongées, lancéolées, dentées en scie, persistantes ; les pétioles couverts d'un duvet roussâtre ; les fleurs sont blanches, odorantes, disposées en grappes simples, lâches et un peu pendantes ; leur calice pubescent, d'un blanc cendré. Cet arbrisseau craint le froid ; il exige la serre d'orangerie dans l'hiver, et ne pourroit être cultivé en pleine terre que dans nos départemens méridionaux.

On en connoît encore deux autres espèces : l'une est le *clethra acuminata*, Mich., *Amer.*, 1, pag. 260, très-rapproché du *clethra alnifolia*, distingué par ses feuilles plus amples, acuminées, par les bractées plus longues que les fleurs ; l'autre est le *clethra paniculata*, Ait., *Hort. kew.*, 2, pag. 73. Ses fleurs sont réunies en une panicule étroite, ramifiée ; les pédoncules et les calices blanchâtres et pubescens ; les feuilles dentées, glabres à leurs deux faces, en ovale renversé. Toutes deux croissent dans l'Amérique septentrionale. (Poir.)

CLETHRIA. (*Bot.*) Hill nomme ainsi le genre Clathrus de Micheli. Voyez ce mot, et Clathre. (Lem.)

CLETTE. (*Ornith.*) On appelle ainsi, en Picardie, l'avocette, *recurvirostra avocetta*, Linn. (Ch. D.)

CLEVEN-RAY (*Ichthyol.*), nom anglois du centropome onze rayons, poisson des mers de la Jamaïque. Voyez Centropome. (H. C.)

CLEYERA. (*Bot.*) La famille naturelle de ce genre n'est pas encore déterminée. Il appartient à la *polyandrie monogynie* de Linnæus, et il offre quelques rapports avec le *vateria*. Son caractère essentiel consiste dans un calice coriace, persistant, à cinq découpures ovales, obtuses ; cinq pétales ovales, aigus, un peu jaunâtres ; un grand nombre d'étamines insérées sur les côtés de l'ovaire ; les filamens inégaux, légèrement soudés par leur base ; les anthères subulées, à deux loges ; un ovaire supérieur ; un style plus long que les étamines ; le stigmate échancré. Le fruit consiste en une capsule glabre, ovale, de la grosseur d'un pois, à deux valves, à deux loges, entourée à sa base par le calice réfléchi. La seule espèce de ce genre est le

Cleyera du Japon ; *Cleyera japonica*, Thunb., *Pl. jap.* Ses tiges sont glabres, ligneuses, divisées en rameaux presque verticillés, garnis vers leur sommet de feuilles réunies, quatre ou cinq, presque en verticille, inégales, pétiolées, ovales-oblongues, obtuses, épaisses, toujours vertes, un peu dentées vers leur sommet, longues d'un pouce et demi ; les fleurs pédonculées, solitaires, ou réunies deux ou trois dans l'aisselle des feuilles. (Poir.)

CLEYRIA. (*Bot.*) Necker nomme ainsi l'*arouna* d'Aublet, genre qui doit être supprimé, selon Vahl, et réuni au *dialium*. (J.)

CLIAMONNONE. (*Bot.*) Dans un catalogue manuscrit des plantes de Coromandel, le *jatropha gossypiifolia* est désigné sous ce nom et sous celui de palma-christi sauvage. (J.)

CLIBADION. (*Bot.*), *Clibadium.* [*Corymbifères*, Juss.; *Monoécie pentandrie*, Linn.] Ce genre de plantes, établi par Allamand, et publié par Linnæus, ne paroît pas avoir été observé depuis par les botanistes; ce qui fait qu'il est mal connu, et que l'on a élevé des doutes sur la place qu'il doit occuper dans l'ordre naturel. Linnæus, M. de Jussieu, Gærtner, l'ont rangé auprès de l'*iva*; mais M. Decandolle soupçonne qu'il n'appartient pas à la famille des synanthérées. Nous sommes convaincus du contraire, d'après la description de Linnæus; et nous ne doutons presque pas que le *clibadium* ne soit une synanthérée, qu'il faut classer dans la tribu des hélianthées, et dans notre section des hélianthées-millériées, auprès de l'*iva* et des ambrosiacées.

La calathide est discoïde, composée d'un disque pluriflore, équaliflore, régulariflore, masculiflore, et d'une couronne triquadriflore, féminiflore, probablement ténuiflore. Le péricline est formé de squames imbriquées, ovales, aiguës. Le clinanthe, qui n'a point été décrit, est probablement plane et nu. Les fleurs femelles ont une corolle tubuleuse, quinquélobée ; un style à deux branches stigmatifères, et un ovaire infère, qui devient une cypsèle drupacée, succulente, arrondie, ombiliquée, inaigrettée, renfermant une graine comprimée, obovale. Les fleurs mâles ont une corolle infundibuliforme, quinquélobée; cinq étamines à anthères libres, un style simple, sans stigmate ; un ovaire infère semi-avorté, filiforme, qui a été pris pour un pédicelle, et un nectaire épigyne, qui a été pris ici, comme dans le *tarchonanthus*, pour un ovaire supère.

Le Clibadion de Surinam, *Clibadium surinamense*, Linn., a les feuilles opposées, ovales, acuminées, rudes au toucher ; les calathides portées sur des pédoncules opposés ; les corolles blanches ; les fruits verts et pourvus d'un suc jaune visqueux ; les périclines ventrus et colorés en violet à l'époque de la maturité. Il a une odeur fétide, et habite Surinam. Voyez Helxine. (H. Cass.)

CLICHE FALSA (*Bot.*), nom portugais du *bankaretti* des Malabares, qui est un cniquier, *guilandina axillaris* de Lamarck. (J.)

CLIFFORTE (*Bot.*), *Cliffortia*, genre de plantes de la famille des rosacées, de la *dioécie polyandrie* de Linnæus, caractérisé par des fleurs dioïques, dont le calice est persistant dans les fleurs femelles, à trois folioles coriaces; point de corolle; des étamines nombreuses; les anthères à deux loges dans les femelles; un ovaire inférieur surmonté de deux styles plumeux à stigmate simple : le fruit consiste en deux semences renfermées dans le calice converti en une sorte de capsule à deux loges.

Ce genre renferme un certain nombre d'arbrisseaux peu élevés, tous originaires du cap de Bonne-Espérance, à feuilles alternes, sessiles, très-variables dans leur forme, munies de stipules vaginales; les fleurs sont petites, sessiles, axillaires, de peu d'apparence. Les principales espèces sont :

CLIFFORTE A FEUILLES DE HOUX : *Cliffortia ilicifolia*, Linn.; Lam., *Ill. gen.*, tab. 827, fig. 1. Arbrisseau entièrement glabre, haut de deux ou trois pieds, dont les rameaux sont très-étalés, garnis de feuilles petites, roides, sessiles, persistantes, alternes, rapprochées, presque amplexicaules, arrondies, bordées de dents épineuses, articulées sur le bord postérieur d'une gaîne courte, stipulaire; les fleurs sont verdâtres, sessiles, solitaires dans les aisselles des feuilles. On le cultive au Jardin du Roi. Il se multiplie de drageons, de marcottes et de boutures; il faut le renfermer, pendant l'hiver, dans la serre tempérée, lui fournir une bonne terre, et l'arroser pendant l'été. Le *cliffortia cordifolia*, Encycl., n.° 2; *Ill.*, t. 827, fig. 2, ne diffère du précédent que par ses feuilles, la plupart en cœur, amplexicaules, aiguës.

CLIFFORTE A TROIS DENTS ; *Cliffortia tridentata*, Willd. Elle se distingue du *cliffortia ruscifolia* par ses feuilles plus larges, tridentées, cunéiformes à leur base, légèrement pubescentes en dessous. On la cultive au Jardin du Roi.

CLIFFORTE A FEUILLES DE FRAGON : *Cliffortia ruscifolia*, Linn.; Lam., *Ill.*, tab. 827, fig. 3. Ses rameaux sont velus, très-nombreux; les feuilles petites, très-rapprochées, lancéolées, entières, lisses, concaves, velues dans leur jeunesse, nerveuses, terminées par une épine roide; les fleurs disposées en paquets velus et axillaires ; les capsules oblongues, ombiliquées, point couronnées. On la cultive au Jardin du Roi.

CLIFFORTE A FEUILLES DE RENOUÉE; *Cliffortia polygonifolia*, Linn.,

Hort. cliff., tab. 32. Ce petit arbuste a des rameaux nombreux, velus, paniculés ; des feuilles linéaires, fort petites, pileuses, entières, ondulées, fasciculées, réunies trois ensemble sur chaque petite gaîne ; les fleurs sessiles, fasciculées ; les capsules de la grosseur d'un grain de froment, couronnées par les folioles du calice. Le *cliffortia ternata*, Linn., f., Suppl., n'en est peut-être qu'une variété. Le *cliffortia trifoliata*, Linn. et Pluk., *Alm.*, tab. 319, fig. 4, est plus grand que le précédent, très-velu, à feuilles plus larges, réunies trois ensemble, celle du milieu presque cunéiforme, à trois dents.

CLIFFORTE A FEUILLES EN COIN ; *Cliffortia cuneata*, Ait. Arbuste distingué par ses feuilles en coin, tronquées à leur sommet, terminées par cinq dents prolongées en filet sétacé ; les pétioles courts, dilatés ; une stipule vaginale à deux dents. Dans le *cliffortia dentata*, Willd., les feuilles sont ternées ; les folioles en ovale renversé, les latérales à deux ou trois dents, l'intermédiaire plus grande, tridentée : caractère qui le distingue du *cliffortia obcordata*, Linn., Suppl.

CLIFFORTE SARMENTEUSE ; *Cliffortia sarmentosa*, Linn., *Mant.* Espèce remarquable par ses tiges filiformes, sarmenteuses ; ses rameaux courts et pubescens ; ses feuilles presque sessiles, ternées, linéaires, très-étroites, non piquantes, chargées d'un duvet blanchâtre ; les fleurs solitaires, latérales et sessiles.

CLIFFORTE CONIFÈRE : *Cliffortia strobilifera*, Linn. Pluk., *Alm.*, tab. 273, fig. 2. On ignore si les cônes ovales, sessiles, écailleux, qu'on observe sur les rameaux de cette plante, sont des fruits ou plutôt des galles, ce qui est plus probable ; ses feuilles sont glabres, ternées, linéaires, aiguës.

CLIFFORTE ODORANTE ; *Cliffortia odorata*, Linn., f., Suppl. Ses feuilles sont simples, ovales, dentées en scie, velues en dessous ; les stipules velues, à demi bifides ; les fleurs mâles velues en dehors, colorées en dedans ; les rameaux simples, un peu pubescens.

CLIFFORTE A FEUILLES CONNIVENTES ; *Cliffortia pulchella*, Linn., f., Suppl. Cet arbrisseau, d'un aspect élégant, a ses feuilles géminées, orbiculaires, très-entières ; les nervures disposées agréablement en forme de rayons ; on aperçoit, entre chaque paire de feuilles une cavité qui contient les fleurs.

CLIFFORTE A FEUILLES DE GRAMINÉE ; *Cliffortia graminea*, Linn., f., Suppl. Ses tiges s'élèvent peu, sont à peine rameuses, garnies de feuilles droites, simples, glabres, ensiformes, finement denticulées ; les pétioles élargis, articulés, terminés par deux pointes subulées, en forme de stipules.

CLIFFORTE A FEUILLES EN FAUX; *Cliffortia falcata*, Linn., f., Supp. Ses feuilles sont ternées, petites, linéaires, glabres, courbées en faucille ; ses rameaux pubescens vers leur sommet ; les capsules oblongues, sessiles, couronnées par le calice.

CLIFFORTE A FEUILLES DE GENÉVRIER; *Cliffortia juniperina*, Linn., f. Suppl. Cet arbrisseau a le port d'un genévrier : il lui ressemble encore par ses feuilles linéaires, aiguës, canaliculées, réunies trois ensemble ; les fleurs axillaires, sessiles.

Il existe encore plusieurs autres espéces de *cliffortia*, mais bien moins connues, telles que les *cliffortia ferruginea*, Linn., f., *seu berberidifolia*, Lam., Encycl. ; *crenata*, Linn., f.; *teretifolia*, Linn., f.; *ericœfolia*, Linn., f.; *serrata*, Thunb.; *cinerea*, Thunb., etc. Le *cliffortia filifolia*, Linn., f., est le genre NENAX de Gærtner. Voyez ce mot. (POIR.)

CLIGNOT. (*Ornith.*) L'oiseau auquel ce nom et celui de traquet à lunettes ont été donnés par Commerson, et ensuite par Buffon, est le *motacilla perspicillata* de Linnæus. C'est vraisemblablement le même oiseau que le bec argenté, décrit par M. d'Azara sous le n.° 228 de ses *Apuntiamentos para la Historia natural de los Paxaros*. (CH. D.)

CLIMACIUM (*Bot.*), genre de la famille des mousses, créé par Weber et Mohr, et adopté par Bridel et Schwægrichen, pour l'*hypnum dendroides* de Linnæus, placé par Hedwig dans le genre *Leskea*, et qui en diffère par la forme de son péristome interne, composé d'une membrane fort courte, d'où partent seize longues dents fendues en deux par leur milieu, comme une boutonnière, et dont les deux bouts de l'extrémité supérieure sont soudés ; le péristome externe offre seize dents simples.

L'espèce principale de ce nouveau genre est

Le CLIMACIUM DENDROIDES, Web. et Mohr, Bridel, Suppl., Recent.. 2, p. 44 ; Schwægr., Suppl., 2, 141, tab. 81 ; *Hypnum dendroides*, Linn., Smith ; *Leskea dendroides*, Hedw. Dill., *Mus.*, tab. 40, f. 8.

Cette mousse a des racines rampantes, couvertes d'une

laine rousse ; il s'en élève des tiges d'abord très-simples , hautes
de deux à six pouces, recouvertes de petites feuilles imbriquées ;
ces tiges deviennent rameuses à leurs extrémités, et ressemblent
à autant de petits arbres , dont les rameaux sont simples , groupés
en bouquets , et revêtus, comme la tige , de feuilles imbriquées , vert-jaunâtre , brillantes, ovales-pointues , à une seule
nervure, dentelées vers le haut, et marquées , lorsqu'elles
sont sèches, de chaque côté, d'un pli longitudinal. Les pédicelles, garnis à la base d'un périchèze cylindrique, sont axillaires,
longs de dix-huit lignes, rouges, luisans, portent chacun une
urne droite, ovale - oblongue, brune , recouverte par une
coiffe subulée, fendue sur un côté, de couleur de paille , mais
brune vers le sommet ; l'opercule, alongé, est conique. Des ro-
settes, ou fleurs mâles, Hedw., gemmiformes et de couleur
jaunâtre , sont situées à la base des rameaux de certains pieds.

Cette mousse dioïque croît dans les bois taillis , les prés humides, et elle fructifie en automne ; on la trouve dans presque toute l'Europe. On l'indique aussi dans l'Amérique
septentrionale et au Japon : mais il est à présumer que
ces deux contrées offrent deux espèces différentes. Bridel
a nommé *climacium americanum*, une mousse découverte par
Michaux en Caroline et en Pensylvanie , et qu'il avoit prise
pour le *leskea dendroides*, Hedw., ou *climacium dendroides ;*
mais, quoiqu'elle lui ressemble beaucoup, elle en diffère par
ses urnes longues, cylindriques, et deux fois plus grandes.

Rai paroît avoir indiqué le premier le *climacium dendroides*,
qui étoit une espèce de son genre *Hypnum ;* Dillen et Linnæus
en firent aussi un *hypnum*. Adanson l'a porté dans son genre
Luida ; enfin, dans ces derniers temps, Hedwig en fit un *leskea*,
en annonçant que le péristome intérieur étoit divisé presque
jusqu'à sa base; Swartz et Roth crurent devoir le réunir au
neckera, genre très-voisin du *climacium*. C'est à Weber et
Mohr que l'on doit une connoissance plus exacte de la structure de l'urne de cette mousse, qu'ils ont nommée *climacium*,
du grec κλίμαξ, qui signifie *échelle*, *degré*, parce que dans ce
genre, les cils du péristome interne sont limpides et marqués
de veines ou articulations transverses qui leur donnent l'apparence d'une échelle. Bridel, considérant que ces mêmes cils
sont unis par paire, propose de nommer le genre en latin *zygo-*

trichia, et en françois *gradule*. On a rapporté, mais à tort, l'*hypnum lutescens* au genre *Climacium*. (Lem.)

CLIMBING-VOIE (*Bot.*), nom anglois donné dans l'île de Montferrat, suivant Swartz, à son *psychotria parasitica*, qui étoit le *viscoïdes pendulum* de Jacquin. (J.)

CLINANTHE (*Bot.*), *Clinanthium*. Un pédoncule simple se termine tantôt par une seule fleur, tantôt par plusieurs fleurs : lorsqu'il porte plusieurs fleurs (voyez la Scabieuse, le Grand Soleil, le Dorstenia), c'est son extrémité élargie que M. Mirbel nomme *clinanthe*, c'est-à-dire, *lit de fleurs*. Dans les fleurs dites *composées* (synanthérées), le clinanthe est désigné, par Linnæus, sous le nom de *receptaculum commune*, et par Tournefort sous celui de *thalamus*. M. Richard, considérant qu'il y a des fleurs dites composées, qui n'ont qu'une fleur, a substitué au nom de réceptacle commun, celui de *phoranthe*, qui signifie simplement *porte-fleur*.

Le clinanthe passe aux formes les plus opposées, par des nuances insensibles. Il est conique dans le zinnia, le rudbeckia, la petite marguerite, etc.; il est convexe dans la grande marguerite ; il est plane dans le dorstenia, la mille-feuille, etc.; il est concave et creusé en coupe dans l'ambora. Dans le figuier, il est creusé comme dans l'ambora, et presque fermé à son sommet, de manière que les fleurs sont entièrement cachées.

La surface du clinanthe reste marquée, après la dissémination, de petits points, de petits trous, de petites fossettes qui indiquent la place où les fleurs étoient attachées (voyez le Pissenlit, le Tussilage, l'Onoporde, etc.). Il porte souvent des poils, des soies, des paillettes, qui, comme autant de bractées, accompagnent la base des fleurs (voyez l'Absinthe, la Centaurée, le Zinnia, etc.). Quelquefois, dans le pissenlit, par exemple, la surface est totalement dépourvue de poils, de soies, de paillettes.

L'observation du clinanthe fournit des caractères essentiels dans l'étude de la grande famille des synanthérées. (Mass.)

CLINCHE (*Mamm.*), nom que l'on a quelquefois donné au Chinche. Voyez ce mot. (F. C.)

CLINCLIN (*Bot.*), nom d'une espèce de polygale du Pérou, suivant Feuillée. (J.)

CLIN-CLIN.(*Ornith.*) On appelle ainsi, à Saint-Domingue, un petit oiseau de rivage qui se rapporte à la guignette, *tringa hypoleucos*, Linn. Ces oiseaux sont si communs dans les savanes humides, qu'on les prend par douzaines à l'aide d'un miroir et d'un filet; et les coups de fusil effraient si peu les bandes occupées à la recherche des vers dans la vase, que, suivant M. Descourtils, les chasseurs s'éloignent quelquefois de la troupe rassemblée, pour tirer sur elle avec plus d'avantage. Lorsque les clins-clins sont agités par les cris des échasses, ils s'élèvent et voltigent circulairement; mais, au bout de quelques instans, ils s'abattent à la même place; et, quand ils ont adopté un terrain, on les y retrouve toujours jusqu'à l'épuisement de leur nourriture. (CH. D.)

CLINOPODE (*Bot.*), *Clinopodium*, Linn., genre de plantes dicotylédones, monopétales, hypogynes, de la famille des labiées, Juss., et de la *didynamie gymnospermie*, Linn., dont les principaux caractères sont les suivans : Calice monopyhlle, cylindrique, partagé à son bord en deux lèvres, dont la supérieure à trois dents et l'inférieure à deux; corolle monopétale, à tube un peu plus long que le calice, s'évasant et se partageant en deux lèvres; la supérieure droite, échancrée, et l'inférieure à trois lobes, dont celui du milieu plus grand et échancré; quatre étamines didynames; quatre ovaires supérieurs, surmontés d'un style filiforme, à stigmate simple; quatre graines nues, attachées au fond du calice un peu renflé inférieurement et contracté à son orifice.

Ce genre ne comprend plus maintenant que deux espèces; trois autres plantes, qui y avoient d'abord été rapportées, ont été placées depuis dans les genres *Hyptis* et *Pycnanthemum*.

CLINOPODE COMMUN, vulgairement GRAND BASILIC SAUVAGE; *Clinopodium vulgare*, Linn., *Spec.* 821. Sa tige est un peu tétragone, velue comme toute la plante; droite, haute d'un pied et demi à deux pieds; garnie de feuilles opposées, ovales, pétiolées, légèrement dentées : ses fleurs sont purpurines, plus rarement blanches, disposées au sommet de la tige et des rameaux en une tête arrondie qui est entourée d'une sorte d'involucre formé de folioles sétacées, hispides. Cette plante se trouve dans les bois secs et montueux; elle fleurit en juin, juillet et août.

Clinopode d'Égypte ; *Clinopodium ægypliacum*, Lam., Dict. enc., 2, p. 49. Cette espèce diffère de la précédente, en ce qu'elle est plus petite, beaucoup moins velue, plus rameuse, et que ses fleurs sont disposées par verticilles axillaires et distans. Cette plante croît en Egypte. (L. D.)

CLINUS. (*Ichthyol.*) Κλινος est le nom que les Grecs modernes donnent aux blennies en général. M. Cuvier s'en est servi récemment pour établir un nouveau genre aux dépens de celui des blennies de Linnæus et de M. de Lacépède. Ce genre appartient à la famille des auchénoptères de M. Duméril.

Outre les caractères communs aux blennies en général, les clinus se distinguent encore par leurs dents courtes et pointues, éparses sur plusieurs rangs, dont le premier est plus grand. Leur museau est moins obtus que dans les salarias et dans les blennies proprement dits; leur estomac est plus large, et leurs intestins sont plus courts.

§. I.er *Premiers rayons de la nageoire dorsale séparés par une échancrure du reste de la nageoire; des petits panaches au-dessus des sourcils.*

Le Sourcilleux, *Clinus superciliosus. Blennius superciliosus,* Linn. Corps très-alongé, recouvert d'écailles très-menues, et enduit d'une mucosité très-abondante; ligne latérale courbe; tête étroite; yeux saillans, ronds, placés sur les côtés; chaque appendice palmé, situé au-dessus des sourcils, divisé en trois; ouverture de la bouche, grande; langue courte, palais lisse, mâchoires égales, anus large, corps d'un jaune plus ou moins foncé, doré, et relevé par de belles taches rouges.

Ce poisson, de la mer des Indes, se nourrit de jeunes crabes et de petits animaux à coquille. Les œufs éclosent dans le ventre de la femelle, et les petits viennent au monde tout formés.

M. Cuvier soupçonne que le blennie pointillé, *blennius punctulatus,* de M. de Lacépède, n'est autre chose qu'un individu mal conservé du clinus sourcilleux.

La Belette de mer, *Clinus mustelaris. Blennius mustela, Blennius mustelaris,* Linn. La première portion de la nageoire du dos à trois rayons, deux rayons seulement à chacun des catopes; point de barbillons sous la mâchoire inférieure.

Des mers de l'Inde.

Le Clinus argenté, *Clinus argentatus*. *Blennius argentatus*, Risso. Corps arrondi, brun, avec des taches argentées, quadrangulaires, alongées, au nombre de huit; museau arrondi; mâchoires égales, l'inférieure munie d'une seule rangée de dents; tache argentée à la base des premiers rayons de la nageoire dorsale, deux rayons seulement aux catopes.

Ce poisson, qui parvient à la taille de deux pouces et demi environ, habite la mer de Nice, où M. Risso l'a pris dans les rochers au mois d'août.

M. Risso dit qu'il manque de panaches au-dessus des yeux.

§. 2. *Nageoire dorsale continue et égale.*

Le Clinus Audifredi, *Clinus Audifredi*. *Blennius Audifredi*, Risso. Corps déprimé, rougeàtre, avec des points argentés qui forment une ligne depuis les nageoires pectorales jusqu'à la queue; lèvres épaisses; yeux saillans, iris doré, prunelle noire; opercules terminées en pointe; nageoire anale réticulée, caudale diaphane au milieu.

Le clinus Audifredi parvient à la taille d'environ quatre pouces. Il vit dans les rochers de la mer de Nice. M. Risso, qui l'a découvert et décrit le premier, lui a donné le nom du R. P. Audifredi d'Escarona, savant bibliographe de Casalatense de Rome.

Le Clinus pointu, *Clinus acuminatus*. *Blennius acuminatus*, Schneider; Seba, *Thes.* III, 90, t. 3o, n.° 1. Tête pointue, écailles très-petites, appendice surcilier très-petit.

Ce poisson n'est connu que par une figure de Séba. On ignore quel est le lieu qu'il habite. Il en est absolument de même du suivant.

Le Clinus bai, *Clinus spadiceus*. *Blennius spadiceus*, Schneider; Séba, *Thes.* III, 93, t. 3o, fig. 8. Corps large, de couleur baie, avec des taches plus claires; tête un peu pointue; les huit derniers rayons de la nageoire du dos plus élevés que les autres. Taille de quatre pouces environ.

§. 3. *Premiers rayons dorsaux formant une crête pointue et rayonnée sur le vertex.*

Cette section comprend quelques espèces nouvelles, qui sont indiquées par M. Cuvier. Leur description n'a point encore été publiée. (H. C.)

CLIO (*Malacoz.*), nom d'un genre d'animaux mollusqués, de la famille de ptérodibranches, ou ptéropodes, établi en 1774 par Pallas, et cependant imaginé par Brown, en 1756, pour d'autres petits animaux assez voisins, mais qui sont contenus dans un étui gélatineux. Aussi Pallas avoit donné à ce genre le nom de clione. Mais, par la suite, Linnæus, Bruguières, etc., ayant réuni tous ces animaux sous le nom commun de clio, MM. Péron et Lesueur jugèrent nécessaire de les séparer de nouveau, dans leur travail sur la famille des ptéropodes : ils imaginèrent de donner le nom de cléodore aux véritables clios de Brown, et laissèrent celui de clio à l'animal décrit par Pallas sous le nom de clione. Les caractères du genre Clio ainsi circonscrit, et d'après les nouvelles observations consignées dans mon Mémoire lu à la Société philomathique, en 1814, et inséré par extrait dans son Bulletin du mois de novembre 1814, sont : Corps libre, nu, plus ou moins alongé, un peu déprimé, apointi en arrière, sans autres nageoires que les appendices latéraux, regardés comme branchifères ; la tête bien distincte, pourvue de six tentacules longs, coniques, rétractiles, séparés en deux groupes de trois chaque, pouvant être entièrement cachés dans une sorte de prépuce portant lui-même une espèce de petit tentacule à son côté externe ; bouche tout-à-fait terminale ; verticale ; des yeux presque supérieurs ; une sorte de ventouse sous le cou. Ces caractères sont établis d'après l'espèce la plus commune de ce genre, c'est-à-dire, d'après le *clio borealis* de Linnæus, très-petit animal, presque entièrement gélatineux, qu'on trouve en très-grande abondance dans les mers du Nord, où l'on dit qu'il est connu sous la dénomination de pâture de la baleine, parce qu'on admet qu'il entre pour beaucoup dans la nourriture de ce vaste animal (1). Dans les individus que j'ai eu l'occasion d'observer, et qui pou-

---

(1) M. G. Cuvier en a fait connoître l'anatomie en 1802, dans le 1.ᵉʳ vol. des Annales du Muséum. Par là il a établi sous un nouveau point de vue les caractères zoologiques du clio, et les rapports de cet animal avec les autres mollusques. Aussi faisoit-il déjà sentir, à cette époque, la nécessité de former pour le clio un ordre particulier ; depuis, il en a formé une classe sous le nom de ptéropodes, en les réunissant aux pneumodermes, aux hyales, etc.

voient avoir un pouce et demi de long, le corps est alongé, ovalaire, un peu déprimé, à peu près également bombé en-dessus
comme en-dessous, en un mot, presque en tout semblable à
celui d'un calmar qui n'auroit pas de nageoires ; rempli et
gonflé en avant, c'est-à-dire dans plus de la moitié de sa longueur, par les viscères les plus importans, comme le foie, l'estomac, l'ovaire, le testicule. Il est terminé dans le reste de son
étendue par une partie vide, formant une sorte de queue ou
d'appendice très-déprimé, et ridé quand il est vide d'air ou de
fluide : disposition qui se retrouveroit dans le calmar, si cette
partie n'étoit solidifiée par la pointe du corps protecteur, ou
de ce qu'on nomme l'épée. A la partie antérieure du clio boréal
se voit une tête bien distincte, presque en tout semblable à celle
des mollusques de la famille des poulpes, c'est-à-dire, formée par
un renflement circulaire attaché au reste du corps par un rétrécissement sensible, ou une sorte de cou. Cette tête offre latéralement, et en-dessus, deux yeux bien distincts, assez grands,
et antérieurement une couronne de six tentacules très-longs,
coniques, rétractiles, sensiblement égaux, symétriquement
partagés par la ligne médiane, en deux groupes latéraux de
trois chacun ; quand ils sont tous rentrés à l'intérieur, il en
résulte que la tête semble formée par deux gros tubercules
sphériques, au milieu desquels est une fente verticale qui conduit à la bouche, et à leur côté externe un petit tentacule. Il
paroît que c'est dans cet état que le clio a été décrit et figuré
par les observateurs les plus récens. Au milieu de cette sorte
de couronne, formée par les tentacules développés, se voit,
comme il vient d'être dit, une fente verticale, à lèvres épaisses,
dans le fond de laquelle se trouvent les dents ; la bouche est
par conséquent tout-à-fait terminale comme dans les sèches.
La tête est supportée par une espèce de cou, qui paroît plus
long inférieurement que supérieurement, parce que le bord du
manteau s'avance davantage en-dessus qu'en-dessous. Vers la
moitié inférieure de ce rétrécissement sont deux appendices
triangulaires, membraniformes, que plusieurs auteurs ont à
tort regardés comme accompagnant la bouche. Adhérens par
leur partie antérieure seulement, et libres en arrière, ils forment, en convergeant l'un vers l'autre, une sorte d'entonnoir,
mais fendu à sa face inférieure, et comme entre les deux appen-

dices en est un autre provenant de l'espace qu'ils laissent entre eux, et se prolongeant plus ou moins en arrière, on peut voir dans cet appareil une sorte de ventouse ou de pied, s'attachant sous le cou, à la manière de celui des trachelipodes. Au côté droit, entre l'appendice de ce côté et l'organe de natation, est la terminaison de l'anus et des organes de la génération, dans un tubercule commun. Sur les parties latérales du cou, ou mieux d'une scissure qui sépare la tête du tronc, et latéralement, sort de chaque côté une nageoire fort large, ovalaire, entière, épaisse, à la superficie de laquelle on voit, des deux côtés, un grand nombre de stries obliquement transversales qui ont quelque ressemblance avec des vaisseaux. Le reste du corps n'offre du reste rien de bien remarquable. On aperçoit, à travers l'enveloppe extérieure, la direction longitudinale des faisceaux musculeux. Quant à la structure anatomique du *clio borealis*, elle a évidemment beaucoup de rapports avec celle des autres mollusques céphalophores. Nous en traiterons à l'article MALACOZOAIRES.

La seconde espèce que nous laisserons encore dans ce genre, mais qui pourroit très-bien ne pas lui appartenir, est le clio austral, *clio australis*, observé, décrit et figuré par Bruguières, dans la mer qui baigne l'île de Madagascar, où elle paroît très-abondante. Elle est plus grosse que la précédente, plus charnue, et beaucoup moins transparente. Sa longueur est d'environ deux pouces, non compris la tête, sur un pouce de large. Son corps, qui a la figure d'une poire, est partagé dans sa circonférence en six lobes obtus, par autant de rainures qui se prolongent jusqu'à une sorte de queue plate, tendineuse, flexible, échancrée, et séparée du corps par un léger rétrécissement. Les ailes ou nageoires sont membraneuses, blanchâtres, striées sur la longueur, et terminées en pointe. La tête située entre la base des ailes est formée par deux lobes convexes, qui, lorsqu'ils sont rapprochés, ont le volume d'un gros pois. Leur face interne est un peu concave, et garnie de plusieurs feuillets d'un rouge très-vif. Au centre de ces feuillets est une fente longitudinale, garnie de chaque côté de cinq à six dents de figure conique. La face externe de ces lobes est marquée de quelques rides profondes, apparentes pendant la vie de l'animal seulement. A la partie antérieure et moyenne est un tentacule triangulaire, mou, blanchâtre, entièrement rétractile, qui, dans sa plus grande extension, ne dépasse pas d'un quart de ligne l'extrémité supérieure des lobes. L'anus consiste en un mamelon orbiculaire, enfoncé, situé au-dessous de la jonction des ailes. La couleur de cette espèce est d'une teinte généralement rosacée, les ailes et l'extrémité de la queue blanchâtres. Elle est figurée dans l'Encycl. méth., pl. 1, fig. 1 et 2.

Quant aux autres espèces rangées par Gmelin dans ce genre, le *clio caudata* est un cléodore, ainsi que le *clio pyramidata*. Le *clio retusa* paroît être un cléodore pour la citation de Brown, et le clio boréal pour celle de M. Fabricius. Le *clio limacina* est, de l'aveu de tout le monde, cette dernière espèce. Quant au *clio helicina*, j'en ai fait le genre SPIRATELLA. Voyez ce mot. (DE B.)

CLIONE. (*Malacoz.*) C'est le nom sous lequel Pallas, *Spicil. zool.*, fasc. X, p. 28, tab. 1, fig. 18-19, fait connoître l'animal qu'on nomme maintenant clio boréal. (DE B.)

CLIQUETTE DE LAZARE. (*Foss.*) On trouve en Suisse une espèce de *came* à laquelle on a donné ce nom. Une des valves est feuilletée circulairement, et l'autre porte des pointes.

Cette coquille fossile se trouve aussi en Amérique ; mais dans l'ouvrage de Knorr, sur les pétrifications, il est annoncé qu'elle est très-rare. On en voit une figure dans cet ouvrage, vol. 2, partie 1.ʳᵉ, pl. B. 11, b. * * (D. F.)

CLISIPHONTE (*Conch.*), *Clisiphontes.* C'est un genre de coquilles polythalames, de la famille des NAUTILACÉES (voyez ce mot), établi par M. Denys de Montfort pour des espèces presque microscopiques qui, étant mamelonnées, ont l'ouverture triangulaire, ouverte, avec un seul siphon, et le dos caréné. L'espèce que ce conchyliologiste cite comme type de ce genre, est le clisiphonte molette, *clisiphontes oalcar*, figuré tom. 2, p. 236 de sa Conchyliologie systématique. C'est une très-petite coquille très-abondante sur les rivages des îles de Bornéo et de Java, d'un peu moins de six lignes de diamètre vertical, mince, d'une couleur azurée, et dont les cloisons très-apparentes sont marquées en brun. Il paroît qu'on la trouve aussi dans la Méditerranée. (DE B.)

CLITHON (*Conch.*), *Clithon.* C'est un genre démembré des nérites de Linnæus par M. Denys de Montfort, et établi pour les espèces non ombiliquées qui ont une ou plusieurs dents à la columelle seulement. Les espèces qui ont à la fois des dents à la columelle et à la lèvre externe, conservent le nom de nérite proprement dit ; et celles qui n'en ont ni à la columelle ni à la lèvre externe, entrent dans son nouveau genre *Theodoxis* ; en sorte que ces deux genres, qui comprennent les espèces fluviatiles, correspondent au genre Néritine de M. de Lamarck. L'espèce que M. Denys de Montfort regarde comme type de son genre Clithon, est le *nerita corona* de Linnæus, la nérite épineuse des marchands. On en trouve une très-bonne figure dans les Mélanges de Zoologie de M. le docteur Leach, tom. 2, tab. 104, pag. 121. C'est une assez petite coquille, dont la couleur jaunâtre, rubanée dans la jeunesse, est couverte par un épiderme brun, noir et épais : elle n'a qu'une seule dent à la columelle ; mais, ce qui la fait aisément reconnoître, c'est qu'elle offre, environ au milieu du bord externe, un sinus creusé dans une longue épine, qui, en s'oblitérant successivement à mesure de l'accroissement de la coquille, fait que son dos en offre un certain nombre de conservées. L'animal qui porte cette coquille, vit dans les fleuves de l'île de Bourbon, de l'Inde, et même de l'Amérique méridionale. Klein la plaçoit dans son genre *Urceus*, quoiqu'elle n'en ait guère les caractères. (De B.)

CLITORE (*Bot.*), *Clitoria*, genre de plantes de la famille des *légumineuses*, appartenant à la *diadelphie décandrie* de Linnæus, et offrant pour caractère essentiel : Un calice tubulé, à cinq dents, souvent accompagné à sa base de deux bractées ; une corolle papilionacée ; l'étendard droit, très-grand, couvrant deux ailes courtes et une carène plus courte que les ailes ; dix étamines diadelphes ; un ovaire supérieur ; un style. Le fruit est une gousse linéaire, alongée, comprimée, bivalve, à une seule loge, renfermant plusieurs semences réniformes.

De grandes et belles fleurs, des tiges grimpantes, des feuilles alternes, ailées avec une impaire, ou ternées ; les folioles articulées, munies à leur base de deux stipules sétacées, outre deux autres séparées du pétiole, caractérisent la plupart des espèces renfermées dans ce genre, presque toutes originaires de l'Amérique, quelques-unes des Indes orientales. Les plus remarquables sont :

Espèces à feuilles ailées.

CLITORE DE TERNATE: *Clitoria ternatea*, Linn.; Lam., *Ill. gen.*, tab. 609. Très-belle plante d'ornement, cultivée comme telle dans les Indes orientales, sa patrie. Les tiges sont grimpantes, menues ; les feuilles ailées, composées de cinq ou sept folioles ovales, veinées, glabres, pédicellées ; les fleurs axillaires presque solitaires, grandes, d'un beau bleu, avec une tache d'un blanc jaunâtre dans leur centre ; deux folioles arrondies à la base du calice ; les gousses alongées, comprimées, élargies, légèrement pubescentes. On la cultive, ainsi que la suivante, au Jardin du Roi.

CLITORE A FEUILLES VARIÉES : *Clitoria heterophylla*, Encycl., n.° 2 ; Vent., Choix des Plant., tab 26. Espèce remarquable par la forme variée de ses folioles assez petites, les unes orbiculaires, les autres ovales, d'autres lancéolées, presque linéaires ; les fleurs sont bleues, solitaires et latérales. Elle croît dans les Indes.

CLITORE A FLEURS NOMBREUSES : *Clitoria multiflora*, Swart., *Flor. Ind. occid.*, 3, p. 1213. Arbrisseau de quatre à cinq pieds, distingué par ses fleurs nombreuses, d'un rouge de sang, disposées en grappes ; les feuilles composées de cinq à six paires de folioles glabres, ovales, oblongues, un peu soyeuses en dessous ; les gousses pédicellées, étroites, lancéolées, contenant douze à quinze semences. Il croît à la Jamaïque.

CLITORE A GRANDES BRACTÉES ; *Clitoria bracteata*, Poir., Encycl. suppl., n.° 10. Ses rameaux sont glabres, sarmenteux ; ses feuilles ailées à cinq folioles distantes, pédicellées, glabres, ovales, entières ; les fleurs axillaires et solitaires ; le calice renfermé dans deux grandes bractées orbiculaires, membraneuses ; la corolle grande, d'un blanc jaunâtre, un peu purpurine ; les gousses linéaires, un peu pubescentes. Son lieu natal n'est pas connu.

CLITORE A FOLIOLES NOMBREUSES ; *Clitoria polyphylla*, Poir., Encycl., n.° 9. C'est une des plus belles espèces de ce genre, que je soupçonne être la même que le *galactia pinnata*, Pers., *Synops.*, Ses rameaux sont pileux, droits, cylindriques ; les feuilles composées d'environ dix paires de folioles elliptiques, obtuses à leurs deux extrémités, un peu blanchâtres en dessous ; les fleurs disposées en grappes axillaires, d'un beau rouge vif, longues de deux pouces ; les pétales longuement onguiculés, un peu velus ; les pédoncules pileux. M. Ledru l'a découverte à Porto-Ricco.

Espèces à feuilles ternées.

CLITORE DU BRÉSIL : *Clitoria brasiliana*, Linn. ; Breyn., *Centur.* 78, tab. 32. Arbrisseau grimpant, dont les feuilles sont ternées ; les folioles un peu dures, ovales, oblongues ; les fleurs pédonculées, solitaires, axillaires, fort grandes, d'un pourpre agréable ; deux bractées ovales à la base d'un calice campanulé ; deux autres de même forme sur le pédoncule. Il croît au Brésil ; on le cultive au Jardin du Roi.

CLITORE DU MARYLAND : *Clitoria mariana*, Linn. ; Petiw., *Sicc.*, 243, n.° 55. Ses fleurs sont amples, très-élégantes, panachées de blanc et de violet, soutenues par un calice cylindrique ; les gousses alongées, étroites, légèrement enflées ; les semences arrondies ; les feuilles vertes, ternées, semblables à celles des haricots, mais plus petites. Elle croît dans l'Amérique septentrionale.

CLITORE DE VIRGINIE : *Clitoria virginiana*, Linn. ; Dill., *Elth.*, 90, tab. 76, fig. 87 ; Pluken., *Almag.*, tab. 90, fig. 1. Cette plante, originaire de la Virginie, est cultivée au Jardin du Roi. Elle s'élève à la hauteur de quatre pieds sur une tige glabre, filiforme et grimpante ; ses feuilles sont minces, ternées ; les folioles glabres, ovales, oblongues ; les pédoncules axillaires, ordinairement terminés par deux fleurs d'un violet pâle ; leur calice campanulé, muni de deux bractées ovales, aiguës.

CLITORE A FEUILLES DE LAURIER ; *Clitoria laurifolia*, Poir., Encycl. suppl., n.° 11. Cette belle espèce s'éloigne un peu des autres par son port. Ses tiges sont droites ; ses rameaux glabres, roides, cylindriques ; ses feuilles ternées ; les folioles coriaces, lancéolées, obtuses, la terminale pédicellée ; les fleurs d'un blanc jaunâtre, axillaires, solitaires, ou réunies deux ou trois sur un pédoncule commun, dur, court, ainsi que les pédicelles : les gousses glabres, longues d'un pouce, un peu renflées ; les semences noires et luisantes. M. Ledrus a découvert cette plante dans les savanes à Porto-Ricco.

CLITORE DE PLUMIER : *Clitoria Plumieri*, Encycl. suppl., n.° 12 ;

Plum., *Amer.*, tab. 108. Arbrisseau de Saint-Dominique, à tiges grimpantes ; ses feuilles sont grandes, ternées ; ses folioles glabres, ovales ; le calice campanulé, plus court que les bractées ; la corolle grande, d'un blanc jaunàtre, soyeuse en dehors ; les gousses très-longues, comprimées, à rebord saillant.

On connoît encore le *clitoria falcata*, Encycl., n.° 6 ; *clitoria rubiginosa*, Pers., *Synops.* ; *clitoria capitata*, Richt., Act. Soc. nat. Paris. Le *clitoria micrantha*, Scop., est un *galega*. Quelques autres espèces ont été placées dans le genre GALACTIA. Voyez ce mot. (POIR.)

CLITORIS. (*Anat.*) Le clitoris est, chez les mammifères, une partie des organes génitaux de la femelle, située à la région inférieure de la vulve. Cet organe a la forme d'un tubercule, et est plus ou moins alongé, suivant les espèces, et même suivant les individus. Son organisation a de très-grands rapports avec celle du membre viril ; il se compose de deux corps caverneux, et se termine par un gland, non perforé, que recouvre une sorte de prépuce. Il est susceptible d'érection, et sa sensibilité est fort délicate ; il est en grande partie le siége du plaisir des femelles dans l'accouplement. Quelquefois, chez l'espèce humaine, il arrive à des dimensions monstrueuses, ce qui a souvent occasioné des méprises assez grandes sur le sexe des enfans. (F. C.)

CLIVINA. (*Ornith.*) Pline, en parlant de cet oiseau, liv. 10, chap. 14, dit qu'on l'appelle aussi *clamatoria* et *prohibitoria*, mais qu'il en ignore l'espèce. Les commentateurs observent que le nom de clivina est tiré du cri de cet oiseau, qui étoit consulté par les augures, et que l'épithète *prohibitoria* lui a été donnée à cause de l'influence qu'avoit ce cri sur l'abandon de certaines entreprises. (CH. D.)

CLIVINE (*Entom.*), *Clivina*. M. Latreille a désigné sous ce nom une division de scarites ou coléoptères carnassiers, de notre famille de créophages, mais dont la bouche offre dans ses parties quelques légères différences ; tel est le scarite des sables, *scarites arenarius*. (C. D.)

CLOAQUE. (*Ornith.*) On appelle ainsi la poche que forme l'extrémité du tube intestinal, et où se mêlent les excrétions solides et liquides chez les oiseaux, à l'exception de l'autruche qui rejette l'urine séparément. Cette cavité, au fond de laquelle aboutit le rectum, a pour orifice extérieur l'anus, qui recouvre également les organes de la génération. (Ch. D.)

CLOCHE, Clochette. (*Bot.*) On désigne vulgairement sous ces noms quelques plantes dont la corolle a plus ou moins la forme d'une petite cloche, et particulièrement certaines espèces des genres Campanule, Liseron et Narcisse. Ainsi, la campanule à feuilles rondes est dite clochette des murs ; le liseron des champs est appelé clochette des blés; et le narcisse porillon, clochette des bois. La nivéole printanière est aussi nommée cloche blanche. (L. D.)

CLOCHER CHINOIS (*Conch.*), nom marchand de la cérite obélisque, *cerita obeliscus*, Brug. (De B.)

CLOCHES (*Chim.*), vaisseaux de verre qui servent à recueillir, conserver et mesurer les gaz.

Les cloches ont, en général, la forme d'un cylindre ouvert par en bas, et terminé en haut par un plan horizontal ou une calotte sphérique. Lorsqu'elles sont assez larges pour que la main ne puisse pas en embrasser le contour, elles portent un bouton à leur sommet, qui, dans ce cas, est toujours sphérique.

On distingue plusieurs sortes de cloches, suivant les usages auxquels elles sont destinées. Les principales sont les suivantes :

Cloches graduées. Cloches plus ou moins étroites, qui sont divisées en parties d'égales capacités.

Cloches a pied. Cloches plus ou moins étroites qui sont terminées par un plateau de verre assez grand pour que la cloche se tienne d'elle-même sur un plan, lorsqu'elle a son ouverture tournée en haut. Ces cloches servent surtout pour essayer les gaz par la bougie allumée, par l'eau de chaux; pour former des appareils de Woulf, lorsqu'on veut faire agir un gaz, que l'on dégage, par un moyen quelconque, sur un liquide ou un solide.

Cloches recourbées. Ce sont des tubes de verre de 0m,01, à 0m,005 de diamètre, que l'on ferme par une extrémité, et que l'on courbe à la distance de 1 ou 2 pouces de cette extrémité. MM. Gay-Lussac et Thénard se sont beaucoup servis de ces cloches dans leurs recherches sur le potassium et le sodium, pour mettre des corps solides en contact avec des gaz à une température rouge. Dans ce cas, on remplit la cloche de mercure, après l'avoir bien desséchée ; on y introduit du gaz de manière à ne la remplir qu'à moitié ou aux deux tiers; puis on fait passer le solide au-delà de la courbure, et on le chauffe avec une lampe à esprit-de-vin. Ces cloches doivent être en verre peu fusible et peu épais.

Cloches a robinet. Elles contiennent ordinairement un ou plusieurs litres. Elles portent à leur sommet un tube d'un pouce environ, auquel on mastique une douille en cuivre jaune ou en fer, suivant que la cloche doit être placée dans la cuve hydropneumatique ou hydrargiropneumatique; à cette douille est adapté un robinet de même métal. Les cloches à robinet sont destinées à faire passer un gaz dans une vessie ou dans le ballon dont on fait usage pour prendre la densité des gaz.

Toutes les fois que des cloches doivent renfermer des gaz sur le mercure, et qu'elles ne sont point destinées à recevoir l'action du feu, elles doivent être épaisses. (Ch.)

CLOCHETTE. (*Bot.*) Paulet donne ce nom à plusieurs agarics, dont le chapeau est en forme de cloche.

Les Petites Cloches; Paul., Trait., pl. 123, f. 5. Petit agaric voisin, ou peut-être variété de l'*amanita campaniformis*, Lamk, ou de l'*agaricus campanulatus*, Linn. Il naît en touffe d'une trentaine d'individus ensemble; ses pédicules, longs de deux pouces, fusiformes ou grêles et blancs, portent chacun un chapeau d'un gris roussâtre et rayé, muni en dessous de feuillets gris. Il croît sur les murs et se résout en eau bruné. Il ne paroît pas malfaisant.

Les Clochettes serpentines; Paul., Trait., pl. 123, f. 6. Cet agaric diffère du précédent par sa couleur partout grise, ses pédicules tortueux. Il n'en paroît qu'une être variété.

Les Clochettes de couleur chatain. Autre variété des agarics précédens, mais à chapeau d'un roux châtain et moins élevé. Il est un peu plus grand dans toutes ses parties.

Toutes ces variétés sont figurées pl. 12, fig. 1, 6, du *Botanicon Parisiense* de Vaillant. Elles appartiennent à la famille que Paulet nomme des Éteignoirs d'eau, ou Hydrophores. Voyez ces mots. (Lem.)

CLOCHETTE. (*Conch.*) On donne quelquefois, dans le commerce, ce nom à plusieurs espèces de balanes, et surtout au balane balanoïde de Bruguières. C'est aussi quelquefois le nom marchand d'une espèce de calyptrée, *calyptræa equestris*. (De B.)

CLOCHETTE A L'ENCRE. (*Bot.*) Agaric figuré par Paulet, pl. 124, f. 56 de son Traité des Champignons, et qu'il classe dans la famille des Encriers farineux. (Voyez ce mot.) Il se trouve sur le fumier de cheval; il est petit, gris-cendré ou lilas, farineux, avec un pédicule blanc et les feuillets noirs. Il s'élève jusqu'à trois pouces, et ne paroît pas suspect. (Lem.)

CLOFYF, ou CLOFIIF. (*Ornith.*) Dapper, qui parle de cet oiseau, pag. 258 de sa Description de l'Afrique, se borne à dire qu'il est noir, de la grosseur d'un étourneau, et se nourrit de fourmis ; ce qui est insuffisant pour le faire reconnoître. Mais, si cet auteur néglige de donner les signes caractéristiques du clofyf, il entre dans des détails sur la superstition des nègres à son égard. Les inflexions diverses de sa voix sont pour eux d'un bon ou d'un mauvais augure, et ils entreprennent une chasse, ou en abandonnent le projet, suivant l'interprétation qu'ils ont donnée au chant de l'oiseau, qui en général leur paroît être de mauvais augure, puisque pour prédire à quelqu'un une mort funeste, ils disent que le clofyf a chanté sur lui. Delacroix n'ajoute rien à ces particularités qu'il rapporte, tom. 2, pag. 524 de sa Relation universelle de l'Afrique. (Ch. D.)

CLOISON (*Bot.*), *Dissepimentum*. On donne le nom de cloisons aux diaphragmes, aux lames plus ou moins épaisses qui partagent l'intérieur d'un fruit en plusieurs loges ou cavités distinctes.

Les cloisons doivent leur origine, le plus ordinairement, à la paroi du fruit (lis, lilas), souvent à l'axe du fruit (*convolvulus, paullinia, elatine*), quelquefois à la paroi et à l'axe tout ensemble (grenade, citron, cucurbitacées); d'autres fois elles ne dépendent ni de l'un ni de l'autre, et consistent en une simple extension du placentaire (plantain, crucifères).

Les premières, lors de la déhiscence, c'est-à-dire de l'ouverture naturelle du fruit, restent attachées aux valves, et les secondes à l'axe central : les troisièmes, appartenant à des fruits qui ne s'ouvrent pas, conservent toujours leurs deux points d'attache : les quatrièmes deviennent libres ; elles tombent avec des valves, mais séparément (plantain), ou elles persistent après la chute des valves et restent attachées au pédoncule (crucifères).

Les cloisons valvéennes, c'est-à-dire, celles qui appartiennent à la paroi du fruit, partent de la partie moyenne des valves, et alors il faut deux valves pour fermer une loge (lis, lilas); ou bien elles sont formées par le bord rentrant des valves; alors une loge est circonscrite par une seule valve (*rhododendrum*, astragale). Dans ce dernier cas, les deux lames qui composent la cloison se séparent à l'époque de la déhiscence, et chacune suit la valve dont elle n'est qu'un prolongement.

Les cloisons qui partent du centre du fruit vont s'appliquer contre le milieu des valves (*paullinia pinnata*), ou bien contre les sutures des valves (*convolvulus*), ou entre les valves (crucifères).

En général les cloisons s'étendent de la base au sommet du fruit (lis, chou); quelquefois elles sont placées dans un sens inverse (*cassia fistula*); quelquefois elles n'ont aucune direction fixe : il y en a plusieurs de cette sorte dans la grenade.

Une cloison suffit quelquefois pour partager toute la cavité du péricarpe (chou, *cassia fistula*, plantain); quelquefois les cloisons ne séparent qu'incomplétement la cavité du péricarpe (pavot); ordinairement des cloisons incomplètes forment des loges, en s'appliquant, soit les unes contre les autres (lilas, acanthe), soit contre l'axe du fruit (polémoine, nigelle).

Des épithètes particulières désignent les diverses manières d'être des cloisons. On les dit longitudinales, transversales, vagues, générales, partielles, complètes, incomplètes, valvéennes; *médianes, marginaires, bilamellées, soudées, séparables;* placentairiennes; *interpositives, oppositives, paralléliques;* Ambigues, Fixes, Libres, Persistantes, Obcurrentes. Voyez ces mots. (Mass.)

CLOMENA, (*Bot.*) genre de graminées, établi par M. de Beauvois (*Agrost.* 28, tab. 7, fig. 8), qui a de très-grands rapports avec le *podosemum*, et qui se rapproche jusqu'à un certain point des *agrostis* par son port. Les fleurs sont disposées en une panicule petite, presque simple : elles offrent un calice uniflore, à deux valves, de la longueur de la corolle; la valve inférieure tridentée, la supérieure entière; la valve inférieure de la corolle terminée par deux dents; une semence libre, oblongue, obtuse. Le *clomena peruviana* est la seule espèce de ce genre citée, mais non décrite. (Poir.)

CLOMENOCOMA. (*Bot.*) [*Corymbifères*, Juss. *Syngénésie; polygamie superflue*, Linn.] Ce nouveau genre de plantes que nous avons établi dans la famille des synanthérées (Bull. Soc. philomathique, décembre 1816), appartient à la tribu des hélianthées, et à notre section naturelle des hélianthées-tagétinées.

La calathide est radiée, composée d'un disque multiflore, équaliflore, régulariflore, androgyniflore, et d'une couronne unisériée, liguliflore, féminiflore. Le péricline est formé de squames imbriquées, très-alongées, linéaires, aiguës, portant sur le dos de leur partie supérieure une très-forte glande très-alongée. Le clinanthe est hérissé de fimbrilles très-inégales, sétiformes. La cypsèle est alongée, grêle, multistriée, glabriuscule. L'aigrette, plus longue que la capsule, est composée d'environ dix squamellules unisériées, *pédalées;* chaque squamellule a sa partie inférieure indivise, laminée, linéaire, membraneuse sur les bords, et sa partie supérieure divisée d'abord en trois branches, puis en cinq, la branche médiaire, filiforme, barbellulée, plus longue et plus épaisse que les autres, demeurant indivise; tandis que les deux branches latérales, qui sont laminées, se subdivisent chacune en deux rameaux, dont l'intérieur est plus long, plus fort, filiforme, barbellulé, et l'extérieur filiforme-laminé, à peine barbellulé. Les fleurs du disque ont un style à deux longues branches libres, et une corolle à tube court, à limbe très-long, divisé supérieurement en cinq lobes longs, étroits, linéaires. Les fleurs de la couronne ont la languette grande, ovale-oblongue, bi-tridentée au sommet.

La CLOMÉNOCOME ORANGÉE, *Clomenocoma aurantia*, H. Cass., a la tige cylindrique, striée; les feuilles opposées, pennées, munies, à la base du pétiole commun, de quelques filets subulés, qui existent aussi sur la tige entre les deux feuilles; la calathide terminale et solitaire, composée de fleurs orangées. Nous avons observé cette plante dans l'herbier de M. de Jussieu, qui n'en possède qu'un échantillon en très-mauvais état, dont il ignore l'origine. Nous regrettons de ne pouvoir décrire plus complétement ses caractères spécifiques; mais nous avons tout lieu de croire que c'est l'*aster aurantius* de Linnæus, qui se trouve décrit et figuré dans les *Reliquiæ Houstonianæ*, t. 18.

Ce nouveau genre est très-remarquable par la singulière structure des squamellules de l'aigrette. (H. Cass.)

CLOMIUM. (*Bot.*) C'est un genre d'Adanson, dont nous ne pouvons donner la synonymie. Suivant ce botaniste, il est voisin du *lappa*, et a pour type une plante annuelle d'Egypte, analogue aux *cirsium*. Les caractères qu'il lui attribue paroissent insuffisans pour le distinguer du *carduus*. (H. Cass.)

CLOMPAN (*Bot.*), nom malais du *clompanus major* de Rumph, qui est le *sterculia fœtida* des botanistes. Il est nommé *calompan* à Macassar, et *fougul* à Banda. Une autre espèce, *clompan-boerong*, ou *clompanus minor* de Rumph, *cavalan* des Malabares, est le *sterculia balanglhas*. Les Macassars le nomment *clompang - tsjendab*, c'est-à-dire, clompan des oiseaux, parce qu'ils mangent avec avidité ses graines. (J.)

CLOMPAN A PANICULES (*Bot.*) , *Clompanus paniculata*, Aubl., *Guian.* , 773 ; *Clompanus funicularis*, Rumph, *Amboin.*, 5, tab. 57, fig. 2. Arbrisseau sarmenteux, de la famille des légumineuses, jusqu'alors imparfaitement connu, que M. de Lamarck rapproche des galedupa et des ptérocarpes. Ses tiges sont cylindriques, très-simples ; ses feuilles alternes, ailées avec une impaire, composées d'environ cinq folioles glabres, ovales, aiguës : une panicule oblongue, terminale, chargée de fleurs purpurines à dix étamines diadelphes, selon Aublet. (Dans Rumph, ces fleurs sont blanchâtres, petites, non papilionacées). Les fruits consistent en de petites gousses échancrées en croissant, ventrues vers leur bord, d'un rouge écarlate, à une seule semence. Cette plante croît aux lieux humides, le long des rivières, dans les Moluques et à la Guiane, si toutefois la plante est la même que celle de Rumph.

On trouve encore dans Rumph, sous le nom de *clompanus*, une autre plante, *clompanus minor*, Rumph, *Amb.* 3, tab. 1c7, qui paroît se rapprocher beaucoup du *sterculia balanghas*, Linn. (Poir.)

CLONISSE. (*Conch.*) C'est, d'après Rondelet, le nom que l'on donne, à Marseille, à une espèce de vénus, *venus verrucosa*, Gmel., qu'Adanson a figurée, *Seneg.*, tab. 171, fig. 1. (De B.)

CLOPORTE [Crustacés], (*Entom.*), *Oniscus, Asellus, Cutio*,

Porcellio des Latins ; *Assel, Kelleressel* des Allemands ; *Cochinilla, Galmilha, Eucarracha* des Espagnols ; *Sowes, Cheslir, Chesbug* des Anglois ; *Porcelletto* des Italiens ; Ὄνος, Ὀνίσκος des Grecs. C'est le nom d'un genre d'animal sans vertèbres, le plus ordinairement rangé parmi les insectes aptères, mais classé aujourd'hui parmi les crustacés à yeux fixes, parmi lesquels le genre *Oniscus* de Linnæus forme un ordre distinct et fort éloigné des *iules*, et en particulier des espèces nommées *gloméndes*, qui appartenoient alors aux cloportes, dont ils ont été séparés par une classe qu'on a nommée *arachnides*, parce qu'on a cru reconnoître dans les vrais cloportes des branchies, ou des organes distincts de la respiration, et qu'on a dû leur supposer des organes de la circulation par cela même.

Ces insectes, ou ces crustacés terrestres, sont très-connus en France, même sous le nom vulgaire de cloporte, ou vulgairement de *clou à portes*, de *porcelet-saint-Antoine* : ils se trouvent dans les caves, les celliers et tous les lieux humides et obscurs ; ils sont de couleur grisâtre, aplatis, ovalaires. Leur corps paroît formé de quatorze articles en y comprenant la tête : les sept premières articulations qui suivent la tête, portent chacune une paire de pattes terminées chacune par un crochet simple. Les six derniers anneaux du corps sont très-rapprochés ; les cinq antérieurs supportent des écailles membraneuses, sous lesquelles sont déposés les œufs dans les femelles, et les organes respiratoires dans les deux sexes ; le dernier anneau porte deux stylets ou appendices plus ou moins alongés, suivant les espèces, qui laissent suinter, quand on y applique le doigt, une sorte d'humeur gluante qui se dessèche comme un fil très-délié, et dont on ignore l'usage.

Quand on fait plonger ces insectes sous l'eau, à peine y sont-ils déposés, qu'on remarque un mouvement rapide imprimé aux feuillets membraneux, qu'on suppose être des branchies, ou une sorte de houppe de fibrilles.

La tête des cloportes, plus étroite que le corps, supporte deux yeux à surface granulée ; deux grandes antennes de sept à huit articles, deux mandibules sans palpes, trois paires de mâchoires.

Les femelles gardent les œufs sous les écailles de la queue

et entre les pattes ; ils y éclosent, de sorte qu'elles sont ovovi-vipares. Les petits cloportes n'ont, en naissant, que dix ou douze pattes.

On a partagé ce genre en deux groupes ; les *cloportes* et les *porcellions*, dont le corps ne se roule pas en boule, et les *armadilles*, qui se roulent en boule comme les glomérides de la famille des iules.

Les principales espèces sont les suivantes :

CLOPORTE ASELLE : *Oniscus asellus*, Linn. ; Panzer, *Faunœ germanicœ init.*, Fasc. IX, 21. C'est le cloporte ordinaire de Geoffroy, dont le baron de Degéer a fait connoître l'histoire dans ses Mémoires, tom. VII, pag. 157. Il est lisse, cendré, tacheté de noir et de jaunâtre.

C'est à cette division qu'il faut rapporter les espèces décrites sous les noms de rugueux, des hypnes, des mousses, des murailles, d'agile.

CLOPORTE ARMADILLE, *Oniscus armadillo*. Cette espèce est brillante, polie, très-convexe ; les appendices de la queue sont à peine distincts : dès qu'on le touche, il se roule en boule comme le tatou. Voyez ARMADILLE.

On vend ordinairement cet insecte et les glomérides dans les boutiques sous le nom de cloporte. On les recueille en Italie. On les préconisoit autrefois beaucoup, tantôt comme un diurétique, à cause du nitre qu'on présumoit qu'ils contenoient, tantôt comme absorbans, à cause de la chaux qu'on supposoit exister dans leur croûte ; on les indiquoit comme un apéritif fondant, et on les ordonnoit dans la dyspnée, dans l'asthme, dans la dysurie, la phthisie, etc. : aujourd'hui bien peu de médecins en font usage. (C. D.)

CLOPORTE DE MER. (*Malakentom.*) Plusieurs voyageurs emploient ce nom pour indiquer quelques petites espèces d'oscabrion, et plus souvent de ligre ou de sphœrome.

D'Argenville donne aussi le nom de cloporte à une espèce du genre Porcelaine, *cyprœa staphylœa*. Gmel. (DE B.)

CLOPORTES CHENILLES. (*Entom.*) On a donné ce nom aux larves des papillons plébéiens urbicoles de Linnæus, qui sont ovales, velues, qui roulent les feuilles, et dont les chrysalides ne sont pas anguleuses. Voyez PAPILLONS. (C. D.)

CLOSTÉROCERES (*Entom.*), nom d'une famille d'insectes

lépidoptères, dont les antennes sont renflées au milieu ; disposition qui a suggéré ce nom, tiré du grec κλωστήρ, un fuseau, et de κέρας, corne, ce qu'exprime le synonyme tiré du latin *fusicornes*. Ils correspondent aux crépusculaires de M. Latreille. Leur corselet est en général beaucoup plus volumineux que dans les papillons ou globulicornes ; il ressemble à celui des phalènes et des bombyces, qui appartiennent aux deux familles suivantes entre lesquelles les clostérocères sont comme des intermédiaires : on voit, en effet, au bord externe de leurs ailes inférieures une sorte de crin ou de soie roide qui s'engage ou s'accroche dans une boucle ou anneau existant sur le bord interne de l'aile supérieure.

Leur caractère essentiel et principal est tiré de la forme particulière de leurs antennes, qui sont prismatiques et plus grosses au milieu qu'aux extrémités. L'insecte parfait se transforme le plus ordinairement dans la terre ou dans le tronc des arbres morts ou vivans.

On les a rapportées jusqu'ici à trois genres principaux, que nous allons faire connoître d'après le tableau 172.ᵉ de la Zoologie analytique :

à ailes { planes : anus { très-velu. . . . . 2. SÉSIE.
{ simple, pointu. . . . . 1. SPHINX.
{ en toit, port d'une phalène. . . . . 3. ZYGÈNE.

On a depuis subdivisé le genre des sphinx en deux. Les uns n'ont pas de langue, et leurs antennes sont légèrement dentelées : ce sont les smérinthes (Latreille), tels que les sphinx du tilleul, du peuplier, du chêne, le demi-paon. Les sphinx proprement dits ont la langue très-longue, tels que ceux du liseron, du tithymale, atropos, etc.

Les SÉSIES comprennent les sphinx du caille-lait, à ailes transparentes, vespiformes, et les *ægeries* de Fabricius, dont les antennes sont terminées par une petite houppe d'écailles.

Enfin les ZYGÈNES, ou SPHINX BELIERS, de Geoffroy, tels que ceux de la filipendule, de la lavande, dont les antennes sont en fuseau bien prononcé, ont été séparées des glaucopèdes, tels que la turquoise de Geoffroy, dont les antennes sont différentes dans les deux sexes. Voyez LÉPIDOPTÈRES, et les trois genres principaux, SPHINX, SÉSIES, ZYGÈNES. (C. D.)

CLORIS (*Erpétol.*), nom donné par feu Daudin à une espèce d'Hydrophis. Voyez ce mot. (H. C.)

CLOSCUAU. (*Ornith.*) Belon désigne par ce terme l'oiseau dernier éclos d'une couvée. (Ch. D.)

CLOSIROSPERMUM. (*Bot.*) Ce genre, proposé par Necker en 1791, ne nous paroît pas différer du *barkhausia* de Moench, publié en 1794, mais plus clairement établi. (H. Cass.)

CLOTHO. (*Entom.*) M. Walckenaer a désigné sous ce nom l'un des genres qu'il a établis parmi les aranéides, ou araignées fileuses qui se forment un tube. (C. D.)

CLOTHO (*Foss.*), nom donné par M. Faujas à un genre de coquilles bivalves, dont voici les caractères : Coquille bivalve, équivalve, presque équilatérale, striée transversalement ; charnière à dent bifide un peu comprimée, recourbée en crochet sur chaque valve ; une dent plus large que l'autre ; deux impressions musculaires ; ligament intérieur. Cet auteur en a donné la figure dans les Annales du Muséum, tom. II, pl. 40, fig. 4, 5, 6.

Ces coquilles ont été trouvées dans des cardites que contenoit un bloc de pierre calcaire, dépendant de bancs dans lesquels on rencontre aussi des noyaux de cornes d'Ammon et de grands nautiles. Ce bloc étoit percé par des cardites ou pétricoles ; et, dans presque toutes les coquilles de cette dernière espèce, on en a trouvé une et quelquefois deux autres du genre Clotho. Il avoit été tiré d'une profondeur de soixante pieds, dans la commune de Cliou, canton de Loriol, département de la Drôme. (D. F.)

CLOTHONIE (*Erpétol.*), *Clothonia*. Feu Daudin a donné sous ce nom la description d'un genre de serpens de la famille des hétérodermes, auquel il assignoit les caractères suivans :

Corps et queue cylindriques, obtus, couverts de petites écailles très-nombreuses ; une rangée longitudinale d'écailles plus larges sous le corps et la queue ; neuf grandes plaques sur la tête ; anus simple et sans ergots ; dents aiguës, très-petites ; des crochets venimeux ; bouche peu fendue.

Ce genre ne renferme qu'une seule espèce :

La Clothonie anguiforme : *Clothonia anguiformis*, Daudin ; *Boa anguiformis*, Schneider. Queue triangulaire en-dessus et plate en-dessous, entourée de cinq bandes noires ; cinq autres bandes semblables et plus obscures à l'extrémité du corps; narines étroites, obliques.

Ce serpent, long d'un peu plus d'un pied, de la forme d'un orvet, vif dans ses mouvemens, se nourrissant d'insectes et de vers, se creuse des trous dans le sable, et vient des Indes orientales.

Daudin pense que l'éryx roux pourroit bien appartenir à son genre Clothonie ; M. Cuvier, au contraire, regarde ce genre comme fondé sur une erreur d'observation, et ne l'admet point. (H. C.)

CLOU (*Bot.*), nom donné au calice du giroflier cueilli avant le développement de la fleur, employé dans cet état comme assaisonnement, et devenu, pour cette raison, un grand objet de culture et de commerce. Les calices que l'on laisse sur l'arbre pour parvenir à maturité et porter graine, sont nommés clous matrices ou clous mères. On a encore donné le nom de clou de Pala à la fleur non développée d'un *drymis*, suivant M. Bosc. (J.)

CLOU CASSÉ, ou CLOU EN SERPENT (*Bot.*), Paul. ; Trait. 2, p. 142, pl. 49, fig. 1, 2, 3. Agaric très-suspect, qui croît en automne, à l'ombre des arbres, dans le bois de Boulogne. Il est d'un blanc sale ou d'un violet très-pâle, et s'élève à quatre ou cinq pouces. Son long pédicule, sujet à se courber de manière à ressembler à un clou cassé, et ses feuillets, sont d'un blanc violâtre ou jaunâtre. Son chapeau est sujet à se fendre ; il est rayé sur le bord. On remarque que ce champignon répugne aux vers et aux larves, et qu'il leur est funeste. (LEM.)

CLOU DE MEUDON (GRAND). (*Bot.*) Agaric de la famille des clous de charrette, figuré par Paulet, pl. 58 de son Traité. Il est de couleur de cannelle foncée partout, et s'élève à quatre ou cinq pouces et plus ; sa tige a un pouce de diamètre, et son chapeau trois ou quatre. Cette plante est d'une odeur et d'une saveur agréables, et se conserve sans se corrompre. Donnée à un chien, elle n'a produit aucun effet qui puisse annoncer des qualités suspectes. On la trouve en automne à Meudon. (LEM.)

CLOU A PORTE. (*Entom.*) Voyez CLOPORTE. (C. D.)

CLOU DE DIEU (*Bot.*), nom vulgaire du rubanier. (L. D.)

CLOU DE SENARD. (*Bot.*) Agaric figuré par Paulet, pl. 48, fig. 2 : il est de couleur de cannelle claire, haut de trois à quatre pouces; son pédicule a trois ou quatre lignes de diamètre, et son chapeau seulement un pouce et demi d'étendue, sans raies marginales, comme dans le précédent. Il a une saveur acerbe analogue à celle des fruits qui ne sont pas mûrs, et l'odeur de navet. Donné à un chien, il l'a fait vomir et se plaindre. On le trouve en automne dans la forét de Senard. Voyez CLOUS DE CHARRETTE. (LEM.)

CLOUDET (*Ornith.*), un des noms vulgaires du hibou, *strix otus*, Linn. (CH. D.)

CLOU TÉTE-DE-CRAPAUD. (*Bot.*) Cet agaric a une odeur de terre humide. Son pédicule est ferme, fibreux, et sujet à s'entr'ouvrir ou à se fendre ; le chapeau se relève en bosse ; il est brun ou gris foncé ; ses feuillets sont couleur de corne transparente. Ce champignon croît dans les terres sablonneuses des environs de Paris, surtout le long des bois de la Grange. Cette espèce produit sur les animaux des effets qui la rendent très-suspecte. Elle n'est point sujette aux attaques de ces vers qui vivent dans les autres champignons. M. Paulet a observé que ces vers s'éloignent même de cet agaric, et qu'ils périssent lorsqu'on les force à demeurer dans un même bocal. (Paul., Trait. 2, pag. 143, pl. 50.) Voyez CLOU DE CHARRETTE. (LEM.)

CLOUS. (*Foss.*) Quelques auteurs ont dit qu'on avoit trouvé des morceaux de bois pétrifiés auxquels tenoient encore des clous de fer. Le fait auroit besoin d'être vérifié ; mais, en l'admettant, on n'en pourroit rien conclure sur l'ancienneté de l'espèce humaine, les causes par lesquelles une substance ligneuse peut être transformée en une substance minérale, n'ayant pas besoin d'être supposées d'une nature différente de celles qui agissent aujourd'hui dans le monde. (D. F.)

CLOUS DE CHARRETTE, ou les GROS CLOUS (*Bot.*). Famille de champignons établie par Paulet, et qui rentre dans le genre *Agaricus* de Linnæus. Elle renferme des espèces qui ont la forme de gros clous, marquée par la disposition de leur tête relevée inégalement au centre, et par leur pédicule très-long beaucoup plus fort du haut que du bas, et finissant en pointe. Ces espèces ont des qualités suspectes : on en compte cinq : ce sont le grand clou de Meudon, le clou de Senard, le clou cassé, le clou tête de crapaud et le chenier ventru. (LEM.)

CLOUS DORÉS. (*Bot.*) Petits agarics qui doivent leur nom

à leur forme, semblable à celle d'un petit clou, et à leur couleur jaunâtre. On en peut distinguer quatre variétés ou espèces qui se lient par des variétés intermédiaires. Ce sont :

Les Petits Clous dorés a bouton, dont l'*agaricus fragilis*, Linn., est une variété couleur de tabac d'Espagne.

Les Petits Clous dorés de couleur orange, ou l'*agaricus clavus*, Linn.

Les Petits Clous dorés a feuillets roses ou rouges, qui comprennent les *agaricus rosellus, subcarneus, tremulus* et *coriaceus* de Batsch, tab. 19-21, fig. 99, 100, 104 et 109.

Les Petits Clous dorés d'un jaune pale et a feuillets gris, qui sont l'*agaricus bulbularis*, Batsch, tab. 20, fig. 108.

Les Petits Clous dorés d'un bistre clair, ou l'*agaricus libertatis*, de Batsch, tab. 14, fig. 62. (Lem.)

Ces espèces ne paroissent point nuisibles. (Lem.)

CLOUVA. (*Ornith.*) Suivant le P. Lecomte, on nomme ainsi, en Chine et dans d'autres contrées de l'Inde, un oiseau pourvu d'une poche semblable à celle du pélican, et dont on se sert pour se procurer du poisson. A cet effet, on lui met un anneau au cou, et, le faisant pêcher près d'une barque, on le force à y dégorger successivement le poisson qu'il prend et qu'il ne peut avaler. Il s'agit probablement ici du cormoran, *pelecanus carbo*, Linn. (Ch. D.)

CLUBIONE (*Entom.*), genre établi parmi les araignées fileuses, par M. Walckenaer. (C. D.)

CLUK-NOCNY (*Ornith.*), nom sous lequel le pélican, *pelecanus carbo*, Linn., est connu en Pologne. (Ch. D.)

CLUNIPÈDES. (*Ornith.*) On appelle ainsi les oiseaux dont les pieds, au lieu d'être articulés de manière à les tenir dans un parfait équilibre, sont placés en arrière, comme dans les plongeons et les grèbes. (Ch. D.)

CLUPANODON. (*Ichthyol.*) M. de Lacépède a le premier établi ce genre de poissons, aux dépens de celui des clupées de Linnæus, avec lesquelles M. Cuvier l'a de nouveau réuni sous le nom de hareng. Il appartient à la famille des gymnopomes de la Zoologie analytique, et présente les caractères suivans :

Point de dents aux mâchoires; plus de trois rayons à la membrane des branchies ; ventre caréné, denticulé ; nageoire anale séparée de la caudale ; une seule dorsale.

Les clupanodons se distinguent particulièrement des clupées par l'absence des dents : c'est ce caractère que leur nom indique ; il est tiré du grec, de α, qui indique privation, et de ὀδὺς, dent.

Le PILCHARD, ou CÉLAN : *Clupanodon pilchardus*, Lacép. ; Bloch, pl. 406 ; *Clupea pilchardus*, Linn.; Cuvier. Nageoire caudale fourchue ; mâchoire inférieure plus avancée que la supérieure, pointue et courbée vers le haut ; une fossette sur le sommet de la tête ; un seul orifice à chaque narine ; ligne latérale droite ; appendice étroit et pointu auprès de chaque catope ; nageoire dorsale placée au-dessus du centre de gravité du poisson. La taille est celle du hareng ; mais les écailles sont plus grandes, et la nageoire anale a un ou deux rayons de plus.

Le canal intestinal est dépourvu de sinuosités ; l'estomac est épais ; on observe plusieurs cœcums auprès du pylore ; la vessie natatoire est longue et sans division ; le péritoine est enduit d'une viscosité noirâtre.

La surface du corps présente presque partout des reflets argentés ; on voit une teinte bleue sur le dos et sur plusieurs nageoires.

Ce poisson, que les Anglois ont appelé *pilchard*, et nos matelots françois *célan*, se pêche particulièrement près des côtes de Cornouailles, où il arrive en grandes troupes vers la fin de juillet, pour disparoître en automne, et se montrer de nouveau au commencement de janvier. Les très-grands froids retardent quelquefois le retour des pilchards, et les orages les détournent de leur route. Leur arrivée est guettée avec soin par des pêcheurs nommés *huers*, et annoncée de loin par le concours des oiseaux d'eau, par la lueur phosphorique que ces poissons répandent, et par l'odeur qui s'exhale de leur laite.

Leur pêche est très-importante pour la Grande-Bretagne. On peut, dit-on, en prendre plus de cent mille d'un seul coup, et, dans une seule année, on en a pêché plus d'un milliard.

Leur chair est grasse et très-agréable : on les mange frais ou salés, et on en retire une grande quantité d'huile.

Le CLUPANODON DE LA CHINE : *Clupanodon sinensis*, Lacép.; *Clupea sinensis*, Linn. Nageoire caudale fourchue ; mâchoire inférieure avancée ; un seul orifice à chaque narine ; de grandes lames sur la tête ; toutes les nageoires petites et jaunes ; celles

du dos et de la queue bordées de brun foncé ; couleur générale argentée ; taille de huit à dix pouces environ.

Des rivages de l'Asie et de l'Amérique , où il vit dans la
mer et dans les rivières. Il fraye vers le printemps, et acquiert
une saveur plus délicate après cette époque. Il va par troupes ,
et on l'emploie souvent à engraisser les champs de riz.

Le Clupanodon africain : *Clupanodon africanus*, Lacép. ; *Clupea africana*, Bloch, 407. Nageoire dorsale échancrée ; anale
très-longue et sans échancrure ; catopes très-petits ; caudale
fourchue ; mâchoire inférieure avancée ; dos couleur d'acier ;
nageoires grises ; côtés argentés.

On l'a observé sur la côte de Guinée, où il s'avance en troupes
nombreuses.

Le Clupanodon Jussieu ; *Clupanodon Jussieu*, Lacép. Point
de ligne latérale ; catopes très-petits ; nageoire caudale fourchue ; opercules resplendissantes, striées , composées de trois
pièces ; dessus de la tête ciselé ; mâchoire inférieure avancée ;
base de la nageoire dorsale reçue dans un sillon longitudinal
formé par deux séries d'écailles ; les nageoires pectorales reçues,
pendant leur repos, dans une sorte de fossette ; de petites
écailles à la base de la caudale ; dos bleuâtre, côtés et ventre
argentés ; les pectorales couleur de chair ; les écailles brillantes ,
minces et flexibles, placées en recouvrement.

Ce poisson, qui tient le milieu, pour la taille, entre le hareng
et la sardine , a été observé par Commerson près des côtes de
l'Ile-de-France. Il est dédié à M. de Jussieu.

Clupanodon cailleu-tassart, *Clupanodon thrissa*, et Clupanodon nasique, *Clupanodon nasica*, Lacép. Voyez Mégalope.
(H. C.)

CLUPÉE (*Ichthyol.*) , *Clupea*. Artédi paroît être le premier
qui ait formé ce genre, adopté depuis dans tous les ouvrages
d'ichthyologie. M. Duméril le range dans la famille des gymnopomes, et M. Cuvier parmi les malacoptérygiens abdominaux.

Les clupées présentent les caractères génériques suivans : \
*Des dents aux mâchoires ; plus de trois rayons à la membrane
des branchies ; une seule nageoire du dos ; le ventre aminci en carène
dentelée ; la nageoire anale libre.*

Les os intermaxillaires, étroits et courts, ne font qu'une

pétite partie de la mâchoire supérieure, dont les os maxillaires complètent les côtés, en sorte que ces côtés seuls sont protractiles. Les ouïes sont très-fendues : aussi ces animaux meurent-ils presqu'au moment où on les retire de l'eau. Les arceaux des branchies sont garnis, du côté de la bouche, de longues dents, comme des peignes. L'estomac est un sac alongé ; les cœcums sont nombreux ; la vessie natatoire est longue et pointue.

Ce sont, de tous les poissons, ceux qui ont les arêtes les plus nombreuses et les plus fines.

On ne peut guère confondre les clupées, en général, qu'avec les clupanodons et les mystes ; mais ils se distinguent des premiers par la présence des dents aux mâchoires, et des seconds, parce que leur nageoire anale est libre et non confondue avec la caudale.

Dans Linnæus, Bonnaterre, M. de Lacépède, Bloch, etc., ce genre est très-nombreux en espèces. On y avoit déjà bien établi plusieurs divisions importantes ; mais M. Cuvier, dans ces derniers temps, l'a partagé en plusieurs sous-genres, que l'on peut même considérer comme de véritables genres : ce sont les CLUPÉES, proprement dites, auxquelles il réunit les CLUPANODONS ; les MÉGALOPES ; les ANCHOIS ou ENGRAULES ; les THRISSES ; les PRISTIGASTRES. Voyez ces divers mots et GYMNOPOMES.

Les clupées proprement dites sont faciles à distinguer des autres genres voisins, par *leurs os maxillaires arqués en avant, et divisés longitudinalement en plusieurs pièces ; l'ouverture de leur bouche est médiocre, garnie de peu de dents ; leur nageoire dorsale est au-dessus des catopes.*

Les *clupanodons* sont sans dents ; les *mégalopes* ont le dernier rayon de la nageoire dorsale prolongé en filament ; les *anchois* ont la gueule bien fendue et armée de beaucoup de dents ; les *thrisses* ont les os maxillaires prolongés en pointes libres, au-delà de la mâchoire inférieure ; les *pristigastres* manquent de catopes et appartiennent à une autre famille.

Le HARENG ; *Clupea harengus*, Linn., Lac., Bloch., Cuv., etc. Nageoire caudale fourchue, mâchoire inférieure avancée, un appendice triangulaire auprès de chaque catope, point de taches sur les côtés du corps, quelques petites dents sur le devant des deux mâchoires.

Le hareng a la tête petite, l'œil grand, l'ouverture de la bouche courte, la langue pointue et garnie de dents déliées; le dos épais, noirâtre; la ligne latérale à peine visible, une tache rouge ou violette sur l'opercule, les côtés argentés, les nageoires grises; la laite et les ovaires doubles, la vessie natatoire simple et pointue à ses deux bouts; l'estomac tapissé d'une peau mince, le canal intestinal droit et très-court, le pylore entouré de douze appendices.

Sa chair est imprégnée d'une sorte de graisse qui lui donne une saveur très-agréable.

Il nage avec beaucoup de force et de vîtesse, et se nourrit d'œufs de poissons, de petits crabes et de vers.

Sur les rivages de la Norwége, les harengs, au rapport de quelques voyageurs, font leur principale nourriture d'une espèce de vers rougeâtres que les habitans nomment *roë-aal*, ou *aat* et *silaat;* mais ces animaux ne sont point des vers; ils appartiennent à la classe des crustacés. Fabricius les a décrits sous le nom d'*astacus harengum;* il est probable qu'ils appartiennent aux mysis de MM. Latreille et Leach. Ils sont tellement multipliés pendant l'été, qu'en puisant un peu d'eau de mer on est sûr d'en amener plusieurs milliers. Les harengs les suivent partout où le vent et le courant les entraînent, et cette sorte d'aliment communique à leur ventre et à leurs excrémens une teinte rouge, qui paroît due, dit M. Stræm, à une humeur foncée que contiennent les yeux de ces crustacés. Beaucoup de personnes ont aussi attribué aux harengs ainsi nourris, des propriétés délétères, et les regardent comme une des causes des maladies qui affligent les habitans du Nord; mais c'est probablement à tort. Au reste, on assure que la putréfaction s'empare avec une extrême vîtesse des harengs qui ont été pris au moment où ils en avoient les intestins remplis.

Chaque année, en été et en automne, ces poissons fameux partent du Nord, et arrivent sur les côtes occidentales de l'Europe, en légions innombrables, ou plutôt en bancs serrés d'une immense étendue. Ils se répandent aussi sur certains rivages d'Amérique, et sur les côtes septentrionales de l'Asie. On croit généralement, et Anderson a singulièrement accrédité cette idée, qu'ils se retirent à des époques périodiques dans les régions du cercle polaire, pour y chercher un asile sous les glaces des mers hyperboréennes, et que, n'y trouvant pas une nourriture proportionnée à leur nombre prodigieux, ils envoient, au commencement de chaque printemps, des colonies vers des bords plus méridionaux. Quelques naturalistes ont même tracé la route que tiennent ces émigrations, et les représentent divisées en deux troupes, dont les innombrables détachemens couvrent au loin la surface des mers. L'une de ces grandes colonnes, suivant eux, se presse autour des côtes de l'Islande, et se répandant au-dessus du banc de Terre-Neuve, va remplir les golfes et les baies du continent américain; l'autre descend le long de la Norwége, et pénètre dans la Baltique, ou, faisant le tour des Orcades, s'avance entre l'Ecosse et l'Irlande, cingle vers le midi de cette dernière île, s'étend à l'orient de la Grande-Bretagne, et parvient jusque vers l'Espagne, en parcourant les côtes d'Allemagne, de Batavie et de France.

Cependant, dans ces derniers temps, Bloch et M. Noël de Rouen ont nié ces merveilleuses migrations, se fondant sur ce qu'il s'écoule souvent plusieurs années sans qu'on voie de harengs près des rivages indiqués comme les plus remarquables de la route de ces poissons; sur ce que, dans le voisinage de beaucoup d'autres prétendues stations, on en pêche toute l'année une grande quantité; sur ce que leur grosseur varie souvent, selon la qualité des eaux qu'ils fréquentent, sans aucun rapport avec la saison, avec leur éloignement des régions septentrionales, ou avec la longueur de l'espace qu'ils auroient dû parcourir; enfin, sur ce qu'aucun signe certain n'a jamais indiqué leur rentrée régulière sous les voûtes de glace des hautes latitudes.

On ne sait ce qu'ils deviennent; jamais on n'a vu leurs bancs suivre la marche du retour. Pourquoi d'ailleurs la plus petite espèce de harengs tourne-t-elle du côté de la Baltique, et la plus grosse vers la mer du Nord? Pourquoi, si c'est, comme on l'a dit, l'effroi que leur causent les baleines qui les fait émigrer, font-ils plusieurs centaines de milles au-delà des parages que ces cétacés habitent ordinairement? Pourquoi se retrouvent-ils ensuite dans ces mêmes lieux qu'ils fuyoient quelques mois auparavant? Et pourquoi sortent-ils de la Bal-

tique, où ils n'ont rien à craindre de ces redoutables enne-
mis? Pourquoi, si c'est le manque de nourriture qui les chasse
de dessous les glaces du Nord, arrivent-ils toujours à la même
époque de l'année? Enfin, pourquoi ne voit-on presque jamais les petits harengs, qui devroient accompagner les gros
si des causes générales agissoient sur eux?

D'autres observateurs prétendent que les harengs, plongés
dans les profondeurs des mers, se rapprochent de la surface
par le besoin de chercher une nourriture nouvelle, et surtout pour se débarrasser de leurs œufs et de leur laite; alors,
soit dans le printemps, soit dans l'été ou en automne, ils s'approchent des embouchures des fleuves et des rivages propres
à leur frai : aussi la pêche n'en est-elle jamais plus abondante
qu'au moment où les laites sont liquides, et les œufs prêts à
s'échapper. Il est possible encore que le frai ait lieu plus d'une
fois dans la même année; le temps en est du moins avancé
ou retardé, suivant l'âge des harengs et le climat sous lequel
ils vivent. C'est ce qui fait que dans plusieurs parages, pendant près de trois saisons, on ne cesse de pêcher de ces poissons pleins ou vides. Par exemple, sur quelques points de la
mer Baltique, les harengs du printemps frayent quand la glace
commence à fondre, et continuent à paroître jusqu'à la fin
de la saison dont ils portent le nom. Viennent ensuite les plus
gros harengs, les *harengs d'été*, qui sont suivis par d'autres
encore, que l'on nomme *harengs d'automne*.

Ces poissons paroissent vivre dans les profondeurs de la
mer qui s'étend depuis le 45.ᵉ degré jusqu'au pôle arctique.

Au reste, à quelque époque que les harengs abandonnent
leur séjour d'hiver, ils marchent en troupes, que des mâles
isolés précèdent souvent de quelques jours, et dans lesquelles
il y a communément plus de mâles que de femelles. Lorsqu'ensuite le frai commence, ils frottent leur ventre contre
les rochers ou sur le sable, s'agitent, impriment des mouvemens rapides à leurs nageoires, se mettent tantôt sur un côté
et tantôt sur l'autre, aspirant l'eau avec force, et la rejetant
avec vivacité.

Le commodore Billings a pu observer les poissons dont nous
parlons, à cette époque intéressante de leur vie. Le 7 juin,
il remarqua, dit Sauer, qui a rédigé le journal de son expé-

dition, dans le port intérieur de Saint-Pierre et Saint-Paul,
au Kamtschatka, une multitude de harengs, qui en nageant,
formoient des cercles d'environ une toise de diamètre. L'un
d'eux, au milieu de chaque cercle, se tenoit au fond de l'eau
entre les herbes et paroissoit immobile ; les herbes qui l'en-
touroient devenoient bientôt d'un jaune très-brillant ; et quand
le reflux laissa ces endroits à sec, les herbes, les pierres, le
bois, parurent couverts d'un demi-pouce de frai, sur lequel
les chiens, les mouettes et les corbeaux se précipitoient à
l'envi. (Voyage fait, par ordre de Catherine II, dans le nord
de la Russie asiatique, etc., tom. II, pag. 190 et 191.)

On n'a pas de notions précises sur le temps que le frai du
hareng met à éclore, ni sur celui qui est nécessaire à cette
espèce de poisson pour atteindre son maximum de grandeur.
Sa longueur ordinaire est d'environ dix pouces. Il multiplie
étonnamment ; on a compté soixante-huit mille six cent six
œufs dans une seule femelle : aussi les harengs ne semblent-ils
pas diminuer en nombre malgré toutes les causes de destruction
accumulées contre eux.

Dans leurs courses, les légions innombrables des harengs
couvrent une grande étendue de la surface des mers, et marchent pourtant en ordre. Les plus grands, les plus forts ou les
plus hardis, sont en tête. Des milliers d'entre eux sont arrachés du sein de leurs rangées si longues et si pressées, pour
servir à la nourriture des cétacées, des squales, des autres
grands poissons et des oiseaux de mer. Un plus grand nombre
encore périt dans les baies, où ils s'étouffent et s'écrasent en
se précipitant, se pressant et s'entassant mutuellement contre
les bas-fonds et les rivages. Combien n'en tombe-t-il pas aussi
dans les filets des pêcheurs ! Il est, dit M. de Lacépède, telle
petite anse de la Norwège où plus de vingt millions de harengs ont été le produit d'une seule pêche. Il est peu d'années
où l'on n'en prenne dans ce pays plus de quatre cent millions.
Bloch a calculé que les habitans des environs de Gothem-
bourg, en Suède, s'emparoient annuellement de plus de sept
cents millions de ces poissons ; et cependant tout cela n'est
encore, pour ainsi dire, rien à côté de ceux qu'amènent
dans leurs bâtimens les pêcheurs du Holstein, du Mecklen-
bourg, de la Poméranie, de la France, de l'Irlande, de l'Ecosse,

de l'Angleterre, des États-Unis, du Kamtschatka , et surtout
de la Hollande, qui, au lieu de les attendre sur leurs côtes,
s'avancent au-devant d'eux et vont à leur rencontre, en pleine
mer, montés sur de grandes et véritables flottes. C'est ainsi
que les pêcheurs parviennent souvent jusqu'aux îles de Schet-
land, du côté de Fairhill et de Bockeness.

On conçoit facilement, d'après cela, comment il se fait que
les bancs de harengs ont plusieurs lieues de largeur sur
quelques toises d'épaisseur, quoique tous les individus s'y
touchent, et comment ils représentent ainsi, pour différens
peuples, une mine plus fructueuse et plus inépuisable que
toutes celles du Pérou.

On ne retrouve rien dans les écrits des Grecs et des Romains
qui semble indiquer que ces nations aient connu les harengs.
Les poissons de la mer Méditerranée devoient être en effet
les seuls, à peu près, qu'ils pussent observer et se procurer
facilement ; et les harengs ne s'y rencontrent point.

Ce poisson n'est donc ni le *halec* ou *halex*, ni le *mænis*, ni
le *leucomænis*, ni le *gerres* de Pline. Le μαινὶς d'Aristote,
nommé *alec* par Gaza, et le *mæna* de Pline, sont la *mendole*.
Voyez Picarel et Smare.

Dans un manuscrit du treizième siècle, consulté à la Biblio-
thèque royale par Legrand d'Aussy, les harengs sont indiqués,
sous le nom de *hearans*, au nombre des poissons qu'on mange
en France ; et ils sont également notés dans une ordonnance
rendue, en 1254, par saint Louis, concernant la vente du
poisson ; ils étoient donc déjà connus alors.

On s'accorde généralement à regarder les Hollandois comme
les premiers qui aient fait en grand la pêche de ce poisson ;
ce qu'il y a de certain, c'est qu'elle les a mis à portée, par les
bénéfices considérables et toujours renaissans qu'elle leur a
donnés, de soutenir de longues guerres contre la plupart des
peuples de l'Europe, et de jouer un rôle remarquable parmi
les nations policées. C'est assurément un objet bien peu important en apparence que la pêche d'un poisson, et pourtant
c'est avec elle qu'un pays pauvre et marécageux parvint à
résister au monarque le plus puissant.

Cependant, Calais et Dieppe disputent sous ce rapport l'an-
tériorité à la Hollande. Au douzième siècle, la pêche du hareng

étoit pratiquée sur les côtes de Guienne : il en est fait mention dans les réglemens que la duchesse Eléonore fit pour le commerce maritime de cette province, sous le nom de *Roole d'Oleron.* Déjà, au reste, vers l'an 1160, le pape Alexandre III avoit permis aux peuples des côtes d'Allemagne de se livrer à ce genre d'occupation le dimanche et les jours de fête ; et cette espèce de droit existoit encore en France parmi les pêcheurs de hareng, peu de temps avant la révolution.

Au seizième siècle, ce n'étoit déjà plus sur les côtes de France que nos pêcheurs exerçoient leur industrie : ils se rendoient, ainsi que ceux des autres nations européennes, sur celles des Orcades, d'Angleterre et d'Ecosse, où, pour éviter toute dispute, les différens peuples, au rapport d'Adrien Junius, convenoient entre eux d'une station déterminée. Alors les Hollandois, en particulier, employoient déjà pour cette pêche de grands filets, et des bâtimens considérables et alongés auxquels ils donnent le nom de *buys.* Depuis cette époque, il y a eu des années où ils ont mis en mer trois mille de ces vaisseaux, montés par quatre cent cinquante mille hommes.

Les filets dont on se sert ont de cinq à six cents toises de longueur à peu près. Autrefois, on les faisoit en fil retors ; mais comme ils ne duroient qu'un an, on les a remplacés par des filets de soie qui sont encore passablement bons la troisième année, et dont on tire les matériaux de la Perse. Leurs mailles doivent avoir au moins un pouce de large ; on les noircit à la fumée, pour que leur couleur n'effraie pas les harengs. Leur partie supérieure est soutenue par des tonnes vides ou par des morceaux de liége, et l'inférieure est enfoncée à la profondeur convenable par des pierres ou d'autres corps pesans.

Dans la pêche en grand, faite dans le Nord, il est défendu de jeter ces filets avant le 25 juin et après le 15 juillet ; par-là, on conserve le frai de tous les harengs qui déposent leurs œufs avant ou après ces deux époques.

Les bancs de harengs sont indiqués aux pêcheurs par des volées de mouettes et d'autres oiseaux de mer qui les suivent et les attaquent perpétuellement ; ils le sont aussi par le grand mouvement des ondes pendant le jour, par leur phosphorescence pendant la nuit : cette phosphorescence est le résultat d'une quantité plus ou moins considérable d'une substance huileuse ou visqueuse, que l'on nomme *graissin* dans certains pays. Lorsque ces moyens ne sont pas suffisans, c'est-à-dire, lorsque le poisson nage dans la profondeur, on jette des lignes de fond amorcées de petits crustacés, et on ne tarde pas à les retirer garnies de harengs lorsqu'on se trouve sur un de leurs bancs.

On choisit en général l'obscurité de la nuit pour prendre les harengs : aussi jette-t-on presque toujours les filets le soir. Ces animaux, comme plusieurs autres poissons, se précipitent vers les feux qu'on leur présente, et on les attire dans les filets à l'aide de torches allumées que l'on place dans différens endroits des vaisseaux, ou qu'on élève sur des rivages voisins.

La grandeur des filets ne permet pas de les manœuvrer à la main : c'est avec un cabestan qu'on les jette à l'eau et qu'on les en retire. Les harengs se prennent en accrochant leurs ouïes aux mailles des filets, et pour cela il ne faut pas que ceux-ci soient tendus. Quelquefois il ne faut qu'un instant pour que tout le filet soit garni de poissons ainsi *maillés ;* d'autres fois une marée entière suffit à peine. En général, on regarde la pêche comme très-bonne lorsqu'au bout de deux heures on est obligé de le retirer; en général aussi, on peut augurer qu'elle sera avantageuse lorsqu'à une tempête il succède un calme accompagné de brouillard ; lorsque le vent souffle dans le sens de la marche des harengs, etc.

La pêche est souvent troublée par les requins, les chimères et autres poissons voraces, qui peuvent déchirer les filets ou forcer la colonne de poissons à prendre une autre direction.

Dans presque tous les ports de France où il se fait une pêche un peu abondante de harengs, on sonne une cloche à l'arrivée des navires ou des bateaux qui reviennent chargés, pour avertir les acheteurs, qu'on divise en détailleurs, chasse-marées et saleurs : les premiers les vendent sur le port même aux consommateurs ; les seconds les transportent dans l'intérieur des terres, et les troisièmes les préparent pour les conserver.

A Dieppe et dans les autres ports de la Manche, on vend les harengs à la mesure, dont le prix change souvent du double d'un jour à l'autre, suivant le succès de la pêche.

Aussitôt qu'ils sont livrés aux chasse-marées, ils les transportent dans des enceintes qui leur appartiennent, les lavent dans de grands cuviers avec de l'eau douce, et les arrangent dans des paniers pour les charger sur des chevaux ou dans des charrettes.

Ce n'est pas le tout pourtant que de se procurer des harengs, il faut encore les conserver : pour cela, on emploie deux procédés différens, la salaison et le desséchement.

L'art de saler le hareng n'a été inventé que dans le 15.e siècle, par un nommé Guillaume Benckals ou Benkelings, ou Buckalz, que d'autres nomment encore Guillaume Deukelzoon. Ce pêcheur célèbre mourut à Biervliet, dans la Flandre hollandoise, l'an 1447.

La patrie de Buckalz lui a témoigné sa reconnoissance, en élevant à sa mémoire un tombeau que les Hollandois vénèrent encore, et sur lequel ils aiment à dire que Charles-Quint alla manger un hareng, lorsqu'en 1556 il passa par Biervliet avec la reine de Hongrie, sa sœur. « Que la sévère postérité, « dit M. de Lacépède, avant de prononcer son arrêt irré- « vocable sur ce Charles d'Autriche dont le sceptre redouté « faisoit fléchir la moitié de l'Europe sous ses lois, rappelle « que, plein de reconnoissance pour le simple pêcheur dont « l'habileté dans l'art de pénétrer le hareng de sel marin avoit « ouvert une des sources les plus abondantes de la prospérité « publique, il déposa l'orgueil du diadème, courba sa tête « victorieuse devant le tombeau de Guillaume Deukelzoon, et « rendit un hommage public à son importante découverte. »

Les procédés de Buckalz, conservés jusqu'à nos jours, sont encore scrupuleusement suivis par les Hollandois : aussi leurs harengs passent-ils pour les meilleurs de l'Europe ; et le gouvernement lui-même veille avec soin à ce que cette réputation se conserve.

Aussitôt que les harengs sont tirés de l'eau, un matelot, qu'on appelle *caqueur*, les *habille*, c'est-à-dire, leur coupe la gorge, leur tire les ouïes et les entrailles, les lave dans de l'eau salée, et les met dans une saumure assez épaisse pour qu'ils puissent y surnager ; quinze ou dix-huit heures après, on les retire de cette saumure, on les stratifie dans une tonne avec une grande quantité de sel ; on les y laisse jusqu'à ce

qu'on soit arrivé au port : là, on les ôte de la tonne et on les
met dans des barils où on les arrange avec soin les uns sur les
autres, avec de nouveau sel entre chaque couche et de la saumure fraîche. Les Hollandois emploient à cette opération le
sel d'Espagne qui a été cristallisé sans graduation à l'ardeur
du soleil, et qu'ils raffinent en le faisant dissoudre dans de l'eau
de mer, et cristalliser de nouveau.

On a soin de choisir du bois de chêne pour les tonnes de
harengs, et de bien en réunir toutes les parties, de peur que
la saumure ne se perde et que les harengs ne se gâtent. Cependant Bloch assure que les Norwégiens se servent pour cela
de bois de sapin, qui communique aux poissons une saveur
résineuse très-estimée dans certains cantons de la Pologne.

Les Anglois font tous leurs efforts pour enlever aux Hollandois la pêche et le commerce des harengs ; mais ils sont loin
d'être parvenus sous ce rapport au même point de perfection,
quoiqu'ils emploient les mêmes procédés.

Toutefois si les Hollandois ont le mérite d'avoir appris à saler
les harengs pour les conserver, c'est à nos compatriotes, les
habitans de Dieppe, que l'on doit un art plus utile à la partie
la plus nombreuse et la moins fortunée de la société, celui de
les fumer.

Pour faire des harengs fumés ou *saurs*, il faut laisser séjourner les poissons au moins vingt-quatre heures dans la saumure ;
on les enfile ensuite par les ouïes dans de petites baguettes,
et on les pend dans des espèces de cheminées où l'on fait
un feu de bois mouillé, de manière à donner beaucoup de
fumée. On les y laisse exposés pendant vingt-quatre autres
heures.

Ce sont les poissons les plus gros et les plus gras que l'on
prépare ordinairement ainsi. En Islande et au Groënland,
les habitans les font tout simplement sécher à l'air.

En Suède, lorsque la pêche des harengs a été trop abondante, on extrait de ces poissons de l'huile, dont la quantité
s'élève à peu près à la vingt-deuxième ou vingt-troisième
partie du volume des animaux qui l'ont fournie. Pour cela,
on fait bouillir les harengs dans de grandes chaudières. Cette
huile est bonne à brûler, et le résidu de l'opération est un
excellent engrais pour les terres.

On emploie aussi fréquemment les harengs frais ou salés pour amorce dans la pêche des poissons voraces. Dans le nord de l'Angleterre, on nourrit les porcs avec les intestins et les ouïes qu'on retire des harengs au moment de les saler.

On a fait des tentatives pour accoutumer les harengs à vivre dans des parages qu'ils ne fréquentoient point habituellement, et on a réussi dans cette entreprise en Suède et dans quelques autres contrées. Dans l'Amérique septentrionale on a fait éclore des œufs de ces animaux à l'embouchure d'un fleuve où ces poissons n'avoient jamais paru, et vers lequel les individus sortis de ces œufs ont contracté l'habitude de revenir chaque année, en entraînant vraisemblablement avec eux un grand nombre d'individus de leur espèce.

On fait quelquefois usage du hareng comme d'un médicament. C'est ainsi que, dans quelques circonstances, on a appliqué à la plante des pieds des harengs salés, afin d'imiter en quelque sorte l'action des sinapismes. On a quelquefois aussi administré comme irritant, et sous la forme de clystère, la saumure de ces poissons. On s'en est aussi servi pour laver les tumeurs scrofuleuses, les ulcères scorbutiques, etc., et cette pratique a été suivie de succès. Mais on abuse de tout, et on a voulu que la cendre du hareng fût un lithontriptique, que sa vessie à air fût un diurétique, etc.

La Sardine ; *Clupea sprattus*, Linn. Plus petite et plus étroite que le hareng, elle a la mâchoire inférieure plus avancée que la supérieure et recourbée vers le haut ; la tête pointue, assez grosse, souvent dorée ; le front noirâtre ; les yeux gros ; les opercules ciselées et argentées ; la ligne latérale à peine visible ; les nageoires petites et grises ; les côtés argentins ; le dos bleuâtre.

Elle habite l'Océan Atlantique boréal, la mer Baltique et la mer Méditerranée. On prétend qu'elle est très-abondante sur les côtes de Sardaigne, d'où elle tire son nom ; cependant Azuni, dans l'Histoire de cette île, tom. II, pag. 301, assure que les sardines ne s'y montrent que rarement, et sont seulement pêchées par hasard avec d'autres petits poissons.

Les sardines se tiennent habituellement dans les profondeurs des mers : pendant l'automne elles s'approchent des côtes pour frayer, et se réunissent alors en troupes extrême-

ment nombreuses, en sorte que la pêche en est très-lucra-
tive et devient une branche de commerce importante dans
plusieurs contrées de l'Europe.

Dans le Mémoire que l'intendant de Bretagne fournit en
1697 au duc de Bourgogne, sur l'état de sa généralité, on lit
que la seule ville de Port-Louis faisoit annuellement quatre
mille barriques de sardines, chaque barrique pesant neuf
à dix milliers. Belle-Isle en faisoit douze cents, et ainsi des
autres ports de la province. On évalue à deux millions de
bénéfice annuel la pêche qu'on en fait sur les parages seuls
de la Bretagne, où on en prend quelquefois, dit-on, d'un
seul coup de filet, autant qu'il en faut pour remplir quarante tonneaux.

Il paroît que le poisson décrit par Rondelet sous le nom
de célerin, est une sardine. Voyez CÉLERIN.

Le mode de la pêche pour les sardines est le même que pour
les harengs ; seulement on emploie des filets à mailles plus
étroites. Comme ces poissons s'altèrent beaucoup plus vîte que
les harengs, on est obligé de les saler avant de revenir à terre.

Les pêcheurs de nos côtes de Bretagne ont trouvé le
moyen de retenir les sardines pendant long-temps, en répandant dans la mer, comme amorce, l'espèce de caviar qu'on
prépare dans le Nord avec des œufs de morue et d'autres
poissons. Lorsqu'elles sont gâtées, on les emploie à la pêche
des maquereaux, des merlans, des raies et autres poissons.

L'ALOSE ; *Clupea alosa*, Linn. Nageoire caudale fourchue ;
mâchoire inférieure un peu avancée ; la supérieure échancrée
à son extrémité ; la carène du ventre très-dentelée et couverte
de lames transversales ; un appendice écailleux et triangulaire à chaque catope : tête petite ; bouche grande ; de petites
dents au bord de la mâchoire supérieure ; deux orifices à
chaque narine ; ligne latérale peu visible ; une tache noire
vers les ouïes, suivie, dans le premier âge, de quatre ou cinq
autres ; deux taches brunes sur la nageoire caudale ; corps et
queue argentés ; dos verdâtre.

Le canal intestinal est court ; le pylore est entouré de
quatre-vingts appendices.

L'alose, bien plus grande et plus épaisse que le hareng,
atteint jusqu'à trois pieds de longueur ; mais, comme elle est

très-mince, son poids s'élève rarement au-dessus de quatre livres.

Les aloses habitent l'Océan Atlantique septentrional, la mer Méditerranée et la Caspienne. Au printemps, elles remontent dans les grands fleuves, comme le Wolga, l'Elbe, le Rhin, la Seine, la Loire, la Garonne, le Tibre, le Nil, etc., formant des troupes nombreuses, qui s'avancent quelquefois jusqu'auprès de leurs sources. Leur nombre varie beaucoup, au reste, d'une année à l'autre : ainsi dans la Seine inférieure, par exemple, suivant M. Noël de Rouen, on prend treize ou quatorze mille aloses dans certaines années, et dans d'autres on n'en pêche que quinze cents à deux mille.

Lorsqu'elles fuient, elles s'agitent avec violence, et font un bruit qui s'entend de très-loin.

Elles vivent de vers, d'insectes et de petits poissons.

On prétend qu'elles redoutent le fracas du tonnerre et les bruits violens. Néanmoins les pêcheurs, ceux de la mer Méditerranée surtout, sont persuadés qu'elles aiment la musique, et ils se font, en conséquence, accompagner d'instrumens lorsqu'ils vont à leur recherche. Dans certaines rivières, ils attachent à leurs filets des arcs de bois garnis de clochettes. Ce préjugé en sauve probablement beaucoup. Rondelet cependant rapporte qu'il en a vu qui accouroient au son du luth, et sautoient en nageant vers la surface de l'eau.

La Loire est la rivière de France où on en voit le plus. On y emploie à leur pêche des bateaux pointus des deux bouts, et des seines d'une longueur considérable ; la saison la plus favorable pour la faire est depuis la fin de mars jusqu'à celle de mai.

On en prend aussi beaucoup dans la Seine ; elles sont plus estimées que celles de la Loire.

Elles ont l'habitude de suivre les bateaux chargés de sel, ce qui fait qu'on en pêche quelquefois à Paris même. Elles cherchent aussi ordinairement à vaincre les obstacles qui s'opposent à leur marche : c'est pourquoi on en prend beaucoup au bas de toutes les digues qui barrent les rivières, telles que le moulin qui est sur l'Hérault, au-dessus de la ville d'Agde ; la première écluse du canal du Languedoc du côté de Béziers ; la barre du Pont-du-Château, etc.

Ausone prétend, que de son temps, l'alose étoit regardée par les Bordelois comme un aliment abandonné au bas-peuple :

      . . . . . *Opsonia plebis alosas.*

C'est un exemple bien remarquable des changemens qui arrivent dans l'opinion ou dans le goût : aujourd'hui on la sert sur les meilleures tables. Lorsqu'en 1432 le comte de Dunois prit la ville de Chartres, ce fut à la faveur d'un prétendu convoi dans lequel étoit une charrette qu'on disoit remplie d'aloses. (Villaret, Hist. de France, t. XV, pag. 112.)

La chair des aloses fraîches est très-délicate et très-estimée. Les Russes pensent pourtant qu'elle a des qualités délétères ; aussi rejettent-ils les aloses de leurs filets, ou les vendent-ils à vil prix à des Tartares moins prudens ou moins difficiles. Dans plusieurs contrées où on en pêche une très-grande quantité, on en fume un grand nombre. Les Arabes les font sécher à l'air pour les manger avec des dattes.

On trouve dans la tête de l'alose un os très-dur, que les anciens médecins vantoient comme un spécifique dans une foule de maladies, comme la pierre et la gravelle. Dans les Indes, on fait un grand trafic de ses œufs.

M. Duméril, ayant remarqué que l'alose manque de dents, la rapporte au genre Clupanodon.

La Feinte ; *Clupea fallax*, Lacép. Nageoire caudale fourchue ; mâchoire inférieure plus avancée que la supérieure qui est échancrée à son extrémité ; la carène du ventre très-dentelée et couverte de lames transversales ; un appendice triangulaire à chaque catope ; le dessus de la tête un peu aplati ; sept taches brunes de chaque côté du corps.

Long-temps cette clupée a été confondue avec l'alose : M. Cuvier pense même que ces deux poissons n'ont pas encore été suffisamment comparés.

Les feintes remontent par troupes dans la Seine ; les plus grands individus quittent la mer les premiers, ce qui est le contraire des aloses. Ces premières feintes ont l'œil plus gros et la peau plus brune que les autres, ce qui les a fait appeler à Villequier *feintes au gros œil* et *feintes noires* ; leur chair est aussi plus délicate. Les dernières qui paroissent sont nommées *feintes bretonnes.*

Elles aiment les temps orageux et chauds. On en prend depuis l'embouchure de la Seine jusqu'aux environs de Rouen : on les pêche avec des guideaux ou avec des seines que l'on appelle quelquefois feintières.

La chair de la feinte, quoique agréable au goût, a une saveur très-différente de celle de l'alose. Les femelles de cette espèce sont plus nombreuses, plus grandes, plus épaisses, d'une saveur plus délicate, que les mâles, auxquels on a donné le nom de cahuhaux.

M. Noël, de Rouen, a remarqué que les feintes sont beaucoup moins communes aujourd'hui dans la Seine qu'elles ne l'étoient il y a vingt ans.

La Rousse ; *Clupea rufa*, Lacép. Nageoire caudale fourchue ; une cavité en forme de losange sur le sommet de la tête ; peau d'un blanc de crème légèrement cuivré.

Cette espèce n'est pas non plus suffisamment connue. On n'en prend que peu dans la Seine ; encore n'est-ce que dans les eaux saumâtres de son embouchure. Il paroît que les feintes frayent dans les grandes eaux.

Leur chair est plus délicate et moins blanche que celle de l'alose : il y en a qui pèsent de quatre à six livres ; dans le mois de septembre elles sont fort grasses.

Plusieurs espèces regardées comme des clupées appartiennent à d'autres genres.

La Clupée apalike, ou Cyprinoïde, *Clupea cyprinoïdes ;* la Clupée cailleux-tassart, *Clupea thrissa ;* la Clupée a nez, *Clupea nasus*, sont des Mégalopes. La Clupée athérinoïde, ou Bande d'argent, *Clupea atherinoïdes*, Linn.; la Clupée anchois, *Clupea encrasicholus*, Linn.; la Clupée de Malabar, *Clupea malabarica*, Bloch ; la Clupée macrocéphale, *Clupea macrocephala*, sont des Engraulis. La Clupée de la Chine, ou Hareng de la Chine, *Clupea sinensis*, Bloch ; la Clupée Pilchard, *Clupea Pilchardus*, Linn. ; la Clupée africaine, *Clupea africana*, Bloch, sont des Clupanodons. La Clupée dorab, ou lysan, *Clupea dorab*, Gmel., et la Clupée dentée, *Clupea dentex*, Schneid., sont des Chirocentres. La Clupée haumèle, *Clupea haumela*, Forsk., est une Ceinture. La Clupée bélame, *Clupea setirostris*, Brouss., et la Clupée myste, *Clupea mystus*, Linn.; *Clupea mystax*, Schn., sont des Thrisses. Voyez ces noms de genres. (H. C.)

CLUPÉOIDE (*Ichthyol.*), nom spécifique du Myste et du Thrisse. (Voyez ces mots.)

C'est aussi le nom d'une espèce de Corégone et d'un Cyprin. Voyez ces mots. (H. C.)

CLUPÉS. (*Ichthyol.*) M. Cuvier a donné ce nom à la seconde famille des poissons malacoptérygiens abdominaux. Elle rentre en grande partie dans celle des gymnopomes de M. Duméril, et est principalement composée des divisions du grand genre *Clupea* de Linnæus et des ichthyologistes systématiques. Il lui assigne les caractères suivans :

Point de nageoire adipeuse; mâchoire supérieure formée au milieu par des os intermaxillaires, sans pédicules, et sur les côtés par les maxillaires; corps toujours écailleux; une vessie natatoire; le plus ordinairement de nombreux cœcums. Voyez Clupée, Mégalope, Engraulis, Clupanodon, Thrisse, Hareng. (H. C.)

CLUSE (*Fauconn.*), *Cluser.* Lorsqu'une perdrix, poursuivie par l'oiseau de vol, s'est abattue dans un buisson, on appelle ainsi le cri du fauconnier qui excite les chiens à la faire lever. (Ch. D.)

CLUSIER (*Bot.*), *Clusia*, genre de plantes de la famille des guttifères, appartenant à la *polygamie monoécie* de Linnæus, dont les fleurs sont tantôt mâles, tantôt femelles, par l'avortement d'un des organes sexuels; plus souvent hermaphrodites, composées d'un calice à quatre ou six folioles et plus, imbriquées, persistantes; quatre ou six pétales; un grand nombre d'étamines (quelquefois cinq à huit) rangées autour de l'ovaire; celui-ci est supérieur, sans style, surmonté d'un stigmate épais, en étoile. Le fruit consiste en une grosse capsule ovale, couronnée par le stigmate, marquée en dehors de quatre à douze sillons, s'ouvrant du sommet à la base en autant de valves, ne formant qu'une seule loge; les semences sont nombreuses, enveloppées dans une pulpe, et attachées à un réceptacle central, anguleux.

Ce genre comprend des arbres ou arbrisseaux, la plupart parasites, et presque tous originaires de l'Amérique méridionale, distillant en abondance un suc laiteux et visqueux, qui roussit à l'air, s'y épaissit et forme des gommes ou des résines. Leurs feuilles sont grandes, entières, opposées; les pédoncules axillaires ou terminaux, chargés d'une à trois fleurs pédicellées, accompagnées de petites bractées. Ce genre a été consacré par Linnæus à la mémoire du célèbre Lécluse (Clusius), natif d'Arras, un des botanistes les plus distingués du seizième siècle, dont les ouvrages sont encore recherchés aujourd'hui à cause des figures, et surtout pour l'exactitude des descriptions. Les principales espèces renfermées dans ce genre sont :

CLUSIER ROSE ; *Clusia rosea*, Linn. ; Jacq., *Amer.*, 270 ; et *Ic. Pict.*, 131 ; Pluk., *Alm.*, tab. 157, fig. 2 ; vulgairement FIGUIER MAUDIT MARRON et AMATCASTIC. Cet arbre offre de grandes et belles fleurs couleur de rose ou d'un violet pâle : il s'élève à la hauteur de vingt-cinq à trente pieds. Son bois est blanc, mou, filandreux ; ses feuilles ovales-cunéiformes, arrondies au sommet, épaisses, succulentes, point nerveuses, médiocrement pétiolées ; ses fleurs réunies plusieurs ensemble sur un pédoncule court ; la corolle à six pétales. Le fruit est de la grosseur d'une moyenne pomme ; une pulpe mucilagineuse et d'un rouge écarlate entoure les semences. Il croît dans les îles de Saint-Domingue et de Bahama. On se sert de sa résine pour panser les plaies des chevaux ; on en frotte les bateaux et les vaisseaux, au lieu de suif.

Cet arbre, dit Nicolson, croît presque toujours aux dépens de ses voisins. Lorsqu'une de ses graines tombe sur un autre arbre, et qu'elle peut s'y fixer, elle y germe bientôt, et produit une plante dont les racines s'étendent sur l'écorce de l'arbre, s'y attachent, en sucent la séve ; bientôt elles l'embrassent, quelque gros qu'il soit, et le font périr en peu d'années. Ces mêmes racines se dirigent aussi vers la terre, s'y enfoncent, pour y trouver plus de nourriture : quand les semences tombent sur les rochers, elles y germent également. Les branches produisent des rameaux de deux sortes : les uns s'élèvent perpendiculairement, et forment un sommet fort touffu ; les autres se dirigent vers la terre en forme de longues baguettes, s'y enfoncent, prennent racine et produisent d'autres rameaux, et ainsi à l'infini, tellement que, si on n'y mettoit obstacle, un seul de ces arbres couvriroit en peu de temps un vaste pays, et détruiroit les autres arbres.

CLUSIER BLANC : *Clusia alba*, Linn. ; Jacq., *Amer.*, tab. 166 ; Plum., *Amer.*, tab. 87, fig. 1. Il a des fleurs blanches, à cinq pétales ; les fruits d'un rouge écarlate ; les feuilles coriaces.

ovoïdes. Il croît dans les bois, à la Martinique. Les Caraïbes se servent de sa résine au lieu de poix pour en enduire leurs petites barques.

CLUSIER JAUNE : *Clusia flava*, Linn. ; Jacq., *Amer.*, tab. 167 ; Sloan., *Jam.*, 1, tab. 200, fig. 1. Cet arbre, qui croît aux mêmes lieux et de la même manière que le précédent, lui ressemble beaucoup ; mais ses fleurs sont jaunâtres et n'ont que quatre pétales épais : le fruit est une grosse capsule arrondie, qui s'ouvre en douze valves.

CLUSIER A FLEURS ÉMOUSSÉES : *Clusia retusa*, Poir. *Encycl. sub* PÉRÉPÉ, n°. 4 ; Lam., *Ill. gen.*, tab. 352. Cette belle espèce se distingue par ses feuilles émoussées à leur sommet et non arrondies, épaisses, nerveuses ; par ses calices à huit folioles inégales, les quatre extérieures très-petites ; par la corolle grande, à six pétales ; par ses fruits globuleux, un peu comprimés, à seize ou dix-huit côtes. Elle croît dans l'Amérique.

CLUSIER A FLEURS SESSILES ; *Clusia sessiliflora*, Poir., *Encycl. sub* PÉRÉPÉ, n°. 5. Des fleurs petites, sessiles, réunies plusieurs ensemble dans l'aisselle des feuilles, rendent cette espèce facile à reconnoître : les feuilles sont coriaces, veinées, en ovale renversé. Elle croît à l'île de Madagascar.

Le *clusia venosa*, Linn., ou palétuvier des montagnes, Plum., *Amer.*, tab. 87, fig. 2 ; le *clusia sessilis*, Forst. *an* Poir. ? les *clusia parviflora, longifolia, pedicellata, tetrandra*, etc., Willd., sont autant d'espèces jusqu'à présent imparfaitement connues. (POIR.)

CLUTELLE (*Bot.*), *Clutia*, Linn. ; *Cluytia*, Willdenow, non Roxburg. Ce genre, composé d'arbrisseaux à feuilles simples, alternes, à fleurs petites, dioïques, axillaires, appartient à la famille des euphorbiacées et à la *dioécie gynandrie* de Linnæus. Il offre pour caractère essentiel des fleurs dioïques ; un calice à dix découpures, persistantes (les cinq intérieures et alternes sont considérées comme des pétales par plusieurs botanistes) ; cinq petites écailles trifides au fond du calice, autant de glandes opposées aux divisions internes ; cinq étamines insérées à la partie supérieure du style ; celui-ci est long, sans ovaire dans les fleurs mâles ; des écailles à deux lobes et non glanduleuses dans les fleurs femelles ; un ovaire supérieur, chargé de trois styles bifides ; une capsule globu-

leuse, à six sillons, à trois valves, à trois loges monospermes.
Les clutelles naissent presque toutes au cap de Bonne-Espérance, quelques-unes dans les Indes. Les espèces les plus
remarquables sont :

CLUTELLE ÉLÉGANTE : *Clutia pulchella*, Linn.; Lam., *Ill. gen.*,
tab. 835 ; Commel., *Hort.*, tab. 91. Arbrisseau d'un port élégant, cultivé au Jardin du Roi, à tige droite, haute de trois
ou quatre pieds, soutenant une belle cime arrondie ; ses
feuilles sont pétiolées, glabres, ovales, entières, finement
ponctuées au dessous ; les fleurs d'un blanc verdâtre, pédonculées, axillaires, quelquefois solitaires ; les capsules ponctuées, presque chagrinées.

CLUTELLE FAUSSE ALATERNE : *Clutia alaternoïdes*, Linn.; Pluk.,
Almag., tab. 230, fig. 1 ; Burm., *Afr.*, tab. 43, fig. 1 ; Willd.,
H. Ber., tab. 50. Ses rameaux sont glabres, très-souvent
simples et anguleux ; les feuilles éparses, linéaires-lancéolées,
glabres, un peu obtuses, légèrement mucronées, rudes et
cartilagineuses à leurs bords : les fleurs petites, pédonculées,
solitaires et axillaires. On la cultive au Jardin du Roi.

CLUTELLE A FEUILLES DE RENOUÉE : *Clutia polygonoïdes*, Linn.;
Willd., *H. Berol.*, tab. 51 ; Burm., *Afr.*, tab. 43, fig. 3. Elle
se distingue de la précédente par ses feuilles un peu plus
larges, rétrécies à leur base, lisses, entières, aiguës, un peu
glauques en-dessous ; les pédoncules axillaires, soutenant
environ trois fleurs. Elle est cultivée au Jardin du Roi.

CLUTELLE A FEUILLES DE THYMÉLÉE : *Clutia daphnoides*, Encycl.,
n.° 1 ; Burm., *Afr.*, tab. 44, fig. 2. Ses feuilles ressemblent à
celles du *daphne cneorum*, mais sont un peu plus grandes, éparses,
presque sessiles, oblongues, obtuses, cotonneuses à leurs deux
faces dans leur jeunesse : les fleurs axillaires, la plupart solitaires ; les rameaux tuberculeux, cotonneux vers leur sommet. Le *Clutia africana*, Poir., Enc. sup., n.° 10 ; *seu Cluytia
daphnoides*, Willd., *H. Berol.*, tab. 52, diffère de la précédente par ses feuilles glabres, lancéolées, presque sessiles.
Ses fleurs sont droites, solitaires, axillaires.

CLUTELLE ÉCAILLEUSE : *Clutia squamosa*, Encycl., n.° 6 ; *Scheru-
nam cottam*, Rheed., *Malab.*, 2, tab. 16 ; *an Clutia retusa?* Linn.
Ses tiges sont hautes de douze à quinze pieds ; ses rameaux
grêles, pubescens vers leur sommet ; les feuilles alternes, à

peine pétiolées, elliptiques, glabrès en dessus, pubescentes et nerveuses en dessous; les fleurs sessiles, axillaires, presque agglomérées, écailleuses à leur base. Cette plante croît dans les Indes orientales.

CLUTELLE A FEUILLES DE POLIUM : *Clutia polifolia*, Jacq., *Hort. Schœnbr.*, 2, tab. 5o. Rapprochée du *Clutia polygonoides*, elle s'en distingue par ses feuilles plus larges, roulées à leurs bords, linéaires, obtuses, mucronées, pàles et glauques en dessous; les fleurs axillaires, presque solitaires, longuement pédonculées. Le *Clutia tenuifolia*, Willd., en diffère par ses feuilles sessiles, aiguës, vertes à leurs deux faces, point mucronées ni roulées à leurs bords; les fleurs médiocrement pédonculées.

CLUTELLE DES COLLINES ; *Clutia collina*, Roxb., *Corom.*, 2, pag. 37, tab. 169. Ses feuilles sont pétiolées, elliptiques, longues d'un pouce et demi, glabres, entières, obtuses, luisantes; les fleurs axillaires, presque ternées. Elle croît dans les Indes orientales, sur les collines.

CLUTELLE ÉTALÉE : *Clutia patula*, Roxb., *Corom.*, 2, pag. 37, tab. 170. Ses rameaux sont étalés; ses feuilles pétiolées, ovales, entières, acuminées, glabres, luisantes; les fleurs sessiles, axillaires, monoïques, quelquefois réunies en un petit épi. Elle croît sur les montagnes, dans les Indes orientales.

Les autres espèces de *Clutia*, dont plusieurs ne nous sont que médiocrement connues, sont le *Clutia lanceolata*, Vahl et Forskh., *Ægypt.*; *Clutia pubescens*, *ericoïdes*, *heterophylla*, Thunb., *e cap. Spec.*; *Clutia tomentosa*, *stipularis*, Linn.; *Clutia eluteria*, *Fl. Zeyl.*; *Clutia hirta*, *acuminata*, Linn., f. Suppl. (POIR.)

CLUYTIE (*Bot.*), *Cluytia*. C'est avec raison que Willdenow a substitué au nom de ce genre, ainsi désigné par Roxburg, celui de *Briedelia*, que nous aurions conservé, mais qui a été oublié par erreur.

Ce genre appartient à la famille des euphorbiacées, et doit être placé dans la *polygamie monoécie* de Linnæus. Ses fleurs sont polygames. On distingue, dans les fleurs hermaphrodites, un calice à cinq découpures, cinq pétales insérés sur le calice, cinq étamines monadelphes, deux styles bifides, une baie à deux semences : les fleurs mâles ressemblent aux hermaphrodites, mais elles n'ont point d'ovaire; les femelles sont dépourvues d'étamines. Les espèces comprises dans ce genre sont des arbres ou arbrisseaux originaires des Indes orientales, à feuilles alternes, entières ; les fleurs disposées en paquets ou en épis axillaires. On distingue les espèces suivantes :

CLUYTIE DES MONTAGNES : *Cluytia montana*, Roxb., *Corom.*, 2, pag. 58, tab. 171; *Briedelia montana*, Willd. Cet arbre, d'une grandeur médiocre, s'élève sur une tige droite, cylindrique, chargée de rameaux non épineux, soutenant des feuilles alternes, elliptiques, ou en ovale renversé, glabres, très-entières, longues de deux ou trois pouces : les fleurs sessiles, monoïques, réunies par paquets dans l'aisselle des fleurs.

CLUYTIE GRIMPANTE : *Cluytia scandens*, Roxb., *Corom.*, 12, pag. 59, tab. 173 ; *Briedelia scandens*, Willd. Arbrisseau distingué par ses rameaux grimpans, garnis de feuilles ovales-oblongues, très-entières, réticulées, aiguës ou un peu obtuses, glabres en dessus, tomenteuses en dessous, longues de trois pouces et plus. Les fleurs sont hermaphrodites ou monoïques, réunies en paquets axillaires ou en épis agglomérés, un peu alongés. Il croît au Malabar et dans l'île de Java.

CLUYTIE ÉPINEUSE : *Cluytia spinosa*, Roxb., *Corom.*, 2, p. 39, tab. 172; *Briedelia spinosa*, Willd. Ses tiges sont droites; ses rameaux armés, dans leur vieillesse, de quelques épines; ses feuilles ovales, très-entières, longues de trois pouces, aiguës à leurs deux extrémités, tomenteuses en dessous dans leur jeunesse, puis glabres; les fleurs monoïques, axillaires, agglomérées, ou disposées en épis courts, alternes, très-rapprochés. Roxburg a découvert cet arbrisseau dans les Indes orientales. (POIR.)

CLYMÈNE. (*Entomoz.*) M. Ocken, dans son nouveau Système de Zoologie, réunit sous ce nom de genre qu'il place dans la même famille que le tubipore et le dentale, deux espèces de serpule, et le caractérise ainsi : Tubes entièrement calcaires, flexueux, s'entrelaçant les uns les autres, et contenant chacun un animal dont le corps, très-grêle, n'a ni mamelons ni soies; la tête épaisse entourée de tentacules longs, mous et simples, sans massue operculaire. La première espèce est le *serpula contortuplicata*, et la seconde le *serpula filograna* de Gmelin. Voyez SERPULE. (DE B.)

CLYMENUM (*Bot.*), genre de Tournefort, dont Linnæus a réuni les espèces dans son genre *Lathyrus*. Voyez Gesse. (L. D.)

CLYPEARIA. (*Bot.*) Rumph donne ce nom à deux arbres des Moluques, dont le bois léger, et dur en même temps, sert, dans ces îles, à faire des boucliers ; d'où vient leur nom. Le premier, à bois blanc, est l'*adenanthera falcata* des botanistes ; le second, à bois rouge, moins connu, n'est pas mentionné dans leurs ouvrages. (J.)

CLYPEASTRE. (*Entom.*) M. Latreille avoit désigné, sous ce nom de genre, un petit coléoptère, voisin des *bostriches* ou des *cis*, ressemblant à un petit bouclier. Comme ce nom avoit été donné à un genre d'oursin, il l'a changé en celui de *Lépadite*. (C. D.)

CLYPÉASTRE (*Echinod.*), *Clypeaster*, genre de la famille des échinides ou oursins, établi par M. de Lamarck pour les espèces de ce genre, que Klein paroît avoir réparties dans les deux genres *Scutum* et *Placenta*, dont le corps plus ou moins irrégulier, elliptique ou ovale, souvent renflé ou gibbeux en-dessus, concave en-dessous, est couvert de très-petites épines, et dont les ambulacres bornés imitent une fleur à cinq pétales. La bouche est inférieure, centrale, armée comme dans les scutelles, et l'anus près du bord ou tout-à-fait dans le bord qui est épais ou arrondi et toujours entier. Aucun auteur, à ma connoissance, n'a donné de détails particuliers sur l'organisation, les mœurs et les habitudes des espèces de ce genre ; il est très-probable qu'elles ont les plus grands rapports avec celles des véritables Oursins. (Voyez ce mot.) On sait seulement que leur bouche est armée de cinq pièces osseuses, cunéiformes, comme bilobées postérieurement, et striées d'un côté par des lames étroites et transversales.

M. de Lamarck, dans la nouvelle édition de ses Animaux sans vertèbres, caractérise dix espèces de clypéastres, dont quatre seulement sont connues à l'état vivant.

Le Clypéastre rosacé : *Clypeaster rosaceus*, Lamk ; *Echinus rosaceus*, Linn., Leske ap. Klein., p. 185, tab. 17, p. 9 et 18, fig. C.

Cette espèce, très-commune dans les collections, vient des mers de l'Inde et d'Amérique ; elle est ovale elliptique, pentagone, convexe en dessus, avec des ambulacres fort larges formant une figure de rose.

Le CLYPÉASTRE SENTIFORME : *Clypeaster sentiformis*, Lamk, Encyclop. méthod., pl. 147, fig. 3 et 4, d'après Seba, Mus., 3., tab. 10, fig. 23 et 24.

Cette espèce elliptique est assez plane en dessus ; son bord est peu épais, et l'anus est voisin du bord. On croit qu'elle vient des mers de l'Inde.

Le CLYPÉASTRE BEGUET : *Clypeaster laganum*, Lamk ; *Echinodiscus laganum*, Leske ap. Klein., p. 104, tab. 22, fig. A, B, C.

Plus petite et plus orbiculaire que la précédente, cette espèce obscurément pentagone, est aplatie en-dessus comme en-dessous; son bord est cependant plus arrondi que tranchant; l'anus est également voisin du bord. On ignore sa patrie.

Le CLYPÉASTRE OVIFORME: *Clypeaster oviformis*, Lamk ; *Echinus oviformis*, Gmel. ; *Echinanthus oviformis*, Leskeap. Klein., pag. 191, tab. 20, fig. C, D.

Cette espèce, qui s'éloigne déjà de ce genre, est oviforme, un peu plane en dessous, a son sommet et sa bouche excentriques, ses ambulacres étroits et l'anus marginal. Elle provient des mers australes, d'où elle a été rapportée par MM. Péron et Lesueur; et, ce qu'il y a de remarquable, c'est qu'une variété qui ne diffère qu'en ce qu'elle est plus large sur les bords, a été trouvée fossile dans les vignes aux environs du Mans, par M. Menard de la Groye. (DE B.)

CLYPÉASTRE. (*Foss.*) C'est, de tous les genres des *Echinides*, celui qui présente les plus grandes espèces à l'état fossile. Voici celles que l'on connoît :

CLYPÉASTRE ÉLEVÉ : *Clypeaster altus*, Lam., Anim. sans vertéb., tom. III, pag. 14, n.° 2, Encycl.; pl. 146, fig. 1, 2 ; Scilla, de Corp. marin., tab. 9, fig. 1, 2; Knorr, Pétrif., Supp., t. IX D, fig. 1.

Corps ovale, à sommet élevé, portant cinq longs ambulacres en fleur, à bord court, épais et arrondi ; le disque inférieur est concave au centre ; l'anus est en-dessous, près du bord. Longueur, 16 décimètres (3 pouces).

On rencontre cette espèce en Italie, à Malte et en Languedoc. On ne la connoit qu'à l'état fossile.

Il arrive quelquefois que le test extérieur ayant disparu,

il n'est resté que les pièces intérieures qui l'avoient soutenu pendant que l'animal étoit vivant. Ces pièces sont très-bien conservées et changées en spath calcaire. Il se trouve un fossile de ce genre dans la collection de M. Faujas.

CLYPÉASTRE A LARGE BORD : *Clypeaster marginatus*, Lam., *loc. cit.*, n.° 3 ; Scilla (ouvrage déjà cité), tab. XI, n.° 11, fig. inférieure ; Knorr, p. 11, tab. E. V., fig. 1, 2.

Corps ovale, à sommet convexe, en étoile à cinq rayons, à bord mince et étendu, et à disque inférieur très-concave ; anus en dessous près du bord. Longueur, 12 centimètres (4 pouces et demi) ; largeur, 93 millimètres (3 pouces et demi).

Cette espèce se trouve aux environs de Dax et dans la ci-devant Champagne.

CLYPÉASTRE EXCENTRIQUE : *Clypeaster excentricus*, Lam., *loc. cit.*, n.° 6 ; Encycl., pl. 144, fig. 1, 2.

Corps suborbiculaire, déprimé, un peu convexe, portant cinq ambulacres étroits, qui vont du centre à la base ; anus dans le bord ; diamètre, 60 millimètres (2 pouces 3 lignes).

On trouve cette espèce à Chaumont, département de l'Oise.

CLYPÉASTRE OVIFORME ; *Clypeaster oviformis*, Lam., *loc. cit.*, pag. 15, n.° 7.

Corps ovale, convexe, uni en dessous, à sommet excentrique, d'où partent cinq ambulacres élevés ; anus au bord. Longueur, 49 millimètres (22 lignes).

On rencontre cette espèce aux environs du Mans et à Rauville, près de Valognes. L'analogue de cette espèce se trouve vivant dans les mers australes.

CLYPÉASTRE HÉMISPHÉRIQUE : *Clypeaster hemisphæricus*, Lam., *loc. cit.*, pag. 16, n.° 9 ; *an* Encyclop., pag. 144, fig. 3, 4?

Corps orbiculaire, convexe, semi-globuleux, à cinq ambulacres, qui s'étendent du centre jusqu'au bord ; anus très-près du bord. Diamètre, 63 millimètres (2 pouces 4 lignes).

J'ignore où cette espèce a été trouvée. On rencontre à Saint-Paul-Trois-Châteaux, une espèce qui se rapproche beaucoup de celle-ci ; mais elle est un peu plus grande et plus élevée, et quelques individus ont une forme ovale.

CLYPÉASTRE TRILOBÉ ; *Clypeaster trilobus*, Lam.

Corps orbiculaire, convexe, à centre excentrique un peu élevé, d'où partent cinq ambulacres qui vont jusqu'au bord ;

anus en dessous près du bord. Diamètre, 72 millimètres (2 pouces 8 lignes).

Cette espèce est extrêmement remarquable, en ce que les parties du bord qui répondent à l'anus et aux deux ambulac.es entre lesquels il se trouve, se prolongent, et se divisent de ce côté en trois lobes. En-dessous on remarque cinq enfonce-mens qui vont de la bouche au bord, et qui répondent aux ambulacres. J'ignore où cette espèce a été trouvée.

Toutes celles qui viennent d'être décrites, se trouvent dans ma collection.

Clypéastre uni; *Clypeaster politus*, Lam., *loc. cit.*, n.° 8.

Corps oviforme, lisse, enflé, portant cinq ambulacres longs et étroits qui ne sont pas joints au sommet.

Cette espèce, qui a été trouvée aux environs de Sienne, est un peu plus grosse qu'un œuf de poule.

Clypéastre stellifère; *Clypeaster stelliferus*, Lam., *loc. cit.*, n.° 10; *an* Knorr, tab. E. III, fig. 5?

Corps oviforme, enflé, portant cinq ambulacres longs, étroits et saillans; bouche transverse, pentagone.

J'ignore où cette espèce a été trouvée. (D. F.)

CLYPEI. (*Ornith.*) Illiger, *Prodromus avium*, pag. 186, em-ploie ce terme pour désigner les écussons pentagones ou héxa-gones, dont les tarses et même les doigts de certains oiseaux sont garnis d'un seul côté. (Ch. D.)

CLYPEOLE (*Bot.*) .*Clypeola*, Linn., genre de plantes dicoty-lédones, polypétales, hypogynes, de la famille des crucifères, Juss., et de la *tétradynamie siliculeuse*, Linn., dont les prin-cipaux caractères sont les suivans : Calice de quatre folioles oblongues; corolle de quatre pétales oblongs, entiers; six étamines, dont deux plus courtes; un ovaire supérieur, arrondi, comprimé, surmonté d'un style simple, à stigmate obtus; une silicule orbiculaire, aplatie, échancrée, entourée d'un rebord, à une seule loge monosperme, dont les valves ne s'ouvrent point naturellement.

Ce genre ne comprend que deux espèces; une troisième, de celles que Linnæus avoit rapportées au *clypeola maritima*, a été depuis placée dans les *alyssum*. M. de Lamarck a réuni à ce genre celui du *peltaria*; mais cette réforme n'a pas été adoptée.

Clypéole alyssoïde : *Clypeola jonthlaspi*, Linn., *Spec.* 910;

Berger, *Phyt.*, 3, pag. 157, *cum fig.* Ses tiges sont menues, simples ou rameuses, hautes de deux à six pouces, couvertes, ainsi que toute la plante, d'un duvet court, serré et blanchâtre. Ses feuilles sont oblongues, rétrécies à leur base ; ses fleurs sont jaunes, fort petites, portées sur de courts pédoncules, et disposées en une grappe d'abord très-courte, mais qui s'alonge à mesure que la fructification s'avance. Cette plante est commune dans les champs des provinces méridionales de France, où elle fleurit en mars, avril et mai. Elle est annuelle.

CLYPÉOLE A FRUITS HÉRISSÉS ; *Clypeola lasiocarpa*, Pers., *Synop.*, 2, pag. 193. Ses tiges sont dures, blanchâtres, partagées en rameaux nombreux, glabres ; ses feuilles sont lancéolées, blanchâtres, rudes au toucher ; ses fleurs sont pédonculées et disposées en longues grappes à l'extrémité des rameaux : il leur succède de petites siliques, hérissées de poils nombreux, courts, très-roides, blanchâtres ou cendrés. Cette plante a été trouvée dans le Levant par Tournefort. (L. D.)

CLYSIA (*Malakentomoz.*), *Clysie.* C'est un nouveau genre de la famille des balanides du D.ʳ Leach, établi par M. Savigny, et que nous ne connoissons que par le Prodrome du travail de M. Leach sur la classe des CIRRIPÈDES. (Voyez ce mot.) Les caractères que ce dernier lui assigne sont : Enveloppe calcaire composée de quatre pièces, et fermée par un opercule dont les valves ne sont pas divisées. Il contient deux espèces : 1.º le *balanus striatus* de Pennant, Zool. britann., tom. IV ; et 2.º une espèce nouvelle que M. Leach a observée dans la collection de M. Savigny. (DE B.)

CLYSSUS. (*Chim.*) On donnoit ce nom, avant la théorie de Lavoisier, aux liquides provenant de la condensation des vapeurs d'un mélange de nitrate de potasse et d'un corps combustible, que l'on faisoit détoner dans une cornue de grès tubulée. On recueilloit ces vapeurs dans un très - grand ballon percé d'un petit trou ou dans des ballons enfilés, que l'on avoit eu soin d'humecter. Les alchimistes distinguoient le *clyssus de nitre*, le *clyssus de soufre*, le *clyssus d'antimoine*, etc., suivant que c'étoit le charbon, le soufre, l'antimoine, etc., que l'on avoit fait détoner avec le nitre ; ils attachoient une grande importance à ces produits, qui aujourd'hui n'en ont aucune.

Le clyssus de nitre étoit de l'eau tenant en dissolution un

peu d'ammoniaque, et même de potasse qui avoit été projetée dans le récipient ; le clyssus de soufre étoit de l'eau tenant en dissolution de l'acide sulfureux et de l'acide sulfurique. (Ch.)

CLYTE (*Entom.*), *Clytus*, genre de coléoptères correspondant aux callidies à cuisses comprimées et à corselet convexe en-dessus. Voyez Callidie. (C. D.)

CLYTIA. (*Bot.*) Camérarius nommoit ainsi le tournesol, *croton tinctorium*. (J.)

CLYTIE (*Zoophyt.*), *Clytia*. Ce genre, séparé du grand genre Sertulaire de Linnæus, par M. Lamouroux, contient un assez petit nombre d'espèces qui sont assez bien réunies par la forme des cellules qui contiennent les polypes : elles sont, en effet, campanulées et portées par des pédicules ordinairement fort longs et comme tordus en vis ; du reste, le polypier qui les réunit diffère sensiblement de forme, puisqu'il peut être rameux en forme d'arbrisseau, ou filiforme, volubile et grimpant. Les mœurs de ces petits animaux, qui sont toujours parasites sur les différens corps sous-marins, doivent avoir beaucoup de rapports avec celles des Sertulaires, (voyez ce mot) ; mais il paroit que les espèces dont les cellules sont pédiculées, se servent de cette disposition pour porter le petit animal dans un cercle quelquefois de quatre à cinq millimètres de rayon, de manière qu'en se contournant sur lui-même, à la manière des vorticelles, il imprime à l'eau un mouvement de rotation nécessaire pour attirer les animalcules qui doivent lui servir de nourriture. On doit d'autant plus croire à cette observation curieuse de M. Lamouroux, qu'il a pu étudier ces animaux vivans sur les bords de nos mers, où la plupart des espèces se trouvent fréquemment. Le nombre de ces espèces jusqu'ici observées n'est que de six, dont deux n'offrent pas même tous les caractères du genre, puisque les cellules sont presque sessiles.

La Clytie verticillée : *Clytia verticillata*, Lamx ; *Sertularia verticillata*, Gm., Ellis et Soland. ; Ellis, Corall., p. 39, n.° 20, fig. a. A.

Cette espèce, qui se trouve fréquemment dans les mers d'Europe, est aisée à distinguer, parce qu'elle est subrameuse, et que ses cellules, campanulées, dentées, sont portées sur de longs pédicules, en partie contournés et groupés par verticilles de 4 ou 5.

La Clytie grimpante : *Clytia volubilis*, Lamx ; *Sertularia volubilis*, Gmel., Ellis et Soland.; Ellis, Corall., p. 40, tab. 14, n.° 21, fig. a. A.

Les cellules, de la même forme que dans l'espèce précédente, sont portées sur de très-longs pédoncules tordus dans toute leur longueur, dont la réunion forme une tige grêle et rampante sur les corps marins.

La Clytie syringa : *Clytia syringa*, Lamx ; *Sertularia syringa*, Ellis et Soland. Ellis, Corall., p. 41, tab. 14, n.° 22, fig. b. B.

Cette espèce, qui n'est peut-être qu'une variété de la précédente, ne paroit guère en différer qu'en ce que les cellules sont peu dentées et plus longues que celles des précédentes.

Elle se trouve, ainsi que celles-ci, dans les mers d'Europe.

La Clytie urnigère ; *Clytia urnigera*, Lamx., Hist. des polypiers, pl. 5, fig. 6. A. B. C.

Cette espèce, rapportée par MM. Péron et Lesueur, et provenant très-probablement des mers de l'Australasie, a ses cellules globuleuses, tronquées, portées sur de longs pédoncules non tordus, et naissant d'une tige flexuleuse et rampante.

Les deux autres espèces que M. Lamouroux rapporte à ce genre, savoir : la clytie ovifère, figurée dans Ellis, Corall., tab. 15, n.° 25, fig. C. C. D., et la clytie rugueuse, figurée dans le même ouvrage, tab. 15, n.° 23, fig. a. A., diffèrent essentiellement des précédentes, parce que leurs cellules ne sont pas pédiculées. La première a ses cellules lisses, presque sessiles, ovales et pointues, et les ovaires de l'autre sont marqués de bandes transversales. Elles sont, l'une et l'autre, des mers d'Europe. (De B.)

CNECION. (*Bot.*) Quelques auteurs croient que ce nom est un de ceux que Dioscoride donnoit à la marjolaine ; mais d'autres le nient. (J.)

CNEMIDIUM. (*Ornith.*) Ce terme est employé par Illiger, dans son *Prodromus Systematis avium*, pour désigner la partie inférieure, dénuée de plumes, d'une jambe demi-nue. (Ch. D.)

CNÉMIDOTE (*Entom.*), *Cnemidotus*. Ce nom, qui a été composé de deux mots grecs, pour rendre à peu près l'idée de *cuisse à oreilles*, avoit été donné par Illiger à ce genre de coléoptères de la famille des nectopodes, dont la base des cuisses postérieures est recouverte d'une grande lame de la partie inférieure de la poitrine, qui les protége comme un bouclier. M. Latreille les avoit désignés sous le nom de haliple (qui nage sur la mer). Ce sont de petites espèces de ditisques d'eau douce. Voyez HALIPLE. (C. D.)

CNEORUM. (*Bot.*) Ce nom a été donné à plusieurs plantes différentes, à quelques espèces de thymelées, dont une a conservé celui de *daphne cneorum;* à un liseron, *convolvulus cneorum;* à une saponaire, *saponaria ocymoïdes;* au romarin, que Dodoens regarde comme le *cneorum* de Théophraste. Enfin Linnæus, ne voulant pas conserver à la camelée le nom de *chamœlea* que lui avoient donné Dodoens, C. Bauhin et Tournefort, lui a substitué celui de *cneorum,* maintenant adopté. (J.)

CNESTIS (*Bot.*), vulgairement GRATELIER, genre de plantes de la famille des térébinthacées, appartenant à la *décandrie pentagynie* de Linnæus, caractérisé par un calice à cinq divisions; cinq pétales; dix étamines insérées, ainsi que la corolle, sur le réceptacle; cinq ovaires hérissés, autant de styles; cinq capsules en forme de gousses (dont souvent une ou plusieurs avortent), courtes, coriaces, bivalves, monospermes, un peu courbées, la plupart couvertes d'un duvet qui excite des démangeaisons à la peau.

Le nom de ce genre vient d'un mot grec qui signifie *gratter.* Il renferme des arbres ou arbrisseaux, nés en Afrique ou dans les Indes, dont les tiges sont grimpantes dans quelques-uns; les feuilles alternes, ternées, plus souvent ailées avec une impaire; les fleurs petites, disposées en grappes latérales et terminales. On distingue les espèces suivantes :

CNESTIS GLABRE : *Cnestis glabra,* Encycl. , 3 , pag. 23 ; *Ill. gen.,* tab. 387, fig. 1 ; vulgairement POIS A GRATTER. Arbre des îles de France et de Bourbon, dont les feuilles sont ailées, composées de neuf à treize folioles glabres, coriaces, entières, ovales, obtuses, médiocrement pédicellées; les fleurs petites, disposées sur des grappes fasciculées, à peine longues de deux pouces ; la corolle rougeâtre, à peine plus longue que le calice ; les capsules roussâtres, épaisses, en massue, courbées, longues d'un demi-pouce, couvertes d'un duvet abondant, qui excite, lorsqu'on le touche, des démangeaisons très-incommodes.

CNESTIS A FEUILLES NOMBREUSES : *Cnestis polyphylla,* Encycl., l. c.;

Ill. gen., tab. 387, fig. 2. Ses rameaux sont légèrement cotonneux vers leur sommet; les feuilles composées d'un grand nombre de folioles ovales-oblongues, obtuses, ou à peine aiguës, presque glabres en-dessus, nerveuses et un peu velues en-dessous; les fleurs disposées en grappes grêles, cotonneuses, longues de trois pouces et plus; les pétales étroits, plus longs que le calice; les capsules roussâtres et veloutées. Cet arbre a été observé par Commerson, à l'île de Madagascar.

CNESTIS A FEUILLES AILÉES; *Cnestis pinnata*, Pal. Beauv., *Fl. Owar. et Benin.*, 1, pag. 98, tab. 60. Ses tiges sont droites, glabres, rameuses; ses feuilles composées de cinq folioles glabres, pédicellées, entières, ovales, aiguës, en cœur à leur base, longues d'un pouce et demi; les fleurs disposées en un corymbe court, terminal, peu rameux; deux petites bractées opposées, situées à la base de chaque pédicelle; la corolle à peine plus longue que le calice. Cette plante croît dans le royaume d'Oware, en Afrique.

CNESTIS CORNICULÉ; *Cnestis corniculata*, Enc., 3, pag. 23. Ses rameaux sont bruns, un peu pubescens; ses feuilles se composent d'environ neuf folioles ovales-oblongues, acuminées, velues sur leur nervure moyenne; trois ou quatre capsules lancéolées, contournées en forme de cornes, roussâtres, très-velues, longues d'environ un pouce. M. Smeathman a découvert cette espèce dans l'Afrique, à Sierra-Leona.

CNESTIS A TROIS FOLIOLES; *Cnestis trifolia*, Encycl., 3, pag. 24. Ses rameaux sont cylindriques et cotonneux; ses feuilles ternées; les folioles assez grandes, ovales, entières, acuminées, lisses en dessus, à veines réticulées et un peu cotonneuses en-dessous; les stipules sétacées; une panicule lâche, terminale; les bractées petites et filiformes; les capsules contournées en massue, un peu aiguës, cotonneuses, longues d'un demi-pouce. Cette espèce croît en Afrique.

CNESTIS OBLIQUE; *Cnestis obliqua*, Pal. Beauv., *Fl. Owar. et Benin.*, 1, pag. 97, tab. 59. Cette plante paroît peu différente de la précédente: elle est glabre sur toutes ses parties; les feuilles ternées; les folioles lancéolées, un peu obliques, échancrées d'un côté; les latérales sessiles, en cœur à leur base; les fleurs disposées en une panicule étalée; les étamines presque réunies à leur base; cinq ovaires, dont trois ou quatre avortent fréquemment. Elle croît dans le royaume d'Oware.

Peut-être, d'après les observations de M. de Jussieu, faudroit-il réunir à ce genre le ROUREA d'Aublet. Voyez ce mot. (POIR.)

CNICUS. (*Bot.*) [*Cinarocéphales*, Juss.; *Syngénésie polygamie frustranée*, Linn.] Ce genre de plantes, de la famille des synanthérées, fait partie de la tribu naturelle des centauriées.

La calathide est discoïde, composée d'un disque pluriflore, équaliflore, subrégulariflore, androgyniflore, et d'une couronne unisériée, pauciflore, ténuiflore, neutriflore. Le péricline, plus court que les fleurs et ovoïde, est formé de squames imbriquées, apprimées, coriaces, surmontées d'un appendice spiniforme-penné, et il est entouré d'un grand involucre de bractées foliiformes. Le clinanthe est fimbrillé. L'ovaire est obovale, comprimé bilatéralement, régulièrement cannelé, à côtes cylindriques; son aréole basilaire est extrêmement large; son bourrelet apicilaire est saillant, coroniforme, découpé supérieurement en dix dents aiguës, séparées par autant de sinus arrondis. L'aigrette est double: l'extérieure très-longue, composée de dix squamellules unisériées, également filiformes, très-peu barbellulées, épaisses, charnues, correspondant aux sinus du bourrelet apicilaire; l'intérieure très-courte, composée de dix squamellules unisériées, un peu inégales, filiformes-laminées, alternant avec les squamellules de l'aigrette extérieure. La corolle des fleurs du disque a le tube très-long, et le limbe oblabié.

Le CNIQUE CHARDON-BÉNI; *Cnicus benedictus*, Gærtn., est une plante annuelle qui habite le midi de l'Europe, et qu'on rencontre quelquefois dans nos provinces méridionales. Sa tige est dressée, haute d'un pied et demi, rameuse, laineuse, garnie de feuilles semi-décurrentes, oblongues, sinuées ou dentées, un peu épineuses; les calathides, solitaires et terminales, sont composées de fleurs jaunes. Les fleurs et les cypsèles de cette plante, vulgairement nommée *chardon-béni*, sont employées par les médecins comme sudorifiques, toniques, apéritives.

Il importe de savoir que le nom de *cnicus*, exclusivement consacré au chardon-béni par Vaillant, Gærtner, M. Decandolle, est tout autrement appliqué par Linnæus et par Willdenow : le premier nomme *cnicus* les chardons ou cirses dont le péricline est involucré ; le second nomme ainsi les *cirsium*, c'est-à-dire, les chardons à aigrette barbée. (H. Cass.)

CNIDIUM. (*Bot.*) On nomme *cnidia grana*, ou Cocceocnidium (voyez ce mot), les baies du mézéréon. Le nom de *cnidium* a été aussi donné par Cusson à un genre d'ombellifères, qui n'a pas été adopté. (J.)

CNIPOLOGOS. (*Ornith.*) Aristote, après avoir parlé des pies, dit, au sujet de cet oiseau, qu'il n'est pas plus gros que le serin ; que sa couleur est cendrée et tachetée, sa voix foible, et qu'il creuse aussi les arbres. Gaza a traduit le mot grec κνιπολόγος par le mot latin *culicilega;* et Belon, dont l'opinion a été adoptée par d'autres naturalistes, a supposé qu'il étoit ici question de l'espèce de hoche-queue connue sous le nom de lavandière, *motacilla alba*, Linn. ; mais il n'avoit, en cela, considéré que la nature des alimens, et il n'avoit pas fait attention aux habitudes des deux oiseaux qui sont tellement opposées, que l'un ne se perche pas, tandis que l'autre est toujours sur les arbres. Si Aristote ne parloit, dans un autre endroit, du *certhius*, qui a été généralement rapporté au grimpereau, *certhia familiaris*, Linn., ce seroit lui que le cnipologos sembleroit exclusivement désigner, puisque le grimpereau est d'un gris roussâtre, et qu'il cherche perpétuellement des insectes autour du tronc des arbres ; mais les deux noms paroissent avoir été appliqués par Aristote à des oiseaux différens. Celui dont, après le grimpereau, le cnipologos se rapproche le plus, est le petit pic, *picus minor*, Linn., soit d'après sa manière de vivre, soit d'après sa couleur, qui offre des taches noires et blanches sur un fond grisâtre. (Ch. **D.**)

CNODALON. (*Entom.*) Sous ce nom de genre (emprunté du grec d'Hésiode κνώδαλον, pour indiquer une sorte de bête féroce terrestre, aquatique et aérienne), M. Latreille a désigné des espèces de coléoptères voisines des érotyles, qui se trouvent désignées dans l'ouvrage de Fabricius sur les éleuthérates, probablement par une faute typographique, sous le nom de Cnodulon.

Ces insectes, qui sont tous étrangers, la plupart de la Nouvelle-Hollande, sont très-peu connus. On ne sait rien sur leurs mœurs et sur leurs habitudes. M. Latreille les a rapprochés des cossyphes et des hélopes. Nous les avons rangés dans la famille des mycétobies.

Leur corps est ovale, bombé, à corselet et tête carrés; le sternum est prolongé en pointe. On les avoit confondus avec les érotyles; mais ces derniers sont tétramérés, tandis que les cnodalons sont hétéromérés, et leurs antennes sont filiformes, au lieu d'être en masse perfoliée.

La plupart ont reçu des noms spécifiques tirés de leur couleur, qui est très-brillante, tels que le cuivreux, l'émeraudin, l'améthyste, etc. Voyez Mycétobies. (C. D.)

CNODULON. (*Entom.*) Voyez Cnodalon. (C. D.)

CO. (*Bot.*) On lit dans quelques livres qu'il existe dans la Chine, sous ce nom, une espèce de lierre, dont l'écorce textile fournit une filasse employée pour fabriquer des toiles. Il est difficile de croire qu'on puisse obtenir d'un lierre une écorce pareille. Kœmpfer et M. Thunberg nous apprennent que plusieurs cucurbitacées et quelques plantes graminées, telles que le blé et le riz, portent au Japon le nom de *ko*, avec un terme additionnel distinctif : que le *dolichos polystachyos* est le *ko-fusi*; que le *dolichos unguiculatus* est le *ko-sasagi*; que le *ko-jamogi* est l'*artemisia japonica*; que le *ko-awoi* est le *malva mauritiana*. Cette dernière plante est la seule de celles dénommées dont on puisse tirer une filasse. Plusieurs autres malvacées en donnent également, ainsi que quelques espèces de *corchorus*. L'*urtica nivea*, employée de la même manière, est nommée *tjo*. L'*hibiscus manihot*, qui est nommé *sjubi* ou *kooso*, a une racine qui, battue, donne un mucilage que l'on mêle avec l'écorce intérieure du mûrier à papier, *morus papyrifera* ou *broussonetia*, et avec une infusion chargée de riz. Ce mélange fournit la matière d'un papier de nature particulière, au moyen d'une préparation très-détaillée dans la Flore du Japon de M. Thunberg. Non-seulement il peut servir pour l'écriture, l'imprimerie, et pour envelopper les marchandises, mais encore, étant plus épais et plus fort, il peut être employé comme mouchoir et comme vêtement. C'est peut-être ce genre de toile à la fabrication de laquelle on a dit que le co étoit employé, et ce nom pourroit s'appliquer, ou au riz, ou au manihot. (J.)

COA. (*Bot.*) Plumier avoit dédié ce genre de plantes des Antilles à la mémoire d'Hippocrate, en lui donnant le nom de l'île de Co, patrie de ce père de la médecine. Linnæus a cru, avec raison, devoir lui substituer le nom même de l'homme célèbre, et a nommé le genre *Hippocratœa*, qui est le type d'une famille nouvelle, voisine des malpighiacées.

On donne encore dans la Chine le nom de *coa*, suivant Rumph, au liseron dont la racine, composée de plusieurs gros tubercules, est connue sous le nom de batate ou patate. Il le nomme *batatas mammosa*, qui a beaucoup d'affinité avec le vrai batatas, *convolvulus batatas*, et n'en est probablement qu'une variété non mentionnée par Linnæus. (J.)

COACCIOU (*Ornith.*), nom que porte, à Oristano, en Sardaigne, le petit grèbe ou castagneux, *colymbus obscurus*, Linn. (Cʜ. D.)

COACH. (*Ornith.*) Suivant Flacourt, Histoire de Madagascar, on appelle ainsi la corneille ou corbeau de ce pays, qui est noire sur le dos et blanche sous le ventre. (Cʜ. D.)

COACH-WHIP-SNAKE (*Erpétol.*), littéralement Sᴇʀᴘᴇɴᴛ-ꜰᴏᴜᴇᴛ-ᴅᴇ-ᴄᴀʀʀᴏssᴇ, nom par lequel les Anglo-Américains désignent la couleuvre fil, *coluber filiformis*, Linn., qu'il ne faut pas confondre avec un autre reptile appelé de même par ce peuple. Voyez Cᴏᴜʟᴇᴜᴠʀᴇ. (H. C.)

COACTO. (*Mamm.*) Wosmaer donne ce nom et celui de quatto au coaïta, *simia paniscus*, qu'il n'a fait représenter dans son ouvrage que d'après une peau bourrée. (F. C.)

COAERICO. (*Ornith.*) La Chênaye des Bois dit que les habitans de l'île de Tabago donnent ce nom à leurs faisans, qui sont plus gros que ceux d'Europe, et ont meilleur goût. (Cʜ. D.)

COAG (*Bot.*), nom caraïbe de l'abricot de Saint-Domingue, *mammea americana*, cité dans l'Herbier de Surian. (J.)

COAGHEDDA. (*Ornith.*) Suivant Cetti, l'espèce de mouette à laquelle on donne ce nom, en Sardaigne, dans les environs d'Oristano, est celle que Belon nomme par erreur grande mouette blanche, c'est-à-dire la petite mouette cendrée de Buffon, *larus cinerascens*, Gmel. (Cʜ. D.)

COAGULATION. (*Chim.*) Cette expression a long-temps été donnée à toutes les opérations par lesquelles un corps liquide prenoit l'état solide. En ce sens on l'appliquoit à la cristallisation des sels. Aujourd'hui le terme de coagulation ne s'applique guère qu'au cas où un liquide se trouble, et semble se prendre en solide dans toute sa masse, quoique cela n'arrive réellement qu'à une partie de cette masse, en sorte que le résultat de la coagulation est un mélange de parties solides et de parties liquides : c'est ce que l'on observe surtout lorsqu'on expose des liqueurs albumineuses à l'action de la chaleur. Plus rarement on dit qu'il y a coagulation, lorsque deux liquides que l'on réunit présentent le même phénomène de solidification, comme cela a lieu pour le lait mêlé à un acide, pour l'hydrochlorate de titane mêlé à l'infusion de noix de galle, pour le nitrate d'argent mêlé à l'acide hydrochlorique, pour deux solutions alcalines d'alumine et de silice qu'on réunit. (CH.)

COAGULUM, Coagulé. (*Chim.*) C'est le résultat de la coagulation. Il se présente sous la forme d'un caillé ou d'une gelée. (CH.)

COAITA ou Quoata. (*Mamm.*), nom donné dans l'Amérique méridionale, suivant Barére, à un singe noir et à queue prenante, qui est le *simia paniscus*, Linn. Voyez Sapajous. (F. C.)

COAL-FISH (*Ichthyol.*), Poisson-charbon, nom anglois du eolin, ou charbonnier. Voyez Merlan et Gade.

Pennant a aussi appelé *young coal-fish* le *salmo parr* de M. Schneider. Voyez Saumon. (H. C.)

COANENEPILLI, Coapaiti (*Bot.*), espèce de fleur de passion qui croit au Mexique, et que Linnæus rapporte à son *passiflora normalis*. Elle est aussi nommée *contrayerva* dans le pays, parce qu'on croit lui retrouver toutes les propriétés attribuées au vrai contrayerva, d'apaiser les douleurs, de fortifier l'estomac, de rendre les forces et d'empêcher l'action des poisons. On trouve sous le même nom un coqueret, *physalis*. (J.)

COAPOIBA. (*Bot.*) Voyez Copaiba. (J.)

COARCTURE. (*Bot.*) Voyez Collet. (Mass.)

COASE. (*Mamm.*) Buffon a tiré ce nom de celui de *squashe*, animal d'Amérique, décrit par Dampier, pour le donner à l'ysquiepatl de Hernandez, qui est le *viverra vulpecula* d'Erxleben. (F. C.)

COASSA (*Bot.*). Voyez Tétracera. (Poir.)

COASSEMENT. (*Erpétol.*) C'est le nom que l'on donne au bruit que font entendre les grenouilles, et quelques crapauds, reptiles de la famille des batraciens anoures, qui respirent au moyen des muscles de la gorge. Leur voix se produit rarement au dehors. Elle est le résultat du passage de l'air expiré et mis en mouvement de vibration dans le larynx supérieur, et dans des sacs qui ont leur entrée dans la gorge. Voyez Batraciens, Anoures, Grenouille, Crapaud. (H. C.)

COATI (*Mamm.*), *Nasua storr*. Ce nom américain d'un mammifère carnassier, est devenu commun à tous ceux qui ont avec lui des rapports génériques d'organisation.

Le caractère principal des coatis consiste dans les molaires, qui sont au nombre de six de chaque côté des deux mâchoires : l'inférieure a quatre fausses molaires, la carnassière et une tuberculeuse ; la supérieure, trois fausses molaires, la carnassière et deux tuberculeuses. Mais les carnassières, chez ces animaux, ont pris tout-à-fait le caractère des tuberculeuses, par le développement de leurs tubercules intérieurs. Chez les chiens, par exemple, il n'y a qu'un tubercule à la base de la partie antérieure de la carnassière supérieure : chez les coatis, ce tubercule s'est considérablement agrandi, et il s'en est développé un second derrière lui. La partie postérieure de la carnassière inférieure des chiens étoit seule tuberculeuse ; chez les animaux qui nous occupent, cette carnassière se compose de trois paires de tubercules, de sorte que ces dents sont épaisses, larges, et non tranchantes, comme celles des véritables carnassiers. Chaque mâchoire a huit incisives et deux canines ; et ces dernières sont remarquables par leur forme : elles sont déprimées, et présentent, à leur face antérieure et postérieure, des tranchans dont les blessures sont très-dangereuses.

Les coatis sont plantigrades, et ils ont cinq doigts à chaque pied, armés d'ongles propres à fouir ; les trois du milieu, à peu près égaux, sont les plus longs ; les deux externes sont plus courts, et le pouce est le plus court de tous. Les yeux ont des pupilles qui se rétrécissent, à la lumière, en une fente transversale ; le nez, alongé en une espèce de trompe, est terminé par un boutoir, percé de deux narines ovales, qui se prolongent sur les côtés en deux fentes demi-circulaires. Les oreilles externes sont courtes, arrondies, et d'une très-médiocre étendue ; la langue est douce et fort extensible ; les pieds sont garnis de tubercules recouverts d'une peau douce qui peut être le siége d'un toucher assez délicat. Les poils, très-épais, sont à peu près d'égale longueur sur toute la surface du corps, excepté sur la tête, où ils sont courts ; il n'y en a véritablement que d'une seule espèce ; les poils laineux manquent, ou ne sont qu'en très-petite quantité. On voit autour du museau et des yeux quelques moustaches. La verge se dirige en avant, et les testicules sont en dehors. Le vagin n'est accompagné d'aucun organe particulier, et les mamelles sont au nombre de six ou de dix.

Ces animaux, avec les ours, sont, de tous les carnassiers, ceux qui se rapprochent le plus des omnivores ; ils se nourrissent presque indifféremment de fruits ou de matières animales ; aussi sont-ils privés de cette énergie, de cette activité qui appartiennent aux véritables carnassiers ; ce sont des animaux dont les formes sont lourdes, et qui ont de la lenteur dans les mouvemens comme dans l'intelligence. Leur taille approche de celle du renard commun ; mais leur corps est très-alongé proportionnellement à leurs jambes, qui sont courtes ; ils ont une queue qui a la longueur du corps, et qu'ils portent étendue horizontalement ou relevée verticalement. Leur tête est longue, et paroit l'être encore davantage, à cause de la prolongation des narines. Ils se dirigent surtout par leur odorat ; leur nez, sans cesse en mouvement, les aide dans la découverte des insectes et des vers : ils les sentent parmi les herbes, ou, au moyen de leur espèce de grouin, ils les fouillent dans la terre. Ils montent facilement aux arbres, où ils vont dénicher et surprendre les oiseaux, et, contre ce que pratiquent les autres animaux, ils en descendent la tête la première et en s'accrochant par les pattes de derrière. Ils habitent les bois, où ils sont plus à portée qu'ailleurs de se procurer la nourriture qu'ils préfèrent, les fruits, les insectes, les reptiles ; mais ils ne se creusent point de terrier, comme le dit Buffon. Ils vivent seuls ou réunis par paires, et ne sont point naturellement défians ; on les apprivoise sans peine, et ils recherchent beaucoup les caresses ; ils ne sont dangereux que lorsqu'ils mangent. Mais ils ne s'attachent point, et on ne peut pas les laisser en liberté ; ils pénètrent et grimpent partout, et le besoin qu'ils ont sans cesse de fureter, de visiter tous les trous et de creuser, dès qu'ils croient pouvoir découvrir quelque chose, les rend très-incommodes. Leur obstination est remarquable ; les corrections ne les corrigent point. Lorsqu'ils éprouvent de la

colère, ils l'expriment par une sorte d'aboiement très-aigre ;
au contraire, ils manifestent leur joie par un petit sifflement
assez doux ; leur morsure est dangereuse à cause de leurs canines
fortes et tranchantes, et ils se servent avec avantage de leurs
pieds pour déchirer et pour porter les alimens à leur bouche.
Ils boivent en lapant, et se couchent en rond comme les chiens.
D'Azara dit que, lorsqu'il s'en trouve quelqu'un sur un arbre
au pied duquel on frappe, comme pour l'abattre, il se laisse
aussitôt tomber de tout son poids.

J'ai possédé toutes les variétés de coatis, et en ce moment
on voit à notre Ménagerie un individu des trois espèces admises
aujourd'hui par les naturalistes. Ces animaux ne diffèrent l'un de
l'autre que par les couleurs : ils ont la même taille, les mêmes
proportions, le même naturel. Le coati brun et le coati
roux paroissent bien réellement former des espèces distinctes.
Quoique de sexes différent, ces animaux n'ont point voulu
sympathiser ; dès qu'ils ont été rapprochés, ils ont cherché à se
battre ; mais un coati brun et un coati noir se sont réunis dès
l'instant qu'ils se sont aperçus, et la meilleure intelligence a
régné entre eux, quoiqu'ils fussent femelles tous deux. Je serois
donc assez porté à penser que nous ne connoissons que deux
espèces de coatis, le brun et le roux ; et que les individus
dont le pelage est plus noirâtre et dont la queue n'a que des
anneaux peu sensibles, ou est toute unie, ne sont que des
variétés de la première espèce : c'est dans cette idée que je
décrirai ces animaux.

Le Coati roux ; *Viverra nasua*, Linn. D'un beau fauve sur
tout le corps, plus pâle sous le cou, un peu plus foncé sur le
dos, parce que les poils, dans cette partie, ont quelques anneaux ; la queue est annelée de noir et de fauve ; le derrière
des oreilles est noir, l'intérieur est blanc ; le museau est gris,
ainsi que les côtés de la tête ; au-dessus et au-dessous de
l'œil il y a une petite tache blanche, et une autre entre l'œil
et l'oreille ; le dessous de la mâchoire inférieure est blanc, et
la face externe des pattes de devant est noire.

Le Coati brun ; *Viverra narica*, Buffon, t. VIII, pl. 47 et 48.
D'un brun noir mélangé d'un peu de gris sur toutes les parties
supérieures du corps, et d'un jaune sale aux parties inférieures,
particulièrement sous le cou et sur la poitrine, entre les pattes

antérieures ; la queue est annelée de noir et de jaune sale ; la tête est grise , les côtés du museau sont noirs, bordés en-dessus de deux rubans blancs qui partent de l'angle antérieur de l'œil, et se prolongent jusqu'au milieu du museau, où ils s'effacent par degrés ; au dessus et au dessous de l'œil il y a aussi une petite tache blanche ; et on en voit une troisième derrière l'angle postérieur de l'œil.

Une variété du coati brun se caractérise en ce que le pelage a beaucoup moins de noir, et en ce que le gris est fauve : il résulte de ce mélange une teinte générale d'un gris jaunâtre ; du reste, il ressemble absolument au coati brun. Cette variété est peut-être la plus commune dans l'espèce.

Une seconde variété a la queue d'une couleur uniforme et sans anneaux sensibles.

Une troisième est privée des lignes blanches qui bordent en dessus les côtés noirs du museau.

Dans une quatrième, le bout du museau est blanc, et l'on peut conjecturer que d'autres variétés de ce genre se rencontreront encore.

Les ratons ont une organisation semblable à celle des coatis ; ils n'en diffèrent, pour ainsi dire, que par les narines et par les yeux ; aussi pourroient-ils être considérés comme une division du genre qui nous occupe ; cependant nous en parlerons dans un article séparé. La physionomie des coatis diffère tant de celle des ratons, qu'on pourroit être blessé de les voir réunis sous la même dénomination générique. Voyez RATONS. (F.C.)

COATI-MONDI (*Mamm.*), nom particulier que les Brasiliens donnent à la variété noirâtre du coati brun, suivant Marcgrave. (F. C.)

COATTI. (*Bot.*) Dans le Mexique, suivant Hernandez, on nomme ainsi le bois NÉPHRÉTIQUE. Voyez ce mot. (J.)

COATZONTE COXOCHITL (*Bot.*), espèce d'orchidée du Mexique, figurée par Hernandez, dont les racines tubéreuses portent des feuilles radicales et des hampes de deux pouces de hauteur, terminées par une ou deux fleurs très-grandes, dont les caractères paroissent approcher de ceux de l'*epidendrum* ou du *maxillaria* de la Flore du Pérou. (J.)

COAVE. (*Bot.*) A Ternate, on nomme ainsi le manguier, suivant Rumph. (J.)

9.   30

COAXIHUITL, ou OLILIUHQUI (*Bot.*), plante herbacée du Mexique, à tige voluble, figurée par Hernandez, qui lui attribue beaucoup de vertus dont on peut lire le détail dans son ouvrage. Il paroît que c'est un liseron, et peut-être le *convolvulus corymbosus*, ou une espèce voisine. (J.)

COB-A-DEE-COOCH. (*Ornith.*) Les habitans de la baie d'Hudson nomment ainsi l'espèce de chouette à aigrettes ou hibou, qu'on appelle au Groënland *sintitock*, et qui est le *strix asio* de Linnæus. (Ch. D.)

COBALT. (*Min.*) Ce métal est dur et fragile, son grain est fin et serré, il a peu d'éclat ; sa couleur est le gris-blanc de l'étain ; lorsque sa surface est exposée long-temps au contact de l'air, elle prend une nuance violette ; sa pesanteur spécifique est de 8,53.

Le cobalt jouit, ainsi que le fer et le nickel, de la propriété magnétique ; il agit fortement sur l'aiguille aimantée, et cette propriété, reconnue successivement par MM. Tassaert et Vauquelin, ne sauroit être attribuée à une quantité notable de fer qui auroit échappé à leurs recherches.

Le cobalt est très-difficile à fondre : on n'a donc pu l'obtenir encore en cristaux assez volumineux pour déterminer leur forme ; cependant Romé-de-Lisle y a observé des cubes. On n'a point encore trouvé ce métal à l'état natif, et les variétés qui sont décrites sous ce nom dans certains auteurs, ne sont pas reconnues pour être du cobalt pur. Il a beaucoup d'affinité pour l'oxigène, et lorsqu'il lui est combiné, il possède une propriété particulière et très-caractéristique, au moyen de laquelle il est facile de le reconnoître partout, et quel que soit l'aspect sous lequel il se présente : il communique au verre, et surtout aux verres alcalins, une couleur bleue très-belle et assez pure. Son usage remonte en Europe au quinzième siècle. Ce fut Brandt, célèbre chimiste suédois, qui le premier obtint le régule de cobalt, et indiqua toutes les propriétés de ce métal. Lehman, Bergman, Tassaert et Vauquelin ont également contribué à nous le faire mieux connoître.

Le cobalt se rencontre dans la nature, toujours combiné avec d'autres substances, et surtout avec l'oxigène et l'arsenic. On en compte plusieurs espèces.

Cobalt arsenical, Haüy; *Grauer speis kobolt*, le cobalt gris (Broch.).

Cette espèce est assez difficile à distinguer de quelques autres minéraux qui en diffèrent beaucoup par leur nature, mais qui lui ressemblent par leurs caractères extérieurs. 1.° Il est d'un blanc assez éclatant, mais il se ternit quelquefois au contact de l'air, et prend une teinte un peu violette; sa structure est grenue à grain fin et serré, tandis que le cobalt gris qui lui ressemble beaucoup, a la cassure sensiblement lamelleuse; exposé à l'action de la flamme d'une bougie, il répand une fumée blanche, assez abondante, qui a une odeur d'ail très-prononcée. Ce caractère empêche de le confondre avec l'argent antimonial et le cobalt gris, qui ne donnent cette odeur qu'à l'aide de la flamme du chalumeau. Il fait encore une vive effervescence avec l'acide nitrique aussitôt qu'on l'y plonge, et peut se distinguer par-là du fer arsenical, qui ne produit cette effervescence qu'au bout d'un certain temps.

D'ailleurs, on doit observer que le fer arsenical communique au verre de borax une couleur noire, et que l'argent antimonial a la structure lamelleuse. La pesanteur spécifique du cobalt arsenical est de 7,72 : sa forme primitive n'est point encore connue; ses formes ordinaires varient entre le cube et l'octaèdre. Klaproth dit qu'il contient de l'arsenic et du fer, et quelquefois de l'argent, du nickel, etc.

Cobalt arsenical concrétionné, Haüy. Il est en masses mamelonnées.

Cobalt arsenical tricoté. C'est un mélange d'argent natif en dendrites distiques, et d'oxide rose pulvérulent de cobalt; ce minerai appartient plutôt à l'argent qu'au cobalt.

On trouve le cobalt arsenical en Espagne, dans la vallée de Gistan; en France, à Allemont, et à Sainte-Marie-aux-mines : il est en cube, dans de la chaux carbonatée, cristallisée; en Saxe, à Annaberg, à Schnéeberg, à Freiberg, etc.; en Bohème, à Joachimsthal; en Souabe, à Vittichen, etc.

Quoique assez rare, on l'exploite quelquefois pour en faire la couleur bleue nommée *smalt.*

Cobalt gris, Haüy; *Glanz kobolt*, le Cobalt éclatant (Broch.).
Ce minéral ressemble beaucoup, au premier aspect, au cobalt arsenical; aussi l'a-t-on quelquefois confondu avec cette espèce,

et lui a-t-on donné des noms tirés de sa couleur ou de sa composition. Il est d'un blanc métallique assez éclatant, avec des nuances grisâtres ; il étincelle sous le choc du briquet, et répand alors une odeur d'ail très-sensible ; il donne cette même odeur par l'action du chalumeau ; mais ce qui le distingue surtout de l'espèce précédente, c'est sa structure très-sensiblement lamelleuse ; sa forme primitive est le cube. Sa pesanteur spécifique est de 6,33 à 6,45.

Ce cobalt semble présenter à l'analyse chimique les mêmes principes que le cobalt arsenical. Klaproth n'y a trouvé que du cobalt et de l'arsenic dans le rapport de 9 à 11. M. Tassaert y a trouvé à peu près les mêmes substances, mais dans une autre proportion ; le cobalt gris de Tunaberg est composé, selon lui, de 0,37 de cobalt, 0,49 d'arsenic, 0,07 de soufre, 0,06 de fer. M. Laugier (Annales de Chimie, tom. 85, pag. 26) a fait l'analyse comparée du cobalt arsenical gris et du blanc, et a obtenu les résultats suivans :

	Cob. ars. gris.	Cob. ars. blanc.
Arsenic	50	68,50
Silice	25	1
Oxide de fer	18	14
Oxide de cobalt	16	12
Soufre	traces	7
	109	102,50

On ne peut rien conclure encore de ces analyses pour la détermination des espèces ; il faut s'en rapporter à leur structure, qui est, comme on l'a vu, très-différente.

Le cobalt gris est remarquable par l'éclat de ses cristaux, par leur netteté, et souvent même par leur volume. Les variétés de forme sont à peu près les mêmes que celles du fer sulfuré, c'est-à-dire l'octaèdre, le dodécaèdre, l'icosaèdre et les variétés intermédiaires ; elles sont cependant beaucoup moins nombreuses.

Le cobalt gris le plus renommé pour la pureté et pour l'éclat et le volume de ses cristaux, est celui de Tunaberg en Suède ; il accompagne les filons de cuivre. On n'en connoît point en France.

Cobalt oxidé ; Cobalt oxidé noir, Haüy ; *Schwarzer Erd-kobolt*, le Cobalt terreux noir (Broch.).

Les couleurs de cette espèce varient du noir-bleuâtre mat au jaune de paille, en passant par les nuances intermédiaires. Ce cobalt est tendre, quelquefois même friable et terreux ; mais il prend, par le frottement d'un corps poli, un éclat vif et gras, fort remarquable. Sa pesanteur spécifique la plus forte est, d'après Gellert, 2,42. Il colore très-sensiblement en bleu le verre de borax.

Cobalt oxidé mamelonné, Haüy. En masses réniformes ou uviformes.

Cobalt oxidé terreux, Haüy ; *Schwarzer koboltmulm*, le Cobalt terreux noir friable (Br.). Il est friable ou même pulvérulent.

Cobalt oxidé vitreux ; Verharter schwarzer erdkobolt, le Cobalt terreux noir endurci (Broch.). En masses compactes, à cassure presque vitreuse, et même conchoïde ; ou en masses cellulaires, semblables à des scories vitreuses.

Cobalt oxidé brun ; Brauner erdkobolt, le Cobalt terreux brun (Broch.). Il est d'un brun qui tire sur le jaune ; la cassure est terreuse, à grain fin. On le trouve plus particulièrement à Saalfeld, en Thuringe ; à Kamsdorf, en Saxe, dans les filons des montagnes stratiformes ; à Alpirsbach, dans le Wirtemberg, au sein des montagnes primitives.

Cobalt oxidé jaune ; Gelber erdkobolt, le Cobalt terreux jaune (Broch.). Il passe du jaune de paille sale au blanc jaunâtre ; il prend, comme les autres variétés de cette espèce, un éclat gras par le frottement. Cette variété fort rare, surtout lorsqu'elle est pure, se trouve avec la précédente. (Brochant.)

Le cobalt oxidé est en général peu abondant ; il est souvent mélangé avec les autres espèces de cobalt, et ses masses renferment quelquefois dans leur centre du cobalt arséniaté qui y est disséminé en taches rougeâtres. Il recouvre assez souvent d'autres minéraux, et même de l'argent natif ; il est quelquefois assez pur, mais il contient ordinairement du fer et de l'arsenic. M. Proust pense qu'on trouve dans la nature l'oxide majeur ou noir de cobalt ; que ce sont les minerais que l'on nomme *mine vitreuse*, ou *mine noire de cobalt ;* il dit en avoir trouvé à Pavias, à une journée de Valence. (Journ. de Phys., tom. LXVIII, p. 433.)

Les principaux lieux où l'on trouve le cobalt oxidé sont : en Saxe, Schnéeberg et Kamsdorf; en Tyrol, Kitzbichel; en Thuringe, Saalfeld; dans le duché de Wirtemberg, Freudenstadt, etc.

Cobalt arséniaté, Haüy; *Rother erdkobolt*, le Cobalt terreux rouge (Broch.); Fleurs de cobalt (Romé-de-Lisle).

Ce cobalt est toujours facile à reconnoître au moyen de sa couleur rouge-violet, lie-de-vin, ou fleur-de-pêcher; si l'on joint à ce caractère ceux de n'être ni volatil ni fusible seul, par l'action du chalumeau, et de colorer en bleu, comme les autres mines de ce métal, le verre de borax, on aura une méthode sûre d'arriver promptement à la détermination de cette espèce.

Cobalt arséniaté aciculaire, Haüy; *Kobolt bluthe*, Fleurs de cobalt (Broch.). Il se présente sous forme d'aiguilles ou de baguettes aplaties qui partent en divergeant d'un centre commun, et qui ont paru à M. Haüy affecter la forme de prismes hexaèdres, terminés par des sommets à faces obliques. L'analyse d'une variété de cobalt arséniaté aciculaire a offert à M. Bucholz, sur 100 parties, oxide de cobalt, 39; acide arsenique, 38, et eau, 23.

Cobalt arséniaté pulvérulent, Haüy; *Kobolt beschlag*, le Cobalt terreux rouge pulvérulent (Broch.). Son nom indique la manière dont on le trouve. Comme il accompagne presque toujours les autres minerais de cobalt, il sert à les faire connoître, ou au moins à en faire soupçonner la présence.

Le cobalt arséniaté, exposé au feu, se décompose en partie; l'arsenic se dégage : il reste du cobalt oxidé noir. M. Proust dit que l'on rencontre dans la nature des arsénites et des arséniates de cobalt qu'on ne peut distinguer que par des caractères chimiques. Les arsénites jouissent de la propriété de communiquer au verre la couleur bleue en se fondant avec lui, et leur dissolution dans l'acide muriatique se trouve décomposée de suite par l'hydrogène sulfuré : les arséniates, au contraire, sont infusibles avec le verre; ils passent seulement au violet, et leur dissolution dans l'acide muriatique n'est décomposée par l'hydrogène sulfuré qu'au bout de deux heures. (Journ. de Phys., tom. LXIII, pag. 435.)

On peut encore distinguer ces arsénites et ces arséniates de cobalt, l'un de l'autre, en faisant chauffer dans l'extrémité fermée d'un tube, une partie des effervescences violettes ; l'arsénite donne à l'instant ses deux oxides d'arsenic et de cobalt séparés, tandis que l'arséniate ne change même pas de couleur. (Journ. de Phys., tom. LXXIX, pag. 473.)

Le cobalt arséniaté est un des plus abondamment répandus ; mais on ne le trouve jamais en masse, en sorte qu'il ne peut être l'objet d'aucune exploitation. Non-seulement l'une ou l'autre sous-variété de cette espèce s'offrent dans presque toutes les mines de cobalt ; mais elles se trouvent encore dans les mines de cuivre ou d'argent et dans les gangues calcaires, quarzeuses, barytiques, etc., de ces mines. Elles se sont présentées principalement à Schemnitz, en Hongrie ; à Allemont, en France ; en Angleterre, en Cornouailles ; en Silésie, à Modum ; en Norwége, etc.

Cobalt merdoie, Cobalt arséniaté, terreux, argentifère, Haüy ; *Cobaltum stercoreum*, Linn. ; Gmel. ; vulgairement Mine d'argent, Merde d'oie ; *Gänseköthiges silber*, des mineurs allemands.

Ce minérai est pulvérulent ; sa couleur varie entre le jauneverdâtre et le vert sale foncé, nuancé de jaune. Il est ou mélangé dans les gangues terreuses des minérais tenant argent, ou bien il recouvre certains minérais d'argent sulfuré ; du moins, c'est ainsi qu'on le trouve à Schemnitz, en Hongrie, et à Allemont, département de l'Isère.

D'après l'analyse qu'en a faite M. Schreiber, il est composé de :

Cobalt.	43,00
Arsenic.	20,75
Argent.	12,75
Mercure.	4,75
Fer	3, 5
Acide sulfurique.	15,25
Perte.	0,45
	100,0

Il est plus important pour les mineurs, en raison de l'argent qu'il contient, que pour les minéralogistes. C'est une espèce arbitraire.

Cobalt sulfaté. On rangeoit, il n'y a pas long-temps, sous ce nom, une substance saline, trouvée sous forme de stalactites dans les galeries de la mine de cuivre d'Herrengrund, près de Neusolh en Hongrie, et que l'on a reconnue depuis être de la magnésie sulfatée, renfermant seulement 7 pour 100 d'oxide de cobalt.

L'espèce établie alors ne se trouve cependant pas détruite, et la magnésie sulfatée qui la constituoit se trouve remplacée par un minéral découvert depuis quelques années à Bieber, dans le pays d'Hanau, et que l'on a reconnu pour être un véritable sulfate de cobalt natif. Il est d'un rouge de chair passant au rose; il a une saveur légèrement styptique: fondu avec le borax, il lui communique une belle couleur bleue; il donne dans l'eau une dissolution rose, et n'est pas soluble dans l'alcool; traité par le muriate de baryte, il se forme un précipité de sulfate de baryte. M. le docteur Kopp, à qui nous devons la description et l'analyse de ce minéral, a reconnu qu'il étoit composé de :

Oxide de cobalt. . . .	38,71
Acide sulfurique. . . .	19,74
Eau.	41,55
	100,00

Il se présente en partie sous forme de stalactite ou d'enduit mince soyeux et opaque. On le trouve dans les parties de mines abandonnées et remplies de décombres qu'on appelle le *Vieil Homme*, sur de la baryte sulfatée laminaire et du cobalt oxidé terreux. (Ann. de Chim., t. LXX, p. 55.)

Cobalt sulfuré. Cette espèce, établie par de Born, diffère, selon lui, de celle qui a été décrite par Mongez dans le Manuel du Minéralogiste. D'après le chimiste minéralogiste, elle a pour caractère essentiel d'être composée de soufre et de cobalt oxidé, sans aucune autre substance; et pour caractère extérieur d'être d'un blanc mat, souvent terne; d'avoir la cassure grenue; d'étinceler difficilement sous le choc du briquet, et surtout de ne répandre, par l'action du chalumeau, qu'une odeur sulfureuse, sans mélange d'odeur d'ail. Il paroît d'ailleurs qu'elle a la forme cubique, quand lle est cristallisée ; elle ressemble en cela aux espèces précédentes. De Born cite ce colbat sulfuré au Kegel, près Schmolniz, en haute Hongrie ; c'est ce minerai qui est employé dans la fabrique de smalt de Glokniz, près de Schottwien, en Autriche. Celui qui est cristallisé en cube, vient de Joachimsthal, en Bohême.

L'analyse du cobalt arsenical et du cobalt gris paroît encore si incertaine, qu'il est bien difficile de décider si ce cobalt sulfuré doit faire une espèce à part, ou rentrer dans l'une des précédentes.

M. Hisinger a décrit aussi, sous le nom de cobalt sulfuré, un nouveau minerai ; sa couleur est le gris-blanchâtre, ou le gris d'acier clair ; sa cassure est inégale, à grains d'un éclat métallique ; son tissu est compacte, et présente quelquefois des indices de cristallisation confuse ; traité au chalumeau, il répand seulement une odeur sulfureuse, celle de l'arsenic n'étant pas sensible ; le globule que l'on obtient est brillant et fragile, d'un gris noirâtre en dehors, et d'un gris blanchâtre en dedans ; après la calcination, il donne, avec le borax, un verre d'un bleu foncé.

100 parties de ce cobalt sulfuré contiennent :

Cobalt.	43,20
Cuivre.	14,40
Fer.	3,53
Soufre.	38,50
Gangue.	0,33
	99,96

Le cobalt sulfuré de M. Hinsinger est rare ; on l'a trouvé à Nya-Bastnaes, ou dans les mines de Saint-Goerans, près Riddarhyttan, en Suède. (Ann. de Chimie, tom. LXXXIII, pag. 329.)

Gisement général. Les seuls minerais de cobalt qui forment des filons assez volumineux pour mériter l'exploitation, sont le cobalt arsenical et le cobalt gris. Ce métal appartient plutôt aux terrains primitifs qu'aux terrains secondaires. C'est principalement dans les montagnes primitives à couches, telles que les gneiss, les micaschistes, etc., qu'on le trouve.

Il accompagne assez ordinairement d'autres minerais, et particulièrement ceux de bismuth, d'arsenic, de nickel, de cuivre gris, etc., et surtout d'argent.

On trouve aussi le cobalt, mais plus rarement, en filons qui traversent des terrains évidemment secondaires ; tel est celui de Riegelsdorff, en Hesse ; de Frankenberg, sur l'Eder ; et de Bieber, dans le comté d'Hanau. Ces filons sont composés de sulfate de baryte, de quarz et de chaux carbonatée. Le cobalt, à l'état d'oxide rose, noir ou gris, et uni avec un peu de nickel et de bismuth, y est en amas disséminés çà et là, et séparés par des espaces stériles. Ces filons traversent des couches de chaux carbonatée compacte, de chaux sulfatée, de schiste noir pyriteux, et enfin de schiste bitumineux qui contient du cuivre, et qui offre souvent des impressions de poissons. Cette disposition est au moins aussi remarquable pour le gisement du cuivre que pour celui du cobalt.

On trouve des minerais de cobalt susceptibles d'être exploités, principalement en Espagne, dans la vallée de Gistan, au-dessus et à l'est des villages du Plan et de Saint-Jean, et dans une montagne composée d'une roche felspathique. Le cobalt est en filon qui traverse un banc de schiste noir, friable, souvent bitumineux. Ce filon, d'un centimètre de puissance, s'élargit jusqu'à près de deux mètres dans la profondeur : les affleuremens sont en cobalt oxidé ; le cobalt arsenical ne se trouve que dans le bas du filon. En France, dans la vallée de Luchon, au milieu des Pyrénées et près du village de Juset, ce cobalt est dans un filon de quarz qui traverse une montagne de schiste ferrugineux. On a établi dans la vallée, près du village de Saint-Mamet, une fabrique de safre et de smalt ou azur. Près de Sainte-Marie-aux-mines, dans les Vosges, le cobalt est en filons très-réguliers, et a pour gangue de la chaux carbonatée cristallisée. En Suède, à Tunaberg et à Los, les filons qui renferment le cobalt sont étroits, mais s'élargissent et se rétrécissent successivement ; ce qui les a fait nommer *filons en chapelet*. En Norwége, à Modun ; en Saxe, à Annaberg, il y est en dendrite, dans une gangue quarzeuse ; et à Schnéeberg où il est dans une gangue de quarz et de silex agate rougeâtre, etc. (B.)

COBALT (*Chim.*) Métal que Brandt découvrit en 1733 dans

un minerai que l'on employoit depuis le quinzième siècle pour colorer le verre en bleu.

Quoiqu'on soit arrivé, dans ces dernières années, à isoler le cobalt de tout corps étranger, si ce n'est de quelques atomes de charbon, cependant son peu de fusibilité n'a point permis de l'obtenir en une masse compacte un peu considérable. Presque toujours l'opération au moyen de laquelle on réduit ses oxides à l'état métallique, ne fournit que des grains soudés les uns aux autres, qui sont d'un blanc gris, et dépourvus d'odeur et de saveur. Leur densité est de 7,7.

Le cobalt est cassant; mais Leonhardi assure qu'il est un peu ductile, si on le bat après l'avoir fait rougir.

Il jouit de la propriété magnétique, mais dans un degré moindre que le fer et le nickel.

On n'a pas déterminé au juste le point où il entre en fusion.

L'air sec ou humide, à la température ordinaire, est sans action sur le cobalt; mais chauffé au rouge, ce métal s'embrase et se change en un oxide noir.

Il ne peut décomposer l'eau à aucune température.

Le cobalt chaud se combine au chlore et au soufre. Avec ce dernier, il y a dégagement de lumière. Il peut également s'unir au phosphore, et même au carbone, au moins à en juger par la petite quantité de charbon qui reste après qu'on a dissous le cobalt dans un acide.

Les acides sulfurique, hydrochlorique, étendus d'eau, le dissolvent; il y a dégagement d'hydrogène. Les dissolutions sont rouges. Il est vraisemblable que le cobalt séparereoit l'hydrogène du gaz acide hydrochlorique, en s'unissant au chlore.

L'acide nitrique le dissout en dégageant du gaz nitreux. Dans ce cas, c'est une portion d'acide qui cède son oxigène au métal. Le degré d'oxidation est le même que dans les dissolutions précédentes.

Oxides de Cobalt.

L'on en distingue trois : le protoxide, qui est gris; le deutoxide, qui est vert; et le peroxide qui est noir.

Protoxide de Cobalt. Il est formé suivant M. Proust,

Oxigène 19
Cobalt 100

Préparation. On prend un tube de verre fermé par un bout ; on y foule du sous-carbonate de cobalt ; puis on courbe le tube en siphon, de manière que le sel soit dans la branche la plus courte. On achève de remplir le tube avec du mercure, et on introduit la branche ouverte dans un bain de ce métal. En chauffant graduellement le sous-carbonate jusqu'à le faire rougir, on en dégage l'acide, et l'oxide reste à l'état de pureté. Si le vaisseau dans lequel on distille le sous-carbonate conte-noit de l'air atmoshérique, le protoxide seroit mêlé de per-oxide. On pourroit également obtenir le protoxide, en faisant passer un courant de gaz hydrogène sur du sous-carbonate, du deutoxide ou du peroxide de cobalt, qui seroient renfermés dans un tube de verre que l'on porteroit au rouge cerise. Ce procédé, que j'ai employé pour préparer l'oxide vert de man-ganèse, donne un protoxide parfaitement pur.

Propriétés. Il est d'un gris bleuâtre. Il est fixe et inaltérable au feu. Lorsqu'après l'avoir fait rougir sans le contact de l'oxi-gène, on le met en contact avec ce gaz, il s'embrase et donne du peroxide. Les acides sulfurique, nitrique, hydrochlorique, étendus d'eau, le dissolvent sans effervescence, et se colorent en rose. Si l'acide hydrochlorique étoit à 15.^{d}, il se coloreroit en bleu. Lorsque le protoxide de cobalt contient du peroxide, celui-ci n'est pas dissous par les acides sulfurique, nitrique, foibles ; l'ammoniaque liquide le dissout un peu et se colore légè-rement en rose. Cette solution, que l'on peut obtenir au maxi-mum de concentration en jetant quelques gouttes d'une solution acide de cobalt dans un petit flacon d'ammoniaque liquide con-centrée, précipite des flocons bleus, lorsqu'on la verse dans de l'eau qui a été tenue bouillante pendant une heure ; le précipité est un hydrate de protoxide. Ce précipité seroit vert, si l'on opé-roit avec de l'eau froide, parce qu'alors l'oxigène atmosphé-rique de ce liquide éleveroit l'oxidation du cobalt au 2.e degré. Cette solution exposée à l'acide carbonique gazeux, devient rouge, et se convertit en carbonates d'ammoniaque et de cobalt, qui restent liquides. Dans le cas où l'acide carbonique ne seroit pas suffisant pour saturer les deux bases, le carbonate d'am-moniaque se formeroit avant celui de cobalt : on pourroit donc obtenir, au lieu d'une solution de 2 carbonates, une solution d'oxide de cobalt dans du sous-carbonate d'ammoniaque. Lorsqu'on abandonne la solution des deux carbonates à elle-même dans un flacon plein et bouché, il s'y forme à la longue des cristaux de sous-carbonate de cobalt ; lorsqu'on y verse de l'eau, elle se trouble sur-le-champ, et dépose de ce même sel. Les solutions ammoniacales carbonatées de protoxide de cobalt ne précipitent pas par l'eau, si elles sont avec un ecxès d'ammoniaque. La potasse bouillante dissout le protoxide de cobalt, et se colore en bleu. Pour s'en assurer, il suffit de verser quelques gouttes de dissolution de cobalt dans une eau de potasse concentrée et bouillante ; il se fait un précipité bleu. qui se dissout en partie par l'ébullition. Cette solution, étendue d'eau, laisse précipiter son oxide. M. Proust, à qui nous devons la plupart de ces faits, est porté à considérer l'oxide de cobalt dissous dans l'ammoniaque, comme étant hydraté ; et l'oxide dissous dans la potasse comme étant à l'état anhydre. Le protoxide de cobalt colore le borax en bleu, ainsi que les substances terreuses et vitreuses avec lesquelles on le chauffe.

Ce protoxide, chauffé avec le charbon, est réduit à l'état métallique ; chauffé avec le soufre, il produit de l'acide sulfureux et du sulfure de cobalt.

Nous avons dit que le protoxide de cobalt étoit d'un gris bleuàtre ; mais d'après ce que dit M. Thénard, il paroît qu'on peut l'obtenir d'une belle couleur bleue.

Hydrate de protoxide. Suivant M. Proust, lorsqu'on verse goutte à goutte du nitrate de cobalt dans de l'eau de potasse bouillante, on obtient un précipité bleu de protoxide, qui, par l'ébullition du liquide où il a été formé, devient promptement violet, pourpre, et enfin rose, lorsqu'il est saturé d'eau, c'est-à-dire à l'état d'hydrate. Cet hydrate contiendroit, d'après le même chimiste, de 0,20 à 0,21 d'eau susceptible d'en être séparée par une température supérieure à 100.[d].

Il se dissout plus facilement dans les acides, l'ammoniaque et le sous-carbonate d'ammoniaque, que dans le protoxide pur ; les dissolutions jouissent d'ailleurs des mêmes propriétés que celles de ce dernier.

Il est soluble dans le sous-carbonate de potasse, qu'il colore en rose ; en cela, il diffère du protoxide pur, qui ne s'y dissout qu'après s'être hydraté ou carbonaté.

L'hydrate de cobalt sec attire l'acide carbonique de l'atmosphère. Lorsqu'il vient d'être précipité, et qu'on le garde dans l'eau aérée, il se suroxide rapidement.

Peroxide. *Préparation.* On distille à une douce chaleur du nitrate de cobalt dans une cornue; on obtient un peu d'acide nitrique aqueux, du gaz nitreux, et un résidu noir, qui est du peroxide : il est évident que le cobalt s'est oxidé au maximum aux dépens d'une portion de l'acide nitrique. D'après M. Proust, 100 de cobalt fourniroient par l'acide nitrique de 125 à 126 de peroxide.

Cet oxide, chauffé fortement, perd de l'oxigène, et se change en oxide gris bleuàtre.

Il ne peut former aucune combinaison avec les acides et les alcalis, sans éprouver une désoxigénation qui le ramène à l'état de protoxide. C'est ce qu'on observe en le traitant avec les acides sulfurique nitrique suffisamment concentrés; de l'oxigène se dégage, et il se produit une dissolution rose. Quand on le traite par l'acide hydrochlorique concentré, il se dégage beaucoup de chlore, et l'acide se colore en bleu. Les acides très-étendus d'eau n'ont sur lui qu'une action extrêmement lente. Il en est de même de l'ammoniaque; celle-ci ne peut s'y unir qu'après l'avoir ramené au maximum.

Les acides sulfureux et nitreux le dissolvent en produisant du sulfate et du nitrate.

Ce peroxide a été découvert par M. Thénard.

Deutoxide. *Préparation.* Rien de plus simple que de produire le deutoxide de cobalt. On verse du nitrate de cobalt dans de la potasse très-étendue d'eau froide; un précipité bleuàtre qui se manifeste, ne tarde point à passer au vert, en absorbant l'oxigène atmosphérique dissous dans l'eau; en agitant le précipité avec un excès d'eau aérée, on l'obtient à l'état de pureté.

Cet oxide, dont nous devons la découverte à M. Thénard, est d'un vert foncé; en séchant, il prend un aspect vitreux. A une douce chaleur, il devient peroxide; à une température plus élevée, il redevient protoxide.

Les acides sulfurique, nitrique et hydrochlorique, concentrés, agissent sur lui de la même manière que sur le peroxide; seulement à poids égal d'oxide, il se dégage moins d'oxigène ou de chlore. Avec les acides sulfurique, nitrique et acétique, suffisamment affoiblis d'eau, il se change en protoxide qui se dissout, et en peroxide qui reste sous la forme de poudre brune. C'est l'observation de ce fait, ainsi que celle de la couleur constante de cet oxide, qui a porté M. Proust à le considérer comme résultant de l'union du peroxide de cobalt avec le protoxide, en proportion définie; et ce qui donne un nouveau poids à cette manière de voir, c'est la petite différence qui existe entre les proportions d'oxigène qui sont unies au cobalt dans le protoxide et le peroxide, et ce qui arrive au deutoxide de cobalt récemment préparé, que l'on fait bouillir dans de l'eau de potasse. Dans ce cas il devient d'un gris rosé, parce que vraisemblablement le protoxide devient hydrate, lequel se trouve mélangé au peroxide, qui n'a pas éprouvé de changement.

Chlorure de Cobalt. On le prépare en dissolvant du protoxide ou du sous-carbonate de cobalt dans de l'acide hydrochlorique à 15.^{d}. La liqueur bleue que l'on obtient donne des cristaux de cette couleur, que M. Proust considère comme étant du muriate anhydre, par conséquent du chlorure. Il est évident, d'après cette manière de voir, que la dissolution bleue est un chlorure dissous dans l'eau, et non un hydrochlorate.

Le chlorure de cobalt chauffé au rouge, dans une cornue de verre, se fond; les parties qui touchent le verre se décomposent; du gaz hydrochlorique mêlé de chlore se dégage, et de l'oxide de cobalt, en s'unissant au verre, le colore en bleu. Le chlorure fondu, qui n'a pas subi d'altération, se sublime en fleurs légères d'un bleu de lin. Ces fleurs, ou plutôt ces cristaux, sont formées de particules si fortement agrégées qu'elles demandent plusieurs heures avant de se dissoudre complétement dans l'eau, tandis que le chlorure de cobalt qui a été simplement desséché, s'y dissout avec la plus grande facilité, et produit une solution d'une belle couleur rose. Dans ce cas l'eau est décomposée; il y a production d'un hydrochlorate. Cette même liqueur, évaporée, donne un résidu bleu de chlorure. Ces phénomènes, qui ont été décrits par M. Thénard, expliquent les effets de l'encre sympathique de cobalt. Ainsi, quand on a tracé sur du papier blanc des caractères d'écriture avec une solution d'hydrochlorate de cobalt, et qu'on abandonne ce papier à l'air, l'eau qui tenoit l'hydrochlorate en dissolution s'évapore; mais il reste toujours, à la température ordinaire, assez d'humidité dans le papier, pour produire de l'hydrochlorate de cobalt ; et comme la couleur rose de celui-ci est extrêmement légère. elle se trouve trop divisée sur le papier pour être sensible à l'œil. Maintenant exposons ce papier auprès du feu, et les caractères qui y auront été tracés apparoîtront colorés en beau bleu, lorsque l'eau aura été volatilisée. Si le papier contenoit du fer, ou si l'on avoit employé un hydrochlorate de cobalt, mêlé d'hydrochlorate de fer ou de nickel, les caractères, au lieu de paroître bleus, seroient verts, parce que, dans ce dernier cas, il y auroit mélange d'une matière jaune avec le bleu du cobalt.

Iodure de Cobalt. Inconnu.

Sulfure de Cobalt. On peut le préparer en chauffant, dans une cornue de verre, parties égales de soufre et de cobalt, ou bien d'oxide ou de sous-carbonate de cobalt.

Suivant M. Proust, ce sulfure qui est lamelleux, fragile, traité par les acides sulfurique, hydrochlorique, se dissout en dégageant de l'acide hydrosulfurique. Il contient 40 de soufre pour 100 de cobalt, ce qui s'accorde bien avec la proportion de 19 d'oxigène dans 119 de protoxide, telle que l'a déterminée le même chimiste : car l'on sait que, pour un grand nombre de métaux, la quantité de soufre à laquelle ils s'unissent est double de la quantité d'oxigène que constitue leur protoxide.

Les alliages de cobalt sont très-peu connus ; ce qui tient au peu d'expériences que l'on a faites sur ces composés, depuis l'époque où l'on est parvenu à obtenir ce métal à l'état de pureté.

Extraction du Cobalt de la mine de Tunaberg.

La mine de Tunaberg est, suivant M. Proust, une réunion de sulfure de fer, de sulfure de cobalt, d'une petite quantité de sulfure de cuivre et d'arsenic. Pour en retirer le cobalt, on grille la mine dans un têt à rôtir, afin d'en séparer la plus grande partie de l'arsenic et du soufre, et d'oxigéner les métaux qui forment le résidu. On met 8 parties d'acide nitrique, à 30.^{d}, dans une cornue de verre à laquelle on a adapté un récipient ; quand l'acide est chaud, on y projette par la tubulure le résidu par petites portions, en ayant soin de n'en ajouter que quand toutes celles qu'on y a mises précédemment ont été dissoutes.

Lorsque la dissolution est faite, on neutralise une partie de l'excès d'acide nitrique par le sous-carbonate de soude. On peut en mettre tant que le précipité qui se forme, après avoir été agité dans la liqueur, ne présente pas la couleur rose de l'arséniate de cobalt. Le précipité produit est de l'arséniate de peroxide de fer. On filtre la liqueur, on la met dans les flacons d'un appareil de Woulf, auxquels communique un ballon dans lequel on a mis un mélange de 12 parties d'acide sulfurique à 12.^{d} et de 1 de sulfure de fer. Le gaz hydrosulfurique qui s'en dégage passe dans la dissolution de cobalt, et précipite le cuivre et l'arsenic à l'état de sulfure, et un peu de cobalt à l'état d'hydrosulfate. Quand le précipité n'augmente plus, et que l'on est certain que l'acide hydrosulfurique passe du ballon dans les flacons sans se dissoudre, on laisse les matières réagir pendant huit jours, puis on filtre. Le liquide contient de l'acide nitrique, de l'acide sulfurique, de l'acide hydrosulfurique, de la soude et des protoxides de cobalt et de fer. On le fait évaporer ensuite, afin de volatiliser l'acide hydrosulfurique, et de porter, au moyen de l'acide nitrique, le protoxide de fer à l'état de peroxide ; on reprend par l'eau ; on verse du sous-carbonate de soude dans la liqueur ; on lave le précipité qui est formé de sous-carbonate de cobalt et de peroxide de fer ; puis on le traite par une solution d'acide oxalique, ainsi que M. Laugier l'a prescrit. Il se produit un oxalate de fer soluble, et un oxalate de cobalt insoluble, qu'on lave jusqu'à ce que l'eau ne se colore plus en bleu par l'infusion de noix de galle.

On forme avec l'oxalate de cobalt desséché et un peu d'huile d'olive, une pâte que l'on introduit dans un creuset de charbon ; on place ce creuset dans un creuset de terre ; on lute un couvercle sur ce dernier, et on expose la matière à un feu de forge soutenu pendant deux heures.

Nous donnerons les moyens de séparer le cobalt du nickel, à l'article de ce dernier métal.

Le cobalt, à l'état métallique, n'est d'aucun usage : son protoxide, ainsi que nous l'avons dit, est employé depuis long-temps pour colorer le verre et les émaux en bleu, et depuis quelques années, pour la préparation du *bleu de Thénard.* Voyez Phosphate de Cobalt. (Ch.)

COBAYE (*Mamm.*), *Cobaya.* M. G. Cuvier a donné ce nom

au genre qui se compose de l'espèce du Cochon d'Inde. Voyez ce dernier mot et Cabiai. (F. C.)

COBBAM. (*Bot.*) Voyez Gehuph. (J.)

COBBE. (*Bot.*) Dans l'île de Ceylan, on donne le nom de *cobbe* ou *cobbæ* à un arbrisseau que Linnæus a rapporté au genre *Rhus* sous le nom de *rhus cobbe*. (J.)

COBE (*Bot.*), nom malabare, suivant Rumph, de la plante qu'il figure et décrit sous le nom de *vitis alba indica*. Sa fleur en cloche, placée au-dessus de l'ovaire, annonce que c'est une vraie cucurbitacée ; et en effet, c'est le *brionia grandis*. (J.)

COBÉA (*Bot.*), *Cobæa*. Nous devons à Cavanilles, savant botaniste espagnol, la connoissance de cette belle plante, dont il a formé un genre particulier consacré à la mémoire du père Cobo, jésuite, qui, pendant un séjour de plus de cinquante ans dans le Nouveau-Monde, en avoit observé et décrit les productions naturelles. Ce genre appartient à la famille des polémoniacées, et contribue à prouver les rapports qui existent entre cette famille et celle des bignoniées. Il doit être placé dans la *pentandrie monogynie* de Linnæus. Son caractère essentiel consiste dans un calice persistant, campanulé, pentagone, à cinq divisions ovales ; une corolle campaniforme, à cinq lobes arrondis ; cinq étamines ; les filamens en spirale ; un style terminé par trois stigmates ; l'ovaire entouré d'un disque charnu, glanduleux, à cinq pans. Le fruit est une capsule supérieure, grosse, alongée, triangulaire, à trois loges, à trois valves ; les semences imbriquées sur un réceptacle prismatique et central. La seule espèce de ce genre est le

Cobéa grimpant : *Cobæa scandens*, Cav., *Ic. rar.*, 1, pag. 11, tab. 16, 17, et vol. 5, tab. 500 ; Poir., *in Duh.*, *ed. nov.*, 4, t. 50. Ce bel arbrisseau a des tiges sarmenteuses et flexibles ; elles se divisent en un grand nombre de rameaux grêles, très-longs, étalés en tous sens, et qui, en très-peu de temps, parviennent à une grande hauteur. Ses feuilles sont pétiolées, alternes, quelquefois presque opposées ; d'un beau vert, ou teintes de pourpre, ailées, sans impaire ; soutenant quatre paires de folioles pédicellées, grandes, ovales, entières ; le pétiole terminé par une vrille plusieurs fois bifurquée. Les pédoncules sont axillaires, solitaires, uniflores ; la corolle pendante, très-grande, campanulée, d'abord d'un jaune pâle, puis de

couleur violette : son tube large, cylindrique, velu en dedans ;
le limbe divisé en cinq découpures ouvertes, obtuses, à trois
lobes courts, réfléchis en dehors : les filamens insérés vers la
base de la corolle, arqués en spirale, lanugineux à leur insertion : la capsule est grosse, alongée, presque trigone, s'ouvrant de la base au sommet, accompagnée du calice persistant,
très-ouvert : les semences planes, entourées d'un rebord membraneux.

Cette plante croît au Mexique. Elle est, depuis plusieurs
années, cultivée dans les jardins comme plante d'ornement ;
elle est propre à orner les berceaux, à couvrir promptement
la nudité des murs, à former de belles guirlandes et garnir
les treillages, s'accrochant à tout par ses vrilles nombreuses, se
prêtant à toutes les formes. Il est peu de plantes qui poussent
avec autant de vigueur, et dont le développement soit
plus rapide : on a observé des jets qui, dans l'espace de quatre
mois, avoient acquis plus de trente-six pieds de longueur.
On la multiplie aisément de graines ; mais il ne faut pas couper
la tige près de la terre, au-dessous des branches, parce que la
souche ne repousseroit pas de nouveaux jets. Elle supporte
quatre à cinq degrés de froid ; on l'abrite dans l'orangerie pendant l'hiver : on l'élève dans du terreau de bruyère mêlé avec
de la terre franche, que l'on renouvelle deux fois l'année ; il
faut l'arroser souvent pendant l'été. Elle fleurit très-bien en plein
air ; il est à croire qu'en la multipliant de graines on pourra
parvenir un jour à l'acclimater. (Poir.)

COBEL ou COBELLE (*Erpétol.*), nom spécifique d'une couleuvre de la Guiane, *coluber cobella*, Linn. Voyez COULEUVRE.
(H. C.)

COBELLA. (*Erpétol.*) Seba, *Thes.*, 11, pag. 4, t. 2, n.º 6,
désigne sous ce nom la couleuvre cobel. Voyez COBEL et
COULEUVRE. (H. C.)

COBILAR (*Ornith.*), nom que porte, en Ukraine, l'épeiche
ou pic varié, *picus major*, Linn. (CH. D.)

COBION, COBIOS, COMETES (*Bot.*), noms donnés par Dioscoride à une espèce de tithymale qui paroît être l'*euphorbia
characias*. (J.)

COBITE (*Ichthyol.*), *Cobitis*, genre de poissons de la famille des cylindrosomes de M. Duméril, et de celle des cyprins,

31.

ou de la quatrième famille des poissons malacoptérygiens abdominaux de M. Cuvier, qui les réunit aux Misgurnes. Voyez ce mot.

Les cobites ont les caractères suivans :

Une seule nageoire du dos ; bouche petite, garnie de barbillons ; point de dents ; yeux rapprochés du sommet de la tête ; peau gluante et revêtue d'écailles très-difficiles à voir.

Ces poissons ont la tête petite, le corps alongé, les catopes portés en arrière, au-dessous de la dorsale ; les ouïes peu ouvertes et à trois rayons seulement ; les os pharyngiens inférieurs assez fortement dentés ; l'intestin dépourvu de cœcum ; la vessie natatoire très-petite et renfermée dans un étui osseux, bilobé, adhérent à la troisième et à la quatrième vertèbres.

Ce genre est facile à distinguer des Anableps, des Amies, des Misgurnes, qui ont des dents ; des Butyrins et des Fundules, qui n'ont point de barbillons ; du Triptéronote, qui a trois nageoires du dos ; de la Colubrine et de l'Ompolk, qui n'en ont point. Voyez ces mots et Cylindrosomes.

Κωβίης est un nom que les anciens auteurs grecs ont donné à un poisson que nous ne pouvons déterminer. Artédi paroît être le premier qui en ait fait celui du genre dont nous nous occupons. Bloch a formé à ses dépens le genre Anableps. Voyez ce mot.

La Loche franche : *Cobitis barbatula*, Linn. ; Bloch, 31 , 3. Six barbillons à la mâchoire supérieure ; point d'aiguillons auprès de l'œil ; des nuages et des points bruns sur un fond jaunâtre ; taille de quatre à cinq pouces ; ligne latérale droite.

Ce poisson, commun dans nos ruisseaux, a une chair d'une saveur fort agréable. Il vit particulièrement sur les fonds rocailleux, dans les pays de montagnes, et se nourrit d'insectes et de vers. Il paroît éviter l'eau tranquille et les courans trop rapides tout à la fois. Il se tient comme collé contre le sable ou le gravier. Il est la proie d'un grand nombre de poissons voraces, et les pêcheurs le recherchent avec soin, particulièrement en automne et pendant le printemps, qui est la saison de sa ponte. A ces deux époques sa chair est si délicate, qu'on la préfère à celle de tous les autres poissons. Certains gastronomes ont même poussé le raffinement jusqu'à faire périr les loches dans du vin, ou dans du lait. D'autres ont tâché d'en élever, afin de pouvoir s'en procurer à volonté. Pour cela, on les renferme dans une sorte de huche trouée, que l'on met au milieu du courant d'une rivière.

Comme elles meurent très-rapidement dans un vase dont l'eau est dans un état de repos absolu, il faut, lorsqu'on veut les transporter un peu loin, avoir le soin d'agiter continuellement l'eau dans laquelle elles sont plongées, et choisir un temps frais. C'est avec cette double précaution que Frédéric Ier, roi de Suède, fit venir d'Allemagne des loches, qu'il parvint à naturaliser dans son pays.

Quand on veut faire réussir ces poissons dans une rivière ou dans un ruisseau, on pratique une fosse dans un endroit pierreux, ou qui reçoive l'eau d'une source. On la revêt de claies ou de planches percées, et on place, entre celles-ci et le sol, du fumier de brebis, après avoir eu soin de ménager à la fosse deux ouvertures, une pour la sortie et l'autre pour l'entrée de l'eau. On garnit chacune de ces ouvertures d'une plaque de métal percée de plusieurs trous. Les loches qu'on y introduit trouvent de la nourriture dans les débris du fumier qu'on a eu soin d'y placer; mais il faut leur donner encore du pain de chenevis ou de graines de pavot. Elles multiplient ainsi d'une manière étonnante.

Il paroît, suivant de Saussure, qu'on a trouvé des empreintes de loches dans la carrière d'Œningen, près du lac de Constance.

La LOCHE DE RIVIÈRE : *Cobitis tænia*, Linn. ; Bloch, 31, 2. Corps comprimé, orangé, marqué de séries de taches noires : deux barbillons à la mâchoire supérieure ; quatre à l'inférieure : un aiguillon fourchu au-dessous de chaque œil.

Ce poisson se trouve dans les rivières, et est beaucoup plus petit que le précédent. Il se tient entre les pierres, et se nourrit d'insectes et de vers, d'œufs de poissons et même de jeunes poissons. Ses mœurs se rapprochent beaucoup de celles de la loche franche ; mais il est beaucoup plus vif. Il perd la vie difficilement, et fait entendre une sorte de bruissement quand on le saisit. Sa chair est maigre et coriace.

La COBITE TROIS-BARBILLONS ; *Cobitis tricirrhata*, Lacép. Trois barbillons aux mâchoires ; dos d'un roux brun et parsemé de taches arrondies.

Découverte par M. Noël dans les ruisseaux d'eau vive des environs de Rouen.

La Cobite blanche barbotté est la loche franche. La Cobite aiguillonnée la loche de rivière, ainsi que le Cobite piquant. Voyez Cobite.

La Cobite gros-yeux est l'Anableps. Voyez ce mot.

Le Cobite limoneux de Daubenton est le Fundule mundfish, ainsi que le Cobite hétéroclite, le cobite japonais, le fondule japonais. Voyez Fundule.

Le Cobite fossile est le Misgurne. Voyez ce mot. (H. C.)

COBRA, Cobra de Capello ou Cabello (*Erpétol.*), noms portugais des naia, serpens de la famille des hétérodermes. Voyez Naja. (H. C.)

COBRÉSIE (*Bot.*), *Kobresia*, Willd., genre de plantes monocotylédones, hypogynes, de la famille des cypéracées, Juss., et de la *monoécie triandrie*, Linn. Le caractère essentiel est d'avoir des fleurs de différens sexes réunies sur les mêmes épis : dans les fleurs mâles, un calice formé d'une seule écaille ; corolle nulle ; trois étamines : dans les femelles, calice ordinairement composé de deux écailles, l'une plane, l'autre enveloppant l'ovaire ; un ovaire supérieur à trois stigmates ; graine trigone, nue. Ce genre renferme trois espèces, qui diffèrent des *carex*, dans lesquels elles avoient d'abord été comprises, par leurs fleurs femelles, ordinairement munies de deux écailles, et privées de cet urcéole membraneux, persistant, qui renferme l'ovaire, et qui, prenant de l'accroissement après la floraison, forme une sorte de capsule.

Cobrésie de Bellardi ; *Kobresia Bellardi*, Degland, *in Lois.*, *Fl. gall.*, 626 ; *Carex Bellardi*, All., Fl. ped., n.° 2293, t. 92, f. 2. Ses tiges sont cylindriques, grêles, hautes de quatre à six pouces, garnies de feuilles capillaires. Ses fleurs sont terminales, composées d'écailles arrondies, brunâtres, bordées de blanc, et disposées en un épi cylindrique, grêle et souvent interrompu à sa partie inférieure. Cette plante fleurit au printemps, et croît sur les Alpes, en France, en Suisse, etc.

Cobrésie caricinée : *Kobresia caricina*, Willd., *Spec.* 4, p. 206 ; *Carex hybrida*, Schk. *Caric.* t. Rrr, f. 161. Ses tiges sont cylindriques, nues, hautes de quatre à six pouces, garnies à leur base de feuilles radicales, étroites et roides. Ses fleurs sont disposées sur trois à quatre épis, oblongs, alternes, mâles dans leur partie supérieure, et femelles inférieurement. Cette espèce croît dans les Alpes, sur le mont Cenis ; elle est vivace, ainsi que la précédente.

La troisième cobrésie croît en Amérique. (L. D.)

COBWEB. (*Ornith.*) Ce terme est donné par Morton, dans son Histoire naturelle du Northamptonshire, comme synonyme du *muscicapa grisola*, Linn., gobe-mouche proprement dit de Buffon. (Cʜ. D.)

COC (*Ornith.*), orthographe ancienne du mot coq, qui est suivie par Belon, et qui est encore en usage dans la Basse-Bretagne, ainsi que le mot *cockilloc.* (Cʜ. D.)

COCA. (*Bot.*) La plante connue sous ce nom au Pérou est l'*erythroxylum coca*, à l'article duquel seront décrits ses caractères. Quant à ses usages, ils sont de plusieurs sortes ; tous ceux qui se sont occupés de l'histoire du Pérou ont eu soin d'en parler, et il en est aussi fait mention dans Clusius et dans Hernandez. Ses fruits séchés servent, dit-on, dans ce pays de petite monnoie, de même que le cacao dans le Mexique, quoique leur petitesse rende un tel usage assez peu vraisemblable. Les Indiens mâchent avec délices ses feuilles mêlées à une terre d'un gris blanc et de nature argileuse qu'ils nomment *tocera* si l'on en croit Raynal, *mambi* si l'on consulte l'Histoire générale des Voyages par La Harpe, et qui paroît n'être autre chose que la cendre du Qᴜɪɴᴏᴀ. (Voyez ce mot.) C'est ainsi que cette plante est devenue un objet de culture et une branche considérable de commerce, surtout dans les lieux où l'on exploite des mines ; car ceux qui y travaillent, ne résistent à l'ennui et à la fatigue qu'en en conservant continuellement dans la bouche ; et ils consentent à éprouver une réduction sur leur salaire journalier, pourvu que les propriétaires leur fournissent cet aliment en aussi grande quantité qu'ils désirent ; en un mot, il leur est devenu aussi nécessaire que le tabac l'est à beaucoup d'Européens et le bétel aux Orientaux. Don Antonio Ulloa s'étoit même persuadé que la coca et le bétel n'étoient qu'une même plante, mais à tort, puisqu'on sait que cette dernière est un poivre ; quoi qu'il en soit, d'après l'analogie qui existe entre leurs effets, il paroît que la coca est tonique et fortifiante. (J.)

COCAGNE. (*Bot.*) On vend sous ce nom, pour la teinture, les petits pains faits avec les feuilles du pastel broyées et mises dans des moules de figure ovale. Ce négoce, à ce que l'on lit dans le Dictionnaire de Commerce, étoit pour le Languedoc une telle source d'opulence, avant que l'indigo fût connu, qu'on appeloit vulgairement cette riche province le pays de Cocagne ; de là peut-être ce nom proverbial par lequel on désigne un pays où regne l'abondance. (J.)

COCALIA. (*Malacoz.*) C'est un nom employé par Aristote, Hist. des Anim., liv. 4, chap. 4, pour désigner un mollusque conchylifère, qui paroît être voisin du limaçon, mais qu'on ne sauroit rapporter au juste à une espèce connue aujourd'hui. (DE B.)

COCARDE (*Echinod.*), nom vulgaire donné, au Havre et en quelques autres lieux de la province de Normandie, aux espèces d'asteries fort plates et non divisées, et entre autres à l'*asteria membranacea* de Linnæus. (DE B.)

COCARDEAU. (*Bot.*) Sous ce nom on désigne vulgairement dans les jardins, une variété à fleurs doubles et très-grandes du *cheiranthus fenestralis*, Linn. (L. D.)

COCASSE. (*Bot.*) On donne vulgairement ce nom à une variété de la laitue cultivée. (L. D.)

COCATRE. (*Ornith.*) On appelle ainsi le coq auquel on a ôté un des deux testicules, et qui a conservé une voix grêle. (CH. D.)

COCATTI COZTIC. (*Bot.*) Sous ce nom, et sous ceux de *céopoal xochitl* et d'autres voisins ayant la terminaison *xochitl*, Hernandez décrit et figure plusieurs variétés de l'œillet d'Inde qu'il nomme *caryophyllus mexicanus*, et qui est le *tagetes* des botanistes. Il s'étend beaucoup sur les vertus de ces plantes qu'il dit atténuantes, apéritives, stomachiques, propres à provoquer les sueurs, les urines et le flux menstruel, à arrêter les frissons dans les fièvres intermittentes. D'une autre part, Dodoens les regarde comme un poison, et cite des exemples d'animaux morts pour en avoir mangé, d'enfans dont la bouche fut enflée pour en avoir seulement mâché. Il résulte de ces observations contradictoires que le *tagetes* a des propriétés bien réelles, manifestées par son odeur forte, qui peuvent être pernicieuses par un mauvais usage, mais qui, dans les mains d'un médecin habile, peuvent offrir un remède actif très-salutaire. Ces plantes sont cultivées dans les jardins d'ornement, et conséquemment faciles à trouver si l'on est tenté de les employer. (J.)

COCCALON. (*Bot.*) On lit dans Daléchamps que le fruit du pin est nommé *coccalon* ou *srobilus*, qu'on le mange, et qu'il est de difficile digestion ; mais Daléchamps lui-même se refuse à croire qu'on mange ce fruit, ou plutôt cette tête de fruit que l'on nomme cône. Il ne peut être question que des graines, et seulement de celles qui ont un certain volume, telles que celles du pin maritime. (J.)

COCCHOU. (*Ichthyol.*) Suivant Rondelet, à Rome on donne ce nom au rouget, *trigla cuculus*, Linn., par corruption du mot latin *cuculus*. Voyez TRIGLE. (H. C.)

COCCIGRUE (*Bot.*), nom vulgaire donné à différentes espèces de pezizes et de cyathe. Paulet l'emploie pour désigner le premier ordre de la deuxième classe de sa distribution des champignons. Cet ordre comprend quelques champignons membraneux le plus souvent creux et sans tige. M. Paulet les divise en cinq genres qui sont : celui des CONQUES OREILLES ; celui des NOSTOCS ; celui des GRAINS DE MURE ; celui des COCCIGRUES proprement dites ; et celui des PEAUX DE MORILLES. Voyez ces mots. (LEM.)

COCCIGRUES PROPREMENT DITES (*Bot.*), genre de champignons de la famille de ce nom. Ses espèces sont fongueuses et membraneuses, d'une substance très-mince, d'une demi-ligne d'épaisseur au plus, sèche et cassante. M. Paulet le partage en deux divisions :

1.° Celle des COCCIGRUES NUES, qui comprend quatre groupes ; savoir :

a. Les COCCIGRUES EN CHAMPIGNON. L'espèce la plus remarquable est l'*helvella gelatinosa* de la Flore Françoise.

b. Les COCCIGRUES EN TROMPETTE. M. Paulet n'en décrit qu'une espèce sous le nom de trompette des morts ; c'est le *merulius cornucopioïdes* de la Flore Françoise.

c. Les COCCIGRUES EN OREILLES. Celle mentionnée par Paulet est l'oreille de singe ou *peziza cochleata*, Linn.

d. Les COCCIGRUES EN URNE, parmi lesquels le même auteur place l'urne couronnée ou *peziza acetabulum*, Linn.

2.° Celle des Coccigrues a lentilles, qui répond au genre Nidulaire de Bulliard ou *cyathus* de Persoon. Voyez Cyathe. (Lem.)

COCCIGRUES A CROISSANS. (*Bot.*) Paulet donne ce nom aux espèces du genre Ceratospermum de Micheli. Voyez cet article, et ligne dernière, supprimez cératoïdes. (Lem.)

COCCIMELEA. (*Bot.*) C. Bauhin soupçonne que l'arbre nommé ainsi par Théophraste, est le *prunus amygdalina* de Pline. Selon Tournefort, ce prunier est le rognon de coq; Linnæus l'indique comme variété du *prunus domestica*. (J.)

COCCINELLE (*Entom.*), *Coccinella*, vulgairement Bête a Dieu, Martin, Bête a la Vierge, Cheval de Dieu, Scarabée-Tortue hémisphérique. Noms d'un genre d'insectes coléoptères trimérés, ou à trois articles à tous les tarses.

Ce nom donné d'abord par Frisch, adopté ensuite par Linnæus et Geoffroy, paroît provenir du mot grec κόκκον, dont les Latins avoient fait *coccus*, la graine d'écarlate. Le diminutif fut d'abord *coccionella*, puis *coccinella*, probablement à cause de la couleur rouge brillante des élytres des espèces les plus communes de ce genre, ou de celles qui ont été les premières observées.

Ce genre est très-facile à reconnoître, et réunit des espèces nombreuses qui ont entre elles les plus grands rapports par la forme générale et par les mœurs. *Trois articles à tous les tarses, les antennes en massue plus courtes que le corselet, le corps hémisphérique ou demi-ové*, en sont les caractéres essentiels et suffisent pour les distinguer des *eumorphes*, *endomyques* et *dasycères* , qui ont aussi trois articles à tous les tarses, mais dont les antennes sont plus longues que la tête et le corselet pris ensemble, et dont le corps est en général plus alongé.

Les habitudes et le genre de vie sont d'ailleurs tout-à-fait différens. Les coccinelles, sous leurs deux états de larves et d'insectes parfaits, ne se nourrissent que de pucerons qu'ils dévorent tout vivans; et les autres petits coléoptères que nous venons de nommer se rencontrent sous les écorces, sous les mousses et dans les champignons, et paroissent se nourrir de ces matières uniquement.

L'histoire des coccinelles nous a été parfaitement révélée

par Réaumur, dans le tome III.ᵉ de ses Mémoires, où il traite des vers mangeurs des pucerons. Nous en allons extraire les particularités les plus remarquables.

Nous avons déjà dit que ces petits coléoptères étoient fort connus; ils sont particulièrement recherchés par les enfans, à cause de leurs belles couleurs et du poli de leurs élytres, qui sont en général de couleur rouge avec des points noirs, ou noirs avec des taches ou des points rouges, ou bien jaunes avec des taches noires ou blanches, ou d'une teinte plus foncée, disposées d'une manière symétrique et très-agréable.

Les élytres sont convexes, parfaitement jointes sur le dos, ce qui rend l'insecte fort difficile à saisir. Ses pattes ne dépassent guères le bord de ses élytres qui protègent ainsi le corps comme la carapace dans les tortues. La plupart, lorsqu'on les saisit, ou qu'on leur fait quitter le plan sur lequel elles marchoient, retirent les pattes vers la partie moyenne du corps, et en font tellement appliquer les articulations les unes contre les autres, qu'elles paroissent absolument privées de ces parties. Souvent aussi, quand on les saisit, elles laissent exsuder ou suinter, des parties latérales de leur corselet, une humeur jaunâtre, fétide, approchant du cérumen des oreilles pour l'amertume et la couleur. Cette matière très-odorante est probablement un moyen de défense dont l'animal a été doué, pour écarter, par le dégoût qu'elle inspire, les oiseaux et les autres animaux qui chercheroient à s'en nourrir; car l'existence de ces insectes'est précieuse, et leur utilité dans l'économie de la nature n'est pas un problème pour l'agriculteur qui sait que leur propagation les délivre d'une énorme quantité de pucerons, parmi lesquels il est toujours facile d'en observer sous les deux états de larves et d'individus parfaits.

Ces larves ont six pattes, comme toutes celles des coléoptères; leur corps est alongé comme celui des chrysomèles : la plupart sont hérissées d'épines ou de tubercules, et l'extrémité postérieure se termine par une sorte de mamelon visqueux dont se sert l'animal, comme d'une septième patte, pour s'accrocher, se suspendre et s'arc-bouter dans quelques circonstances. Les pattes de ces larves sont très-remarquables par leur forme et leurs usages : elles sont très-développées, à articulations bien distinctes, alongées et propres à s'opposer les unes aux autres, en même temps qu'elles peuvent diriger vers la bouche les pucerons qui font la seule nourriture de ces larves.

La métamorphose des coccinelles présente aussi une particularité très-notable ; à l'époque où cette opération naturelle doit arriver, la larve s'accroche par la queue sur les feuilles ou les tiges des plantes, sur les écorces, ou sur les pierres voisines ; l'animal se gonfle, se raccourcit ; sa peau se dessèche et reste sur la nymphe, dont les élytres écartées ne ressemblent pas mal à la fleur desséchée de quelques plantes légumineuses avec lesquelles les naturalistes les ont souvent confondues.

La nymphe ne conserve pas long-temps cette forme ; le plus souvent, au bout d'une quinzaine de jours, l'insecte parfait en sort, d'abord mou, et avec les élytres incolores ; mais elles ne tardent pas à prendre de la consistance, et une couleur vive et brillante, par le poli et les taches variées dont elles sont ornées. Les œufs des coccinelles sont ordinairement jaunes et d'une odeur désagréable ; il paroîtroit que dans quelques espèces, les individus mâles sont différens des femelles, car on en trouve souvent de couleur diverse réunies par l'accouplement. On ne s'est pas encore assuré du résultat de ces sortes de fécondations, et s'il en provient des individus hybrides. Il n'est pas de naturaliste qui n'ait fait de ces sortes de remarques, qui se trouvent consignées dans la plupart des auteurs.

Le genre des coccinelles est très-nombreux en espèces. Fabricius en a décrit plus de cent soixante, mais sans aucun ordre : Illiger, dans son Recensement des insectes de Prusse, pag. 413, a employé une division qui nous paroît assez commode. Linnæus avoit fait usage d'une marche très-commode pour la déterminaison et pour la dénomination ; malheureusement les auteurs qui l'ont suivi, n'ont pas reconnu le système qu'il s'étoit formé, et ils en ont embrouillé la nomenclature.

Voici à peu près les divisions de Linnæus :

* *Elytres rouges ou jaunes à points noirs, ou les tachetées.*

** *Elytres rouges ou jaunes à taches blanches.*

*** *Elytres noires à taches rouges.*

**** *Elytres noires à taches jaunes ou blanches.*

·Nous allons faire connoître ici quelques espèces d'après la division d'Illiger en quatre familles :

Les *Scymnes* d'Herbst, qui ont les élytres velues et sont très-petites ;

Les *Oblongues*, lisses, déprimées, corselet arrondi, à base plus étroite que les élytres ;

Les *Hémisphériques*, ou *bombées*, à côté du corselet distinct du bord postérieur tronqué en travers ;

Les *Cassidées.*

* *Les Scymnes d'Herbst et de Kugelan.*

COCCINELLE NIGRINE ; *Coccinella nigrina.* Noire, hémisphérique, pubescente, obtuse, à tarses bruns.

COCCINELLE NOIRE ; *Coccinella atra.* Ovale, noire, brillante, velue.

COCCINELLE PATTES-JAUNES ; *Coccinella flavipes.* Hémisphérique, noire, brillante, velue, à bouche et pattes jaunes.

COCCINELLE PÉTITE ; *Coccinella parvula.* Hémisphérique, pubescente ; à tête, pattes et pointes des élytres jaunes. Cette espèce présente plusieurs variétés.

COCCINELLE DEUX-VERRUES ; *Coccinella biverrucata.* Ovale, noire, brillante ; élytres à une tache arrondie, rouge presque au milieu.

COCCINELLE DEUX-PUSTULES ; *Coccinella bipustulata.* Hémiphérique, noire, velue ; élytres à deux points rouges sur chacune.

COCCINELLE QUATRE-LUNETTES ; *Coccinella quadrilunata.* Presque ovale, aplatie, noire ; élytres à quatre lunules jaunes transverses.

COCCINELLE FRONTALE ; *Coccinella frontalis.* Hémisphérique, noire, à front jaune ; élytres à épaulette ou tache humérale rouge.

COCCINELLE DISCOÏDE ; *Coccinella discoïdea.* Ovale, noire ; élytres rousses, à base et bords noirs.

COCCINELLE RAYÉE ; *Coccinella litura.* Hémisphérique ; d'un brun pâle ; élytres à taches noires.

Coccinelle pectorale ; *Coccinella pectoralis*. Oblongue, brune, à poitrine noire ; élytres à stries de points enfoncés.

Coccinelle écussonnée ; *Coccinella scutellata*. Oblongue, rousse ; élytres striées ; à poitrine, tache vers l'écusson et quatre points noirs.

* * *Les oblongues à corselet plus étroit que les élytres.*

Coccinelle sept-taches ; *Coccinella septem maculata*. Oblongue ; à corselet bordé de jaune ; élytres rouges, à taches noires, dont une comme formant écusson à trois lobes.

Coccinelle treize-points ; *Coccinella tredecim punctata*. Oblongue ; à corselet jaune en devant et sur les côtés, et un point noir ; élytres jaunâtres, à points noirs ; abdomen jaune.

Coccinelle variable ; *Coccinella mutabilis*. Ovale ; à corselet tacheté et bordé de jaune ; élytres rouges, à points noirs ; pattes antérieures rousses.

Coccinelle dix-neuf-points ; *Coccinella novem decim punctata*. Oblongue, jaune ou rosée ; corselet à six points ; élytres à dix-neuf points noirs.

Coccinelle M noir ; *Coccinella M nigrum*. Ovale ; d'un jaune sale ; élytres sans points.

* * * *Les hémisphériques, à côtés du corselet distincts du bord postérieur tronqué en travers.*

Coccinelle dix-huit-gouttes ; *Coccinella octodecim guttata*. Bombée, ferrugineuse ; deux taches sur le corselet, et neuf sur chaque élytre, jaunes ; les deux de la base en croissant.

Coccinelle douze-gouttes ; *Coccinella bis sex guttata*.

Coccinelle quatorze-gouttes ; *Coccinella bis septem guttata*.

Coccinelle tigrine ; *Coccinella tigrina*. Noire ou jaune ; à taches blanches, trois sur les bords du corselet et dix sur chaque élytre, en cet ordre, 1. 3. 3. 2. 1.

Coccinelle ailée ; *Coccinella ocellata*. Noire, bombée ; corselet à taches jaunes ; élytres rouges, à petits bords noirs, à huit yeux noirs bordés.

Coccinelle bord-ponctué ; *Coccinella margine punctata*. Roussâtre, bombée ; tête et corselet jaunes, à points noirs ; élytres à deux points marginaux noirs.

Coccinelle sept-points ; *Coccinella septem punctata.* Noire, bombée ; corselet à deux taches blanches ; élytres rouges, à sept points noirs.

Coccinelle cinq-points ; *Coccinella quinque punctata.* Noire, bombée ; corselet à deux taches blanches ; élytres rouges, à cinq points noirs.

Coccinelle onze-points ; *Coccinella undecim punctata.* Noire, lisse, bombée, alongée ; corselet à taches blanches ; élytres rousses, à points noirs.

Coccinelle quatorze-pustules ; *Coccinella bis septem pustulata.* Noire, ovale, bombée ; corselet en devant, et sept taches blanchâtres ou rougeâtres sur les élytres.

Coccinelle hiéroglyphique ; *Coccinella hieroglyphica.* Noire, ovale ; bord externe du corselet blanc ; élytres rouges, avec une bande flexueuse noire.

Coccinelle variable ; *Coccinella variabilis.* Noire, hémisphérique ; à bords du corselet et pattes jaunes ; élytres à une ligne transversale saillante.

Cette espèce présente plus de trente variétés, décrites pour la plupart sous des noms différens.

Coccinelle disparate ; *Coccinella dispar.* Hémisphérique ; à tête et pattes noires ; élytres à peine bordées, souvent à taches rouges.

Coccinelle impustulée ; *Coccinella impustulata.* Noire, hémisphérique ; à élytres bordées.

Coccinelle conglobée ; *Coccinella conglobata.* Hémisphérique ; d'un jaune blanchâtre ; élytres à suture et taches noires ; pattes pâles.

Coccinelle douze-points ; *Coccinella duodecim punctata.* Jaune, lisse, arrondie ; corselet à taches noires ; élytres à sutures et à points noirs.

Coccinelle vingt-points ; *Coccinella bis decem punctata.* Jaune, lisse, bombée ; corselet à cinq points ; élytres à dix points noirs.

Coccinelle onze-taches ; *Coccinella undecim maculata.* Bossue, ferrugineuse, velue ; élytres à onze points noirs, cerclés.

Coccinelle bossue ; *Coccinella gibbosa.* Velue, bossue ; à tête et pattes ferrugineuses ; élytres ferrugineuses, le plus souvent à points noirs, ou noires rouillées à la pointe.

Coccinelle latérale ; *Coccinella lateralis.* Lisse, arrondie, d'un noir brillant, à bords du corselet rouges, et un point au milieu des élytres.

**** *Les Cassidées, lisses, à corselet court, transverse en croissant ; élytres en cœur, non bordées, échancrées en devant pour le corselet.*

Coccinelle quatre-pustules ; *Coccinella quatuor pustulata.* Noire; une tache rouge en croissant sur la base de l'élytre; une autre arrondie au milieu; anus rouge.

Coccinelle rénipustulée; *Coccinella renipustulata.* Noire, comprimée, bossue; à abdomen, et une tache transversale sur les élytres rouges.

Coccinelle bipustulée ; *Coccinella bipustulata.* Noire, comprimée, bossue; à tête, abdomen, et une tache transversale rouge sur les élytres. (C. D.)

COCCIS. (*Bot.*) On trouve sous ce nom, dans l'ouvrage de Desportes sur les plantes de Saint-Domingue, une plante qu'il dit avoir les vertus de l'ipécacuanha, et qui paroit, selon lui, tenir le milieu entre cette plante et le paris ou *herba paris.* Nicolson cite la même plante, qu'il nomme aussi faux ipécacuanha, et qu'il rapporte à la crustolle, *ruellia ;* mais ce qu'il ajoute, en annonçant que Desportes distingue trois espèces de coccis, est trop vague. Il paroît seulement, d'ailleurs, que le faux ipécacuanha de Saint-Domingue est le *ruellia tuberosa.* (J.)

COCCO (*Ichthyol.*), nom que l'on donne à Rome, dit Rondelet, à la trigle milan, *Trigla lucerna*, Linn. Voyez Trigle. (H. C.)

COCCOCIPSILUM. (*Bot.*) Voyez Cocipsile. (Poir.)

COCCODÉE (*Bot.*) , *Coccodea.* Végétaux gélatineux diversement colorés, formés par un mucilage dans lequel sont plongés de petits corps ronds, ovales, à extrémités obtuses, renfermant chacun plusieurs autres corpuscules analogues.

M. Palisot-Beauvois, en établissant ce genre dans sa famille des algues, section des iliodées, y rapporte les deux plantes suivantes :

La Coccodée sanguine. Elle couvre le bas des murailles humides, exposées au nord; elle y forme de grandes taches gélatineuses et sanguines, mais qui se décolorent en se desséchant. M. Persoon a rapporté, avec doute, cette plante à son genre *Thelephora*, section des *corticium*. Il l'a nommée *thelephora sanguinea*. Il pensoit qu'elle pouvoit appartenir à la famille des algues.

La COCCODÉE VERTE. Elle se distingue de la précédente par sa couleur verte, et par les lieux où elle croît. Elle naît par flocons dans l'eau qu'on laisse séjourner dans les vases. Si les caractères donnés à ce genre sont exacts, il paroîtroit qu'on ne devroit pas confondre cette espèce de cocodée avec la matière verte qui naît dans l'eau douce exposée à l'air libre et à la lumière, et qui est formée de filamens très-fins, entre-croisés, sans cloisons, et enveloppés d'une matière gélatineuse. Cette matière verte, que Priestley découvrit le premier, est regardée comme d'origine animale par Ingenhouz. On l'a placée dans le genre Oscillatoire. M. Decandolle en fait une espèce de vaucherie, *vaucheria infusionum*.

Ce genre, qui renferme des végétaux remarquables par leur simplicité, est très-voisin des OSCILLATOIRES. Voyez ce mot. (LEM.)

COCCODRILLO (*Erpétol.*), nom italien du CROCODILE. Voyez ce mot. (H. C.)

COCCOGNIDIUM. (*Bot.*) On nomme ainsi les baies du mézéréon, ou bois gentil, *daphne mezereum*, qui passent pour un poison très-violent, et dont les livres de matière médicale attestent les funestes effets. Ce poison est de nature caustique comme toutes les plantes de la famille des thymélées, à laquelle appartient le mézéréon. Cinq ou six baies, prises à l'intérieur, suffisent pour tuer, ou au moins pour purger très-violemment et occasioner une très-grande chaleur dans la gorge. Pour combattre ce poison, il faut recourir aux émulsions adoucissantes et au lait. Il y a cependant des pays où les habitans de la campagne se purgent avec ces baies, qui sont aussi connues dans les pharmacies sous le nom de *grana cnidia* ou *cocci cnidii*; mais ce purgatif ne peut convenir qu'à des hommes très-robustes, et il doit être administré à petites doses. (J.)

COCCOLITE. (*Min.*) M. Abilgaard a donné ce nom à une pierre verdâtre, qui semble composée de grains serrés et comme aplatis l'un par l'autre. M. Haüy a prouvé, par les caractères tirés de la structure, que ce minéral des mines de Sudermanie, en Suède, et des filons d'Arendal, en Norwége, appartenoit à l'espèce du pyroxène. Tous les autres caractères pris de la couleur, de la dureté, de la pesanteur et de la composition, et même du gisement, confirment ce rapprochement ; on a trouvé dernièrement des masses de ce pyroxène granuliforme, qui présentent, dans quelques parties, des cristaux peu nets, il est vrai, mais qui indiquent des variétés connues de PYROXÈNE. Voyez ce mot.

COCCOLITE DE FINLANDE. On a donné ce nom à un minéral granuleux, qui vient de Pargas, en Finlande, et qui paroît être une variété granuliforme d'amphibole actinote. (B.)

COCCOLOBA (*Bot.*), vulgairement RAISINIER, BOIS A BAGUETTES, genre de plantes de la famille de polygonées, de *l'octandrie trigynie* de Linnæus, qui offre pour caractère essentiel, un calice coloré, à cinq divisions persistantes ; point de corolle ; huit étamines ; un ovaire supérieur surmonté de trois styles courts. Le fruit consiste en une noix ovale, à une seule loge recouverte par le calice converti en baie. Ce genre renferme des arbres ou arbrisseaux de l'Amérique, à feuilles alternes, munies de stipules ; les fleurs petites, disposées en grappes. Les principales espèces sont :

COCCOLOBA A GRAPPES : *Coccoloba uvifera*, Linn.; Lam., *Ill. gen.*, tab. 316, fig. 2. Cette espèce, dans son pays natal, est un grand et bel arbre, dont le bois est rougeâtre en dedans ; les rameaux diffus, d'un gris cendré ; les feuilles grandes, alternes, glabres, un peu arrondies, la plupart échancrées en cœur à leur base ; les stipules marginales ; les fleurs disposées en une grappe longue, d'un pied simple, terminale, pendante à la maturité des fruits. Ceux-ci sont de couleur purpurine, de la grosseur d'une petite cerise, d'une saveur douce, acidulée, contenant une noix à trois lobes ; on les vend aux marchés ; on les sert sur les tables en Amérique. Le bois, bouilli dans l'eau, donne une belle couleur rouge. Le *coccoloba latifolia*, Poir., Encycl., et *Ill.*, tab. 316, fig. 4, *seu rheifolia*, Hort. Par., voisin du précédent par son port, en diffère par la grandeur remarquable de ses feuilles plus minces, membraneuses, point échancrées. Le *coccoloba pubescens*, Linn., *seu grandifolia*, Jacq., se distingue par ses grandes feuilles rugueuses, pubescentes en dessous. Cet arbre s'élève à la hauteur de soixante ou de quatre-vingts pieds. Son bois est très-dur, pesant, d'un rouge foncé, presque incorruptible, employé pour la construction des poutres et des palissades. La partie enfoncée en terre y acquiert la dureté de la pierre. On prétend que ses fruits sont bons à manger. Il est figuré dans Plukenet, Phytogr., tab. 222, fig. 8 , mais sans fleurs ni fruits. Il croît dans les forêts, sur les montagnes, à la Martinique.

COCCOLOBA A FEUILLES VARIÉES; *Coccoloba diversifolia* , Jacq., *Amer.*, 114, tab. 76. Arbrisseau de dix à douze pieds , distingué par ses feuilles de deux sortes : celles des branches échancrées en cœur à leur base ; celles des jeunes rameaux ovales, entières, luisantes, ridées, terminées en une pointe obtuse. Les grappes sont longues d'environ trois pouces, chargées de fruits de la grosseur d'une petite cerise, dont la pulpe est molle , d'une belle couleur purpurine, d'une saveur assez semblable à celle du *coccoloba uvifera*, mais un peu plus acide, et recherchée par les enfans et les paysans. Il croît à Saint-Domingue, sur le revers boisé des montagnes. Dans le *coccoloba flavescens*, Jacq., *Amer.*, tab. 75, les feuilles sont elliptiques, obtuses, mucronées; les tiges hautes de douze pieds, très-rameuses; les grappes droites, terminales ; les fruits de couleur purpurine , un peu plus gros qu'un pois; la pulpe rougeâtre, d'une saveur douce, assez agréable au goût, mais dont on fait peu d'usage. Il croît dans les buissons, au Port-au-Prince. Le *coccoloba obtusifolia*, Jacq., *Amer.*, tab. 74, a ses feuilles plus étroites , obtuses, elliptiques, agréablement veinées ; les grappes simples, quelquefois alternes sur les jeunes rameaux; les fleurs petites et blanchâtres ; les fruits petits, d'une saveur astringente : il croît parmi les haies et dans les bois, aux environs de Carthagène.

COCCOLOBA A ÉCORCE FINE : *Coccoloba excoriata*, Linn.; Plum., *Icon.*, 146, fig. 1. Cet arbre, d'une hauteur médiocre, a ses rameaux recouverts d'une écorce tellement fine, qu'ils paroissent en être privés. Les feuilles sont coriaces, ovales-oblongues , en cœur, jaunâtres en dessous, un peu aiguës : les fleurs sont disposées en longues grappes pendantes. Il croît dans l'Amérique, aux lieux montueux. La plante que j'avois rapportée à celle-ci comme une variété (Encycl., vol. 6, pag. 62, n.° 6), qui m'avoit été communiquée de Porto-Ricco par M. Ledru, cultivée depuis au Jardin du Roi, a paru devoir constituer une espèce sous le nom de *coccoloba pyrifolia*, Desf., Catal., 46. Elle se distingue par ses feuilles plus courtes, ovales, point échancrées, obtuses. Les fleurs sont petites et disposées en grappes pendantes, longues de huit à dix pouces.

Coccoloba a fruits blancs : *Coccoloba nivea*, Sw., *Fl.* ; Jacq. ; *Amer.*, tab. 78. Cet arbre s'élève à la hauteur de vingt pieds ; ses feuilles sont minces, ovales-oblongues, acuminées, luisantes à leurs deux faces ; les fleurs petites et jaunâtres : leur calice devient épais, succulent ; il acquiert en grossissant une couleur blanche, et revêt, jusque vers son milieu, une noix trigone, luisante et noirâtre : ce fruit est d'une saveur douce, agréable, bon à manger. Il croît à Saint-Domingue et à la Martinique ; on le cultive au Jardin du Roi.

Coccoloba a feuilles de laurier ; *Coccoloba laurifolia*, Jacq., *Schoenbr.*, 3, tab. 267. Arbrisseau d'environ dix pieds de haut, revêtu d'une écorce d'un brun cendré, chargé de rameaux diffus. Ses feuilles sont coriaces, alongées, glabres, obtuses, très-entières, luisantes, longues de quatre à cinq pouces ; les pétioles munis à leur base d'une gaîne cylindrique ; les grappes droites, cylindriques, longues de trois pouces ; les filamens étalés, soudés à leur base ; les stigmates papilleux. Il croît dans les environs de Caracas.

Coccoloba a feuilles minces : *Coccoloba tenuifolia*, Linn. ; Lam., *Ill. gen.*, tab. 316, fig. 1 et 3 ; Brow., *Jam.*, tab. 14, fig. 3. Ses feuilles sont très-minces, glabres, ovales, obtuses ou un peu acuminées ; une membrane stipulaire attachée au pétiole, les grappes droites, cylindriques, longues de trois à quatre pouces. Cette plante croît à la Jamaïque.

Coccoloba sagittée ; *Coccoloba sagittata*, Poir., Enc., vol. 6, pag. 64. Espèce remarquable par ses petites feuilles presque sagittées et par ses grappes latérales vers l'extrémité des rameaux, longues de deux ou trois pouces, chargées de petites fleurs d'un blanc jaunâtre. Elle a été découverte au Pérou par Dombey.

Coccoloba a petites feuilles ; *Coccoloba parvifolia*, Poir., Encycl., 6, pag. 64. Ses rameaux sont épars, tortueux ; leur écorce d'un blanc cendré : les feuilles coriaces, ovales, obtuses à leurs deux extrémités ; les grappes filiformes, placées le long des branches sur de petits rameaux très-courts , sans feuilles ; les fleurs très-petites. Elle croît dans l'Amérique méridionale.

Il existe encore plusieurs autres espèces de *coccoloba*; telles que le *coccoloba punctata*, Mill. ; *seu coronata*, Jacq. , *Amer.* , tab. 77 ; Pluk., *Alm.*, tab. 237, fig. 4; *coccoloba barbadensis*, Linn. et Jacq., Obs. 1, tab. 8 ; *coccoloba emarginata*, Linn. et Jacq., Obs. 1, tab. 9 ; *coccoloba microstachia* , Willd. ; *coccoloba fagifolia*, Jacq., H. *Schoenbr.*, *seu nitida*, H.-P. ; *coccoloba rugosa*, H. P. Selon M. Brown, le *coccoloba australis*, Forst., est très-voisin du *polygonum adpressum*, Labill. Loureiro, dans sa Flore de la Cochinchine, en cite deux espèces de ce pays ; savoir, *coccoloba asiatica* et *cymosa*. (Poir.)

COCCOLOBIS. (*Bot.*) P. Brown, dans ses Plantes de la Jamaïque, avoit donné ce nom au genre publié auparavant par Plumier, sous celui de *guiabara*, contenant des arbrisseaux dont les fruits en grappe leur avoient fait donner celui de raisinier. Linnæus a changé le nom de Brown en celui de *coccoloba*, qui est adopté. (J.)

COCCONILEA. (*Bot.*) Théophraste nommoit ainsi le fustet, *rhus cotinus*, suivant C. Bauhin, qui croit que le même arbre est le *coggygria* de Pline. (J.)

COCCOTHRAUSTES. (*Ornith.*) Ce terme, qui a été employé par Klein pour désigner la quatrième tribu de ses passereaux, l'a été ensuite par Brisson pour son vingt-quatrième genre ; et MM. Cuvier et Vieillot ont aussi appliqué cette dénomination aux gros-becs, extraits des *loxia* de Linnæus. Le coccothraustes proprement dit est le gros-bec commun, *loxia coccothraustes*, Linn. (Ch. D.)

COCCOVEGGIA. (*Ornith.*) On appelle ainsi, en Italie, le petit duc, *strix scops*, Linn. (Ch. D.)

COCCU. (*Ornith.*) Ce nom, qui s'écrit aussi *coqu*, se donne vulgairement au coucou, *cuculus canorus*, Linn. (Ch. D.)

COCCULUS. (*Bot.*) Dans les ouvrages de matière médicale , on donne ce nom au *menispermum cocculus*, Linn., plus communément appelé coque du Levant. (L. D.)

COCCUX ou Coccyx (*Ornith.*), nom grec du coucou, *cuculus*. (Ch. D.)

COCCYSUS. (*Ornith.*) Ce terme est employé par M. Vieillot pour désigner génériquement ses coulicous, qui correspondent aux couas de M. Levaillant, etc. (Ch. D.)

COCCYX. (*Ichthyol.*) Belon donne ce nom au Malarmat, poisson de la Méditerranée. Voyez Malarmat.

Par le mot κόκκυξ Aristote paroît avoir aussi désigné le rouget, *trigla cuculus*, Linn. Scaliger et Gaza l'ont traduit par *cuculus*, et Camus par coucou. Voyez Trigle. (H. C.)

COC DE WINDHOVER. (*Ornith.*) La cresserelle, *falco tinnunculus*, Linn., est désignée, sous ce nom par Albin, tom. 3, n.° 5. (Ch. D.)

COCHE, Cocherel ou Cocherelle. (*Bot.*) Dans le Bourbonnois, on nomme ainsi l'*agaricus procerus*, Dec., Fl. Fr., n.° 558, appelé, dans les environs de Paris, grisette; à Orléans couamelle, colmelle et coulemelle; et ailleurs coquemelle, etc. Voyez Fonge. (Lem.)

COCHEHUE (*Bot.*), un des noms américains du roucou, *bixa*, cité par M. de Lamarck et par l'auteur du Dictionnaire économique. (J.)

COCHELERIEU. (*Ornith.*) Ce nom et ceux de cochevier, cochelivier et cochelivieu, sont donnés, dans la Sologne, à l'alouette cujélier ou lulu, *alauda arborea* et *nemorosa*, Linn. (Ch. D.)

COCHÈNE (*Bot.*), nom donné au sorbier des oiseleurs dans quelques lieux. (J.)

COCHENILLE (*Entom.*), *Coccus*, vulgairem. Gallinsectes, genre d'insectes hémiptères, de notre famille des phytadelges ou plantisuges.

Ces insectes sont assez difficiles à caractériser; car les mâles seuls ont des ailes, qui ne sont jamais croisées ni opaques; mais ils sont privés du bec ou suçoir. Les pattes sont très-grêles dans les deux sexes, à un seul article, et les antennes filiformes, à huit ou neuf articulations. Ce sera donc plutôt par une comparaison établie avec les autres hémiptères que nous parviendrons à les faire connoître. L'analyse en effet nous fait voir:

1.° Que ces insectes, qu'ils aient des ailes ou non, sont privés de mâchoires ou de pièces articulées, disposées par paires sur les côtés de la bouche; 2.° que, dans les mâles, les ailes sont au nombre de quatre, d'égale consistance, non écailleuses; 3.° que, dans les femelles aptères, la bouche consiste en un bec, ou tube, paroissant naître du cou, sans palpes latéraux. Deux de ces trois circonstances réunies dans l'insecte prouvent qu'il est hémiptère.

Dans la sous-classe des insectes hémiptères, la plupart des familles offrent, ainsi que leur nom l'indique, des ailes croisées, à demi-coriaces, et non d'égale consistance. La seule famille des cigales est dans ce cas; mais tous les genres ont au moins deux et au plus trois articles aux tarses.

Dans cette dernière famille, il n'est pas difficile de distinguer les cochenilles des autres genres : des aleyrodes, par exemple, qui, s'ils n'avoient un bec au lieu d'une langue roulée en spirale, ressembleroient à de petites phalènes, avec lesquelles on les a souvent confondus; des kermès, qui ont les antennes grosses, comme faisant partie du front; des pucerons, qui ont le ventre terminé par deux cornes, ou mamelons, qui laissent exsuder une humeur souvent sucrée; et enfin des psylles, dont les individus des deux sexes ont des ailes, et ont la tête ou le front comme fourchu, en même temps que leur corps est recouvert d'une exsudation floconneuse d'une matière gommeuse et douceâtre.

Il est présumable que le nom de cochenille est tiré du mot grec κόκκος, qui signifioit une graine, et que l'on désignoit ainsi les cochenilles femelles desséchées, qu'on a crues longtemps une graine du nopal, et que l'on appeloit à cause de cela la graine d'écarlate, d'où les Latins ont fait le mot *coccus*.

Cependant les Espagnols appellent les cloportes et la graine d'écarlate *cochinilla*, qu'ils prononcent *kotchiniglia*, diminutif de *cochino*, un cochon de lait.

Les cochenilles femelles sont beaucoup mieux connues que les mâles, qui ne vivent que quelques jours, sous leur dernière forme, pour accomplir le grand acte de la fécondation, au moyen de leurs ailes qui leur permettent de se transporter sur le corps des femelles, lesquelles sont immobiles sur les tiges et les feuilles de plantes, comme des excroissances ou des végétaux parasites. Lorsque ces femelles sont fécondées, elles ne paroissent plus vivre que très-peu de temps. Leur corps se dessèche, et leur peau sert d'enveloppe aux œufs, qui bientôt éclosent et produisent de petites larves; celles-ci se gonflent et s'accroissent en faisant étendre la peau de leurs mères, qui les protège, et qui simule alors une sorte de galle ou de tumeur fixée sur la plante. Les mâles, comme nous l'avons dit, ont des ailes : ils sont très-vifs, très-actifs ; leur tête est arrondie, avec de petits yeux et des antennes longues, en fil. Ils paroissent n'avoir que deux ailes, placées horizontalement sur la longueur du corps, dans l'état de repos. Ils ne paroissent pas prendre de nourriture sous cette dernière forme ; car ils n'ont plus de bec. Leur ventre est appliqué immédiatement au corselet ; il se termine quelquefois par deux filets, comme dans les psoques et les éphémères. Ils volent avec assez de légèreté, et ressemblent à de petits pucerons.

Quand on examine le corps des femelles, il est difficile d'en distinguer les parties, à moins de les détacher de la plante. On voit alors en dessous les rudimens du suçoir, les pattes, et quelquefois les articulations du corps ; mais il faut être exercé à ces sortes de recherches, et connoître, pour ainsi dire, l'insecte afin de l'apercevoir.

Les cochenilles sont très-nuisibles aux végétaux sur lesquels elles se fixent et se propagent comme les pucerons. La plupart s'attachent aux arbres verts, comme les chênes verts, les oliviers, les orangers, les lauriers roses, et aux autres plantes qui ne perdent pas leurs feuilles pendant l'hiver : elles sont de véritables fléaux pour les jardiniers. L'une des espèces en particulier se développe sur les arbustes des serres chaudes, et devient une sorte de peste pour les orangeries. Une autre fait beaucoup de tort à la végétation des oliviers, des myrtes, des figuiers. C'est principalement la cochenille fine du nopal, et celle dite sylvestre, qui sont employées dans l'art de la teinture pour obtenir la belle couleur écarlate, qui ont mérité toute l'attention des naturalistes. Une autre espèce, moins connue, paroît produire la gomme-laque, d'après Kerr, *Transact. philos.*, vol. 71, part. 2, pag. 376. Une autre produit aux Indes orientales une sorte de cire blanche, d'après Pierson, *Acta anglica*, 1794.

La Cochenille du nopal, *Coccus cacti*; vulg. Cochenille fine, Cochenille Sylvestre, du commerce, Graine d'écarlate. Cette espèce, très-importante pour l'industrie, puisqu'elle fournit la belle couleur rouge aux teinturiers et aux peintres, est fort difficile à caractériser autrement que par son usage et

son séjour sur le nopal. La femelle est de la grosseur d'une petite lentille ; sa couleur est d'un rouge foncé violet ; on distingue
à peine les articulations du corps, qui est couvert d'une poussière écailleuse argentée. Elle paroît être originaire d'Afrique ;
mais on l'élève, on la cultive, pour ainsi dire, au Mexique,
dans la province de Honduras, à Guaxaca, à Oxaca.

M. Thierry de Menouville nous a donné, en 1787, dans un
ouvrage imprimé au Cap-François, de très-bons renseignemens sur cet insecte, dans son Voyage à Guaxaca, depuis la
page 263 jusqu'à 436 ; et Anderson, en 1795, a publié à Madras
un Mémoire sur l'importation de la cochenille de l'Indoustan
en Amérique.

La COCHENILLE DE POLOGNE, *Coccus polonicus.* On l'observe en
Pologne sur les racines d'une espèce de renouée, ou *polygonum,*
sur celles du *seleranthus perennis.* Elle donne aussi, par la teinture, une couleur rouge, mais moins vive et moins éclatante
que celle du nopal.

COCHENILLE DES SERRES, *Coccus adonidum.* On l'observe sur
les feuilles des arbres du midi de l'Europe.

COCHENILLE DES ORANGERS, *Coccus hesperidum,* sur les feuilles
des citronniers, des lauriers.

On en a décrit d'autres espèces, qui se trouvent sur les feuilles
du pêcher, du chêne, de l'ilex, du figuier (c'est en particulier
cette espèce qui fournit la gomme laque des Indes orientales),
de l'olivier, de l'érable, de l'orme, du coudrier, du bouleau,
de l'aune, du charme, du tilleul, du petit houx, du cirier,
du saule marceau, de la piloselle, de l'arbousier, du phalaris,
de l'aubépine, de la vigne. (C. D.)

COCHENILLE. (*Chim.*) On n'a point encore obtenu le principe colorant de la cochenille à l'état de pureté ; on sait seulement qu'il est soluble dans l'eau, l'alcool et l'éther sulfurique.
Lorsqu'on traite la cochenille par l'eau bouillante, ce liquide se
colore en cramoisi tirant sur le violet, et dissout au moins
deux principes immédiats, le principe colorant et une matière
azotée, non colorée. L'extrait qu'on en obtient par l'évaporation,
traité par l'alcool, se réduit en une belle liqueur rouge, et en
un résidu, couleur de lie de vin, qui est formé en grande partie de la matière azotée, et d'une portion du principe colorant. La partie soluble dans l'alcool de l'extrait de coche-

nille, évaporée à siccité, laisse une matière transparente d'un rouge foncé, qui donne à la distillation beaucoup d'ammoniaque, en sorte que, si elle ne contient pas de matière azotée, étrangère au principe colorant, il faut conclure avec M. Berthollet que ce principe est aussi azoté.

M. Berthollet a donné, dans ses Elémens de teinture, les résultats d'expériences qu'il a faites avec les réactifs et la décoction aqueuse de cochenille ; il a vu :

1.° Que cette décoction, mêlée à un peu d'acide sulfurique, devenoit d'un rouge tirant sur le jaune, et laissoit précipiter une petite quantité de matière rouge.

2.° Que le sur-tartrate de potasse la faisoit passer au rouge jaunâtre, et y déterminoit à la longue un petit précipité d'un rouge pâle ; la liqueur surnageante étoit jaune.

3.° Que la potasse la faisoit passer au pourpre.

4.° Que l'alun lui donnoit une teinte plus rouge, et formoit un précipité cramoisi.

5.° Que le mélange d'alun et de tartre faisoit tirer la couleur sur le rouge jaunâtre, et produisoit un précipité beaucoup moins abondant et beaucoup plus pâle que dans l'expérience précédente.

6.° Que la dissolution d'étain formoit un précipité d'un beau rouge ; et que la liqueur surnageante étoit incolore.

7.° Que le tartre d'abord, puis la dissolution d'étain, produisoient un précipité rose-lilas ; et que la liqueur surnageante étoit un peu jaune.

8.° Que le chlorure de sodium rendoit la couleur un peu plus foncée.

9.° Que l'hydrochlorate d'ammoniaque la rendoit pourpre ;

10.° Que le sulfate de soude n'y produisoit aucun changement.

11.° Que le sulfate de fer y formoit un précipité violet brun ;

12.° Que le sulfate de zinc en formoit un coloré en violet foncé.

13.° Que l'acétate de plomb en formoit un d'un violet pourpré.

14.° Que le sulfate de cuivre produisoit un dépôt violet.

M. Berthollet a vu que le tartre augmentoit l'action dissolvante de l'eau sur la cochenille, tout en affoiblissant un peu la vivacité de la couleur qu'auroit prise le liquide s'il avoit été employé à l'état de pureté.

La couleur écarlate que l'on applique sur la laine, se forme avec la dissolution d'étain au maximum, le tartre et la cochenille.

Le carmin, espèce de laque, se prépare avec l'alun et une eau dans laquelle ou a fait bouillir successivement, 1.° de la poudre de graines de chouan; 2.° de la cochenille ; 3.° de l'écorce d'autour. Le carmin qui se dépose de cette liqueur après qu'on y a ajouté l'alun, paroît être essentiellement une combinaison de principe colorant et d'alumine ; mais on n'a point encore publié une recette au moyen de laquelle on puisse faire le carmin de première qualité. (Ch.)

COCHENILLIER. (*Bot.*) On nomme ainsi l'espèce de nopal sur lequel vit une espèce de cochenille, *coccus cocti*, Linn., Voyez Cacte, Nopal, Cochenille. (**J.**)

COCHE-PIERRE (*Ornith.*), un des noms vulgaires du grosbec d'Europe, *loxia coccothraustes*. Linn. (Ch. D.)

COCHER (*Ichthyol.*), nom spécifique d'un poisson du genre Chétodon, *chœtodon auriga*. Voyez ce mot. (H. C.)

COCHEVIS. (*Ornith.*) On nomme ainsi la grosse alouette huppée, *alauda cristata*, Linn. (Ch. D.)

COCHIBIBI (*Bot.*), nom caraïbe, suivant Surian, d'une carmantine que M. Richard nomme *justicia laurina*. (J.)

COCHICAT (*Ornith.*), nom donné, par contraction, à l'espèce de toucan qui, suivant Fernandez, porte au Mexique celui de cochitecanatl, et qui est le *ramphastos torquatus*, Linn. (Ch. D.)

COCHICATO (*Ichthyol.*), nom espagnol d'une variété de la daurade, *sparus aurata*, Linn., que M. Schneider, *Blochii Syst. ichthyol.*, pag. 271, appelle *sparus aurata var. cochicato*. Voyez Daurade et Spare. (H. C.)

COCHIN, et Cochin-Remow (*Mamm.*) Le premier de ces noms, au rapport de Marsden, est le nom du chat, et le second celui d'un chat-tigre, à Surate. (F. C.)

COCHINO. (*Ichthyol.*) M. François de la Roche dit qu'à Barcelone on appelle ainsi une espèce de squale, qu'on pêche dans les plus grandes profondeurs de la mer Méditerranée; mais il n'ajoute pas d'autres renseignemens. (H. C.)

COCHITECANATL. (*Ornith.*) Voyez Cochicat. (Ch. D.)

COCHITOTOTL. (*Ornith.*) L'oiseau qui, selon Fernandez, porte ce nom au Mexique, est le promerops orangé, *upupa aurantia*, Linn. (Ch. D.)

COCHIZAPOTL, ou Tzapotl. (*Bot.*) D'après la description incomplète de cet arbre du Mexique, on est porté à croire que c'est un plaqueminier, *diospyros*, dont le fruit est bon à manger ; et l'on se confirme dans cette opinion parce qu'un autre plaqueminier des Philippines est figuré et indiqué par Camelli sous le nom de zapotl noir. (J.)

COCHLEARIA. (*Bot.*) Voyez Cranson. (L. D.)

COCHLEARIUS: (*Ornith.*) Brisson a employé ce terme pour désigner génériquement le savacou, *cancroma*, Linn. Des naturalistes ont aussi appliqué le nom de cochlearia à la spatule, *platalea leucorodia*, Linn. (Ch. D.)

COCHLUS. (*Entoz.*) Zeder établit sous ce nom, un petit genre parmi les vers intestinaux, pour le *cucullanus ascariodes* de Linnæus Rudolphi le réunit à ses Liorinques. Voyez ce mot. (De B.)

COCHO. (*Ornith.*) Fernandez parle, sous ce nom, aux chapitres 145 et 146 de ses Oiseaux de la Nouvelle-Espagne, de deux espèces de perroquets, que Seba a représentés dans son *Thesaurus*, tom. 1, tab. 59, n.° 2, et tab. 64, n.° 4. L'une d'elles se rapporte au *guiaruba* de Jean de Laët (Descript. des Indes occidentales, p. 490), *guarouba* ou perruche jaune de Buffon *psittacus guarouba*, Linn. ; l'autre, à la seconde variété du perroquet crick à tête bleue, *psittacus autumnalis*, Gmel. Le même nom paroît aussi avoir été appliqué à la perruche à gorge rouge, *psittacus incarnatus*, Gmel. (Ch. D.)

COCHOLOTE. (*Ornith.*) On appelle ainsi à Buenos-Ayres, suivant M. d'Azara, n.° 262, le *piririgua*, sur lequel on est entré dans certains détails au mot Ani. Voyez ce mot, Sup. (Ch. D.)

COCHON (*Mamm.*), nom tiré du mot italien *ciacco* ; dérivé, dit Ménage, de σύβαξ (grossier), qui vient lui-même en partie de σῦς, nom grec du cochon domestique.

Les naturalistes ont étendu ce nom, de l'animal qui le porte communément, à tous ceux qui ont avec lui des rapports génériques ; toutefois ces rapports ne sont pas tels que les espèces ne puissent encore former des groupes distincts et caractérisés par des modifications organiques assez importantes. Ainsi, outre les cochons proprement dits, ce genre renferme le babiroussa et les pécaris. Quelques auteurs ont formé de ces derniers un genre particulier, ce que nous n'imiterons point, parce que, malgré les traits qui distinguent les pécaris, ils ont conservé le naturel des cochons, et qu'ils en ont d'ailleurs les caractères principaux.

Les animaux de ce genre se caractérisent par la forme de leurs molaires, à racines distinctes, dont le nombre varie suivant les espèces, mais dont la structure est la même chez tous. Ces dents sont composées de tubercules mousses, dont le nombre augmente à mesure qu'elles s'accroissent.

A la mâchoire supérieure, les fausses molaires n'ont qu'un seul tubercule principal, et se ressemblent. La première molaire, à peu près aussi large qu'épaisse, a deux tubercules principaux, l'un à la face externe, l'autre à la face interne, séparés par un sillon. Les deux suivantes ont quatre tubercules principaux à leurs quatre coins. Enfin la septième, qui ne se trouve que chez les sangliers, outre les tubercules principaux des deux molaires précédentes, a un cinquième tubercule principal à sa partie postérieure ; ce qui donne à cette dent beaucoup moins d'épaisseur que de longueur.

A la mâchoire inférieure, les quatre premières molaires sont à un seul tubercule, les deux suivantes ressemblent à celles qui leur répondent à la mâchoire supérieure ; et la dernière a six tubercules principaux, trois à une face, et trois à l'autre.

Les incisives supérieures varient de six à quatre, et les inférieures sont toujours au nombre de six ; il y a deux canines à chaque mâchoire, qui diffèrent, et pour les formes, et pour les directions, mais qui généralement, et chez les mâles surtout, font l'office de défenses, et sont, pour quelques espèces, des armes extrêmement puissantes, comme le sanglier nous en offre l'exemple. Les pattes de devant ont toujours quatre doigts ; celles de derrière en ont de trois à quatre : mais, dans tous les cas, il n'y a jamais que les deux doigts antérieurs qui posent à terre ; les postérieurs ne sont qu'imparfaitement développés, et ne paroissent être d'aucune utilité à l'animal. Les ongles enveloppent entièrement l'extrémité des doigts, et approchent, pour la forme, de ceux des ruminans.

Les sens, chez ces animaux, excepté celui de l'odorat, paroissent être assez obtus. Leurs yeux, très-petits, ont la pupille ronde ; leur oreille externe est de moyenne grandeur, pointue et mobile ; la langue est douce, et les narines, très-simples, sont percées au bout d'un groin aplati et glanduleux. Le toucher est peu sensible. Il y a deux sortes de poils ; les uns sont frisés, durs, et cachés sous les autres, qui sont des soies roides en assez petite quantité, ce qui a lieu au reste chez tous les pachydermes. Une épaisse couche de graisse s'étend sur tout le corps, et vient encore ajouter à l'imperfection de ce sens. Les organes de la génération n'ont rien de particulier : la verge du mâle se dirige en avant ; les testicules sont en dehors ; la vulve est petite, et le nombre des mamelles va jusqu'à douze. La queue est courte et mince.

Le cochon domestique, à oreilles droites, donne une idée assez exacte des autres espèces de ce genre. Leurs formes et leurs allures sont également lourdes. La pesanteur et la longueur de leur tête, la brièveté de leur cou, leurs jambes assez basses, et minces proportionnément à l'épaisseur du corps, la grossièreté de leur pelage, sont les traits principaux de leur physionomie. Le trot est leur allure ordinaire ; ils marchent la tête baissée, et se dirigent toujours droit devant eux. Les lieux humides et marécageux leur plaisent ; ils s'y vautrent, et y fouissent, pour y chercher des racines et des vers.

Ce sont des animaux dont l'intelligence est bornée, et qui sont peu susceptibles d'éducation ; cependant ils s'apprivoisent aisément, et s'attachent aux personnes qui leur font du bien. Ils se nourrissent presque indistinctement de substances végétales ou animales ; les racines et les graines font cependant leur nourriture principale. Ils se retirent dans les lieux peu habités, où ils vivent en troupes quelquefois assez nombreuses. La voix de toutes les espèces approche plus ou moins de celle de notre cochon. On en a trouvé dans toutes les parties du monde, excepté à la Nouvelle-Hollande.

Des Sangliers.

Les sangliers ont six incisives à chaque mâchoire ; des canines, dépassant les lèvres et dirigées en haut, qui sont dépourvues de racines proprement dites, et qui croissent durant toute

la vie de l'animal ; sept molaires à l'une et à l'autre mâchoires ;
quatre doigts à tous les pieds.

Le Sanglier commun : *Sus scrofa*, Linn.; Buffon, t. V, pl. 14
et 17. Tête semblable à celle du cochon, sans replis ou excroissances particuliers.

Il est d'un noir brunâtre sur tout le corps ; ses soies sont roides
et dures, particulièrement le long de l'épine. Il se retire dans
les parties les plus fourrées des forêts, où il se choisit une retraite, appelée bauge en terme de chasse, d'où il ne sort qu'à
la dernière extrémité, lorsqu'il est attaqué. Le mâle et la femelle se réunissent en décembre ou en janvier, et la laye
met bas, après cent vingt et quelques jours de portée, six
ou huit petits, qui ont une livrée formée de bandes longitudinales, mais irrégulières, d'un brun plus ou moins foncé,
sur un fond où le blanc et le fauve se trouvent mélangés.
Cette livrée disparoît avec la seconde mue ; après la cinquième ou la sixième année, ces animaux ont acquis tout leur
accroissement, et leur vie est de vingt-cinq à trente ans. Le vieux
sanglier vit ordinairement seul ; mais les femelles se réunissent
entre elles, avec leurs portées de deux à trois ans, et forment
ainsi des troupes nombreuses, qui se défendent mutuellement,
surtout quand les petits sont jeunes ; alors les mères deviennent
furieuses. Les plus forts font face au danger en se pressant les
uns contre les autres, et en plaçant derrière eux les plus petits.

La chasse du sanglier est très-dangereuse. La grande force de
cet animal, et ses puissantes défenses, le rendent redoutable
aux chiens et aux chasseurs. Lorsqu'on est parvenu à le faire
quitter sa bauge, il fuit d'abord, mais lentement, et malheur
aux chiens qui le pressent de trop près ! Dès qu'il est blessé,
il s'arrête et court sur celui de qui il croit avoir reçu le coup.
C'est alors qu'il est le plus à craindre ; il renverse et déchire
tout ce qui se trouve devant lui. Les sangliers de quatre ans
sont les plus difficiles à chasser, parce qu'ils courent très-long-
temps, et qu'à cet âge leurs défenses, plus droites et plus tranchantes, font des blessures plus profondes. Les vieux s'éloignent moins, et, leurs défenses étant très-recourbées, portent
des coups moins dangereux. Cette chasse se fait ordinairement avec de forts mâtins.

C'est le soir que les sangliers vont chercher leur nourriture ;

ils font de grands dégâts dans les champs cultivés aux bords des forêts, et lorsqu'ils sont pressés par la faim, ils attaquent même les animaux vivans.

Cette espèce se rencontre dans les régions tempérées de l'Europe et de l'Asie ; et l'on assure qu'elle se trouve aussi en Syrie, dans l'Inde, et dans les parties septentrionales de l'Afrique.

Du Cochon domestique.

Le sanglier est la souche de tous nos cochons domestiques, car ces animaux produisent ensemble des races fécondes. La domesticité a développé sur ces animaux différentes modifications qui ont été peu étudiées. Aussi les naturalistes n'admettent-ils dans cette espèce que quatre ou cinq variétés principales.

Leur intelligence ne paroît avoir rien gagné par les soins de l'homme : ils reviennent eux-mêmes des champs à leur étable, reconnoissent ceux qui les soignent, les suivent à la voix ; et l'on assure que, dans quelques parties de l'Ecosse, on les attelle de compagnie avec l'âne et le cheval. L'abondance de la nourriture et le peu de mouvement qu'on leur permet, en les engraissant, paroissent porter chez eux une très-vive excitation dans les organes de la génération, et augmenter la fécondité de l'espèce. Ces animaux s'accouplent fréquemment : à neuf mois ils peuvent déjà produire, et des truies ont mis au monde jusqu'à douze, et même quinze petits. D'un autre côté, on a vu des cochons peser au-delà de douze cents livres.

Le Cochon commun. On réunit dans cette variété un grand nombre de races qu'il seroit de la plus haute importance d'examiner sous d'autres points de vue qu'ils ne l'ont été, et qui paroissent avoir tous pour caractère commun des oreilles longues et pendantes ; les soies sont plus foibles et plus rares que celles du sanglier, et la couleur la plus commune de ces cochons est le blanc sale ; quelques races cependant sont toutes noires, et il y en a de pies. Il paroîtroit même, d'après quelques renseignemens que nous n'avons pu vérifier, que quelques races ont des verrues ou des protubérances assez fortes au-dessous des yeux.

Les races principales, pour l'économie agricole, sont :

a. La race anglaise, qui acquiert une grandeur extraordinaire, et dont le poids peut s'élever jusqu'à douze cents livres. Ces cochons sont blanchâtres, et leur corps est très-alongé.

b. La *race du Jutland* se distingue aussi par un corps alongé et des oreilles pendantes, mais surtout par la courbure du dos et la longueur des jambes. Elle est, pour le pays dont elle tire son origine, un objet considérable de commerce. Les individus de cette race donnent, dans leur seconde année, de deux à trois cents livres de lard.

c. La *race de Zélande* est plus petite et plus trapue que la précédente ; ses oreilles sont un peu relevées, et son dos est fortement garni de soie. Les individus de cette race donnent, lorsqu'ils sont gras, de cent soixante à deux cents livres de lard.

d. Les *races de Pologne et de Russie* restent très-petites, et sont généralement roussàtres.

e. La *race noire à jambes courtes.* Cette race se distingue par les proportions raccourcies de sa tête, les plis qui garnissent le dessus de ses yeux, l'épaisseur de ses mâchoires, le peu d'étendue de son cou, la largeur de son dos, la rareté de ses soies, la longueur de son corps, et la petitesse de ses oreilles presque droites. Elle est particulièrement propre au midi de l'Europe ; c'est avec sa chair que se font les saucissons de Bologne, et la race de Bayonne paroit se confondre avec elle.

f. Les *races de France* consistent principalement dans celle de la vallée d'Auge en Normandie, dont la tête est petite et pointue, les oreilles étroites, le corps long et épais, le poil blanc et rare, les pattes minces et les os petits ; elle atteint le poids de six cents livres. Celle du Poitou dont la tête est forte, le front saillant et le chanfrein droit, l'oreille large et pendante, le corps alongé, le poil rude, les pattes larges et fortes, les os gros ; son poids n'est que de cinq cents livres environ. Celle de Périgord, à poil noir et rude, à cou gros et court, à corps ramassé et trapu. Cette race, mélangée avec la précédente, a donné naissance à une race pie, intermédiaire, dont les produits sont recherchés.

g. La *race à un seul ongle,* ou plutôt à trois ongles réunis, est sans contredit une des plus importantes pour le naturaliste. Je dois à l'amitié de M. Jacobson, qui occupe une place honorable dans l'histoire naturelle par ses découvertes anatomiques, un dessin qui me donne le moyen de décrire exactement le caractère de cette race singulière, qu'Aristote connoissoit déjà, dont tous les naturalistes ont admis l'existence, et qui cependant n'étoit encore que très-imparfaitement connue.

On sait que les doigts du cochon ordinaire sont formés, comme tous les doigts parfaits, de trois phalanges. Deux de ces doigts, beaucoup plus courts que les autres, et qui, dans la marche, ne posent point à terre, sont situés de chaque côté des deux doigts du milieu, et un peu en arrière; les deux grands doigts se touchent, et dépassent les autres de la longueur de leurs deux dernières phalanges. Les petits doigts latéraux n'ont point éprouvé de changement dans le cochon solipède. C'est dans la structure des doigts moyens que consistent les caractères de cette race : deux phalanges se sont développées extraordinairement entre la seconde et la troisième, c'est-à-dire que l'extrémité d'un troisième doigt s'est produite avec un ongle qui a servi d'intermédiaire pour réunir les deux autres. Au reste, cette réunion n'est qu'imparfaite, et ne semble produite que par la compression occasionée par la présence de l'ongle surnuméraire; car on aperçoit très-nettement, aux irrégularités des ongles de cette race, les trois ongles particuliers dont ils sont formés. M. Jacobson m'apprend en même temps que M. Viborg, déjà connu en France par son Mémoire sur les cochons, qui a remporté le prix proposé en 1813 par la Société d'Agriculture de Paris, s'occupant de nouvelles recherches sur ce sujet, donnera dans tous leurs détails les caractères de la race curieuse dont nous venons de faire connoître le trait principal.

Le Cochon turc, ou de Mongoltz. Je considérerai comme variété cette race de cochon domestique, à cause des traits particuliers qui la caractérisent. Elle est répandue dans la Hongrie et la Turquie d'Europe. Les individus de cette race ont la tête courte et étroite, les oreilles droites et pointues, les jambes minces et assez basses, le corps très-court et les poils généralement frisés, de couleur gris de fer, quelquefois noirs ou bruns. Les jeunes ont une livrée, ce qui feroit supposer que leur race est moins éloignée, à quelques égards, du sanglier, que les autres cochons domestiques. Il paroit que le cochon turc s'engraisse beaucoup plus aisément que les nôtres : son poids peut s'élever jusqu'à quatre cents livres.

Le Cochon de Siam est petit, alongé, et très-bas sur jambes :

il porte sa queue pendante et ses oreilles sont droites et fort petites. Ses soies sont très-rares ; sa couleur est généralement noire, quelquefois blanche, et rarement tachetée. Sa chair est délicate et agréable au goût. C'est cette variété qui est répandue dans toutes les îles de la mer du Sud. Elle est très-féconde, mais peu profitable à cause de sa petitesse.

On doit présumer que le cochon de Siam s'étant naturalisé dans des pays très-différens, a dû donner naissance à plusieurs races que de nouvelles observations nous feront sans doute connoître.

Le Cochon de Guinée. Il paroîtroit que cette variété, qui n'est encore que très-imparfaitement connue, n'est qu'une variété de notre cochon domestique, quoique plusieurs auteurs l'aient considérée comme le type d'une espèce. En effet, Brisson et Klein en ont fait leur *sus guineensis*, et Linnæus son *sus porcus*. On ne le connoît encore que par les rapports et la figure de Marcgrave. Sa taille est petite, et ne surpasse pas celle du cochon de Siam; mais les traits qui paroissent le distinguer de toutes les autres races, ce sont ses oreilles très-alongées et très-pointues, sa queue qui descend presque jusqu'à terre, et son pelage frisé et doux, comparativement à celui des autres cochons. Il n'a point de soie, et sa couleur est rousse. Il paroît en outre avoir la tête assez mince. On le transporte communément, dit-on, de la Guinée en Amérique : si cela est, on peut s'étonner que jusqu'à présent personne n'ait décrit plus en détail une race de cochon si différente des autres.

Le Sanglier a masque ; *Sus larvatus*, Nob. (Voyez l'atlas.) Une proéminence charnue sur le devant de la tête, qui en enveloppe toute la partie supérieure, comme une sorte de masque.

Cette espèce n'est bien connue que depuis l'ouvrage que M. Daniel a publié sur les animaux du cap de Bonne-Espérance. Auparavant on n'en connoissoit que la tête, décrite par Daubenton ; et Buffon rapporte un mot de Commerson sur la figure extraordinaire de cet animal ; mais on ignoroit que ces observations isolées eussent pour objet la même espèce, et on n'a pu le conclure qu'à l'époque où les dessins de M. Daniel ont paru.

Ce sanglier est à peu près de la grandeur du nôtre, et il en

33.

a toutes les proportions. Les seuls caractères par lesquels il s'en distingue sont les protubérances de sa tête, qui lui forment une sorte de masque. Commerson, en effet, écrivoit à Buffon, que cet animal, « depuis la tête jusqu'aux yeux, est « de la figure ordinaire; mais qu'en dessous des yeux est un « renfort qui va en diminuant jusqu'au bout du groin, de « manière qu'il semble que ce soient deux têtes, dont la moitié « de l'une est enchâssée dans l'autre. » Il paroîtroit en outre, d'après la figure de Daniel, que ce sanglier a encore, de chaque côté de la face, sous les yeux, deux autres excroissances assez fortes, dont la surface est très-irrégulière, très-rugueuse. C'est ce masque de la face qui paroît avoir occasioné les caractères particuliers de la tête osseuse; car ils consistent surtout dans le grand développement du bord externe de l'alvéole de la canine supérieure. Dans le sanglier ordinaire, ce rebord n'excède pas un pouce en hauteur, au lieu que dans l'espèce dont nous parlons, il se développe en une longue apophyse, et se termine par un large bourrelet mamelonné correspondant à des mamelons semblables de la partie moyenne des os du nez. Outre ce caractère, la tête de cette espèce se distingue encore par le grand arc que forment les os de la pommette, et par la surface très-longue à laquelle s'attachent les muscles du boutoir.

Il paroît que c'est un animal sauvage et dangereux, dont les mœurs sont extrêmement grossières; mais sous ces divers rapports il n'est encore que très-peu connu.

Du Babiroussa.

Quatre incisives à la mâchoire supérieure et six à l'inférieure. Canines sans racines proprement dites, les supérieures sortant d'un alvéole tourné en haut et se recourbant en demi-cercle; les inférieures arquées, aiguës et triangulaires comme celles des sangliers; cinq molaires de chaque côté des deux mâchoires, semblables à celles des sangliers, excepté que celles-ci ont un plus grand nombre de petits tubercules. Les pieds ont quatre doigts, et sont tout-à-fait semblables à ceux du cochon.

Le Babiroussa : *Sus babyroussa*, Linn.; Buffon, Sup., t. III, pl. 12. Quoique cet animal n'ait point été inconnu aux anciens,

et que les modernes aient souvent eu occasion de l'observer,
cependant on n'en a point encore de bonnes figures ; il n'a
jamais été amené en Europe ; sa tête seule se rencontre dans les
cabinets, et son naturel et ses habitudes n'ont point été décrits.
Pline en parle évidemment dans son huitième livre, chap. 52,
lorsqu'il dit qu'on trouve aux Indes des sangliers qui ont sur
le front deux cornes semblables à celles d'un veau, et des défenses semblables à celles des sangliers communs. Ælien en
parle aussi sous le nom de τέῤῥάκερως (quatre cornes), et
Cosmes-le-Solitaire, qui vivoit au commencement du sixième
siècle, dans sa Description des Animaux des Indes, en traitant
du χοῖρελαφος, ou cochon-cerf, dit qu'il a vu cet animal et qu'il
en a mangé. C'est à Valentin seul que nous devons quelques
particularités sur cette espèce curieuse. La figure qu'il en
donne pèche par les doigts des pieds. Celle de Bontius vaut
mieux. Seba en a fait graver une encore meilleure, et Buffon
a composé la sienne sur le dessin original d'un babiroussa
couché que lui avoit envoyé Pennant, et que celui-ci a publié
dans son ouvrage, et sur un autre dessin communiqué à
Buffon par Sonnerat.

Le babiroussa a des formes un peu moins lourdes que celles
des autres espèces de ce genre ; mais il paroît qu'on a exagéré
lorsqu'on l'a comparé au cerf pour la légèreté. Il rappelle
tout-à-fait les autres espèces de cochons ; il en a la pesanteur
et les allures ; comme elles il a le cou épais, la tête terminée
par un boutoir, les yeux petits ; seulement ses pattes sont un
peu plus élevées, et par conséquent son cou un peu plus long ;
sa tête est plus étroite, et celle du mâle reçoit de ses longues
défenses une physionomie toute particulière.

La couleur générale de cet animal est un cendré roussâtre.
Ses poils sont laineux et courts : il n'a point de soies à proprement parler ; seulement on voit quelques longs poils soyeux
s'échapper d'entre les autres. Il a les oreilles externes peu
étendues ; son train de derrière est plus élevé que celui de
devant ; sa peau est mince, et n'est point revêtue en dessous
d'une couche de lard. Comme le cochon, il a l'odorat très-fin,
et sa chair a un goût fort agréable. Sa voix ressemble au
grognement du cochon. Il se nourrit d'herbes et de feuilles, et
Valentin dit qu'il ne fouille pas, ce qui doit paroître douteux.

Lorsqu'on chasse les babiroussas, ils se jettent à la mer, nageant avec facilité; ils passent ainsi, dans l'archipel de l'Inde, d'une île à l'autre. On les apprivoise très-aisément, et il est à remarquer à ce sujet que l'étendue du cerveau d'un babiroussa est presque du double plus grande, toutes choses égales d'ailleurs, que celle du cerveau d'un sanglier; mais, d'un autre côté, la tête du sanglier l'emporte par l'étendue des sinus frontaux et occipitaux.

Des Pécaris, Dicotyles, Cuv.

Quatre incisives à la mâchoire supérieure, et six à l'inférieure; des canines sans racines distinctes, qui suivent la direction ordinaire, mais qui sont triangulaires comme celles des sangliers; six molaires de chaque côté de l'une et de l'autre mâchoires; quatre doigts aux pieds de devant, et trois à ceux de derrière; une glande sur le dos, qui produit une matière odorante; queue réduite à un léger rudiment. Les pécaris paroissent se trouver dans toute l'Amérique méridionale.

Le Pécari a collier: *Dicotyles torquatus*, Cuv.; Buff., tom. X, fig. 3 et 4.

Cet animal, à la couleur près, a toutes les apparences extérieures d'un jeune sanglier; mais sa grandeur ne dépasse jamais celle d'un chien de moyenne taille. Les poils sont épais et roides; ce sont de véritables soies, et leurs anneaux larges, alternativement noirs et blanchâtres, donnent à l'animal un pelage tiqueté uniformément de ces deux couleurs: seulement on voit une bande blanche, étroite, qui entoure le cou en se dirigeant obliquement du haut des épaules au devant des jambes, et la ligne dorsale est plus noire que le reste. Les poils des pieds et du museau sont très-courts. La matière produite par la glande du pécari, a, dit M. d'Azara, une odeur musquée; pour moi, elle m'a toujours présenté une odeur fétide, qui approchoit de celle de l'ail: elle sort en plus grande abondance lorsque l'animal est en colère, parce qu'alors il contracte les muscles de sa peau pour hérisser les longues soies dont son dos est revêtu.

La femelle et le mâle se ressemblent entièrement, comme j'ai pu m'en assurer, l'un et l'autre ayant vécu en même temps à ma ménagerie; ils se réunissent et vivent, ainsi appareillés au milieu des forêts. La femelle met au monde une seule fois par an, deux petits, qui ont d'abord une teinte roussâtre uniforme. Ce sont des animaux très-faciles à apprivoiser, et qu'on rendroit domestiques, comme le cochon lui-même. Ceux qu'a possédés la Ménagerie vivoient dans la meilleure intelligence avec les chiens et tous les autres animaux de basse-cour ; ils rentroient eux-mêmes à leur écurie, accouroient à la voix, et paroissoient goûter les caresses. Mais ils aimoient à être libres ; ils cherchoient à échapper lorsqu'on vouloit les faire rentrer de force, et tentoient alors quelquefois à mordre ; ils blessèrent un jeune sanglier qu'on avoit placé avec eux. Ces animaux recherchoient la chaleur ; le froid les faisoit beaucoup souffrir et maigrir. Ils étoient nourris de pain et de fruits ; mais en général ils mangeoient de tout, comme le cochon domestique. Lorsqu'on les effrayoit, ils poussoient un cri aigu ; et ils témoignoient leur contentement par un grognement léger. Habituellement ils étoient silencieux. La femelle, qui étoit foible, vécut peu, et n'éprouva jamais les besoins du rut ; aussi les désirs du mâle ne parurent-ils point s'éveiller.

Le Tajassu ; *Dicotyles labiatus*, Cuv. La couleur de cette espèce est généralement noire ; seulement on voit, sous les flancs, sous le ventre, et entre l'œil et l'oreille, des soies qui ont dans leur milieu un anneau blanchâtre, ce qui donne à ces parties une teinte grise, et la mâchoire inférieure est entièrement blanche. Les soies ont leur base d'un gris cendré, le reste est noir, et celles du dos sont très-longues et aplaties. Le mâle et la femelle sont semblables. Les petits naissent vers le mois d'avril : leur teinte, aux parties supérieures, est d'un gris roussâtre, les poils étant noirs dans la plus grande partie de leur longueur et cannelle à leur extrémité ; la mâchoire inférieure est souvent blanche, ainsi que le dessous du corps. Ce n'est qu'après un an que le jeune tajassu prend les couleurs de l'adulte : jusqu'alors il ressemble un peu au pécari. La matière que produit la glande dorsale de cette espèce est inodore. Les tajassus sont des animaux qui habitent les bois, où ils vivent en troupes nombreuses se défendant contre les bêtes féroces, et attaquant avec fureur ceux qui cherchent à leur nuire.

Cette espèce ayant long-temps été confondue avec la précédente, on a négligé d'en donner des figures, et les particularités de leur histoire ont été confondues. C'est à M. d'Azara qu'on doit de les pouvoir bien distinguer aujourd'hui ; mais elles ont encore besoin d'être observées afin d'obtenir des idées plus nettes sur leurs mœurs et leur naturel.

Il est bien vraisemblable que toutes les espèces de sangliers ne sont point encore connues des naturalistes. Dampier, par exemple, parle de sangliers de Mindanao, qui sont hideux, avec de grosses houppes sur les yeux. Dapper rapporte que dans le royaume de Quoja on trouve une espèce particulière de sanglier que les nègres nomment *couja quinta* ; et la plupart des voyageurs aux côtes de Guinée parlent de cochons sauvages, qu'il est difficile de rapporter aux espèces connues.

Le nom de cochon a quelquefois été donné à des animaux qui diffèrent essentiellement de ceux que nous venons de décrire. Ainsi, les Européens ont appelé le cabiai, cochon d'eau. On sait que le cochon d'Inde, qui a aussi été appelé cochon de Guinée, est un rongeur dont nous avons fait le genre Anoema. Les Espagnols appellent cochons cuirassés les tatous ; et les Hollandois du Cap, cochon de fer leur porc-épic, et cochon de terre l'oryctéricope. Le nom de cochon de mer a été donné au marsouin, et celui de cochon marin à un phoque par Molina. Enfin, le cochon singe d'Aristote est un quadrumane dont il est difficile de reconnoître l'espèce, mais qui paroît se rapprocher des babouins, à en juger par la figure qu'on en trouve sur la mosaïque de Palestrine.

Le cochon-cerf est le babiroussa ; les cochons appelés d'Amérique, noirs, ou des bois, sont des pécaris ; les noms de cochon bas, de cochon de la Chine, de cochon des Indes, désignent le cochon de Siam ; et le cochon marron est le cochon domestique redevenu sauvage, etc.

Cochon d'Inde. En parlant de l'apérea à l'article Cabiai, nous avons dit qu'il ressembloit au cochon d'Inde, sur la foi de d'Azara ; mais nous ne pouvions pas le confirmer par nos propres observations. Depuis, ayant eu occasion de voir une tête d'apérea, j'ai pu m'assurer qu'en effet cet animal et le cochon d'Inde sont du même genre ; leurs molaires sont entièrement semblables, et tout porte à penser, avec d'Azara, que ce dernier n'est en effet qu'une variété de l'autre, produite par la domesticité. (F. C.)

COCHON. (*Ichthyol.*) On donne vulgairement ce nom au rouget, *trigla cuculus*, parce qu'il fait entendre, quand on le prend, une sorte de grognement. Voyez TRIGLE.

COCHON DE MER. On donne quelquefois ce nom au coffre triangulaire, *ostracion trigonus*, Bloch, à cause du bruit que fait entendre ce poisson, bruit qui paroît avoir quelque analogie avec le grognement du pourceau. Voyez COFFRE.

COCHON MARIN. On a ainsi désigné quelquefois le humantin, poisson du genre CENTRINE. Voyez ce mot. (H. C.)

COCHUAN. (*Ornith.*) Voyez COCOIN. (CH. D.)

COCHUCHO. (*Bot.*) Dans Acosta, cité par C. Bauhin, il est parlé d'une racine étrangère de ce nom, petite, douce, d'un goût agréable, que l'on prépare pour assaisonnement. (J.)

COCHWT. (*Ornith.*) Le coucou d'Europe, *cuculus canorus*, Linn., porte ce nom en Hollande. (CH. D.)

COCIPSILE (*Bot.*), *Coccocipsilum*, genre de plantes de la famille des rubiacées, et de la *tétrandrie monogynie* de Linnæus, dont le caractère essentiel consiste dans un calice à quatre découpures : une corolle infundibuliforme, à quatre lobes ; un style surmonté de deux stigmates alongés ; une baie sphérique, à deux loges polyspermes.

Ce genre, composé d'abord d'une seule espèce, s'est accru par sa réunion avec le *condalia* de la Flore du Pérou, qui diffère trop peu du premier pour en être séparé. Par cette suppression, le nom de *condalia*, devenu libre, a été employé par Cavanilles pour un autre genre. (Voyez CONDALIA.) Willdenow a cru pouvoir également réunir aux *coccocipsilum* le genre *Fernelia*, Commers. : mais ce dernier en diffère par sa corolle ; de plus il renferme des arbrisseaux et non des herbes. (Voyez FERNELIA.) Ainsi donc, en réunissant les deux genres ci-dessus mentionnés, on aura pour espèces les suivantes :

COCIPSILE RAMPANTE : *Coccocipsilum repens*, Sw., *Prodr.* ; *Coccocipsilum herbaceum*, Aubl. ; Lam., *Ill. gen.*, tab. 64. Ses tiges sont rampantes, cylindriques, herbacées ; les rameaux un peu redressés ; les feuilles pétiolées, opposées, glabres, ovales, entières ; les fleurs petites, presque sessiles, ramassées par petits paquets alternes dans l'aisselle des feuilles ; le calice profondément partagé en quatre découpures profondes, linéaires, aiguës, persistantes ; le tube de la corolle plus long que le calice ; le limbe court, à quatre lobes ovales ; une baie sphérique, couronnée par les divisions du calice. Elle croît à la Jamaïque.

COCIPSILE OMBELLÉE : *Coccocipsilum umbellatum*, Encycl., n.° 3 ; *Condalia repens*, *Fl. Per.*, tab. 84. Très-rapprochée de l'espèce précédente, celle-ci en diffère principalement par ses fleurs réunies presque en ombelle à l'extrémité d'un pédoncule axillaire, plus court que les feuilles ; une bractée subulée à la base de chaque pédicelle ; la corolle est purpurine ; les baies bleuâtres. Elle croît dans les forêts, au Pérou.

COCIPSILE LANCÉOLÉE : *Coccocipsilum lanceolatum*, *Fl. Per. ; sub Condalia.* Ses tiges sont pubescentes, ainsi que toutes les autres parties de la plante ; ses tiges radicantes, fragiles, cylindriques ; les feuilles lancéolées, aiguës ; très-entières ; les fleurs sessiles, agglomérées ; la corolle d'un rouge violet ; les baies bleuâtres. Elle croît au Pérou, à l'ombre des forêts.

COCIPSILE OVALE : *Coccocipsilum obovatum, Fl. Per. ; sub Condalia.* Ses tiges sont hautes de trois pieds, un peu ligneuses ; les feuilles glabres, en ovale renversé, un peu mucronées ; sept à huit pédoncules pubescens, inégaux, uniflores, dans chaque aisselle des feuilles ; la corolle d'un blanc verdâtre ; les baies purpurines. Elle croît dans les Andes, au Pérou, sur les montagnes de Cinchao. On trouve dans les mêmes lieux le *coccocipsilum sessile, seu condalia, Fl. Per.*, dont les feuilles sont glabres, oblongues, un peu obliques ; les fleurs sessiles, axillaires, agglomérées, de couleur purpurine, ainsi que les baies ; les semences jaunâtres, fort petites.

Peut-être faudra-t-il réunir à ce genre, ainsi que l'a fait M. de Lamarck, le NACIBÆA d'Aublet. Voyez ce mot. (POIR.)

COCIX. (*Ornith.*) Gesner, en parlant, p. 319, de son *cornix frugivora (corvus frugilegus, Linn.)*, semble croire que c'est l'oiseau auquel des auteurs ont donné, peut-être mal à propos, le nom latin de *cocix*, qui a plus de rapport avec le *coccyx* ou coucou des Grecs. (CH. D.)

COCK. (*Ichthyol.*) Les habitans de la côte de Cornouailles appellent ainsi une espèce de labre, *labrus coquus*, Linn. Voyez LABRE. (H. C.)

COCK (*Ornith.*), dénomination angloise du coq, *gallus.* (Cn. D.)

COCKADORE. (*Ornith.*) On trouve dans le tom. 5.ᵉ, pag. 157, les Voyages de Dampier, édit. de 1715, ce terme employé à la suite de celui de perroquet, dans l'indication des oiseaux trouvés à l'île de Ceiram ; et comme, à la page 61 du même volume, le mot *cockatou* est placé après celui de perruche, la première expression est, sans doute, pour l'auteur, synonyme de la seconde. Voyez Cockatou. (Ch. D.)

COCKATOU. (*Ornith.*) Ce nom, que l'on écrit aussi *cockatoo*, est donné à des perroquets huppés, de la famille des cacatoes. (Ch. D.)

COCKATRICE (*Erpétol.*), nom anglois du Basilic. Voyez ce mot. (H. C.)

COCKOLINDU (*Ornith.*), nom hollandois du milan, *falco milvus*, Linn. (Ch. D.)

COCK-PADDLE, ou Cock-Padd (*Ichthyol.*), noms anglois du lump, *cyclopterus lumpus*, Linn., poisson de la famille des Plécoptères. Voyez ce mot et Cyclostomes. (H. C.)

COCKRECOS. (*Ornith.*) L'oiseau que le voyageur Dampier désigne sous ce nom, est un râle. (Ch. D.)

COCLEZ. (*Bot.*) L'anémone des jardins portoit autrefois ce nom. (L. D.)

COCLITES (*Foss.*), *Cochliti vel Cochlitæ.* On a autrefois compris sous cette dénomination générique toutes les coquilles univalves passées à l'état fossile. (D. F.)

COCNOS (*Ornith.*), nom persan d'une espèce de courlis. (Ch. D.)

COCO. (*Ichthyol.*) Suivant M. Bosc, on appelle ainsi à Cayenne le bagre, *bagre pimelodinus.* Voyez Bagre, dans le Supplément du 3.ᵉ volume. (H. C.)

COCO (*Ornith.*), nom syriaque du coucou, *cuculus.* Gmelin a aussi donné cette épithète à une espèce du genre *Tantalus*, qui a été décrite par Jacquin, et qui se trouve aux îles Caribées. (Ch. D.)

COCO CARET. (*Bot.*) Dans un herbier envoyé de la Martinique, ce nom étoit donné au *casearia nitida.* (J.)

COCO DES MALDIVES. (*Bot.*) Fruit d'un palmier regardé d'abord comme une espèce de lontar ou rondiar, mais dont on fait maintenant un genre distinct, sous le nom de *lodoicea*, que lui avoit donné le voyageur botaniste Commerson. Anciennement on ignoroit le lieu de l'origine de ce fruit, que l'on trouvoit flottant sur la mer, aux environs des Maldives, dont le souverain s'attribuoit exclusivement la propriété. On en faisoit des vases, auxquels on attribuoit la vertu de détruire l'action des liqueurs empoisonnées que l'on versoit dedans. Le roi des Maldives vendoit ces vases très-cher, ou en faisoit des présens auxquels on attachoit un grand prix. On nommoit ce fruit *nux medica*, et Clusius en a fait sous ce nom l'objet d'une dissertation spéciale. Rumph l'a décrit sous le nom de *calappalant*, et il dit que les Portugais le nommoient *coquinko*. Cette grande réputation a été bien diminuée lorsqu'on a connu l'arbre qui donne ce fruit. Il croît sur une des îles Séchelles, nommée l'île des Palmiers par Labourdonnais, qui l'aborda le premier en 1743. Mais ce ne fut qu'en 1768 que Bougainville, dans son Voyage autour du Monde, vint dans la même île avec Commerson, qui distingua dans ce lieu ce palmier particulier, dont la coque, à deux, ou plus rarement à trois lobes, présente une forme assez bizarre. On en fit la description et le dessin, qui sont consignés dans le Voyage à la Nouvelle-Guinée de Sonnerat. Les caractères du genre seront donnés dans l'article Lodoicea. Voyez ce mot. (J.)

COCOCHATL. (*Ornith.*) Ce nom est donné dans Hernandez, chap. 171, à un oiseau du Mexique dans le plumage duquel le jaune domine, et qui est un peu plus grand que le chardonneret. (Ch. D.)

COCODRILLE (*Ornith.*), un des noms vulgaires du proyer, *emberiza miliaria*, Linn. (Ch. D.)

COCOI. (*Ornith.*) Marcgrave décrit, p. 209 de son Histoire naturelle du Brésil, une espèce de héron huppé, qu'il dit être de la taille d'une cigogne, et pag. 199 du même ouvrage, un autre oiseau sans huppe, qu'il nomme *soco*, et qu'il présente aussi comme appartenant à la famille des hérons. Pison, dans son Histoire naturelle et médicale des Indes occidentales, p. 89 et 90, décrit aussi plusieurs espèces de çocoi, en mettant une cédille sous le premier c. Il paroît que les mots *soco*, ou *çocoi*, désignent génériquement les hérons au Brésil ; et les figures du second et du troisième çocoi, qui ont été empruntées à

Marcgrave, représentent évidemment les oiseaux décrits par celui-ci aux pages 199 et 209. Le premier de ces oiseaux, dont le P. du Tertre parle aussi au tome deuxième de son Histoire naturelle des Antilles, pag. 273, sous le nom de crabier, est l'*ardea cocoi* de Linnæus, le héron huppé de Cayenne, ou soco de Buffon ; et le second, *ardea brasiliensis*, Linn., est le héron du Brésil, Briss., ou l'onoré des bois, de Buffon. (Ch. D.)

COCOIN. (*Ornith.*) Ce nom, qu'on écrit aussi *cocouan*, se donne vulgairement à la marouette ou petit râle d'eau, *rallus porzana*, Linn., qui s'appelle, en certains endroits, cochuan et cochouan. (Ch. D.)

COCOJA. (*Bot.*) A Ternate et à Banda, on nomme ainsi, suivant Rumph, l'espèce de baquois ou vacoua, qui est son *pandanus repens*, et qu'il a décrite sans la figurer. (J.)

COCOLLA et Vovolo, Uovolo (*Bot.*), noms donnés en Italie à des amanites, qui, en naissant, ressemblent à une coque de chenille ou à un œuf. Ce sont les oronges et principalement l'oronge blanche, *agaricus ovoïdeus*, Decand., Fl. Fr., vol. 16, n.° 562, champignon excellent. (Lem.)

COCOMERO (*Bot.*), nom italien du concombre, suivant Daléchamps ; le *cocomero salvatico*, ou concombre sauvage, est le *momordica elaterium*. (J.)

COCON, Coucon ou Coque. (*Entom.*) On nomme ainsi l'enveloppe de soie que se filent les chenilles de plusieurs espèces de bombyce. Voyez Chenille et Bombyce du murier. (C. D.)

COCORLI. (*Ornith.*) M. Temminck, Manuel d'Ornithologie, p. 393, désigne sous ce nom, en latin *tringa subarquata*, l'espèce de courlis qui est représentée dans les planches enluminées de Buffon, avec la dénomination d'alouette de mer, *scolopax africana* et *subarquata*, Gmel., et dans son jeune âge, *numenius pygmæus*, Bechst. (Ch. D.)

COCOSTOL. (*Ornith.*) Buffon a réuni dans un seul article, sous cette dénomination et sous celle de *xochitol*, les oiseaux du Mexique dont il est fait mention dans cinq chapitres de Fernandez, sous les noms de *coztototl* et de *xochitototl*. Les divers naturalistes n'étant point encore parvenus à assigner d'une manière précise l'identité ou la différence des espèces dont il est question dans les descriptions tronquées, et en apparence contradictoires, de l'auteur espagnol, on croit devoir rapprocher ici les passages originaux. Fernandez consacre les chapitres 28, 140 et 143 aux coztototl, uniformément désignés par l'expression d'*avicula*, et les chapitres 122 et 125 aux xochitototl, dont le premier est dit *avis*, mais dont le second reprend encore la qualification d'*avicula*, ce qui empêche de classer à part les xochitototl, et de les isoler tous deux des coztototl par leur taille.

Le premier coztototl, ou *avis pallida*, chap. 28, est comparé par l'auteur au serin de Canarie. Son plumage est jaune, à l'exception du bout des ailes qui est noir; son chant ressemble à celui du chardonneret; il aime les pays chauds; il est bon à manger.

Le second coztototl, ou *avis lutea*, chap. 140, a le plumage varié de brun, de noir, de cendré et de jaune, et changeant successivement du noir au blanc et du blanc au jaune; son chant est agréable.

Le troisième coztototl, dit aussi *avis lutea*, chap. 143, est entièrement jaune, avec une tache noire sur la tête, et les ailes mélangées de noir et de jaune pâle.

A l'égard des xochitototl, le premier, chap. 122, est de la taille d'un étourneau; la poitrine, le ventre et la queue sont de couleur de safran, avec une teinte noirâtre; les ailes, cendrées en dessous, sont noires en dessus, avec des taches blanches; la tête et le reste du corps sont noirs. Cet oiseau a la même voix que la pie; sa chair est bonne à manger. Fernandez ajoute que c'est, dans un âge plus avancé, le même oiseau que celui dont il a parlé, sous le nom de coztototl.

Enfin le second xochitototl, ou *avis florida*, chap. 125, est de la taille du moineau commun; son plumage offre un mélange de gris, de noir, de blanc et de brun; son chant est agréable; il se nourrit d'insectes et de petites graines; il suspend son nid à l'extrémité des branches d'arbres; sa chair n'est pas mauvaise.

On voit, au premier aperçu, que les deux derniers oiseaux ne doivent pas être confondus avec les trois autres, et que, malgré l'observation de Fernandez, qui tendroit à rapprocher son premier xochitototl d'un coztototl, il n'y a pas assez d'analogie dans la taille, le plumage, la voix, et probablement dans les habitudes par lui souvent omises, entre les deux familles, pour s'occuper sérieusement d'examiner auquel des coztototl devroit se rapporter le renvoi, peut-être fautif, qu'on trouve au n.° 122, et dont l'exactitude, au reste, ne mérite guère d'être discutée, lorsqu'il s'agit d'un ouvrage où les articles, composés sans doute sur autant de feuillets particuliers, n'ont été distribués suivant aucune méthode.

Ce qui paroît le plus clairement résulter des cinq chapitres mis en regard, c'est que les coztototl appartiennent à la famille des fringilles, et les xochitototl à celle des troupiales ; que les détails manquent pour s'assurer si les trois coztototl sont autant d'espèces ou simplement des âges différens d'une seule ; et qu'il est question pour les xichototol de deux espèces réelles.

Sans pousser plus loin cet examen, on se contentera de rappeler ici que Brisson a fait du xochitototl, n.° 122, son troupiale de la Nouvelle-Espagne, t. 2, p. 95, et du xochitototl n.° 125, son premier carouge, même vol., p. 115. Le premier de ces oiseaux est l'*oriolus costototl* de Gmelin, qui cite, dans sa synonymie, le costotol et le xochitol de Buffon, t. 5, in-4.°, p. 210 ; et le second est l'*oriolus bonana*, Gmel., ou carouge de Buffon, t. 3, p. 243. (Ch. D.)

COCROOTES (*Bot.*), fruit provenant d'un palmier de Carthagène, décrit par Jacquin, sous le nom de *bactrismajor*. Ce fruit est entouré à sa base d'un double calice, et son brou ligneux renferme un noyau alongé. (J.)

COCOTHRAUSTES. (*Ornith.*) Voyez Coccothraustes. (Ch. D.)

COCOTIER (*Bot.*), *Cocos*, Linn. Plante monocotylédone, de la vingt-unième classe de Linnæus, la *monoécie hexandrie*, et de la famille naturelle des palmiers de Jussieu.

Ce genre a pour caractère des fleurs mâles et des fleurs femelles sur le même spadice, renfermées dans une spathe univalve.

Les fleurs mâles ont un calice composé de trois folioles concaves, presque trigones, pointues et colorées ; une corolle à trois pétales ovales, pointus et ouverts ; six étamines à anthères sagittées ; un ovaire abortif surmonté de trois styles.

Les fleurs femelles ont un calice à trois folioles arrondies, concaves, persistantes, conniventes et colorées ; une corolle à trois pétales également persistans; un ovaire supérieur ovale ou rond, surmonté d'un style à trois stigmates.

Les fruits diffèrent en grosseur et en forme, selon les espèces, et constituent des drupes charnus ou filandreux, pour la plupart obscurément trigones, contenant des coques très-dures, à une seule amande creuse en dedans dans quelques espèces, et renfermant une certaine quantité d'une liqueur laiteuse un peu sucrée.

L'espèce la plus importante de ce beau genre est sans contredit la suivante :

Le Cocotier des Indes : *Cocos nucifera, inermis, frondibus pinnatis, foliolis replicatis ensiformibus,* Linn.; *Palma indica coccifera angulosa,* Bauh., *Pinn.,* 508; *Nux indica,* Lob., *Ic.,* 2, pag. 275. *Tenga,* Rheede, *Mal.,* 1, p. 1, t. 1, 2, 5, 4. *Cocos (nucifera) nucleo dulci eduli,* Jacq., *Am.,* 277, t. 168, et *Pict.,* 155.

Le tronc de ce beau palmier n'a pas plus de quinze à dix-huit pouces de diamètre, et il s'élève droit jusqu'à la hauteur de soixante à quatre-vingts pieds; il est couvert d'une écorce cendrée, sur laquelle on remarque des zones circulaires qui sont des cicatrices formées par les pétioles des anciennes feuilles tombées. Ce tronc est couronné par un faisceau de douze ou quinze grandes feuilles, dont les unes sont droites, les autres s'étendent horizontalement, et se recourbant par leur propre poids, elles ont quelquefois plus de quinze à vingt pieds de longueur, sur trois pieds de largeur; elles sont ailées, à deux rangs de folioles distiques, ensiformes, opposées sur un pétiole commun, dont la base embrasse le tronc de l'arbre : les folioles, dans les feuilles les plus nouvelles, forment deux plans inclinés l'un sur l'autre. Cet arbre ne produit qu'une seule feuille à la fois; elle sort du centre du faisceau des autres feuilles, et forme, avant de se déployer, un cylindre dont le sommet est terminé en pointe, qu'on nomme flèche.

Dans l'aisselle des pétioles des feuilles inférieures sortent de grandes spathes ovales-oblongues, pointues aux deux bouts, longues de quinze à dix-huit pouces, s'ouvrant par un côté, d'où il sort un spadice rameux très-considérable, sur lequel sont disposées les fleurs de couleur jaunâtre; les mâles garnissent les deux tiers des rameaux dans la partie supéfleure ; et les femelles, en beaucoup plus petit nombre, sont placées au-dessous ; il leur succède des fruits de la grosseur de la tête d'un homme, un peu trigones ; leur écorce verdâtre et lisse couvre un brou épais, filandreux, qui entoure une coque ovale-oblongue, un peu pointue, épaisse d'environ une ligne et demie, d'une substance ligneuse très-dure, de couleur brune foncée : cette coque est percée, à son sommet, de trois trous, dont l'un, beaucoup plus grand, est toujours ouvert, et les deux autres, plus petits, se trouvent souvent fermés.

L'amande qu'elle renferme est creuse, et contient dans son intérieur une assez grande quantité d'une liqueur laiteuse ; d'un goût un peu sucré et très-agréable à boire lorsqu'elle est récente. La chair de cette amande est d'un blanc de neige, succulente dans le fruit qui n'est point parvenu à sa maturité, mais coriace et même filandreuse dans les cocos bien mûrs ; son goût est assez agréable à cette époque ; mais il seroit dangereux d'en manger beaucoup, ainsi que de tous les noyaux oléagineux.

Avant d'avoir fait un voyage en Amérique, l'éloge pompeux que j'avois lu, dans les ouvrages de quelques voyageurs, de ce palmier intéressant sous plusieurs rapports, m'avoit fait croire qu'il n'existoit point, dans les Indes occidentales, d'arbre plus précieux et plus généralement cultivé que le palmier-cocotier : le long séjour que j'ai fait aux Antilles, m'a mis à même de l'apprécier à sa juste valeur, et je l'ai trouvé fort au-dessous de sa haute renommée. Cependant il est difficile de refuser à cet arbre la prééminence pour la beauté sur beaucoup d'autres espèces du genre Palmier. Qu'on se figure une belle colonne de soixante à quatre-vingts pieds d'élévation, dont le chapiteau est formé de feuilles immenses, courbées également en différens sens, et formant un panache dont toutes les parties s'agitent mollement par l'impulsion des vents. Les fleurs produisent assez peu d'effets, quoique en très-grand nombre ; mais la grappe de fruits qu'on nomme régime, est par sa richesse, un véritable ornement pour cet arbre.

Les fruits du cocotier se mangent à différentes époques de maturité. Quand ils sont à moitié de leur grosseur, on les nomme cocos au lait, et on les mange avec une cuiller ; leur substance ressemble alors à une crème un peu épaisse ; en y ajoutant un peu de sucre et de fleur d'orange, c'est un mets délicat et très-recherché par les créoles. Quand les fruits sont parvenus à leur entière maturité, l'amande a pris de la consistance, elle est même coriace au point qu'on ne peut qu'en sucer le jus, et l'on rejette le marc ; elle a, à cette époque, le goût des noisettes d'Europe ; mais l'expérience a prouvé que ce fruit, très-oléagineux, seroit, à la longue, une nourriture dangereuse. Quand les cocos sont gardés long-temps après avoir été cueillis, la substance, plus butiracée qu'oléagineuse, de l'amande, s'altère, se rancit, et a un goût désagréable ; ce qui fait que les cocos qu'on apporte des Antilles en Europe ne sont pas estimés des Européens ; et le liquide qui est contenu dans la cavité de l'amande est à peine potable ; ordinairement même, il est d'un goût si désagréable, qu'il ne ressemble plus en rien à l'eau laiteuse et sucrée que les cocos produisent lorsqu'ils sont frais.

On emploie communément le brou filamenteux qui entoure la noix du coco, à calfater les navires ; et l'on préfère cette matière au chanvre parce qu'elle est moins chère, et qu'elle est plus susceptible de se gonfler par l'eau. On ne l'emploie pas dans les Indes occidentales, comme dans les orientales, à faire des cordages, soit à cause de sa rareté, soit parce qu'on trouve dans le pays beaucoup d'autres espèces de filasses plus longues et plus fortes.

On fait avec les amandes de cocos des émulsions au lait, comme avec les amandes d'Europe ; elles sont très-rafraîchissantes, peut-être même trop pour qu'un long usage n'en fût pas dangereux ; car, dans les pays très-chauds, l'usage des toniques est moins à craindre que celui des rafraîchissans. On fait encore, avec ces amandes et du sucre, un sirop qui a beaucoup d'analogie avec le sirop d'orgeat. On en fait aussi des confitures sèches ; mais elles ont le grand inconvénient de ne pouvoir se garder long-temps sans rancir.

Malgré le revenu annuel qu'un palmier-cocotier peut produire, qu'on évalue à 66 fr. par année, et malgré les agrémens divers que ce bel arbre offre sous d'autres rapports, il est très-rare à Saint-Domingue. Il se fait cependant un commerce assez considérable de ses fruits pour l'Europe ;

mais c'est dans les îles voisines qu'on les recueille. Il est d'autant plus étonnant qu'on ne cherche pas à multiplier ce bel arbre, qu'il croît dans les terres sablonneuses les plus arides, surtout aux bords de la mer, et qu'il porte des fruits à cinq ou six ans.

Si nous en croyons les récits des voyageurs, le palmier-cocotier seroit d'un usage très-étendu dans la Chine. On se sert du tronc pour construire les cabanes des pauvres; ses feuilles servent à les couvrir; on écrit aussi sur ses feuilles, on en tresse des nattes, des chapeaux, des paniers et autres ustensiles de ménage. En soumettant à la presse la pulpe des amandes de cocos, on en retire une huile épaisse avec laquelle on peut accommoder les mets; cette espèce d'huile doit être employée promptement; elle se rancit pour peu qu'on la garde. Dans les Antiles, on fait avec les coques qui contiennent l'amande, des vases de différentes espèces, soit d'utilité, soit d'ornement: les naturels du pays ont le talent de ciseler ces vases d'une manière très-agréable et très-surprenante, vu la qualité des outils qu'ils emploient; ils y représentent différens animaux, des plantes, des arbres, et même de petits paysages.

On fait différentes boissons vineuses et liquoreuses, soit avec le liquide contenu dans la noix de coco qui est susceptible de fermentation, soit avec la séve de l'arbre qu'on obtient en faisant une incision à la spathe qui enveloppe les fleurs. Le vin qui résulte de la fermentation de la séve du cocotier, est très-agréable dans les premiers jours, et capable d'enivrer; il donne, par la distillation, une eau-de-vie assez forte, et on peut aussi en faire du vinaigre, en le laissant naturellement tourner à l'aigre. Cette espèce de vin ou de liqueur, qu'on nomme *souva*, est chère, par la raison que, pour l'obtenir, il faut renoncer aux fruits de l'arbre, le spadice qui porte les fleurs, ne recevant plus la séve qui lui est nécessaire pour son accroissement, périt par le dessèchement de la spathe.

En travaillant la séve du palmier-cocotier de la même manière que le vésou, ou suc de cannes à sucre, on obtient une espèce de sucre, dont on fait le même usage que de celui de cannes, mais qui lui est bien inférieur.

D'après les relations des voyageurs, les habitans de Java

mangent beaucoup de cocos, et boivent avec avidité l'eau sucrée qu'ils contiennent avant leur maturité. Quant à l'amande, ils ont une manière de la préparer qui en détruit les qualités malfaisantes ; ils en font une soupe avec du riz et du cavi, qui est un mélange de différentes épiceries ; le piment surtout y domine ; ils y mêlent aussi du curcumaluga.

D'autres espèces de cocotiers ont été observées aux Antilles : mais leur importance n'est pas la même que celle du précédent.

Le Cocotier épineux : *Cocos aculeata, trunco foliisque aculeatis*, Plum., *Am. pict.*, t. 254 ; *Cocos fusiformis*, Willd. ; *Cocos aculeato spinosa, caudice fusiformi, frondibus pinnatis stipitibus spathisque spinosis*, Swartz, *Fl. Ind. occ.*, p. 606.

Le tronc et les pétioles des feuilles de cette espèce de palmier sont garnis d'épines longues et très-aiguës.

Les fruits, de la grosseur d'une petite pomme, sont en très-grand nombre, disposés sur une grappe en régime, et serrés les uns contre les autres ; le brou qui enveloppe la noix est fibreux et a l'écorce verte. Cet arbre porte, à Saint-Domingue et à la Martinique, le nom trivial de *grougrou*. Ses fruits sont à peine mangeables ; cependant les enfans nègres les recherchent.

Une particularité de ce palmier c'est d'avoir son tronc renflé considérablement vers le milieu, et aminci à sa base et à son sommet.

Cocotier amer ; *Cocos amara*. Cet arbre atteint à une hauteur très-considérable, quelquefois à plus de cent pieds, lorsqu'il se trouve dans une vallée. Les fruits, de la grosseur d'un œuf d'oie, contiennent une amande qui est très-amère, ainsi que le liquide qu'ils renferment, et ils sont disposés sur un régime qui en porte un très-grand nombre. C'est dans le tronc coupé de ce palmier que naissent les larves d'une espèce de charençon qu'on nomme ver de palmiste, lesquelles se vendent aux gourmands créoles, comme un mets très-délicat ; les Européens ont bien de la peine à vaincre la répugnance que font naître ces hideuses larves, qui ressemblent beaucoup à celles que produisent les hannetons en France, mais qui sont plus grosses. Pour multiplier ce mets délicat, les habitans de la Martinique ont coutume de faire des incisions dans l'écorce des jeunes palmiers, ce qui engage les charançons à y déposer leurs œufs. On nomme, à la Martinique, cette espèce de palmier, palmiste amer. Il croît assez abondamment dans les bois de Saint-Domingue, et surtout dans ceux de la Martinique.

Le COCOTIER DU BRÉSIL; *Cocos butyracea inermis, frondibus pinnatis, foliolis simplicibus*, Linn., f., Suppl., 454. Cette espèce de cocotier n'est point indigène des Antilles ; mais il s'y est naturalisé, et on le cultive sur plusieurs plantations des environs du Cap-François à Saint-Domingue. On vend ses fruits sur les marchés du Cap, où les nègres les achètent pour en retirer une espèce de beurre, en écrasant la pulpe qui environne les coques des amandes, et les mettant dans des baquets pleins d'eau ; la matière butireuse vient surnager, et on la ramasse avec des cuillers percées. Les nègres se servent de ce beurre pour accommoder différens mets ; mais il faut l'employer frais, il se rancit très-promptement.

Quelques autres espèces de cocotiers existent dans les Antilles ; mais Jacquin les a distraites de ce genre, pour en faire son genre *Bactris*. (DE T.)

COCOTLI. (*Ornith.*) Hernandez, ch. 42, compare cet oiseau, dont il écrit aussi le nom sans *i*, à notre tourterelle, quoiqu'il soit d'une taille bien inférieure ; il ajoute que sa voix fait entendre les syllabes *hu*, *hu*, *hu*; qu'il est bon à manger, quoique sa chair soit un peu dure, et qu'on le trouve en grand nombre dans les montagnes et près des villes. Voyez COCOTZIN. (CH. D.)

COCOTZIN. (*Ornith.*) Cet oiseau est donné par Hernandez, chap. 44, comme une espèce de tourterelle dont la taille n'excède pas beaucoup celle du moineau commun, et dans le plumage de laquelle le brun domine ; ce qui la fait aisément distinguer d'un autre oiseau du même genre dont la tête est cendrée, le corps mélangé de noir et de fauve, et qui se nomme tlaplacocotli. Il est à présumer que ce dernier oiseau est le même que le cocotli dont on vient de parler : au reste, le cocotzin se rapporte à la petite tourterelle de Saint-Domingue, de Buffon, *columba passerina*, Gmel., colombi-galline cocotzin, Temminck, Hist. nat. des Pigeons. (CH. D.)

COCOTZON. (*Ornith.*) Ce nom, mal orthographié par La Chénaye des Bois, se rapporte au COCOZTON de Fernandez. Voyez ce dernier mot. (CH. D.)

COCOU (*Ornith.*), ancienne orthographe du mot françois coucou. (Ch. D.)

COCOUAN. (*Ornith.*) Voyez Cocoin. (Ch. D.)

COCOXIHUITL (*Bot.*), nom mexicain, cité par Hernandez, du *bocconia frutescens.* (J.)

COCOXOCHITL. (*Bot.*) Ancolie du Méxique, à fleurs doubles, selon Hernandez. (J.)

COCOZTLI. (*Ornith.*) Ce petit oiseau du Mexique est présenté par Fernandez, chap. 93, comme ayant du rapport avec le chardonneret par sa taille et par son chant, et comme étant d'une couleur jaune tirant sur le brun. (Ch. D.)

COCOZTON. (*Ornith.*) Hernandez, le même que Fernandez, se borne à dire de ce petit oiseau du Mexique, chap. 192, qu'il est de la taille du chardonneret, que son plumage présente du bleu et du jaune, et qu'il ne se fait aucunement remarquer par son chant. (Ch. D.)

COCQ. (*Ornith.*) Voyez Coq. (Ch. D.)

COCQ-KNOR. (*Ornith.*) Voyez Knor-cock. (Ch. D.)

COCQ-LEZARD. (*Erpétol.*) A Saint-Domingue on appelle ainsi l'Iguane vulgaire. Voyez ce mot. (H. C.)

COCQUARD ou Cocquar. (*Ornith.*) Ce nom a été donné par Buffon au faisan bàtard, obtenu de l'accouplement du faisan vulgaire avec la poule. C'est la quatrième variété du *phasianus colchicus,* Gmel., et le faisan-cocquard métis de Temminck, Hist. nat. des Gallinacées, tom. 2, p. 314. (Ch. D.)

COCRÈTE (*Bot.*), *Rhinanthus,* Linn., genre de plantes dicotylédones, monopétales, hypogynes, de la famille des rhinantées, Juss., et de la *didynamie angiospermie,* Linn., dont les principaux caractères sont les suivans : Calice monophylle, ventru, resserré à son orifice qui est quadrifide ; corolle monopétale, tubuleuse, à deux lèvres, dont la supérieure plus étroite, concave. comprimée, échancrée, et l'inférieure plane, élargie, à trois lobes ; quatre étamines didynames ; un ovaire supérieur, surmonté d'un style à stigmate obtus ; une capsule ovale comprimée, à deux loges polyspermes, et contenue dans le calice persistant.

Ce genre a beaucoup d'affinité avec les *bartsia,* ce qui a porté plusieurs botanistes, entre autres MM. de Lamarck et Ventenat, à les confondre en un seul. Les *rhinanthus* proprement dits, dont nous nous occuperons seuls ici, le genre Bartsie ayant été traité séparément, comprennent dix espèces, dont les principales sont les suivantes :

COCRÈTE GLABRE : *Rhinanthus glabra*, Lam., Fl. Fr., 2, p. 352 ; Bull., *Herb.*, t. 125. Sa tige est quadrangulaire, droite, simple ou plus ou moins rameuse, haute d'un pied ou davantage, garnie de feuilles alongées, sessiles, opposées, glabres, dentées. Ses fleurs sont jaunes, munies à leur base de bractées lancéolées, dentées, et disposées en épi terminal ; la lèvre supérieure de leur corolle est courte et très-comprimée. Cette plante est commune dans les prés et dans les pâturages humides ; elle est annuelle, et fleurit en mai et juin.

COCRÈTE VELUE ; *Rhinanthus hirsuta*, Lam., Fl. Fr., 2, p. 353. Cette espèce ressemble beaucoup à la précédente ; mais elle en diffère en ce que ses calices sont constamment hérissés de poils, et en ce que ses fleurs, d'un jaune plus pâle, sont souvent tachées sur leur lèvre inférieure. Elle croît dans les prés secs. Cette plante et la précédente, confondues vulgairement ensemble sous le nom de crête de coq, ou de cocriste, sont quelquefois si abondantes dans les prairies, qu'elles étouffent le bon foin ; et, comme leurs tiges sont à moitié desséchées et leurs graines mûres à l'époque de la récolte, elles fournissent une fane inutile, dont les bestiaux ne veulent point à cause de sa dureté ; et elles se reproduisent toujours abondamment par la chute précoce de leurs graines. Un bon cultivateur doit les faire arracher chaque année, jusqu'à ce qu'il en ait purgé ses prairies, quand elles commencent à montrer leurs fleurs, époque à laquelle les bœufs et les vaches les mangent volontiers.

COCRÈTE GRANDE ; *Rhinanthus maximus*, Willd., *Sp.* 3, p. 189. Sa tige est droite, hérissée, rameuse ; garnie de feuilles oblongues, opposées dans la partie inférieure de la plante, alternes dans le haut, bordées de dents grossières et écartées. Ses fleurs sont d'une couleur purpurine, munies de bractées entières et velues, disposées en un épi terminal et serré. Cette espèce croît dans les prés du midi de la France et en Italie.

COCRÈTE ORIENTALE : *Rhinanthus orientalis*, Linn., *Spec.* 840 : *Elephas orientalis, flore magno, proboscide incurvâ*, Tourn., *Coroll.* 48, et Voy. 2, p. 299, t. 209. Sa tige est rameuse inférieurement, un peu quadrangulaire, légèrement velue, haute de huit à douze pouces, garnie de feuilles opposées, sessiles, crénelées, velues sur les bords. Ses fleurs sont grandes, d'un jaune safran, pédonculées et axillaires ; la lèvre supérieure de leur corolle est grêle, arquée, terminée par une petite lame ovale ; la lèvre inférieure, par opposition, est fort grande, à trois lobes, dont le moyen plus petit et échancré, avec une pointe dans son échancrure. Cette plante croît dans le Levant. Tournefort, d'après la forme particulière de sa corolle, dont la lèvre supérieure ressemble en quelque sorte à une trompe d'éléphant, en avoit fait, sous le nom d'*elephas*, un genre particulier, auquel il rapportoit deux autres espèces, que Linnæus a également confondues dans son genre *Rhinanthus*, comme n'étant que des variétés, et appartenant à une seule et même espèce, qu'il a nommée *rhinanthus elephas*. Cette dernière croît en Italie et dans le Levant.

Des six autres espèces de cocrète, une croît en Europe, une autre en Arménie, deux au cap de Bonne-Espérance, la cinquième dans les Indes, et la dernière dans la Virginie. (L. D.)

COCRISTE. (*Bot.*) On désigne vulgairement sous ce nom la cocrète glabre et la cocrète velue. (L. D.)

COCTEMECATL, Cocotemecaxhitl (*Bot.*), noms mexicains d'une espèce de clématite non déterminée, suivant Hernandez. (J.)

COCTEN. (*Bot.*) Voyez Catapsyxis. (J.)

COCUT (*Ornith.*), nom catalan du coucou, *cuculus canorus*, Linn. (Ch. D.)

COD et Cod-Fisch (*Ichthyol.*), noms anglois du cabéliau, *gadus morrhua*, Linn., et du callarias. Le mot *fisch* signifie poisson. Voyez Gade, Callarias (Suppl. du 6ᵉ vol.) et Morue. (H. C.)

CODAGAPALA. (*Bot.*) Arbre de l'Inde mentionné par Rhœde, que Linnæus cite sous le nom de *nerium antidysentericum*, parce qu'il lui trouvoit les caractères du *nerium*, et qu'il étoit annoncé comme possédant à un très-haut degré la qualité astringente qui le rendoit propre à arrêter les dévoiemens et les dyssenteries. Elle a été constatée anciennement en Angleterre. Antoine de Jussieu, vers 1730, voulut éprouver si son action étoit égale à celle du simarouba ; il la trouva supérieure :

c'étoit l'écorce de la tige et de la racine qu'on employoit, et dont il fit usage. Il l'administra à des femmes extrêmement affoiblies par des pertes anciennes que rien ne pouvoit arrêter, et qui les réduisoient à un état désespéré. Le codagapala les rappela à la vie en faisant cesser ces pertes. On observera pour cette écorce comme pour le simarouba, qu'on ne doit les administrer que sur la fin de la maladie, lorsqu'il n'y a plus d'inflammation, et lorsque l'humeur morbifique a été enlevée par d'autres moyens, lorsqu'il n'existe plus que de la foiblesse dans les organes. Le codagapala, examiné de nouveau dans ses caractères, a été séparé du nerium par M. R. Brown, sous le nom de Wrightia. (Voyez ce mot.) Dans la Matière médicale de Murray, cette écorce est mentionnée sous les noms de *conassi*, *codagapala* et *cortex profluvii*. (J.)

CODAGEN (*Bot.*), nom malabâre de l'*hydrocotylis asiatica*, suivant Rheede. (J.)

CODAI PILLOU. (*Bot.*) Dans un herbier de la côte de Coromandel, ce nom est donné à un *andropogon*, genre de graminée. (J.)

CODALANCEA. (*Ornith.*) On appelle ainsi, à Rome, le canard à longue queue ou pilet, *anas acuta*, Linn. (Ch. D.)

CODAPAIL (*Bot.*), *Pistia stratiotes*, Linn., genre de plantes monocotylédones de la seizième classe de Linnæus, la *monadelphie octandrie*, et de la famille naturelle des aroïdées de Jussieu. Ce genre a pour caractères, un calice persistant, monophylle, velu extérieurement, tubuleux, en forme de spathe dont le bord, tronqué obliquement d'un côté, représente une espèce de capuchon et est resserré dans son milieu par deux plis latéraux. Du centre de ce calice s'élève un filament court, épais, latéral, portant à son sommet huit étamines, et entouré d'une membrane cyathiforme, tenant à la paroi interne du calice du côté de la languette. L'ovaire, oblong, est aussi adné longitudinalement à la même paroi; il est surmonté d'un style court, épais, dont le stigmate est en plateau. Le fruit est une capsule ovale, comprimée, uniloculaire, contenant plusieurs semences oblongues, attachées longitudinalement au côté par lequel la capsule adhère au calice.

On ne connoît encore qu'une espèce et une variété de ce genre :

Le Codapail flottant : *Pistia stratiotes* de Linnæus ; *Pistia major, foliis oblongo-cuneiformibus, obtusis, multinerviis,* de Lamarck, Encycl., p. 63 ; *Pistia aquatica villosa, foliis obovatis, ab imo venosis, floribus sparsis, foliis insidentibus,* Brown, Jam., p. 329 ; *Pistia,* Jacq., *Am.,* 234, tab. 148, et pict. 115 et 225 ; *Codapail palustris folio oblongo specioso,* Plum. Gen. 30 ; *Codapail,* Rheede, *Mal.,* 11, p. 63, t. 32 ; *Plantago aquatica,* Rumph, *Amb.* 6, p. 177, t. 74 ; *Lenticula palustris, seu stratiotes aquatica, foliis sedo majore latioribus,* Sloan., *Jam.,* Hist. 1, p. 15, t. 2, f. 2. (Je pense que la plante décrite par Loureiro dans sa Flore de la Cochinchine, t. 2, pag. 492, sous le nom de Zala, est la même que le *pistia stratiotes.*)

Les racines du codapail, blanches, filiformes, forment une grosse touffe, qui se prolonge plus ou moins, selon la profondeur de l'eau dans laquelle elles croissent ; elles ont quelquefois plusieurs pieds de longueur, pour atteindre la terre dans laquelle elles pénètrent et se fixent. Quand la profondeur de l'eau ne leur permet pas de se fixer, les plantes restent flottantes sur la surface. Les feuilles, qui sortent toutes du collet des racines, sont disposées en rosette ; elles sont très-grandes, de forme ovée à rebours, amincies à leur base, et engaînantes. Elles sont ordinairement entières ; quelques-unes cependant sont émarginées. Elles sont glauques en dessus, et couvertes d'un duvet blanchâtre en dessous, entre les nervures qui sont très-proéminentes. La substance de ces feuilles est comme spongieuse et fibreuse ; ce qui les rend légères et propres à se contenir sur l'eau. Les fleurs, de couleur blanchâtre, sont solitaires, et portées par un pédoncule court et axilaire.

Cette plante, qu'on peut qualifier d'amphibie dans le règne végétal, peut être aussi considérée comme pélerine ; car, quand les eaux stagnantes dans lesquelles elle croît ont une certaine étendue, et que la profondeur de l'eau ne permet pas aux racines d'atteindre la terre, la plante devient le jouet des vents, qui les poussent quelquefois en si grande quantité d'un même côté, qu'une surface très-considérable d'eau en est tout-à-fait couverte, et que le voyageur est surpris de ne voir qu'une vaste prairie dans le même lieu où il n'avoit observé la veille que de l'eau.

Aucun naturaliste physicien ne doute aujourd'hui de la

propriété de tous les végétaux qui vivent et croissent dans les eaux stagnantes, d'absorber les miasmes gazeux délétères qui sont produits par la décomposition des végétaux pourrissant dans ces eaux. D'après une notice tirée des Annales de botanique d'Angleterre, le pistia possède au degré le plus éminent cette précieuse qualité. On cite pour exemple que le voisinage des marais ne devient dangereux qu'à l'époque où leur desséchement complet occasione la mort du codapail; qu'alors seulement les miasmes délétères n'étant plus absorbés, produisent des fièvres chroniques.

Je ne crois pas que cette plante se reproduise par ses graines, n'ayant jamais rencontré de jeunes plantes de ce genre; mais elle se propage très-abondamment, et en peu de temps, par des rejets cylindriques qui sortent en grand nombre du collet des racines en-dessous des feuilles.

Cette plante croît en abondance dans les eaux stagnantes de toutes les Antilles.

Williams Bartram, dans son Voyage aux Florides, dit que le pistia forme sur les fleuves des îles flottantes dont quelques-unes ont plusieurs milles d'étendue, et qu'elles changent de place au gré des vents. (DE T.)

CODA-PILAVA. (*Bot.*) Voyez CADA-PILAVA. (J.)

CODARI. (*Bot.*) Vahl a séparé ce genre du *dialium*, avec lequel il a, à la vérité, de grands rapports, mais qui s'en distingue par les caractères suivans, savoir : un calice à cinq folioles; un seul pétale linéaire-lancéolé, inséré, ainsi que les deux étamines, sur le tube du calice; un style; une gousse supérieure, pédicellée, à une seule loge, remplie d'une pulpe farineuse, contenant deux ou trois semences. La famille naturelle de ce genre n'est point encore déterminée : il appartient à la *diandrie monogynie* de Linnæus, et renferme les deux espèces suivantes, originaires de la Guinée.

CODARI A FEUILLES LUISANTES : *Codarium nitidum*, Vahl, *Enum.*; *Dialium guineense*, Willd., *in Ræm. Arch.*, 1, p. 31, tab. 6. Cet arbre s'élève peu : il supporte des rameaux glabres, ponctués, raboteux. Ses feuilles sont ailées, alternes, pétiolées, composées d'environ cinq folioles inégales, coriaces, pédicellées, glabres, ovales, entières, luisantes en dessus : les fleurs disposées en une panicule terminale, munie de bractées caduques, assez grandes. Leur calice est un peu pubescent; son tube court, oblique à son orifice, soutenant un seul pétale blanc, étroit, lancéolé, plus court que le calice; un ovaire pédicellé, surmonté d'un style subulé, recourbé; le stigmate hémisphérique. Le fruit est une gousse pédicellée, de la grosseur d'une féve, oblique, arrondie ou oblongue, un peu comprimée, à une loge indéhiscente, revêtue d'un duvet noirâtre, remplie d'une substance pulpeuse, contenant une, quelquefois deux ou trois semences luisantes, arrondies.

CODARI A FEUILLES OBTUSES; *Codarium obtusifolium*, Vahl, l. c. Cet arbre s'élève moins que le précédent. Son écorce est cendrée; ses feuilles ailées avec une impaire; les folioles toutes égales, étroites, alongées, obtuses, arrondies à leur sommet; les pétioles un peu pulvérulens; la panicule beaucoup plus petite, peu chargée de fleurs; ses ramifications simples et comprimées; les pédicelles très-courts. (POIR.)

CODA TREMOLA. (*Ornith.*) Dénomination italienne de la lavandière, *motacilla alba*, Linn. (CH. D.) .

CODDAM-PULLI (*Bot.*), nom malabare, cité par Rheede, du guttier, *cambogia gutta*, qui tire son surnom de l'opinion où l'on étoit que c'étoit lui qui donnoit la gomme-résine nommée gomme gutte. On sait maintenant, d'après les observations de Kœnig, faites sur les lieux, que cette substance est recueillie sur l'arbre qu'il nommoit *guttæ fera*, et que Murray et Schreber ont décrit sous le nom de *stalagmites*. (J.)

CODDA-PAIL, ou KODDA-PAIL. (*Bot.*) Voyez CODAPAIL. (J.)

CODDA-PANNA. (*Bot.*) On nomme ainsi au Malabar, suivant Rheede, une espèce de grand palmier, qui est le *corypha umbraculifera*. (J.)

CODDEL-CAUKA. (*Ornith.*) L'oiseau qui, selon Petiver, porte à Madras ce nom et celui de *summoodra cauki*, est le bec-en-ciseaux ou coupeur d'eau, *rhynchops nigra*, Linn. (CH.D.)

CODDI-MODDY. (*Ornith.*) On appelle ainsi, dans les environs de Cambridge, en Angleterre, la mouette d'hiver, *larus hybernus*, Gmel. (CH. D.)

CODESSO (*Bot.*), nom portugais, cité par Grisley, du *cytisus secundus Clusii*, qui est le *spartium complicatum* de Linnæus, le *cytisus divaricatus* de Lhéritier. (J.)

CODIAMINUM (*Bot.*), *Codianum*. On lit dans Pline que c'est une herbe bulbeuse qui paroît au printemps et dans l'automne, mais qui disparoît dans l'été et l'hiver, parce qu'elle craint également le froid et la grande chaleur. Ruellius ajoute que la fleur se nomme *codion*. Ces indications ne paroissent pas suffisantes pour désigner la plante de Pline. Cependant C. Bauhin paroit croire que c'est un narcisse, *narcissus pseudonarcissus*. On seroit peut-être autant fondé à appliquer ce nom au colchique dont la racine est bulbeuse ou tubéreuse, qui fleurit en automne, pousse ses feuilles et ses fruits au printemps, et ne paroît pas dans les autres saisons. (J.)

CODI-AVANACU (*Bot.*), nom malabare d'une espèce de tragie, *tragia chamœlea*, figurée dans l'*Hort. Malab.*, vol. 2, t. 34. Elle a quelques rapports, dans sa fructification, avec l'*avanacu*, qui est le ricin ordinaire. (J.)

CODIBO. (*Bot.*) A Ternate on donne ce nom à des arbrisseaux décrits par Rumph sous celui de *codiœum*. Cet auteur dit qu'il est peu d'arbrisseaux d'une forme plus agréable, à cause de la variété des couleurs de leur feuillage. Aussi sont-ils destinés à orner toutes les fêtes, et surtout les nuptiales. Quand on veut annoncer son prompt retour à quelqu'un, on lui envoie en présent symbolique un codibo, mot qui, dans la langue du pays, signifie *revenir*. Les caractères botaniques ramènent ces plantes au genre Croton, dans les euphorbiacées : c'est le *croton variegatum*, avec ses variétés. (J.)

CODICE-KARANDEI (*Bot.*), nom que porte, sur la côte de Coromandel, le *sphœranthus amaranthoides* de Burmann, qui croît dans les champs humides, au milieu des cultures de riz. (J.)

CODIA (*Bot.*) Voyez CODIE. (POIR.)

CODIE DE MONTAGNE (*Bot.*) : *Codia montana*, Linn., f., Suppl. ; Lam., *Ill. gen.*, tab. 314. Cette plante, qu'on soupçonne être un arbrisseau, n'est encore qu'imparfaitement connue, et sa famille naturelle n'a pu être déterminée. Elle appartient à l'*octandrie digynie* de Linnæus, et paroit se rapprocher des *brunia*. Ses feuilles sont opposées, pétiolées, glabres, elliptiques, obtuses, très-entières : ses fleurs sont axillaires et terminales, ramassées en têtes courtes, globuleuses, pédonculées ; elles sont réunies sur un réceptacle commun, velu, entourées d'un involucre à quatre folioles oblongues. Chacune d'elles offre un calice à quatre folioles elliptiques ; quatre pétales linéaires, onguiculés ; huit étamines plus longues que la corolle ; les filamens attachés deux à deux à la base de chaque pétale, soutenant des anthères ovales, arrondies. L'ovaire est fort petit, supérieur, velu, surmonté de deux styles subulés, de la longueur des étamines ; les stigmates simples. Le fruit n'a point été observé. Cette plante a été découverte par Forster dans la Nouvelle-Ecosse. (Poir.)

CODIGI (*Bot.*), nom brame du *soneri-ila* des Malabares, que Rheede croit être une espèce de pulmonaire. Cependant si, comme il le dit, la corolle est à trois divisions ou trois pétales, renfermant trois étamines, ce doit être un genre très-différent, dont on ne voit pas d'analogue parmi ceux qui sont connus. (J.)

CODIHO-TSJINA (*Bot.*), nom malais d'un laurose, *nerium*, que Rumph nomme *oleander sinicus*, parce qu'il le dit originaire de la Chine, mais cultivé à Amboine, dans les jardins d'ornement. Il n'est point cité dans les ouvrages généraux ; mais il paroît ne différer de l'espèce ordinaire que par des feuilles plus étroites et des fleurs plus petites. (J.)

CODILE LAITEUSE. (*Bot.*) Dans quelques départemens, on donne vulgairement ce nom au tordyle à feuilles larges. (L. D.)

CODINZINZOLA (*Ornith.*), un des noms italiens de la lavandière, *motacilla alba*, Linn., qui s'applique aussi aux autres hochequeues ou bergeronnettes. (Ch. D.)

CODIŒUM. (*Bot.*) Voyez Codibo. (J.)

CODION. (*Bot.*) Voyez Codiaminon. Mentzel cite aussi un *codium* comme une espèce de campanule, d'après Gesner. (J.)

CODIROSSO. (*Ornith.*) Le rossignol de muraille, *motacilla phœnicurus*, Linn., est connu sous ce nom en Italie, où le merle de roche, *lanius infaustus*, Linn., *turdus saxatilis*, Gmel., porte celui de *codirosso maggiore*. (Ch. D.)

CODIUM. (*Bot.*) Stackhouse donna d'abord ce nom à un genre fondé sur une plante marine, de la famille des algues, assez difficile à classer. C'est le *fucus tomentosus* d'Hudson, ou l'*ulva tomentosa* de la Flore Françoise. Depuis, dans la 2.ᵉ édition de sa Néréis Britannique, il lui conserve le nom de *lamarckea*, qu'Olivi, dans sa Zoologie adriatique, avoit donné à ce genre, que Lamouroux a cru devoir appeler *spongodium*, parce qu'il existe déjà un genre *Lamarckia*. (Voyez Spongodium.) M. Beauvois a établi aussi un genre qu'il nomme *codium*, qui paroit le même que celui de Stackhouse, et qu'il caractérise ainsi : Substance granuleuse ou filamenteuse, enveloppée dans une matière gélatineuse ; rameaux terminés par des tubercules ovales, contenant des corpuscules granuleux, qui paroissent être les organes reproductifs. Enfin le genre *myrsidrum* de Rafinesque est encore le même que le *codium* de Stackhouse. (Lem.)

CODJA-JANTI, Codjanti. (*Bot.*) Voyez Gajati. (J.)

COD-LINGUE. (*Ichthyol.*) Sur les côtes du nord de la France, on appelle ainsi les petites Morues. *Cod* signifie morue en anglois. Voyez ce mot. (H. C.)

CODOCK. (*Conch.*) C'est ainsi que M. Desmarest, Nouv. Dictionn. d'Hist. natur., écrit le nom de *codok*, d'Adanson. (De B.)

CODOCOYPU. (*Bot.*) Dans le Chili, ce nom est donné, suivant MM. Ruiz et Pavon, à un arbrisseau dont ils ont fait leur genre *Myoschilos*, qui paroit devoir être rapporté à la famille des osyridées. Son fruit est fort recherché par le coypu, animal amphibie du Chili, d'où lui vient son nom vulgaire. L'infusion de ses feuilles est purgative, et cette propriété lui a fait aussi donner dans le pays le nom de séné. (J.)

CODOK. (*Conch.*) Adanson (Sénégal, pag. 215, pl. 96), nomme ainsi une espèce de vénus, qui est la *venus tigerina*, de Gmelin. (De B.)

CODOMALO. (*Bot.*) L'arbre de Crète, cité sous ce nom par Belon, est, selon C. Bauhin, l'amelanchier, *mespilus amelanchier* de Linnæus, *pyrus amelanchier* de Willdenow. (J.)

CODON A AIGUILLONS (*Bot.*), *Codon royeni*, Linn.: Andr., *Bot. Repos.*, tab. 325; *Codon aculeatum*, Gærtn., *de fruct.*, 2, tab. 95. Cette plante a le port d'un *solanum*, et paroit devoir se rapprocher de la famille des *solanées*; mais, comme elle s'en écarte par quelques-unes des parties de sa fructification, il n'a pas encore été possible de déterminer sa véritable place. Elle appartient à la *décandrie monogynie* de Linnæus. Son caractère essentiel consiste dans un calice à dix découpures subulées; une corolle monopétale, campanulée, teruleuse à sa base, divisée à son limbe en dix découpures régulières; dix écailles conniventes, insérées à la base des étamines et couvrant le réceptacle; dix étamines; un ovaire supérieur; un style surmonté de deux stigmates divergens. Le fruit est une capsule à deux loges, et renferme plusieurs semences hérissées, nichées dans une pulpe sèche et colorée.

Ses tiges sont dures, herbacées, cylindriques, cotonneuses, hautes d'un pied, rameuses et munies d'un grand nombre d'aiguillons très-blancs; les feuilles alternes, pétiolées, ovales, cotonneuses, élargies à leur base, parsemées de petits tubercules durs, semblables à ceux des borraginées, et chargées d'aiguillons sur les pétioles et les nervures. Les fleurs sont solitaires, assez grosses, placées un peu au-dessus des aisselles des feuilles, soutenues par des pédoncules courts, cotonneux, chargés d'aiguillons, ainsi que les calices : la corolle est blanchâtre, traversée en-dehors par dix stries purpurines, assez semblable à celle de la belladone. Le fruit est une capsule ovale, acuminée, enveloppée par le calice persistant, surmontée par le style bifurqué, à deux loges, à deux valves; elle renferme des semences nombreuses, petites, anguleuses, d'un rouge de sang. On ignore le lieu natal de cette plante.

Le *thuraria* de Molina est tellement rapproché de ce genre, que M. de Jussieu est porté à le regarder comme une seconde espèce. (Poir.)

CODONERO (*Bot.*), nom espagnol du cognassier, selon Mentzel. (J.)

CODONG-SERUNI (*Bot.*), nom javanais, suivant Rumph, du *sajor-songa* des Malais, qu'il nomme *seruncum aquatile*. La figure et la description qu'il en donne, indiquent une espèce de verbesine très-voisine du *verbesina biflora*, qui est la *vallia-manganavi* des Malabares. (J.)

CODONIUM ARBRISSEAU (*Bot.*), *Codonium arborescens*, Vahl., Symb., 3, p. 36; et *Act. soc. Hist. nat.*, Hafn., 2, pars 1, pag. 206, tab. 6; *Schoepfia americana*, Willd. Genre de plantes de la famille des caprifoliées, de la *pentandrie monogynie* de Linnæus, dont le caractère essentiel consiste dans un calice entier, turbiné, supérieur, un peu anguleux, accompagné à sa base de deux bractées conniventes, en forme de second calice; une corolle campanulée, à cinq découpures aiguës, réfléchies; cinq étamines ; un ovaire turbiné, surmonté d'un style droit et d'un stigmate en tête. Le fruit est un drupe monosperme.

Cet arbrisseau croît dans l'Amérique, à l'île de Sainte-Croix et à Montferrat. Il s'élève à la hauteur de huit ou dix pieds, et se divise en rameaux glabres, cylindriques ; les feuilles sont simples, alternes, pétiolées, glabres, ovales, très-entières, obtuses. Les fleurs sont solitaires ou géminées dans l'aisselle des feuilles, soutenues par des pédoncules simples, uniflores, quelquefois à deux ou trois fleurs ; les étamines au nombre de cinq, quelquefois quatre, plus courtes que la corolle, insérées à son orifice ; les anthères à deux loges ; le style court. (Poir.)

CODORNIX (*Ornith.*), nom portugais de la caille, *tetrao coturnix*, Linn. (Ch. D.)

CODOYONS, Membrillos, Marmellos (*Bot.*), noms espagnols du coignassier, suivant Dodoens. (J.)

CODRE (*Entom.*), *Codrus.* M. de Jurine, dans sa Méthode de classification des hyménoptères, a désigné sous ce nom un genre d'insectes voisins des chalcides, et qu'il a figuré sous le n.º 46, planche 13. (C. D.)

CODUCO-AMBADO (*Bot.*), nom brame du *catambalam* des Malabares, espèce de monbin, *spondias.* (J.)

CODUVO (*Bot.*), nom brame du Katou-Naregam des Malabres. Voyez ce mot. (J.)

CŒCILIE. (*Erpét.*) Voyez Cécilie. (H. C.)

COEG-BENNOG (*Ichthyol.*), nom gallois de la sardine, *Clupea sprattus*, Linn. Voyez Clupée. (H. C.)

CŒLESTINE. (*Min.*) Voyez Célestine. (B.)

CŒLIOXIDE (*Entom.*), *Cælioxys.* On trouve ce nom dans les Considérations générales sur les Insectes, pag. 337, comme celui d'un genre proposé dans la famille des hyménoptères mellites, pour y comprendre des espèces de petites abeilles, dont Fabricius a fait des anthophores. (C. D.)

CŒLIT-LAWAN. (*Bot.*) Voyez Culilawan. (J.)

CŒLIT-PAPEDA (*Bot.*), nom malais d'un arbrisseau que Rumph décrit sous celui de *cortex papetarius.* Linnæus l'a cité comme synonyme de son *dialium indum* ; mais M. de Lamarck croit que c'est plutôt une plante voisine du *weinmannia*, et Willdenow partage son opinion. (J.)

COELMAES (*Ornith.*), nom hollandois de la mésange charbonnière, *parus major*, Linn. (Ch. D.)

COELOMITRA (*Bot.*), *Mitre creuse* ou *vide*, en grec. Paulet nomme ainsi le genre *Helvella* de Linnæus. (Lem.)

COELOMORUM (*Bot.*), nom proposé par Paulet pour désigner le genre des morilles, créé et nommé par Dillen, appelé *morchella* par les botanistes actuels qui distinguent ce genre, que Linnæus réunit aux *phallus*. Ce nom de *cœlomorum* signifie *mûre vide*, en grec. (Lem.)

CŒLORHINQUE (*Ichthyol.*), *Cœlorhincus*. M. Risso a donné ce nom à une des espèces de son genre Lépidolèpre. Voyez ce mot. (H. C.)

COELOSPORIUM (*Bot.*), genre proposé par Link pour placer le *dematium articulatum*, Pers., qui diffère des autres espèces de *dematium* que Link place dans son genre *Helmisporium*, par les sporidies qui s'ouvrent par un petit trou assez apparent. Voyez Helmisporium. (Lem.)

COEMBURA. (*Bot.*) L'arbre ainsi nommé à Ceylan, suivant Plukenet, est nommé *samandura* au Bengale. Burmann et Linnæus croient que c'est aussi le *nagam* des Malabares, figuré par Rheede, *Hort. Malab.*, vol. 6, t. 21, que les botanistes modernes citent comme synonyme de l'*heritiera* d'Aitone et du *balanopteris* de Gærtner, qui se confondent ensemble. L'*heritiera* a des fleurs mâles et des hermaphrodites sur le même pied. (J.)

COENDOU. (*Mamm.*) Voyez Porc-épic. (F. C.)

CŒNOMYE. (*Entom.*) M. Latreille avoit donné ce nom, qui signifie mouche odorante, à un insecte diptère voisin des syrphes; mais M. Fabricius, en adoptant la division, n'a pas employé le nom. Voyez Sique. (C. D.)

CŒNOPTERIS. (*Bot.*) Ce genre de fougères, établi par Bergius, adopté par Swartz et par Thunberg, répond au *darea* de Jussieu, puisque toutes ses espèces y sont rapportées par Willdenow. Voyez Cænoptère, tom. VI, Supplément, pag. 9, Darea et Monogramma. (Lem.)

COENTRO (*Bot.*), nom portugais de la coriandre, selon Grisley et Vandelli. C'est le culantro, ou *ciliendro* des Espagnols, suivant Dodoens. (J.)

CŒNURE (*Entoz.*), *Cænurus*. Voyez Cénure, écrit à tort par un *e* simple. (De B.)

COERANDJÉ, Cubandjé (*Bot.*), noms donnés, dans l'île de Java, à un arbre qui est le *dialium javanicum* de Burmann et Linnæus. (J.)

COEREBA. (*Ornith.*) Ce terme brésilien qui, dans Marcgrave, pag. 212, désigne particulièrement l'oiseau *guira*, rapporté au guit-guit noir et bleu, de Buffon, ou grimpereau bleu du Brésil, Briss. ; *certhia cyanea*, Gmel., a été employé par M. Vieillot pour servir de nom générique aux guit-guits, extraits des *certhia* de Linnæus. (Ch. D.)

CŒRULEUS. (*Ornith.*) Ce mot latin, par lequel Gaza a traduit le terme grec κύανος, dont Aristote s'est servi au 21.ᵉ chapitre de son 9.ᵉ livre, a été employé substantivement par Gesner, édit. de 1555, pag. 265, pour désigner un oiseau qui paroît se rapporter au merle bleu, *turdus cyanus*, Linn. Voyez Oiseau bleu. (Ch. D.)

COESCOES (*Mamm.*), nom qu'il faut prononcer *Couscous*, et qui a été donné par Valentyn aux Phalangers. Voyez ce mot. (F. C.)

COESDOES (*Mamm.*) prononcez *Coudou*. Voyez Condoma. (F. C.)

CŒSIOMORE (*Ichthyol.*), *Cæsiomorus*. C'est le nom d'un genre de poissons, de la famille des atractosomes, qui a été établi par M. de Lacépède, et dont le nom indique des rapports de ressemblance avec les cœsions, ὅμορος étant un adjectif grec qui sert à marquer la similitude.

M. Duméril a adopté ce genre ; mais M. Cuvier l'a confondu avec les Liches et les Trachinotes. Voyez ces mots et Cœsion.

Les caractères des cœsiomores sont les suivans :

Une seule nageoire dorsale ; point de fausses nageoires au-dessus ni au-dessous de la queue ; point de carène latérale à la queue, ni de petite nageoire au-devant de celle de l'anus ; des aiguillons isolés au-devant de la dorsale ; écailles lisses ; plus de quatre rayons aux opercules ; museau obtus.

A l'aide de ces notes, et du tableau que nous avons donné à l'article Atractosomes, dans le Supplément au troisième volume, on distinguera aisément les cœsiomores de tous les poissons des genres voisins. Du reste, ils sont encore assez peu connus.

Le Cœsiomore Baillon ; *Cæsiomorus Baillonii*, Lacépède. Deux aiguillons isolés au-devant de la nageoire dorsale ; le corps et la queue revêtus d'écailles assez grandes, arrondies, imbriquées ; tête et opercules recouvertes de grandes lames ; dents pointues, écartées ; mâchoire inférieure un peu plus avancée que la supérieure ; quatre taches rondes foncées le long de la ligne latérale ; deux aiguillons au-devant de la nageoire anale, qui, comme la dorsale, est falciforme ; caudale très-fourchue ; catopes plus petits que les nageoires pectorales.

Ce poisson, dédié par M. le comte de Lacépède au naturaliste Baillon, a été découvert et décrit d'abord par Commerson. M. Cuvier pense qu'il est le même que le caranx glauque de M. de Lacépède.

Le Cœsiomore Bloch : *Cæsiomorus Blochii*, Lacép. ; *Mookalie parah*, Russell, 11, 154. Cinq aiguillons isolés au-devant de la nageoire du dos ; corps et queue à très-petites écailles ; deux aiguillons isolés au-devant de la nageoire de l'anus, qui est falciforme, comme la dorsale ; nageoire caudale fourchue, à lobes très-écartés ; tête grosse ; pas de taches le long de la ligne latérale.

Dédié à Bloch par M. de Lacépède : le cœsiomore dont il s'agit a été découvert et décrit par Commerson. (H. C.)

CŒSION (*Ichthyol.*), *Cæsio*. Commerson a donné ce nom à un genre de poissons, de la famille des atractosomes, et l'a dérivé du mot latin *cæsius*, à cause de la teinte bleue de l'animal.

Le genre Cœsion a été adopté par MM. de Lacépède, Duméril, Cuvier. Il offre les caractères suivans :

Point de fausses nageoires ; une seule nageoire dorsale, sans aiguillons ; occiput sans piquans ; lèvres extensibles.

Le corps est oblong ; la mâchoire supérieure un peu protractile : il y a une rangée de petites dents pointues à chaque mâchoire, et derrière on remarque des dents en velours à peine visibles ; la nageoire du dos est entièrement écailleuse, ainsi que celle de l'anus ; les côtés de la queue sont relevés en carène : il y a deux longues écailles à côté des catopes, et une entre eux, sept rayons aux branchies, cinq à six cœcums.

Le genre Cœsion se distingue des Cœsiomores, des Gastérostées, des Centronotes, des Lépisacanthes, par l'absence des aiguillons de la nageoire dorsale ; des Caranxomores, par ses lèvres extensibles ; des Céphalacanthes, par l'absence des piquans à l'occiput ; des Pomatomes, Centropodes Caranx, et Istio-phores, qui ont deux nageoires du dos ; des Scombres, Trachi-notes, etc., qui ont de fausses nageoires au-dessus et au-dessous de la queue, etc. Voyez ces divers mots, et surtout le tableau de la famille des atractosomes, dans le Supplément du troisième volume.

Le Cœsion azuror ; *Cœsio cœrulaureus*, Lacép. Opercules recouvertes d'écailles semblables à celles du dos et imbriquées ; dos d'un bleu céleste ; une bande longitudinale d'un jaune doré sur les côtés ; ventre blanc et argenté ; une tache d'un beau noir à la base de chaque nageoire pectorale ; nageoire caudale fortement échancrée. brune, bordée d'un rouge éclatant, anale rouge ; dorsale et pectorales brunes ; catopes blancs. Taille du maquereau.

De la mer des Moluques. La saveur de sa chair est agréable.

M. Cuvier pense que ce poisson pourroit bien être le *bodianus argenteus* de Bloch, 231, 2.

Le Cœsion poulain, de M. de Lacépède, a servi à M. Cuvier à établir un nouveau genre, Poulain ou Equula. Voyez ces mots. (H. C.)

COETY. (*Bot.*) Nicolson, dans son Histoire naturelle de Saint-Domingue, cite sous ce nom un amaranthe épineux, qu'il nomme aussi épinards épineux. (J.)

CŒUR. (*Anat.*) On donne ce nom à des organes musculaires creux, au travers desquels passe le sang, et qui sont destinés à lui transmettre son mouvement.

Les animaux qui ont un organe particulier pour la respiration, sont les seuls qui aient une circulation proprement dite, un système de vaisseaux artériels et veineux, et qui soient par conséquent pourvus de cœur.

Nous avons dit, à l'article Circulation, que le mouvement général du sang se composoit de plusieurs systèmes partiels de circulation. Deux surtout doivent être distingués ici : celui des poumons, et celui du reste du corps ; ou en d'autres termes, la circulation pulmonaire et la circulation aortique : car c'est toujours à l'origine de l'un ou de l'autre de ces systèmes, et quelquefois à celle de tous deux, que sont placés ces muscles creux, ces cœurs, qui impriment au sang une partie, du moins, son mouvement.

Nous allons considérer ces organes dans les diverses classes d'animaux où ils se rencontrent ; mais nous ne le ferons que d'une manière très-générale, cet ouvrage ne comportant pas de grands détails anatomiques.

Les mammifères et les oiseaux ont le cœur situé au point où les deux circulations se réunissent. Ce cœur est double, c'est-à-dire que celui de la circulation pulmonaire et celui de la circulation aortique ne forment qu'une seule masse, quoiqu'ils soient distincts par leur action. Ce cœur se compose de deux Oreillettes et de deux Ventricules. (Voyez ces mots.) Les veines caves apportent le sang veineux, de nouveau abreuvé de chyle, dans le cœur pulmonaire, et le versent dans l'oreillette droite, qui, par ses contractions, le fait passer dans le ventricule du même côté. Celui-ci, en se contractant à son tour, pousse ce sang dans l'artère pulmonaire, et de là au travers du poumon, où la respiration s'opère. Du poumon, le sang, devenu artériel, arrive au cœur aortique par la veine pulmonaire, remplit l'oreillette gauche, d'où il est poussé dans le ventricule gauche, qui, se contractant aussi, le fait entrer dans l'aorte, et pénétrer de là dans le reste du corps.

On conçoit que le sang ne suivroit pas les chemins que nous venons d'indiquer, si, dans les contractions des oreillettes et des ventricules, le mouvement rétrograde ne lui étoit pas défendu. En effet, chaque ouverture au travers desquelles il s'introduit, est garnie de soupapes, de valvules, qui, s'ouvrant dans un sens et se fermant dans l'autre, forcent le sang à se diriger toujours du même côté.

Le muscle dont le cœur se compose est d'une nature toute particulière ; ses fibres sont plus serrées ; il est plus compacte que les autres muscles ; et l'on a cru long-temps qu'il ne recevoit aucun nerf. Cette erreur, qui étoit combattue par la grande susceptibilité de cet organe, et les mouvemens impétueux et irréguliers que lui impriment les sentimens et les passions, a été détruite par les observations de Scarpa et de Legallois.

Une partie des reptiles, les tortues, les lézards et les serpens, n'ont qu'un seul cœur pour les deux systèmes de circulation. Il se compose de deux oreillettes, et d'un ventricule qui reçoit en même temps le sang veineux de l'oreillette droite, et le sang artériel de l'oreillette gauche. Ce mélange des deux espèces de sang rentre de nouveau dans les deux circulations, dans la petite, par l'artère pulmonaire, et dans la grande, par l'aorte : d'où il suit que le sang artériel n'est combiné avec l'oxigène qu'en partie ; bien différent en cela de celui des mammifères et des oiseaux, que nous avons vu passer tout entier au travers des poumons.

Chez les grenouilles, les résultats de la circulation sont les mêmes que chez les autres reptiles ; mais le cœur de ces animaux ne se compose que d'une oreillette et d'un ventricule. Ainsi le sang veineux et le sang artériel se mélangent dès leur entrée dans l'oreillette, d'où ils passent ainsi mélangés dans le ventricule, et par conséquent, dans l'artère pulmonaire et dans l'aorte.

Le cœur des poissons n'a également qu'une oreillette et qu'un ventricule ; mais il ne communique qu'avec l'organe respiratoire, qu'avec les branchies, c'est-à-dire qu'il n'est que pulmonaire. Le sang entre immédiatement des branchies dans l'aorte, où il continue son mouvement.

Des poissons nous passons aux animaux à sang blanc, qui sont, de tous les animaux pourvus de circulation, ceux qui présentent le plus de variations dans la structure et la disposition des organes qui impriment le mouvement au sang. Ils ne sont bien connus sous ce rapport que depuis les travaux anatomiques de M. G. Cuvier sur les animaux invertébrés.

Les céphalopodes ont trois cœurs séparés l'un de l'autre, deux pulmonaires et un aortique ; et ces cœurs n'ont point d'oreillettes ; chacun d'eux se compose d'un ventricule qui reçoit immédiatement le sang des veines. Lorsque ce liquide a traversé les branchies, par l'impulsion des deux cœurs pulmonaires, qui sont situés à leur racine, il entre dans le cœur aortique, qui le chasse dans le reste du corps.

Les gastéropodes n'ont qu'un cœur aortique, et il est composé d'une oreillette et d'un ventricule. Le sang passe immédiatement des veines caves dans les branchies ; c'est de là qu'il se verse au cœur, d'où il est poussé dans la grande circulation.

Les acéphales n'ont également que des cœurs aortiques ; mais, chez les uns, cet organe est composé de deux oreillettes et d'un ventricule ; chez d'autres, il n'a qu'une oreillette avec le ventricule ; et on a reconnu deux cœurs aortiques et séparés chez les branchiopodes.

Les crustacés n'ont qu'un cœur aortique qui se compose simplement d'un ventricule.

Enfin, les derniers animaux chez lesquels on aperçoit un système vasculaire, sont les aranéides et les vers articulés. L'organe qui communique au sang son mouvement, chez ces animaux, paroît se réduire à un simple vaisseau, duquel partent des vaisseaux plus petits. Il est situé le long du dos, et l'on y aperçoit des contractions analogues à celles du cœur. Voyez CIRCULATION et RESPIRATION. (F. C.)

CŒUR. (*Conch.*) Ce nom est encore assez communément employé, mais l'étoit beaucoup plus autrefois, et même génériquement, comme par Dargenville, pour désigner des coquilles bivalves très-bombées, dont la forme a quelque ressemblance avec un cœur, et cela, sans faire aucune attention aux véritables caractères distinctifs, en sorte que maintenant ces coquilles sont réparties dans les genres HIPPOPE, ARCHE, CARDITE. (Voyez ces mots.) La plus grande partie reste cependant parmi les isocardes et les bucardes, ou *cardium*.

CŒUR ARMÉ DE CILS ; *Cardium ciliare*, Linn.

CŒUR A VOLUTES ; *Chama cor*, Linn.

CŒUR BLANC DE VÉNUS ; *Cardium cardissa*, Linn.

CŒUR CARDE ; *Cardium echinatum*, Linn.

CŒUR D'AUTRUCHE ; *Cardium serratum*, Linn.

CŒUR DE BELIER ; *Cardium lævigatum*, Linn.

CŒUR DE BŒUF ; *Cardium isocardia*, Linn.

CŒUR DE BŒUF TUILÉ ; *Cardium isocardii*, Linn.

CŒUR DE CANARD ; *Cardium edule*, Linn.

CŒUR DE CARTHAGÈNE ; *Cardium magnum*, Linn.

CŒUR DE CERF ; *Cardium muricatum*, Linn.

CŒUR DE LA JAMAÏQUE ; *Arca senilis*, Gmel.

CŒUR D'ÉLÉPHANT ; *Cardium magnum*, Linn.

CŒUR DE L'HOMME ; *Cardium tuberculatum*, Linn.

CŒUR DE MARMARA ; *Cardium rusticum*, Linn.

CŒUR DE MOUTON OU A PETITES TUILES ; *Cardium flavum*, Linn.

CŒUR DE PERDRIX ; *Chama antiquata*, Linn.

CŒUR DE PIGEON ; *Cardium tuberculatum*, Linn.

CŒUR DE RHINOCÉROS ; *Cardium rusticum*, Linn.

CŒUR DES INDES ; *Arca fusca*, Gmel.

CŒUR DE SINGE RUBANÉ ; *Mactra stultorum*, Linn.

Cœur en arche ; *Arca antiquata*, Linn.

Cœur en carène ; *Arca Noë*, Linn. (De B.)

CŒUR. (*Foss.*) Les auteurs anciens ont compris sous cette dénomination les noyaux ou moules intérieurs de toutes les coquilles bivalves fossiles, lorsqu'ils avoient une forme bombée, comme les *bucardes*, les *vénus*, et autres.

On a aussi donné le nom de *cœurs* aux Trigonies. Voyez ce mot. (D. F.)

CŒUR DE BŒUF (*Bot.*), nom vulgaire d'une espéce de corossolier.

Cœur dehors. Préfontaine, dans sa Maison Rustique de Cayenne, dit que l'on nomme ainsi un arbre qui a très-peu d'aubier, qui est très-estimé pour les constructions, et qu'on emploie aussi avec succès pour les moyeux de roues, le rouleau des moulins à sucre, les pilotis. Comme il n'en donne aucune description, l'on ne peut dire à quel genre ou quelle famille il appartient.

Cœur de Saint-Thomas. En Amérique, on donne ce nom au fruit d'une espéce d'acacie, *mimosa scandens*, dont la gousse, aplatie et large, a deux ou trois pieds de longueur ; dont les graines, également comprimées et de forme lenticulaire, ont un à trois pouces de diamètre, et sont recouvertes d'une peau rougeàtre, épaisse, coriace et presque ligneuse, qui est employée quelquefois à faire des étuis après qu'on en a vidé l'intérieur. On l'a nommé cœur de Saint-Thomas, parce que la graine a un peu la forme d'un cœur, et qu'elle a été apportée d'abord de l'ile de Saint-Thomas, une des Antilles. Cependant il paroit que cette plante est originaire de l'Inde. C'est le *perimkaku-valli* des Malabares, très-bien figuré dans l'*Hort. Malab.*, vol. 8, t. 32, 34 ; le *parrang* d'Amboine, cité par Rumph, vol. 5, p. 5, t. 4 ; le *calembaba* des Malais ; le *villuru* des habitans de Java ; le *gondu* ou *gandu* des Macassars, et le *killa* du Bengale. La graine est bonne à manger ; on la cuit et on la rôtit, comme les chàtaignes. Comme on la trouve souvent sur le bord de la mer, où elle est entraînée par les eaux, on l'a nommée, dans quelques lieux, *chàtaigne de mer*. Le feuillage de la plante, qui est grimpante, est fort recherché par les bœufs dans les colonies d'Amérique, ce qui lui a encore fait donner le nom de *liane à bœuf*.

Cœur des Indes. C'est la corinde, *cardiospermum*. (J.)

CŒUR MARIN. (*Echinod.*) Les espèces d'oursins du genre Spatangue sont ainsi nommées par quelques auteurs de l'ancienne école. (De B.)

COFAR, Cofare. (*Conch.*) Adanson, *Seneg.*, pag. 131, pl. 9, donne ce nom spécifique au *buccinum rostratum* de Lister. M. Bosc l'écrit le *cofare.* (De B.)

COFASSUS. (*Bot.*) Arbre des Moluques, mentionné par Rumph, et regardé par lui comme une espèce d'apocinée ; ce que confirme la figure qu'il en donne, et qui peut faire présumer que c'est un *échites*. Il a un bois jaune qui, dans le pays, est employé à diverses sortes d'ouvrages. (J.)

COFER. (*Bot.*) L'arbre que Lœfling désigne sous ce nom , est le *symplocos martinicensis*. (J.)

COFFER - VISCH [poisson coffre] (*Ichthyol.*), nom hollandois du coffre-tigré, *Ostracion cubicus*, Linn. Voyez Coffre. (H. C.)

COFFOL., Chofolo (*Bot.*), noms cités par Daléchamps , et donnés, dans quelques relations anciennes de navigateurs, au *faufel* des Arabes, qui est le palmier arec, *areca cathecu.* (J.)

COFFRE (*Ichthyol.*), *Ostracion.* Genre de poissons, de la famille des Ostéodermes de M. Duméril , de celle des Chondroptérygiens apodes de M. de Lacépède, et de celle des Plectognathes sclérodermes de M. Cuvier. Voyez ces différens mots.

L'origine de la dénomination donnée à ces poissons par les François, vient de l'enveloppe osseuse et solide qui revêt leur corps, et qui a l'apparence d'un étui dans lequel ils seroient logés. Leur nom latin, *ostracion*, paroît dérivé du grec ὄσ͵ρακον, cuirasse. Strabon s'en est servi le premier pour désigner un poisson du Nil, ὄσ͵ρακίων, et Gesner, *de Aquatilib.*, pag. 756, l'a adopté.

On reconnoît les ostracions aux caractères suivans :

Au lieu d'écailles, des compartimens osseux et réguliers, soudés en une sorte de cuirasse inflexible, qui revêt la tête et le corps, et qui laisse passer, par des ouvertures, la queue, les nageoires, la bouche et une sorte de petite lèvre qui garnit le bord des ouïes, seules parties mobiles dans le corps de l'animal ; plus de six dents.

La cuirasse des coffres est garnie d'une grande quantité de petites élévations, qui la font paroître comme ciselée, et qui sont disposées avec beaucoup d'ordre et de régularité. Elle n'est ni crétacée, ni pierreuse, mais bien véritablement osseuse; et les diverses portions qui la composent sont si bien jointes les unes aux autres qu'elle ne paroît formée que d'un seul os, représentant une sorte de boite alongée, à trois ou quatre faces.

Chez plusieurs de ces poissons, la matière osseuse de la cuirasse se prolonge en aiguillons assez longs, le plus souvent sillonnés ou cannelés.

Chez tous, la cuirasse est recouverte d'un tégument très-peu épais, d'une sorte d'épiderme mince.

Le plus grand nombre des vertèbres, chez les ostracions, sont soudées ensemble.

Leurs mâchoires sont armées en général chacune de dix ou douze dents coniques, auxquelles certains auteurs ont donné le nom d'incisives.

L'os du bassin manque, aussi bien que les catopes; il n'y a qu'une nageoire dorsale et qu'une anale : toutes les deux sont petites.

Ils ont peu de chair, mais leur foie est gros et donne beaucoup d'huile. Leur estomac est membraneux et assez grand.

On a regardé quelques-uns d'entre eux comme nuisibles et comme vénéneux. Voyez Poison ichthyque.

Les coffres ne se trouvent point dans les mers d'Europe, ni dans les autres mers boréales : ils ne vivent que dans celles qui sont échauffées par les feux de la zone torride : ils ne s'écartent guère des côtes.

Ils se nourrissent de crustacés et de petits coquillages, qu'ils brisent aisément avec leurs dents.

Les coffres, au reste, sont faciles à distinguer de tous les autres genres de la famille des ostéodermes qui ont moins de six dents.

§. Ier *Corps triangulaire sans épines.*

Le Coffre lisse : *Ostracion triqueter*, Linn.; Bloch, 150. Corps triangulaire et garni de tubercules saillans sur des plaques bombées. Entièrement dépourvu d'aiguillons.

La cuirasse est composée de pièces hexagones, dont le milieu est relevé en bosse, en forme de bouclier, du centre duquel partent des lignes de tubercules semblables à de petites perles, qui s'étendent jusqu'aux côtés, et qui font paroître la crête du dos non-seulement festonnée, mais encore finement dentelée.

La coupe verticale du corps offre un triangle dont les côtés sont égaux.

La queue est longue et terminée par une nageoire arrondie.

La teinte générale est un brun rougeâtre ; toutes les nageoires sont jaunes ; les boucliers sont étoilés de blanc sur leur milieu, et des taches rondes, blanches et cerclées de brun, ornent la queue.

Ce poisson parvient à la taille de quinze à dix-huit pouces. Il vit dans les mers des deux Indes. Sa chair est des plus délicates : Brown dit qu'à la Jamaique c'est un mets réservé pour la table des riches.

Le COFFRE MAILLÉ : *Ostracion concatenatus*, Artédi ; Bloch, 131. Des rangées de tubercules, placées sur des lignes blanches, forment, sur son enveloppe, des triangles de différentes grandeurs et de diverses formes, et se réunissent de manière à représenter un réseau. Mâchoire supérieure plus avancée que l'inférieure ; cinq dents à chacune d'elles : ouverture des narines simple ; tête d'un gris cendré, avec des raies violettes ; facettes latérales d'un violet grisâtre ; ventre blanc ; nageoires rougeâtres ; caudale arrondie.

On pêche ce poisson près des côtes de l'Inde et de l'Amérique. Il parvient à la longueur de dix pouces.

Marcgrave a décrit, sous le nom de *guamaiacu-ape*, un poisson du Brésil qui a les plus grands rapports avec le coffre maillé, auquel Bloch, Walbaum dans Artédi, et Ray le rapportent. (Voyez GUAMAIACU.)

§. II. *Corps triangulaire, armé d'épines en arrière de l'abdomen.*

COFFRE A DEUX AIGUILLONS : *Ostracion bicaudalis*, Bloch, tab. 132 ; Parra, t. 17, f. 1. Corps tacheté de noir ; les deux aiguillons lisses.

Des deux Indes. Taille de huit pouces.

Le COFFRE TRIGONE ; *Ostracion trigonus*, Bloch, 135. Deux aiguillons abdominaux ; dos caréné ; les plaques de l'enveloppe hexagonales, striées, blanches.

Des deux Indes, du Brésil, des Antilles.

Lorsqu'on saisit le coffre trigone, il fait entendre un petit bruit, qu'on a comparé au grognement du pourceau, et qui a fait nommer cet animal cochon de mer. Sa chair est dure et peu agréable.

§. III. *Corps triangulaire ; des épines au front et derrière l'abdomen.*

Le COFFRE A QUATRE PIQUANS : *Ostracion quadricornis*, Linn. ; Bloch, 134. Deux piquans au-devant des yeux, deux piquans derrière l'abdomen ; queue désarmée.

Des deux Indes et de la côte de Guinée. Taille d'un pied.

Le COFFRE LISTER ; *Ostracion Listeri*, Lacép. Deux piquans au-dessus des yeux, deux au-dessous de la queue ; un autre piquant dur, pointu, aussi long que la nageoire de l'anus, au-dessus de la queue.

Patrie inconnue. Décrit par Lister.

§. IV. *Corps triangulaire, armé d'épines sur les arêtes.*

Le COFFRE ÉTOILÉ : *Ostracion stellifer*, Schneider, tab. 98 ; *Ostracion bicuspis*, Blumenb. Dos caréné, arqué, armé de deux aiguillons ; chaque orbite surmontée également de deux aiguillons, chaque côté de l'abdomen en offrant quatre ; toutes ces épines sont dirigées vers la queue ; chacun des compartimens de l'enveloppe offre une espèce d'étoile d'un brun foncé, à six rayons.

Des mers d'Amérique. Taille de quatre pouces.

§. V. *Corps quadrangulaire, sans épines.*

Le COFFRE TIGRÉ : *Ostracion cubicus*, Linn. ; Bloch, 137. Pas de tubercules cartilagineux au-dessus ni au-dessous de la bouche ; huit dents à la mâchoire supérieure, et six à l'inférieure ; lèvres grosses ; boucliers hexagones, présentant chacun une tache blanche ou d'un bleu très-clair, entourée d'un cercle noir ; nageoires jaunâtres ; queue brune, parsemée de points noirs.

Des mers chaudes des Indes orientales, et en particulier de celle de l'Ile-de-France. Forskaël l'a vu dans la mer Rouge.

Ce poisson parvient à la longueur d'un pied. Sa chair passe

pour délicate. On le nourrit avec soin en plusieurs endroits ; on l'y conserve dans des bassins ou espèces d'étangs : il y devient, selon Renard, si familier, qu'il accourt à la voix de ceux qui l'appellent, vient à la surface de l'eau, et prend sans crainte sa nourriture jusque dans la main qui la lui présente, ce que Bloch regarde comme invraisemblable.

Le Coffre a deux tubercules : *Ostracion bituberculatus*, Schneid. ; Lacép. Un tubercule cartilagineux, blanchâtre, au-devant de la bouche, un autre au-dessous ; dix dents brunes à chaque mâchoire ; corps couvert de plaques hexagonales, marquées de points disposés en rayons, et noires sur le dos. Teinte générale d'un rouge obscur : toutes les nageoires brunes ; extrémité de la queue, iris, et intervalles des pièces situées auprès des branchies, d'un beau jaune ; ventre d'un jaune sale et blanchâtre.

Ce poisson, de la longueur d'un pied, a été découvert par Commerson près de l'île Praslin.

Le Coffre pointillé ; *Ostracion punctatus*, Lacép. De petits points rayonnans et point de figures polygones sur l'enveloppe osseuse : de petites taches blanches sur tout le corps : dix dents, de couleur foncée, à chaque mâchoire.

Trouvé par Commerson dans la mer de l'Ile-de-France. Taille de six pouces.

Le Coffre, pointu *Ostracion lentiginosus*, Schneid., Lacép., et l'*Ostracion meleagris*, Shaw, paroissent des doubles emplois de cette espèce de coffre.

Le Coffre a bec ; *Ostracion nasus*, Bloch, 138. Museau pointu et prolongé au-dessus de l'ouverture de la bouche ; quatorze dents à la mâchoire supérieure, et douze à l'inférieure. La croûte osseuse est toute couverte de pièces figurées en lozange, et réunies de six en six, de manière à offrir l'image d'une sorte de fleur épanouie en roue, et présentant dans son centre quelques tubercules rouges. Tête et corps gris, à taches rouges ; des taches brunes sur la tête et la queue : nageoires rougeâtres.

Ce poisson, qui atteint la longueur de deux pieds, vit dans la mer Méditerranée, à l'embouchure du Nil, et dans ce fleuve lui-même.

Le Coffre tuberculé ; *Ostracion tuberculatus*, Linn. Dos à

quatre gros tubercules, disposés en carré, et assez éloignés de la tête ; museau obtus.

Des mers de l'Inde.

Le Coffre bossu ; *Ostracion gibbosus*, Linn. Elévation en forme de bosse sur le dos.

Des mers africaines.

Gmelin pense que ce poisson n'est qu'une variété du coffre lisse. M. Cuvier partage son opinion, et pense que ce n'est qu'un individu mal figuré dans les planches d'Aldrovande, où on l'a été chercher.

§. VI. *Corps quadrangulaire, armé d'épines sur ses arêtes.*

Le Chameau marin : *Ostracion turritus*, Linn. ; Bloch, 136. Au milieu du dos une bosse très-grosse, conoïde ou pyramidale, à base large, se termine par un aiguillon recourbé, cannelé et un peu dirigé en arrière : un aiguillon analogue, mais plus petit, au-dessus de chaque œil ; d'autres piquans cannelés, aussi très-forts et recourbés, en nombre variant de six à dix, sur les deux côtés de la face inférieure du coffre ; les tubercules semés sur la croûte osseuse y forment des figures triangulaires qui, en se réunissant, forment des hexagones : douze dents à la mâchoire supérieure et huit à l'inférieure : couleur d'un cendré jaunâtre ; des taches brunes sur plusieurs endroits du corps et de la queue.

Ce poisson parvient à la taille d'un pied et demi ; sa chair est coriace et d'une saveur désagréable. Il se rencontre dans les mers des Indes orientales, aux Moluques, dans la mer Rouge. Les Européens dédaignent de le manger ; mais les naturels du pays s'en nourrissent.

Le Coffre transparent ; *Ostracion diaphanus*, Schneid. Trois épines sur le milieu du dos, et autant de chaque côté de l'abdomen ; deux épines frontales ; la queue courte.

Patrie inconnue. Taille de quatre pouces.

§. VII. *Corps quadrangulaire, armé d'épines au front et derrière l'abdomen.*

Le Taureau marin : *Ostracion cornutus*, Linn. ; Bloch, 133. Deux longues cornes au-dessus des yeux ; deux pointes au-dessous de la queue, fixées à l'extrémité de la cuirasse ; arêtes inermes ; nageoire caudale longue, lancéolée ; dix dents à la mâchoire d'en haut, et huit à l'inférieure ; teinte générale d'un brun jaunâtre ; la nageoire caudale brune, bordée d'un brun plus foncé.

Taille de dix pouces.

Cette espèce est commune principalement sur les côtes de la Chine et des Moluques, où elle est vivement chassée par les anarrhiques, et où les pauvres seuls s'accommodent de sa chair coriace. Son foie est si gras qu'il se résout presque entièrement en huile, selon Renard. On le trouve aussi à la Barbade. Suivant Hughes, le foie cause, dans ce pays, à ceux qui en mangent, une sorte d'ivresse et de la torpeur. *Natur. History of Barbadoes*, 306.

§. VIII. *Corps comprimé, abdomen caréné, épines éparses.*

Le Coffre quatorze-piquans : Lacép. ; *Ostracion auritus,* Schneid. (Ann. du Mus. d'Hist. nat., t. IV, pl. 58, pag. 211.) Corps comprimé, quadrangulaire : un aiguillon auprès de chaque œil ; quatre aiguillons sur le dos, six sur le ventre, un sur le milieu de chaque côté du corps : des raies longitudinales noires.

Rapporté de la Nouvelle-Hollande par Péron.

Coffre a museau alongé. C'est le même que le Coffre a bec.

Coffre a perles. C'est le Coffre trigone.

Coffre moucheté. C'est le Coffre tigre. (H. C.)

FIN DU NEUVIÈME VOLUME.

Imprimerie de Le Normant, rue de Seine, près du Pont-des-Arts